Lothar Spieß, Robert Schwarzer,
Herfried Behnken, Gerd Teichert

Moderne Röntgenbeugung

Lothar Spieß, Robert Schwarzer,
Herfried Behnken, Gerd Teichert

Moderne Röntgenbeugung

Röntgendiffraktometrie
für Materialwissenschaftler,
Physiker und Chemiker

Teubner

Bibliografische Information der Deutschen Bibliothek
Die Deutsche Bibliothek verzeichnet diese Publikation in der Deutschen Nationalbibliografie; detaillierte bibliografische Daten sind im Internet über <http://dnb.ddb.de> abrufbar.

Privatdozent Dr. Lothar Spieß, TU Ilmenau
1977 bis 1982 Studium „Physik und Technik Elektronische Bauelemente" an der TU Ilmenau. 1981 bis 1984 Forschungsstudium. 1985 Promotion. Seit 1984 wissenschaftlicher Mitarbeiter und Laborleiter an der TU Ilmenau, Institut Werkstofftechnik bzw. Zentrum für Mikro- und Nanotechnologie. 1990 Habilitation „Komplexe Festkörperanalyse". Seit 1995 Privatdozent.

Prof. Dr. Robert Schwarzer, TU Claustahl
1965 bis 1970 Studium der Physik, Universität Tübingen. 1974 Promotion Dr. rer. nat. 1970 bis 1979 wiss. Angestellter, Institut für Physik Universität Tübingen. 1975 bis 1976 Gastwissenschaftler, Staats-universität Campinas, Brasilien. 1979 bis 1981 Angestellter im Behördenbereich. 1981 Akademischer Rat, Institut für Metallkunde TU Clausthal. 1989 Habilitation, 1993 apl. Professor. Seit 2002 Akad. Direktor. 2002 Alexander-von-Humboldt-Forschungspreis der Poln. Akademie der Wissenschaften.

Privatdozent Dr. Herfried Behnken, RWTH-Aachen
1977 bis 1987 Studium RWTH-Aachen, Physik-Diplom, Wirtschaftswissenschaften. 1987 bis 1999 wiss. Angestellter: IWK, RWTH-Aachen; IWE, Forschungszentrum Jülich; IWT, Bremen. 1992 Promo-tion, RWTH-Aachen, FB Maschinenbau. 2000 bis 2002 Forschungsstipendium der DFG. 2002 Habili-tation, RWTH-Aachen. Seit 2002 ACCESS e.V. Aachen, Bereich Gefügesimulation, Photovoltaik.

Dr. Gerd Teichert, MFPA Weimar
1976 bis 1981 Studium der Kristallographie an der Karl-Marx-Universität Leipzig. 1981 bis 1985 wissenschaftlicher Mitarbeiter im Bereich Chemie/Werkstoffe der TH Ilmenau. 1985 bis 1990 Gruppenleiter Werkstoffe im Thermometerwerk Geraberg. 1991 bis 1992 Leiter Hartstoffbeschichtung, Wälztechnik Saacke-Zorn GmbH & Co. KG. Seit 1994 Betriebsleiter Prüfzentrum Schicht- und Materialeigenschaften, TU Ilmenau/MFPA Weimar.

1. Auflage Oktober 2005

Alle Rechte vorbehalten
© B. G. Teubner Verlag / GWV Fachverlage GmbH, Wiesbaden 2005

Lektorat: Ulrich Sandten / Kerstin Hoffmann

Der B. G. Teubner Verlag ist ein Unternehmen von Springer Science+Business Media.
www.teubner.de

Das Werk einschließlich aller seiner Teile ist urheberrechtlich geschützt. Jede Verwertung außerhalb der engen Grenzen des Urheberrechtsgesetzes ist ohne Zustimmung des Verlags unzulässig und strafbar. Das gilt insbesondere für Vervielfältigungen, Übersetzungen, Mikroverfilmungen und die Einspeicherung und Verarbeitung in elektronischen Systemen.

Die Wiedergabe von Gebrauchsnamen, Handelsnamen, Warenbezeichnungen usw. in diesem Werk berechtigt auch ohne besondere Kennzeichnung nicht zu der Annahme, dass solche Namen im Sinne der Warenzeichen- und Markenschutz-Gesetzgebung als frei zu betrachten wären und daher von jedermann benutzt werden dürften.

Umschlaggestaltung: Ulrike Weigel, www.CorporateDesignGroup.de
Druck und buchbinderische Verarbeitung: Strauss Offsetdruck, Mörlenbach
Gedruckt auf säurefreiem und chlorfrei gebleichtem Papier.
Printed in Germany

ISBN 3-519-00522-0

Vorwort zur ersten Auflage

Die Röntgentechnik ist mehr als 100 Jahre alt. Sie hat sich zu einer festen Größe in der Technik entwickelt.

Seit dem Nachweis der Röntgenbeugung am Kristallgitter durch M. VON LAUE, W. FRIEDRICH und P. KNIPPING im Jahr 1912 hat die Röntgenbeugung sehr schnell Eingang in die Natur- und Ingenieurwissenschaften gefunden. Zunächst war sie primär Hilfsmittel in der Grundlagenforschung, dann kam sehr schnell auch die praktische Anwendung in Forschung und Industrie zum Zuge. Die Strukturaufklärung mit Röntgenstrahlnutzung ist heute weltweit ein etabliertes Verfahren und Beispiel für die Synergie aus Gebieten der Physik, der Kristallographie, der Materialwissenschaft, der Ingenieurwissenschaft und zunehmend auch der Mathematik und Informatikanwendung. Heute ist die Röntgenbeugung als Untersuchungsmethode in der modernen Materialwissenschaft und Werkstofftechnik nicht mehr wegzudenken. Die Eigenschaften der unterschiedlichen Materialien hängen immer von der Struktur, also der jeweiligen konkreten Atomanordnung, ab. Die Röntgenbeugung ist ein elegantes Verfahren zur zerstörungsfreien Aufklärung der Struktur bzw. zur Bestimmung von Abweichungen vom idealen Strukturzustand und für die Aufklärung und Untersuchung des grundlegenden Zusammenhanges:

Struktur – Gefüge – Eigenschaften

Die Aufklärung dieser einfach aussehenden, aber sehr komplexen Beziehung bildet das tägliche Arbeitsfeld der Materialwissenschaftler. Bereits aus den frühesten röntgenographischen Untersuchungen an Festkörpern ist bekannt, dass die große Mehrzahl aller uns umgebenden anorganischen Festkörper aus Kristallen aufgebaut sind. Das gilt für technisch hergestellten Werkstoffe, Metalle, Keramiken, Polymere, genauso wie für biologische Naturstoffe, Knochen, Zähne, Wolle, Holz, Muscheln und auch für die Minerale, Erze und Gesteine, welche die Erdkruste bilden. Selbst viele organische Substanzen befinden sich im kristallinen oder teilkristallinen Zustand. Die Kristalle in diesen Stoffen sind klein und haben nicht die schönen regelmäßigen Formen, wie wir sie aus der Kristallographie und Mineralogie kennen. Diese auch Kristallite oder Körner genannten Gefügebestandteile zu untersuchen ist die Aufgabe von Materialwissenschaftlern.

Das Erlernen dieser Methode erfordert eine breit angelegte Ausbildung, die es an einigen deutschen Hochschulen/Universitäten und Fachschulen gibt.

So wird bei der Ausbildung von Ingenieuren in den Studiengängen Werkstoffwissenschaft, Technische Physik, Elektrotechnik und Maschinenbau an den Technischen Universitäten der Autoren diese Technik seit vielen Jahrzehnten in unterschiedlichem Umfang und unterschiedlichen Schwerpunkten vermittelt und praktisch angewendet.

Unsere hochverehrten Lehrer, die Professoren K. NITZSCHE (Ilmenau), P. PAUFLER (Leipzig) bzw. V. HAUK (Aachen) haben die Röntgenbeugungsverfahren immer angewendet und weiterentwickelt und uns diese Techniken gelehrt.

Das Angebot an aktuellem, deutschsprachigem Lehrmaterial ist derzeit nicht befriedigend. Bücher, wie HANKE/NITZSCHE(1961) [67], NEEF (1965) [117] und GLOCKER (1985) [61] gibt es nur noch in den Antiquariaten und vereinzelt in den Universitätsbibliotheken. Die Lehrbriefe für das Hochschulstudium [63, 124] sind deutschlandweit nicht zugänglich.

Die vorhandene Spezialliteratur beschäftigt sich entweder intensiv mit der Theorie der Röntgenbeugung oder der Kristallstrukturbestimmung, dem Hauptarbeitsfeld der Kristallographen, oder mit Spezialgebieten wie der Spannungsmessung oder Texturanalyse.

Das Lehrbuch richtet sich in erster Linie an Studenten und Absolventen der Materialwissenschaft und Werkstofftechnik, jedoch auch an Studenten und Absolventen der Physik, Chemie, Kristallographie, Mineralogie und weiterer werkstoffwissenschaftlich orientierter Ingenieurstudiengänge.

Aus dem Inhalt mehrerer Vorlesungsreihen, Praktikumsanleitungen und durch Anwendung dieser Technik seit mehr als 23 Jahren ist das nachfolgende Buch unter Mitwirkung von Spezialisten aus anderen Einrichtungen entstanden. Ziel dieses Buches soll es sein, die Röntgenbeugung mit all ihren modernen und vielfältigen Modifizierungen aus den vergangenen 20 Jahren als Anwender aus der Ingenieurwissenschaft zu verstehen und so Praxisaufgaben besser lösen zu können.

Neue Techniken und Auswerteverfahren sollen ebenso wie schon altbekannte Methoden in diesem Buch geschlossen und mit der notwendigen Tiefe und Diskussion von Einzelergebnissen dargestellt werden. Die mathematische Durchdringung der Arbeitsgebiete ist auf das notwendige Maß beschränkt worden. Bei manchen Gegebenheiten wird auf eine ausführliche Herleitung und Begründung aus didaktischen Gründen verzichtet. Andererseits werden an einigen Stellen gerade die Dinge besprochen und Lösungen vorgestellt, die in der Praxis vorkommen.

Ziel des Buches ist es, ein »Praxislehrbuch« zur Verfügung zu stellen und eine doch bedeutende Lücke im deutschen ingenieurtechnischen Lehrbuchmarkt zu schließen. Es wird versucht, die Literaturangaben auf das Notwendigste zu beschränken. Es werden einige ältere Lehrbücher, Dissertationen und einige grundlegende Übersichts- und Spezialartikel zitiert. Das vorliegende Literaturverzeichnis ist bei weitem nicht vollständig und alle nicht aufgeführten Autoren mögen dies verzeihen.

Um den Charakter eines Lehrbuches zu erhalten, sind verschiedene Aufgaben gestellt. Die ausführlichen Lösungen sind in einem Extrakapitel zusammengefasst. Die Aufgaben haben jedoch auch das Ziel, ab und an ausführliche und komplexe Zusammenfassungen eines Problems darzustellen.

Für die Durchführung von Beugungsaufnahmen seien J. Schawohl (Ilmenau), zahlreichen Diplomanden und Doktoranden und für die wertvollen Hinweise und Überlassung von Firmenschriften und ausgewählten Messdaten den Firmen (alphabetische Reihenfolge) Axo Dresden, Bruker AXS Karlsruhe, General Electric – ND-Testing Systems Ahrensburg, Pananalytical Kassel und Stoe & CIE Darmstadt gedankt.

Die Autoren bedanken sich ebenfalls für die gute Zusammenarbeit mit dem BG-Teubner-Verlag und den Lektoren Frau K. Hoffmann und Herrn U. Sandten.

Ilmenau, im Juli 2005   *L. Spieß, G. Teichert, H. Behnken und R. A. Schwarzer*

Inhaltsverzeichnis

1	**Einleitung**	**1**
2	**Erzeugung und Eigenschaften von Röntgenstrahlung**	**5**
2.1	Erzeugung von Röntgenstrahlung	5
2.2	Das Röntgenspektrum	7
2.2.1	Das Bremsspektrum	7
2.2.2	Das charakteristische Spektrum	10
2.2.3	Optimierung der Wahl der Betriebsparameter	16
2.3	Wechselwirkung mit Materie	18
2.4	Filterung von Röntgenstrahlung	24
2.5	Detektion von Röntgenstrahlung	26
2.6	Energie des Röntgenspektrums und Strahlenschutzaspekte	30
2.6.1	Quantifizierung der Strahlung	30
2.6.2	Gefährdungspotential von Röntgenquellen	31
2.6.3	Regeln beim Umgang mit Röntgenstrahlern	37
3	**Beugung von Röntgenstrahlung**	**39**
3.1	Grundlagen der Kristallographie und reziprokes Gitter	39
3.1.1	Das Kristallgitter und seine Darstellung	39
3.1.2	Bezeichnung von Punkten, Geraden und Ebenen im Kristallgitter	44
3.1.3	Netzebenenabstand d_{hkl}	46
3.1.4	Symmetrieoperationen	46
3.1.5	Kombination von Symmetrieelementen	49
3.1.6	Kristallsysteme	52
3.1.7	Trigonales Kristallsystem	52
3.1.8	Reziprokes Gitter	52
3.1.9	Packungsdichte in der Elementarzelle	57
3.2	Kinematische Beugungstheorie	58
3.2.1	Die Elastische Streuung von Röntgenstrahlen am Elektron – THOMSON-Streuung	59
3.2.2	Streuung der Röntgenstrahlen an Materie	60
3.2.3	Streubeitrag der Elektronenhülle eines Atoms – Atomformfaktor f_a	62
3.2.4	Thermische Schwingungen	64
3.2.5	Streubeitrag einer Elementarzelle	65
3.2.6	Beugung der Röntgenstrahlen am Kristall	66
3.2.7	Schärfe der Beugungsbedingungen	68
3.2.8	Eindringtiefe der Röntgenstrahlung	71
3.2.9	Integrale Intensität der gebeugten Strahlung	72

	3.2.10	Strukturfaktor – Kristallsymmetrie – Auslöschungsregeln	74
3.3		Geometrische Veranschaulichung der Beugungsbedingungen	81
	3.3.1	LAUE-Gleichung	81
	3.3.2	BRAGGsche-Gleichung	81
	3.3.3	EWALD-Konstruktion	84

4 Hardware für die Röntgenbeugung — 87

4.1		Strahlerzeuger	88
	4.1.1	Röntgenröhren und Generatoren	88
	4.1.2	Mikrofokusröhren	92
	4.1.3	Synchrotron- und Neutronenstrahlquellen	93
4.2		Monochromatisierung der Strahlung und ausgewählte Monochromatoren	96
	4.2.1	Monochromatisierung auf rechnerischem Weg – RACHINGER-Trennung	97
	4.2.2	Einkristall-Monochromatoren	101
	4.2.3	Multilayer-Sandwichschichtsysteme	105
4.3		Strahlformer	110
	4.3.1	Blenden und Sollerkollimatoren	110
	4.3.2	Strahlformer unter Einsatz von Kristallen	114
4.4		Glasfaseroptiken	115
4.5		Detektoren	118
	4.5.1	Punktdetektoren	120
	4.5.2	Lineare Detektoren	125
	4.5.3	Flächendetektoren	129
	4.5.4	Energiedispersive Detektoren	133
	4.5.5	Zählstatistik	136
4.6		Goniometer	140
4.7		Probenhalter	143
4.8		Besonderes Zubehör	145

5 Methoden der Röntgenbeugung — 147

5.1		Fokussierende Geometrie	149
	5.1.1	BRAGG-BRENTANO-Anordnung	149
	5.1.2	Justage des BRAGG-BRENTANO-Goniometer	160
	5.1.3	Weitere fokussierende Anordnungen	163
5.2		Systematische Fehler der BRAGG-BRENTANO-Anordnung	164
	5.2.1	Abhängigkeit von der Ebenheit der Probe und der Horizontaldivergenz	165
	5.2.2	Endliche Eindringtiefe in das Probeninnere – Absorptionseinfluss	165
	5.2.3	Endliche Höhe des Fokus und der Zählerblende – axiale Divergenz	166
	5.2.4	Exzentrischer Präparatsitz	167
	5.2.5	Falsche Nullpunktjustierung	167
	5.2.6	Zusammenfassung der Fehlereinflüsse und Vorschläge für Messstrategien	168
5.3		Kristallitverteilung und Zahl der beugenden Kristalle	169
5.4		Parallelstrahlgeometrie	170
	5.4.1	DEBYE-SCHERRER Verfahren	170
	5.4.2	Diffraktometeranordnungen mit Multilayerspiegel	178

    5.5   Streifender Einfall – GID 186
    5.6   Höhenabhängigkeit der Probenlage auf Diffraktogramme 189
    5.7   Kapillaranordnung 192
    5.8   Diffraktometer mit Flächendetektor 193
    5.9   Energiedispersive Röntgenbeugung 200
    5.10 Einkristallverfahren 203
          5.10.1 LAUE-Verfahren 204
          5.10.2 Drehkristall-, Schwenk- und Weissenbergverfahren 206
          5.10.3 4-Kreis-Einkristalldiffraktometer 208

6 Phasenanalyse   **211**
    6.1   Qualitative Phasenanalyse 211
    6.2   PDF-Datei der ICDD 214
    6.3   Identifizierung mit der PDF-Datei 217
          6.3.1   Diffraktogramm-Behandlung 218
          6.3.2   Vorgehensweise bei der Phasenbestimmung 224
          6.3.3   Polytyp-Bestimmung 226
    6.4   Einflüsse Probe – Strahlung – Diffraktometeranordnung 229
    6.5   Quantitative Phasenanalyse 234
          6.5.1   Auswertung der Intensität ausgwählter Beugungslinien 235
          6.5.2   RIETVELD-Verfahren zur quantitativen Phasenanalyse 242

7 Gitterkonstantenbestimmung   **247**
    7.1   Indizierung auf rechnerischem Weg 247
    7.2   Präzisionsgitterkonstantenverfeinerung 254
          7.2.1   Lineare Regression 254
          7.2.2   Ermittlung der Konzentration von Mischkristallen 259
    7.3   Anwendungsbeispiel NiO-Schichten 261

8 Mathematische Beschreibung von Röntgenbeugungsdiagrammen   **263**
    8.1   Röntgenprofilanalyse 263
    8.2   Approximationsmethoden 268
    8.3   Fourieranalyse 270
    8.4   LAGRANGE-Analyse 273
    8.5   Fundamentalparameteranalyse 275
    8.6   Rockingkurven und Versetzungsdichten 282

9 Kristallstrukturanalyse   **285**
    9.1   Ermittlung des Vorhandenseins eines Inversionszentrums 286
    9.2   Kristallstrukturanalyse aus Einkristalldaten 287
    9.3   Strukturverfeinerung 292
    9.4   Kristallstrukturanalyse aus Polykristalldaten 293

10 Röntgenographische Spannungsanalyse — 295

- 10.1 Spannungsempfindliche Materialeigenschaften und Messgrößen 295
  - 10.1.1 Netzebenenabstände, Beugungswinkel, Halbwertsbreiten 296
  - 10.1.2 Makroskopische Oberflächendehnung 296
  - 10.1.3 Ultraschallgeschwindigkeit 297
  - 10.1.4 Magnetische Kenngrößen 298
  - 10.1.5 Übersicht der Messgrößen und Verfahren 300
- 10.2 Elastizitätstheoretische Grundlagen 301
  - 10.2.1 Spannung und Dehnung 301
  - 10.2.2 Elastische Materialeigenschaften 305
  - 10.2.3 Bezugssysteme und Tensortransformation 311
- 10.3 Einteilung der Spannungen innerhalb vielkristalliner Werkstoffe 314
  - 10.3.1 Eigenspannungsbegriff 314
  - 10.3.2 Eigenspannungen I., II. und III. Art 317
  - 10.3.3 Mittelwerte und Streuungen von Eigenspannungen 318
  - 10.3.4 Ursachen und Kompensation der Eigenspannungsarten 319
  - 10.3.5 Übertragungsfaktoren 321
- 10.4 Röntgenographische Ermittlung von Eigenspannungen 324
  - 10.4.1 Dehnung in Messrichtung 324
  - 10.4.2 Röntgenographische Mittelung über Kristallorientierungen 326
  - 10.4.3 Mittelung über die Eindringtiefe 327
  - 10.4.4 $d(\sin^2 \psi)$-Verteilungen 328
  - 10.4.5 Elastisch isotrope Werkstoffe 330
  - 10.4.6 Die Grundgleichung der röntgenographischen Spannungsanalyse ... 332
  - 10.4.7 Auswerteverfahren für quasiisotrope Materialien 334
  - 10.4.8 Allgemeiner dreiachsiger Spannungszustand 335
  - 10.4.9 Dreiachsiger Zustand mit $\sigma_{33} = 0$ 338
  - 10.4.10 Dreiachsiger Hauptspannungszustand 339
  - 10.4.11 Vollständiger zweiachsiger Spannungszustand 340
- 10.5 Röntgenographische Elastizitätskonstanten 342
  - 10.5.1 Experimentelle Bestimmung der REK 343
  - 10.5.2 Berechnung aus den Einkristalldaten 345
  - 10.5.3 Zur Verwendung der REK 347
  - 10.5.4 Vergleich experimenteller Ergebnisse mit REK-Berechnungen 349
- 10.6 Experimentelles Vorgehen bei der Spannungsbestimmung 350
  - 10.6.1 Messanordnungen 350
  - 10.6.2 Justierung 353
  - 10.6.3 Mess- und Auswerteparameter 354
  - 10.6.4 Fehlerangaben 361
  - 10.6.5 Beispiel einer Spannungsauswertung 363
- 10.7 Einflüsse auf die Dehnungsverteilungen 364
  - 10.7.1 Einfluss der kristallographischen Textur 364
  - 10.7.2 Einfluss von Spannungs- und d_0-Gradienten 367
  - 10.7.3 Effekte plastisch induzierter Mikroeigenspannungen 368
- 10.8 Ermittlung von Tiefenverteilungen 370

10.9 Trennung experimentell bestimmter Spannungen 371
10.10 Spannungsmessung mit 2D-Detektoren 375

11 Röntgenographische Texturanalyse   377
11.1 Einführung in die Begriffswelt der Textur 377
11.2 Übersicht über die Bedeutung der Kristalltextur 377
11.3 Polfiguren standen am Anfang der Texturanalyse 381
11.4 Die röntgenographische Polfigurmessung 386
    11.4.1 Grundlagen 386
    11.4.2 Die apparative Realisierung von Texturgoniometern 390
    11.4.3 Vollautomatische Texturmessanlagen 394
    11.4.4 Probentranslation und Messstatistik 395
    11.4.5 Vollständige Polfiguren 397
    11.4.6 Detektoren für die Texturmessung 399
    11.4.7 Das Polfigurfenster und die Winkelauflösung in der Polfigurmessung . . 402
11.5 Ortsaufgelöste Texturanalyse 403
    11.5.1 Das Funktionsprinzip der Röntgen-Rasterapparatur und die energiedispersive Röntgenbeugung 403
11.6 Die quantitative Texturanalyse 406
    11.6.1 Die Orientierungs-Dichte-Funktion ODF 406
    11.6.2 Symmetrien in der Texturanalyse 408
    11.6.3 Parameterdarstellungen der Kristallorientierung 410
    11.6.4 Der Orientierungsraum – Eulerraum 414
    11.6.5 Polfigurinversion und Berechnung der Orientierungs-Dichte-Funktion . . 417
11.7 Die Orientierungsstereologie 427
11.8 Die Kristalltextur und anisotrope Materialeigenschaften 432

12 Bestimmung der Kristallorientierung   435
12.0.1 Orientierungsverteilung bei Einkristallen 435
12.0.2 Orientierungsbestimmung mit Polfiguraufnahme 439
12.0.3 Bestimmung der Fehlorientierung 440

13 Besonderheiten bei dünnen Schichten   445
13.1 Wolframsilizidschichten und Anwendung der Röntgenmethoden 447
13.2 Reflektometrie – XRR 451
13.3 Texturbestimmung an dünnen Schichten 459
13.4 Hochauflösende Röntgendiffraktometrie – HRXRD 462
    13.4.1 Epitaktische Schichten 462
    13.4.2 Hochauflösungs-Diffraktometer – Anforderungen und Aufbau . . 466
    13.4.3 Diffraktometrie an epitaktischen Schichten 467
    13.4.4 Reziproke Spacemaps – RSM 470
    13.4.5 Supergitter (Superlattice) 474
13.5 Profilanalyse an dünnen Schichten 476
13.6 Zusammenfassung Messung dünne Schichten 477

14 Kleinwinkelstreuung 479

15 Zusammenfassung 481

16 Lösung der Aufgaben 483

Literaturverzeichnis 503

Formelzeichenverzeichnis 515
   Skalare 515
   Vektoren 516

Stichwortverzeichnis 517

Hinweise auf DIN-Normen in diesem Werk entsprechen dem Stand der Normung bei Abschluss des Manuskripts. Maßgebend sind die jeweils neuesten Ausgaben der Normschriften des DIN Deutsches Institut für Normung e.V. im Format A 4, die durch den Beuth-Verlag GmbH, Berlin Wien Zürich, zu beziehen sind. Sinngemäß gilt das Gleiche für alle in diesem Buche zitierten amtlichen Bestimmungen, Richtlinien, Verordnungen und Gesetze.

1 Einleitung

WILHELM CONRAD RÖNTGEN hat 1895 mit seiner Entdeckung der damals so genannten X-Strahlen ein neues Zeitalter für Mediziner und Techniker aufgeschlagen. Sehr schnell wurde erkannt, welche Möglichkeiten sich aus der Nutzung dieser Strahlen ergeben. Eine Sammlung historischer Entwicklungen als auch aktueller Probleme in Medizin und Technik ist 1995 in [78] zum 100 jährigen Jubiläum der Entdeckung der Röntgenstrahlung erschienen. Die Anwendung der später nach RÖNTGEN benannten Strahlen hat vor allem in der Technik eine große Verbreitung gefunden. Dabei ist durch die Anwendung der Röntgenbeugung an Kristallen durch M. VON LAUE, W. FRIEDRICH und P. KNIPPING (ein früherer Assistent von RÖNTGEN) seit 1912 ein völlig neuer Zweig der Strukturaufklärung geschaffen worden. Man spricht vom Beginn der strukturell orientierten experimentellen Festkörperphysik. Heute werden drei grundlegende Zweige bei der Anwendung der Röntgenstrahlung in der Technik unterschieden:

- *Die Verfahren der Röntgenbeugung.* Hierbei werden die geringen Wellenlängen, vergleichbar mit den Abmessungen im Kristall, die Wechselwirkung mit dem Kristallgitter und die Eindringfähigkeit der Röntgenstrahlen ausgenutzt. Dies ist der Hauptinhalt dieses Buches.
- *Die Röntgengrobstrukturprüfung als Teil der Radiographie.* Die Durchstrahlung von Werkstoffen und Bauteilen unter Ausnutzung der hohen Durchdringungsfähigkeit der Röntgenstrahlen einerseits und die differente Absorption der Röntgenstrahlen durch Unterschiede in den Ordnungszahlen der Materialien bzw. Materialfehler anderseits wird angewendet. Der Einsatz von Mikrofokusröhren und die computergestützte Bildverarbeitung ermöglichen jetzt auch eine hochpräzise Computertomografie in der Technik. Die Durchleuchtung mit Röntgenstrahlen von Patienten revolutionierte die gesamte Diagnostik in der Medizin, führte aber auch zu einem weltweiten Anstieg der zivilisatorischen Strahlungsbelastung auf Werte, die derzeit die natürliche Strahlenexposition fast erreicht.
- *Die Röntgenfluoreszenzspektroskopie.* Bei der Bestrahlung von Stoffen mit energiereicher Teilchen- oder Wellenstrahlung wird in der zu untersuchenden Probe eine charakteristische Röntgenstrahlung angeregt, die es erlaubt, eine qualitative und quantitative Elementanalyse vorzunehmen. Eine Sonderanwendung ist die Schichtdickenmessung und Schichtanalyse, welche seit wenigen Jahren auch an Multilayersystemen realisiert werden kann.

Im vorliegenden Buch soll ein umfassender Überblick über die Grundlagen der Röntgenbeugung, ihre Methoden und die Vielzahl von Anwendungen, angefangen bei der Metallurgie über den Maschinenbau und die Elektrotechnik/Elektronik bis hin zur Mikro- und Nanotechnik gegeben werden. Angesichts der Themenvielfalt der Materialwissenschaft können die dargestellten Anwendungsfälle jedoch nur eine Auswahl bilden. Es werden die Gemeinsamkeiten der Methoden herausgestellt, aber auch die jeweiligen spezifischen

Anwendungsaspekte berücksichtigt. Das Buch kann natürlich nicht auf Grundkenntnisse der Röntgenbeugung verzichten, versucht jedoch die derzeitigen Anwendungsgebiete und deren Spezifika und die modernen Hard- und Softwarevarianten zu berücksichtigen. Auf eine ausführliche Betrachtung der dynamischen Beugungstheorie wird verzichtet, da sie in den meisten Anwendungsfällen, außer bei der Untersuchung hochperfekter einkristalliner Materialien, eine untergeordnete Bedeutung besitzt und ansonsten den Umfang des Buches sprengen würde. Dabei ist festzustellen, dass viele prinzipielle Techniken sich seit dem Jahr 1950 kaum verändert haben. Seit Anfang 1990 ist jedoch ein regelrechter Boom in der Weiterentwicklung festzustellen. Mit der breiten Verfügbarkeit von Personalcomputern wurde es möglich, die digitale Messdatenaufnahme und -verarbeitung und komplizierte Steuerungen des Diffraktometers hochgenau zu realisieren, Datenbanken von Kristallstrukturen zu erstellen und deren Nutzung direkt in die Auswertung zu integrieren. Hinzu kommen die Möglichkeiten des Internets, Daten und Programme weltweit zu lesen, zu verarbeiten und so eine Vernetzung der Röntgenstrahlanwender zu erreichen. Dies ist besonders in der quantitativen Phasenanalyse, der röntgenographischen Spannungsanalyse und der Texturbestimmung notwendig. Die digitale Integration der ICD-Daten in die PDF-Datei hat die routinemäßige Phasenanalyse von materialwissenschaftlichen Proben vereinfacht und ist jetzt effektiver durchführbar. Die leistungsfähigen Rechner sind mit entsprechender Software in der Lage, ganze Röntgenbeugungsdiagramme hochpräzise mathematisch anzufitten und die Strukturaufklärung direkt aus den gemessenen Diffraktogrammen vorzunehmen, Kapitel 8.5. Aus der Verbreiterung der Beugungspeaks und den Abweichungen vom idealen Röntgenbeugungsdiagramm lassen sich weitere physikalische Probeneigenschaften extrahieren, Kapitel 8 und 13. Viele der z. B. in KLUG-ALEXANDER [99], 1. Auflage 1954, aber auch von CLARK, HENRY, RAAZ und TREY [46, 77, 133, 171] angedeuteten Verfahren sind erst ab 1990 praktisch umgesetzt bzw. technisch genutzt worden. Eine neue Sammlung industrieller Anwendungen ist in [45] aufgelistet.

Gerätetechnische Neuerungen wie Röntgenoptiken, Parallelstrahlanordnungen, schnelle Detektoren und Flächenzähler ermöglichen völlig neue Einsatzgebiete und lassen einige Techniken, wie das DEBYE-SCHERRER Verfahren, modifiziert wieder aufleben, Kapitel 5. Hiermit verbunden ergibt sich die Notwendigkeit, diese »alten« Techniken, deren Aussagen und deren Einflussgrößen immer noch zu erlernen. Speziell durch den Einsatz von Röntgenoptiken und durch die Entwicklung und den Einsatz von neuen Aufnahmegeometrien müssen einige ältere Feststellungen und Aussagen in den klassischen Lehrbüchern revidiert werden. Es wird versucht, diese neuen Zusammenhänge und Sichtweisen erstmalig in einem Lehrbuch darzustellen und zum Teil neue Systematiken aufzustellen. Die Beschreibung der Detektion der Röntgenstrahlung erfolgt auf der Basis der räumlichen Ausdehnung, also auf der Basis von Punkt-, Linien- oder Flächenzählern.

Um eine geschlossene Darstellung zu erreichen, ist es notwendig, auf die Erzeugung und die Eigenschaften der Röntgenstrahlung einzugehen, Kapitel 2. Es wird dabei besonders auf die Belange der Röntgendiffraktometrie verwiesen.

Die Röntgenbeugung ist eine typische Erscheinung an Kristallen. Daher wurden die notwendigen kristallographischen Grundlagen der Theorie der Röntgenbeugung vorangestellt. Um den angestrebten Charakter des Buches speziell für den Ingenieur zu erhalten, wird nur die kinematische Beugungstheorie ausführlich behandelt. Soweit notwendig, werden die Unterschiede zwischen der kinematischen und dynamischen Beugungstheorie

Tabelle 1.1: Nobelpreise für Arbeiten unter Anwendung der Röntgenstrahlung

Name	Jahr	Gebiet	Kurzcharakteristik der Leistung
W.C. Röntgen	1901	Physik	Entdeckung der Röntgenstrahlung
M. von Laue	1914	Physik	Röntgenbeugung an Kristallen
W.H. Bragg W.L. Bragg	1915	Physik	Kristallstrukturbestimmung durch Röntgenbeugung
C.G. Barkla	1917	Physik	Charakteristische Röntgenstrahlung der Elemente
K.M.G. Siegbahn	1924	Physik	Röntgenspektroskopie
A.H. Compton	1927	Physik	Wechselwirkung von Röntgenstrahlen und Elektronen
P. Debye	1936	Chemie	Beugung von Röntgenstrahlen und Elektronen in Gasen
M. Perutz J. Kendrew	1962	Chemie	Strukturaufklärung des Hämoglobins
J. Watson, M. Wilkens F. Crick	1962	Medizin	Strukturaufklärung der DNA
A.Mc. Cormamack G.N. Hounsfield	1979	Medizin	Computertomographie
K.M. Siegbahn	1981	Physik	Hochauflösende Elektronenspektroskopie
H. Hauptmann J. Karle	1985	Chemie	Direkte Methoden zur Röntgenstrukturaufklärung
J. Deisenhofer R. Huber, J. Michel	1988	Chemie	Strukturaufklärung von Proteinen, die entscheidend für die Fotosynthese sind

vorgestellt und dynamische Beugungseffekte an den geeigneten Stellen erläutert.

Die verschiedenen Arten von Röntgenbeugungsdiagrammen (Pulverdiagramme) bei Werkstoffen aus mehreren Phasen und ihre Auswertung werden in den Kapiteln der qualitativen und der quantitativen Analyse behandelt, Kapitel 6.1 und 6.5. Hier wurde besonderer Wert darauf gelegt, möglichst alle vorkommenden Grundtypen von Pulverbeugungsdiagrammen konkret am Beispiel einer Auswertung aufzuführen, um ein Hilfsmittel in der Hand zu haben, wie in ähnlich gelagerten Fällen praktisch vorgegangen werden kann. Hier sind viele Ergebnisse aus dem eigenem Labor aufgegriffen worden.

In den altbekannten Standardlehrbüchern [73, 84, 120] wie auch in KLUG-ALEXANDER [99] werden nur kurze Erklärungen und eine knappe Anwendung von meist einfachen Beugungsuntersuchungen gezeigt. Eine Vielzahl von Büchern gibt es auch zu einzelnen, speziellen Anwendungsfeldern der Röntgenbeugung.

Zwei Anwendungsgebiete, die Spannungsanalyse, Kapitel 10 und die Texturanalyse, Kapitel 11 stellen eine komplexe Anwendung aller vorangegangenen Kapitel dar. Im Kapitel Spannungsanalyse wird schwerpunktmäßig auf den Begriff der Eigenspannung und auf die Messung mittels des $sin^2\psi$-Verfahrens eingegangen. Das $sin^2\psi$-Verfahren ist nach wie vor das am meisten eingesetzte Verfahren der röntgenographischen Spannungsmessung. Andere Methoden werden ebenfalls erwähnt. Weiterführende Arbeiten sind von Noyan [122], Hauk [68], Behnken [27] und Genzel [59] erschienen.

Der Trend der zeitlich wechselnden Bedeutung und des Fortschrittes in der Röntgenstrahlanwendung ist auch an der Verleihung von Nobelpreisen für Arbeiten auf dem Gebiet der Anwendung der Röntgenstrahlen erkennbar, wie die Tabelle 1.1 zeigt. So gab es für die Entdeckung der X-Strahlen 1901 für Wilhelm Conrad Röntgen den ersten Nobelpreis für Physik überhaupt. Die Häufung in den Jahren 1914-1917 ist eine Anerkennung für die wenige Jahre zuvor, erst 1912 entdeckte und beschriebene Deutung der Beugungsexperimente. Danach begann die Entwicklung der Geräte und die umfassende Anwendung der Röntgenbeugung. Die erneute Häufung für Nobelpreise in den Jahren ab 1962 ist mehr der Anwendungsforschung geschuldet.

Auf dem Gerätesektor und damit kommerzieller Anbieter dieser Technik ist eine Konzentration auf wenige Hersteller festzustellen. Weltweit gibt es derzeit eigentlich nur noch drei Vollanbieter und mehrere Nieschenanbieter. Aufbauend auf einer Grundplattform werden durch Variation der Strahlführung mittels neuer Röntgenoptiken, der Variation und der Einführung neuer Detektoren und durch spezielle Mess- und Auswertesoftware immer neue Varianten von Beugungsgeometrien entwickelt, die zu immer besseren Aussagen und Ergebnissen der zu untersuchenden Proben führen. Um eine Neutralität und auch Aktualität in diesem Buch zu wahren, wird bewusst auf Abbildungen von realen Anlagen und Baugruppen verzichtet.

Manche Industriezweige (Automobil- und Baustoffindustrie, pharmazeutische Screening Technologie und in der geologischen Erkundung) adaptieren an die Röntgenbeugungsgeräte zusätzliche Probenhandlingsysteme, die eine automatische Aufbereitung der zu messenden Proben, die eigentliche Messung und eine vollständige automatische Auswertung einschließlich Integration von Statistiksoftware einschließen. Damit wird eine vollautomatische Probenuntersuchungstechnologie und Produktionsüberwachung realisiert.

Als erschwerend für den Anwender und vor allem für den Neueinsteiger zeigt sich, dass für die Röntgenbeugung kaum noch systematische, allgemeine und zusammenfassende Literatur zur Verfügung steht. Die Beschreibung der hervorragenden technischen Weiterentwicklungen und Anwendungen hat auf dem Lehrbuchmarkt nicht mitgehalten. In diesem Konglomerat aus alten Beschreibungen, Verfahrensauswertungen, neuen Erkenntnissen in der Fachliteratur, Firmenschriften und den modernen Anwendungen wird es für den Neueinsteiger schwierig, sich zu recht zu finden und schnell zu eigenen Lösungen zu kommen. Hinzu kommt, dass es zunehmend schwieriger wird, selbst kostengünstig an Fachartikel heranzukommen. Die gegenwärtige, sich leider immer mehr ausbreitende Gepflogenheit, dass ein Fachartikel in elektronischer Form genauso viel kostet wie dieses Buch, ist der Verbreitung neuesten Wissens abträglich. Diese Mängel zu überwinden, soll das vorliegende Buch dienen.

2 Erzeugung und Eigenschaften von Röntgenstrahlung

Röntgenstrahlen sind elektromagnetische Wellen mit einer Wellenlänge λ von etwa 10^{-3} bis 10^1 nm. Röntgenstrahlung ist eine masselose, elektromagnetische Strahlung, hervorgegangen aus Quantenprozessen in meist festen Körpern, die sich mit Lichtgeschwindigkeit ausbreitet. Der technisch relevante Energiebereich der Strahlung liegt zwischen 3 keV und 500 keV. In jüngster Zeit werden verstärkt auch andere Quellen mit viel energiereicherer, aber vor allem intensitätsreicherer Strahlung wie Synchrotron- und Teilchenstrahlung (Neutronen) genutzt.

Die klassische Röntgenbeugung nutzt Strahlungsenergien bis ca. 100 keV aus. Für Durchstrahlungsanwendungen verwendet man Energien bis zu 400 keV. In Röntgenröhren erzeugte Strahlung setzt sich aus zwei Hauptbestandteilen zusammen, der charakteristischen Strahlung und der Bremsstrahlung. Beide Strahlungsarten werden für Beugungsunteruntersuchungen genutzt und je nach Einsatzbedingungen ist es notwendig, das gesamte Spektrum zu filtern. Dies setzt grundlegende Kenntnisse über die Entstehung der Strahlung, ihre Eigenschaften und ihre Wechselwirkungsprozesse voraus, die nachfolgend erläutert werden.

2.1 Erzeugung von Röntgenstrahlung

Die ersten Röntgenröhren waren Kathodenstrahlröhren: In einem evakuierten Glasgefäß waren drei metallene Teile eingeschmolzen. Es wurde eine Hochspannung aus einem Funkeninduktor zwischen zwei Anschlüsse angelegt. Die dritte Elektrode diente als Hilfsanode.

Erst 1911 entwickelte J.E. LILIENFELD die heute noch eingesetzte Technik der Glühkathodenröhren [78]. In eine Diodenanordnung eines evakuierten Gefäßes müssen Elektronen hineingebracht werden. Dies geschieht in der Kathode, die aus einer stromdurchflossenen (Röhrenheizstrom) und somit geheizten, zum Glühen gebrachten Wolframwendel besteht. Im Gegensatz zur klassischen Röhrentechnik in der Elektronik wird bei dem Kathodenmaterial auf Austrittsarbeit senkende Beschichtungen verzichtet. Das Vakuum in einer Röntgenröhre ist notwendig, um ungewollte Stoßprozesse der freien Elektronen mit dem Restgas zu verhindern. Die freien Weglängen von Elektronen im Vakuum einer Röntgenröhre bei 10^{-2} mbar betragen so einige Zentimeter. An diese Elektrodenanordnung wird ein elektrisches Hochspannungsgleichfeld angelegt. Die Elektronen mit ihrer Ruhemasse m_{oe} werden durch das elektrische Feld zur positiven Anode hin beschleunigt und erhalten kinetische Energie. Bei der Geschwindigkeitsaufnahme der Elektronen muss für hohe Beschleunigungsspannungen (in der Radiographie) relativistisch nach Gleichung 2.2 gerechnet werden. Bild 2.1a zeigt das Prinzip der Röntgenröhre und Bild 2.1b den Unterschied der klassischen Rechnung der Elektronengeschwindigkeit nach Gleichung 2.1 zur

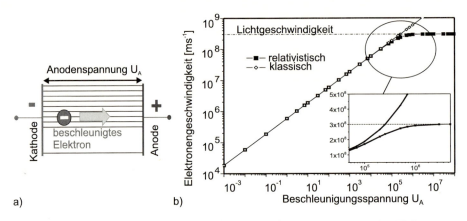

Bild 2.1: a) Anordnung zur Elektronenbeschleunigung b) Geschwindigkeit der Elektronen im elektrischen Feld

relativistischen Rechnung nach Gleichung 2.2. Die Lichtgeschwindigkeit würde bei klassischer Rechnung bei 255,5 kV erreicht werden und darüber steigen. Das Elektron erfährt jedoch durch die Geschwindigkeitsaufnahme eine beträchtliche relativistische Massenzunahme und nähert sich nur der Lichtgeschwindigkeit an. Die auftretenden Fehler und einige konkrete Werte sind in Tabelle 2.1 aufgelistet.

$$v_{kl} = \sqrt{\frac{2 \cdot e \cdot U_A}{m_o e}} \tag{2.1}$$

$$v_{rel} = \sqrt{2}\sqrt{\frac{e \cdot U_A \sqrt{c^4 \cdot m_{oe}^2 + e^2 \cdot U_A^2}}{c^2 \cdot m_{oe}^2} - \frac{e^2 \cdot U_A^2}{c^2 \cdot m_{oe}^2}} \tag{2.2}$$

Die beschleunigten Elektronen werden beim Auftreffen auf die Anode mehr oder weniger abgebremst. Dabei entsteht zu 98 – 99 % Wärme. Die verbleibenden 2 – 1 % der Elektronen treten mit dem kernnahen Feld der Anode in Wechselwirkung und werden dort abgebremst, die Impulsänderung führt zur Bahnänderung und die Energieänderung wird in Form von hochfrequenter Strahlung abgegeben. Diesen Anteil am Abbremsungsprozess nennt man Bremsstrahlung.

Die Erzeugung der Elektronen erfolgt über eine Glühemission meist aus einer geheizten Wolframwendel bzw. -spitze. Die räumliche Ausdehnung dieser Wendel bestimmt den späteren Röntgenfokus, da sich Kathode und Anode je nach Hochspannung in einem kleinnem Abstand gegenüberstehen. Die Anode selbst wird stark erwärmt. Technische Röntgenröhren arbeiten im Hochspannungsbereich [kV] mit Röhrenströmen im [mA] Bereich, die Multiplikation der Zahlenwerte mit diesen Einheiten ergibt sofort als Verlustleistung Watt [W]. Bei üblichen Anlageparameter 40 kV und 50 mA treten 2 000 W Verlustleistungen bei $1 \cdot 12\,\text{mm}^2$ Fokusfläche auf. Die hierbei erzeugten ca. 1 980 W Wärmeleistung müssen über eine leistungsfähige Kühlung sicher abgeführt werden. Nur der Rest von ca. 20 W wird in Röntgenstrahlung umgewandelt.

Tabelle 2.1: Elektronengeschwindigkeit und Grenzwellenlänge λ_0 für Elektronenbeschleunigung

U_A [V]	Geschwindigkeit [ms^{-1}]		Fehler [%]	Grenzwellen-
	relativistisch	klassisch	rel. zu klas.	länge [nm]
1	593 096	593 097	0,000 10	1 239
10	1 875 519	1 875 537	0,000 98	123,9
100	5 930 390	5 930 970	0,009 79	12,39
1 000	18 737 031	18 755 373	0,097 90	1,239
3 000	32 390 042	32 485 260	0,293 97	0,413 28
9 000	55 772 826	56 266 120	0,884 47	0,137 76
10 000	58 732 234	59 309 699	0,983 22	0,123 98
30 000	99 757 431	102 727 411	2,977 20	0,041 32
50 000	126 298 196	132 620 518	5,005 87	0,024 79
100 000	170 175 769	187 553 735	10,211 77	0,012 39
200 000	219 121 023	265 241 035	21,047 74	0,006 19
255 499	235 682 254	299 792 458	27,201 96	0,004 85
350 000	254 756 229	350 880 909	37,732 02	0,003 54
1 000 000	290 978 646	593 096 986	103,828 35	0,001 23

2.2 Das Röntgenspektrum

Die Röntgenstrahlung wird im Brennfleck, im weiteren Fokus genannt, auf der Anode einer Röntgenröhre erzeugt. Bild 2.2 zeigt schematisch das entstehende Spektrum. Hierbei sind die zwei Teilspektren deutlich zu unterscheiden:

- Das *Bremsspektrum*, das durch das Abbremsen der nach dem Durchlaufen der Anodenspannung U_A hoch beschleunigten Elektronen im elektrischen Feld der Atome des Anodenmaterials auftritt.
- Das *charakteristische* oder *Eigenstrahlungsspektrum*. Hierfür ionisieren die auf den Brennfleck treffenden Elektronen die Atome der Anodenoberfläche in ihren innersten Schalen. Springen äußere Bahnelektronen auf den oder die freien Plätze mit niedrigen Energieniveaus, wird jeweils die Energiedifferenz als Strahlenquant abgestrahlt. Die Quantenenergiedifferenzen sind für eine Atomsorte charakteristisch und liefern in der Summe ein diskontinuierliches charakteristisches Spektrum, ein Linienspektrum gemäß Bild 2.2.

2.2.1 Das Bremsspektrum

Das Bremsspektrum ist ein kontinuierliches Spektrum mit einer kurzwelligen Grenze λ_0. Die Grenzwellenlänge λ_0 kommt zustande, wenn angenommen wird, dass ein Elektron in einem Schritt von seiner Maximalgeschwindigkeit v vollständig abgebremst wird. Die kinetische Energie E_{kin} der einfallenden Elektronen und die beim Eintritt dieser Elektronen in das Anodenmetall gewonnene Austrittsarbeit Φ werden in einem Schritt in ein Röntgenquant oder Röntgenphoton $h \cdot f_{max}$ umgewandelt.

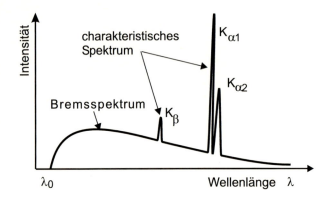

Bild 2.2: Röntgenspektrum

$$E_{kin} + \Phi = h \cdot f_{max} \qquad (2.3)$$

Die Austrittsarbeit Φ (allgemein $\approx 1\,\text{eV}$) ist gegenüber der kinetischen Energie der Elektronen $> 10\,000\,\text{eV}$ in der Energiebilanz im Allgemeinen zu vernachlässigen. Bei jedem Abbremsvorgang werden ansonsten eine Vielzahl von Photonen unterschiedlicher, aber immer kleinerer Frequenz emittiert. Damit treten alle anderen Wellenlängen durch unvollständige Abbremsung bzw. Mehrfachabbremsung auf. Die kinetische Energie, zuvor aufgenommen aus der elektrischen Energie des Feldes, wird in ein Strahlungsquant der Energie $h \cdot f$ umgewandelt, Gleichung 2.4 bzw. Gleichung 2.3 mit der Vernachlässigung der Austrittsarbeit. Dies ist das Gesetz nach DUANE-HUNT (aufgestellt um 1915).

$$E_{kin} = E_{el} = E_{Strahlung}$$
$$\frac{m_{Elektron}}{2} \cdot v^2 = e \cdot U_A = h \cdot f = h \cdot \frac{c}{\lambda}$$
$$\lambda_0 = \frac{h \cdot c}{e \cdot U_A} = \frac{1{,}238}{U_A\,[kV]} \quad [nm] \qquad (2.4)$$

mit
- $h = 6{,}626\,068\,76 \cdot 10^{-34}\,\text{Js}$ Plancksches Wirkungsquantum
- $e = 1{,}602\,176\,462 \cdot 10^{-19}\,\text{As}$ elektrische Elementarladung
- $c = 2{,}997\,924\,58 \cdot 10^{8}\,\text{ms}^{-1}$ Lichtgeschwindigkeit

Die Grenzwellenlänge wiederum ist ein Maßstab für die Energie bzw. die Durchdringungsfähigkeit der Strahlung. Durch die scharfe bestimmbare Einsatzkante des Röntgenbremsspektrums lassen sich die Plancksche Konstante h bzw. der Quotient h/e sehr genau bestimmen. Je größer die Energie bzw. je kleiner die Wellenlänge, desto durchdringungsfähiger bzw. oft auch härter genannt, ist die Strahlung. Die Form des Spektrums lässt sich aus der Überlegung ableiten, dass viele kleine Anodenschichten übereinander gestapelt jeweils ein kontinuierliches Spektrum bilden, Bild 2.3a. Die Strahlung entsteht jedoch nicht nur in einem oberflächennahen Teil der Anode, sondern auch in tieferen Schichten. Die dort entstandene Strahlung muss den Weg bis zur Oberfläche zurücklegen, wobei sie geschwächt wird. Die bisherigen Betrachtungen gelten für das Vakuum und

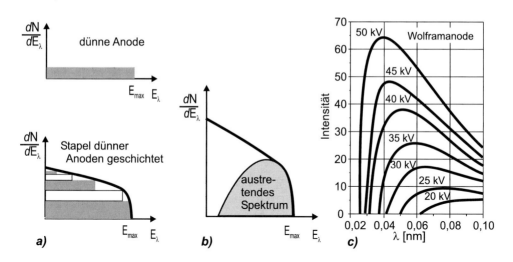

Bild 2.3: Entstehendes Bremsspektrum der Röntgenstrahlung

die dort entstehende Strahlung. Die Strahlung muss die Röntgenröhre verlassen, d.h. sie muss durch die Wandung des Vakuumgefäßes hindurchtreten. Dabei wird die Strahlung wellenlängenabhängig geschwächt. Langwelligere Anteile werden stärker geschwächt als kurzwellige. Der Strahlaustritt erfolgt heute durch spezielle dünne, in den Röhrenkolben eingelassene Fenster. Diese Fenster bestehen meist aus dünnen Berylliumfolien, die die Vakuumdichtheit der Röhre garantieren. Das Metall mit der niedrigsten Ordnungszahl besitzt somit die geringsten Schwächungsanteile. Verwendet man eine Wolframanode und die in der Diffraktometrie üblichen Spannungen, so ergeben sich nach [57] folgende Bremsspektrenverläufe, Bild 2.3c.

Die in Bild 2.3c ersichtliche Verschiebung des Maximums der Bremsstrahlung wird nach dem Gesetz von DAUVILLIER (aufgestellt um 1919), Gleichung 2.5, beschrieben.

$$\lambda_{I_{max_{brems}}} \approx (1{,}3 \ldots 1{,}5) \cdot \lambda_o \qquad (2.5)$$

Weiterhin ist festzustellen, dass das Bremsspektrum stark von der Ordnungszahl Z des Anodenmateriales abhängt. Versucht man eine Integration über das Gesamtbremsspektrum, dann stellt man für die Gesamtintensität eine quadratische Spannungsabhängigkeit fest. Dies lässt sich damit begründen, dass bei einer Verdopplung der Spannung die Maximalenergie der Elektronen sich ebenso verdoppelt. Bild 2.4 aus [94] verdeutlicht dies. Unter Einbeziehung der Strahlungsentstehung in einer dicken Anode, Bild 2.3a wird durch die Verdopplung der Spannung die in der Röhre umgesetzte Leistung verdoppelt. Da die Auslösearbeit für ein Elektron aus der Glühkathode aber konstant bleibt, werden durch die Spannungsverdopplung doppelt so viele Elektronen aus der Glühkathode herausgelöst, beschleunigt und abgebremst. Die Fläche unter der Kurve der entstehenden Röntgenquanten vervierfacht sich. Bei Stromverdopplung wird nur die Zahl der Elektronen verdoppelt, die Maximalenergie bleibt gleich. Diese Experimente kann man mit heute üblichen Hochspannungsgeneratoren nur noch schwer glaubhaft nachvollziehen, da hier im Allgemeinen

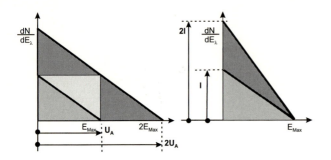

Bild 2.4: Schematische Darstellung der Abhängigkeit der Strahlungsleistung als Funktion der Röhrenspannung und des -stromes

eine Regelung des Stromes, der Spannung bzw. der Leistung erfolgt. Die Messungen aus Bild 2.20 bestätigen die Annahmen der quadratischen Hochspannungsabhängigkeit. Die integrale Intensität I_B des Bremsspektrumsspektrums kann nach Gleichung 2.6 abgeschätzt werden.

$$I_B = const. \cdot i \cdot U_A^2 \cdot Z = const. \cdot P \cdot Z \cdot U_A \tag{2.6}$$

2.2.2 Das charakteristische Spektrum

Nach dem BOHR-SOMMERFELDschen-Atommodell befinden sich die Elektronen auf unterschiedlichen diskreten Energieniveaus. Für einige chemische Elemente sind die Emissionsenergien der dem Atomkern nächsten Schalen, der K- und L-Serie, in Tabelle 2.2 aufgeführt. Die Elektronenenergieniveaus sind alles negative Energiewerte. Deshalb ist die Energie mit dem größten Betrag die kleinste Energie, der energieärmste Zustand.

Energieübertragung in Form von beschleunigten Elektronen als auch energiereiche Strahlung anderer Herkunft (radioaktive Strahler, hochenergetische Röntgenbremsstrahlung, Synchrotronstrahlung, hochenergetische Höhenstrahlung) kann eine Ionisation der inneren Schalen eines Atomes bewirken. Es wird damit von dem eingeschossenen Teil-

Tabelle 2.2: Röntgenstrahl-Emissionsenergien der K- und L-Spektren in [keV] nach [26]

Z	$K_{\alpha 1}$	$K_{\alpha 2}$	K_β	$L_{\alpha 1}$	$L_{\alpha 2}$	$L_{\beta 1}$	$L_{\beta 2}$	$L_{\gamma 1}$
Cr	5,414 72	5,405 51	5,946 71	0,572 8	0,572 8	0,582 8		
Mn	5,898 75	5,887 65	6,490 45	0,637 4	0,637 4	0,648 8		
Fe	6,403 84	6,390 84	7,057 98	0,705 0	0,705 0	0,718 5		
Co	6,930 32	6,915 30	7,649 43	0,776 2	0,776 2	0,791 4		
Ni	7,478 15	7,460 89	8,264 66	0,851 5	0,851 5	0,868 8		
Cu	8,047 78	8,027 83	8,905 29	0,929 7	0,929 7	0,949 8		
Mo	17,479 34	17,374 30	19,608 30	2,293 2	2,289 9	2,394 8	2,518 3	2,623 5
Ag	22,162 92	21,990 30	24,942 40	2,984 3	2,978 2	3,150 9	3,347 8	3,519 6
W	59,318 24	57,981 70	67,244 30	8,397 6	8,335 2	9,672 4	9,961 5	11,285 9
Au	68,803 70	66,989 50	77,984 00	9,713 3	9,628 0	11,442 3	11,584 7	13,381 7

chen oder Photon mindestens soviel Energie übertragen, dass eine Ionisation über die innere Schale stattfindet. Dieser Vorgang der Absorption von Energie ist entsprechend dem Schalenaufbau der Atomhülle ein diskontinuierlicher Prozess. Ist die absorbierte Energie gerade so groß wie die Schalenenergie, kommt es zu einer starken Resonanz zwischen Quant und Elektron, in dessen Folge es zur Ablösung des Elektrons aus der Schale kommt. Zurück bleibt eine unvollständig aufgefüllte Schale, d.h. eine Lücke. Die Energie wird als Absorptionskante bezeichnet. Die dazu notwendigen Energien sind von Element zu Element verschieden, wie die Tabelle 2.2 zeigt.

Auf den frei gewordenen Platz springt ein Elektron aus einer nächsthöheren Schale. Die frei werdende Energie aus der Differenz der Bindungsenergien der beteiligten Schalen wird in Form eines Röntgenquantes der Energie $h \cdot f = E_I - EII$ abgegeben. Die Frequenz bzw. Wellenlänge dieses Quants ist eine charakteristische Größe, die nur abhängt von der Art des Anodenmateriales und den beteiligten Schalen. Die unterschiedliche Anzahl von Elektronen und die unterschiedliche Besetzung der Elektronen auf den einzelnen Schalen entsprechend dem Pauli-Prinzip (»Es gibt in einem Atom eines Elementes keine Elektronen, die in allen vier Quantenzahlen übereinstimmen«) führt zu den verschiedensten realen Besetzungen im Periodensystem der Elemente bzw. dem Energieniveauschema der Elemente (Elektronenkonfiguration). Bild 2.5 zeigt die konkreten Energiewerte für die chemischen Elemente Na, Cr, Cu, Mo und W. Ein in dem Bild 2.5 vermeintlich dickerer Strich verdeutlicht, dass hier eine Schale in mehrere Unterniveaus aufspaltet. Neben dem Pauli-Prinzip gibt es bei der Besetzung der Elektronen noch das Energieminimierungsgebot, d.h. bei möglicher Aufspaltung in Unterniveaus wird dasjenige Niveau zuerst besetzt, welches die niedrigste Energie hat. Neben diesen beiden Prinzipien muss bei der Ermittlung der Elektronenkonfiguration noch die Hundsche Regel beachtet werden.

Für jedes Element gibt es n Hauptschalen, auch als Hauptquantenzahl bezeichnet. Auf jeder Hauptschale können sich maximal $2n^2$ Elektronen aufhalten. Die Schale mit einer möglichen Besetzung von 2 Elektronen, die Schale mit der kleinsten Energie (der Betrag der Energie ist aber am größten), wird K-Schale genannt. Es folgen die L-Schale (max. 8 Elektronen), M-Schale (max. 18 Elektronen), die N- und O-Schale. Jede Hauptschale n hat l Unterschalen mit einem Bereich von $l = 0, 1, 2, \ldots n-1$, oft auch als Nebenquantenzahl bezeichnet. Die dritte Quantenzahl, die Magnetquantenzahl m gibt an, in welcher Form und Ausrichtung sich die Orbitale/Aufenthaltsräume der Elektronen unterscheiden. Hier können für m die folgenden Zustände auftreten: $\quad m = -l, \ldots, 0, \ldots, +l$

Desweiteren unterscheiden sich Elektronen durch ihre Eigendrehbewegung, auch Spin genannt. Der damit verbundene unterschiedliche Impuls wird als Spinquantenzahl s bezeichnet und es gilt $s = \pm 1/2$. Die Nebenquantenzahl l und die Spinquantenzahl s fasst man oft zu der inneren Quantenzahl j mit $j = |l \pm s|$ zusammen. Damit ist verständlich, dass sich die K-Schale nicht aufspaltet, die zwei sich dort befindlichen Elektronen unterscheiden sich nur durch den Spin. Die L-Schale spaltet dreifach auf (bei Berücksichtigung der Magnetquantenzahl eigentlich 4 fach) bzw. die Besetzungszustände der Elektronen sind: ($2s^2$, $2p_x^2$, $2p_y^2$, $2p_z^2$). Die M-Schale ist 5 fach aufgespalten, ersichtlich in Bild 2.5. Die Differenzen der Energieunterschiede innerhalb einer Hauptschale können sehr unterschiedlich sein. Bis zum chemischen Element Zink tritt nach dieser Regel die Elektronenbesetzung auf. Danach treten z.T. Abweichungen von diesem Schema auf, die dem Energieminimierungsgebot des Elektronenensembles geschuldet sind.

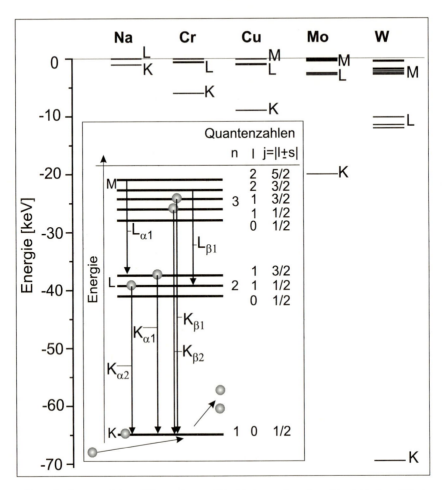

Bild 2.5: Energieniveaus einiger Elemente und Entstehung der charakteristischen Röntgenstrahlung

Wird ein Elektron aus einer Position auf einem niederenergetischen Platz entfernt, kann ein Elektron auf einem energetisch höher gelegenen Platz wie schon bemerkt, durch Sprung auf den freien Platz Energie abgeben. Dies passiert innerhalb eines Zeitraumes von etwa 10^{-8} s. Wir finden dieses Prinzip der Energieminimierung auch bei der Kristallbildung in anderer Form wieder. Während des instabilen Zustandes, d.h. während der Zeit, wo ein solcher freier Elektronenplatz auftritt, ist die Abschirmwirkung der jeweiligen Schale nicht mehr voll gegeben. Diese so genannte Abschirmkonstante σ kann je nach Schale Werte zwischen 1 und 9 annehmen. Die Energie und Intensität der freiwerdenden charakteristischen Röntgenstrahlung ist stark von der Ordnungszahl des Anodenmaterials abhängig und kann nach Gleichung 2.7 aus dem BOHR/SOMMERFELDSCHEN-Atommodell (erstellt um 1913) abgeschätzt werden.

$$h \cdot f \approx R \cdot h \cdot Z^2 \left(\frac{1}{n_1^2} - \frac{1}{n_2^2} \right) \tag{2.7}$$

mit R – Rydbergkonstante ($R = 3{,}288 \cdot 10^{15}\,\mathrm{s}^{-1}$), n_1 und n_2-Quantenzahl.

Das MOSLEY-Gesetz (erstellt um 1913), Gleichung 2.8, beschreibt den Zusammenhang zwischen Wellenlänge und Ordnungszahl. Hierzu wird die Element- und schalenabhängige Konstante σ eingeführt, die die innere Abschirmung des Kernpotentials durch die Hülle der Elektronen berücksichtigt. Dabei ist $\sigma = 1$ für die K-Serie und $\sigma = 3\ldots 9$ für die L-Serie je nach Element und Ordnungszahl Z.

$$\frac{1}{\lambda} = R \cdot (Z - \sigma)^2 \cdot \left(\frac{1}{n_1^2} - \frac{1}{n_2^2} \right) \tag{2.8}$$

Es sind jedoch nicht alle Elektronenübergänge entsprechend der Aufspaltung der Schalen in Unterschalen möglich. Die drei optischen Auswahlregeln besagen:

- Übergänge innerhalb einer Hauptschale sind verboten, für die Hauptquantenzahlen der beteiligten Elektronenzustände muss gelten: $\Delta n \neq 0$,
- die Nebenquantenzahlen l müssen sich um ± 1 unterscheiden: $\Delta l = +1$ oder $\Delta l = -1$
- die Magnetquantenzahlen dürfen sich nur um -1 oder $+1$ unterscheiden, d.h. es muss gelten: $\Delta m = \pm 1$
  Arbeitet man mit den inneren Quantenzahlen j, dann gilt:
  Die inneren Quantenzahlen j dürfen nur um 0 oder ± 1 verschieden sein, d. h. es muss gelten: $\Delta j = 0, -1, +1$.

Die entstehenden Röntgenquanten werden nachfolgend bezeichnet:

- Wird eine Lücke in der K-Schale aufgefüllt, dann nennt man das K-Strahlung. L- oder M- Strahlung bedeuten, dass die Ionisation bzw. der Übergang auf der L- oder der M-Schale stattfand.
- Mit dem Index α wird die Strahlung bezeichnet, die zwischen den Schalen mit $\Delta n = 1$ stattfindet, β und weitere griechische Buchstaben stehen für Übergänge nicht nächst benachbarter Schalen.
- Die zusätzlichen Ziffern 1, 2, ... werden verwendet, um Strahlung aus Sprüngen mit unterschiedlichen inneren Quantenzahlen zu bezeichnen. Diese Nomenklatur wird nur für die K-Strahlung konsequent durchgeführt, in Bild 2.5 ersichtlich. Bei L- und M-Strahlung wird dann schon inkonsequent verfahren, ebenfalls in Bild 2.5 ersichtlich.

Die K-Strahlung ist für ein chemisches Element immer die energiereichste Strahlung.

Dabei tritt die K_α-Strahlung immer als ein Doublet aus $K_{\alpha 1}$ und $K_{\alpha 2}$ auf. Für die Röntgenbeugung findet die K-Strahlung der Metalle Cr, Fe, Co, Ni, Cu und Mo Anwendung. Will man die charakteristische K-Strahlung anregen, muss man an eine Röntgenröhre

Tabelle 2.3: K_α-Wellenlängen, Absorptionskanten in [nm] und notwendige Anregungsspannung dieser aus [132, 85]

Z	$K_{\alpha 1}$	$K_{\alpha 2}$	$K_{\beta 1}$	$K_{\alpha\ mittel}$	Absorptionskante K	$U_{Ch\ Anr.}$ in [kV]
Cr	0,228 972 63	0,229 365 13	0,208 488 81	0,229 103 46	0,207 020 0	5,98
Mn	0,210 185 43	0,210 185 43	0,191 021 64	0,210 185 43	0,189 636 0	6,54
Fe	0,193 604 13	0,193 997 33	0,175 660 55	0,193 735 20	0,174 346 0	7,11
Co	0,178 899 61	0,179 283 51	0,162 082 63	0,179 027 58	0,160 815 0	7,71
Ni	0,165 793 01	0,166 175 61	0,150 015 23	0,165 920 54	0,148 807 0	8,33
Cu	0,154 059 295	0,154 442 745	0,139 223 46	0,154 187 112	0,138 059 0	8,98
Mo	0,070 930 00	0,071 359 00	0,063 228 80	0,071 073 00	0,061 978 0	20,0
Ag	0,055 940 75	0,056 379 80	0,049 706 90	0,056 087 10	0,048 589 0	25,5
W	0,020 901 00	0,021 382 80	0,018 437 40	0,021 061 60	0,017 833 0	69,5
Au	0,018 019 50	0,018 507 50	0,015 898 20	0,018 182 17	0,015 359 3	80,8
	relative Intensitäten der Übergänge					
	100 %	50 %	15 – 30 %			

mindestens die charakteristische Anregungsspannung U_{Ch} anlegen, die sich entsprechend Gleichung 2.4 ergibt.

$$U_{Ch}\ [kV] = \frac{1{,}238}{\lambda_K\ [nm]} \tag{2.9}$$

λ_K ... ist die K-Absorptionskante des Anodenmaterials

Entsprechend der möglichen Elektronenenergieübergänge wird damit eine K_β- und ein K_α-Dublett erzeugt. Auf Grund der unterschiedlichen Besetzungszustände, der unterschiedlichen Abschirmwirkungen und der Anzahl der Elektronen auf den inneren aufgespaltenen Hauptschalen und der möglichen unterschiedlichen Sprungwahrscheinlichkeiten ergeben sich für die einzelnen Röntgenquanten bei Betrachtung einer großen Zahl von Übergängen unterschiedliche Intensitäten der Einzelstrahlungsanteile, Tab. 2.3.

Ist die angelegte Spannung an eine Röntgenröhre kleiner als die charakteristische Spannung, treten keine charakteristischen Röntgenlinien auf. Ist die Spannung größer als U_{Ch}, dann treten alle Linien der betreffenden Serie auf. Damit wird auch deutlich, dass es notwendig ist, die Absorptionskante auf die energiereichere Beta-Strahlung zu beziehen. Die Intensität der charakteristischen Strahlung ist eine Funktion der angelegten Hochspannung U_A, Gleichung 2.10. Da in dieser Gleichung auch die charakteristische Anregungsspannung U_{Ch} enthalten ist, ergibt sich eine Anodenmaterialabhängigkeit (Ordnungszahl Z) der Intensität. Weitere Betrachtungen findet man im Kapitel 2.6.

$$I_{Char} = const. \cdot i \cdot (U_A - U_{Ch})^n = const. \cdot P \cdot \frac{(U_A - U_{Ch})^{3/2}}{U_A} \qquad n \approx 1{,}5 \tag{2.10}$$

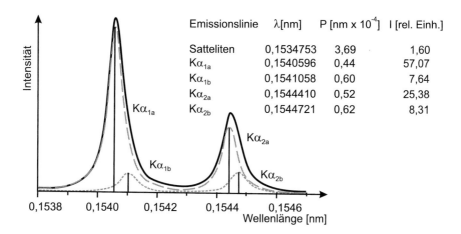

Bild 2.6: K_α Emissionslinie, nachgebildet durch Summe aus 4 LORENTZfunktionen [42, 85, 50]

Für einige wichtige Anodenmaterialien sind die gemessenen charakteristischen Wellenlängen und die relativen Intensitäten aus [132] und [85] zusammengestellt. Im Zeitalter der SI-Einheiten ist es üblich, diese Wellenlängen in Nanometern [nm] anzugeben. Dabei ist hier nicht zu beanstanden, dass sechs bis acht Nachkommastellen angegeben werden.

In vielen älteren Büchern, bei Kristallographen, bei Mineralogen und in der angelsächsischen Literatur wird oft noch die nicht Si-Einheit Angström Å (10 Å = 1 nm) verwendet. In noch älteren Büchern und aus der »Urzeit« der Röntgentechnik wird die Einheit [KX] verwendet. Die (2 0 0) Netzebene des Steinsalzes sollte einen Abstand von 2,814 KX bei einer Temperatur von 18 °C haben. Fälschlicher Weise wird oft in der Literatur vor 1947 für ein Angström 1 Å = 10^{-10} m die Einheit KX gesetzt. Spätere Nachmessungen ergaben eine Abweichung vom metrischen System, so dass man um 1948 als Umrechnung angab: 1 KX = 0,100 202 nm. Um 1968/69 wurde diese Umrechnung von BEARDEN nochmals auf jetzt 1 KX = 0,100 206 nm korrigiert. In den Neuauflagen des Tabellenbuches [132] fehlt aber diese Umrechnung nach wie vor und die Angaben der Wellenlängen sind immer noch in [KX]. Dies wird begründet, dass die Emission nur mit einer Genauigkeit von maximal 10^{-5} nm und die Absorptionskante nur mit einer Genauigkeit von nicht mehr als 10^{-3} nm bestimmt werden kann.

Auf Grund der Abschirmeffekte ergeben sich auch geringe Differenzen in den Wellenlängen im 10^{-6} nm Bereich zwischen gemessenen Wellenlängen, Tabelle 2.3 und berechneten Wellenlängen entsprechend Gleichung 2.4 und unter Verwendung der Ionisationsenergie nach Tabelle 2.2. Hölzer [85] gibt neuere Werte für die Wellenlänge an. Er berücksichtigt dabei Mehrfachübergänge. In Tabelle 2.3 sind die Wellenlängen der Strahlung für Cr, Mn, Fe, Co, Ni und Cu dieser Arbeit entnommen. Bei vielen Untersuchungen mit charakteristischer K_α-Strahlung wird auf Grund der geringen Wellenlängenunterschiede mit einer gewichteten mittleren Wellenlänge gearbeitet, Gleichung 2.11. Die geringen Wellenlängenunterschiede sind oft nicht deutlich ersichtlich. Es wird trotz dieser zwei Wellenlängen oft aber von monochromatischer Strahlung gesprochen.

$$\lambda_{\alpha m} = \frac{2 \cdot \lambda_1 + \lambda_2}{3} \qquad (2.11)$$

Betrachtet man die genaue Emissionsverteilung der Röntgenlinien, dann haben neuere Untersuchungen gezeigt [42, 85], dass man das K_α Doublet als eine Summe von vier LORENTZfunktionen mit asymmetrischem Schwerpunkt auffassen kann, Bild 2.6. Ursache sind z.T. mehrfache Ionisationen und damit Verschiebungen in der Energielage der Vakanzen. Dies passiert, wenn neben der Vakanz $1s \rightarrow 2p$ noch eine $3d$ Vakanz auftritt. Dieser als $1s3d \rightarrow 2p3d$ bezeichnete Übergang ist zu ca. 30 % an der K_α Emission beteiligt und führt zu den Asymmetrien im Peakemissionsprofil. Dieses jetzt genau bekannte Emissionsprofil wird in der Fundamentalparameteranalyse, Kapitel 8.5, berücksichtigt.

2.2.3 Optimierung der Wahl der Betriebsparameter

Je nach Art des Beugungsexperimentes ist es notwendig, entweder mit kontinuierlicher Strahlung oder mit monochromatischer Strahlung zu arbeiten.

Für Einkristalluntersuchungen in klassischer LAUE-Anordnung, Kapitel 9.2, arbeitet man meist mit kontinuierlicher Strahlung.

Entsprechend Bild 2.7 muss man für ein kontinuierliches Spektrum ohne charakteristische Strahlung ein Anodenmaterial mit hoher Ordnungszahl und hoher Anregungsspannung für charakteristische Strahlung auswählen. Wolfram ist hier erste Wahl, da bis zu Anodenspannungen von knapp 70 kV keine charakteristische Strahlung auftritt. Goldanoden sind zu teuer und die niedrigere Schmelztemperatur des Goldes verlangt viel aufwändigere Kühlmaßnahmen. Setzt man Materialien mit kleinerer Ordnungszahl als Anodenmaterial ein, entsteht je nach Anregungsspannung, siehe Tab. 2.3, ein überlagertes Spektrum. Bei gleicher Anodenspannung aber unterschiedlicher Ordnungszahl Z_1 und Z_2, Bild 2.7, kann sich das charakteristische Spektrum im Bremsstrahlungsmaximum oder im langwelligeren Ende befinden.

Bei Beugungsuntersuchungen mit polykristallinem Material arbeitet man meist monochromatischer Strahlung. Die charakteristische Strahlungsintensität sollte möglichst groß sein bei einem vergleichsweise geringen Bremsstrahlungsanteil. Dies ist durch eine Erhöhung der Anodenspannung, die zu einer überproportionalen Erhöhung der Intensität des charakteristischen Spektrums führt, Gleichung 2.10, möglich.

$$\frac{I_{Char}}{I_{Brems}} = const. \cdot \frac{(U_A - U_{Ch.})^{3/2}}{Z \cdot U_A^2} \qquad (2.12)$$

Gleichzeitig ist aber zu beachten, dass mit der Erhöung der Anodenspannung auch die Intensität der Bremsstrahlung steigt und eine Verschiebung des Bremsstrahlungsmaximums auftritt, Gleichung 2.5. Setzt man die Gleichungen 2.6 und Gleichung 2.10 ins Verhältnis mit dem Ziel der Maximierung der charakteristischen Strahlungsanteile, Gleichung 2.12, dann wird deutlich, dass das Maximum für eine optimale Anodenspannung U_A bei ca. $4 \cdot U_{Ch}$ liegt. Dort ist das Verhältnis aus Intensität charakteristische Strahlung zur Intensität der Bremsstrahlung am größten, Bild 2.8a.

2.2 Das Röntgenspektrum   17

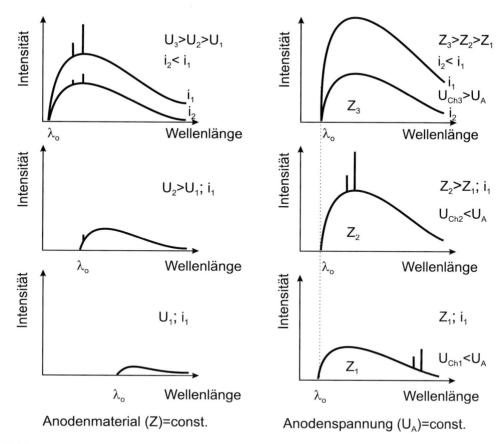

Bild 2.7: Unterschiedliche Röntgenspektren als Funktion der Anodenspannung U_A und der Ordnungszahl Z des Anodenmateriales

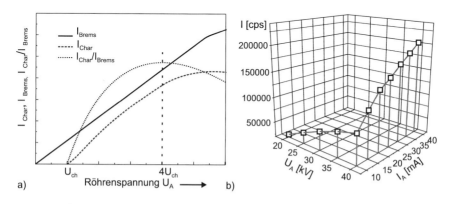

Bild 2.8: a) Prinzipieller Verlauf der Intensitäten Bremsstrahlung und charakteristische Strahlung b) gemessene Maximalintensitäten von charakteristischer Kupfer-Strahlung als Funktion der Generatoreinstellung

Charakteristische Strahlung tritt erst bei Überschreitung der chrakteristischen Anregungsspannung auf, die ja entsprechend Tabelle 2.3 einer Beta-Anregung entspricht. Für die am meisten in der Diffraktometrie verwendete Kupferstrahlung bedeutet das, dass die Hochspannung auf 36 kV bzw. aufgerundet auf 40 kV eingestellt wird. Die Stromstärke zur weiteren Steigerung der Intensität wird dann meist auf 85 % der maximalen Verlustleistung der Röntgenröhre bzw. auch auf eine maximal linear verarbeitbare Impulszahl, siehe Kapitel 4.5 eingestellt.

Im Bild 2.8b sind die gemessenen Intensitäten von Nickel-gefilterter Kupferstrahlung im Nulldurchgang durch einen 100 µm Glasspalt dargestellt. Analysiert man die normierten Flächen unterhalb der gemessenen Intensitätsverteilung jeweils von 20 – 40 mA bzw. kV, dann ergeben sich bei Annahme einer Polynomfunktion zweiten Grades die folgenden Abhängigkeiten:

$$f(U_A) = -0{,}014x^2 + 0{,}1919x - 2{,}2978 \tag{2.13}$$

$$f(I_A) = -0{,}00008x^2 + 0{,}0334x + 0{,}357 \tag{2.14}$$

Bei Verdopplung der Röhrenspannung erhöht sich die gemessene Intensität der charakteristischen Kupferstrahlung um den Faktor 3,21, bei Verdopplung des Röhrenstromes ergibt sich ein Faktor von 1,56. Die Abweichungen von den theoretischen Verhältnissen sind auch der Messtechnik geschuldet, da es schwierig wird, die Intensitäten über große Bereiche linear zu messen, siehe Kapitel 4.5. Berechnet man die Faktoren bei Verdopplung des Stromes von 10 mA auf 20 mA, dann ergibt sich ein Faktor von 1,81.

2.3 Wechselwirkung mit Materie

Strahlungsausbreitung ist mit dem Transport von Energie verbunden. Die Ausbreitung der Strahlung ist an keinerlei Materie gebunden. Trifft aber die Strahlung mit Materie zusammen, treten Wechselwirkungseffekte auf. Die Energie und Intensität der Strahlung wird dabei geschwächt, ebenso die Ausbreitungsrichtung der Strahlung abgeändert, gestreut. Dieser Schwächungsvorgang wird Absorption genannt. Streuung bezeichnet den Vorgang, wenn eine Welle oder ein Teilchenstrahl auf Materie trifft, es zur Wechselwirkung kommt und der Strahl eine Ablenkung erfährt. Bei Wellenstrahlung treten Streueffekte auf. Man unterscheidet:

- *eleastische Streuung*, bei der die Frequenz der Sekundärwelle unverändert gegenüber der einlaufenden Welle bleibt. Die Röntgenbeugung ist ein typischer eleastischer Streuprozess. Diese Wechselwirkungsprozesse sind Gegenstand des Kapitels 3.
- *inelastische Streuung*, bei der die Frequenz von der Primärwelle zu der Sekundärwelle sich verändert. Ursache sind dabei Anregungsprozesse in der bestrahlten Materie, die meist quantenhaften Charakter haben.
- *kohärente Streuung*, wenn die Sekundärwelle in einer festen Phasenbeziehung zu der Primärwelle steht,
- *inkohärente Streuung*, wenn keine feste Phasenbeziehung zwischen Primär- und Sekundärwelle auftritt.

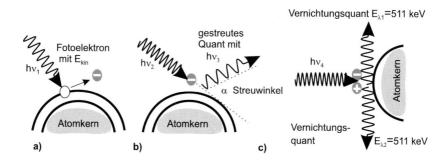

Bild 2.9: Streueffekte – a) Fotoabsorption b) Comptoneffekt c) Paarbildungseffekt

Absorptionsvorgänge sind stark materialabhängig. Die Ordnungszahl bzw. die Dichte ist dabei die entscheidende Größe. Hinzu kommt eine starke Energieabhängigkeit. Ebenso ist zu beachten, dass durch die Wechselwirkung mit der Strahlung eine Eigenstrahlung/Fluoreszenzstrahlung entsteht, die zu Überlagerungen bei den Absorptionseigenschaften führt.

Für die Wechselwirkungsprozesse unterscheidet man die folgenden Arten der Absorption, die angefangen bei niedrigen Energien zu höheren Energie parallel ablaufen können und in den Bildern 2.9 und 2.10 dargestellt sind.

- *Fotoabsorption*, Bild 2.9a;
- *Fluoreszenz*, Bild 2.10
- *Comptonstreuung*, Bild 2.9b;
- *Paarbildungseffekte*, Bild 2.9c

Bei niedrigen Strahlungsenergien $h \cdot f_1$ wird eine Energieübertragung auf ein Hüllenelektron einer äußeren Schale bewirkt. Das austretende freie Elektron hat eine kinetische Energie, das Wechselwirkungsatom wird ionisiert. Dies ist der Fotoeffekt. Dieser Effekt wird u.a. bei den Detektoren für Strahlung ausgenutzt.

Inelastische und elastische Streuprozesse treten noch in Form der Fluoreszenz auf. Die Fluoreszenz ist in jedem Fall inkohärent. Atome in einer Gasphase existieren nur in definierten Atomzuständen. Fällt eine Strahlung mit einer Energie auf ein Atom im Normalzustand, kann es durch die Energieübertragung in den angeregten Zustand E_2 übergehen, Bild 2.10a. Nach einer Verweilzeit von durchschnittlich 10 ns im angeregten Zustand wird Strahlung mit der gleichen Frequenz emittiert. Es besteht keine feste Phasenbeziehung zwischen Primär und Sekundärwelle, die Strahlung ist inkohärent.

Im Festkörper wird von den dort befindlichen Atomen ebenfalls Strahlungsenergie aufgenommen, ein Atom geht vom Zustand E_1 in den Zustand E_3. Das Atom absorbiert die Strahlungsenergie, geht aber nach einer Verweildauer in einen Zwischenzustand E_2, die Energieabgabe ist hier meist Wärme, und geht dann über Aussendung eines Quantes mit größerer Wellenlänge als die Primärwellenlänge in den Grundzustand. Dies ist ein inelastischer und inkohärenter Übergang. Die Wellenlängen sind größer als die Atomdurchmesser, Bild 2.10b.

Bei höheren Strahlungsenergien bzw. Wellenlängen der Strahlung im Größenbereich der Atomdurchmesser kommt es zur Wechselwirkung mit den freien Elektronen (Elek-

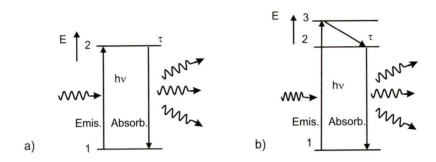

Bild 2.10: a) Fluoreszenz bei Gasen b) Fluoreszenz bei Festkörpern

tronen im Leitungsband). Dies wird als Comptonstreuung bezeichnet. Die Streuung ist kohärent und inelastisch. Da die Quantenenergie der Röntgenstrahlung so groß ist, dass die Bindungsenergie der Elektronen vernachlässigt werden kann, wird der Vorgang der Comptonstreuung auch als elastischer Stoß zwischen einem Photon und einem praktisch freien Elektron verstanden. Die in eine bestimmte Richtung abgelenkte Strahlung hat eine Wellenlängendifferenz $\Delta\lambda$ von:

$$\Delta\lambda = \lambda' - \lambda = \frac{h}{m_o \cdot c}(1 - \cos\alpha) \qquad (2.15)$$

Wenn die Energie der einfallenden Strahlung die doppelte Ruheenergie (511 keV) eines Elektrones ($2 \cdot m_o \cdot c^2$) übersteigt, kann es im elektrischen Feld eines Atomkernes zu einer Bildung eines so genannten Elektron-Positron-Paares kommen. Die einfallende Strahlung ist damit vernichtet. Das Paar hat noch eine entsprechende kinetische Energie und nur eine begrenzte Lebensdauer. Kommt das Paar zur »Ruhe«, dann ist die Wahrscheinlichkeit eines Zerfalles sehr groß und es bilden sich auf Grund des Impulserhaltungssatzes zwei Vernichtungsquanten mit entgegengesetzter Richtung und mit einer Quantenenergie von jeweils 511 keV. Dieser Bildungs- und Zerfallsprozess ist der entscheidende Absorberprozess für Quantenenergien größer 2 MeV.

Die Schwächung bzw. Absorption der Intensität der Röntgenstrahlung kann nach Gleichung 2.16, auch oft als Gesetz nach BEER-LAMBERT, beschrieben werden.

$$I = I_o e^{-(\frac{\mu}{\varrho}) \cdot \varrho \cdot s} \quad \text{bzw.} \quad \mu = s^{-1} \cdot \ln\frac{I_o}{I} \qquad (2.16)$$

mit
- I = Intensität nach Durchgang durch Material
- I_o = Ausgangsintensität
- s = Weglänge im Material [cm]
- $(\frac{\mu}{\varrho})$ = Massenabsorptionskoeffizient [cm$^2 \cdot$ g^{-1}]
- μ = linearer Schwächungs- bzw. Absorptionskoeffizient [cm^{-1}]

Der Massenbsorptionskoeffizient ist eine Funktion des Materials (Z) und der Energie der Röntgenstrahlung [4]. In dem Massenabsorptionskoeffizienten (μ/ϱ) sind alle Absorptionserscheinungen als Linearkombination enthalten.

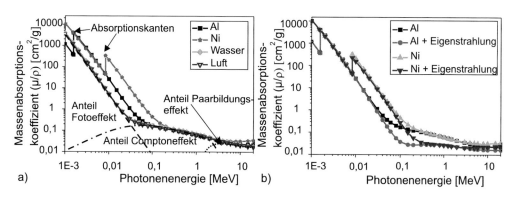

Bild 2.11: Massenschwächungskoeffizient als Funktion der Photonenenergie a) für Aluminium, Nickel, Wasser und Luft b) Berücksichtigung des Eigenstrahlanteils nach [83]

$$\left(\frac{\mu}{\varrho}\right) = \left(\frac{\mu}{\varrho}\right)_{Foto} + \left(\frac{\mu}{\varrho}\right)_{Compton} + \left(\frac{\mu}{\varrho}\right)_{Paar} \tag{2.17}$$

Bild 2.11a zeigt die Enegieabhängigkeit des Massenschwächungskoeffizienten für Aluminium, Nickel, Wasser und Luft [83]. Für Wasser sind ungefähr auch die Anteile entsprechend Gleichung 2.17 an dem Massenschwächungsfaktor eingezeichnet. Deutlich erkennbar sind weiterhin die Absorptionskanten bei den reinen Elementen Aluminium und Nickel. Bei Strahlung mit diesen Energien wird das Material partiell durchlässiger für Strahlung dieser speziellen Energie. Dies ist auf eine Entstehung von chrarakteristischer Röntgenstrahlung mit diesen Wellenlängen/Energien zurückzuführen, die der Absorption entgegensteht. Diese Kanten bzw. ihre Energielagen entstehen elementspezifisch für jedes Material und treten bei den Wellenlängen bzw. Energien auf, wie sie z.B schon in Tabelle 2.3 genannt worden sind. In Bild 2.11b sind für den Massenschwächungskoeffizienten die Anteile der Eigenstrahlung mit berücksichtigt worden. Jedes emitierte Teilchen bei einer Photonenwechselwirkung hat auch eine kinetische Energie, die wiederum Wechselwirkungsprozesse auslösen kann und somit auch wiederum Eigenstrahlung erzeugen kann. Hierbei ist jedoch festzustellen, dass dies erst bei der hochenergetischen Strahlung ins Gewicht fällt. Dies ist besonders dann wichtig, wenn es um Strahlenschutzmaßnahmen geht. Abschirmmaßnahmen für hochenergetische Teilchenstrahlen dürfen deshalb nicht als Primärabschirmer aus Materialien mit schweren Ordnungszahlen bestehen, da sonst dort erhöhte Eigenstrahlung (Wellenstrahlung) erzeugt wird, die dann nur über noch dickere Abschirmungen abgeschwächt werden kann. Eine Kombination aus z. B. Kunststoffmaterialien, wo die Teilchenstrahlung erst Energie verliert bzw. schon »stecken« bleibt, und dann erst Maßnahmen zur Abschirmung von Wellenstrahlung ist strahlentechnisch günstiger als nur »viel Blei«.

Um den Schwächungscharakter von Materialien vergleichen zu können, führt man eine *Halbwertsdicke* $d_{1/2}$ bzw. HWS ein. Nach Durchgang der Strahlung durch diese Dicke aus dem jeweiligen Material ist die Intensität der Strahlung auf die Hälfte abgefallen.

$$HWS = d_{1/2} = \frac{\ln 2}{\mu} = \frac{0{,}693}{\mu} \tag{2.18}$$

Eine zehnmal so dicke Platte lässt nur noch 0,19 % ($2^{-10} = 1/1024$) der Strahlungsintensität durch.

Zwischen dem linearen Absorptionskoeffizienten μ und dem Massenschwächungskoeffizienten besteht nur der Unterschied, dass der Massenschwächungskoeffizient eine Dichte bezogene Größe ist, also μ/ϱ gilt. Die Multiplikation des Massenschwächungsfaktor mit der Dichte des Materials führt zum linearen Absorptionskoeffizienten. Bei bekannter chemischer Zusammensetzung kann man aus den elementabhängigen Massenschwächungskoeffizienten und dem Gewichts- oder Atomprozentanteil den zusammengesetzten Massenschwächungskoeffizienten errechnen.

$$\left(\frac{\mu}{\varrho}\right) = \sum \left(x_i \left(\frac{\mu}{\varrho}\right)_i\right) \; mit \; \sum x_i = 1 \tag{2.19}$$

Für monoenergetische bzw. monochromatische Röntgenstrahlung kann man zur groben Abschätzung zur Bestimmung des linearen Absorptionskoeffizienten μ die Gleichung 2.20 heranziehen, mit K materialabhängige Konstante.

$$\mu \approx K\lambda^3 \tag{2.20}$$

Beim praktischen Einsatz ist die Schwächung der Röntgenstrahlung in Luft nicht zu vernachlässigen. In Diffraktometern treten Abstände von bis zu einem Meter und mehr vom Röntgenstrahlaustrittsort bis zum Detektor auf. Für drei gebräuchliche charakteristische Strahlungen aus Chrom, Kupfer und Molybdän wird entsprechend der Zusammensetzung von Luft mittels Gleichung 2.19 der Massenschwächungskoeffizient und die Halbwertsdi-

Tabelle 2.4: Berechnung der Massenschwächungskoeffizienten für Luft und verschiedene charakteristische Strahlungen nach [18]

Z	Vol%	x_i	CrK$_\alpha$	CuK$_\alpha$	MoK$_\alpha$	CrK$_\alpha$	CuK$_\alpha$	MoK$_\alpha$	Litergewicht [g]
N$_2$	78,11	0,7551	23,9	7,5	0,916	18,04	5,678	0,692	1,2505
O$_2$	20,96	0,2315	36,6	11,5	1,310	8,47	2,662	0,303	1,4289
Ar	0,928	0,0128	366,0	123,0	13,500	4,70	1,581	0,173	1,7839
Luft			$(\mu/\varrho)_i$[cm^2/g]			$(\mu/\varrho)_i x_i$			
					$\sum \mu/\varrho$	31,21	9,921	1,168	1,2938
				μ (0 °C) [cm^{-1}]		0,0404	0,0128	0,00151	
			Halbwertslänge (0 °C)			17,2 cm	54,2 cm	4,59 m	
			Wellenlänge			Cr Kα	Cu Kα	Mo Kα	
			λ [nm]			0,22910346	0,154187112	0,07107	

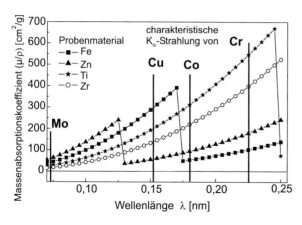

Bild 2.12: Verlauf der Absorption als Funktion der Wellenlänge und Lage der charakteristischen Strahlung

cke nach Gleichung 2.18 errechnet. Die Massenschwächungskoeffizienten für die einzelnen Strahlungen und Elemente sind [132] entnommen.

Bei Verwendung von Chromstrahlung, die für Eisenwerkstoffe günstiger ist, siehe Bild 2.12, ist bei einem Diffraktometer mit einem Radius von 25 cm die Strahlungsintensität am Detektor ohne Beugungs- und Streuverluste allein durch Luftabsorption nur noch 13,2 % der am Röntgenfokus abgestrahlten Intensität.

Ein weiterer Gesichtspunkt bei der Wahl der Strahlung kommt hinzu. Man muss immer beachten, wie die Wechselwirkung zwischen der zu untersuchenden Probe und der eingesetzten Röntgenstrahlung ist. Es kommt immer zur Absorption von Röntgenstrahlung in der Probe. Wie in den vorangegangenen Ausführungen ausgiebig erläutert, ist die Absorption stark massezahlabhängig. So ist die Absorption von Röntgenstrahlung immer am stärksten bei Elementen mit Ordnungszahlen unterhalb des gerade verwendeten Anodenmaterials. Ist die Absorption groß, dann ist auch die Fluoreszenstrahlung groß und hebt den Untergrund an. In dem Bild 2.12 sind für die Probenmaterialien Eisen, Zink, Titan und Zirkon die Massenabsortionskoeffizienten als Funktion der Wellenlänge der Röntgenstrahlung aufgetragen. Für die charakteristische K_α Strahlung von Molybdän, Kupfer, Kobalt und Chrom sind die Wellenlängen mit eingezeichnet. Hier erkennt man, dass die Absorption einer Eisenprobe, gemessen mit Kupferstrahlung, deutlich höher ist, als die Absorption mit der etwas energieärmeren und langwelligeren Strahlung von einer Kobaltanode. Die Wahl der Strahlung ist also entscheidend für das spätere Ergebnis des Beugungsexperimentes. Die Strahlung und das Probenmaterial im Zusammenspiel müssen so gewählt werden, dass möglichst viel Intensität auf die Probe fällt und wenig Intensität auf dem Weg in der Beugungsanordnung durch Luftstreuung verloren geht, die Absorbtion gering ist und damit auch wenig störende Fluoreszenzuntergrundstrahlung erzeugt wird. Die kurzwellige Molybdänstrahlung hat auch Nachteile. Die Genauigkeit der Beugungspeakbestimmung wird verschlechtert, da die Beugungspeaks alle auf kleine Winkel hin verschoben werden, Kapitel 3. Man sollte immer vor einem neuen Experiment sich die Absorptionsverhältnisse und die Eindringtiefen der Röntgenstrahlung, Gleichung 3.98, je nach Beugungsanordnung errechnen.

Aufgabe 1: Schwächungsverhalten von Kupferfolien

Berechnen Sie die Dicke d einer Kupferfolie, die Kupfer-K_α-Strahlung mit dem Schwächungsfaktor $S_G = 10$; 100 und 10 000 schwächt. Berechnen Sie den Schwächungsfaktor für Kupferfoliendicken von 50; 100; 102; 105 und 200 µm bei gleicher Strahlung. Massenschwächungskoeffizient $53{,}7\,\text{cm}^2\text{g}^{-1}$, Dichte Kupfer $8\,920\,\text{kgm}^{-3}$ nach [132].

2.4 Filterung von Röntgenstrahlung

Die Filterung von Röntgenstrahlung ist notwendig, um das Gesamtspektrum der Röntgenstrahlung je nach Anwendungsfall auf entweder die charakteristische Strahlung oder auf das Bremsspektrum zu beschneiden. Es werden dazu Absorptionserscheinungen oder Beugungserscheinungen ausgenutzt. Die einfachste Art der Filterung ist es, einen Absorber in den Strahlengang zu stellen. So reicht z. B. ein ca. 3 mm dickes Aluminiumplättchen im Strahlengang, entsprechend dem Bild 2.11 aus, die niederenergetischen Bereiche besonders stark zu schwächen und nur die kurzwelligen Bremsstrahlanteile hindurch zu lassen. Man spricht bei dieser Methode von einer Aufhärtung der Strahlung und setzt dies bei der Einkristallbeugung oder bei den Röntgengrobstrukturverfahren ein, Bild 2.13a.

Zur Erzeugung von weitgehend monochromatischer Strahlung setzt man Absorptionsfilter ein. A.W. HULL entwickelte um 1917 in den USA diese Methode. Man nutzt dabei aus, dass dünne Folien beim Strahldurchgang genau die Energieanteile besonders stark absorbieren, in deren Nähe sie selbst emitieren würden. Die absorbierte Energie der einfallenden Strahlung führt zum Herausschlagen von Elektronen auf unteren Energieschalen, genau so wie im Prozess in Bild 2.5, nur dass jetzt im Unterschied nicht Elektronen eingeschossen werden, sondern Röntgenstrahlung absorbiert wird. Es kommt dann zur Aussendung von charakteristischer Röntgenstrahlung (Fluoreszenzstrahlung) entsprechend der Wellenlängen des Filtermaterials. Kennzeichnend für diesen Vorgang ist die Ausbildung der Apsorptionskante. Die ablaufenden Vorgänge sind ähnlich denen aus dem FRANK-HERZ-Versuch für höhere Energieniveaus.

Im Periodensystem der Elemente weisen benachbarte Elemente ähnliche Eigenschaften auf, dies trifft auch für die Energielagen der einzelnen Elektronenschalen zu. Verwendet man als Filtermaterial ein chemisches Element, welches im Periodensystem genau

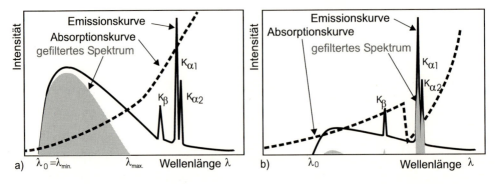

Bild 2.13: Filterung von Röntgenstrahlung a) Aufhärtung der Strahlung b) Monochromatisierung durch selektive Metallfilter

2.4 Filterung von Röntgenstrahlung

Tabelle 2.5: Auswahl an selektiven Metallfiltern und Angabe von Dicken für K_β Schwächung

Anode	K-Serie U_{Ch} [kV]	emit. $K_{\alpha m}$ [nm]	$K\beta$- Filter	Dicken für 1% 0,2% [µm]		K_α Verlust [%] 1% 0,2%		K-Absorptions- kante [nm]	Filter 2
Cr	5,989	0,229 10	V	11	17	37	64	0,226 92	Ti
Fe	7,111	0,193 735 0	Mn	11	18	38	53	0,189 65	Cr
Co	7,709	0,179 026 0	Fe	12	19	39	54	0,174 35	Mn
Ni	8,331	0,165 919 0	Co	13	20	42	57	0,160 82	Fe
Cu	8,981	0,154 184 1	Ni	15	23	45	60	0,144 881	Co
Mo	20,000	0,071 073 0	Zr	81	120	57	71	0,068 888	Y
Ag	25,500	0,056 087 1	Pd	62	92	60	74	0,050 92	Ru
			Rh	62	92	59	73	0,053 396	

eins bzw. zwei Elemente vor dem Anodenmaterial liegt, dann kommt es entsprechend Bild 2.13b zur starken Abschwächung des Bremsspektrums, der K_β Strahlung und der langwelligeren Bereiche. Die K_α Strahlung wird selektiv durchgelassen. Entsprechend Gleichung 2.16 kann man nun optimale Dicken für eine Filterung errechnen. Dies optimiert man so, dass möglichst viel K_α-Strahlung hindurchgelassen wird, die K_β Strahlung aber auf auf etwa 1% oder 0,2% abgeschwächt wird, Tabelle 2.5. Es ist unvermeidlich, dass somit auch die K_α-Strahlung geschwächt wird. Bei Mo-Strahlung und einem angestrebten 0,2% Zr-Beta-Filter schwächt man die K_α-Strahlung schon unvertretbar hoch mit 71%. Will man die K_β-Strahlung mit dieser Methode vollständig herausfiltern, dann

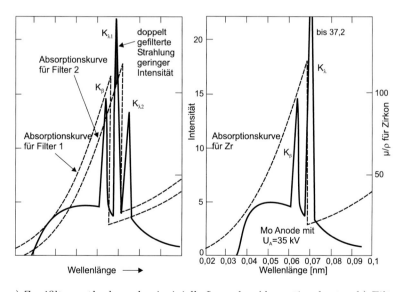

Bild 2.14: a) Zweifiltermethode und prinzipielle Lage der Absorptionskanten b) Filterung durch Überlagerung der Zirkon-Absorptionskurve mit der Molybdän-Emissionskurve

wird die Absorption der K_α Strahlung zu stark. Man hat zu wenig Nutzstrahlung – monochromatische Strahlung – mit genügend großer Intensität für das Beugungsexperiment.

> Röntgenstrahlung kann nur geschwächt werden. Jeder selektive Filter lässt damit immer noch einen gewissen Anteil der herauszufilternden Wellenlänge durch.

Im Kapitel 5 wird dann noch einmal auf die Erscheinungen und Auswirkungen der verbleibenden K_β-Reststrahlung auf die Beugungsexperimente eingegangen.

Eine Zwei-Filter Methode arbeitet mit zwei hinter einander eingebrachten selektiven Metallfiltern im Strahlengang, Bild 2.14a. Wenn man z. B. bei Cu-Strahlung den Ni-Filter noch um einen Co-Filter ergänzt, dann liegt die Absorptionskante des Kobalts zwischen der $K_{\alpha 1}$- und der $K_{\alpha 2}$-Strahlung. Somit kann man monochromatische Strahlung auf Kosten großer Intensitätsverluste an der Nutzstrahlung $K_{\alpha 1}$ bekommen.

In Bild 2.14b sind die Verläufe einer Röntgenemission aus einer Molybdänanode und die Absorptionskurve eines Zirkon-Plättchens maßstabsgerecht aufgezeichnet worden.

Die Methode des selektiven Metallfilters ist die älteste, billigste und zur Zeit noch häufigste eingesetzte Filterungsmethode. Auf wechselnde Strahlungsquellen, andere Röhrenanoden ist hier die Monochromatisierung mit Auswechseln des Filtermateriales erledigt. Neujustagen wie an einem Monochromatorkristall entfallen.

Die starke Schwächung der K_α-Strahlung, die meist verbleibende Doublettenstrahlung und die verbleibenden nicht erwünschten Reststrahlungsanteile führten zur Entwicklung weiterer Filterungsmethoden. Hier wird die Anwendung der Beugung an speziellen Kristallen und seit ca. 1993 die Beugung und Fokussierung an künstlich hergestellten Kristallen ausgenutzt. Diese Methoden werden im Kapitel 4 beschrieben.

Aufgabe 2:   **Schwächungsverhalten von Nickel für Kupferstrahlung**

Bestimmen Sie die Dicke d eines Nickelfilters für charakteristische Kupferstrahlung mit der Vorgabe, dass die K_α-Strahlung maximal um 50 % geschwächt wird. Schätzen Sie ab, um wieviel Prozent die K_β-Strahlung und das Maximum der Bremsstrahlung bei einer Anodenspannung von 40 kV geschwächt werden.
Massenschwächungskoeffizient μ/ϱ für Nickel für $K_\beta = 279\,\mathrm{cm^2 g^{-1}}$ bzw. $K_\alpha = 46{,}4\,\mathrm{cm^2 g^{-1}}$ und einer Dichte von $\varrho = 8{,}907\,\mathrm{g cm^{-3}}$.

2.5 Detektion von Röntgenstrahlung

Die Detektion kann über verschiedene Möglichkeiten und Wechselwirkunsprozesse erfolgen. Entdeckt wurde die Röntgenstrahlung an der Schwärzung von fotografischen Filmen.

Chemische Prozesse:

In den Filmschichten ist Silberbromid, AgBr, als Ionenkristall eingelagert. Ionisiert wird das Bromion. Das dabei freiwerdende Elektron rekombiniert mit dem Silberion und es entsteht atomares Silber, das als Störstelle im AgBr-Kristall eingebaut ist (latente Schwärzung). Der Prozess kann durch die folgende Reaktionsgleichungen 2.21 prinzipiell beschrieben werden.

Bild 2.15: a) Schichtenfolge von Röntgenfilmen b) Aufbauschema und Schichtenfolge von Verstärkungsfolien c) Röntgenfilmkastten – schematischer Aufbau

$$\text{Strahlenenergie} + Br^- \rightarrow Br + e^- \quad \text{und} \quad e^- + Ag^+ \rightarrow Ag \qquad (2.21)$$

Im fotochemischen Prozess wird das durch die Belichtung latent geschädigte Kristallit zu Ag reduziert. Daraus resultiert eine sehr hohe Verstärkung. Schließlich wird nach der Belichtung der restliche, nicht ausentwickelte AgBr fixiert. Ein Film kann durch Veränderung im Aufbau, Dicke und Konzentration der Silberbromidkristalle unterschiedlich empfindlich für Strahlungsenergien, als auch für sein Lateralauflösungsvermögen variiert werden. Die lateralen Auflösungsgrenzen eines Filmes hängen von der Größe der eingebauten Silberbromidkristalle ab – Körnung des Filmes. Die Schwärzung, ein logarithmischer Auftrag der Lichtdurchlässigkeit, als Funktion der Strahlenenergie bzw. der zeitlichen Dauer der Bestrahlung (Dosis) wird als Filmempfindlichkeit bezeichnet. Es gibt je nach Aufbau und Verwendungszweck verschiedene Filmempfindlichkeiten mit unterschiedlichen Schwärzungskurven. Auf den Träger (Polyester) wird zuerst eine Haftschicht aufgebracht, welche ein durchgängiges und gleichmäßiges Benetzen, sowie eine sichere Haftung der lichtempfindlichen Schicht sichert. Die Emulsion besteht aus den winzigen Silberbromid-Kristallkörnchen in Gelantine. In Röntgenfilmen ist der Bromgehalt meist höher als beim herkömmlichen fotografischen Film. Nach außen schützt eine Schutzschicht aus gehärteter Gelatine den Film vor mechanischen Beschädigungen. Im Gegensatz zu Fotofilmen sind bei Röntgenfilmen beidseitig Emulsionsschichten aufgebracht. Die weitaus stärker durchdringende Röntgenstrahlung reagiert mit beiden Schichten und somit wird die Empfindlichkeit verdoppelt. Der Film, Schichtaufbau Bild 2.15a, besteht aus sieben Schichten. Für eine praktische Auswahl einer Filmsorte ist der Verlauf des linearen Teils der Schwärzungskurve entscheidend, denn bei kleinen Dosen tritt die dosisunabhängige Schleierschwärzung und bei großen Dosen die Sättigung auf. Die Differenz zwischen Sättigung und Schleierschwärzung ergibt den möglichen Kontrast einer späteren Aufnahme. Bei Röntgenfilmen ist diese Differenz meist im Bereich $< 10^4$.

In Filmdosimetern zur Überwachung von möglichen Personendosen werden Filme unterschiedlicher Schwärzungsgradienten eingesetzt. Bei Filmen für die Röntgenbeugung sind vor allen Feinkörnigkeit und steile Schwärzungsgradienten gefragt, bei der Röntgengrobstruktur sollte der Schwärzungsverlauf möglichst flach verlaufen, um größere Dickenunterschiede und Materialunterschiede feststellen zu können.

Bei der bis heute nicht übertroffenen Detailauflösung des Röntgenfilmes ist seine geringe Empfindlichkeit gegenüber der energiereichen Strahlung ein Nachteil. Es werden Verstärkerfolien vor bzw. hinter den Film gelegt, Bild 2.15c. Röntgenstrahlen erzeugen

Fluoreszenzstrahlung im sichtbaren und UV-Bereich. Dieses Licht schwärzt die Emulsion zusätzlich. Für das sichtbare Fluoreszenzlicht ist die fotografische Emulsion viel empfindlicher. Verstärkerfolien sind prinzipiell nachfolgend aufgebaut, Bild 2.15b. Auf den Träger (stabiles, aber wenig absorbierendes Material wie Karton oder Kunststofffolie) wird eine Reflexionsschicht aufgetragen (weißes Pigment z. B. Titanoxid (TiO)). Darauf folgt die Leuchtstoffschicht. Den Abschluss bildet eine Schutzschicht aus transparentem Lack zur Vermeidung mechanischer Beschädigungen (Kratzer). Verstärkerfolien sind einseitig beschichtet. In der Leuchtstoffschicht wird die Röntgenstrahlung mit einem Quantenwirkungsgrad von ca. 40 % − 60 % in sichtbares, zusätzliches Fluoreszenzlicht umgewandelt, welches den Film erheblich stärker schwärzt.

In der Medizin wird häufig das so genannte Film-Folien-Systeme angewendet. Verstärkerfolie und Röntgenfilm bilden eine lichtdicht abgepackte, einfach zu handhabenden Anordnung. Ein Röntgenfilm wird in zwei, mit der Leuchtstoffschicht zum Film zeigenden Verstärkerfolien eingepackt und dann exponiert. So wird die fotografische Emulsion zweifach belichtet, einmal und zum weitaus geringsten Anteil (nur 5 %) durch die alle Schichten durchdringenden Röntgenstrahlen, und zum zweiten und überwiegenden Anteil (95 %) durch das sichtbare, von der Röntgenstrahlung angeregte Fluoreszenzlicht der Folien. Die Verstärkerfolien auf Fluoreszenzbasis verringern die Belichtungszeiten, verschlechtern jedoch die Auflösung, da die Fluoreszenzstrahlung meist eine größere laterale Auflösung hat, als die Filmkörnung.

In der Grobstrukturanalyse wird ein System Film-Verstärkerfolie aus zwei dünnen, ca. 50 µm dicken Bleischichten auf Papier und dem dazwischen liegenden doppelseitig beschichteten Röntgenfilm verwendet. Die Bleischicht filtert die langwelligere Strahlung weg. Es können dabei Ionisationsprozesse auftreten und Elektronen ausgesendet werden. Die hochenergetische Strahlung regt Blei zur Aussendung charakteristischer und von Fluoreszenzstrahlung an. Diese Strahlung und die Elektronen schwärzen den Film in dem anregenden Bereich stärker. Dies ist aber nur effektiv verwendbar, wenn die Energie der Röntgenstrahlung über der der Bleianregungsenergie liegt. Es muss nicht nur K- sondern kann auch L-Strahlung sein. Die Kontrastierung wird wieder besser, aber ebenfalls auf Kosten der Auflösung. In der Technik sind Belichtungszeiten von Röntgenfilmen bis zu Stunden möglich. Beachten muss man auch hier, dass die immer entstehende Streustrahlung bei solch langen Belichtungszeiten den Film gleichmäßig schwärzt und damit Kontrast verloren geht. Deshalb werden bei empfindlichen Aufnahmen in der Strukturanalyse mit Filmkameras die Aufnahmekammern evakuiert, also ein Vakuum erzeugt, um die Streustrahlung in Luft zu verhindern.

Ionisation von Gasen:

Je nach Gasart sind zur einfachen Ionisation von Gasen (Herausschlagen äusserer Hüllenelektronen) 3 − 40 eV Energie nötig. Trifft energiereiche Strahlung mit einer Energie $h \cdot f$ auf ein bestimmtes Gas mit einer mittleren Ionisationsenergie $\overline{E}_i$ in einem bestimmten Gasvolumen, dann werden durch die Wechselwirkung zwischen Gasatomen und Photonen eine durchschnittliche bestimmte Anzahl n an Gasatomen mit vorgegebenen Wahrscheinlichkeiten ionisiert. Dies ist beschreibbar mit der Gleichung 2.22.

$$n \approx \frac{h \cdot f}{\overline{E_i}} \qquad (2.22)$$

Das Gasatom wird meist durch den Fotoeffekt zum Ion, es wird ein Ion-Elektronen-Paar erzeugt. Das Elektron nimmt nahezu die gesamte Differenz zwischen Strahlungsenergie $h \cdot f$ und Ionisationsenergie $\overline{E_i}$ als kinetische Energie E_{kin} auf, Gleichung 2.23.

$$E_{kin} = h \cdot f - \overline{E_i} \qquad (2.23)$$

Das schnelle Elektron tritt nun selbst in dem Gasvolumen in inelastische Wechselwirkung und kann weitere Elektronen-Ionen-Paare bilden, bis die verbleibende kinetische Energie in mehreren Stößen nacheinander »aufgebraucht« ist. Als Resultat der Wechselwirkung wird eine bestimmte Anzahl an Elektronen-Ionen-Paaren proportional zur absorbierten Strahlungsenergie erzeugt. Die Lebensdauer dieser Elektronen-Ionen-Paare ist begrenzt. Die Paare rekombinieren relativ schnell wieder zu neutralen Atomen.

Wird an das Gasvolumen eine zusätzliche Hochspannung (Gleichspannung) angelegt, dann fließt ein Entladestrom, da die Elektronen in Richtung zur positiven Elektrode (Anode) und die Ionen in Richtung zur negativen Elektrode (Kathode) wandern. Ionen und Elektronen werden getrennt. Sie können bei geringen Feldstärken nur noch teilweise rekombinieren. Diesen Bereich nennt man den Sättigungsbereich. Die auf die Elektroden auftreffenden geladenen Teilchen erzeugen einen Ladungsstoß (Stromstoß) der Größe $dq = n \cdot e$. Die registrierbare Stromstärke bzw. der messbare Spannungsimpuls ist ein Maß für die Zahl der ionisierten Gasmoleküle. Dies ist prinzipiell der Aufbau eines Geiger-Müller Zählers. Abwandlungen davon sind die Proportionalzählrohre und Geräte zur Messung der Expositionsdosis, Kapitel 2.6 und 4.5. Aufbau von Auslöse- oder Proportionalzählrohren wird im Kapitel 4.5.1 beschrieben.

Phosphoreszenz:

Erzeugung von Lichtblitzen und Ausnutzung des nachfolgenden Fotoelektrischer Effekt, dies ist der Szintillationszähler, weiteres im Kapitel 4.5.

Erzeugung von Ladungsträgern in Halbleitern:

Die Energie des Röntgenquants wird über Mehrfachumwandlungen in Ladungsträgerpaare (Elektronen-Lochpaare) kaskadenförmig abgebaut. Es erfolgt eine wesentlich höhere Quanteneffizienz, da für übliche Röntgenquant-Energien dieser fast vollständig im Halbleiter absorbiert wird. Genauerer Aufbau und Arbeitsweise wird in Kapitel 4.5 dargelegt.

> Hochenergetische Strahlung ist mit menschlichen Sinnesorganen nicht detektierbar und auch nicht quantifizierbar. Menschliche Sinnesorgane können die Strahlenwirkungen nicht erfassen. Ionisierende Strahlung kann nur indirekt über Wechselwirkungseffekte nachgewiesen werden.

2.6 Energie des Röntgenspektrums und Strahlenschutzaspekte

Schon kurz nach der Entdeckung der Röntgenstrahlung 1895 und in Folge der sehr schnellen Verbreitung stellte man bei den Anwendern, als auch bei Arbeitern, die Röntgenröhren herstellten, gesundheitliche Schädigungen vor allen an den Händen fest. Die Energieübertragung der Strahlung auf biologische Gewebe ist ein komplexer Vorgang, bei dem es abhängig von der der Strahlungsenergie zu allen Absorptionseffekten, analog der in Kapitel 2.3 beschriebenen Wechselwirkungen, kommen kann. Diese Strahlungsabsorptionen können zu stochastischen Strahlenschäden als auch zu deterministischen Strahlenschäden führen. Deterministische Strahlenschäden sind solche, für die man mittlerweile genau kennt, wie sich applizierte Strahlen bekannter Dosen auf biologische Objekte konkret auswirken. Kennzeichnend für solche deterministischen Schäden ist eine so genannte Schwellendosis, ab der solche Schädigungsprozesse ablaufen. Stochastische Strahlenschäden hingegen sind zufällige Einzelwirkungen der Strahlungsabsorption an Chromosomen und am Träger der Erbinformationen, der DNA, die dann über Mutationen oder die Bildung von Karzinomen zeitlich versetzt auftreten können. Hier gibt es keine Schwellendosis. Eine exakte Trennung der Wirkung von natürlicher Strahlung oder von zivilisatorischer Strahlung ist aber unmöglich.

2.6.1 Quantifizierung der Strahlung

Als physikalische Messgröße der Strahlung dient die Energiedosis D. Sie ist definiert als Quotient aus der auf ein Material übertragenen Strahlenenergie dE, bzw. der Differenz der eintretenden Energie E_o und austretenden Energie E, bezogen auf ein Massenelement dm, Gleichung 2.24. Zu Ehren des englischen Physikers L. H. GRAY (1905-1965) wurde sie im SI-Einheitensystem nach ihm benannt. Als alte, nicht SI-Maßeinheit wurde früher das rad (*r*adiation *a*dsorbed *d*ose) verwendet. Die Umrechnung ist $1\,\text{rd} = 0{,}01\,\text{Gy}$ bzw. $1\,\text{Gy} = 100\,\text{rd}$.

$$D = \frac{dE}{dm} = \frac{E_o - E}{dm} \quad [D] = \frac{J}{kg} = Gy \tag{2.24}$$

Die Energiedosis ist die Fundamentalgröße der Dosimetrie, sie gilt in allen Strahlungsenergiebereichen und für alle Strahlungsarten. Im Allgemeinen ist sie auf Grund der geringen Energieübertragsbeträge durch ionisierende Strahlungen nicht direkt messbar. Bezogen auf eine Zeitgröße (Sekunde s; Stunden h oder Jahr a) ist als Energiedosisleitung $\dot{D}$ eine weitere Größe definiert.

Nur die absorbierte Energie innerhalb von Gewebe ist biologisch auch wirksam. Hochenergetische Strahlung aus der kosmischen Höhenstrahlung durchläuft unseren Körper weitgehend ohne Absorptionserscheinungen. Biologisch sind bei einer gleichen absorbierten Energiedosis bei zwei unterschiedlichen Strahlungsarten, z. B. Röntgen- und Alpha-Strahlen, starke Unterschiede erkennbar. Deshalb wird in der Strahlenschutzdosimetrie unter Berücksichtigung der Organenergiedosis $D_{T,R}$, der Strahlenart R über den Strahlenwichtungsfaktor w_R und den Gebewichtungsfaktor w_T die biologische Wirksamkeit als Organdosis H_T bzw. effektive Dosis E bzw. früher als Äquivalentdosis H eingeführt

[102, 174, 10, 8, 13]. In der Strahlenschutzverordnung [8] werden noch weitere Äquivalentdosen angegeben, die Personendosisleistungen $\dot{H}_P(0{,}07)$ bzw. $\dot{H}_P(10)$ und die Umgebungs-Äquivalentdosen $\dot{H}'(0{,}07)$ und $\dot{H}^*(10)$. Mit den Angaben (0,07) ist eine Dosis in 70 µm Tiefe und mit (10) in 10 mm Tiefe gemeint. Zur Unterscheidung der Maßeinheiten, da beide Größen eine Energie pro Masse verkörpern, wird jetzt die Organdosis H_T bzw. effektive Dosis E mit der Maßeinheit Sievert [Sv], zu Ehren des schwedischen Physikers R. M. SIEVERT (1896 – 1966), eingeführt. Bei Röntgen- und Gammastrahlen ist der Strahlenwichtungsfaktor $w_R = 1$. Damit sind für Röntgenstrahlen die Zahlenwerte der Energiedosis und der effektiven Dosis gleich. Früher wurde dies mit rem (*röntgen equivalent men*) angegeben. Wenngleich zwischen der heutigen effektiven Dosis E und der damaligen Äquivalentdosis mit der Maßeinheit rem auch noch Unterschiede in der Wirkungsweise und vor allem in der betrachteten Tiefe bestehen, so gilt auch hier näherungsweise als Umrechnung 1 rem = 0,01 Sv bzw. 1 Sv = 100 rem.

Eine messtechnische Hilfsgröße ist die Expositionsdosis X. Hier wird nicht die auf das Material übertragene Strahlenenergie gemessen, sondern die elektrische Ladung dQ, die aus Ionisationsprozessen im Detektor erzeugt wird. Definitionsgemäß gilt:

$$X = \frac{dQ}{dm} \quad [X] = \frac{As}{kg} = \frac{C}{kg} \quad (2.25)$$

Die SI-konforme Einheit Coulomb pro Kilogramm wurde früher durch die Einheit Röntgen R angegeben. Als Umrechnung gilt: $1\,R = 3{,}876 \cdot 10^3$ C/kg. Da die mittlere Arbeit $\overline{W}$ zur Ionisation eines Luftmoleküls unabhängig von Strahlart und Strahlenenergie eine physikalische Konstante ist, wird es möglich, aus der Expositionsdosis X die Energiedosis D_{Luft} für Luft zu bestimmen, Gleichung 2.26.

$$D_{Luft} = \frac{\overline{W}}{e} \cdot X \quad (2.26)$$

Die mittlere Ionisationsarbeit für Luft unter Normalbedingungen ist $\overline{W} = 33{,}85$ eV.

2.6.2 Gefährdungspotential von Röntgenquellen

Um die Auswirkungen der Strahlung auf den Menschen zu minimieren, sind schon seit 1913 staatliche Maßnahmen ergriffen worden. Gesetzlich ist die Anwendung von ionisierender Strahlung im Atomenergiegesetz [7] und in der Röntgen- [10] und der Strahlenschutzverordnung [8] geregelt. Dort sind für verschiedene strahlenexponierte Beschäftigungsgruppen, für Auszubildende und die Bevölkerung Grenzwerte einer maximal zulässigen Strahlenexposition aufgeführt, die bei Einhaltung deterministische Strahlenschäden sicher vermeiden. Der Ganzkörpergrenzwert von derzeit maximal 20 mSv/a für strahlenexponierte Personen der Kategorie A ist aus einer Minimierungsforderung von stochastischen Strahlenschadenwahrscheinlichkeiten aus der Berechnung des so genannten Detriments (einer statistisch gesicherten Lebensrestwahrscheinlichkeit bei Auftreten eines strahleninduzierten Karzinoms) in den letzten Jahren von 50 mSv/a auf den neuen Grenzwert von nun 20 mSv/a reduziert worden.

32   2 Erzeugung und Eigenschaften von Röntgenstrahlung

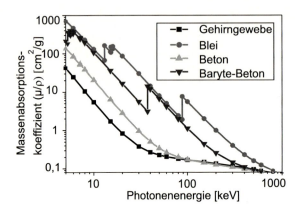

Bild 2.16: Massenschwächungskoeffizient als Funktion der Photonenenergie für Gehirngewebe, Blei und Betone

> Der Basisgrenzwert zur Minimierung stochastischer Strahlenschäden eines Beschäftigten der Kategorie A beträgt 20 mSv/a effektive Dosis. Dieser Wert ist zu unterschreiten. In Deutschland liegt die natürliche Strahlenbelastung bei 2,1 mSv/a. In der gleichen Größenordnung treten Erhöhungen durch zivilisatorische Strahlenanwendungen auf. 95 % davon entfallen auf die Anwendung von Strahlung in der Medizin.

Aufgabe 3:   Energieübertragung bei einer tödlichen Dosis

Wird ein Mensch mit durchschnittlichen Gewicht von 70 kg einer elektromagnetischen Strahlung ganzheitlich ausgesetzt, so ist eine absorbierte Energiedosis von über 7 Gy eine tödliche Dosis. Berechnen Sie bei einem solchen als schwerer Unfall einzuschätzen Ereignis die mögliche Erwärmung dieses Körpers. Zur Vereinfachung wird angenommen, dass der Körper aus Wasser besteht. Diskutieren Sie Möglichkeiten des Nachweises der Temperaturänderung.

Die Tatsache, dass gerade die niederenergetische, charakteristische Strahlung und die weichere Bremsstrahlung Auswirkungen auf biologische Absorbermaterialien haben, zeigt ein Vergleich der Energieabhängigkeit des Massenabsorptionskoeffizienten für den Photonenenergiebereich von 1 keV – 1 MeV für menschliches Gewebe und verschiedene Absorbermaterialien zum Strahlenschutz, wie Blei, Spezial-Beton (Baryte) und normaler Beton, Bild 2.16. Es wird ersichtlich, dass ab einer Photonenenergie größer 750 keV sich die betrachteten Materialien in ihrem Absorptionsverhalten stark angleichen. Noch einmal sei betont, biologisch wirksam ist aber nur die Strahlungsenergie, die absorbiert wurde.

Nach der LINDEL-Formel, eine zugeschnittene Größengleichung 2.27, kann grob abgeschätzt werden, welche Energiedosisleistung eine Röntgenröhre verlässt. Es gehen die Größen Anodenspannung U_A, Röhrenstrom I, Anodenmaterial mit der Ordnungszahl Z bezogen auf eine Wolframkathode, siehe Bild 2.7b und der Abstand a vom Fokus bzw. dem Austrittsfenster der Röntgenröhre bis zum Auftreffort der Strahlung ein. Die Schwächung durch das Lindemannfenster wird über den Faktor 30 berücksichtigt. Die quadratische Abhängigkeit der Strahlungsleistung von der Anodenspannung wird so nicht direkt berücksichtigt. Als kleinsten Abstand a bzw. zur Ermittlung der Energiedosisleistung direkt am Röhrenfenster sind immer 1 cm anzusetzen. Das quadratische Abstandsgesetz der Strahlungsabsorption wird dagegen berücksichtigt. Somit lässt sich die LINDEL-Formel

2.6 Energie des Röntgenspektrums und Strahlenschutzaspekte

Tabelle 2.6: Energiedosisleistung $\dot{D}$ in [Gymin^{-1}] ausgewählter Röntgenfeinstrukturröhren bei typischen Anwendungsbedingungen, Z Ordnungszahl (Cr 24; Cu 29; Mo 42); a Abstand zum Röhrenfenster

U$_A$ [kV]	I [mA]	Cr-Anode		Cu-Anode		Mo-Anode	
a in[cm]→		5	30	5	30	5	30
20	0,1	0,78	0,02	0,94	0,03	1,36	0,04
20	20	156	4	188	5	272	8
40	30	467	13	564	16	817	23
50	0,2	3,89	0,11	4,70	0,13	6,81	0,19
50	40	778	22	941	26	1 362	38
60	35	-	-	988	27	1 430	40

auch zur Abschätzung für Strahlenschutzberechnungen an z. B. Innenwänden von Strahlenschutzkabinen nutzen. Mit dieser in manchen Fällen vielleicht zu konservativen Ermittlung der Energiedosisleistung von Röntgenröhren lässt sich aber eindeutig zeigen, dass beim Arbeiten mit Röntgenanlagen eine nicht zu unterschätzende Gefahrenquelle für den Bediener existiert. Mittels heutiger meist als Hochschutz- bzw. Vollschutzgeräte verfügbaren Anlagen ist eine weitgehende Bediensicherheit als auch die notwendige Strahlabschirmung gegeben.

$$\dot{D}\;[\frac{Gy}{min.}] = \frac{30 \cdot U_A\,[kV] \cdot I\,[mA]}{a^2[cm]} \cdot \frac{Z}{74} \tag{2.27}$$

Eine andere, weniger konservative Darstellung der Dosisleistung von Röntgenröhren ist der DIN 54113-3 [15] entnommen, Bild 2.17. Die Ortsdosisleistung $\dot{H}$ bzw. die Umgebungs-Äqivalentdosisleistung $\dot{H}^*(10)$ wird über die so genannte Dosisleistungskonstante Γ_R bestimmt, Parameter sind nur noch Röhrenstrom I und Entfernung a, Gleichung 2.28. Γ_R ist eine charakteristische Größe für einen Röntgenstrahler, Parameter sind die Röhrenspannung U_A, das Anodenmaterial Z und die Vorfilterung. Für Röntgenfeinstrukturröhren sind einige Γ_R-Werte der DIN 54113-3 entnommen, Tabelle 2.7. Es wird dabei als Anodenmaterial Wolfram und eine Filterung beim Durchgang durch 1 mm Beryllium angenommen. Bis zum Jahr 2011 ist noch die Photonen-Äquivalentdosisleistung $\dot{H}_x$ erlaubt. Der Umrechnungsfaktor zwischen der alten Größe Photonenäquivalentdosis(leistung) H_x und der Umgebungs-Äqivalentdosisleistung beträgt für Röhrenhochspannungswerte 50 kv $< U_A <$ 400 kV $= 1,3$.

$$\dot{H}_N(a, I) = \frac{\Gamma_R \cdot I}{a^2} \tag{2.28}$$

Mehrfach wurde schon ausgeführt, dass Röntgenstrahlung nur beim Durchgang durch Stoffe geschwächt, aber nicht vollständig absorbiert werden kann, Gleichung 2.16. Die

Bild 2.17: Dosisleistungskonstante von Röntgenröhren einschließlich der notwendigen Filter bzw. Röhrenfenster nach [15], Zahl vor dem Filtermaterial ist die Dicke in [mm]

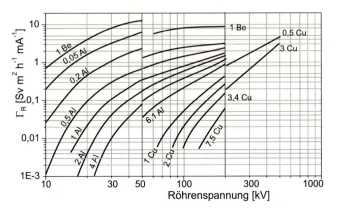

Tabelle 2.7: Dosisleistungskonstante von Röntgenfeinstrukturröhren als Funktion der Anodenspannung U_A, Abstand 1 m vom Brennfleck, Anodenstrom 1 mA

U_A [kV]	Γ_R [$Sv \cdot m^2 \cdot mA^{-1} \cdot h^{-1}$]	U_A [kV]	Γ_R [$Sv \cdot m^2 \cdot mA^{-1} \cdot h^{-1}$]
20	1,90	30	3,20
40	4,70	50	7,61
60	8,84	70	9,88
80	10,66	90	11,25
100	11,77		

Eingangsintensität I_0 wird auf die Intensität I abgeschwächt. Es treten dabei starke Energieabhängigkeiten auf. Dies wird über den reziproken Schwächungskoeffizenten $1/S_G$, manchmal auch als Durchlässigkeit $1/F$ definiert, ausgedrückt, Gleichung 2.29. Gleichung 2.29 kann auch bei Strahlenschutzanforderungen benutzt werden, wenn man das Verhältnis der zulässigen Expositionsleistung zur auftretenden Energie- bzw. Aquivalentdosisleistung bildet. Für verschiedene Materialien gibt es Kurven ähnlich Bild 2.18.

$$\frac{1}{F} = \frac{1}{S_G} = \frac{I}{I_0} = \frac{D_{zulässig}}{D_0} \qquad (2.29)$$

Eine weitere Methode, das Schwächungsverhalten von verschiedenen Materialien beurteilen zu können, ist die Einführung und Anwendung des Bleigleichwertes. Dabei wird unter Bleichgleichwert verstanden, wie groß die noch durchgehende Strahlung (Nutz- oder Streustrahlung) für eine entsprechende Dicke Blei ist, Tabelle 2.8a. Das gleiche Schwächungsverhalten für eine gleiche Strahlungsenergie einer x-Millimeter dicken Platte aus einem bestimmten von Blei verschiedenen Material ergibt das gleiche Durchlassverhalten/Schwächungsverhalten wie die ansonsten dünnere Bleiplatte. Die Tabelle 2.8b gibt die entsprechenden Materialdicken für Stahl, Beton und Mauerziegel im Vergleich zum entsprechenden Bleigleichwert von 2 mm an.
In Tabelle 2.9 werden zahlenmäßig die Unterschiede im Absorptionsverhalten deutlich.

2.6 Energie des Röntgenspektrums und Strahlenschutzaspekte

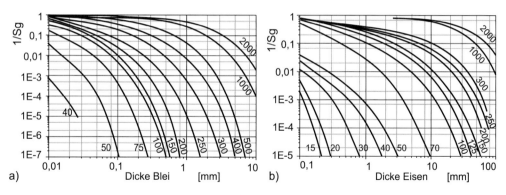

Bild 2.18: Reziproke Schwächungsfaktoren $1/S_G$ für a) Blei und b) Eisen für Röntgenstrahlung (Anodenspannung in $[kV]$) unterschiedlicher Energie

Tabelle 2.8: a) Relative Dosis der durchgelassenen Strahlung [%] für Nutz- und Störstrahlung bei 0,25 mm bzw. 0,50 mm Bleigleichwert b) Dicken verschiedener Baustoffe zur Realisierung eines Bleigleichwertes von 2 mm bei einer Röhrenspannung von 100 kV

		0,25 mm Bleigleichwert		0,50 mm Bleigleichwert	
	U_A [kV]	Nutzstrahlung [%]	Störstrahlung [%]	Nutzstrahlung [%]	Störstrahlung [%]
a)	60	1	1	0,3	0,2
	75	4	4	1	0,7
	90	8	7	2	1,5
	120	14	12	5	3
	150	25	16	10	5
	200	35	25	15	9

	Baustoff	Dichte [g/cm^2]	Dicke [mm]
b)	Stahl	7,8	12
	Beton	2,2	150
	Mauerziegel	1,9	200

Tabelle 2.9: Werte der Halbwertsschichtdicke (HWS) und der Zehntelwertsschichtdicke (ZWS) für Röntgenstrahlung

U_A [kV]	Blei		Eisen		Beton	
	HWS/cm	ZWS/cm	HWS/cm	ZWS/cm	HWS/cm	ZWS/cm
100	0,03	0,1	0,3	0,8	1,8	5,8
150	0,03	0,1	0,5	1,8	2,3	7,6
250	0,1	0,3	0,8	2,5	2,8	9,2
450	0,2	0,8	1,0	3,6	3,3	10,9

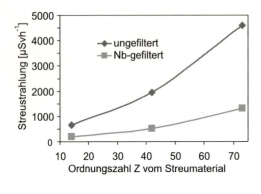

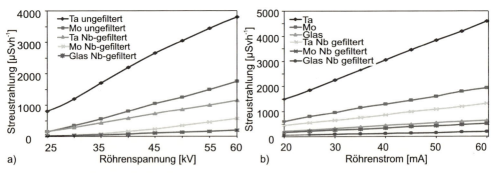

Bild 2.19: Streustrahlung innerhalb eines Vollschutzgehäuses als Funktion der Ordnungszahl des Streumateriales, $U_A = 50\,\text{kV}$; $I = 60\,\text{mA}$ Molybdänanode, Parameter: selektiver Metallfilter

Bild 2.20: Streustrahlung einer Molybdänanode innerhalb eines Vollschutzgehäuse bei a) Änderung der Röhrenhochspannung, Röhrenstrom const. 40 mA b) bei Änderung des Röhrenstromes, Röhrenspannung const. 50 kV

Hier erfolgt der Vergleich unterschiedlicher Materialien über die Halbwertsdicke (HWS) nach Gleichung 2.18. In Abwandlung zu der Gleichung 2.18 wird oftmals auch eine Dicke angegeben, die nur noch 10 % der Strahlung durchlässt, dies wird als Zehntelwertsdicke (ZWS) angegeben.

Die im Primärstrahl erzeugte Energiedosisleistung ist bei Röntgenfeinstrukturanlagen stark kollimiert. Die bei Betriebsbedingungen erreichbaren Energiedosisleistungen würden beim Hineinfassen in den Primärstrahl zu starken lokalen Schädigungen des Bedieners führen. Tabelle 2.6 zeigt, dass es bei Höchstauflösungsdiffraktometern mit einem Goniometerradius von 30 cm und Röhrenströmen im mA-Bereich selbst bei kurzzeitigen Bestrahlungen zu erheblichen Überschreitungen der Grenzwerte käme. Aber auch bei den transportablen Spannungsmessgoniometern mit einem kurzen Goniometerradius von 5 cm und Strömen im Sub-mA-Bereich treten Energiedosisleistungen auf, die nicht zu unterschätzen sind.

Die eben ausgerechneten Werte betreffen den Nutzstrahl. Trifft dieser auf eine Probe oder Abschirmwand, tritt Streustrahlung auf. Diese Streustrahlung bzw. die dabei messbare Energiedosisleistung und die daraus ableitbare mögliche effektive Dosis ist abhängig von der Energiedosisleistung des Primärstrahles, der Streurichtung, des Streumateriales und letzendlich auch vom Messgerät bzw. der dort realisierten Messkammerdurchflutung.

2.6 Energie des Röntgenspektrums und Strahlenschutzaspekte

Mit einem Ionisationskammer-Messgerätes (Gamma-Dosimeters) wurde in ca. 20 cm Abstand vom Goniometertisch einer dort montierten Probe aus Glas, Molybdän oder Tantal, Bild 2.19, die entstehende Streustrahlung gemessen. Als Anode war Mo eingesetzt und bei unterschiedlichen Generatoreinstellungen, Bild 2.20, wurde die entstehende Streustrahlung im Vollschutzgehäuse eines im Vierkreisdiffraktometer gemessen. Die vom Primärstrahl bestrahlte Fläche betrug $8 \cdot 1\,mm^2$, es wurde mit oder ohne selektiven Metallfilter Nb gemessen.

In Bild 2.20 wird deutlich, dass über die Streustrahlung auch die in den Gleichungen 2.6 bzw. 2.10 aufgezeigten Abhängigkeiten, Energiedosisleistung proportional Hochspannung zum Quadrat bzw. Energiedosisleistung proportional Röhrenstrom, messtechnisch nachgewiesen werden können. Die Verdopplung der Röhrenhochspannung von 25 kV auf 50 kV führt beim Tantalblech als Streumaterial exakt zu einer Vervierfachung der Streustrahlungsdosisleistung von $750\,\mu Svh^{-1}$ auf $3\,000\,\mu Svh^{-1}$. Stromverdopplung führt dagegen nur zur Verdopplung der Streustrahlung. Die Wirkung des Nb-Filters ist bei allen Abbildungen ebenfalls ersichtlich. Vom Strahlenschutztechnischem Standpunkt ist weiterhin ersichtlich, dass der Innenraum eines Röntgendiffraktometers Sperrbereich, Kontrollbereich und auch Überwachungsbereich zugleich ist, Bild 2.21.

> Die Dosisleistung einer Röntgenröhre ist vom Anodenmaterial abhängig. Je größer die Ordnungszahl, desto größer ist die Energiedosisleistung bei gleichbleibenden Betriebsbedingungen.
> Die Dosisleistung einer Röntgenröhre ist proportional dem Quadrat der angelegten Hochspannung.
> Die Dosisleistung einer Röntgenröhre ist direkt proportional dem Röhrenstrom.

2.6.3 Regeln beim Umgang mit Röntgenstrahlern

Das Atomgesetz [7] bzw. die Röntgenverordnung [10] verbietet erst einmal den Umgang mit Röntgenstrahlung. Die Anwendung ist zu rechtfertigen und bedarf einer Genehmigung bzw. der Anzeige. Grundlage für die Genehmigung sind die Erfüllung von Voraussetzungen personeller und materieller Art. Der Betreiber und Genehmigungsinhaber, hier Strahlenschutzverantwortlicher genannt, einer Anlage ist immer der Leiter einer Einrichtung. Er bestellt das Personal, welches die *Fachkunde im Strahlenschutz* für die jeweilige Arbeitsaufgabe besitzen muss. Bei Arbeiten mit Röntgeneinrichtungen sind dies die Fachkundegruppen R1, R2, R3, R4, R5, R9 und R10. Die Fachkunde muss von den jeweiligen Landesbehörden erteilt werden, wenn die notwendige Berufsausbildung und Sachkenntnisse durch das Personal nachgewiesen wurde und wenn es in Strahlenschutzkursen Kenntnisse im Strahlenschutz nachgewiesen hat [94]. Jeder Anlage wird somit ein Strahlenschutzbeauftragter zugewiesen, der in seinem Zuständigkeitsbereich die organisatorischen und technischen Dinge im Strahlenschutz regelt und der dem Strahlenschutzverantwortlichen zuarbeiten muss. Er ist aber nicht befugt, mit den Behörden in Kontakt zu treten, dies ist allein der Strahlenschutzverantwortliche.

Vom Gesetzgeber werden verschiedene Anlagentypen bezüglich der strahlenschutztechnischen Aspekte eingeteilt. Dabei wird in der Technik über die Bauart und maximale Ortsdosisleistungen außerhalb des Nutzstrahles in:

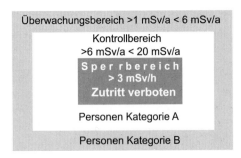

Bild 2.21: Abgrenzung von Überwachungsbereich, Kontrollbereich und Sperrbereich und Einteilung der dort Beschäftigten nach §19 RöV [10]

- Röntgenstrahler, max. 2,5 mSv/h in 1 m Entfernung bei $U_A < 200\,\text{kV}$ [10]
- Hochschutzgeräte, max. 25 µSv/h in 0,1 m Entfernung
- Vollschutzgeräte, max. 7,5 µSv/h in 0,1 m Entfernung
- Schulröntgeneinrichtungen, max. 7,5 µSv/h in 0,1 m Entfernung plus Begrenzung der maximalen Betriebsbedingungen
- Störstrahler, max. 1 µSv/h in 0,1 m Entfernung

unterschieden. Der Nachweis der Einhaltung der notwendigen Strahlenschutzabschirmungen kann auf den Hersteller über eine so genannte Bauartzulassung verlagert werden [14]. Der Hersteller garantiert damit die Einhaltung der Sicherheitsbestimmungen bei ordnungsgemäßen Betrieb der Anlage. Ansonsten muss der Betreiber über eine Sachverständigenprüfung nachweisen, dass die Anlage den Belangen des Strahlenschutzes genügt. Je nach Anlagentyp muss die Sicherheit der Anlage über eine Sachverständigenabnahmeprüfung alle fünf Jahre erneut nachgewiesen werden. Mit Inkrafttreten der novellierten Röntgenverordnung [10] muss die Fachkunde des Personals im Strahlenschutz alle fünf Jahre aktualisiert werden.

Ebenso schreibt der Gesetzgeber bestimmte Aufenthaltsbereiche und dort tätige Personen vor. In diesen Bereichen dürfen nur die in Bild 2.21 gezeigten Werte auftreten. Hieran erkennt man, dass die in den Bildern 2.19 und 2.20 gemessenen Probenstreustrahlungen (wenigstens ein Hunderstel der Nutzstrahlung) bereits rechtfertigen, dass sich *innerhalb der Strahlenschutzkabine keine Personen aufhalten dürfen*, da dieser Bereich nach Bild 2.21 alle drei Bereiche, also Sperrbereich (mit generellem Zutrittsverbot), Kontrollbereich und Überwachungsbereich einschließt.

Aufgabe 4: **Veränderung der Betriebsbedingungen und Berechnung der Dicke von Strahlenschutzwänden**

An einer Röntgendiffraktometer-Vollschutzanlage, vorrangig Röntgenröhre mit Cu-Anode, die aber auch mit einer Röhre mit Wolframanode ausgerüstet werden kann, ist die Dicke der Abschirmung für den Nutzstrahl auszurechnen. Die Abschirmung des Vollschutzgehäuses soll aus einer Doppelwandung aus Blei und Stahl aufgebaut sein. Der Fokus der Röntgenröhre und die Abschirmwand sind 70 cm entfernt. Der Generator kann mit einer Hochspannung von maximal 60 kV bei einer maximalen Verlustleistung der Röntgenröhre von 3 000 W betrieben werden. Wie ist die Dicke der Wandung der Vollschutzkabine auszulegen. Rechnen Sie konservativ. Schätzen Sie ab, wie groß die »Dickenreserve der Abschirmung« ist, wenn nur mit Kupferröhre und maximal 40 kV bei 1 500 W Verlustleistung gearbeitet würde.

3 Beugung von Röntgenstrahlung

Neben den mikroskopischen Arbeitsverfahren und der thermischen Analyse haben besonders die Röntgenfeinstrukturuntersuchungsmethoden bei der Beschreibung von Werkstoffen ein weites Anwendungsfeld gefunden. Während die Metallmikroskopie den Gefügeaufbau der Legierungen erschließt, untersucht man mit Hilfe der Röntgenstrahlen den atomaren Feinbau der einzelnen Gefügebestandteile.

Die Wechselwirkung von Röntgenstrahlung an einem Kristallgitter führt zu Beugungserscheinungen, also zu Ablenkungen der Strahlungsrichtung. Das Kristallgitter mit seinem regelmäßigen Aufbau wirkt als Beugungsgitter. Beobachtet man die erhaltenen Beugungserscheinungen und wertet sie aus, dann lassen sich Rückschlüsse auf die atomare Anordnung des Kristalls ziehen.

Das Beugungsdiagramm ist für jede Substanz einzigartig und kann daher als »Fingerabdruck« für eine kristalline Substanz angesehen werden.

3.1 Grundlagen der Kristallographie und reziprokes Gitter

Ein idealer Kristall ist ein Körper, der eine dreidimensionale periodische Anordnung der Bausteine besitzt. Er ist form- und volumenbeständig, periodisch homogen und besitzt oft anisotrope Eigenschaften. Die regelmäßige Verteilung der Atomkerne und Elektronen wird als Kristallstruktur bezeichnet. Wird von den Störungen der Kristallstruktur abstrahiert, spricht man von der Idealstruktur des Kristalls (Grundvoraussetzung: unendliche Ausdehnung des Kristalls). Die uns aus Natur und Technik bekannten Kristalle stellen in der Regel eine weitgehende Annäherung an den Grenzfall des Idealkristalls dar (Ausdehnung groß gegenüber den Translationsperioden, geringe Konzentration an Gitterfehlern). Ein sehr wichtiges Kennzeichen des Idealkristalls sind seine Symmetrieeigenschaften. Jeder Idealkristall besitzt eine Translationssymmetrie. Weitere Symmetrieeigenschaften können dazukommen, siehe Kapitel 3.1.4. Die Invarianz gegen Translation gestattet eine relativ einfache geometrische Darstellung der idealen Kristallstruktur als Kristallgitter.

3.1.1 Das Kristallgitter und seine Darstellung

Wir betrachten eine beliebige ideale Kristallstruktur. In einem Mol bzw. einem Kubikzentimeter eines Kristalls sind ca. 10^{23}-Atome vorhanden. Eine Beschreibungsmöglichkeit aller Atomlagen zueinander aufzustellen, ist für diese riesige Zahl in einem Ortskoordinatenraum unmöglich. Wird in der Kristallstruktur ein periodisch wiederholtes Motiv, die Basis (Gruppe von Atomen, Ionen oder Molekülen bzw. einzelne Atome, Ionen oder Moleküle) durch einen Punkt ersetzt, dass sich eine Anordnung mit für jeden Punkt identischer Umgebung ergibt, erhält man das Kristallgitter (Gitter der Kristallstruktur). Unter der Kristallstruktur versteht man nun die Überlagerung von Basis und Gitter,

40   3 Beugung von Röntgenstrahlung

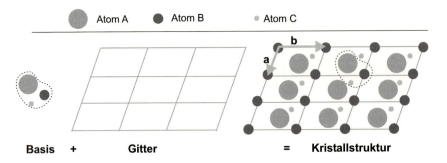

Bild 3.1: Basis und Gitter ergibt die Kristallstruktur

Bild 3.1. Nach A. BRAVAIS sind alle denkbaren Strukturen bereits durch eines von 14 verschiedenen Gittern darstellbar. Man nennt diese BRAVAIS-Gitter. Die grundlegende Symmetrieeigenschaft des Gitters wie auch der Struktur ist die Invarianz gegen Translation in jeder Richtung, die mindestens zwei Gitterpunkte miteinander verbindet. Man spricht daher auch von einem Translationsgitter. Die kleinste Strecke, bei der dies in einer bestimmten Richtung der Fall ist, heißt deren Translationsperiode. Zur mathematischen Beschreibung des Gitters wählt man drei nicht komplanare Vektoren $\vec{a_1}$, $\vec{a_2}$, $\vec{a_3}$, die nach Betrag und Richtung die Translation von einem Gitterpunkt zum nächsten entlang dreier verschiedener Punktreihen darstellen (Translationsperioden). Dann beschreiben die Vektoren

$$\vec{r} = u\vec{a_1} + v\vec{a_2} + w\vec{a_3} \tag{3.1}$$

alle Gitterpunkte in Bezug auf einen willkürlich als Ursprung des Koordinatensystems ausgewählten. In der Regel wählt man die Vektoren $\vec{a_i}$ so, dass u, v und w ganzzahlig sind. Die Vektoren $\vec{r}$ heißen Gittervektoren. Das der Gitterbeschreibung zugrunde liegende Vektortripel $\vec{a_i}$ ($i = 1, 2, 3$) (häufig auch als $\vec{a}$, $\vec{b}$ und $\vec{c}$ bezeichnet) spannt ein Parallelepiped auf, welches Elementarzelle des Gitters heißt. Aus ihm kann das gesamte Kristallgitter durch periodische Wiederholung dargestellt werden. Besitzt die Elementarzelle nur an ihren Eckpunkten Gitterpunkte, so heißt sie primitiv. Sie enthält nur einen Gitterpunkt (jeder Eckpunkt wird nur zu einem Achtel gezählt). Die Wahl der Elementarzellen kann verschieden erfolgen. Nicht in jedem Fall wählt man die $\vec{a_i}$ so, dass die Elementarzelle primitiv ist, Bild 3.2. Aus Gründen der Zweckmäßigkeit und Konvention (Orthogonalität

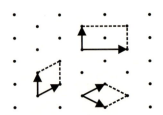

Bild 3.2: Wahl der Elementarzelle

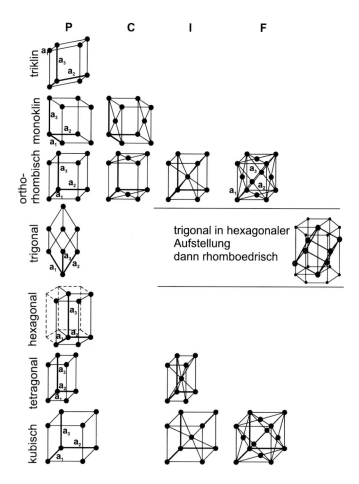

Bild 3.3: Die 14 BRAVAISgitter (die rhomboedrische Darstellung ist kein extra Bravaisgitter)

der $\vec{a}_i$, Übereinstimmung mit Symmetrieelementen usw.) wird die in Bild 3.3 für alle 14 BRAVAIS-Gitter dargestellte Auswahl bevorzugt. Die 14 BRAVAIS-Gitter sind in sieben Kristallsystem untergliedert. In Tabelle 3.1 sind die Längen a_i (die so genannten Gitterkonstanten) und die Winkel zwischen den $\vec{a}_i$ für die sieben Kristallsysteme angegeben. Die systematische Einführung der Kristallsysteme erfolgt im Zusammenhang mit der Einführung weiterer Symmetrieoperationen. Ausführliche Beschreibungen zu den bisherigen Ausführungen sind bei KLEBER [98], PAUFLER [128] und BORCHARD-OTT [32] zu finden.

Das Volumen einer Elementarzelle wird durch das *Spatprodukt* der drei nicht komplanaren Vektoren der Einheitszelle $\vec{a_1}$, $\vec{a_2}$ und $\vec{a_3}$ gebildet.

$$V_{EZ} = (\vec{a}_1 \times \vec{a}_2) \cdot \vec{a}_3 = \vec{a}_1 \cdot (\vec{a}_2 \times \vec{a}_3) = \det \mathbf{G} \tag{3.2}$$

Vereinbarungsgemäß sind die Gittervektoren von Kristallen nur an ein Rechtssystem gebunden. Legt man die eine Elementarzelle aufspannenden Gittervektoren $\vec{a}_1, \vec{a}_2, \vec{a}_3$ in ein

Tabelle 3.1: Beschreibungsgrößen für die sieben Kristallsysteme

Name	Gitterkonstanten $|\vec{a}_1|\ |\vec{a}_2|\ |\vec{a}_3|$	Winkel zwischen $(\vec{a_1},\vec{a_2})$	$(\vec{a_2},\vec{a_3})$	$(\vec{a_3},\vec{a_1})$	Volumen Elementarzelle
triklin	$a_1\ a_2\ a_3$	γ	α	β	Gleichung 3.2
monoklin	$a_1\ a_2\ a_3$	γ	90°	90°	$a_1 \cdot a_2 \cdot a_3 \cdot \sin\gamma$
trigonal rhomboedrisch	$a_1\ a_1\ a_3$ $a_1\ a_1\ a_1$	120° α	90° α	90° α	$\frac{\sqrt{3}}{2}a_1^2 \cdot a_3$ $a_1^3\sqrt{1-3\cos^2\alpha+2\cos^3\alpha}$
hexagonal	$a_1\ a_2\ a_3$	120°	90°	90°	$\frac{\sqrt{3}}{2}a_1^2 \cdot a_3$
orthorhombisch	$a_1\ a_2\ a_3$	90°	90°	90°	$a_1 \cdot a_2 \cdot a_3$
tetragonal	$a_1\ a_1\ a_3$	90°	90°	90°	$a_1^2 \cdot a_3$
kubisch	$a_1\ a_1\ a_1$	90°	90°	90°	a_1^3

rechtwinkliges Koordinatensystem entsprechend Bild 3.4, dann kann man eine Koordinatentransformation zwischen dem Gittervektorensystem und dem rechtwinkligen System vornehmen. Dies wird hier ausführlich beschrieben, da auf dieser aufgestellten allgemeinen Transformationsmatrix alle weiteren mathematischen Beschreibungen aufbauen. Die von den Gittervektoren $\vec{a}_1$ und $\vec{a}_2$ aufgespannte Ebene wird in die x-y-Ebene gelegt, der Vektor $\vec{a}_1$ vereinbarungsgemäß auf die x-Achse. Der Vektor $\vec{a}_1$ hat damit im rechtwinkligen Koordinatensystem die drei Koordinaten $(a_{11},0,0)$. Der Betrag des Vektors $\vec{a}_1$ ist somit gleich der Gitterkonstanten a_1. Der Vektor $\vec{a}_2$ ergibt sich zu $(a_{21}\cos\gamma, a_{22}\sin\gamma, 0)$. Die Koordinaten a_{31}, a_{32}, a_{33} des Vektors $\vec{a}_3$ sind noch zu bestimmen.

Der Winkel β ist mit den Vektoren $\vec{a}_1$ und $\vec{a}_3$ verknüpft über Gleichung 3.3. Da die Komponenten a_{12} und a_{13} nach Bild 3.4 gleich Null sind, ergibt sich:

$$\cos\beta = \frac{\vec{a}_1 \cdot \vec{a}_3}{|\vec{a}_1| \cdot |\vec{a}_3|} = \frac{a_{11} \cdot a_{31}}{a_1 \cdot a_3} \tag{3.3}$$

Die Koordinate a_{31} ist, da sich a_{11} und a_1 kürzen, somit:

$$a_{31} = a_3 \cdot \cos\beta \tag{3.4}$$

Für den Winkel α ergibt sich analog zur Gleichung 3.3 und unter Beachtung der Existenz der von Null verschiedenen Koordinaten a_{21} und a_{22} des Vektor $\vec{a}_2$:

$$\cos\alpha = \frac{\vec{a}_2 \cdot \vec{a}_3}{|\vec{a}_2| \cdot |\vec{a}_3|} = \frac{a_{21} \cdot a_{31} + a_{22} \cdot a_{32}}{a_2 \cdot a_3} \tag{3.5}$$

Ausmultipliziert und für a_{31} Gleichung 3.4 eingesetzt, ergibt sich für c_2 Gleichung 3.6.

$$a_{32} = \frac{a_3}{\sin\gamma}(\cos\alpha - \cos\beta \cdot \cos\gamma) \tag{3.6}$$

3.1 Grundlagen der Kristallographie und reziprokes Gitter

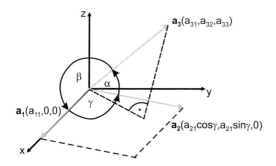

Bild 3.4: Transformation der Gittervektoren im rechtwinkligen Koordinatensystem

Die Koordinate a_{33} ist über die zweifache Anwendung des Satzes von PHYTAGORAS verknüpft mit a_3 bzw. a_{31} und a_{32} zu:

$$a_{33} = \sqrt{a_3^2 - a_{31}^2 - a_{32}^2} \tag{3.7}$$

In Gleichung 3.7 die schon bekannten Ausdrücke für a_{31} und a_{32} eingesetzt und mittels der bekannten Winkelfunktionsbeziehung $\sin^2 \gamma + \cos^2 \gamma = 1$ wird:

$$a_{33} = \frac{a_3}{\sin \gamma} \sqrt{1 - \cos^2 \gamma - \cos^2 \beta - \cos^2 \alpha + 2 \cos \alpha \cos \beta \cos \gamma} \tag{3.8}$$

Die für alle Kristallsysteme gültige Matrix **G** lautet nun:

$$\mathbf{G} = \begin{pmatrix} a_{11} & a_{12} & a_{13} \\ a_{21} & a_{22} & a_{23} \\ a_{31} & a_{32} & a_{33} \end{pmatrix} = \tag{3.9}$$

$$\begin{pmatrix} a_1 & 0 & 0 \\ a_2 \cos \gamma & a_2 \sin \gamma & 0 \\ a_3 \cos \beta & \frac{a_3}{\sin \gamma}(\cos \alpha - \cos \beta \cos \gamma) & \frac{a_3}{\sin \gamma}\sqrt{1 - \cos^2 \gamma - \cos^2 \beta - \cos^2 \alpha + 2 \cos \alpha \cos \beta \cos \gamma} \end{pmatrix}$$

Das auszurechnende Spatprodukt 3.2 ist die Determinante der Matrix **G**, Gleichung 3.10.

$$V_{EZ} = \det \mathbf{G} = \begin{vmatrix} a_{11} & a_{12} & a_{13} \\ a_{21} & a_{22} & a_{23} \\ a_{31} & a_{32} & a_{33} \end{vmatrix} = \begin{matrix} a_{11}a_{22}a_{33} + a_{12}a_{23}c_{31} + a_{13}a_{21}a_{32} \\ -(a_{13}a_{22}a_{31} + a_{11}a_{23}a_{32} + a_{12}a_{21}a_{33}) \end{matrix} \tag{3.10}$$

Führt man die Determinantenbestimmung mit der Matrix **G** durch, ergibt sich für diese Determinante aus der Multiplikation der Hauptdiagonale Gleichung 3.11. Alle anderen Ausdrücke sind Null.

$$V_{EZ} = a_1 \cdot a_2 \cdot a_3 \sqrt{1 - \cos^2 \alpha - \cos^2 \beta - \cos^2 \gamma + 2 \cos \alpha \cos \beta \cos \gamma} \tag{3.11}$$

Für höhersymmetrische Kristallsysteme vereinfachen sich die Beziehungen zur Berechnung des Volumens der Elementarzelle. Die Ergebnisse sind in Tabelle 3.1 zusammengefasst.

3.1.2 Bezeichnung von Punkten, Geraden und Ebenen im Kristallgitter

Gitterpunkt uvw

Jeder Gitterpunkt kann durch den vom Nullpunkt ausgehenden, zu ihm führenden Vektor $\vec{r} = u\vec{a_1} + v\vec{a_2} + w\vec{a_3}$ beschrieben werden. Üblicherweise werden Gitterpunkte durch Zusammenfassen der Koeffizienten u, v und w zu einem Tripel wie folgt in einer der drei Möglichkeiten dargestellt:

$$\text{uvw oder } \cdot \text{uvw} \cdot \text{ oder } [[u\,v\,w]] \tag{3.12}$$

Gittergerade [uvw]

In einem Koordinatensystem kann man eine Gerade mathematisch durch die Angabe zweier Punkte festlegen. Der erste Punkt sei der Ursprung. Der zweite Punkt sei durch den Gittervektor $\vec{r} = u\vec{a_1} + v\vec{a_2} + w\vec{a_3}$ beschrieben. Die Gittergerade ist dann eindeutig durch das Tripel $[u\,v\,w]$ beschrieben. Negative Vorzeichen werden durch Überstreichen berücksichtigt (z. B. negative Richtung von $\vec{a_2}$ $[1\,\bar{1}\,0]$). Da jede Gerade durch eine Vielzahl von Gitterpunkten beschrieben werden kann, wählt man immer das kleinste teilerfremde Zahlentripel. Das Zahlentripel $[u\,v\,w]$ beschreibt nicht nur die Gerade durch die Gitterpunkte 000 und uvw, sondern eine unendliche Schar zu ihr paralleler Gittergeraden. Soll die Gesamtheit kristallographisch äquivalenter Richtungen oder eine beliebige aus dieser Gesamtheit gekennzeichnet werden, verwendet man als Symbol spitze Klammern der Form $\langle u\,v\,w \rangle$.

Netzebene (hkl)

Eine Netzebene ist durch drei Gitterpunkte definiert. Sie schneidet die Achsen des kristallographischen Koordinatensystems in, siehe Bild 3.5a:

$$a_1 - \text{Achse}: m00 \quad a_2 - \text{Achse}: 0n0 \quad a_3 - \text{Achse}: 00p$$

Zur Beschreibung der Netzebene benutzt man allerdings nicht die direkten Koordinaten (Achsenabschnitte), sondern die reziproken Achsenabschnitte:

$$a_1-\text{Achse}: H \propto \frac{1}{m} \quad \text{bzw.} \quad a_2-\text{Achse}: K \propto \frac{1}{n} \quad \text{bzw.} \quad a_3-\text{Achse}: L \propto \frac{1}{p}$$

Für die so gefundenen Zahlen H, K und L sucht man den größten vorhandenen gemeinsamen Teiler q. Die verbleibenden Zahlen

$$\frac{H}{q} = h \quad \text{und} \quad \frac{K}{q} = k \quad \text{und} \quad \frac{L}{q} = l$$

werden zu einem Tripel in runden Klammern $(h\,k\,l)$ zusammengefasst. Sie werden als MILLERsche Indizes bezeichnet und beschreiben die Netzebene. $(h\,k\,l)$ steht nicht nur für die Lage einer Netzebene, sondern repräsentiert eine unendliche Parallelschar gleichwertiger Netzebenen. Mit dieser Rechenvorschrift erhält man aus einer beliebigen Netzebene

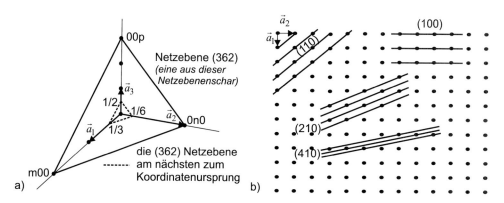

Bild 3.5: a) Ableitung der MILLERschen Indizes $(h\,k\,l)$, b) Parallelscharen verschiedener Netzebenen

immer die dem Koordinatenursprung am nächsten liegende.

Bei dem umgekehrten Weg, dem Einzeichnen einer Netzebene mit Hilfe der MILLERschen Indizes, muss man die *Kehrwerte der Zahlen innerhalb der MILLERschen Indizes* bilden. Dies sind dann die Achsenabschnitte der einzuzeichnenden Netzebene.
Die Gesamtheit der kristallographisch äquivalenten Ebenen bzw. eine beliebige aus der Gesamtheit wird durch geschweifte Klammern $\{h\,k\,l\}$ bezeichnet.

Zonen und Zonenachse

Die Schnittlinie zweier nichtparalleler Netzebenen heißt Zonenachse. Die beiden Ebenen werden als zur gleichen Zone gehörig bezeichnet. Ausgangspunkt für Berechnungen ist die so genannte Zonengleichung, welche für eine parallel zu einer Netzebene $(h\,k\,l)$ verlaufenden Gerade $[u\,v\,w]$ $(h\,k\,l)$ gilt:

$$h \cdot u + k \cdot v + l \cdot w = 0 \tag{3.13}$$

Unter Verwendung der Zonengleichung 3.13 kann man berechnen:
- welche Netzebene $(h\,k\,l)$ von den zwei Gittergeraden $[u_1, v_1, w_1]$ und $[u_2, v_2, w_2]$ aufgespannt wird
- in welcher Gittergeraden $[u\,v\,w]$ sich die Netzebenen (h_1, k_1, l_1) und (h_2, k_2, l_2) schneiden

Aufgabe 5:   **Anwendung der Zonengleichung**

Prüfen Sie, ob die $(2\,1\,3)$-Netzebene und die $[1\,\overline{2}\,0]$-Richtung parallel zu einander stehen. Führen Sie die gleiche Prüfung für das Paar $(1\,\overline{2}\,2)$ und $[2\,1\,1]$ durch!
Bestimmen Sie alle Netzebenen, die durch die zwei Gittergeraden $[1\,0\,1]$ und $[1\,2\,0]$ aufgespannt werden, siehe Bild 3.6a!
Berechnen Sie die Schnittgerade der zwei Netzebenen $(2\,\overline{1}\,0)$ und $(1\,1\,1)$.

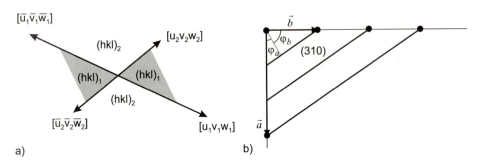

Bild 3.6: a) Zwei Gittergeraden spannen eine Netzebene auf, je nach Richtung der Gittergeraden werden unterschiedliche Ebenen aufgespannt b) Zusammenhang zwischen Netzebenenabstand und $(h\,k\,l)$ für ein orthorhombisches System

3.1.3 Netzebenenabstand d_{hkl}

Bild 3.5b zeigt, dass die am niedrigsten indizierten Netzebenen hkl am dichtesten mit Gitterpunkten belegt sind. Es wird auch ersichtlich, dass die niedrig indizierten Netzebenen den größten Netzebenenabstand d_{hkl} aufweisen. Im Folgenden soll der Zusammenhang zwischen dem Netzebenenabstand d und den MILLERschen Indizes $(h\,k\,l)$ für ein orthorhombisches System hergeleitet werden. Der Netzebenenabstand der Netzebene $(h\,k\,l)$ soll mit d_{hkl} bezeichnet werden. Entsprechend Bild 3.6b gelten folgende geometrischen Zusammenhänge:

$$\cos\varphi_a = d_{hkl} \cdot \frac{h}{a} \quad \text{bzw.} \quad \cos\varphi_b = d_{hkl} \cdot \frac{k}{b} \quad \text{bzw.} \quad \cos\varphi_c = d_{hkl} \cdot \frac{l}{c} \tag{3.14}$$

Eine Zusammenfassung der drei Gleichungen durch Quadrieren und Addition liefert:

$$\cos^2\varphi_a + \cos^2\varphi_b + \cos^2\varphi_c = d_{hkl}^2 \cdot \left(\frac{h^2}{a^2} + \frac{k^2}{b^2} + \frac{l^2}{c^2}\right) = 1 \tag{3.15}$$

Damit ergibt sich im orthorhombischen Kristallsystem folgender Zusammenhang:

$$d_{hkl} = \frac{1}{\sqrt{\left(\frac{h}{a}\right)^2 + \left(\frac{k}{b}\right)^2 + \left(\frac{l}{c}\right)^2}} \tag{3.16}$$

Im tetragonalen und kubischen Kristallsystem vereinfacht sich diese Beziehung. Für Kristallsysteme niedriger Symmetrie ist es einfacher, die Gleichungen zur Berechnung der Netzebenenabstände mit Hilfe des reziproken Gitters herzuleiten. Eine vollständige Übersicht über die Netzebenenabstände in allen sieben Kristallsystemen findet man ab Seite 56.

3.1.4 Symmetrieoperationen

Ein charakteristisches Kennzeichen des Idealkristalls sind seine Symmetrieeigenschaften. Man kann sie durch Angabe bestimmter Bewegungen (Abbildungen) beschreiben, nach deren Ausführung der Kristall mit sich selbst zur Deckung kommt. Diese Bewegungen werden als Symmetrieoperationen bezeichnet. Neben der bisher besprochenen Translationssymmetrie, die allen Kristallen und Kristallgittern gemeinsam ist, gibt es Symmetrieeigenschaften, die nicht in jedem Gitter auftreten. Die Translationssymmetrie schränkt die Zahl der möglichen Symmetrieoperationen sehr stark ein. Für eine Analyse der möglichen Symmetrieoperationen sucht man die Abbildungen des dreidimensionalen Raumes, die alle Gitterpunkte in sich überführen und den Abstand zweier Punkte unverändert lassen. Jede beliebige Bewegung kann durch eine Überlagerung von Translation und Rotation dargestellt werden, was durch folgende Gleichung ausgedrückt werden kann:

$$\vec{r}\,' = \Omega \vec{r} + \vec{t} \tag{3.17}$$

Die orthogonale Matrix Ω beschreibt die Drehung um den Koordinatenursprung und $\vec{t}$ die Translation um einen Vektor $\vec{t}$. Den Transformationen kann man anschauliche geometrische Interpretationen geben, die Symmetrieelemente. Eine Analyse der Transformationen nach Spezialfällen der Rotationsmatrix Ω und dem Vektor $\vec{t}$ ergibt folgende Symmetrieelemente.

- Translation – $\Omega = \mathbf{1}$ und $\vec{t} = \vec{R}$
- Drehachsen – $\|\Omega\| = 1$ und $\vec{t} = \vec{0}$
- Drehinversionsachsen – $\|\Omega\| = -1$ und $\vec{t} = \vec{0}$
- Schraubenachsen – $\|\Omega\| = 1$ und $\vec{t} = (p/n)(u\vec{a_1} + v\vec{a_2} + w\vec{a_3})$
- Gleitspiegelebenen – $\|\Omega\| = -1$ und $\vec{t} \neq 0$

Die Translation wurde schon ausführlich beschrieben. Die Rotation um die Achse $\vec{e}_D$ durch den Koordinatenursprung (Drehwinkel φ, positiv im Rechtssinn) kann im Falle $\vec{e}_D = \vec{e}_3$ durch folgende Matrix beschrieben werden:

$$(\Omega_{ik}) = \begin{pmatrix} \cos\varphi & -\sin\varphi & 0 \\ \sin\varphi & \cos\varphi & 0 \\ 0 & 0 & 1 \end{pmatrix} \tag{3.18}$$

Eine genauere Analyse der möglichen Drehachsen zeigt, PAUFLER [128], dass auf Grund der Translationssymmetrie nur folgende Drehwinkel φ möglich sind:

$$\varphi = \pi, \frac{2}{3}\pi, \frac{\pi}{2}, \frac{\pi}{3}, 0, 2\pi \tag{3.19}$$

Die Drehung um 0 bzw. 2π bringt das Gitter trivialerweise mit sich selbst zur Deckung. $\vec{e}_D$ heißt eine n-zählige Drehachse, wenn das Gitter nach einer Drehung um $2\pi/n$ in sich selbst überführt wird. Mit den angegebenen Drehwinkeln ergeben sich als mögliche Zähligkeiten der Drehachsen $n = 1, 2, 3, 4$ und 6. Anschaulicher, vereinfacht ist die Aussage, dass nur mit Quadraten, Rechtecken, Dreiecken und Sechsecken sich eine Fläche ausfüllen lässt. Die Drehachsen werden nach HERMANN und MAUGUIN anhand ihrer Zähligkeit gekennzeichnet. Die Drehinversion ist eine Koppelung von Drehung und Inversion. Es treten nur Drehinversionsachsen mit den Zähligkeiten der Drehachsen auf. Die Inversion wird nach HERMANN und MAUGUIN durch Überstreichen gekennzeichnet ($\bar{1}, \bar{2} = m, \bar{3}, \bar{4}, \bar{6}$). Die zweizählige Drehinversionsachse ist identisch mit einer Spiegelebene senkrecht zur

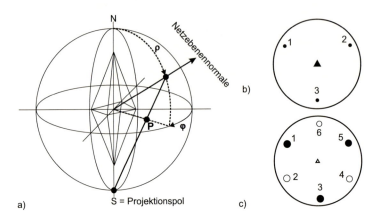

Bild 3.7: a) Prinzip der stereographischen Projektion b) Stereographische Projektion für die Symmetrieelemente 3 und c) $\bar{3}$; (die Lage der Ebenen in ihrer Bildungsreihenfolge sind mit eingezeichnet)

Drehachse. Die Drehinversion kann auch durch eine Drehspiegelung beschrieben werden. Die Rotationsmatrix (Ω_{ik}) lautet für eine Drehinversion um die Achse $\vec{e}_{DI} = \vec{e}_3$:

$$(\Omega_{ik}) = \begin{pmatrix} -\cos\varphi & \sin\varphi & 0 \\ -\sin\varphi & -\cos\varphi & 0 \\ 0 & 0 & -1 \end{pmatrix} \qquad (3.20)$$

Die bisher beschriebenen Symmetrieelemente ohne Translation werden als Punktsymmetrieelemente bezeichnet und können auf Gitter und Kristalle endlicher Ausdehnung streng angewendet werden. So kann die Kristallmorphologie durch diese Punktsymmetrieelemente beschrieben werden. Eine anschauliche Darstellung der Punktsymmetrieelemente ist mit Hilfe der stereographischen Projektion möglich. Das Bild 3.7a zeigt das Prinzip der stereographischen Projektion. Bei dieser Projektion werden Geraden des Raumes (Gittergeraden, Netzebenennormalen usw.) in Punkte einer Ebene abgebildet. Betrachtet man einen Kristall, der von einer Kugel umgeben wird. Jede Kristallfläche wird durch eine Netzebenennormale charakterisiert, die man vom Kugelmittelpunkt auf die Kristallfläche (Netzebene) errichtet. Alle Netzebenennormalen durchstoßen die Nord- bzw. Südhalbkugel (Durchstoßpunkte, Flächenpole). Um zu dem zweidimensionalen Stereogramm zu gelangen, verbindet man die Durchstoßpunkte mit dem gegenüberliegenden Pol der Kugel. Die Durchstoßpunkte dieser Verbindungslinien mit der Äquatorialebene stellen die stereographische Projektion dar. Liegen die Flächenpole (Durchstoßpunkte der Netzebenennormalen) auf der Nordhalbkugel, so kennzeichnet man sie in der stereographischen Projektion durch Kreise, liegen sie auf der Südhalbkugel, so werden sie durch Kreuze oder Hohlkreise gekennzeichnet.

Die Wirkung der Punktsymmetrieelemente lässt sich mit Hilfe der stereographischen Projektion darstellen, indem man die Wirkung des Symmetrieelements auf einen beliebigen Flächenpol darstellt. Bild 3.7b zeigt dieses beispielhaft für die beiden Symmetrieelemente 3 und $\bar{3}$.

3.1 Grundlagen der Kristallographie und reziprokes Gitter

Auch die translationsbehafteten Symmetrieelemente müssen mit der Translationssymmetrie des Gitters verträglich sein. Die Schraubenachsen werden durch das Symbol X_p gekennzeichnet. Eine genauere Analyse zeigt, dass folgende Schraubenachsen möglich sind: $2_1, 3_1, 3_2, 4_1, 4_2, 4_3, 6_1, 6_2, 6_3, 6_4, 6_5$. Die Gleitspiegelebene führt zu einer Gitterpunkttransformation, die durch eine Koppelung von Spiegelung und Gleitung parallel zur dieser Ebene beschrieben wird. Die zulässige Translationsperiode in Gleitrichtung beträgt $\vec{t} = \vec{R}/2$. Die Kennzeichnung der Gleitspiegelebenen erfolgt durch Buchstaben, welche die Richtung der Verschiebung angeben (a, b, c, n, d). Für weitergehende Betrachtungen sei auf PAUFLER [128], KLEBER [98] und BOCHARDT-OTT [32] verwiesen.

3.1.5 Kombination von Symmetrieelementen

Es besteht jetzt die Aufgabe zu untersuchen, welche Symmetrieelemente unabhängig voneinander im gleichen Kristallgitter auftreten können. Das Nebeneinander von Symmetrieelementen heißt Kombination. In einem ersten Schritt soll die Translation ausgeschlossen werden. Wir betrachten damit die Kombination von Punktsymmetrieelementen, d. h. von Drehachsen und Drehinversionsachsen, die sich in einem Punkt schneiden. Diese Kombinationen nennt man Punktgruppen. Ausgangspunkt für die Ableitung der Punktgruppen ist die Gesetzmäßigkeit, dass aus der Anwesenheit von zwei Symmetrieelementen immer ein drittes resultiert, welches mit der Translationssymmetrie des Gitters verträglich ist. Eine eingehende Analyse zeigt [66, 128], dass es 32 Kombinationsmöglichkeiten gibt, die 32 Punktgruppen (einschließlich der Punktgruppen mit nur einem Punktsymmetrieelement). Die Punktgruppen werden auch als Kristallklassen bezeichnet.

- nur Drehachsen (n):
  $1; 2; 3; 4; 6$
- Kombination von Drehachse mit Spiegelebene senkrecht zur Achse $(\frac{n}{m})$:
  $\frac{1}{m} \equiv \overline{2} \equiv m; \frac{2}{m}; \frac{3}{m} \equiv \overline{6}; \frac{4}{m}; \frac{6}{m}$
- nur Drehinversionsachsen $(\overline{n})$:
  $\overline{1}; \overline{2} \equiv m; \overline{3}; \overline{4}; \overline{6} \equiv \frac{3}{m}$
- Kombination von Drehachsen n mit hierzu paralleler Spiegelebene m (nm):
  $1m \equiv m; 2m \equiv mm2; 3m; 4m \equiv 4mm; 6m \equiv 6mm$
- Kombination von Drehinversionsachsen $\overline{n}$ mit hierzu paralleler Spiegelebene m $(\overline{n}m)$:
  $\overline{1}m \equiv \frac{2}{m}; \overline{2}m \equiv mm2; \overline{3}m \equiv \overline{3}m2; \overline{4}m \equiv \overline{4}m2; \overline{6}m \equiv \frac{3}{m}m2$
- Drehachsenkombination $n2$:
  $12 \equiv 2; 22 \equiv 222; 32; 42 \equiv 422; 62 \equiv 622$
- Drehachsenkombination $n2$ mit einer Spiegelebene m:
  $12m \equiv mm2; mmm \equiv \frac{2}{m}\frac{2}{m}\frac{2}{m}; 32m \equiv \overline{6}m; 42m \equiv \frac{4}{m}\frac{2}{m}\frac{2}{m}; 62m \equiv \frac{6}{m}\frac{2}{m}\frac{2}{m}$
- Sonderfall der Kombination von Punktsymmetrieelementen mit dreizähligen Dreh- bzw. Drehinversionsachsen parallel der [1 1 1]-Richtung: $23; \frac{2}{m}\overline{3} \equiv m3 \equiv \overline{2}3; 2m3 \equiv \overline{4}3m; 432; m3m \equiv \frac{4}{m}\overline{3}\frac{2}{m}$

In der Aufzählung sind sowohl die volle Bezeichnung als auch die Kurzform nach HERMANN-MAUGIN für die Punktgruppen (Kristallklassen) angegeben. Tabelle 3.2 gibt einen Überblick über die Bezugsrichtungen der Symbole in den Kristallklassen (Bezeichnung

Tabelle 3.2: Lage der Symmetrieelemente zur Bildung der Kristallklassen

Kristallsystem	1. Symbol	2. Symbol	3. Symbol
triklin	beliebig		
monoklin	[010] (bei Lage parallel $\vec{b}$) [001] (bei Lage parallel $\vec{c}$)		
rhombisch	[100]	[010]	[001]
tetragonal	[001]	$\left\{\begin{array}{c}[100]\\ [010]\end{array}\right\}$	$\left\{\begin{array}{c}[1\bar{1}0]\\ [110]\end{array}\right\}$
hexagonal	[001]	$\left\{\begin{array}{c}[100]\\ [010]\\ [\bar{1}\bar{1}0]\end{array}\right\}$	$\left\{\begin{array}{c}[1\bar{1}0]\\ [120]\\ [\bar{2}\bar{1}0]\end{array}\right\}$
trigonal (hexagonale Aufstellung)	[001]	$\left\{\begin{array}{c}[100]\\ [010]\\ [\bar{1}\bar{1}0]\end{array}\right\}$	
trigonal (rhomboedrische Aufstellung)	[111]	$\left\{\begin{array}{c}[1\bar{1}0]\\ [01\bar{1}]\\ [\bar{1}01]\end{array}\right\}$	
kubisch	$\left\{\begin{array}{c}[100]\\ [010]\\ [001]\end{array}\right\}$	$\left\{\begin{array}{c}[111]\\ [1\bar{1}\bar{1}]\\ [\bar{1}1\bar{1}]\\ [\bar{1}\bar{1}1]\end{array}\right\}$	$\left\{\begin{array}{cc}[1\bar{1}0] & [110]\\ [01\bar{1}] & [011]\\ [\bar{1}01] & [101]\end{array}\right\}$

nach HERMANN-MAUGIN). Die gleichen Bezugsrichtungen gelten für die noch einzuführenden Raumgruppen. Bild 3.8 zeigt die stereographischen Projektionen der 32 Punktgruppen. Ausführliche Beschreibungen und Aufstellungen sind in den International Tables for Crystallography [66, 160, 132, 20, 101, 140, 65] zu finden.

Wird die Translation in die bisherigen Betrachtungen zur Kombination von Symmetrieelementen mit einbezogen, erhält man die Raumgruppen. Bei einer umfassenden Analyse der Kombinationsmöglichkeiten kann man so vorgehen, dass man von den Punktgruppen ausgeht und zu diesen schrittweise die Translation, die Schraubenachse und die Gleitspiegelebenen hinzukombiniert. Es ergeben sich 230 verschiedene Raumgruppen. Das Raumgruppensymbol ist ähnlich wie das Symbol der Punktgruppe aufgebaut. Es beginnt mit einem Buchstaben zu Kennzeichnung der Translationsgruppe (P – primitive; A, B, C – einseitig flächenzentriert, I – innenzentriert, F – allseitig flächenzentriert, R – rhomboedrisch). Das Translationssymbol wird gefolgt von den Symmetrieelementen in den Bezugsrichtungen nach Tabelle 3.2. So lauten die Raumgruppensymbole z. B. Cmcm oder P42$_1$2.

Aufgabe 6: Matrizen für Symmetrieoperationen

Stellen Sie die Matrizen für folgende Symmetrieoperationen zusammen: die einfache Drehung und die Inversion.

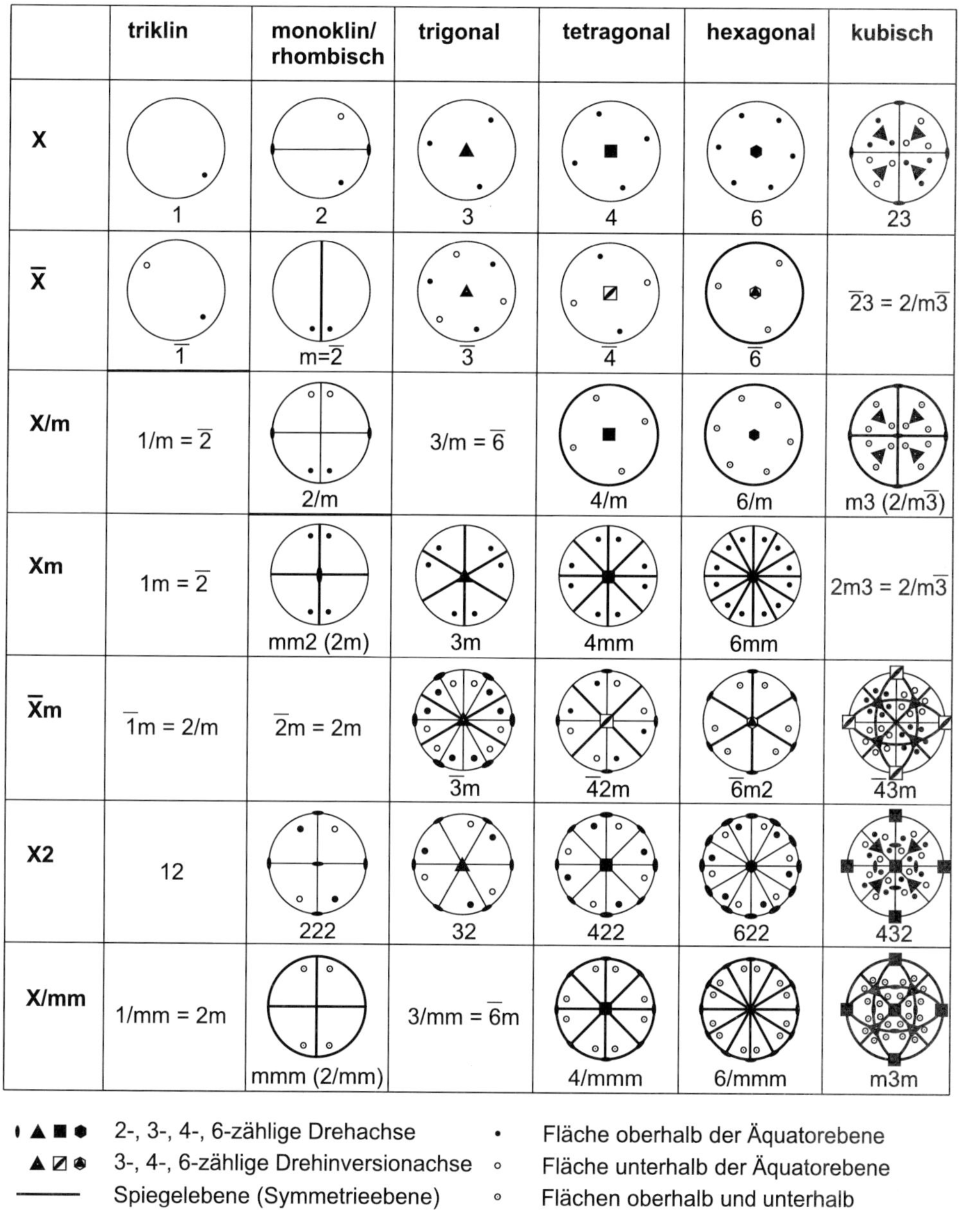

3.1 Grundlagen der Kristallographie und reziprokes Gitter

	triklin	monoklin/ rhombisch	trigonal	tetragonal	hexagonal	kubisch
X	1	2	3	4	6	23
$\bar{X}$	$\bar{1}$	$m=\bar{2}$	$\bar{3}$	$\bar{4}$	$\bar{6}$	$\bar{23} = 2/m\bar{3}$
X/m	$1/m = \bar{2}$	2/m	$3/m = \bar{6}$	4/m	6/m	$m3\ (2/m\bar{3})$
Xm	$1m = \bar{2}$	mm2 (2m)	3m	4mm	6mm	$2m3 = 2/m\bar{3}$
$\bar{X}$m	$\bar{1}m = 2/m$	$\bar{2}m = 2m$	$\bar{3}m$	$\bar{4}2m$	$\bar{6}m2$	$\bar{4}3m$
X2	12	222	32	422	622	432
X/mm	1/mm = 2m	mmm (2/mm)	$3/mm = \bar{6}m$	4/mmm	6/mmm	m3m

- ● ▲ ■ ⬢   2-, 3-, 4-, 6-zählige Drehachse
- ▲ ▨ ⬢   3-, 4-, 6-zählige Drehinversionsachse
- ———   Spiegelebene (Symmetrieebene)
- •   Fläche oberhalb der Äquatorebene
- ○   Fläche unterhalb der Äquatorebene
- ⊙   Flächen oberhalb und unterhalb

Bild 3.8: Stereographische Projektion der 32 Punktgruppen

3.1.6 Kristallsysteme

Es wurde bei der Einführungen der BRAVAIS-Gitter bereits darauf hingewiesen, dass die Wahl der Koordinatensysteme in den 14 Gittern in der Regel mit Rücksicht auf die vorhandenen Punktsymmetrieelemente erfolgt. Die Koordinatenachsen werden möglichst Drehachsen oder Drehinversionsachsen hoher Zähligkeit parallel gelegt. Es ergeben sich sieben verschiedenen Koordinatensysteme. Alle Kristallklassen, die durch das gleiche Koordinatensystem beschrieben werden können, gehören zum gleichen Kristallsystem. Die Merkmale der sieben Kristallsysteme sind in Bild 3.9 zusammengefasst. In der stereographischen Darstellung der 32 Punktgruppen sind die jeweiligen Kristallsysteme angegeben, Bild 3.8.

3.1.7 Trigonales Kristallsystem

Im trigonalen Kristallsystem wird das Gitter entweder mit einem rhomboedrischen Koordinatensystem oder einem hexagonalen Koordinatensystem beschrieben, siehe Bild 3.3. Die Bedingungen $k + 2h + l = 3n$ entspricht anderen Aufstellungen der Atomlagen des Rhomboeders. Die Atomlagen sind dann: (2/3 1/3 1/3) und (1/3 2/3 2/3) Das hexagonale Gitter mit seinen Gitterkonstanten a_h und c_h und das rhomboedrische Gitter mit Gitterkonstante a_r und Winkel α_r lassen sich gegenseitig umrechnen. Für die Umrechnung zwischen diesen Gitterkonstanten gelten folgende Gleichungen 3.21 und 3.22.

$$a_r = \sqrt{\frac{a_h^2}{3} + \frac{c_h^2}{9}} \qquad a_{hex} = 2 \cdot a_r \cdot \sin\frac{\alpha_r}{2} \qquad (3.21)$$

$$2\sin\frac{\alpha_r}{2} = \frac{a_h}{a_r} \qquad \left(\frac{a}{c}\right)_{hex} = \sqrt{\frac{9}{4 \cdot \sin^2\frac{\alpha_r}{2}} - 3} \qquad (3.22)$$

Die MILLERschen Indizes für das rhomboedrische System lassen sich umrechnen:

$$h_r = \frac{1}{3}(2h + k + l), \quad k_r = \frac{1}{3}(-h + k + l), \quad k_r = \frac{1}{3}(-h - 2k + l) \qquad (3.23)$$

3.1.8 Reziprokes Gitter

Definition

Besonders für die Betrachtung von Beugungserscheinungen am Kristall hat sich ein Hilfsmittel zum Kristallgitter – das reziproke Gitter – bewährt. Der Vorteil, den die Verwendung des reziproken Gitters bietet, beruht auf der Abbildung von Netzebenen auf Punkte, wie wir noch ausführlicher sehen werden.

Zu einem Kristallgitter sei ein primitivs Vektortripel $\vec{a}_i$ bekannt – die Gittervektoren. Dann wird das zugehörige primitive reziproke Vektortripel $\vec{a}_k^*$, d. h. die Elementarzelle des reziproken Gitter, durch folgende Beziehung definiert:

$$\vec{a}_i \cdot \vec{a}_k^* = \delta_{ik} \quad \text{mit } \delta_{ik} = 1, \text{ wenn } i = k \quad \text{bzw.} \quad \delta_{ik} = 0, \text{ wenn } i \neq k \quad \text{für } i, k = 1, 2, 3 \quad (3.24)$$

3.1 Grundlagen der Kristallographie und reziprokes Gitter

Kristallsystem	Koordinatenachsen	charakteristische Symmetrieelemente	zugehörige Punktgruppen
triklin	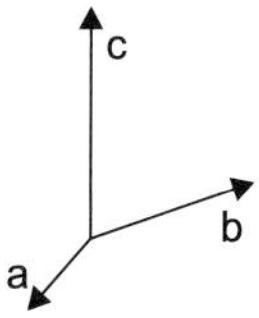 c>b>a	nur einzählige Achsen	$1, \bar{1}$
monoklin	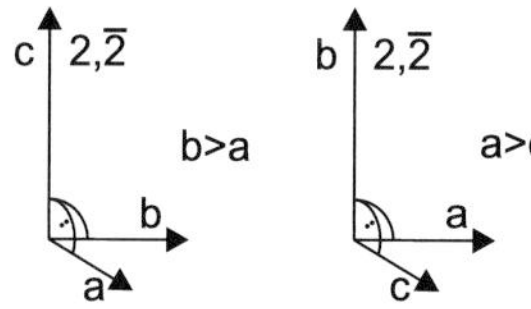 1. Aufstellung / 2. Aufstellung	2-zählige Achse parallel c -- 1. Aufstellung parallel b -- 2. Aufstellung	$2, m, 2/m$
rhombisch	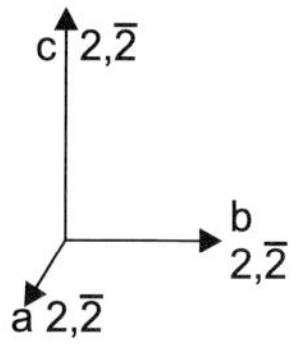 c>b>a oder b>a>c	2-zählige Achsen parallel a, b und c	222, $\overline{2 2 2}$ = mm2, 2/m 2/m 2/m
trigonal	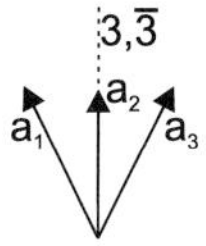 a_1, a_2, a_3	3-zählige Achse parallel [111] hexagonales Achsenkreuz: 3-zählige Achse parallel c	$3, \bar{3}, 32, 3m, \bar{3}m$
hexagonal	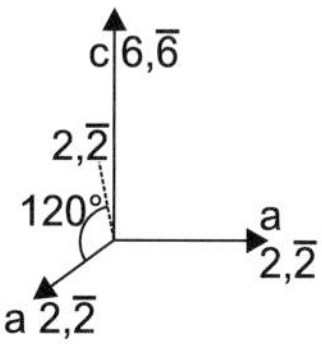 120°	6-zählige Achse parallel c	$6, \bar{6}, 6/m, 622,$ $6mm, \bar{6}m2,$ $6/m\,2/m\,2/m$
tetragonal	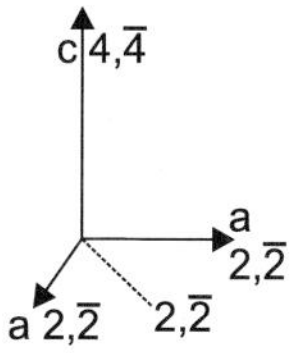	4-zählige Achse parallel c	$4, \bar{4}, 4/m, 422,$ $4mm, \bar{4}2m,$ $4/m\,2/m\,2/m$
kubisch	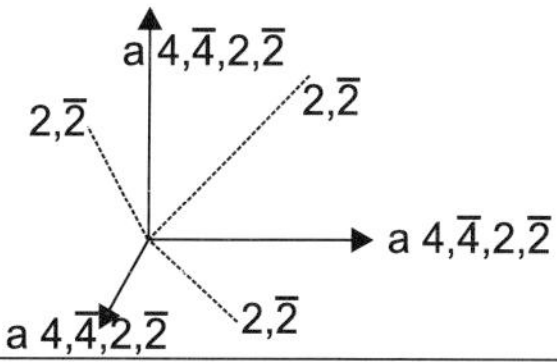	3-zählige Achse parallel <111>	$23, 2/m\bar{3}, 432,$ $\bar{4}3m, 4/m\bar{3}2/m$

Bild 3.9: Die sieben Kristallsysteme

Somit können die reziproken Gittervektoren aus den Gittervektoren des Kristallgitters wie folgt berechnet werden:

$$\vec{a_1}^* = \frac{\vec{a_2} \times \vec{a_3}}{\vec{a_1} \cdot (\vec{a_2} \times \vec{a_3})}; \quad \vec{a_2}^* = \frac{\vec{a_1} \times \vec{a_3}}{\vec{a_1} \cdot (\vec{a_2} \times \vec{a_3})}; \quad \vec{a_3}^* = \frac{\vec{a_1} \times \vec{a_2}}{\vec{a_1} \cdot (\vec{a_2} \times \vec{a_3})}; \tag{3.25}$$

Die Komponenten der reziproken Gittervektoren $\vec{a_k}^*$ lassen sich bezüglich eines kartesischen Koordinatensystems zu einer Matrix $\mathbf{G}^*$ zusammenfassen:

$$\mathbf{G}^* = \{G_{ik}^*\} \quad \text{bzw.} \quad G_{ik}^* = a_{ki}^* \tag{3.26}$$

Die Definition des reziproken Gitters lautet dann in Matrixschreibweise:

$$\mathbf{G}\tilde{G}^* = \mathbf{G}^*\tilde{G} = 1 \quad \text{bzw.} \quad \mathbf{G}^* = \tilde{\mathbf{G}}^{-1} \tag{3.27}$$

Die durch die $\vec{a_k}^*$ definierten Punkte einer Elementarzelle des reziproken Gitters sind ebenso der Forderung nach strenger Translationssymmetrie zu unterwerfen wie die Gitterpunkte des Raumgitters. Ein beliebiger Punkt des reziproken Gitters kann durch folgenden Gittervektor $\vec{r}^*$ des reziproken Gitters beschrieben werden:

$$\vec{r}^* = h\vec{a_1}^* + k\vec{a_2}^* + l\vec{a_3}^* \quad \text{mit} \quad h, k, l - \text{ganze Zahlen} \tag{3.28}$$

Der reziproke Gittervektor wird oft auch mit $\vec{r}^*$ bezeichnet. Aus der Definitionsgleichung für das reziproke Gitter ergeben sich folgende Beziehungen zwischen direktem und reziproken Gitter, die für die praktisch Rechnung wichtig sind:

$$a_1^* = \frac{a_2 a_3 \sin\alpha}{V} \quad a_2^* = \frac{a_1 a_3 \sin\beta}{V} \quad a_3^* = \frac{a_1 a_2 \sin\gamma}{V} \tag{3.29}$$

$$\sin\alpha^* = \frac{V}{a_1 a_2 a_3 \sin\beta \sin\gamma} \quad \sin\beta^* = \frac{V}{a_1 a_2 a_3 \sin\alpha \sin\gamma} \quad \sin\gamma^* = \frac{V}{a_1 a_2 a_3 \sin\alpha \sin\beta} \tag{3.30}$$

$$V = a_1 a_2 a_3 (1 - \cos^2\alpha - \cos^2\beta - \cos^2\gamma + 2\cos\alpha \cos\beta \cos\gamma)^{1/2} \tag{3.31}$$

Analoge Beziehungen gelten für die Berechnung des direkten Gitters aus dem reziproken Gitter. Es sind lediglich die Größen mit Stern durch Größen ohne Stern zu ersetzen und umgekehrt.

Eigenschaften des reziproken Gitters

- Die relative Orientierung des reziproken Gittervektors $\vec{a_1}^*$ zu den realen Raumgittervektoren $\vec{a_2}, \vec{a_3}$ sind in Bild 3.10a dargestellt und gekennzeichnet durch:

$$\vec{a_1}^* \perp \vec{a_2}, \vec{a_3} \tag{3.32}$$

3.1 Grundlagen der Kristallographie und reziprokes Gitter

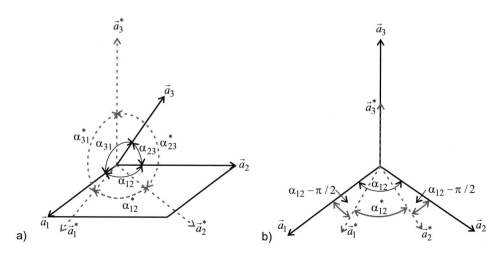

Bild 3.10: Relative Orientierung von Raumgitter und reziprokem Gitter, a) allgemein (trikline Elementarzelle, b) monokline Elementarzelle

- Jeder beliebige Gittervektor $\vec{r}^*$ steht senkrecht auf der Netzebene $(h\,k\,l)$:

$$\vec{r}^* = h\vec{a}_1^* + k\vec{a}_2^* + l\vec{a}_3^* \perp (h\,k\,l) \tag{3.33}$$

- Der Zusammenhang zwischen dem Betrag des reziproken Gittervektors $|\vec{r}^*|$ und dem Netzebenenabstand d_{hkl} der Ebene $(h\,k\,l)$ ist:

$$|\vec{r}^*| = \frac{1}{d_{hkl}} \tag{3.34}$$

- Die Volumina von Raumgitter und reziprokem Gitter sind zueinander reziprok:

$$V_a^* = \frac{1}{V_a} \tag{3.35}$$

- Das Gitter des reziproken Gitters ist gleich dem ursprünglichen Raumgitter.

Im Folgenden sollen die im Bild 3.10a dargestellte relative Orientierung zwischen Raumgitter und reziprokem Gitter sowie die Berechnungsgleichungen für die reziproken Gitterkonstanten für die sieben Kristallsystem betrachtet werden.

triklines Gitter: wie im Bild 3.10a dargestellt

monoklines Gitter (2. Aufstellung): $\vec{a}_2^* \| \vec{a}_2$, $\vec{a}_1^*$ und $\vec{a}_3^*$ liegen in der Ebene $(\vec{a}_1, \vec{a}_3)$, siehe Bild 3.10b. Weiterhin gilt:

$$a_1^* = \frac{1}{(a_1 \sin\beta)} \quad a_2^* = \frac{1}{a_2} \quad a_3^* = \frac{1}{(a_3 \sin\cdot\beta)} \tag{3.36}$$
$$\alpha^* = \gamma^* = \pi/2 \quad \beta^* = \pi - \beta$$

rhombisches, tetragonales und kubisches Gitter: $\vec{a_1}^* \| \vec{a_1}$, $\vec{a_2}^* \| \vec{a_2}$ und $\vec{a_3}^* \| \vec{a_3}$.
Weiterhin gilt:

$$a_1^* = 1/a_1 \quad a_2^* = 1/a_2 \quad a_3^* = 1/a_3 \quad \alpha^* = \beta^* = \gamma^* = \pi/2 \tag{3.37}$$

trigonales und hexagonales Gitter: $\vec{a_3}^* \| \vec{a_3}$, $\vec{a_1}^*$ und $\vec{a_2}^*$ liegen in der Ebene $(\vec{a_1}, \vec{a_2})$.
Weiterhin gilt:

$$a_1^* = a_2^* = 2/(a_1\sqrt{3}) \quad a_3^* = 1/a_3 \quad \alpha^* = \beta^* = \pi/2 \quad \gamma^* = \pi/3 \tag{3.38}$$

rhomboedrische Basis:

$$a_1^* = a_2^* = a_3^* = \sin\alpha / [a_1(1 - 3\cos^2\alpha + 2\cos^3\alpha)^{1/2}] \tag{3.39}$$
$$\alpha^* = \beta^* = \gamma^* \quad \cos\alpha^* = -\cos\alpha/(1 + \cos\alpha)$$

Das reziproke Gitter lässt sich sehr gut bei geometrischen Berechnungen im Raumgitter anwenden. Das trifft insbesondere für nicht höchstsymmetrische Raumgitter zu. An dieser Stelle soll nur kurz auf die Berechnung der Netzebenenabstände d_{hkl} eingegangen. Für weitere Einzelheiten sei in PAUFLER [128] nachzulesen.

Grundlage für die Berechnung des Netzebenenabstandes ist die Gleichung 3.34. Für das trikline Kristallsystem ergibt sich folgende Beziehung:

triklines Kristallsystem; ($a \neq b \neq c$; $\alpha \neq \beta \neq \gamma \neq 90°$)

$$\frac{1}{d_{hkl}^2} = \frac{Q}{a^2b^2c^2(1 - \cos^2\alpha - \cos^2\beta - \cos^2\gamma + 2\cos\alpha\cos\beta\cos\gamma)} \tag{3.40}$$

$$Q = b^2c^2h^2\sin^2\alpha + c^2a^2k^2\sin^2\beta + a^2b^2l^2\sin^2\gamma + 2abc^2hk(\cos\alpha\cos\beta - cos\gamma)$$
$$+ 2ab^2chl(\cos\alpha\cos\gamma - cos\beta) + 2a^2bckl(\cos\beta\cos\gamma - cos\alpha)$$

Aufgabe 7: **Herleitung Netzebenenabstände**

Leiten Sie für alle Kristallsysteme unter Zuhilfenahme des reziproken Gitters die Beziehungen für die Netzebenenabstände d_{hkl} her.

Bezüglich der Anwendung des reziproken Gitters bei der Interferenz am Kristallgitter sei auf das Kapitel 3.3.3 – EWALD-Konstruktion verwiesen. Das reziproke Gitter lässt sich aber auch bei der Fourier-Entwicklung periodischer Funktionen, wie sie im Kristallgitter auftreten, anwenden. Betrachtet man ganz allgemein eine Funktion $f(\vec{r})$, die zur Beschreibung einer physikalischen Eigenschaft des Kristalls benutzt wird, so äußert sich die Translationssymmetrie des Kristallgitters in einer Periodizität dieser Funktion. Es gilt:

$$f(\vec{r}) = f(\vec{r} + \vec{R}) \tag{3.41}$$

$\vec{R}$ ist ein beliebiger Gittervektor. Jede beliebige periodische Funktion lässt sich in eine Fourier-Reihe entwickeln. Es gilt:

$$f(\vec{r}) = \sum_{\vec{k}} \tilde{f}_{\vec{k}} e^{i\vec{k}\cdot\vec{r}} \tag{3.42}$$

Wegen der Periodizität gilt weiterhin:

$$f(\vec{r}+\vec{R}) = \sum_{\vec{k}} \tilde{f}_{\vec{k}} e^{i\vec{k}\cdot\vec{r}} e^{i\vec{k}\cdot\vec{R}} = f(\vec{r}) \tag{3.43}$$

Somit gilt für beliebige $\vec{k}$ und alle Gittervektoren $\vec{R}$:

$$e^{i\vec{k}\cdot\vec{R}} = 1 \quad \text{bzw.} \quad \vec{k}\cdot\vec{R} = 2\pi n \tag{3.44}$$

wobei n eine beliebige ganze Zahl ist. Ausgehend von der Definition des reziproken Gitters gilt für die reziproken Gittervektoren $\vec{r}^*$:

$$\vec{r}^* \cdot \vec{R} = n \tag{3.45}$$

Somit lässt sich die obige Summe als Summe über alle Punkte des 2π-fachen reziproken Gitters $\vec{k} = \vec{K} = 2\pi\vec{r}^*$ darstellen. Die Fourier-Koeffizienten lauten dann:

$$\tilde{f}_{\vec{k}} = \tilde{f}_{\vec{K}} = \frac{1}{V_a} \int_{V_a} f(\vec{r}) e^{-2\pi i \vec{r}^* \cdot \vec{r}} dV \tag{3.46}$$

Das Integral ist über das Periodizitätsvolumen von f im Raumgitter, d. h. über die Elementarzelle, zu erstrecken. Wir werden diese Beziehungen bei der Herleitung der kinematischen Beugungstheorie noch oft benötigen.

3.1.9 Packungsdichte in der Elementarzelle

Viele der für die Werkstoffwissenschaften interessanten Materialien sind durch eine Metallbindung charakterisiert. Für die Metallbindung ist typisch, dass man den Metallatomen näherungsweise eine Kugelgestalt zuordnen kann. Die echten Metalle kristallisieren in der Regel in einer oder mehreren der folgenden Strukturen:
- kubisch dichteste Kugelpackung, Koordinationszahl 12 (kubisch flächenzentriertes Gitter)
- hexagonal dichteste Kugelpackung, Koordinationszahl 12
- kubisch raumzentriertes Gitter, Koordinationszahl 8
- kubisch primitives Gitter – nur α-Po bisher bekannt

Jedem Gitterpunkt ist in der Regel ein Atom zugeordnet. In den dichtesten Kugelpackungen sind die Atomkugeln so dicht zusammengepackt, wie es überhaupt möglich ist. Die Packungsdichte als das Verhältnis der Volumina der in der Elementarzelle enthaltenen

Bausteine zum Volumen der Elementarzelle beträgt sowohl für die kubisch dichteste als auch die hexagonal dichteste Kugelpackung 74 %.
Für die Berechnung der Packungsdichten sind folgende Fakten zu beachten:
- jede Elementarzelle wird an ihren acht Ecken von jeweils einem Atom besetzt
- da jedes Atom nicht nur zur betrachteten Elementarzelle, sondern zu sieben weiteren Elementarzellen gehört, ist jedes Eckatom nur zu einem Achtel der Elementarzelle zugehörig
- die kubisch primitive Elementarzelle (c – cubic; p (cubic)primitive) besitzt keine weiteren Atome (Gitterpunkte)
- das kubisch raumzentrierte Gitter (krz, bcc – body centered cubic) besitzt ein zusätzliches Atom im Schnittpunkt der Raumdiagonalen
- das kubisch flächenzentrierte Gitter (kfz, fcc – face centered cubic) besitzt zusätzliche Atome im Schnittpunkt der Flächendiagonalen. Jedes dieser Atome gehört zur Hälfte zur Elementarzelle.

Aufgabe 8: **Packungsdichte der kubischen Bravaisgitter**
Leiten Sie für die kubischen BRAVAISgitter die maximal mögliche Packungsdichte ab. Nehmen Sie dazu an, dass die Atome Kugeln sind und sich berühren.

3.2 Kinematische Beugungstheorie

In diesem Kapitel sollen die Beugungsvorgänge von Röntgenstrahlen an Kristallen theoretisch behandelt werden. Dabei wird von folgenden Vereinfachungen ausgegangen:
- Der Primärstrahl erleidet keinen Intensitätsverlust.
- Die Sekundärstrahlen werden nicht gebeugt.
- Mögliche Interferenzen zwischen Primärstrahl und gebeugten Strahlen bleiben unberücksichtigt.

Man spricht unter der Annahme dieser Vereinfachungen von der so genannten kinematischen Beugungstheorie. Für ideale Mosaikkristalle gilt diese Theorie sehr gut. Unter einem Mosaikkristall versteht man einen Kristall, welcher aus einer Vielzahl kleiner kohärent streuender Bereiche besteht. Dies wird auch oft Mosaizität genannt. Für die Mehrzahl der polykristallinen Werkstoffe gilt diese Annahme sehr gut. Für perfekte Kristalle ohne Defekte können die obigen Vereinfachungen nicht angenommen werden. Die gebeugten Intensitäten sind im Allgemeinen schwächer als durch die kinematische Beugungstheorie beschrieben wird. Dieser Effekt wird als Extinktion bezeichnet. In diesem Fall muss mit der dynamischen Beugungstheorie gearbeitet werden, wie sie erstmals durch EWALD beschrieben wurde.

Die Beschreibung der Beugung der Röntgenstrahlung am Kristall mit Hilfe der kinematischen Theorie erfolgt in sechs Teilschritten.
- Streuung der Röntgenstrahlen durch ein Elektron
- Streuung der Röntgenstrahlen an Materie
- Streuung der Röntgenstrahlen an Atomen
- Berücksichtigung thermischer Schwingungen
- Streuung der Röntgenstrahlen an einer Elementarzelle
- Beugung der Röntgenstrahlen am Kristall

3.2 Kinematische Beugungstheorie

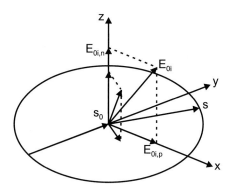

Bild 3.11: Geometrische Verhältnisse bei der Streuung am Elektron

3.2.1 Die Elastische Streuung von Röntgenstrahlen am Elektron – THOMSON-Streuung

Unter dem Einfluss der Röntgenstrahlung erfährt das Elektron eine Beschleunigung, entfernt sich aus seiner Ruhelage und führt eine harmonische Schwingung um diese Ruhelage aus. Das schwingende Elektron ist seinerseits der Ausgangspunkt einer Streustrahlung gleicher Frequenz (HERTZscher-Dipol). Die Phasendifferenz zwischen Primärstrahlung und gestreuter Strahlung ist in der Regel π. Die geometrischen Verhältnisse sind in Bild 3.11 dargestellt. Die einfallende Röntgenstrahlung kann als ebene monochromatische elektromagnetische Welle mit dem elektrischen Feldvektor $\vec{E}_i$ beschrieben werden:

$$\vec{E}_i = \vec{E}_{0i} \cdot e^{2\pi \cdot i \cdot \nu (t - \frac{y}{c})} \tag{3.47}$$

mit $\vec{E}_{0i}$-Amplitude und $\vec{E}_i$-Wert des Feldes am Ort y zur Zeit t.
Für die gestreute Welle am Punkt Q gilt:

$$\vec{E}_d = \vec{E}_{0d} \cdot e^{(s\pi \cdot i \cdot \nu(t-\frac{r}{c}) - i\alpha)} \quad \text{mit} \quad \vec{E}_{0d} = \frac{1}{r}\vec{E}_{0i}(\frac{e^2}{mc^2}\sin\varphi) \tag{3.48}$$

φ ist der Winkel zwischen Beschleunigungsrichtung Elektron und Streurichtung.
Für die Intensität der gestreuten Strahlung I_{eTh} gilt:

$$I_{eTh} = I_i \frac{e^4}{m^2 r^2 c^4} \sin^2 \varphi \tag{3.49}$$

Ist der Primärstrahl vollständig polarisiert, erhält man folgende Werte für die gestreute Intensität:

$$I_{eTh} = I_i \frac{e^4}{m^2 r^2 c^4} \quad \text{für} \quad \vec{E}_i \text{ parallel z} \tag{3.50}$$

$$I_{eTh} = I_i \frac{e^4 \cos^2 2\theta}{m^2 r^2 c^4} \quad \text{für} \quad \vec{E}_i \text{ parallel x.} \tag{3.51}$$

Für einen beliebigen Polarisationszustand des einfallenden Röntgenstrahls kann man folgende Beziehung für die gestreute Intensität ableiten:

$$I_{eTh} = I_i \frac{e^4}{m^2 r^2 c^4} (K_1 + K_2 \cos^2 2\theta) \tag{3.52}$$

K_1, K_2 – Anteil der Röntgenstrahlung mit $\vec{E}_i$ parallel z bzw. x.
Für einen nicht polarisierten Röntgenstrahl als Primärstrahl gilt $K_1 = K_2 = 0{,}5$ und damit:

$$I_{eTh} = I_i \frac{e^4}{m^2 r^2 c^4} \cdot \frac{1 + \cos^2 2\theta}{2} = I_i \frac{e^4}{m^2 r^2 c^4} \cdot P \tag{3.53}$$

P ist der Polarisationsfaktor, für welchen gilt:

$$P = \frac{1 + \cos^2 2\theta}{2} \tag{3.54}$$

Der gestreute Strahl ist also selbst im Fall eines nicht polarisierten einfallenden Röntgenstrahls teilweise polarisiert. Der Polarisationsfaktor berücksichtigt, dass bei der Streuung einer transversalen Welle jeweils nur die Feldkomponente senkrecht zur Streurichtung wirksam ist.

3.2.2 Streuung der Röntgenstrahlen an Materie

Bevor die Streuung von Röntgenstrahlen an Atomen, Molekülen, Elementarzellen und periodischen Strukturen betracht wird, soll die Streuung an Materie ganz allgemein behandelt werden. Wie bereits dargelegt erfolgt die Streuung der Röntgenstrahlung an den Elektronen der Materie. Die Verteilung der Elektronen in der Materie, unabhängig davon ob gasförmig, flüssig, amorph oder kristallin, wird durch die Elektronendichtefunktion $\rho(\vec{r})$ beschrieben. Die Anzahl der Elektronen in einem Volumenelement ist $\rho(\vec{r})d^3\vec{r}$. Diese Funktion gibt das Streuvermögen für Röntgenstrahlen pro Volumeneinheit an, da die Amplitude der vom Volumenelement $d^3\vec{r}$ gestreuten Strahlung proportional zur Anzahl der in ihm enthaltenen Elektronen ist.

Es sollen zunächst, wie in Bild 3.12a dargestellt, zwei Streuzentren A und B mit dem Volumenelement $d^3\vec{r}$ betrachtet werden. A liege im Ursprung. $\vec{s_0}$ ist ein Einheitsvektor in Richtung des Primärstrahls und der Streuvektor $\vec{s}$ der Einheitsvektor in Richtung der gestreuten Strahlung.

Die Phasendifferenz zwischen den an den beiden Volumenelementen A und B gestreuten Strahlen beträgt dann:

$$\varphi = \frac{2\pi}{\lambda} \cdot (\vec{s} - \vec{s_0}) \cdot \vec{r} = 2\pi(\vec{r}^* \cdot \vec{r}) \quad \text{mit} \tag{3.55}$$

$$\vec{r}^* = \frac{1}{\lambda}(\vec{s} - \vec{s_0}) \quad \text{und} \quad \vec{r}^* = \frac{2\sin\theta}{\lambda} \tag{3.56}$$

3.2 Kinematische Beugungstheorie   61

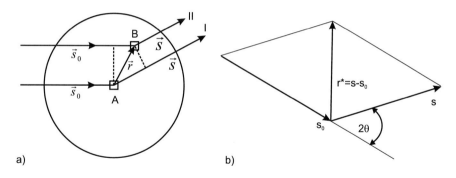

Bild 3.12: a) Streuung von Röntgenstrahlen an Materie b) Definition von $\vec{r}^*$

Zur Definition des Vektors $\vec{r}^*$ siehe Bild 3.12b. In der Kristallographie wird der durch $\vec{r}^*$ aufgespannte Raum als reziproker Raum bezeichnet. Zunächst seien die Streuzentren als punktförmig angenommen. Die am Streuzentrum A gestreute Welle habe die Amplitude A_A (Phase sei 0). Die am Streuzentrum B gestreute Welle hat dann die Amplitude $A_B e^{2\pi \cdot i \cdot (\vec{r}^* \cdot \vec{r})}$. Im Falle von N punktförmigen Streuzentren gilt für die gestreute Welle

$$A(\vec{r}^*) = \sum_{j=1}^{N} A_j e^{2\pi \cdot i \cdot (\vec{r}^* \cdot \vec{r}_j)} \tag{3.57}$$

wobei A_j die Amplitude der gestreute Welle am j-ten Streuzentrum ist.
Ausgehend von dem Fakt, dass die Amplitude der gestreuten Strahlung proportional zur Anzahl der an den Streuzentren vorhandenen Elektronenzahl ist, kann die Amplitude der insgesamt gestreuten Welle bei bekannter Elektronenzahl f_j ausgedrückt werden durch:

$$F(\vec{r}^*) = \sum_{j=1}^{n} f_j e^{(2\pi \cdot i \cdot \vec{r}^* \cdot \vec{r}_j)} \tag{3.58}$$

Werden die Streuzentren nicht mehr als kontinuierlich angenommen, so ist die gesamte gestreute Welle in Richtung $\vec{s}$ unter Verwendung der Elektronendichtefunktion gegeben durch:

$$F(\vec{r}^*) = \int_V \rho(\vec{r}) e^{2\pi \cdot i \cdot (\vec{r}^* \cdot \vec{r})} d^3 \vec{r} = T[\rho(\vec{r})] \qquad \text{mit} \tag{3.59}$$

T-Operator der Fourier-Transformation.
Die Intensität der gebeugten Strahlung ist proportional zum Quadrat der Amplitude.

$$I(\vec{r}^*) \propto |F(\vec{r}^*)|^2 \tag{3.60}$$

Die inverse Transformation T^{-1} erlaubt anderseits die Berechnung der Elektronendichte nach:

$$\rho(\vec{r}) = \int_V^* F(\vec{r}^*)e^{-2\pi \cdot i \cdot (\vec{r}^* \cdot \vec{r})} d^3\vec{r}^* = T^{-1}[F(\vec{r}^*)] \tag{3.61}$$

3.2.3 Streubeitrag der Elektronenhülle eines Atoms – Atomformfaktor f_a

Bisher wurde die Art der Streuzentren nicht näher definiert. In der Regel handelt es sich bei den Streuzentren um Atome. Jedes Atom ist mit einer Elektronenhülle verbunden. An diesen Elektronen erfolgt die Streuung der Röntgenstrahlung. Jede Elektronensorte (s-, p-Elektronen usw.) kann durch ihre Verteilungsfunktion

$$\rho_e(\vec{r}) \propto |\psi(\vec{r})|^2 \tag{3.62}$$

beschrieben werden. $\psi(\vec{r})$ ist die Wellenfunktion, welche man als Lösung der SCHRÖDINGER-Gleichung erhält.

Zur Berechnung des Streubeitrages der Elektronenhülle eines Atoms soll in erster Näherung von einer kugelsymmetrischen Elektronenverteilung ausgegangen werden. Bezug nehmend auf den vorhergehenden Abschnitt kann die Amplitude der durch eine Elektronensorte der Elektronenhülle gestreuten Strahlung durch folgende Gleichung beschrieben werden:

$$f_e(\vec{r}) = \int_V \rho_e(\vec{r}) e^{2\pi \cdot i \cdot (\vec{r}^* \cdot \vec{r})} d^3\vec{r} \tag{3.63}$$

Zu integrieren ist über das Volumen V, in welchem die Aufenthaltswahrscheinlichkeit für die Elektronen verschieden von Null ist. Unter Beachtung der vorausgesetzten Kugelsymmetrie von $\rho_e(r)$ gilt:

$$f_e(r^*) = \int_0^\infty U_e(r) \frac{\sin 2\pi r r^*}{2\pi r \cdot r^*} dr \tag{3.64}$$

$$U_e(r) = 4\pi r^2 \rho_e(r) \tag{3.65}$$

$$r^* = \frac{2\sin\theta}{\lambda} \tag{3.66}$$

$U_e(r)$ ist die radiale Elektronenverteilung.
Berechnungsbeispiele finden sich bei GIACOVAZZO [60].
Für die Intensität der gestreuten Strahlung gilt:

$$I = f_e^2 \cdot I_{eTh} \tag{3.67}$$

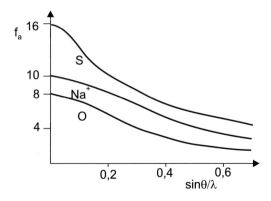

Bild 3.13: Atomformfaktor f_a

Den Streubeitrag der Elektronenhülle eines Atoms, der so genannte Atomformfaktor f_a (auch Atomformamplitude oder atomarer Streufaktor genannt), erhält man durch Integration über die gesamte Elektronenwolke:

$$f_a(\vec{r}^*) = \int_V \rho_a(\vec{r}) e^{2\pi \cdot i \cdot (\vec{r}^* \cdot \vec{r})} d^3\vec{r} \tag{3.68}$$

Geeignete Umformung unter Annahme einer kugelsymmetrischen Elektronenverteilung liefert folgende Beziehungen:

$$f_a(r^*) = \int_0^\infty U_a(r) \frac{\sin 2\pi r \cdot r^*}{2\pi r \cdot r^*} dr = \sum_{j=1}^{z} f_{ej} \tag{3.69}$$

$$U_a(r) = 4r^2 \pi \rho_a(r) \tag{3.70}$$

$U_a(r)$ ist die radiale Verteilungsfunktion für das Atom mit der Ordnungszahl Z.
Der Atomformfaktor ist die Fouriertransformierte der atomaren Elektronendichteverteilung. Die kugelsymmetrischen Elektronendichten können mit Hilfe quantenmechanischer Näherungsverfahren wie der scf-Methode (self-consistent-field), der HARTREE-FOCK-Methode und für schwere Elemente mit der Näherung nach THOMAS und FERMI berechnet werden. Für weitere Ausführungen sei auf Lehrbücher der Quantenchemie und Quantenphysik verwiesen. Bild 3.13 zeigt den Atomformfaktor f_a in Abhängigkeit von $(\sin\theta)/\lambda$ für verschiedene Atome und Ionen. f_a ist eine reelle Zahl. Für $((\sin\theta)/\lambda) = 0$ ist f_a gleich der Elektronenzahl des Atoms bzw. Ions.
Die Atomformfaktoren sind in den International Tables for Crystallography, Vol C tabelliert [132]. In diesen Tabellen sind auch die im Falle einer Dispersion notwendigen Korrekturen aufgeführt. Zu einer Dispersion kommt es, wenn die Bindungsenergie der Elektronen vergleichbar mit oder größer als die Energie der Strahlung ist. Das ist der Fall für die inneren Schalen schwerer Elemente. Dadurch wird die Amplitude und Phase

der gestreuten Röntgenstrahlung modifiziert. Die Streukraft wird eine komplexe Größe:

$$f_a = f_{a0} + \Delta f'_a + i \cdot \Delta f''_a \qquad (3.71)$$

Die Korrekturglieder tragen der unterschiedlichen Phasendifferenz zwischen Primär- und Streuwelle für starke und schwach gebundene Elektronen Rechnung. Atome, die bei der verwendeten Strahlung relativ große Werte der Korrekturglieder haben, bezeichnet man als anomale Streuer. Die Dispersion ist besonders stark ausgeprägt, wenn die Energie der Strahlung nahe einer Absorptionskante ist.

Diese Werte sind erhältlich aus den International Tables for Crystallography [132] und liegen tabelliert für jedes Element und jede charakteristische Strahlung vor.

3.2.4 Thermische Schwingungen

Im letzten Abschnitt wurde festgestellt, dass der Atomformfaktor die Fouriertransformierte der atomaren Elektronendichteverteilung ist. Genauer muss man formulieren, der Atomformfaktor ist die Fouriertransformierte der Elektronendichte eines freien und ruhenden Atoms. Aufgrund thermischer Effekte oszillieren die Atome in einer realen Kristall- oder Molekülstruktur jedoch um ihre Ruhelage. Typische Schwingungsfrequenzen für Kristalle liegen zwischen 10^{12} und 10^{14} Hz. Die Schwingungen modifizieren die Elektronendichtefunktion der Atome und folglich ihr Streuvermögen. Zur Beschreibung der Änderung des Streuvermögens soll in erster Näherung davon ausgegangen werden, dass die Atome unabhängig voneinander schwingen. Die Frequenz der Wärmeschwingungen ist klein im Vergleich zur Frequenz der Röntgenstrahlung. Daher darf man die Atome als ruhend ansehen, muss aber berücksichtigen, dass sie sich in einem Momentanbild der Atomanordnung nicht an ihren Ruhelagen befinden. Für die Berücksichtigung der thermischen Schwingungen eines Atoms reicht somit die Berechnung der zeitlich gemittelten Verteilung des Atoms in Bezug auf die Gleichgewichtslage. Die Gleichgewichtslage des Atoms sei der Ursprung. $p(\vec{r})$ sei die Wahrscheinlichkeit, das Zentrum eines Atoms an der Position $\vec{r}$ zu finden. $\rho_a(\vec{r}-\vec{r}')$ sei die Elektronendichte am Ort $\vec{r}$, wenn das Zentrum des Atoms bei $\vec{r}'$ ist. Für die gemittelte Elektronendichte $\rho_{at}(\vec{r})$ des schwingenden Atoms kann dann geschrieben werden:

$$\rho_{at}(\vec{r}) = \int_V \rho_a(\vec{r}-\vec{r}') \otimes p(\vec{r}')d^3\vec{r}' = \rho_a(\vec{r}) \otimes p(\vec{r}) \qquad (3.72)$$

Das Integral heißt die Faltung der Funktionen $\rho_a(\vec{r})$ und $p(\vec{r})$. Der Atomformfaktor f_{at} des gemittelten Atoms ist die Fouriertransformierte von $\rho_{at}(\vec{r})$. Es gilt:

$$f_{at}(\vec{r}^*) = f_a(\vec{r}^*)q(\vec{r}^*) \qquad (3.73)$$

$$q(\vec{r}^*) = \int_V p(\vec{r})e^{2\pi \cdot i \cdot (\vec{r}^* \cdot \vec{r})}d^3\vec{r} \qquad (3.74)$$

Die Fouriertransformierte $q(\vec{r}^*)$ ist als DEBYE-WALLER-Faktor bekannt. Die Funktion $p(\vec{r})$ hängt von vielen Parametern ab. Zu diesen Faktoren gehören die Atommasse, die Bindungskräfte und die Temperatur. In der Regel ist diese Funktion anisotrop. In erster Näherung kann jedoch eine isotrope Funktion angenommen werden. Dann kann $p(r')$ als GAUSS-Funktion beschrieben werden:

$$p(r') \cong (2\pi)^{-1/2} \cdot U^{-1/2} \cdot e^{(-(r'^2/2U))} \tag{3.75}$$

U ist die mittlere quadratische Auslenkung. Für Diamant beispielsweise liegt der Wert bei $0{,}000\,2\,\text{nm}^2$. Für die Fouriertransformierte erhalten wir:

$$q(r^*) = e^{(-2\pi^2 U r^{*2})} = e^{\left(\frac{-8\pi^2 \cdot U \cdot \sin^2\theta}{\lambda^2}\right)} = e^{\left(\frac{-B\sin^2\theta}{\lambda^2}\right)} \quad \text{mit} \quad B = 8\pi^2 \cdot U \tag{3.76}$$

B wird als isotroper Temperaturfaktor bezeichnet.
Teilweise findet man in der Literatur auch für B den Begriff DEBYE-WALLER-Faktor. Beachtet man, dass die Atome in der Regel nicht in alle Richtungen gleich stark schwingen, muss man einen anisotropen Temperaturfaktor einführen. Entsprechende Herleitungen dieser Beziehungen sind bei WÖLFEL [183], GIOCOVAZZO [60] und SCHWARZENBACH [156] zu finden.

3.2.5 Streubeitrag einer Elementarzelle

Die Elektronendichteverteilung einer Elementarzelle mit N Atomen kann durch die folgende Gleichung beschrieben werden:

$$\rho_M(\vec{r}) = \sum_{j=1}^{N} \rho_j(\vec{r} - \vec{r}_j) \tag{3.77}$$

$\vec{r}_j$ ist ein Vektor innerhalb der Elementarzelle, der den Nullpunkt mit dem j-ten Atom verbindet:

$$\vec{r}_j = x_j \cdot \vec{a} + y_j \cdot \vec{b} + z_j \cdot \vec{c} \tag{3.78}$$

$\vec{a}, \vec{b}, \vec{c}$ -Basisvektoren des Kristallgitters.
Damit ergibt sich für die Amplitude der gestreuten Welle:

$$F(\vec{r}^*) = \int_V \sum_{j=1}^{N} \rho_j(\vec{r} - \vec{r}_j) e^{2\pi i (\vec{r} \cdot \vec{r}^*)} d^3\vec{r} = \sum_{j=1}^{N} \int_V \rho_j(\vec{R}_j) e^{2\pi i [(\vec{r}_j + \vec{R}_j) \cdot \vec{r}^*]} d^3\vec{R}_j \tag{3.79}$$

Führt man den Atomformfaktor $f_j(\vec{r}^*)$ ein, welche die thermischen Schwingungen berücksichtigt, lautet die Gleichung für die Amplitude der gestreuten Welle:

$$F(\vec{r}^*) = \sum_{j=1}^{N} f_j(\vec{r}^*) e^{2\pi \cdot i (\vec{r}^* \cdot \vec{r}_j)} \qquad (3.80)$$

Für das Skalarprodukt aus den Vektoren $\vec{r}^*$ und $\vec{r}$ gilt:

$$\vec{r}^* \cdot \vec{r} = hx + ky + lz \qquad (3.81)$$

Somit können wir die Gleichung 3.80 in folgender Form schreiben:

$$F(\vec{r}^*) = F(hkl) = \sum_{j=1}^{N} f_j(\vec{r}^*) e^{2\pi \cdot i (\vec{r}^* \cdot \vec{r}_j)} = \sum_{j=1}^{N} f_j e^{2\pi \cdot i (hx_j + ky_j + lz_j)} \qquad (3.82)$$

Die Fourier-Transformierte der Elektronendichteverteilung $F(\vec{r}^*)$ wird als Strukturfaktor bezeichnet.

Der Strukturfaktor hängt von der Art der Atome und der Lage der Atome in der Elementarzelle ab.

Weitere Ausführungen zum Strukturfaktor finden sich in den folgenden Abschnitten. Für die Streuleistung I_{EZ} der Elementarzelle folgt:

$$I_{EZ} = \left(\frac{e^2}{mc^2}\right)^2 \cdot \frac{1}{r_a^2} \cdot F_{hkl}^2 \cdot \left(\frac{1 + \cos^2 2\theta}{2}\right) \cdot I_0 \qquad (3.83)$$

3.2.6 Beugung der Röntgenstrahlen am Kristall

Die kohärente Streuung von Strahlung durch eine periodische Struktur heißt Beugung. Da es sich bei einem Kristall um eine periodische Struktur handelt, spricht man bei der Streuung der Röntgenstrahlen am Kristall von der Beugung der Röntgenstrahlen am Kristall.

Die periodische Elektronendichteverteilung eines Kristalls wird durch folgende Gleichung ausgedrückt:

$$\rho(\vec{r}) = \rho(\vec{r} + u\vec{a_1} + v\vec{a_2} + w\vec{a_3}) \qquad (3.84)$$

$\vec{a_1}, \vec{a_2}, \vec{a_3}$ – Basisvektoren des Kristallgitters; u, v, w – ganze Zahlen.
Die Amplitude der am Kristall gestreuten Welle $A(\vec{r}^*)$ ergibt sich wiederum durch Fouriertransformation der Elektronendichte. Es gilt:

$$A(\vec{r}^*) = F(\vec{r}^*) \sum_u \sum_v \sum_w e^{2\pi \cdot i (u\vec{a_1} + v\vec{a_2} + w\vec{a_3}) \cdot \vec{r}^*} = F(\vec{r}^*) \cdot A(\vec{r}^*) \qquad (3.85)$$

$F(\vec{r}^*)$ ist der im vorigen Abschnitt eingeführte Strukturfaktor. $G(\vec{r}^*)$ wird als Gitterfaktor bezeichnet. Die Exponenten seiner Summanden geben jeweils die Phasendifferenz des Streubeitrages der jeweiligen Elementarzelle gegenüber dem Streubeitrag der Ursprungselementarzelle an. Der Gitterfaktor erreicht seinen Maximalwert, wenn seine drei Summanden gleichzeitig Maxima besitzen. Das trifft für alle reziproken Gittervektoren $\vec{r}^*$ zu, welche die folgenden LAUE-Gleichungen erfüllen:

$$\vec{a_1} \cdot \vec{r}^* = h \quad \text{bzw.} \quad \vec{a_2} \cdot \vec{r}^* = k \quad \text{bzw.} \quad \vec{a_3} \cdot \vec{r}^* = l \tag{3.86}$$

bzw. anders umgeformt:

$$\vec{a_1} \cdot (\vec{s} - \vec{s_0}) = \vec{a_1} \cdot \vec{s} = h\lambda \tag{3.87}$$
$$\vec{a_2} \cdot (\vec{s} - \vec{s_0}) = \vec{a_2} \cdot \vec{s} = k\lambda$$
$$\vec{a_3} \cdot (\vec{s} - \vec{s_0}) = \vec{a_3} \cdot \vec{s} = l\lambda$$

Für den Gitterfaktor gilt:

$$G(\vec{r}^*) = \sum_u \sum_v \sum_w e^{2\pi \cdot \imath (u\vec{a_1} + v\vec{a_2} + w\vec{a_3}) \cdot \vec{r}^*} \tag{3.88}$$

Die drei Summenausdrücke sind geometrische Reihen. Eine mathematische Auswertung liefert für einen Kristall mit M Elementarzellen entlang $\vec{a_1}$, N Zellen entlang $\vec{a_2}$ und P Zellen entlang $\vec{a_3}$:

$$\sum_{-(M-1)/2}^{+(M-1)/2} e^{2\pi \imath u \vec{a_1} \cdot \vec{r}^*} = \frac{\sin \pi M \vec{a_1} \cdot \vec{r}^*}{\sin \pi \vec{a_1} \cdot \vec{r}^*} = J_M(\vec{a_1} \cdot \vec{r}^*) \tag{3.89}$$

Damit folgt für den Gitterfaktor:

$$G(\vec{r}^*) = F(\vec{r}^*) \cdot J_M(\vec{a_1} \cdot \vec{r}^*) \cdot J_N(\vec{a_2} \cdot \vec{r}^*) \cdot J_P(\vec{a_3} \cdot \vec{r}^*) \tag{3.90}$$

Für die Intensität der gebeugten Welle ergibt sich:

$$I_{Kr} = \left(\frac{e^2}{mc^2}\right)^2 \cdot \frac{1}{r_a^2} \cdot \left(\frac{1+\cos^2 2\theta}{2}\right) \cdot I_0 \cdot |F(hkl)|^2 \cdot J_M^{\,2}(\vec{a_1} \cdot \vec{r}^*) \cdot J_N^{\,2}(b\vec{a_2} \cdot \vec{r}^*) \cdot J_P^{\,2}(\vec{a_3} \cdot \vec{r}^*) \tag{3.91}$$

Das Produkt

$$I^* = J_M^{\,2}(\vec{a_1} \cdot \vec{r}^*) \cdot J_N^{\,2}(\vec{a_2} \cdot \vec{r}^*) \cdot J_P^{\,2}(\vec{a_3} \cdot \vec{r}^*) \tag{3.92}$$

wird als Interferenzfunktion bezeichnet. Die Interferenzfunktion I^* nimmt für den Fall der exakten Erfüllung der LAUE-Bedingungen den Wert $N_1^{\,2} N_2^{\,1} N_3^{\,2}$ an, für eine genaue Analyse sei auf WÖLFEL [183] verwiesen. Damit ergibt sich für die Intensität der gebeugten Welle.

$$I_{Kr} = \left(\frac{e^2}{mc^2}\right)^2 \cdot \frac{1}{r_a^2} \cdot \left(\frac{1+\cos^2 2\theta}{2}\right) \cdot I_0 \cdot |F(hkl)|^2 \cdot N_1^{\,2} N_2^{\,2} N_3^{\,2} \tag{3.93}$$

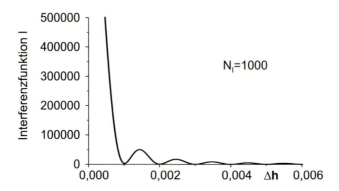

Bild 3.14: Verlauf der Interferenzfunktion I^*

3.2.7 Schärfe der Beugungsbedingungen

Wie bereits erwähnt, erreicht der Gitterfaktor $G(\vec{r}^*)$ sein Maximum, wenn $\vec{r}^*$ die LAUE-Gleichungen erfüllt. Es ist nun näher zu untersuchen, inwieweit der Gitterfaktor $G(\vec{r}^*)$ auch in unmittelbarer Umgebung von $\vec{r}^*$ von Null verschiedene Werte annimmt. Dazu betrachten wir einen Punkt, welcher im Abstand $\Delta \vec{r}^*$, Gleichung 3.94, von einem reziproken Gitterpunkt $\vec{r}^*$ entfernt ist und die EWALD-Kugel durchwandert.

$$\Delta \vec{r}^* = \Delta h \cdot \vec{a_1}^* + \Delta k \cdot \vec{a_2}^* + \Delta l \cdot \vec{a_3}^* \tag{3.94}$$

Es sind damit die folgenden Quotienten für die Interferenzfunktion zu betrachten:

$$\frac{\sin^2 \pi \cdot N_1 \cdot (\vec{a_1} \cdot \Delta \vec{r}^*)}{\sin^2 \pi \cdot (\vec{a_1} \cdot \Delta \vec{r}^*)} \tag{3.95}$$

Analoge Ausdrücke gibt es für $\vec{a_2}$ und $\vec{a_3}$. Eine genaue Analyse dieser Ausdrücke findet man bei WÖLFEL [183]. Den prinzipiellen Verlauf der Interferenzfunktion I^* in der Umgebung eines reziproken Gitterpunktes zeigt Bild 3.14. Für eine experimentelle Analyse der Interferenzfunktion wäre ein monochromatischer Primärstrahl mit einer Divergenz $< 0{,}02°$ erforderlich, welcher in der Regel derzeit nicht zur Verfügung steht. Die Ergebnisse der theoretischen Analyse lassen sich wie folgt zusammenfassen:
- den Hauptstreubeitrag liefert der reziproke Gitterpunkt
- der Hauptstreubeitrag ist proportional $N_1^2 N_2^2 N_3^2$
- für einen unendlich ausgedehnten Kristall ist der Streubeitrag nur an diesen Punkten unterschiedlich von Null (Beugungs-Peaks sind als Dirac-Impulse beschreibbar)
- wenn der Kristall eine endliche Ausdehnung besitzt, liefert die nächste Umgebung des reziproken Gitterpunkts ebenfalls einen Streubeitrag zum Reflex
- je größer der Kristall ist, desto kleiner ist der Bereich, wo der Streubeitrag von Null verschieden ist
- die Breite des Hauptmaximums in eine bestimmte Richtung ist proportional zur Ausdehnung des Kristalls in dieser Richtung

3.2 Kinematische Beugungstheorie 69

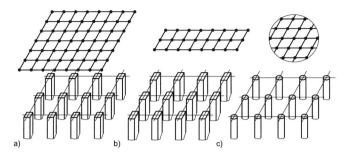

Bild 3.15: Direktes und reziprokes Gitter bei endlicher Ausdehnung a) zweidimensionales Gitter mit quadratischer Grundfläche b) zweidimensionales Gitter mit rechteckiger Grundfläche c) zweidimensionales Gitter mit kreisförmiger Grundfläche

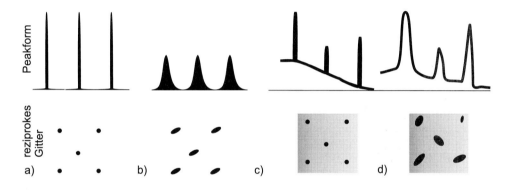

Bild 3.16: Mögliche Peakausbildung und schematische Form des reziproken Gitters

Die Breite des Hauptmaximums lässt sich auch so interpretieren, dass jeder reziproke Gitterpunkt wegen der endlichen Größe eines Kristalls eine räumliche Ausdehnung mit Dimensionen proportional zu N_i^{-1} besitzt. Bild 3.15 zeigt diese Korrespondenz zwischen einem endlichen Gitter und dem zugehörigen reziproken Gitter am Beispiel dreier zweidimensionaler Gitter. Beim dreidimensionalen Gitter sind die Verhältnisse analog, jedoch sind die Ausdehnungen der reziproken Gitterpunkte in alle drei Richtungen endlich.
Die Ausdehnung der reziproken Gitterpunkte führt bei der experimentellen Registrierung der Beugungserscheinungen zu einer Verbreiterung der Beugungspeaks, wie in Bild 3.2.7 dargestellt.
Neben der Kristallitgröße beeinflussen auch Kristallbaufehler und Mikroeigenspannungen die Breite und Form der Beugungspeaks.

Die Beschreibung der Beugungspeaks erfolgt durch charakteristische Kenngrößen, Bild 3.17. In einem Bereich $(\theta_2 - \theta_1)$ tritt ein höherer Intensitätsverlauf als der Untergrund auf. Dieser Bereich wird häufig als Mess- oder Entwicklungsintervall L bezeichnet. Das Maximum der Intensität I_{max} wird bei einem Beugungswinkel θ_0 erreicht. Dieser Winkel wird auch als Glanzwinkel bezeichnet. Der Glanzwinkel wird zum Teil auch mit anderen Methoden, wie der Schwerpunktbestimmung, siehe Kapitel 10.6.3 bzw. Bild 10.35, be-

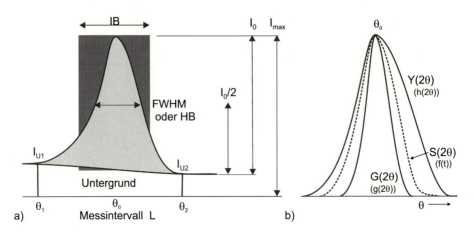

Bild 3.17: a) Kenngrößen eines Beugungspeaks I_0; I_B; H_B b) Die unterschiedlichen Profilformen $Y(2\theta)$, $G(2\theta)$, $S(2\theta)$

stimmt. Der Untergrundverlauf verläuft in der Regel nicht parallel zur Winkelachse und ist oft nicht linear. Approximiert man einen Untergrundverlauf, dann ist die Nettointensitätshöhe I_0 die Differenz $I_{max} - I_{U0}$. Die Differenz des rechtsseitigen Profilverlaufs zum linksseitigen Profilverlauf bei halber Nettointensitätshöhe wird als Halbwertsbreite HB oder HWB oder FWHM (full width at half maximum) bezeichnet und in vielen Fällen als die Breite des Beugungspeaks angenommen. Reale Beugungspeaks haben oft einen asymmetrischen Verlauf und Ausläufer, in denen weitere physikalische Informationen stecken. Um diese ermitteln zu können, wird oft die Fläche unter der Kurve im Messbereich bestimmt. Aus dieser Fläche wird ein flächengleiches Rechteck mit der Höhe I_0 gebildet. Die Breite dieses Rechteckes ist die Integralbreite IB. Ein Beugungspeak hat im Allgemeinen die Form einer Verteilungsfunktion, welche im Kapitel 8 eingeführt werden.

Das gemessene Beugungsprofil $Y(2\theta)$ zeigt eine Verbreiterung, welche einerseits auf Instrumenteneinflüsse, anderseits auf physikalische Einflüsse zurückzuführen ist. Das so genannte Geräteprofil $G(2\theta)$ erhält man, wenn man eine Probe mit einer gleichmäßigen Korngröße von größer 2 μm und völliger Spannungsfreiheit untersucht. Das so genannte physikalische Profil $S(2\theta)$, welches die Peak verbreiternden physikalischen Ursachen enthält, ist mathematisch gesehen die Faltung des Geräteprofils mit dem physikalischen Profil. Das Ergebnis ist das Messprofil $Y(2\theta)$.

$$Y(2\theta) = S(2\theta) \otimes G(2\theta) \tag{3.96}$$

Die Auflösung eines Beugungsdiagramms wird durch die Gleichung 3.97 beschrieben. Sie ist die Ableitung der später vorgestellten BRAGGschen-Gleichung 3.120 nach allen variablen Größen nach Umstellung auf die Wellenlängenabhängigkeit.

$$\frac{\partial \lambda}{\lambda} = \frac{\partial d_{hkl}}{d_{hkl}} + \frac{\partial \theta \cdot \cot \theta}{2 \cdot \sin \theta} \tag{3.97}$$

Tabelle 3.3: Tiefen t in [μm] für 90 % Absorption für einen Abnahmewinkel von $\theta = 30°$, verschiedenen Einfallswinkeln und verschiedener Strahlung

	Z	$\varrho\,[gcm^{-3}]$	Kobaltstrahlung $\varphi = 1°$	Kobaltstrahlung $\varphi = 30°$	Kupferstrahlung $\varphi = 1°$	Kupferstrahlung $\varphi = 30°$	Molybdänstrahlung $\varphi = 1°$	Molybdänstrahlung $\varphi = 30°$
C	6	2,267	25,880	198,8	41,09	315,7	452,9	3 479
Si	14	2,330	1,874	14,390	2,908	22,340	28,440	218,5
Fe	26	7,874	0,872	6,702	0,156	1,198	1,352	10,380
Cu	29	8,920	0,568	4,362	0,854	6,561	0,903	6,935
Zn	30	7,140	0,643	4,937	0,967	7,425	1,034	7,946
Zr	40	6,511	0,297	2,281	0,447	3,431	3,711	28,510
W	74	19,250	0,083	0,635	0,122	0,934	0,214	1,645

Aufgabe 9: **Umrechnung verschiedene Winkelmaßstabseinheiten**

Viele Winkelangaben beruhen auf dem Grad. Informieren Sie sich über weitere Winkelangaben, wie Bogenmaß rad; Minute ' und Sekunde ". Stellen Sie eine Tabelle auf, in der einige Umrechnungen von Bogenmaß, von Minute und von Sekunde in Grad aufgeführt sind.

3.2.8 Eindringtiefe der Röntgenstrahlung

Die energiereiche Strahlung dringt in das Untersuchungsobjekt ein und wird absorbiert, an Netzebenen reflektiert und durchläuft das Material erneut. Der tiefenabhängige Absorptionsanteil A(t) ist eine Funktion des Einstrahlwinkels ω und des Beugungswinkels θ. Er wird materialselektiv durch den linearen Absorptionskoeffizienten μ ausgedrückt. Über Gleichung 3.98 werden diese Größen verknüpft. Diese hat die gleiche Form wie später Gleichung 10.66.

$$A(t) = 1 - e^{-\mu \cdot t \left(\frac{1}{\sin \omega} + \frac{1}{\sin(2\theta - \omega)} \right)} \quad (3.98)$$

Die Eindringtiefe t kann als prozentualer Anteil der Absorption definiert werden, siehe Kapitel 10.4.3.
In Tabelle 3.3 sind für einige Materialien und Beugungswinkel die Tiefenwerte für eine Absorption von 90 % verglichen. Erkennbar wird, dass bei manchen Material- und Strahlungskombinationen kaum ein Strahlungseinfluss auftritt, bei anderen Materialien dagegen ein sehr deutlicher. Deshalb ist es notwendig, vor einer Untersuchung immer die möglichen Eindringtiefen abzuschätzen. Deutlich wird der Absorptionskanteneinfluss besonders beim Eisen für Kupferstrahlung. Kupferstrahlung ist zur Untersuchung von Eisen/Eisenverbindungen schlecht geeignet, siehe auch Bild 2.12. Die hohe Dichte von Wolfram ist u.a. die Ursache dafür, dass die Eindringtiefe vor allen bei flachen Winkeln nur sehr gering ist und es deshalb bei Untersuchung dieser Materialien vor allen zu Schwierigkeiten bei der Reflektometrie kommt, siehe Kapitel 13.2.

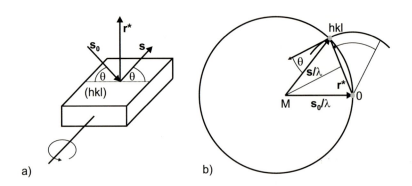

Bild 3.18: Herleitung der Integralen Intensität und des LORENTZ-Faktor

3.2.9 Integrale Intensität der gebeugten Strahlung

Gleichung 3.93 beschreibt für den Fall der BRAGGschen Reflexion die abgebeugte Intensität für einen ganz bestimmten reziproken Gitterpunkt. Für die praktische Anwendung ist jedoch die so genannte integrale Intensität eines Reflexes, d.h. die integrierte Streuleistung des Kristalls über den gesamten Bereich um den reziproken Gitterpunkt, wichtiger. Die integrale Intensität eines Reflexes erhält man, indem der Kristall durch die Reflexionsstellung nach dem BRAGG-Gesetz gedreht (von $\theta_{hkl} - \Delta\theta$ bis $\theta_{hkl} + \Delta\theta$) und über das Intensitätsprofil der reflektierten Strahlung integriert wird, Bild 3.18.

An dieser Stelle sei nur das Ergebnis der Integration vorgestellt. Für Einzelheiten der Integration sei auf WÖLFEL [183] und SCHWARZENBACH [156] verwiesen. Die Integration liefert folgenden Ausdruck für die integrale Intensität I_{Kr}:

$$I_{Kr} = \left(\frac{e^2}{mc^2}\right)^2 \cdot \lambda^3 \cdot \left(\frac{1 + \cos^2 2\theta}{2}\right) \cdot \frac{1}{\sin 2\theta} \cdot |F(hkl)|^2 \cdot \frac{V_{Kr}}{V_{EZ}^2} \cdot I_0 \qquad (3.99)$$

Der Quotient $1/(\sin^2\theta) = L(\theta)$ wird als LORENTZ-Faktor bezeichnet. Er beschreibt das Verhältnis der Winkelgeschwindigkeit ω, mit welche der Kristall gedreht wird, zu Geschwindigkeit v_n des reziproken Gitterpunktes hkl, mit welcher er die EWALD-Kugel durchdringt. Der Faktor λ rührt aus der Festlegung zum Radius der EWALD-Kugel her, siehe Kapitel EWALD-Konstruktion 3.3.3.

$$L(\theta) = \frac{\omega}{v_n \cdot \lambda} = \frac{1}{\sin 2\theta} \qquad (3.100)$$

Die integrale Intensität ist umso größer, je langsamer der reziproke Gitterpunkt hkl durch die Oberfläche der EWALD-Kugel taucht. Der aufgeführte Ausdruck für den LORENTZ-Faktor, Gleichung 3.100, gilt nur für die hier vorgestellte Strahlengeometrie. Für das DEBYE-SCHERRER-Verfahren lautet der Ausdruck für den LORENTZ-Faktor z.B. $1/(\sin^2\theta \cos\theta)$.

Neben der integralen Intensität wird in der Röntgendiffraktometrie häufig mit dem integralen Reflexionsvermögen $(E\omega/I_0)$ des Kristalls gearbeitet. ω ist die eingeführte Winkelgeschwindigkeit und E die Gesamtenergie unter der Reflexionskurve. Es gilt:

$I_{Kr} = E \cdot \omega$ und damit:

$$\frac{I_{Kr}}{I_0} = \frac{E\omega}{I_0} = \left(\frac{e^2}{mc^2}\right)^2 \cdot \lambda^3 \cdot \left(\frac{1+\cos^2 2\theta}{2}\right) \cdot \frac{1}{\sin 2\theta} \cdot |F(h\,k\,l)|^2 \cdot \frac{V_{Kr}}{V_{EZ}{}^2} = K \cdot L(\theta) \cdot P(\theta)|F(h\,k\,l)|^2 \quad (3.101)$$

$L(\theta)$ ist der LORENTZ-Faktor, $P(\theta)$ ist der Polarisationsfaktor und K eine Konstante, welche alle konstanten Faktoren zusammenfasst. Das Produkt aus LORENTZ-Faktor und Polarisationsfaktor wird häufig als Winkelfaktor $W(\theta)$ bezeichnet.

Eine weitere Verbesserung der Anpassung zwischen der kinematischen Beugungstheorie und den praktischen Messergebnissen erhält man, wenn man den Absorptionsfaktor A einführt. Er korrigiert die Intensität hinsichtlich ihrer Absorption in der zu untersuchenden Probe. Neben dem Absorptionsfaktor wird oft auch noch ein so genannter Extinktionsfaktor y eingeführt, welcher die primäre und sekundäre Extinktion korrigiert. Unter primärer Extinktion versteht man die Schwächung des Primärstahls durch Mehrfachstreuung. Dieser Effekt wird umso stärker, je größer die ideal gebauten Kristallbereiche sind. Bei einem Mosaikkristall kann die primäre Extinktion in der Regel vernachlässigt werden. Eine exakte Beschreibung gestattet nur die dynamische Beugungstheorie. Sekundäre Extinktion tritt auf, wenn in einem Kristall mehrere zueinander inkohärente Bereiche genau parallel orientiert sind. Die tiefer liegenden Bereiche erreicht ein deutlich geschwächter Primärstrahl, so dass insgesamt für den Kristall dieser Reflex geschwächt wird. Die sekundäre Extinktion kann bei einem guten Mosaikkristall ebenfalls vernachlässigt werden. Für bestimmt Strahlgeometrien muss ein zusätzlicher geometrischer Faktor $G(\theta)$ eingeführt werden. Unter Berücksichtigung dieser drei Faktoren lautet die Beziehung für das integrale Reflexionsvermögen:

$$\frac{I(h\,k\,l)}{I_0} = K \cdot G(\theta) \cdot L(\theta) \cdot P(\theta) \cdot A \cdot y \cdot |F(h\,k\,l)|^2 \quad (3.102)$$

Das ist die entscheidende Beziehung für die praktische Auswertung von Beugungsexperimenten, insbesondere für Einkristalluntersuchungen. Im Fall von Pulveraufnahmen (DEBYE-SCHERRER-Verfahren, Zählrohrdiffraktometerverfahren usw.), aber auch für das Drehkristallverfahren als Einkristallmethode, muss noch ein zusätzlicher Faktor eingeführt werden, der so genannte Flächenhäufigkeitsfaktor H. Der Flächenhäufigkeitsfaktor H gibt die Zahl der symmetrieäquivalenten Netzebenen an, welche ein gemeinsames Signal im Detektor erzeugen. Tabelle 3.4 gibt eine Zusammenstellung der Flächenhäufigkeitsfaktoren. Bei der Anwendung der Flächenhäufigkeitsfaktoren muss allerdings berücksichtigt werden, dass in höhersymmetrischen Systemen, insbesondere im kubischen System, auch verschiedene Reflextypen zusammenfallen können. Ein typisches Beispiel sind die $(4\,3\,0)$- und $(5\,0\,0)$-Reflexe mit all ihren Permutationen.

Aufgabe 10:   Flächenhäufigkeitsfaktor

Begründen Sie, warum der Flächenhäufigkeitsfaktor H für $(h\,0\,0)$-Reflexe im kubischen Kristallsystem sechs und im tetragonalen Kristallsystem vier beträgt. Begründen Sie weiterhin, warum die $(4\,3\,0)$- und $(5\,0\,0)$-Reflexe bei Pulveraufnahmen im kubischen Kristallsystem zusammenfallen.

Tabelle 3.4: Anzahl gleichwertiger Ebenen, Flächenhäufigkeitsfaktor für Pulveraufnahmen nach [103]

$\{hkl\}$	kubisch	tetragonal	hexagonal	orthorhombisch	monoklin	triklin
$\{hkl\}$	48	16	24	8	4	2
$\{hhl\}$	24	8	12	8	4	2
$\{hlh\}$	24	16	24	8	4	2
$\{lhh\}$	24	16	24	8	4	2
$\{hk0\}$	24	8	12	4	2	2
$\{h0l\}$	24	16	12	4	4	2
$\{0kl\}$	24	16	12	4	4	2
$\{hhh\}$	8	8	12	8	4	2
$\{hh0\}$	12	4	6	4	2	2
$\{h0h\}$	12	8	12	4	4	2
$\{0hh\}$	12	8	12	4	4	2
$\{h00\}$	6	4	6	2	2	2
$\{0k0\}$	6	4	6	2	2	2
$\{00l\}$	6	2	2	2	2	2

3.2.10 Strukturfaktor – Kristallsymmetrie – Auslöschungsregeln

Die entscheidende Größe in den verschiedenen Beziehungen zur Intensität der abgebeugten Strahlung ist der Strukturfaktor. Er enthält die Atompunktlagen $x_j y_j z_j$ in der Elementarzelle und stellt damit die Beziehung zur Kristallstruktur her. Daher sei der Strukturfaktor F(hkl) hier noch ausführlicher betrachtet und die Einflüsse der Kristallsymmetrie auf den Strukturfaktor untersucht. Die Definition des Strukturfaktors ohne Berücksichtigung des Temperaturfaktors sei hier nochmals genannt:

$$F(hkl) = \sum_{j=1}^{N} f_j(\vec{r}^*) e^{2\pi \cdot \imath (\vec{r}^* \cdot \vec{r}_j)} = \sum_{j=1}^{N} f_j e^{2\pi \cdot \imath (hx_j + ky_j + lz_j)} \quad (3.103)$$

Diese Gleichung kann in der folgenden Form als komplexe Zahl geschrieben werden:

$$F(hkl) = \sum_{j=1}^{N} f_j \cos 2\pi (hx_j + ky_j + lz_j) + \imath \sum_{j=1}^{N} f_j \sin 2\pi (hx_j + ky_j + lz_j) = A + \imath B \quad (3.104)$$

Die Strukturamplitude ist somit gegeben durch:

$$|F(hkl)|^2 = A^2 + B^2 \quad (3.105)$$
$$= \left[\sum_{j=1}^{N} f_j \cos 2\pi (hx_j + ky_j + lz_y) \right]^2 + \left[\sum_{j=1}^{N} f_j \sin 2\pi (hx_j + ky_j + lz_y) \right]^2$$

Tabelle 3.5: Zuordnung der Kristallklassen zu den LAUE-KLassen

Kristallsystem	LAUE-Klasse	zugeordnete Kristallklassen
triklin	$\bar{1}$	1, $\bar{1}$
monoklin	2/m	2, m, 2/m
rhombisch	mmm	222, mm2, mmm
tetragonal	4/m	4, $\bar{4}$, 4/m
	4/mmm	422, 4mm, $\bar{4}$2m, 4/mmm
trigonal	$\bar{3}$	3, $\bar{3}$
	$\bar{3}$m	32, 3m, $\bar{3}$m
hexagonal	6/m	6, $\bar{6}$, 6/m
	6/mmm	622, 6mm, $\bar{6}$2m, 6/mmm
kubisch	m3	23, m3
	m3m	432, $\bar{4}$3m, m3m

Betrachtet man jetzt die Strukturamplitude des Reflexes $(h\,k\,l)$ und des Reflexes $(\bar{h}\,\bar{k}\,\bar{l})$, so erhält man:

$$|F(h\,k\,l)|^2 = |F(\bar{h}\,\bar{k}\,\bar{l})|^2 \tag{3.106}$$

Die Gleichung 3.106 ist die mathematische Formulierung der FRIEDELschen Regel (1913):

> Die Intensitäten der Reflexe $(h\,k\,l)$ und $(\bar{h}\,\bar{k}\,\bar{l})$ sind gleich, auch wenn der Kristall nicht zentrosymmetrisch ist. Diese beiden Reflexe stammen von den beiden Seiten derselben Netzebenenschar.

Eine wichtige Konsequenz dieses Gesetzes ist, dass mit Beugungsmethoden ein Kristall nur den 11 LAUE-Klassen, jedoch nicht den 32 Kristallklassen zugeordnet werden kann. Tabelle 3.5 zeigt eine Gegenüberstellung der 11 LAUE-Klassen und der 32 Kristallklassen. Die LAUE-Klassen sind grundsätzlich zentrosymmetrisch. Eine Zuordnung des Beugungsmuster zu den 11 LAUE-Klassen gelingt allerdings nur für Beugungsverfahren, bei denen sich symmetrieäquivalente Reflexe nicht überlagern. Somit sind die Pulververfahren zur Bestimmung der LAUE-Klasse ungeeignet. Sie gestatten nur die Bestimmung der Metrik der Elementarzelle. Auch das Drehkristallverfahren ist nur bedingt geeignet. Das LAUE-Verfahren dagegen ist sehr gut dazu geeignet, siehe Kapitel Einkristallverfahren 5.10. Betrachtet man z. B. die LAUE-Aufnahme eines Kristalls mit der LAUE-Klasse 4/m, der mit einem einfallenden Röntgenstrahl parallel zur vierzähligen Achse aufgenommen wurde, so zeigt die Aufnahme eine vierzählige Intensitätsverteilung der Reflexe. Anders formuliert, die LAUE-Aufnahme zeigt die ebene Punktgruppe 4.

Die FRIEDELsche Regel gilt allerdings nur dann streng, wenn die Atomformfaktoren f_j reell sind. Im Falle einer starken Dispersion (imaginäre Komponente im Atomformfaktor) gilt die FRIEDELsche Regel nur, wenn die Kristallstruktur zentrosymmetrisch ist. Ist eine Kristallstruktur zentrosymmetrisch, dann ist der Strukturfaktor eine reelle Größe, falls man den Koordinatenursprung in ein Symmetriezentrum legt. Das gilt natürlich unabhängig davon, ob der Atomformfaktor reell oder komplex ist. In einer zentrosymmetrischen Struktur existiert zu jeder Atomlage x, y, z eine Atomlage $\bar{x}, \bar{y}, \bar{z}$. Somit gilt für den Strukturfaktor einer zentrosymmetrischen Kristallstruktur:

$$F_{centro}(h\,k\,l) = \sum_{j=1}^{N} f_j \cos 2\pi (hx_j + ky_j + lz_j) = \pm |F_{centro}(h\,k\,l)| \qquad (3.107)$$

Dieser Zusammenhang ist für die Kristallstrukturanalyse, Kapitel 9, von besonderer Bedeutung. Die Phasenbestimmung reduziert sich auf die Bestimmung der Vorzeichen der Strukturfaktoren.

Es stellt sich jetzt die Frage, ob aus den Beugungsmustern neben der LAUE-Klasse noch weitere Symmetrieinformationen erhalten werden können. Betrachtet man die Beugungsdiagramme, dann fällt auf, dass häufig viele Reflexe fehlen. Eine genaue Analyse zeigt, dass dieses Fehlen auf die Anwesenheit von Gitterzentrierungen, Gleitspiegelebenen und Schraubenachsen zurückzuführen ist. Man spricht von systematischen Auslöschungen der betroffenen Reflexe $(h\,k\,l)$ bzw. im umgekehrten Fall von Reflexionsbedingungen für die im Allgemeinen nicht ausgelöschten Reflexe $(h\,k\,l)$. Man unterscheidet zwischen

- allgemeinen Auslöschungen (Reflexionsbedingungen), welche beliebige Reflexe $(h\,k\,l)$ betreffen
- zonale Auslöschungen (Reflexionsbedingungen), welche Reflexe zu den Punkten einer Ebene durch den Ursprung des reziproken Gitters betreffen
- seriale Auslöschungen (Reflexionsbedingungen), welche Reflexe zu den Punkten auf einer Geraden durch den Ursprung des reziproken Gitters betreffen

Die allgemeinen Auslöschungen sind auf Gitterzentrierungen zurückzuführen. Die zonalen Auslöschungen werden durch Gleitspiegelebenen verursacht und die serialen Auslöschungen durch Schraubenachsen.

Im Folgenden sollen die einzelnen Auslöschungsregeln näher betrachtet werden.
Allgemeine Auslöschungen: Zentrierte Elementarzellen sind dadurch gekennzeichnet, dass sie mehr als einen Gitterpunkt und damit mehr als eine Baueinheit enthalten, welche durch die Translationsvektoren $\vec{t}_z$ zur Deckung gebracht werden. Die Baueinheit bestehe aus N Atomen. Die Zahl der Baueinheiten pro Elementarzelle sei Z. Dann kann der Strukturfaktor F wie folgt geschrieben werden:

$$F(\vec{r}^*) = \sum_{j=1}^{N} f_j(\vec{r}^*) e^{2\pi \cdot i (\vec{r}^* \cdot \vec{r}_j)} \left[1 + \sum_{z=1}^{Z-1} e^{2\pi \cdot i (\vec{r}^* \cdot \vec{t}_z)} \right] \qquad (3.108)$$

Der Klammerausdruck erreicht seinen Maximalwert Z, wenn für alle Translationsvektoren $\vec{t}_z$ Gleichung 3.109 erfüllt ist. Bei Nichterfüllung der Gleichung 3.109 wird der Klammerausdruck Null und damit der entsprechende Reflex ausgelöscht.

$$\vec{r}^* \cdot \vec{t}_z = n \qquad (3.109)$$

Als konkrete Beispiele soll eine innenzentrierte Elementarzelle (I) und eine flächenzentrierte Elementarzelle (F) betrachtet werden.

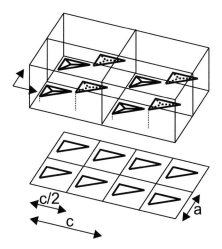

Bild 3.19: Halbierung der Elementarzelle durch c in der Projektion nach JOST [91]

- Innenzentrierte Elementarzelle I:
  Translationsvektor $\vec{t}_1 = \frac{1}{2}(\vec{a}_1 + \vec{a}_2 + \vec{a}_3)$

$$\vec{r}^* \cdot \vec{t}_1 = (h\vec{a}_1^* + k\vec{a}_2^* + l\vec{a}_3^*) \cdot \frac{1}{2}(\vec{a}_1 + \vec{a}2 + \vec{a}_3) = \frac{1}{2}(h+k+l) \qquad (3.110)$$

Bedingung für Nichtauslöschung der Reflexe $(h\,k\,l)$: $h+k+l = 2n$
bzw. verbal ausgedrückt → Summe der Indizes h, k, l *gerade*

- Flächenzentrierte Elementarzelle F:
  Translationsvektoren $\vec{t}_1 = \frac{1}{2}(\vec{a}_1 + \vec{a}_2)$, $\vec{t}_2 = \frac{1}{2}(\vec{a}_2 + \vec{a}_3)$, $\vec{t}_3 = \frac{1}{2}(\vec{a}_1 + \vec{a}_3)$

$$\vec{r}^* \cdot \vec{t}_1 = \frac{1}{2}(h+k) \quad \text{bzw.} \quad \vec{r}^* \cdot \vec{t}_2 = \frac{1}{2}(k+l) \quad \text{bzw.} \quad \vec{r}^* \cdot \vec{t}_3 = \frac{1}{2}(l+h)$$

Bedingungen für Nichtauslöschung der Reflexe:
$(h\,k\,l)$: $h+k = 2n, \quad k+l = 2n, \quad l+h = 2n$
bzw. verbal ausgedrückt → gleichzeitig alle h, k, l *gerade* oder alle *ungerade*.

Zonale Auslöschungen: Zonale Auslöschungen werden durch Gleitspiegelebenen hervorgerufen. Der Ursprung der zonalen Auslöschungen liegt in der Periodizität der Projektion der Kristallstruktur auf die Gleitspiegelebene. Die Projektion hat eine kleinere Periodizität als die Kristallstruktur. Wir betrachten dazu eine Gleitspiegelebene mit der Gleitkomponente $\vec{a}_3/2$, welche parallel zur (x,z)-Ebene liegt (c parallel (0 1 0)). Die Translationskomponente $\vec{a}_3/2$ führt dazu, dass zu jedem Atom x, y, z ein symmetrieäquivalentes Atom mit der Position x, -y, 1/2+z existiert. Aus Bild 3.19 wird deutlich ersichtlich, dass die Elementarzelle in der Projektion die Gitterkonstanten a und c/2 hat. Im reziproken Gitter betragen die Gitterkonstanten damit a^* und $2c^*$.

Tabelle 3.6: Reflexionsbedingungen, allgemein für den Reflex $(h\,k\,l)$

Gittertyp	Reflexionsbedingung	Translationsvektoren
I	h+k+l=2n	$1/2(\vec{a}_1 + \vec{a}_2 + \vec{a}_3)$
C	h+k=2n	$1/2(\vec{a}_1 + \vec{a}_2)$
B	h+l=2n	$1/2(\vec{a}_1 + \vec{a}_3)$
A	k+l=2n	$1/2(\vec{a}_2 + \vec{a}_3)$
F	h+k, k+l, l+h=2n	$1/2(\vec{a}_1 + \vec{a}_2)$, $1/2(\vec{a}_1 + \vec{a}_3)$, $1/2(\vec{a}_2 + \vec{a}_3)$
R_{obvers}	-h+k+l=3n	$1/3(2\vec{a}_1 + \vec{a}_2 + \vec{a}_3)$, $1/3(\vec{a}_1 + 2\vec{a}_2 + 2\vec{a}_3)$

Diese Projektion beeinflusst nur Strukturfaktoren und damit Reflexe $(h\,0\,l)$. Für den Strukturfaktor dieser Reflexe gilt:

$$F(h0l) = \sum_{j=1}^{N/2} f_j (e^{2\pi \cdot \imath (hx_j + lz_j)} + e^{2\pi \cdot \imath (hx_j + l(z_j + \frac{1}{2}))}) = \sum_{j=1}^{N/2} f_j e^{2\pi \cdot \imath (hx_j + lz_j)} (1 + e^{\pi \imath l}) \quad (3.111)$$

Der Klammerausdruck ist Null für $l = 2n + 1$. Somit sind Reflexe $(h\,0\,l)$ mit $l = 2n + 1$ ausgelöscht. Die Bedingung für Nichtauslöschung lautet für Reflexe $(h\,0\,l)$ $l = 2n$. Analoge Ableitungen sind für alle anderen Gleitspiegelebenen möglich.

Seriale Auslöschungen: Seriale Auslöschungen werden durch Schraubenachsen hervorgerufen. Der Ursprung der serialen Auslöschungen liegt in der Periodizität der Projektion auf die Schraubenachse. Wir betrachten als Beispiel eine Schraubenachse 2_1 parallel der $\vec{a}_3$-Achse. Zu jedem Atom x, y, z existiert dann ein symmetrieäquivalentes Atom in -x, -y, 1/2+z. Diese Projektion wirkt sich nur auf $(0\,0\,l)$-Reflexe aus. Für den Strukturfaktor dieser Reflexe gilt:

$$F(0\,0\,l) = \sum_{j=1}^{N/2} f_j (e^{2\pi \cdot \imath (lz_j)} + e^{2\pi \cdot \imath ((z_j + \frac{1}{2}))}) = \sum_{j=1}^{N/2} f_j e^{2\pi \cdot \imath (lz_j)} (1 + e^{\pi \imath l}) \quad (3.112)$$

Der Klammerausdruck ist Null für $l = 2n + 1$. Die Bedingung für Nichtauslöschung der $(0\,0\,l)$-Reflexe lautet damit $l = 2n$. Analoge Ableitungen sind für alle anderen Schraubenachsen möglich. Einen Überblick über alle Reflexionsbedingungen geben die Tabellen 3.6, 3.7 und 3.8.

Im Gegensatz zu den aufgeführten Symmetrieelementen mit Translationskomponente führen Symmetrieelemente ohne Translationskomponente (Drehachsen, Drehinversionsachsen) nicht zu systematischen Auslöschungen. Das führt dazu, dass in der Regel die Raumgruppe eines Kristalls nicht allein durch Beugungsmethoden eindeutig bestimmt werden kann. Angaben zu den Reflexionsbedingungen aller Raumgruppen findet man in den International Tables Vol. A: Space-Group Symmetry [66]. Es ist weiterhin zu beachten, dass strukturelle Besonderheiten (Kristallzwillinge, Lagefehlordnungen usw.) zu Auslöschungen bzw. Intensitätssymmetrien führen können, zu denen sich keine Raumgruppe zuordnen lässt. Zur Verletzung von Auslöschungsregeln kann es auch durch Doppelreflexionen (RENNINGER-Effekt) kommen.

3.2 Kinematische Beugungstheorie

Tabelle 3.7: Reflexionsbedingungen, zonal

Reflextyp	Symmetrieelement	Reflexionsbedingungen	Translationsvektor
$(0\,k\,l)$	b parallel $(1\,0\,0)$	k=2n	$1/2\vec{a}_2$
	c parallel $(1\,0\,0)$	l=2n	$1/2\vec{a}_3$
	n parallel $(1\,0\,0)$	k+l=2n	$1/2(\vec{a}_2 + \vec{a}_3)$
	d parallel $(1\,0\,0)$	k+l=4n	$1/4(\vec{a}_2 + \vec{a}_3)$
h0l	a parallel $(0\,1\,0)$	h=2n	$1/2\vec{a}_1$
	c parallel $(0\,1\,0)$	l=2n	$1/2\vec{a}_3$
	n parallel $(0\,1\,0)$	h+l=2n	$1/2(\vec{a}_1 + \vec{a}_3)$
	d parallel $(0\,1\,0)$	h+l=4n	$1/4(\vec{a}_1 + \vec{a}_3)$
hk0	a parallel $(0\,0\,1)$	h=2n	$1/2\vec{a}_1$
	b parallel $(0\,0\,1)$	k=2n	$1/2\vec{a}_2$
	n parallel $(0\,0\,1)$	h+k=2n	$1/2(\vec{a}_1 + \vec{a}_2)$
	d parallel $(0\,0\,1)$	h+k=4n	$1/4(\vec{a}_1 + \vec{a}_2)$
$(h\,h\,l)$	c parallel $(1\,\bar{1}\,0)$	l=2n	$1/2\vec{a}_3$
	n parallel $(1\,\bar{1}\,0)$	2h+l=2n	$1/2(\vec{a}_1 + \vec{a}_2 + \vec{a}_3)$
	d parallel $(1\,\bar{1}\,0)$	2h+l=4n	$1/4(\vec{a}_1 + \vec{a}_2 + \vec{a}_3)$

Tabelle 3.8: Reflexionsbedingungen, serial

Reflextyp	Symmetrieelement	Reflexionsbedingungen	Translationsvektor
$(h\,0\,0)$	2_1 parallel $[0\,0\,1]$	h=2n	$1/2\vec{a}_1$
	$4_1, 4_2$ parallel $[0\,0\,1]$	h=4n	$1/2\vec{a}_1$
	4_2 parallel $[0\,0\,1]$	l=2n	$1/2\vec{a}_1$
$(0\,k\,0)$	2_1 parallel $[0\,1\,0]$	k=2n	$1/2\vec{a}_2$
	$4_1, 4_3$ parallel $[0\,1\,0]$	k=4n	$1/4\vec{a}_2$
	4_2 parallel $[0\,1\,0]$	k=2n	$1/2\vec{a}_2$
$(0\,0\,l)$	2_1 parallel $[0\,0\,1]$	l=2n	$1/2\vec{a}_2$
	$3_1, 3_2$ parallel $[0\,0\,1]$	l=3n	$1/3\vec{a}_3$
	$4_1, 4_3$ parallel $[0\,0\,1]$	l=4n	$1/4\vec{a}_3$
	4_2 parallel $[0\,0\,1]$	l=2n	$1/2\vec{a}_2$
	$6_1, 6_5$ parallel $[0\,0\,1]$	l=6n	$1/6\vec{a}_3$
	$6_2, 6_4$ parallel $[0\,0\,1]$	l=3n	$1/3\vec{a}_3$
	6_3 parallel $[0\,0\,1]$	l=2n	$1/2\vec{a}_3$
$(h\,h\,0)$	2_1 parallel $[1\,1\,0]$	h=2n	$1/2\vec{a}_3$

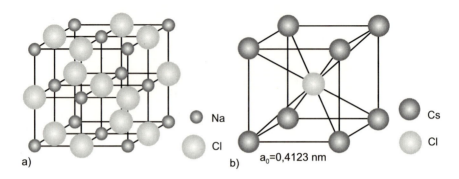

Bild 3.20: a) Natriumchloridstruktur b) Cäsiumchloridstruktur

Zum Abschluss dieses Kapitels soll die Berechnung des Strukturfaktors für zwei Beispiele vorgestellt werden. Als erstes betrachten wir die Natriumchloridstruktur, Bild 3.20a. Die Natriumchloridstruktur besitzt ein kubisch flächenzentriertes BRAVAIS-Gitter. Die Punktlagen der Ionen in der Elementarzelle sind:

Na$^+$: 0 0 0; $\frac{1}{2}\frac{1}{2}$ 0; $\frac{1}{2}$ 0 $\frac{1}{2}$; 0 $\frac{1}{2}\frac{1}{2}$ Cl$^-$: $\frac{1}{2}\frac{1}{2}\frac{1}{2}$; $\frac{1}{2}$ 0 0; 0 $\frac{1}{2}$ 0; 0 0 $\frac{1}{2}$

Damit ergibt sich für den Strukturfaktor nach Gleichung 3.108:

$$F_{hkl} = f_{Na^+}(1+e^{\pi i(h+k)}+e^{\pi i(h+l)}+e^{\pi i(k+l)})+f_{Cl^-}(e^{\pi i(h+k+l)}+e^{\pi i h}+e^{\pi i k}+e^{\pi i l}) \quad (3.113)$$

Die Analyse dieser Gleichung ergibt drei Fälle:
- hkl sind gemischt: $F_{hkl} = 0$ (kfz-Gitter!)
- alle hkl gerade: $F_{hkl} = 4(f_{Na^+} + f_{Cl^-})$
- alle hkl ungerade: $F_{hkl} = 4(f_{Na^+} - f_{Cl^-})$

Als zweites Beispiel betrachten wir die Cäsiumchloridstruktur, Bild 3.20b.

Die Cäsiumchloridstruktur besitzt ein kubisch primitives BRAVAIS-Gitter. Die Punktlagen der Ionen in der Elementarzelle sind:
Cs$^+$: 0 0 0   Cl$^-$: $\frac{1}{2}\frac{1}{2}\frac{1}{2}$

Damit ergibt sich für den Strukturfaktor nach Gleichung 3.108:

$$F_{hkl} = f_{Cl^-} + f_{Cs^+}e^{\pi i(h+k+l)} \quad (3.114)$$

Die Analyse dieser Gleichung ergibt folgende zwei Lösungen:
- $h+k+l = 2n$: $F_{hkl} = f_{Cs} + f_{Cl}$
- $h+k+l = 2n+1$: $F_{hkl} = f_{Cs} - f_{Cl}$

Aufgabe 11:   Strukturfaktor

Berechnen und diskutieren sie den Strukturfaktor für die Diamantstruktur und die Zinkblendestruktur. Viele technisch interessante Halbleiter kristallisieren in diesen beiden Kristallstrukturen.

3.3 Geometrische Veranschaulichung der Beugungsbedingungen

3.3.1 LAUE-Gleichung

Im Folgenden soll eine geometrische Interpretation der LAUE-Gleichungen 3.86 bzw. 3.87 gegeben werden. Wir betrachten dazu die Röntgenbeugung als eine Beugung ebener Wellen an einem primitiven Punktgitter. Trifft die ebene Welle auf die streuenden Punktzentren, dann gehen von diesen Streuern kugelsymmetrische Teilwellen aus (HUYGHENSsches Prinzip). Es sollen jetzt die Bedingungen betrachtet werden, unter denen diese Teilwellen eine konstruktive Interferenz zeigen. Zur Berechnung dieser Bedingungen sei zunächst eine Punktkette mit dem Translationsvektor $\vec{a_1}$ betrachtet, Bild 3.21a.

Entsprechend Bild 3.21a beträgt der Gangunterschied Δ der von den Punkten P_0 und P_1 ausgehenden Sekundärwellen:

$$\Delta = a \cdot \cos\varphi - a \cdot \cos\varphi_0 = a_1(\cos\varphi - \cos\varphi_0) \tag{3.115}$$

Dieser Gangunterschied Δ muss im Falle der konstruktiven Interferenz ein ganzes Vielfaches h der Wellenlänge sein.

$$a(\cos\varphi - \cos\varphi_0) = h \cdot \lambda \tag{3.116}$$

Für ein dreidimensionales Gitter mit den Translationsvektoren $\vec{a}_1, \vec{a}_2, \vec{a}_3$ müssen für eine konstruktive Interferenz (Maxima der abgebeugten Strahlung) drei analoge Gleichungen gleichzeitig erfüllt sein:

$$\begin{aligned} a_1(\cos\varphi_1 - \cos\varphi_{1_0}) &= h \cdot \lambda \\ a_2(\cos\varphi_2 - \cos\varphi_{2_0}) &= k \cdot \lambda \\ a_3(\cos\varphi_3 - \cos\varphi_{3_0}) &= l \cdot \lambda \end{aligned} \tag{3.117}$$

Diese Gleichungen werden als LAUE-Gleichungen bezeichnet. Führt man die Streuvektoren $\vec{s}_0$ und $\vec{s}$ ein, erhält man:

$$\vec{a}_i \cdot (\vec{s} - \vec{s}_0) = m_i \tag{3.118}$$

Dieser Ausdruck entspricht den im Abschnitt Beugung am Kristall eingeführten LAUE-Gleichungen 3.87.

3.3.2 BRAGGsche-Gleichung

Eine andere geometrische Interpretation der Röntgenbeugung lieferte 1912 W. L. BRAGG. Er führte die Röntgenbeugung auf eine selektive Reflexion an einer Netzebenenschar zurück. Hat man eine Atomanordnung in einem Kristall, bei der eine betrachtete Netzebenenschar mit ihrem Netzebenenabstand d_{hkl} parallel zur Oberfläche liegt, Bild 3.21b und bestrahlt man diesen Kristall mit monochromatischer Röntgenstrahlung der Wellenlänge λ, so werden Strahlungsanteile des Teilstrahles 1 reflektiert. Die Reflexion findet

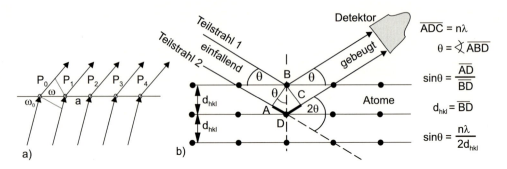

Bild 3.21: a) Interferenz an einer Punktkette b) Reflexion von Röntgenstrahlen an Netzebenen und Ableitung der BRAGGschen-Gleichung 3.119

an den kernnahen Bereichen der Atome der Netzebene statt. Nach dem Reflexionsgesetz sind dabei Einfalls- und Ausfallwinkel gleich. Da die Röntgenstrahlung eine energiereiche Strahlung ist, dringt sie auch in den Kristallit ein. Der eindringende Teilstrahl 2 reflektiert in gleicher Weise wie Teilstrahl 1, aber an einer tiefer liegenden Netzebene. Dieser Teilstrahl 2 legt bezogen zum Teilstrahl 1 einen etwas längeren Weg, die Strecke $\overline{ADC}$, zurück. Die reflektierten Teilstrahlen 1 und 2 überlagern sich. Sie sind auf Grund der Wegunterschiede Phasen verschoben. Ist die längere Wegstrecke $\overline{ADC}$ des Teilstrahles 2 ein ganzzahliges Vielfaches der Wellenlänge λ, dann interferieren beide Teilstrahlen in Form der Verstärkung. Ist der Weglängenunterschied kein ganzzahliges Vielfaches der Weglänge, dann wird die Strahlung ausgelöscht oder nur schwach reflektiert. Man kann damit feststellen, dass die Reflexion nur dann stattfindet, wenn der Winkel θ, der so genannte Glanzwinkel, zwischen dem einfallenden Strahl und der Netzebene d_{hkl} ganz bestimmte Werte hat, die vom Netzebenenabstand d_{hkl} des Kristalls und der Wellenlänge λ der Röntgenstrahlung abhängen. Dieser Zusammenhang wird durch die BRAGGsche-Gleichung 3.119 bzw. 3.120 beschrieben.

$$2 \cdot d_{hkl} \cdot \sin \theta_{hkl} = \lambda \tag{3.119}$$

$$2 \cdot d_{hkl} \cdot \sin \theta_{hkl} = n \cdot \lambda \tag{3.120}$$

Diese Gleichung ist die grundlegende Gleichung der Röntgendiffraktometrie. Viele Interpretationen lassen sich durch eine gründliche Analyse aller variablen Größen in dieser einfachen Gleichung ableiten. Sowohl die Gleichung 3.119 als auch die Gleichung 3.120 werden als BRAGGsche-Gleichung bezeichnet und beschreiben den Zusammenhang zwischen dem Netzebenenabstand d_{hkl} und dem Winkel θ_{hkl}, unter dem ein Röntgenstrahl mit der Wellenlänge λ an der betreffenden Netzebenenschar reflektiert wird. Die erste Schreibweise ist die in der Literatur gebräuchlichere. Die Zweite lässt sich so interpretieren, dass der Faktor n die Ordnung der Interferenz (Reflexionsordnung) angibt. Diese Interpretation ergibt sich daraus, dass $n \cdot \lambda$ die Wegdifferenz zwischen Strahlen ist, die an aufeinander folgenden Netzebenen reflektiert werden. Die Beschreibung der Beugung durch selektive Reflexion mit der BRAGGschen-Gleichung ist einfacher zu interpretieren als die Interpretation nach LAUE, vgl. Gleichungen 3.86 bzw. 3.87. Beide Interpretationen

3.3 Geometrische Veranschaulichung der Beugungsbedingungen

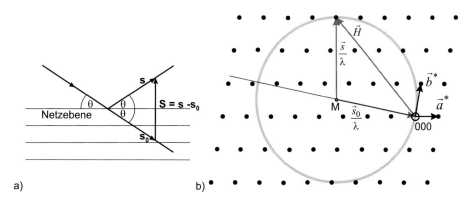

Bild 3.22: a) Ableitung Vektorform BRAGGsche-Gleichung b) EWALD-Konstruktion, Prinzip

liefern jedoch die gleichen Ergebnisse. Die LAUE-Gleichungen lassen sich problemlos in die Vektorform der BRAGGschen-Gleichung 3.124 überführen. Zur Ableitung der Vektorform schreiben wir die BRAGGsche-Gleichung 3.119 in der Form:

$$\frac{2 \cdot \sin \theta}{\lambda} = \frac{1}{d_{hkl}} = |\vec{H}| \quad (3.121)$$

Wir führen jetzt in die BRAGGsche-Gleichung den Vektor $\vec{s}$ ein. Aus Bild 3.22a wird ersichtlich, dass für $\vec{s}$ folgende Beziehung gilt:

$$|\vec{s}| = |\vec{s} - \vec{s_0}| = 2 \cdot \sin \theta \quad (3.122)$$

Wird dieser Zusammenhang in die Gleichung 3.121 eingesetzt, erhalten wir:

$$\frac{|\vec{s}|}{\lambda} = |\vec{H}| \quad (3.123)$$

Da sowohl der Streuvektor $\vec{s}$, siehe Bild 3.22a, als auch der reziproke Gittervektor $\vec{H}$ senkrecht zur reflektierenden Netzebene (hkl) stehen, gilt die BRAGGsche-Gleichung auch in der Vektorform:

$$\frac{\vec{s}}{\lambda} = \vec{H} \quad (3.124)$$

In dieser Form ist die Gleichwertigkeit der drei LAUE-Gleichungen (diese müssen gleichzeitig erfüllt sein) und der BRAGGschen-Gleichung ohne Probleme zu erkennen.

3.3.3 EWALD-Konstruktion

Eine weitere geometrische Interpretation der Beugungsbedingungen ist EWALD (1921) zu verdanken. Die EWALD-Konstruktion ist bei der übersichtlichen Darstellung der konkreten experimentellen Bedingungen und der Auswertung von Röntgenbeugungsaufnahmen von größtem Nutzen. Zum Verständnis der EWALD-Konstruktion betrachte man nochmals die BRAGGsche-Gleichung in ihrer Vektorform, welche wir leicht umschreiben:

$$\frac{\vec{s}}{\lambda} - \frac{\vec{s_0}}{\lambda} = \vec{r}^* \qquad (3.125)$$

Die Konstruktion ist wie folgt durchzuführen, Bild 3.22b:

- Zeichnen des mit dem Kristall fest verbundenen reziproken Gitters.
- Die Richtung $\vec{s_0}$ des Primärstrahls wird durch die experimentelle Anordnung vorgegeben.
- Man zeichne den Vektor $\vec{s_0}/\lambda$ mit der Länge $1/\lambda$ ein und lege den Endpunkt des Vektors in den Ursprung des reziproken Gitters des betreffenden Kristalls, der zunächst beliebig gewählt werden darf.
- Man zeichne eine Kugel (im zweidimensionalen einen Kreis) mit dem Radius $1/\lambda$ um den Anfangspunkt M des Vektors $\vec{s_0}/\lambda$ als Mittelpunkt. Diese Kugel heißt EWALD-Kugel (auch als Ausbreitungskugel bzw. Reflexionskugel bezeichnet).
- Liegt ein Gitterpunkt des reziproken Gitters (Endpunkt von $\vec{r}^*$) auf der EWALD-Kugel, so liefert der Vektor, der vom Kugelmittelpunkt ausgehend zum Endpunkt von $\vec{r}^*$ führt, die Wellennormalenrichtung einer möglichen konstruktiven Interferenz. Die Beugungsbedingung lässt sich somit nur für diejenigen reziproken Gittervektoren $\vec{r}^*$ erfüllen, die in der vorliegenden Orientierung des Kristalls auf der Oberfläche der EWALD-Kugel enden.

Im Interesse einer besseren Übersichtlichkeit der graphischen Darstellung der EWALD-Konstruktion ist diese in der Regel nur zweidimensional dargestellt.

Bei einer beliebigen Orientierung des Kristalls zum Primärstrahl enden höchstens zufällig einige reziproke Gittervektoren auf der Oberfläche der EWALD-Kugel, so dass bei still stehendem Kristall und monochromatischer Strahlung im Allgemeinen keine Beugungsreflexe zu erwarten sind. Verwendet man nicht monochromatische Primärstrahlung mit einem bestimmten Wellenlängenbereich (z. B. Bremsstrahlung mit einer minimalen und maximalen Wellenlänge), so ergibt sich für die EWALD-Konstruktion eine unendliche Serie von EWALD-Kugeln, die sich alle im Ursprung des reziproken Gitters berühren und deren Mittelpunkte auf der Primärstrahlrichtung liegen, Bild 3.23a. Die Kugel mit dem größten Radius entspricht der kleinsten Wellenlänge, die mit dem kleinsten Radius der größten Wellenlänge. Alle Punkte des reziproken Gitters, die zwischen diesen beiden extremen EWALD-Kugeln liegen, liefern Beugungsreflexe. Praktische Anwendung findet dieser Fall beim LAUE-Verfahren, einer Einkristallmethode. Zieht man jetzt die BRAGGsche-Gleichung 3.119 mit ihren drei Parametern Beugungswinkel θ, Wellenlänge λ und Netzebenenabstand d_{hkl} heran, dann sind hier der Winkel θ konstant/fest und Paare »passender Wellenlänge λ« und »passender Netzebenabstände d_hkl« erfüllen die

3.3 Geometrische Veranschaulichung der Beugungsbedingungen

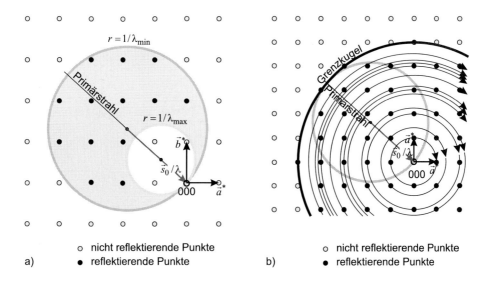

Bild 3.23: EWALD-Konstruktion a) LAUE-Verfahren b) Drehkristallverfahren

Gleichung. Da hier dann noch meist ein Einkristall mit fest vorgegebenem Netzebenenstand vorliegt, sagt man auch oft in diesem Fall: »Die Netzebene sucht sich aus dem Spektrum die passende Wellenlänge zur Beugung.«

Beim Einsatz monochromatischer Strahlung erhält man Reflexe, wenn man den Kristall schwenkt bzw. dreht. Beim Schwenken bzw. Drehen des Kristalls durchstoßen eine Anzahl von reziproken Gitterpunkten die Oberfläche der EWALD-Kugel (Rotation des reziproken Gitters um seinen Ursprung) und erfüllen in diesem Moment die Beugungsbedingungen, Bild 3.22b. Bezüglich der BRAGGschen-Gleichung ist jetzt die Wellenlänge konstant. Die wenigen Netzebenen des Einkristalles werden durch Verändern des Beugungswinkels in Beugungsrichtung gedreht. Hier wird der Einkristall in »die passende Beugungsrichtung hineingedreht«.

Beim Einsatz monochromatischer Strahlung erhält man auch Reflexe, wenn man den Einkristall durch einen Polykristall mit regelloser Orientierungsverteilung (z. B. Pulver) ersetzt. Die Reflexion an den verschieden orientierten Kriställchen der polykristallinen Probe entspricht in der EWALD-Konstruktion einer Drehung des reziproken Gitters um seinen Ursprung im Punkt 0 nach allen Richtungen. Jeder reziproke Gitterpunkt hkl beschreibt dabei die Oberfläche einer Kugel mit dem Mittelpunkt im Ursprung (reziproke Gitterkugel). Diese Kugeln schneiden die EWALD-Kugel in Kreisen. Demnach bilden die abgebeugten Strahlen die Mäntel von koaxialen Kreiskegeln. Dies wird in einer dreidimensionalen Darstellung der EWALD-Konstruktion besser ersichtlich, Bild 3.24. Um die Übersichtlichkeit des Bildes zu erhalten, ist nur eine reziproke Gitterkugel dargestellt. Wendet man hier die Diskussion der BRAGGschen-Gleichung an, dann liegt hier der Fall vor, dass die Erfüllung der Gleichung bei konstanter Wellenlänge λ nur über geeignete Paare Beugungswinkel θ und Netzebenenabstand d_{hkl} erfolgt. Da der Beugungswinkel hier meist durch Vorgabe der experimentellen Anordnung eingestellt wird, erfolgt die Beugung über die »Suche der entsprechenden Netzebene« aus der Vielzahl der vorhande-

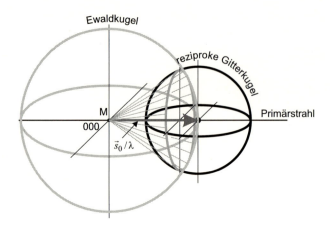

Bild 3.24: EWALD-Konstruktion für das Pulververfahren

nen Kristallite.

Diese drei Beispiele der Variation der drei Einflussgrößen Winkel θ, Wellenlänge λ und Netzebenenabstand d_{hkl} sind Gegenstand der weiteren Ausführungen und bedürfen einer ausgiebigeren Diskussion.

Neben der hier vorgestellten Variante der EWALD-Konstruktion findet man in der Literatur eine leicht abgewandelte Version. In diesem Fall wird der Radius der Ausbreitungskugel $r_A = 1$ gesetzt. Aus diesem Grund wird ein reziprokes Gitter mit dem Maßstabsfaktor λ eingeführt. Beide Varianten haben ihre Vorzüge, auf welche an dieser Stelle nicht näher eingegangen werden soll.

In den letzten Abschnitten wurde die Beugung an einem dreidimensionalen Gitter durch drei verschiedene Darstellungen beschrieben, die LAUE- bzw. die BRAGGsche Gleichung und durch die EWALD-Konstruktion. Diese drei Darstellungen sind gleichwertig. Sie beschreiben den gleichen Fakt:

Die Beugungsrichtungen eines Gitters werden durch sein reziprokes Gitter bestimmt.

Aufgabe 12: **Winkel zwischen zwei Netzebenen**

Leiten Sie die Formel zur Bestimmung des Winkels zwischen zwei Netzebenen $(h\,k\,l)_1$ und $(h\,k\,l)_2$ ab.

Aufgabe 13: **Wellenlängenbestimmung für Textur in Schichten**

Kubisch flächenzentrierte Schichten wachsen häufig $[1\,1\,1]$-orientiert texturiert auf. Bestimmen Sie die notwendige Wellenlänge für Synchrotronstrahlung, wenn man nicht die parallel liegende Netzebene zur Oberfläche, sondern eine schräg liegende $(\bar{1}\,1\,1)$-Ebene in Durchstrahlung als Beugungsring für Kupfer bzw. Gold verwenden will.

4 Hardware für die Röntgenbeugung

Die folgenden Hauptkomponenten werden für Experimente mit der Röntgenbeugung benötigt:

- Strahlerzeugung
- Strahlfokussierung und Strahlfilterung
- Strahldetektion
- Strahlführung, Probenanordnung und Probenbewegung
- Komponenten zur Nachbildung von Umwelteinflüssen (Temperatur, Druck, Feuchte, Umweltsimulation)

Es zeigt sich, dass es bei der Auswahl und den dann möglich werdenden Variationen nicht *eine*, sondern eine Vielzahl an Beugungsanordnungen geben wird, um die jeweils gestellte Aufgabe zu lösen. Hinzu kommt, dass Anwender und »Geldgeber« oftmals konträr zueinander stehen. Je nach Messaufgabe, ob Laboruntersuchung oder Produktionskontrolle, muss vom Anwender die konkrete Lösung gefunden werden. Die Auswahl der Goniometeranordnung für eine bestimmte immer wiederkehrende Messaufgabe in der Produktionskontrolle ist oftmals einfacher, da hier eine Diffraktometeranordnung ausreicht. Die Beugungsanordnung bzw. das Diffraktometer erfordert dabei den kleinsten Budgetanteil, die meisten Kosten entfallen für das Probenhandlingsystem (Entnahme, Vorbereitung, Charchierung, Messzuführung, Archivierung). Anders sieht das in einem Analyselabor/Forschungslabor aus. Dort ist es heute unumgänglich, mehrere Beugungsanordnungen mit jeweils verschiedenen Strahlungsarten und Beugungsgeometrien vorzuhalten. In solchen Laboratorien gibt es einen Zeitdruck, bis wann das Ergebnis zu liefern ist. Deshalb müssen parallele Messungen möglich und somit verschiedene, speziell ausgerüstete Apparaturen vorhanden sein. Ökonomen der Verwaltung und der Leitung einer Einrichtung fällt es schwer einzusehen, dass der Betrieb von zwei baugleichen Diffraktometern mit unterschiedlichen Röntgenröhrenanoden – also der Strahlungsquelle – für die Ergebnisgewinnung günstiger ist, als der ständige Wechsel der Röntgenröhre und einer ständigen Justage der Beugungsanordnung. Die Industrie baut derzeit äußerst variable und vielseitig verwendbare Geräte für die verschiedenen speziellen Anwendungsfälle. Es gibt jetzt von allen Herstellern ein mehr oder weniger stark entwickelts Baukastensystem an Geräten und Komponenten [36, 125, 64, 25], aus denen eine Messanordnung zusammengestellt werden kann. Ein variables Gerät sollte der Grundstock für ein Labor sein. Bei erfolgreichem Einsatz der Röntgenbeugung zur Lösung der gestellten Aufgaben ist dann aber oft eine Erweiterung des Geräteparks um weitere Geräte notwendig, die mit einer Spezialisierung, manchmal sogar einer Vereinfachung der Geräte einhergeht. Eine Doppelung der Geräte ist auch ein gangbarer Weg.

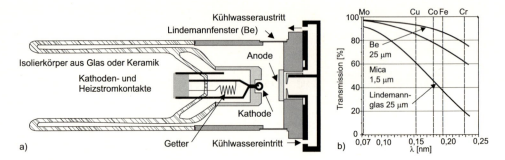

Bild 4.1: a) Schnitt durch eine moderne Feinstrukturröntgenröhre
b) Transmissionskurven für verschiedene Fenstermaterialien

4.1 Strahlerzeuger

Zur erfolgreichen Durchführung eines Beugungsexperimentes ist der Erzeuger für die notwendige Strahlung der wichtigste Teil. Eine moderne Röntgenröhre für die Feinstrukturuntersuchung hat keinerlei Ähnlichkeiten mehr mit den historischen Röntgenröhren, wie großer, ballonförmiger Glaskolben, kalte Kathode, Regeneriereinrichtung und schief gestellte/gefertigte Anode.

4.1.1 Röntgenröhren und Generatoren

Röntgenröhren für Feinstrukturuntersuchungen unterliegen einer dauerhaften Belastung. Die abgestrahlte Röntgenstrahlung soll für viele Messungen zeitlich konstant sein. Dies erfordert stabile elektrische Strom- und Spannungsversorgungen für die Röhren. Mittels der zur Verfügung stehenden Elektronik und der heutigen Schaltungstechnik ist es möglich, eine Röhrenhochspannungskonstanz (Gleichspannung) von 0,1 % und kleiner zur eingestellten Sollspannung zu erreichen. Die geforderte hohe Spannungskonstanz ist auf Grund der quadratischen Intensitätsabhängigkeit der Strahlungsintensität nach Gleichung 2.10 notwendig. In älteren Büchern ausgiebig beschriebene Halbwellenanlagen sind heute nicht mehr im Einsatz. Es werden jetzt nur noch geregelte Gleichspannungsanlagen eingesetzt. Somit ist auch der Einfluss auf das Beugungsbild durch solche Halbwellenanlagen nicht mehr von Bedeutung.

Bild 4.1a zeigt einen Schnitt durch eine moderne Feinstrukturröhre, die keine Ähnlichkeit mehr mit dem klassischen Modell einer Röntgenröhre hat. Die in dieser Röhre umgesetzte elektrische Leistung (oft 1 500 W und mehr) zu 99 % in Wärme wird durch eine rückseitige Wasserkühlung der Anode abgeführt. Dazu sind Wasserdurchflüsse, meist in Form von geschlossenen Kühlkreissystemen, einzusetzen. Für Präzisionsmessungen wie Gitterkonstantenbestimmungen Kapitel 7.2 und auch Spannungsmessungen Kapitel 10, ist es notwendig, dass der Röntgenstrahlfokus exakt an seinem Ort verbleibt. Ursachen für Wanderungen bzw. Sprünge sind ungleichmäßige Kühlung und Hochspannungsänderungen. Schaltungstechnisch bewirkt die Kühlungsgestaltung, dass die Anode immer auf Masse liegen muss. Ansonsten würde die Kühlflüssigkeit auf Hochspannungspotential gelegt werden und das Bedienpersonal eine gesundheitliche Schädigung erfahren. Die Kathodenhochspannung und auch die Kathodenstromheizung muss sich dadurch zwangsläufig auf negativem Hochspannungspotential befinden. Die maximale Verlustleistung solcher Röhren ist selbst bei Verwendung einer Wolframanode auf meist 3 000-3 500 W begrenzt. Der Heizstrom von 3 − 10 A muss über eine sichere Kontaktierung hochspannungsmäßig sicher isoliert über das Hochspannungskabel der Röntgenröhre zugeführt werden.

Der Anodenkörper besteht heute meist aus Kupfer, alle 90° ist in Höhe des Anodenmateriales ein Lindeman- oder Berylliumfenster zum Strahlaustritt angeordnet. Das eigentliche Anodenmaterial wird meist als dünne Platte in den Anodenkörper eingelassen. Die Isolation zwischen dem Kathoden- und Anodenteil erfolgt über ein eingestülptes Rohrstück aus Glas bzw. zunehmend aus Keramik. Werkstoffmäßig ist es schwierig, eine geeignete vakuumdichte und wärmeausdehnungstolerante Verbindung zwischen Metall- und Glas- bzw. Keramikteilen herzustellen. Die so genannten Anglasungen sind spezielle Metall-Legierungen und spezielle Gläser mit aufeinander angepassten ähnlichen Ausdehnungskoeffizienten. Die neuen Keramikröhren bieten eine bessere Fertigungstoleranz und sind somit weniger justieranfällig und erlauben den Betrieb mit einer höheren elektrischen Verlustleistung.

Die Röntgenstrahlung kann durch spezielle in den Anodenkörper eingebrachte dünne Fenster austreten. Diese Fenster sind gerade so dick gestaltet, dass sie die Vakuumdichtheit der Röhre garantieren, aber trotz der Absorption von Röntgenstrahlung beim Durchgang durch Materie ein ausreichend niedriges Schwächungsverhalten aufweisen. In Bild 4.1b sind die Transmissionskennwerte für drei verwendete Materialien, Beryllium, Mica und eine spezielle Glassorte (Lindemannglas ist ein Borglas mit Netzwerkwandlern aus Lithium und Beryllium) gezeigt. Beryllium mit 0,2 % Titanzugabe hat die besten Transmissionseigenschaften, ist ein Metall und hat damit gute Wärmeleitungseigenschaften. Es kann so auch äußerst dicht an die Anode/Kathode platziert werden. Die starke Toxität des Berylliums bzw. des Berylliumoxids (Bildung in Verbindung mit Feuchtigkeit – Kühlung) führt aber mehr und mehr zu einem Verbot des Einsatzes.

Die Maximalintensität entsteht bei fester Anode in Rückstreuung unter einem Winkel α, Bild 4.2a. Die austretende Röntgenstrahlintensitätsverteilung folgt einer GAUSSkurve, schematisch in Bild 4.2b eingezeichnet. Bei Feinstrukturröntgenröhren ist weiterhin zu beachten, dass der Strahlaustritt und die flächenmäßige Verteilung des Röntgenstrahles stark von der Richtung der Kathodenwendel abhängt. Eine meist mit einer Länge b (praktisch 6 − 18 mm) und einer Breite a (praktisch 0,05 − 2 mm) ausgebildete Wolframwendel bildet sich in gleicher Ausdehnung auf der Anode ab, Bild 4.2b. Es ergeben sich somit zwei Fokusarten. Dies sind ein punktförmiger Strahl der Abmessung a · a und ein länglicher Strahl der Breite a und der Länge b bei senkrechtem Elektronenbeschuss. Die flächenmäßige Ausdehnung der Wolframwendelabbildung ist dennoch ein wenig größer als die reine geometrische Fläche der Wolframwendel. Besonders an den links- und rechtsseitigen Rändern der Wolframwendelabbildung bilden sich so genannte »tube-tails – Röhrenanodentaillen« die die exakten realen Fokusgrößen erhöhen. Bei den Röntgenröhren ist das bzw. sind die zwei Punktfokusfenster meist mit einem Punkt gekennzeichnet und stehen sich 180° entgegengesetzt gegenüber. Man kann mit einem Generator und einer Röhre jeweils links und rechts ein Diffraktometer/Kamera anflanschen und zwei Proben gleichzeitig messen.

Beim Längsfokus bzw. Strichfokus kommt hinzu, dass man das Maximum der Intensi-

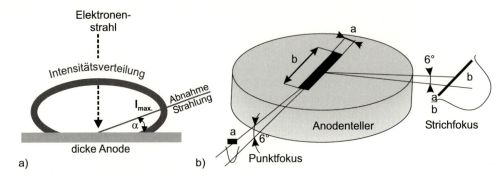

Bild 4.2: a) Intensitätsverteilung der Röntgenstrahlung über der Anode b) Ausbildung von Strich- und Punktfokus, Götze-Fokus

Tabelle 4.1: Kathoden- und resultierende Fokusabmessungen bei einem Abnahmewinkel von 6°; Photonenflussdichten der unterschiedlichen Fokusarten; Strahldichte und maximale Verlustleistung P_V z.T. nach [72]

Bezeichnung	$a \cdot b$ $[mm^2]$	P_V $[kW]$	Punktfokus $[mm^2]$	Strichfokus $[mm^2]$	Strahldichte $[kW mm^{-2}]$
Langfeinfokus	$0,4 \cdot 12$	2,2	$0,4 \cdot 1,2$	$0,04 \cdot 12$	0,5
Feinfokus	$0,4 \cdot 8$	1,5	$0,4 \cdot 0,8$	$0,04 \cdot 8$	0,5
Normalfokus	$1,0 \cdot 10$	2,0	$1,0 \cdot 1,0$	$0,1 \cdot 10$	0,2
Breitfokus	$2,0 \cdot 12$		$2,0 \cdot 1,2$	$0,2 \cdot 12$	
Photonenflussdichte [Imp$\cdot s^{-1} mm^{-2}$]			$10^{11} - 10^{12}$	$10^{10} - 10^{11}$	
Drehanode	$0,5 \cdot 10$	18			3,6
	$0,3 \cdot 3$	5,4			6,0
	$0,2 \cdot 2$	3,0			7,5
	$0,1 \cdot 1$	1,2			12,0
Mikrofokus	$0,01 - 0,05$	$< 0,05$			$5 - 50$

tät entsprechend Bild 4.2a bei einem Abstrahlwinkel von ca. $5 - 8°$ erhält. Justiert man später die Röhre zur Austrittsstrahlrichtung auf einen Winkel von z. B. 6°, dann wird der Strahl um diesen Winkel noch mal in seiner Höhe verkürzt. Dies bezeichnet man als *Götze-Fokus*. Auch beim Strichfokus sind bei zentraler Röntgenröhrenanordnung zwei Geräte gleichzeitig zur Beugungsuntersuchung unter gleichen Betriebsbedingungen nutzbar. In der Tabelle 4.1 sind für einige typische Fokusbezeichnungen die Abmessungen der Wendel und der entstehenden Fokusgrößen aufgelistet. Die Abmessungen der Wendel variieren dabei ein wenig von Hersteller zu Hersteller.

Röntgenröhren altern. Dies merkt man daran, dass die Intensität der Strahlung bei gleich bleibenden Betriebsbedingungen bezüglich der Hochspannung und des Röhrenstromes um durchschnittlich 5 % alle 1 000 Betriebsstunden sinkt. Ursache sind das Abdampfen von Wolfram aus der Kathode und dessen Niederschlag auf den Röhrenfenstern und

Tabelle 4.2: L-Wellenlängen von störender Wolframablagerung auf älteren, länger genutzten Röntgenröhren

	$L_{\alpha 1}$	$L_{\alpha 2}$	$L_{\beta 1}$	$L_{\beta 2}$	$L_{\gamma 1}$	$U_{Ch\ Anregung}$ [kV]
λ [nm]	0,147 64	0,148 75	0,123 18	0,124 46	0,109 86	9,96
rel. Intensität	100 %	11 %	50 %	20 %	9 %	

der Anode. Die Absorption an den Strahlaustrittsfenstern wird größer. Ebenso treten nach ca. 4 000 Betriebsstunden durch Ablagern von Wolfram auf dem Anodenmaterial zusätzlich Störpeaks in Diffraktogrammen mit hohen Beugungsintensitäten auf. Ursache ist die dann simultane Röntgenemission von charakteristischer Röntgenstrahlung aus dem abgelagerten Wolfram. Es werden Wolfram L-Linien emittiert, Tab. 4.2, die nach Tabelle 2.2 bzw. 2.3 Wellenlängen im unmittelbaren Bereich der Kupfer-K_α Wellenlängen der Cu-Anode haben. Die Alterung der Röntgenröhre wird aber auch durch die angelegten Betriebsbedingungen beeinflusst.

Alle 1 000 Betriebsstunden sinkt die nutzbare Strahlungsintensität einer Röntgenröhre um ca. 5 %.
Nach ca. 4 000 Betriebsstunden treten zusätzliche Strahlungsanteile, meist Wolfram L-Strahlung auf.
Zur Erzielung einer langen Lebensdauer einer Röntgenröhre sollte diese nur mit 80 − 85 % der maximalen Verlustleistung betrieben werden.

Vereinzelt werden Drehanodenröhren für Beugungsexperimente verwendet, die Verlustleistungen bis zu 15 − 25 kW zulassen. Bei Drehanodenröhren wird das Vakuum mittels einer Turbomolekularpumpe während des Betriebes erzeugt. Der Anodenteller (auswechselbar für Anodenerneuerung oder Wahl eines anderen Anodenmaterials) ist drehbar gelagert und rotiert mit hoher Geschwindigkeit (bis $25 000\,\text{min}^{-1}$) um seine Drehachse. Die Lagerung der Drehachse ist meist thermisch isoliert, d.h. die Drehachse für den Anodenteller ist mehrteilig mit zum Teil schlecht wärmeleitenden Materialien gefertigt. Die Wärmeableitung von der Anode erfolgt durch Wärmestrahlung und diese folgt einem T^4-Gesetz. Somit wird immer nur ein Teil der Anode kurzzeitig wärmemäßig belastet. Hier ist mit dem eben Gesagten festzustellen, dass je höher die Anodentemperatur ist, desto effizienter ist auch die Abstrahlung. Die Drehanodenröhre selbst ist meist in ein Ölbad getaucht, nur der Bereich des Röntgenstrahlaustrittes steht frei. Bei diesem Röhrentyp können jedoch Stabilitätsprobleme auftreten, da es im Laufe der Zeit zu Abnutzungen (teilweises Abdampfen von Anodenmaterial) und damit zu Unwuchten und zwangsläufig zu Fokuswanderungen kommt. Hier wird derzeit an weiteren Verbesserungen gearbeitet. Eine dieser Verbesserungen ist der Einsatz von Flüssigmetall. Gallium-Indium-Zinn ist eine Legierung, welche bei Raumtemperatur flüssig ist und Gallinstan genannt. Dieses Flüssigmetall findet man im Lagerbereich des Anodentellers. Das Gallinstan wirkt als Dichtung und gleichzeitig als Ableiter der thermischen Energie. Bei dieser Bauform ist der Anodenteller nicht mehr thermisch isoliert aufgebaut.

Unerwünschtes Abdampfen des Kathodenmaterials führt zu Problemen wie der in Tabelle 4.2 aufgeführten zusätzlichen Wellenlängen. Ein weiteres Problem ist die thermische

Stabilität und die hohe Abwärme. Eine andere Möglichkeit der Elektronenemission ist die Feldemission. An extrem kleinen Spitzen treten bei Anlegen hoher Spannungen Elektronenemissionen infolge der lokalen Feldstärkeüberhöhung auf. Die seit einigen Jahren stark untersuchten Kohlenstoff-Nanoröhren (CNT) finden kalte Emitter auf Grund ihrer Spitzenform eine erste Anwendung. Die Durchmesser solcher Röhren liegen je nach Wandausbildung im Bereich 1,4 − 5 nm. Diese Nanoröhrchen weisen Längen von dem Mikro- bis in den Zentimeterbereich auf. Solche Nanoröhren lassen sich als regelloses Netz (spider web), als Bündel mehrerer paralleler Röhren oder als Teppich (carpet) herstellen. Von YUE u.a. [186] werden Bündel von Nanoröhren auf einen Eisenträger gezielt aufgebracht und diese Kathode, Fläche ca. $0{,}2\,cm^2$, liefert je nach angelegter Spannung Emissionsströme größer $1\,Acm^{-1}$ für eine kalte Kathode. Solche Röhren sind für den Pulsbetrieb geeignet, wie in [186] angegeben wird. Jedoch werden diese Typen von Röhren vorerst als Flächenstrahler und in der Medizin/Radiographie eingesetzt [189]. Hier liefern sie z.T. brilantere Bilder als Röntgenröhren mit thermischer Anode.

4.1.2 Mikrofokusröhren

Manche Anwendungen erfordern sehr kleine und intensive Strahlquellen [86]. In einer direkt durch eine Turbomolekularpumpe evakuierten Röhre wird durch eine geheizte punktförmige Wolframkathode eine Anodenspotgröße von 10-100 µm erreicht. Der Abstand Fenster-Anode kann durch die punktförmige Kathode kleiner 10 mm realisiert werden.

Feinfokusröhren erzeugen eine lokale Verlustleistungsdichte von $2\,000\text{-}200\,000\,Wmm^{-1}$ auf der Anode. Die Verlustleistungsdichte von $200\,kWmm^{-1}$ können mit einer Mikrofokusröhre mit 5 W Verlustleistung und 5 µm Spotsize erreicht werden. Diese hohe thermische Leistungsdichte führt dazu, dass die Anode als auch die Kathode nach einer gewissen Strahlzeit durchbrennt. Beide Teile sind auswechselbar und austauschbar und die Röhre ist durch den Anschluss an eine Turbomolekularvakuumpumpe wieder evakuierbar.

Es gibt auch Bauformen, die kein seitliches Fenster, sondern eine Anode aus einem mit Wolfram oder Molybdän (Schichtdicke kleiner 1 µm) beschichteten Berylliumplättchen haben. Die entstehende Röntgenstrahlung tritt direkt in Elektronenflussrichtung aus der Anode aus (Stirnfokusröhren).

Eine weitere Bauform von Mikrofokusröhren ist durch den Einsatz von Flüssigmetallen gekennzeichnet [76]. Die Helligkeit, d.h. der Photonenfluss, ist bekanntlich eine Funktion des Elektronenflussdichte auf der Anode. Steigerungen der Helligkeit von Röntgenröhren sind durch die thermische Belastbarkeit und entsprechende Abführung der Kühlleistung begrenzt. Drehanoden und Mikrofokus waren schon Wege zur geringfügigen Steigerung der Helligkeit von Röntgenröhren. Ein metallischer Flüssigkeitsstrahles, der z. B. mit einer Geschwindigkeit von $\approx 60\,ms^{-1}$ aus einem Vorratsgefäß über eine Düse mit einem rückseitigen Druck von 200 bar heraustritt, wird vom Elektronenstrahl getroffen und emittiert Röntgenstrahlung. Die schematische Anordung ist in Bild 4.3a gezeigt. Als Flüssigmetallquellen ist von HEMBERG [76] eine eutektischen Legierung (eutektische Temperatur 183 °C, 63 % Sn und 37 % Pb bei ca. 250 °C) verwendet worden. Als Elektronenquelle wird eine Thermoemissionskathode aus LaB_6 verwendet. Über feine Blenden und eine magnetische Linsenanordnung lässt sich der Elektronenstrahl in gewisser Weise steuern. Im Bild

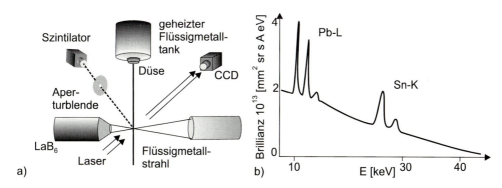

Bild 4.3: a) Prinzipieller Aufbau einer Röntgenröhre mit Flüssigmetallanode b) Röntgenspektrum der eutektischen Flüssigmetallanode mit Pb-L- und Sn-K Linien aus [76]

4.3a wird die Fokussierung über die dort angedeutete Laserbeleuchtung und die optische CCD-Kamera realisiert. Die Lage des Strahles steuert die Magnetlinse und gewährleistet, dass der Elektronenstrahl den Flüssigkeitsstrahl stationär trifft. Mit dieser Anordnung werden nach [76] 100-fach erhöhte Helligkeiten gegenüber klassischen Röntgenröhren erzeugt, Bild 4.3b. Da der Elektronenstrahl mit 50 kV Beschleunigungsspannung betrieben wird, entstehen nur die Pb-L- und die Sn-K-Linien. Würde man andere Flüssigmetalle, wie z. B. das schon bei Raumtemperatur flüssige Gemisch aus GaInSn (Gallinstan) verwenden, bräuchte man keine Heizung und hätte eine entsprechende thermische Entkopplung. Das Röntgenspektrum würde sich durch die andere Zusammensetzung des Flüssigkeitsstrahles ändern.

Solche Flüssigkeitsmetallanodenröhren sind zurzeit noch nicht kommerziell erhältlich und befinden sich im Laborstadium. Anwendungen werden derzeit auch vorrangig in der medizinischen Radiographie gesehen. In der Röntgenbeugung sind mit solchen Mikrofokusröhren/Flüssigkeitsmetallanodenröhren kürzere Messzeiten bei wesentlich besserer Lateralauflösung denkbar. Die Entwicklungen auf diesem Gebiet sind zu verfolgen.

4.1.3 Synchrotron- und Neutronenstrahlquellen

Röntgenröhren haben alle den Nachteil, dass von der elektrisch eingespeisten Energie nur maximal ein bis zwei Prozent in ionisierende Strahlung umgewandelt wird. Die verbleibenden 98 − 99 % der elektrisch eingespeisten Energie wird in Wärme umgewandelt und diese muss durch aufwändige Kühlung der Anlage entzogen werden. Die Materialforschung, die technische Physik und Zweige der Ingenieurwissenschaften benötigen für bestimmte Untersuchungen stärkere Röntgenquellen [29].

Zur Überwindung der auftretenden Ineffizienz von Röntgenröhren wurden Synchrotronquellen entwickelt und gebaut. Röntgenröhren weisen eine Brillanz (Leuchtdichte) von ca. $10^7 - 10^{11}$ Photonen pro Sekunde (eigentlich $(N_{Phot}/(s \cdot mrad^2 \cdot mm^2))$) auf. Synchrotronquellen haben derzeit Flüsse von 10^{21} und geplant sind Anlagen, die 10^{26} Photonenflussdichte pro Sekunde haben sollen [119].

1888 entdeckte H. HERTZ, dass elektrisch geladene Teilchen beim Beschleunigen und Abbremsen Energie in Form von elektromagnetischer Strahlung abgeben. Legt man eine

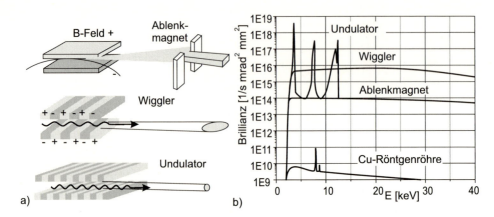

Bild 4.4: a) Strahlausbildung beim Synchrotron b) Vergleich der Brillianz von Strahlungsquellen [45]

hochfrequente elektrische Spannung an einen metallischen Leiter an, vollziehen die Elektronen eine Bewegung, die dem Hochfrequenzfeld folgt. Die rhythmische Beschleunigung zwingt die Teilchen zum Aussenden von elektromagnetischer Strahlung. Dies findet Anwendung in der Funktechnik, die Antenne als HERTZscher Dipol. Der gleiche Effekt tritt in Teilchenbeschleunigern und Speicherringen auf. Hier laufen Elektronen praktisch mit Lichtgeschwindigkeit auf einer ringförmigen Bahn und werden dabei – wie die Elektronen im metallischen Leiter – beschleunigt indem sie durch Magnetfelder auf einer Kreisbahn gehalten und durch das Magnetfeld in Richtung Mittelpunkt gelenkt werden. Das Ergebnis dieser Radialbeschleunigung ist, dass im Kreisbogen die Elektronen einen beträchtlichen Teil ihrer Energie abgeben, indem sie einen intensiven gebündelten Lichtstrahl aussenden. Vorausgesagt wurde dieser Effekt bereits 1944 von den sowjetischen Theoretikern IVANENKO und POMERANCHUK. 1947 entdeckte der US-amerikanische Techniker FLOYD HABER an einem Elektronenbeschleuniger bei der Firma General Electric einen hellen, gebündelten Lichtstrahl. Da es sich bei diesem Beschleuniger um ein so genanntes Synchrotron handelt, wurde das Licht fortan als Synchrotronstrahlung bezeichnet.

Bei Beschleunigeranlagen, die für die Teilchenphysik bestimmt sind, gilt das intensive Leuchten als überaus lästiger Störeffekt. Denn je stärker ein Elektron beschleunigt wird, umso mehr Energie strahlt es in den Kurven ab. Synchrotronstrahlung begrenzt die Energie, auf die ein Beschleuniger seine Teilchen bringen kann und führt dazu, immer größere und teurere Anlagen zu bauen.

> Je größer der Kurvenradius eines Beschleunigerringes, desto geringer die Strahlungsverluste.

Synchrotronstrahlung ist eine elektromagnetische Strahlung, die besonders energiereich und intensiv ist. Besonders relevant ist das für den Röntgen- und den Ultraviolettbereich. Im Gegensatz zur Laserstrahlung ist Synchrotronstrahlung nicht monochromatisch, sondern besitzt ein polychromatisches Spektrum, Bild 4.4b. Dies wird bei der energiedispersiven Beugung besonders gern benutzt.

Mittels Monochromatoren, siehe Kapitel 4.2 ist es möglich, die Wellenlänge der Strahlung auf genau die Energie der charakteristischen Strahlung herkömmlicher Röntgenquellen einzustellen oder wie in Aufgabe 13 gefordert, für bestimmte Probleme eine monochromatische Strahlung einer ganz frei wählbaren Energie/Wellenlänge bereitzustellen.

Ein Beschleuniger besteht aus einem Edelstahlrohr, Durchmesser ca. 20 cm, das evakuiert wird auf einen Druck 10^{-6} mbar. In diesem Ultrahochvakuum ist die Stoßwahrscheinlichkeit für die zu beschleunigenden Elektronen mit Restluftmolekühlen klein. Die Beschleunigung wird durch leistungsstarke Sender im Megaherzbereich durchgeführt. Die Elektronen werden in so genannte Resonatoren eingespeist. Fliegt ein Elektron in einen der zylinderförmigen Resonatoren hinein, wird es von einem Wellenmaxima der Sendewelle erfasst. Auf diesem Maximum verharrt das Teilchen und erhält ähnlich einem Surfer auf einer Wasserwelle neuen Schwung. Angetrieben von den Sendewellen erreichen die Elektronen praktisch fast Lichtgeschwindigkeit. In einem ca. 300 m langen Ringumfang kreisen die Elektronen pro Sekunde somit ca. eine Million Runden. Dabei verbleiben die Teilchen viele Stunden lang im Ring, werden dort also gespeichert, deshalb die Bezeichnung Speicherring. Um die Elektronen auf der vorgesehenen Kreisbahn zu halten, sind in den Kurven lang gestreckte, präzise regelbare Elektromagneten aufgestellt. Sie erzeugen starke Magnetfelder, die den Teilchen ihre Richtung weisen. Der Ablenkmagnet zwingt die Elektronenbündel trotz Lichtgeschwindigkeit in eine Kurvenbahn. Hierbei verlieren die Teilchen einen Teil ihrer Energie, indem sie tangential zu ihrer Flugkurve eine elektromagnetische Welle abstrahlen, die Synchrotronstrahlung. Die Elektronen kreisen nicht als Einzelelektronen durch den Ring, sondern sind zu Paketen gebündelt. Ein solches Paket ist etwa 5 mm breit, 1 mm hoch und 50 mm lang und enthält rund 150 Milliarden Teilchen. Zwar neigen die Pakete während des Fluges zum Auseinanderfasern – Divergieren, aber spezielle Magnetlinsen halten sie in Bündeln zusammen.

Die Strahlung aus dem Ring ist ca. eine Million Mal stärker als das von herkömmlichen verwendeten Röntgenröhren und dabei wesentlich stärker gebündelt. Speicherringe sind heute die effektivsten Röntgenquellen der Welt. Pro Meter Flugstrecke weitet sich der Strahl nur um ca. 0,2 mm auf. Das Spektrum ist in Bild 4.4b gezeigt. Es kann sich vom Infraroten bis hin zu harter Röntgen- und Gammastrahlung erstrecken. Besonders leistungsfähige Röntgenquellen sind die Wiggler und Undulatoren. Diese in den Speicherringen eingesetzten, meterlangen Spezialmagnete bestehen aus einer Folge von sich abwechselnden Nord- und Südpolen. Durchlaufen die schnellen Elektronen diese Magnetfelder, dann werden sie auf einen Slalomkurs gezwungen, Bild 4.4a. Auf Grund der vielen, hintereinander geschalteten Magnetpole senden diese Elektronen weitaus intensivere Strahlung aus als in einem einzelnen Ablenkmagneten, Bild 4.4b [45]. Beim Wiggler erhöht sich die Brillianz um mindestens eine Größenordnung gegenüber den einfachen Krümmungsmagneten. Beim Undulator werden durch die viel engeren Richtungswechsel konstruktive Interferrenzen bei bestimmten Energien erreicht und damit bis zu tausendfache Intensität bei bestimmten Wellenlängen erreicht, Bild 4.4b.

An einem Speichering sind so genannte Strahlrohre angebracht, d.h. Austrittsstellen für die Strahlung. An jedem Strahlrohr gibt es eine stark abgeschirmte Kabine, in deren Inneren die verschiedenen Experimente durchgeführt werden.

Durch die hohen Flussdichten sind Experimente in der Materialforschung mit z.B. sehr dicken, stark absorbierenden Materialien, wie dicken Stahlträgern und Blechen möglich. Dagegen kann die mittelharte, aber intensitätsreichere Synchrotronstrahlung aus dem Undulator problemlos selbst massive Stahlbleche durchdringen. Hier muss beachtet werden, dass z. B. am Detektor noch Flüsse von 10^2 Photonen nachgewiesen werden können, und somit können bei charakteristischer Röntgenstrahlung ca. 10^8 Photonen innerhalb der Probendicke absorbiert werden, bei Undulator-Strahlung sogar 10^{16} Photonen. Je kurzwelliger die Röntgenstrahlung ist, desto weniger wird die Strahlung vom Material absorbiert und durchdringt den Körper, siehe Bild 2.16. Die Beugung mit harter Synchrotronstrahlung verspricht zum Teil schnellere und genauere Messergebnisse. Die Vorteile der Synchrotronstrahlung sind:

- hoher Photonenfluß(Helligkeit) → kurze Messzeiten
- kleine Apertur → sehr scharfe Reflexe (nach Monochromatisierung)
- höhere Energie (Durchdringung) als charakteristische Röntgenstrahlung

Die andere Art von Strahlungsquellen für die Beugung sind Neutronenquellen. In einem Kernreaktor entstehen pro Spaltung des Isotopes U-235 ca. 3 schnelle Spaltneutronen. Zur Aufrechterhaltung der Kettenreaktion bremst man die Neutronen im Moderator ab und verringert die Zahl pro Spaltatom auf einen Wert etwas größer als 1. Durch eine Verkleinerung der Brennzone und eine modifizierte Anordnung der Brennelemente und Moderatortank kann man in einem Forschungsreaktor erreichen, dass bei dort bei 20 MW Reaktorleistung eine Neutronenflussdichte von $8 \cdot 10^{14}\,\mathrm{cm^{-1}s^{-1}}$ zur Verfügung steht. Diese thermischen Neutronen werden über Strahlrohre abgeführt und stehen für Beugungsexperimente zur Verfügung. Neutronenbeugung erfolgt prinzipiell genauso wie die Röntgenbeugung. Mit Neutronenstrahlen lassen sich sehr dicke Proben bei schlechter Lateralauflösung untersuchen

4.2 Monochromatisierung der Strahlung und ausgewählte Monochromatoren

Im Kapitel 2 wurde eingehend das aus der Röntgenröhre austretende Spektrum charakterisiert. Über eine geeignete Anodenmaterialauswahl und auch geeignete Betriebsparameter, siehe Bild 2.7 lässt sich vor allen das Bremsspektrum so auswählen, dass optimale polychromatische Strahlung für z. B. LAUE-Aufnahmen, also Einkristalluntersuchungen, genutzt werden kann. Bei den meisten Diffraktometeruntersuchungen wird aber monochromatische Strahlung gefordert. Eine Möglichkeit zu ihrer Gewinnung war die Filterung mit selektiven Metallen, Kapitel 2.4. Die relative hohe Gesamtschwächung als auch die meist verbleibende Dublettenstrahlung erschweren/verhindern genauere Ergebnisse. Die ungenügende Monochromatisierung ist störend bei Profilanalysen, Spannungsmessungen, Einkristalluntersuchungen und bei der Bestimmung von Epitaxieverhältnissen. Auch bei Vielkristallen, wie das Beispiel des Quarz-Fünffingerpeaks zeigt, Bild 4.8, werden bei Nichtbeachtung des Dublettcharakters der Strahlung »mehr Peaks« gemessen, als nach der entsprechender Kristallstruktur auftreten dürften. Dies führt bei Nichtbeachtung dazu, dass im Allgemeinen eine niedrigere symmetrische Kristallstruktur vorgetäuscht wird, als in Wirklichkeit vorliegt. Die einfachste Monochromatisierung erfolgt auf rechnerischem Weg.

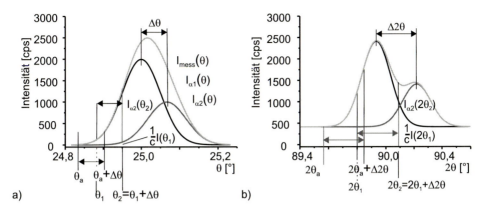

Bild 4.5: Überlagerung von jeweils zwei GAUSS-Peaks für $K_{\alpha 1}$ bzw. $K_{\alpha 2}$ Strahlung bei a) Beugungswinkel $\theta = 25°$ und b) bei Beugungswinkel $2\theta = 90°$

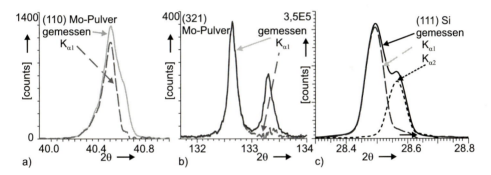

Bild 4.6: Veranschaulichung der rechentechnischen Monochromatisierung an den Beispielen eines a) (1 1 0)-Molybdänpulverpeaks, b) (3 2 1)-Molybdänpulverpeaks und c) (1 1 1)-Silizium-Einkristallpeaks

4.2.1 Monochromatisierung auf rechnerischem Weg – RACHINGER-Trennung

Es gibt einen relativ einfachen Weg, den $K_{\alpha 2}$-Abzug mittels eines Rechenweges bei bekanntem Anodenmaterial durchzuführen. Die Wellenlängen der charakteristischen K_α Strahlungen sind bekannt, ebenso die Differenz der beiden Anteile $\Delta\lambda = \lambda_{\alpha 2} - \lambda_{\alpha 1}$. Mit zunehmendem Beugungswinkel ist die Aufspaltung der zwei Teillinien größer, Bild 4.5, und wird als ausgeprägte Schulter bzw. Doppelpeak ersichtlich. Man muss beachten, welche Winkelskala gewählt wird, also den Beugungswinkel θ, Bild 4.5a oder den doppelten Beugungswinkel 2θ, wie in Bild 4.5b. Die nachfolgende Rechnung ist nur für den einfachen Beugungswinkel ausgeführt. Es gilt für die Aufspaltung bzw. den Unterschied der Maxima die Gleichung 4.1.

$$\Delta\theta = \frac{180}{\pi}\left(\frac{\Delta\lambda}{\lambda}\right)\tan\theta \quad (4.1)$$

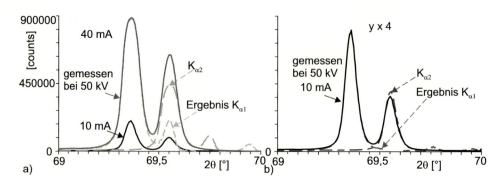

Bild 4.7: Grenzen und Fehler der RACHINGER-Trennung bei verfälschter bzw. zu großer Impulszahl und daraus sich ergebenden falschen Verhältnis $K_{\alpha 1}/K_{\alpha 2}$ am Beispiel des (4 0 0)-Siliziumeinkristallpeak

Bei einem Beugungswinkel von $\theta = 25°$ und verwendeter charakteristischer Kupferstrahlung K_α beträgt für eine Netzebene mit $d = 0{,}182\,26$ nm der Winkelunterschied der beiden Teilstrahlen $K_{\alpha 1}$ und $K_{\alpha 2}$ $0{,}066\,52°$. Das Intensitätsverhältnis $c = I_{K\alpha 1}/I_{K\alpha 2} \approx 2$ der beiden Teilstrahlen ist bekannt, Tabelle 2.3. Das Beugungsmaximum der Teilstrahlung $K_{\alpha 2}$ liegt bei $\theta_{\alpha 2} = \theta_{\alpha 1} + \Delta\theta$.
Die Intensität I der gemessen Strahlung bei einem beliebigen Beugungswinkel θ ergibt sich damit zu Gleichung 4.2:

$$I(\theta) = I_{\alpha 1} + I_{\alpha 2} = I_{\alpha 1}(\theta) + \frac{1}{c} I_{\alpha 1}(\theta - \Delta\theta) \tag{4.2}$$

Analysiert man die Ausläufer der Beugungsprofile bei kleinem Beugungswinkel (meist linksseitig vom Maximum), dann gibt es ein Intervall von einem Anfangsbeugungswinkel θ_a bis $\theta_a + \Delta\theta$, wo die Intensität allein durch den Anteil/Intensität der $K_{\alpha 1}$-Strahlung bestimmt wird. Innerhalb dieses Intervalls ist die Intensität bei einem Beugungswinkel θ_1 gleich der Intensität allein von dem $K_{\alpha 1}$-Anteil. Die Intensität $I(\theta_2)$ bei einem Beugungswinkel $\theta_2 = \theta_1 + \Delta\theta$ ergibt sich entsprechend Gleichung 4.2 bzw. nach Umstellung auf $I(\theta_2)$ zu:

$$I(\theta_2) = I_{\alpha 1}(\theta_2) + \frac{1}{c} I(\theta_1) \tag{4.3}$$

Der im Intervall $[\theta_a; \theta_a + \Delta\theta]$ ermittelte Verlauf der $K_{\alpha 1}$-Interferenz ist gleichzeitig nach Multiplikation mit $1/c$ der Verlauf der Interferenz für $K_{\alpha 2}$ im Intervall $[\theta_a + \Delta\theta; \theta_a + 2\Delta\theta]$. Mittels Differenzbildung aus der gemessenen Intensität $I(\theta)$ und der soeben ermittelten Intensität für $K_{\alpha 2}$ kann auch der Verlauf für $K_{\alpha 1}$ bestimmt werden.

Praktisch geht man so vor, dass man das Differenzwinkelintervall $\Delta\theta$ in 3 Teile zerlegt. Für den Winkel θ_1, also als Verschiebungswinkel ausgedrückt, bildet man:
$\theta_a + \frac{1}{3}\Delta\theta$; $\theta_a + \frac{2}{3}\Delta\theta$; $\theta_a + \Delta\theta$. Dies lässt sich relativ gut programmieren. Man muss nur darauf achten, dass die Verschiebungen $1/n\Delta\theta$ so genau wie möglich sind. Dies erreicht man, wenn man bei dieser Prozedur nicht mit den gemessenen Werten im Schrittmo-

dus, also mit fester/konstanter Schrittweite arbeitet, sondern die Schrittweiten immer den Beugungswinkel anpasst und gegebenenfalls die Messwerte für einen nicht ermittelten/gemessenen Beugungswinkel aus zwei benachbarten Werten interpoliert. Ansonsten treten bei der RACHINGER-Trennung am Profilende Oszillationen auf, die zu physikalisch nicht erklärbaren negativen Intensitäten führen.

An den Beispielen im Bild 4.6 sind Ergebnisse für verschiedene Peakformen und auch Winkelbereiche gezeigt. Bild 4.6a zeigt einen (1 1 0)-Molybdänpeak einer Pulverprobe, gemessen mit Kupferstrahlung. Die $K_{\alpha 2}$-Anteile sind hier nur bei größeren Winkeln in einer Schulter zu erkennen. Die Trennung mit dem Auswertealgorithmus ist zufrieden stellend. Im Bild 4.6b ist ein (3 2 1)-Peak des gleichen Mo-Pulvers gezeigt. Die schon besprochene wesentlich bessere Winkelauflösung bei hohen Beugungswinkeln ist deutlich an dem Auftreten von zwei getrennten Peaks zu sehen. Die Trennung der Strahlungsanteile erfolgt wieder mit dem gleichen Schema. Es treten im Ergebnis keine glatten Kurven auf und im Bereich der $K_{\alpha 2}$-Linie sind noch Restintensitäten ersichtlich. Dies liegt auch daran, dass für diese Aufnahme die Gesamtimpulszahlen eigentlich zu niedrig sind, da die Bedingungen der Zählstatistik, Kapitel 4.5.5 nicht erfüllt sind. Im Teilbild 4.6c ist dagegen ein fast perfekter monochromatischer (1 1 1)-Siliziumbeugungspeak nach der RACHINGER-Trennung ersichtlich. Vom Aussehen der Beugungsprofile sind die Unterschiede zwischen Einkristall, Bild 4.6c und Pulverprobe, Bilder 4.6a und b, ebenso deutlich. Der Beugungswinkel des (1 1 1)-Siliziums ist deutlich geringer als der des (1 1 0)-Mo, aber die Ausbildung der $K_{\alpha 2}$-Schulter ist beim Einkristall deutlich besser.

Ein anderer Aspekt bei der RACHINGER-Trennung wird im Bild 4.7 deutlich. Hier sind (4 0 0)-Si-Beugungspeaks eines (1 0 0)-Si-Einkristalles bei unterschiedlichen Primärstrahlintensitäten vermessen worden. Bei der Röhrenleistung von 2 000 W sind die abgebeugten Intensitäten so groß, dass der Szintillationsdetektor in die Sättigung geht, siehe Seite 123. Führt man an solchen Beugungspeaks die RACHINGER-Trennung durch, dann sind die Fehler bzw. unvollständige Abtrennung des $K_{\alpha 2}$-Anteiles im Bild 4.7a ersichtlich. Im Bild 4.7b bei nur einem Viertel der Röhrenleistung ist die jetzt fehlerfreie Trennung gezeigt. Um die Vergleichbarkeit beider Strahlungsleistungen und deren Auswirkungen besser zu verdeutlichen, sind beide Beugungsergebnisse im gleichem Diagramm, Bild 4.7a eingezeichnet und für die niedrigere Strahlungsleistung das Bild 4.7b um den Faktor 4 gestreckt worden. Im Vergleich zu Bild 4.6c erkennt man bei höherem Beugungswinkel die deutlich bessere Peakaufspaltung.

Im Bild 4.8 ist die Trennung für die $K_{\alpha 1}$- und $K_{\alpha 2}$-Anteile für Quarz an den eng auftretenden Beugungspeaks der (2 1 2)-; (2 0 3)- und (3 0 1)-Netzebenen gezeigt. Die Überlagerung der Beugungspeaks an diesen drei Netzebenen mit den zwei Strahlungsarten bewirkt ein gemessenes Beugungsprofil mit 5 ersichtlichen Peaks. Zwei Beugungspeaks entstammen nur dem Dublettencharakter der charakteristischen Strahlung. Die Intensität des (3 0 1)-Beugungspeaks ist überhöht. Dieses oft auch als »Fünffingerpeak« bezeichnete Beugungsprofil des Quarz wird häufig verwendet, um die Qualität eines Diffraktometers bezüglich des Auflösungsvermögens, der Trennbarkeit der Einzelpeaks und aller vor- bzw. nachgeschalteten Objekte im Strahlengang zu beurteilen. Die im Bild 4.8 aufgenommene Messkurve wurde vor der Trennung erst mit einem Messwertglättungs-Algorithmus bearbeitet. Verwendet man keine Monochromatoren aus den nachfolgenden Kapiteln zur Unterdrückung der $K_{\alpha 2}$-Anteile, dann sollte vor einer weiteren Bearbeitung für die Pha-

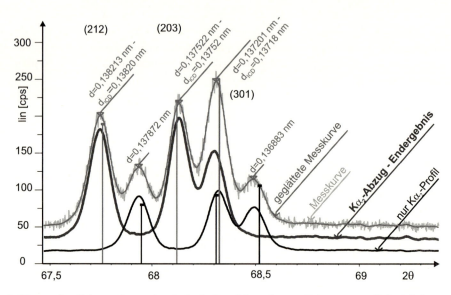

Bild 4.8: Veranschaulichung der rechentechnischen Monochromatisierung am Beispiel des Quarz-Fünffingerpeaks

senanalyse oder für die Gemengeanalyse immer dieser mathematische Schritt der Trennung des Strahlungsdubletts eingeführt werden. Möglich wird dies aber erst, wenn man die Messkurve mit möglichst kleiner Schrittweite und mit relativ sicherer, vertrauenswürdiger Impulszahl aufgenommen hat.

Die manchmal störenden Oszillationen des RACHINGER-Verfahrens sind von DONG [50] zum Anlass genommen worden, einen verbesserten mathematischen Algorithmus einzusetzen. Es werden hier in Vorgriff auf Kapitel 8 die LORENTZ-Profilfunktionen von CHEARY und COELHO [43] bzw. Bild 2.6 anstatt der individuelle linksseitige Profilverlauf verwendet. Der $K_{\alpha 2}$-Anteil $u_2(\lambda)$ kann als Faltung der $K_{\alpha 1}$-Linie mit $u_1(\lambda)$ mittels einer Funktion $h(\lambda)$ aufgefasst werden. Im Fourierraum ergibt sich die gesuchte Fouriertransformierte $H(f) = U_2(f)/U_1(f)$. Eine LORENTZ-Funktion als Fouriertransformation $F[L(f)]$ ergibt sich unter Verwendung der Werte nach Bild 2.6 zu:

$$F[L(f)] = \exp(-2\pi\imath\lambda_0 f)\exp(-\pi P|f|) \qquad (4.4)$$

Unter Verwendung der Summe der Lorentzanteile ($u_1(\lambda) = u_{1a}(\lambda) + u_{1b}(\lambda)$ bzw. $u_2(\lambda) = u_{2a}(\lambda) + u_{2b}(\lambda)$) der Emissionsprofile und mit Gleichung 4.4 ergibt sich für

$$U_1(f) = \exp(-2\pi\imath\lambda_{1a}f)\{[I_{1a}\exp(\pi P_{1a}|f|) + I_{1b}\exp(\pi P_{1b}|f|)\exp(-2\pi\imath\delta_1 f)]\}$$
$$U_2(f) = \exp(-2\pi\imath\lambda_{2a}f)\{[I_{2a}\exp(\pi P_{2a}|f|) + I_{2b}\exp(\pi P_{2b}|f|)\exp(-2\pi\imath\delta_2 f)]\} \quad \text{mit}$$
$$\delta_1 = \lambda_{1b} - \lambda_{1a} \quad \text{bzw.} \quad \delta_2 = \lambda_{2b} - \lambda_{2a}$$

Die gesuchte Funktion $h(\lambda)$ ist die inverse Fouriertransformation $F^{-1}[H(f)]$. Dieser Algorithmus ist derzeit im Programm POWDERX integriert und verbessert nach [50] die rechnerische $K_{\alpha 2}$ Separation.

Fünfingerpeaks des Quarz, teilweise als eigentlicher Dreifingerpeak, sind in den Bildern 5.17, 5.33, 5.36 und 5.37 unter Hinziehung unterschiedlicher Monochromatoren aufgenommen worden und dargestellt. Hier erfolgt die Trennung der $K_{\alpha 2}$-Anteile über Monochromatoren.

4.2.2 Einkristall-Monochromatoren

Fällt polychromatische Strahlung auf einen Einkristall unter einem Winkel θ auf eine Netzebene mit einem Netzebenenabstand d, dann werden unter dem gleichem Winkel θ nur die Strahlenanteile mit der Wellenlänge λ_m reflektiert, für die die BRAGGsche-Gleichung 3.119 erfüllt ist. Bei Einkristallen und der hierbei immer zu beobachtenden großen Intensität der Beugungsreflexe ist zu beachten, dass die in der BRAGGschen-Gleichung auftretende Beugungsordnung nicht wie in der Vielkristallbeugung gleich eins gesetzt wird, sondern als ganze Zahl wirklich auftreten kann. Somit werden neben der Wellenlänge λ_m im Strahlenbündel auch die Wellenlängen der Quotienten $\lambda_m/2$, $\lambda_m/3$ ... usw. mit auftreten. Für den Einkristall-Monochromatoren gibt es zwei prinzipielle Bauformen, die *gebogene* und die *ebene* Form. Bei Nutzung von gebogenen Kristallen spricht man fokussierenden oder auch symmetrischen Monochromatoren. Der Kristall wird parallel zu den gewünschten, reflektierenden atomaren Netzebenen konkav zylindrisch mit dem Radius R angeschliffen und anschließend elastisch oder plastisch auf den Krümmungsradius $2R$ gebogen. Für den Winkel α ergibt sich annähernd $\alpha = KL/R$. Gehen nach dem Biegen alle Netzebenennormalen durch den Punkt M, so werden alle Röntgenstrahlen unter dem BRAGG-Winkel θ von Punkt A eingestrahlt auf einen Punkt B unter dem Winkel θ reflektiert. Dies ist das Prinzip des als JOHANNSON-Monochromators bezeichneten Monochromators, Bild 4.9b. Durch diese Anordnung wird erreicht, dass sich nahezu alle Netzebenennormalen im Punkt M schneiden. Wird von Punkt A ein divergentes Strahlenbündel unter dem Glanzwinkel θ der Kristallnetzebene eingestrahlt, dann werden die reflektierenden Strahlen im Punkt B gebündelt. Durch Einstrahlung und Abnahme unter dem Glanzwinkel θ ist für diese Kombination mit dem Netzebenenabstand d_{hkl} die BRAGGsche-Gleichung erfüllt. Dies ist somit eine idealere Erfüllung der Beugungsanordnung nach Bild 3.21. Durch die Fokussierungsanordnung ist die erhaltene monochromatische Intensität größer als bei ebener Anordnung. Der Schleifprozess zur Erzielung der Radien kann zu amorphen Randschichten führen bzw. eine mechanische Verbiegung verändern die Netzebenenabstände bzw. deren Verteilung des Abstandes. Hinzu kommt, dass die Radien R für einen Monochromator feststehen. Jede geometrische Änderung erfordern dann neue Monochromatoren, ebenso andere Wellenlängen der zu monochromatisierenden Strahlung. Der relativ große Abstand zwischen Brennfleck und dem Monochromator vermindert die Eingangsintensität, deshalb strebt man eine Verkürzung des Abstandes an. Erreichbar wird dies, wenn man den Kristall unter einem Fehlorientierungswinkel τ asymmetrisch anschleift. Da auch am Monochromatorkristall die resultierende Linienbreite, Gleichung 5.1 gilt, ist mit einer Erhöhung des Fehlorientierungswinkels eine Verkleinerung der Fokussierungsbreite und eine Verkürzung des Abstandes Röhrenfokus zu Mittelpunkt des Monochromators erzielbar. Diese Gleichung liefert auch die Begründung dafür, dass die Monochromatisierung bei hohen Streuwin-

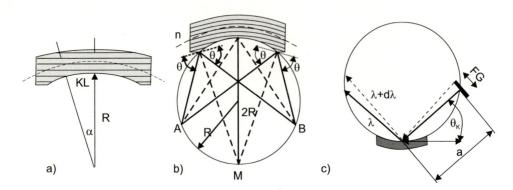

Bild 4.9: a) Anschliff eines Kristalls (JOHANN-Geometrie) b) Symmetrischer Kristallmonochromator nach JOHANNSON c) Einfluss der Fokusabmessungen auf die Wellenlängenselektivität des Monochromators

keln besser abläuft und sich somit die (4 4 0)-Ge Netzebene anbietet. An die Kristalle für Monochromatoren werden folgende Anforderungen gestellt:

- hohes Reflexionsvermögen, d.h. die erhaltbare Intensität hängt von Materialkonstanten und Wahl der Netzebene ab, siehe Gleichung 6.1 aus Kapitel 6.5,
- perfekte Kristallqualität über große Ausdehnungen zur Erzielung von Interferenzen mit schmaler Halbwertsbreite,
- entsprechendes mechanisches Verhalten zur Erzielung der Verbiegung oder Bearbeitung ohne Schädigung der Kristallqualität an der Oberfläche,
- Langzeitstabilität der Kristallperfektion an der Oberfläche, geringe Oxidationsneigung und kaum hygroskopisches Oberflächenverhalten. Resistenz gegenüber Ozon, da dies bei Bestrahlung von Luft mit Strahlung hoher Intensität und hoher Energie zwangsläufig entsteht. Deshalb werden Monochromatoren und Multilayeranordnungen meist ständig mit Stickstoff durchflutet.

Als Materialien wurden/werden eingesetzt:
Quarz (SiO_2), Graphit (HOPG), $CaCO_3$, LiF und jetzt vor allen Halbleitermaterialien wie Silizium und Germanium, Tabelle 4.3a. In Tabelle 4.3b sind für einen Quatzmonochromator die Reflexionswinkel θ_K, der Anschliffwinkel τ und der Krümmungsradius r für verschiedene charakteristische Strahlungen zusammengefasst. Mit der Entwicklung der Halbleitertechnik war es möglich, perfektere Kristalle großer Ausdehnung herzustellen, die die Fehler der Mosaizität des Quarzes nicht mehr enthalten. Die prinzipielle Verwendung von Kristallen aus LiF; $CaCO_3$; NaCl ist [63] entnommen und zur allgemeinen Vergleichbarkeit mit in die Tabelle 4.3a aufgenommen. Für einen Monochromator sind die Größen des Bereiches der Totalreflektivität $2s$, die erzielbare Halbwertsbreite FWHM, das Auflösungsvermögen $\Delta\lambda/\lambda$, Gleichung 3.97 wird modifiziert zu 4.7, und die Dicke der Absorption (Primärextinktion) $t(95\%)$, Gleichung 3.98 mit aufgeführt. Nach [187] wird für den Bereich der Totalreflektivität die Gleichung 4.5 angegeben:

4.2 Monochromatisierung der Strahlung und ausgewählte Monochromatoren

Tabelle 4.3: a) Zusammenstellung möglicher und verwendeter Materialien für Einkristallmonochromatoren und Auflistung ihrer Daten für die Eignung als Monochromator, verwendete Strahlung Kupfer K_α, 2θ-Beugunswinkel; D_X-röntgenographische Dichte, $t(95\,\%)$ ist die Eindringtiefe, d.h. das Absorptionsvermögen b) typische Daten für einen $(11\bar{1}1)$-Quarz-Monochromator mit asymmetrischen Anschliff für verschiedene Strahlungen, Abmessungen $40 \times 30 \times 0{,}4\,\text{mm}^3$

a)

Kristall	PDF-Nr.	$(h\,k\,l)$	d_{hkl} [nm]	2θ [°]	$\lvert F^2 \rvert$	D_x [gcm^{-3}]	$t(95\%)$ [µm]
Graphit	00-041-1487	$(0\,0\,0\,2)$	0,337 56	26,382	299,5	2,281	363,3
Quarz	00-046-1045	$(1\,0\,\bar{1}\,1)$	0,334 35	26,640	874,8	2,649	38,8
LiF	00-004-0857	$(2\,0\,0)$	0,201 30	44,997	927,1	2,638	190,7
CaCO$_3$	00-005-0586	$(1\,1\,0)$	0,249 40	35,966	4 854	2,711	24,45
NaCl	00-005-0628	$(2\,0\,0)$	0,282 10	31,613	7 197	2,163	25,04
Si	00-027-1402	$(1\,1\,1)$	0,313 55	28,443	3 551	2,329	26,41
Si	00-027-1402	$(4\,0\,0)$	0,135 77	69,132	3 611	2,329	61,00
Ge	00-004-0545	$(1\,1\,1)$	0,326 6	27,284	23 966	5,325	9,47
Ge	00-004-0545	$(2\,2\,0)$	0,200 0	45,306	36 246	5,325	15,86
Ge	00-004-0545	$(4\,4\,0)$	0,100 0	100,761	16 831	5,325	31,72

b)

Strahlung	θ_K [°]	τ [°]	r [mm]
Mo	6,08°	1,88°	1 228 mm
Cu	13,29°	4,16°	284 mm
Co	15,48°	4,87°	245 mm
Fe	16,79°	5,30°	226 mm
Cr	19,97°	6,38°	192 mm

$$2s = \frac{\lambda^2 \cdot N \cdot |F| \cdot P}{\pi \cdot \sin 2\theta} \sqrt{\frac{|\gamma_H|}{\gamma_0}} \qquad (4.5)$$

$$FWHM = \frac{4}{3}\sqrt{3} \cdot s \qquad (4.6)$$

$$\frac{\Delta\lambda}{\lambda} = \cot\theta \cdot \Delta\theta = \cot\theta \cdot FWHM \qquad (4.7)$$

mit
- N Zahl der Elementarzellen pro cm^3
- P Polarisationsfaktor $P = \frac{1+|\cos 3\theta|}{2}$
- $\gamma_0; \gamma_H$ Richtungskosinus des einfallenden und des gebeugten Strahles
- $|F|^2$ Strukturfaktor, siehe Kapitel 3.2.5

Eine weitere Forderung ergibt sich an die Größe des Brennfleckes der bestrahlten Fläche des Monochromators. Nach der BRAGGschen-Gleichung 3.119 entspricht ein Winkelbereich einem gebeugtem Wellenlängenbereich. Damit können zwei Wellenlängen wie z.B.

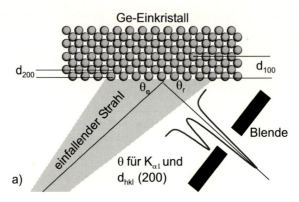

Bild 4.10: Prinzip ebener Kristallmonochromator und Verdeutlichung der Trennungsmöglichkeit der K_α-Dublette am Beispiel einer (0 0 4)-Netzebene von Germanium

$K_{\alpha 1}$ und $K_{\alpha 2}$ nur dann getrennt werden, wenn die Fokusgröße FG aus Sicht des monochromatisierenden Kristalls kleiner ist als die entsprechende Winkeldifferenz, Bild 4.9b. Die Fokusgröße FG kann nach Gleichung 4.8 berechnet werden.

$$FG \leq a \cdot \tan\theta_K \cdot \frac{\lambda_{K\alpha 2} - \lambda_{K\alpha 1}}{\lambda_{K\alpha}} \tag{4.8}$$

Die zweite Monochromatorart und derzeit die Art, die zunehmend eingesetzt wird, ist der ebene, asymmetrische Kristallmonochromator. Als Vierfachkombination spricht man von einem BARTELS-Monochromator [24]. Bestrahlt man den Einkristall mit einem Primärstrahl geringer Divergenz, Bild 4.10, und wählt einen hohen Winkel, dann wird der reflektierte Strahl als Dublettenstrahl auftreten. Bringt man jetzt in den reflektierenden Strahlengang eine Schlitzblende geringer Öffnungsbreite in exakt dem Beugungswinkel θ für die $K_{\alpha 1}$-Strahlung, dann lässt sich die $K_{\alpha 2}$ Strahlung ausblenden, siehe Bild 4.10. Die Blende kann man einsparen, wenn man die Kristallabmessungen und die Anordnung so wählt, dass der Teilstrahl der $K_{\alpha 2}$-Strahlung ins »Leere« geht. Schneidet man z. B. Kristalle senkrecht zu der kristallographischen Richtung [1 1 0], dann liegen hier die (1 1 0)-Netzebenen als auch die (2 2 0)-Netzebenen parallel zur Oberfläche. Besteht der Kristall z. B. aus dem Element Germanium, welches ein hohes Streuvermögen auf Grund seiner hohen Ordnungszahl besitzt, Tabelle 4.3, dann ist dies ein idealer Kristall für einen ebenen Monochromator. Über die Beugung 2. Ordnung steht bei noch höherem Winkel auch die (4 4 0)-Netzebene zur Verfügung. Ordnet man nun die Kristalle so an wie in Bild 4.11 gezeigt, also der erste Kristall und dessen Reflexion dient als Einstrahlung zum zweiten Kristall usw., dann lässt sich mit dieser Anordnung eine extrem gute monochromatische Strahlung mit noch beachtlicher Ausgangsintensität erzielen. Die Umstellung auf einen höheren Einstrahlwinkel bzw. Nutzung der (4 4 0)-Netzebene wird durch jeweilige Drehungen zweier Kristallblöcke erreicht.

Durch Herausnahme eines Kristallpaares liegt ein Zweichfachmonochromator vor. Die Strahlung tritt dann bei A2 aus. Der Versatz des Strahlaustrittes bedingt dann aber eine Neujustage des Goniometers. In Tabelle 4.4 sind die erreichbaren Charakteristika

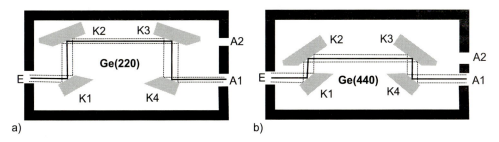

Bild 4.11: Aufbau eines 4-fach Monochromators aus Ge a) Nutzung (2 2 0)-Germanium Netzebene b) Nutzung (4 4 0)-Germanium Netzebene

Tabelle 4.4: Erzielbare charakteristische Werte für Zweifach- und Vierfach-Monochromatoren aus Germanium, Einstrahlung vom Punktfokus

Arbeitsweise	(hkl)	Halbwertsbreite	Relative Intensität bezogen auf 100
Vierfach	(220)	12"	1
Vierfach	(440)	5"	0,08
Zweifach	(220)	600"	3
Zweifach	(440)	250"	0,3

von Zweifach- und Vierfachmonochromatoren aufgeführt. Die erzielbare Halbwertsbreite FWHM eines 4-fach (4 4 0)-Ge-Monochromators von nur 5" ist kleiner als die natürliche Breite der Cu$-K_{\alpha 1}$-Strahlung in Emission. In Kombination mit den im nächsten Kapitel zu besprechenden Multilayerschichtsystemen sind die BARTELS-Monochromatoren die derzeit effektivsten Monochromatorsysteme.

4.2.3 Multilayer-Sandwichschichtsysteme

Im Kapitel 2.4 wurde eine Methode der Monochromatisierung durch Abtrennung der K_β-Strahlung und des Bremsspektrums vorgestellt. Nachteilig war, dass die Nutzstrahlung mehr als 50 % geschwächt wird. Künstliche Kristalle, z. B. Multilayerschichten aus einem starken und einem schwachen Streuer in spezieller Schichtanordnung sind die neuartigen Monochromatoren, die darüber hinaus auch noch eine Parallelstrahlanordnung ermöglichen. Diese Anordnung wird auch häufig als GÖBEL-Spiegel bezeichnet [62].

Ein parabolischer Spiegel reflektiert einen divergenten Strahl, der vom Fokus F ausgeht, als einen parallelen Strahl [62, 154, 44]. Verwendet wird eine schematische Anordnung nach Bild 4.12a aus [154] und ein Abschnitt einer Parabelfunktion y (nur positive y-Werte und bis zur Mitte der Parabel), Gleichung 4.9 mit dem Radius im Scheitel p_0. Der Winkel θ_p ermittelt sich aus dem Strahl vom Punkt F nach A gleich Strecke f_1 an der Tangente von A nach Gleichung 4.10. Für jeweils andere Strecken f ergibt sich ein leicht variierter Winkel nach derselben Gleichung 4.10.

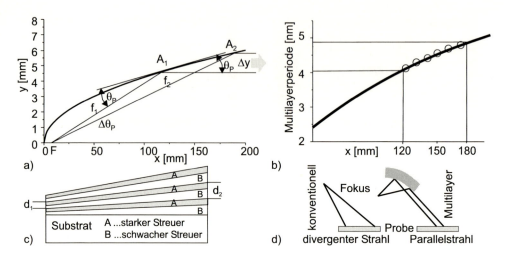

Bild 4.12: a) Schema der parabolischen Strahlführung b) Realisierung des Aufbaus und notwendige Netzebenenvariation c) Einzelschichtaufbauschema der Multilayerschicht c) Vergleich Strahlführung klassische BRAGG-BRENTANO-Anordnung und Parallelstrahlanordnung

$$y = \sqrt{2 \cdot p \cdot x} \qquad (4.9)$$

$$\theta_p(f) = \sqrt{\text{arccot}\left(\frac{2f}{p} - 1\right)} \qquad (4.10)$$

Nimmt man diesen Winkel $\theta_p(f)$ als Einstrahlwinkel auf einen Kristall an, dann wird der Strahl nach der BRAGGschen-Gleichung 3.119 unter demselben Winkel bei Erfüllung der BRAGGschen-Gleichung reflektiert. Durch die elliptische Oberflächenform nach Bild 4.12 wird aus dem divergenten polychromatischen Eingangsstrahl ein reflektierter monochromatischer Parallelstrahl. Soll die BRAGGsche Bedingung für jeden Auftreffpunkt des Strahles auf dem Parabelabschnitt erfüllt sein, so muss der Netzebenenabstand über die Länge der Parabel variieren und es ergibt sich die Gleichung 4.11 für die ortsabhängige Größe des Netzebenenabstandes.

$$d(f) = \frac{\lambda}{2 \sin \theta} = \frac{\lambda}{2 \sin \sqrt{\text{arccot}\left(\frac{2f}{p} - 1\right)}} \qquad (4.11)$$

Für eine parabolische Anordnung mit einem Scheitelradius von $p = 0{,}09$ mm, einem gewählten Zentrum bei 150 mm und einem Spiegellängenbereich von 120 mm bis 180 mm sind die notwendigen Schichtdickenvariationen im Bild 4.12b nach [154] ausgerechnet. Natürliche Kristalle mit solchen Netzebenenvariationen gibt es nicht. Es ist jedoch denkbar, »künstliche Kristalle« herzustellen, indem man dünne Schichtenfolgen aus nur wenigen Atomlagen aus unterschiedlichen Materialien herstellen. Im Bild 4.12c ist eine solche An-

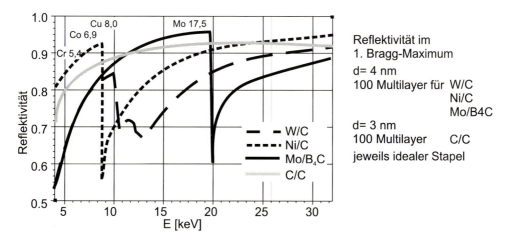

Bild 4.13: Reflektivität typischer Materialkombinationen von Multilayerschichten für den Spektralbereich der klassischen charakteristischen Röntgenemissionslinien nach [49], die Energie in [keV] für die K_α Emission ist mit eingetragen

ordnung schematisch dargestellt. Die Dicke der Doppelschicht auf der linken Seite des Spiegels sei d_1 und auf der rechten Seite d_2, d.h. auf einer Länge von ca. 60 – 80 mm unterscheiden sich die Doppelschichten auf der rechten Seite um eine zusätzliche »Dicke von ca. 2 – 4 Atomen« mehr. Aus dem Atomlagenaufbau von Schichten ist natürlich bekannt, dass es keine »halben oder viertel Atome« gibt und somit die Schichtdickenvariation nur als atomare Treppenstufe ausgeführt werden kann. Über eine geringe Variation des Ortes der Stufe kann in den einzelnen Schichten eine bessere Anpassung an die gewünschte Gesamtform nach Bild 4.12c erfolgen. Für die Materialien der Schichtenfolge A kommen in Frage/werden genutzt: *Nickel, Wolfram, Molybdän* und weitere schwere Elemente. Für das Material B wurden/werden Silizium und Kohlenstoff bzw. leichte Elemente/Verbindungen eingesetzt. Auf Grund des unterschiedlichen Absorptionsverhaltens der Einzelmaterialien für den typischen Energiebereich von 4 keV bis 32 keV ergibt sich weiterhin eine Spektralabhängigkeit der Reflektivität von solchen Multilayerschichten, Bild 4.13 nach [49]. Hier ist auch der Grund, dass mit der jetzigen zweiten und dritten Generation von Multilayerschichten für die Monochromatisierung von Kupferstrahlung vorrangig Ni/C-Schichten anstatt W/Si (erste Generation) eingesetzt werden, siehe Tabelle 4.5. Die mögliche Reflektivität ist bei Ni/C größer als bei W/Si.

Es muss ein äußerst scharfes Interface der zwei beteiligten Materialpartner vorliegen (erreicht werden). Da eine solche Doppelschicht sich mindestens 40 – 80 mal wiederholen soll, muss bei der Abscheidung der Schichten die thermische Diffusion der zwei Materialien untereinander vermieden werden. Als Herstellungsverfahren für solche Schichtenfolgen werden die Molekularstrahlepitaxie, großflächige gepulste Laser unterstützte Abscheidung und spezielle niederenergetische Magnetronsputtertechniken eingesetzt. Die ersten Generationen von Multilayerschichten waren auf elastischen Substraten wie z. B. Siliziumwafern aufgebracht. Die Parabelform wurde durch gezielte mechanische Verformung des Wafers während der Justage am Diffraktometer erzielt. Es traten verstärkt Stabilitätspro-

Tabelle 4.5: Spezifika von Multilayerspiegeln innerhalb der verschiedenen Generationen nach [49, 90]

Generation	1.	2.	2.	3.	2a
Jahr	1994	1996	1998	2000	2003
für Strahlung	Cu	Cu	Co, Cr, Mo	Cu, Mo	Cu, Mo
Substrat	Silizium	Silizium	Silizium	Cerodur	Silizium
Material-kombination	W/Si	W/B$_4$C	Ni/C; WSi$_2$/C; Cr/C	Ni/B$_4$C	Ni/C
Δd Schichtabstand	±5 %	±3 %	±3 % – 1 %	±3 %	< ±1 %
Δd Gradient	unbestimmt	±5 %	±5 %	±5 %	±5 %
Spiegelform	— gebogen —			geschliffen	gebogen
Strahldivergenz ∥ zum Strahl	60"	< 30"	< 18"	< 5"	< 5"
⊥ zum Strahl	nicht spezifiziert		< 25"	< 5"	< 5"

bleme mechanischer wie auch thermischer Art auf. Die axiale Divergenz wird größer, da beim »Biegen« des dünnen Siliziumsubstrates die Ebenheit quer zur späteren Strahlrichtung sich ausbeult und somit der Strahl senkrecht zur Strahlrichtung recht große Divergenzen aufweist. Es gibt Glas-Keramikverbünde, wie das Material Cerodur, welches über äußerst geringe, nahezu verschwindende thermische Ausdehnung verfügt. Schleift man in solche Materialien die gewünschte Parabelform, poliert diese Form mit Rauheiten R_A kleiner 1 nm und beschichtet dann dieses Substrat mit der Multilayerschicht mit der geforderten Schichtdickenvariation, so hat man eine künstliche Kristallanordnung, die aus einem divergenten aus der Röntgenröhre austretenden polychromatischen Strahlenbündel einen weitgehend monochromatischen (hier wieder Beschränkung monochromatisch auf nur K_α Strahlung) Parallelstrahl nach der Reflexion formt, Bild 4.12d. Die Politur der Oberfläche ist jedoch bei diesen Glas-Keramik-Werkstoffen in ihrer Rauheit nicht so gut, wie sie auf Silizium-Substraten erreicht werden kann. Deshalb werden derzeit verstärkt wieder als Generation 2a bezeichnete Multilayerspiegel auf dünnen, ebenen Siliziumsubstraten hergestellt. Das beschichtete Siliziumsubstrat wird aber jetzt auf einen parabolisch geschliffenen Cerodurträger aufgeklebt. Damit wird bei gleichmäßiger Klebung die Ausbeulung und somit die schlechtere axiale Divergenz vermieden. Es wird für einen Spiegel eine Differenz von Soll- zu Ist-Wert der jeweiligen ortsabhängigen Schichtdicke von $\Delta d < \pm 0{,}03 \ldots \pm 0{,}06$ nm gefordert. Tabelle 4.6 zeigt die geforderten und realisierten Schichtdicken für eine Monochromatisierung von Kupferstrahlung und die realisierten Abweichungen nach [49]. Variiert man den Fokusabstand f_2 zu kleineren Werten und berücksichtigt, dass der Fokus F im Nullpunkt auftritt, kann ein stärker divergenter Röntgenstrahl parallelisiert werden. Die geforderten Schichtdicken der Multilayeranordnung werden dann kleiner, der Gradient größer. Die Realisierung solcher Systeme hat gerade begonnen.

Man erreicht heute eine Reflektivität des Spiegels von bis zu 92 %. Der selektive Me-

Tabelle 4.6: Geforderte und erreichte Schichtdickenvariationen über der Länge eines Multilayerspiegels für Monochromatisierung von Kupferstrahlung auf der Basis von Nickel/Kohlenstoff-Multilayern

Abstand Fokus-Spiegel Fokus-Spiegel [mm]	erreichte Schichtdicke [nm]	geforderte Schichtdicke [nm]	Differenz [nm]
125	4,423	4,423 ± 0,060	0,038
110	4,121	4,157 ± 0,051	0,036
90	3,744	3,727 ± 0,039	−0,017
75	3,427	3,381 ± 0,030	−0,046

tallfilter hatte im Vergleich dazu eine Transparenz von nur 50 %. Durch die künstlich nachgebildeten, treppenförmigen Netzebenen kommt es zu einer geringen Verformung der Beugungspeaks. In Bild 5.34 wird der Unterschied sichtbar. Nachteilig ist, dass für jede Strahlungsart aus unterschiedlichen Röntgenröhrenanoden jeweils eine neue Multilayeranordnung entworfen und hergestellt werden muss. Der Monochromator ist nicht auf unterschiedliche Wellenlängen nach der Herstellung abstimmbar. Es sind aber auch hier schon »ungewöhnliche« Wege beschritten worden [79]. Bei der Hochauflösung von Beugungspeaks, wie beim Quarz-Fünffingerpeak ersichtlich, ist die Verwendung der K_α-Doublettenstrahlung hinderlich. Ein Doppelspiegelsystem für Primär und Sekundärseite entwickelt für die monochromatische Co_β-Strahlung bringt mehr Intensität als die Verwendung von zwei Spiegeln für Doublettenstrahlung Kupfer-K_α und ein nachfolgender Kristallmonochromator.

Die gesamte aus der Röntgenröhre austretende Strahlungsintensität wird auf eine vom Eingangswinkel unabhängige Breite von ca. 1 − 0,5 mm komprimiert, die Länge des Strahles ist die Fokuslänge der Röhre. Mit dem Multilayerspiegel steht auf Grund der Bündelung – anders als bei Einsatz von Blenden – die gesamte Fläche der Röntgenröhrenemission dem Beugungsexperiment, vermindert um die Reflexionsverluste, zur Verfügung. Die bestrahlte Fläche der Probe ist meist kleiner als in klassischer BRAGG-BRENTANO-Anordnung. Für viele Anwendungen bringt die Multilayeranordnung aber die entscheidenden Vorteile. Der verstärkte Einsatz immer neuer Variationen von Multilayerspiegeln ist auch der Grund für die derzeitige Ausweitung der Zahl der verschiedenen Diffraktometeranordnungen, siehe Kapitel 5.

Der nach Reflexion am Spiegel erhaltene Parallelstrahl ist nur in horizontaler Richtung parallel, in vertikaler Richtung bleibt die Röhrendivergenz erhalten. Kombiniert man zwei Spiegel und ordnet ihre Parabelflächen senkrecht zueinander an, dann erhält man nach dem zweiten Spiegel einen punktförmigen Strahl. Diese als gekreuzte Spiegel bezeichneten Monochromatoren werden vor allem in der Spannungs- und Texturanalyse eingesetzt. Hier liegt eine wahre Bündelung des ehemaligen Strichstrahles zu einem Punktstrahl vor. Der hier erzielbare Punktfokus hat eine wesentlich höhere Brillianz als der Punktfokus einer einfachen Röhre.

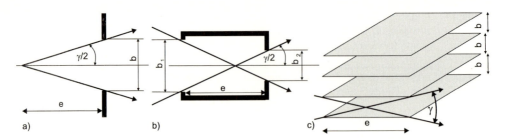

Bild 4.14: Veranschaulichung der geometrischen Beziehungen für die Bestimmung der Divergenz von a) Schlitzblenden b) doppelten Lochblenden c) Sollerkollimatoren

> Künstliche Kristalle mit einer geringen Variation der Schichtabstände auf der Länge des Kristall und einer parabelförmigen Oberfläche wirken wie Spiegel auf einen divergenten Eingangsstrahl und dienen zur Erzeugung eines parallelen, monochromatischen Ausgangsstrahles. Die Reflektivität einer solcher Anordnung liegt bei bis zu 92 %. Für jede zu monochromatisierende Strahlungsart muss eine neue Schichtdicken- und Materialanordnung verwendet werden.

Bisher wurde vor allen auf Monochromatisierung des Primärstrahles eingegangen. Auch auf der Detektorseite wird der Multilayer-Spiegel eingesetzt, nämlich um den Parallelstrahl auf den Detektorspalt eines Punkt- bzw. Liniendetektors zu fokussieren. Weitere Kombinationen, Anordnungen und Ergebnisse sind in Kapitel 5 zu finden.

Die mittlerweile erreichbare Perfektion von Multilayerschichten und die bei geeigneter Wahl der Streupartner erreichbaren Reflektivitäten erlauben es, ebene Spiegel als Monochromatoren einzusetzen. Mittels solcher ebener Spiegel wird dann eine klassische BRAGG-BRENTANO-Anordnung realisiert. Der K_α Peak wird jetzt nicht verzerrt. Somit sind in dieser Anordnung die RIETVELD-Methoden noch anwendbar, aber die Eingangsintensität der monochromatischen Strahlung ist nicht mehr um 50 % wie beim Metall-Absorptionsfilter sondern nur um 8 % vermindert.

4.3 Strahlformer

4.3.1 Blenden und Sollerkollimatoren

Ähnlich wie in der Optik kann man die aus der Röntgenröhre emittierte Strahlform bzw. Strahlausbreitung durch Blenden in seiner Form verändern. Eine Schlitzblende, bestehend aus stark absorbierenden Metallplättchen, lassen im metallfreien Teil den Strahl unvermindert hindurch. Über eine einfache geometrische Beziehung, wie in Bild 4.14 gezeigt, lassen sich die nach Durchgang durch die Blende(n) verbleibenden Divergenzen γ ausrechnen, Gleichungn 4.12 bzw. 4.13.

$$\gamma = 2 \cdot \arctan \frac{b}{2 \cdot e} \qquad (4.12)$$

$$\gamma = 2 \cdot \arctan \frac{b_2}{2 \cdot e(1 - \frac{b_1}{b_1 + b_2})} \tag{4.13}$$

Der Divergenzwinkel wird immer auf der Seite des größten Abstand ermittelt. Oft wird aber auch in der Blende der Brennpunkt angenommen. Neben den Schlitzblenden werden auch doppelte bzw. mehrfache kreisförmige Blenden innerhalb eines Rohres eingesetzt. Durch die doppelte/mehrfache Anordnung der zwei/mehrfachen Blenden in der Entfernung e wird hier eine sehr viel geringere Divergenz gegenüber den Schlitzblenden erreicht, Gleichung 4.13. Solche Punktblenden, oft Parallelstrahlkollimatoren genannt, enden in manchen Fällen erst unmittelbar vor der Probe und haben somit auch eine viel größere Länge e. Die in Röhren verlaufende Strahlführung ist aus Strahlenschutzgründen vorteilhaft. Es sollte immer auf eine soweit wie mögliche umschlossene Strahlführung geachtet werden. Der große Nachteil von Blenden ist, dass die Fläche nach der Blende nur noch ein Bruchteil der vor der Blende zur Verfügung stehenden Fläche ist. Dies überträgt sich auf die Intensität der Strahlung. Wird für eine Anordnung ein punktförmiger Strahl benötigt, dann kann man z. B. bei Verwendung eines Strichfokus der Fläche $b \cdot l$ in den Strahlengang eine punktförmige Blende der Größe $b \cdot b$ einbringen. Dann stehen für das Beugungsexperiment nur der b/l te Teil der Röhrenintensität zur Verfügung. Deshalb ist es günstiger, bei der Notwendigkeit des Einsatzes eines punktförmigen Strahles mit einem Durchmesser kleiner 300 μm unmittelbar auf den Punktfokus der Röntgenröhre auszuweichen, da dieser mehr Intensität liefert, als der b/l te Teil des Strichfokus (Maximum der GAUSS-Verteilung, siehe Bild 4.2b). Jetzt wird auch verständlich, warum ein doppelt gekreuzter Multilayer-Spiegel mehr Intensität liefert als der Punktfokus einer Röhre.

> Blenden begrenzen bei vollständiger »Strahlungsumspülung« immer die Strahlungsintensität auf das Verhältnis Blendendurchgangsfläche zu Strahlenemissionsfläche vor der Blende.

Praktisch soll die Tabelle 4.7 einige Geometrien und Größen verdeutlichen. Je nach Ort der Anordnung der Blende, ob als Begrenzung der »Beleuchtung« der Probe, Aperturblende genannt, oder als Detektorblende, ergeben sich unterschiedliche Divergenzwinkel bei gleicher Blendenweite, Tabelle 4.7. Von Aperturblende spricht man, wenn der Raumwinkel der Beleuchtung begrenzt wird. Unter einer Feldblende versteht man, wenn der betrachtete Bereich auf der Probe von Interesse ist.

Eine andere Art der Strahlführung sind so genannte Sollerkollimatoren. Werden dünne ebene Metallplättchen, ca. 20 − 40 Stück mit der Länge e über Abstandsstücke mit der Dicke b als Stapel übereinander angeordnet, Bild 4.14c, dann werden alle parallelen bzw. divergenten Strahlungsanteile kleiner dem Divergenzwinkel γ, Gleichung 4.14, hindurchgelassen. Divergente Strahlungsanteile mit einem Winkel größer als γ werden an den meist hochabsorbierenden Metallblättchen (Material Mo, Ta, W) absorbiert und dem Strahlenbündel entzogen. Es tritt also auch bei Verwendung von Sollerkollimatoren eine Strahlungsschwächung der divergenten Anteile auf.

$$\gamma = 2 \cdot \arctan \frac{b}{e} \tag{4.14}$$

Tabelle 4.7: Divergenzwinkel γ je nach Blendenweite und Einsatz als Apertur- oder Detektorblende für verschiedenen Goniometerradien

Blende [mm]	als Aperturblende		als Detektorblende	
0,05 mm	0,025°	0,014°	0,015°	0,010°
0,1 mm	0,050°	0,028°	0,030°	0,021°
0,2 mm	0,101°	0,057°	0,060°	0,041°
0,6 mm	0,302°	0,170°	0,181°	0,124°
1 mm	0,503°	0,284°	0,302°	0,206°
2 mm	1,005°	0,567°	0,603°	0,412°
6 mm	3,015°	1,702°	1,809°	1,237°
Goniometerradius	212 mm	300 mm	212 mm	300 mm
e(Probe-Blende)	114 mm	202 mm	190 mm	278 mm

Tabelle 4.8: Abmessungen von einigen typischen Sollerkollimatoren

Bezeichnung	Abstand b	Länge e	Divergenzwinkel γ
0,3/25	0,3 mm	25 mm	1,375°
0,5/25	0,5 mm	25 mm	2,291°
0,5/50	0,5 mm	50 mm	1,146°
1,0/25	1,0 mm	25 mm	4,581°
1,0/50	1,0 mm	50 mm	2,291°
0,5/150	0,5 mm	150 mm	0,382°
langer Sollerkollimator für Dünnschichtanwendung			

Der Unterschied zwischen Sollerkollimator und Blende ist der, dass die Fläche des Strahles nicht durch Sollerkollimatoren eingeschränkt wird, vom Strahl werden nur die divergenten Anteile und die Strahlenanteile, die auf die Metalloberfläche der Metallblättchen treffen, in einer Ausbreitungsrichtung entfernt. Für einige übliche Sollerkollimatoren sind in Tabelle 4.8 die technischen Daten aufgeführt.

Blenden und Sollerkollimatoren werden in Kombination in den Primär- als auch in den Sekundärstrahlengang eingesetzt und Festblendenoptik genannt, Bild 4.15a. Die zur Probe am nächsten stehende Blende mit meist größerer Öffnungsweite wird Anti-Streustrahlblende genannt. Die Blenden selbst sind fest auf einem Träger montiert. Sie werden in Fassungen eingesteckt und mit Schrauben arretiert oder der Träger wird von Magneten in der Aufnahmevorrichtung für die Blenden gehalten. Die schmalere Detektorblende begrenzt die Divergenz der Strahlung, die auf die aktive Detektorfläche fällt. Wegen der strichförmigen Detektorspalte werden die nachgeschalteten Detektoren deshalb oft nur als Punktdetektoren bezeichnet, Kapitel 4.5.1. Die Detektorblende sitzt meist unmittelbar vor dieser Fläche. Dadurch, dass der Abstand Probe-Detektorblende meist größer ist als der Abstand Aperturblende-Probe, ist nach Tabelle 4.7 der Divergen-

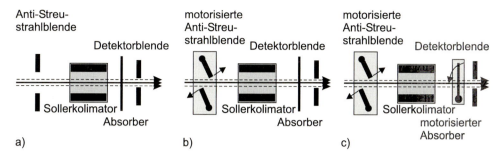

Bild 4.15: Prinzip der a) Festblendenoptik b) Variable Blendenoptik c) Variable Blendenoptik mit automatischen Absorbern

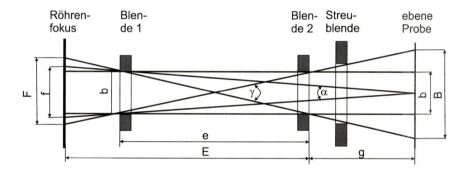

Bild 4.16: Strahlparallelisierer aus einer Dreifachlochblendenanordnung

zwinkel der Detektorblende kleiner als der Aperturblende. Wie später im Kapitel 5.1.1 noch ausführlich erläutert, ändert sich je nach Beugungswinkel θ die bestrahlte Probenfläche. Hat man Blenden mit einstellbarem Divergenzwinkel, die Blendenspaltbreite kann motorisiert geändert werden, dann lassen sich als Funktion des Beugungswinkels immer gleiche Probenflächen bestrahlen. Im Bild 4.15b ist eine Anordnung schematisch gezeigt, wo durch eine entgegengesetzte Blendenteildrehung sich der Spalt unterschiedlich groß gestaltet.

In Kombination mit Multilayerspiegel und 2D-Detektoren werden oft Strahlparallelisierer auf der Basis von Doppellochblenden entsprechend Bild 4.16 eingesetzt. Der maximale Divergenzwinkel γ errechnet sich entsprechend Gleichung 4.14. Bei kleinen Winkeln kann der Tangens durch den Quotienten b/e direkt ersetzt werden. Der maximale Konvergenzwinkel α ergibt sich bei dieser Anordnung nach Gleichung 4.15:

$$\alpha = \frac{b}{e+g} \tag{4.15}$$

Der Durchmesser B der maximal beleuchteten Fläche errechnet sich nach Gleichung 4.16:

$$B = b\left(1 + \frac{2g}{e}\right) \tag{4.16}$$

Aus dieser Gleichung lassen sich die folgenden Aussagen ableiten:

- je kürzer der Abstand der Blende 2 von der Probe oder je größer der Abstand zwischen der Blende 1 und der Blende 2 ist, umso kleiner ist der beleuchtete Probendurchmesser B,
- die effektive Fokusgröße f ist durch den Abstand e der Blenden bestimmt,
- f wird auch durch den Abstand $E - e$ vom Röhrenfokus zu den Blenden nach Gleichung 4.17 bestimmt.

$$f = b \left(\frac{2E}{e} - 1 \right) \qquad (4.17)$$

- ist die Baulänge F des Röhrenfokus größer als der effektive Fokusabstand f, dann ist die Differenz F-f der ungenutzte Strahlungsanteil,
- eine Vergrößerung der Generatorleistung und eine Verlängerung der Fokuslänge bringt keine Verbesserung der Brillianz
- der Einsatz von Mikrofokusröhren oder Drehanodenröhren ist hier vorteilhafter, siehe Tabelle 4.1.

Durch den Einsatz von gekreuzten Multilayerspiegeln erhält man einen Parallelstrahl. Die durch den Strahlparallelisierer hindurchgehende Strahlung hat eine geringere Divergenzen als nach Gleichung 4.14. Die geringere Divergenz wirkt sich positiv auf die erzielbare Winekelauflösung aus. Die Verkleinerung der beleuchteten Fläche verschlechtert die Kornstatistik, siehe Kapitel 5.3.

Im nachfolgenden Kapitel 4.5 wird festgestellt, dass die Detektoren je nach Bauform und Detektionsart nur eine bestimmte maximale Strahlungsintensität verarbeiten können. Bei manchen Beugungsexperimenten treten äußerst starke Intensitätsunterschiede auf. Um die hohen Intensitäten genauso gut wie die niedrigen Intensitäten messen zu können, kann man sich der Schwächungseigenschaften von dünnen Metallplättchen bedienen, Gleichung 2.16 aus Kapitel 2.3. Bringt man vor dem Detektor eine dünne Folie aus z. B. Kupfer in den Strahlengang, siehe Aufgabe 1, dann schwächen 96 µm Kupfer die Intensität auf ein Hunderstel. Das Einbringen verschiedener dicker Folien unterschiedlicher Materialien kann aus einem Magazin oder Revolverdrehkopf erfolgen. Durch Einsatz dieser Anordnung, in Bild 4.15c schematisch gezeigt, erhält man eine äußerst flexible Optik, die einen großen Dynamikbereich der Intensität überbrücken kann.

4.3.2 Strahlformer unter Einsatz von Kristallen

Der divergent aus der Röntgenröhre austretende Strahl kann, wie in den vorangegangenen Kapiteln gezeigt, mittels ebenen oder gekrümmten Monochromatoren bzw. Multilayerspiegeln parallelisiert werden. Der vom Multilayer-Spiegel reflektierte Strahl hat je nach Ellipsenradius eine horizontale Breite von meist 1 mm. Für die so genannte Reflektometrie, Kapitel 13.2, werden bei den dort geforderten und auftretenden flachen Einstrahlwinkeln kleinere Strahlbreiten benötigt. Wandelt man das Prinzip des ebenen 2-fach Monochromators mittels Germanium-Einkristallen ab, indem man die zwei Kristalle V-Nut förmig wie in Bild 4.17a dargestellt, anordnet, dann wird der Strahl bei Erfüllung

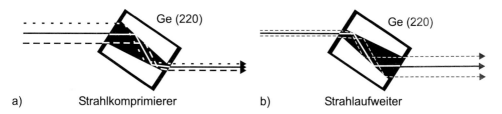

a) Strahlkomprimierer b) Strahlaufweiter

Bild 4.17: Prinzipanordnung von (2 2 0)-Germanium-Einkristallen als a) Strahlkomprimierer und b) Strahlaufweiter

der BRAGGschen-Gleichung komprimiert. Es ergibt sich ein Strahl mit einer Horizontaldivergenz von kleiner 0,1 mm mit hoher Brillianz. Solche hoch brillianten Strahlen werden vor allen für die Reflektometrie, Kapitel 13.2, Einkristalluntersuchungen, Kapitel 13.4 und für Schichtuntersuchungen unter streifendem Einfall, Kapitel 13.1 benötigt.

Kehrt man das Prinzip der V-Nut-Kristalle um, Bild 4.17b, dann wird mit dieser Anordnung aus einem schmalen Parallelstrahl ein ca. 5 mm breiter Parallelstrahl geringer Divergenz.

Beim Einsatz solcher Strahlformer muss aber immer beachtet werden, dass man am Ausgang nur noch 3 % der Eingangsstrahlung zur Verfügung hat, also ähnliche Reflektivitäten wie beim 2-fach Monochromator, Tabelle 4.11.

4.4 Glasfaseroptiken

Bringt man z. B. eine Lochblende mit 100 µm Durchmesser in den Strahlengang einer Punktfokusröhre mit einer Fokusgröße $1 \cdot 1\,\mathrm{mm}^2$, so wird die Fokusfläche nach Blendendurchgang auf nur noch 0,7 % der Vorblendenfläche verkleinert. Es gehen also mehr als 99 % der Intensität der Strahlung durch Einsatz einer solchen Lochblende verloren. Je nach Abstand Probe-Blende treten aber immer noch Divergenzwinkel von 72" bis 180" auf, Tabelle 4.7. Führt man die Strahlung durch ein Glasrohr mit der Länge e_K und mit dem gleichen Durchmesser b, dann besitzt der Strahl einen Divergenzwinkel γ gleich dem des Sollerkollimators, Gleichung 4.14. Dieser Divergenzwinkel ist der maximale Winkel, mit denen Teilstrahlen auf die Wandung auftreffen können. Luft, also das Medium im Inneren der Glasröhre, hat eine geringere Brechzahl n als das Glas n_G. Auch für Röntgenstrahlen gilt das Brechungsgesetz, wenngleich sich die Brechzahlunterschiede im Wellenlängenbereich von Röntgenstrahlen nicht so stark unterscheiden wie bei sichtbaren Licht. Aus dem Gebiet der Optik ist das Phänomen der Totalreflexion bei flachen Einstrahlwinkeln bekannt. Werden also Röntgenstrahlen mit geringen Winkeln auf eine Glasoberfläche eingestrahlt, dann kommt es unterhalb des Totalreflexionswinkels θ_C zur Totalreflexion. An dichteren Medien wird die Röntgenstrahlung bei Unterschreiten des Totalreflexionswinkels fast vollständig reflektiert. Dies bedeutet, einige divergente Strahlenanteile »gehen nicht verloren« und werden den parallelen Strahlenanteilen wieder zugeführt. Man muss aber noch die Strahlenenergie zur Bestimmung des Totalreflexionswinkel θ_C beachten. Überschlägig gilt Gleichung 4.18 für Borsilikatglas:

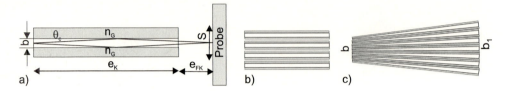

Bild 4.18: Prinzipanordnung von Glasfaseroptiken a) Monokapillare b) parallele Polykapillare und c) gebogene Polykapillare

$$\theta_C[mrad] \cong \frac{30}{E_\lambda[keV]} \tag{4.18}$$

Für die Mo- und Cu-K_α-Strahlung betragen die Totalreflexionswinkel 0,10° bzw. 0,22°. Ordnet man nun die Probe wie in Bild 4.18a gezeigt an, also genau im Fokus $e_K + e_{FK}$ der divergenten Teilstrahlreflexion, dann erhält man einen parallelen Strahl mit einer Öffnungsapertur vom Durchmesser S, aber im Allgemeinen mit einer mindestens doppelt bis zehnfach höheren Intensität gegenüber einer Lochblende vom gleichen Durchmesser. Die notwendige Länge e_{FK} zur Bestimmung der Fokuslänge solcher Glaskapillaren, der Abstand zwischen Glasfaserende und Probe, ist von der geforderten Ausgangsspotgröße S abhängig. Es gilt Gleichung 4.19 nach [147]:

$$S \approx 2 \cdot e_{FK} \cdot \theta_C + b_{out} \tag{4.19}$$

Vernachlässigt man den Ausgangsdurchmesser b_{out} und kombiniert die Gleichungen 4.18 und 4.19 so erhält man:

$$S[\mu m] \approx \frac{60 \cdot e_{FK}[mm]}{E_\lambda[keV]} \tag{4.20}$$

Die optimale Fokuslänge e_{FK} für 100 µm Ausgangsspotgröße für Kupferstrahlung beträgt nach Gleichung 4.20 13,3 mm. Diese geringen Abstände schränken die Bewegungsfreiheit der Probe ein. Die Vorteile der Parallelisierung mit gleichzeitiger Verstärkung gelten nur, wenn die Glaskapillare linear und exakt gerade gefertigt ist, die inneren Oberflächen sehr glatt sind und in der Kapillare sich keine Ablagerungen befinden. Die Kapillare muss dauerhaft linear gelagert/umhüllt werden. Die mechanischen Anforderungen an die Aufbauten werden mittlerweile gelöst. Solche Kapillaren werden als Monokapillaren bezeichnet. Seit neuestem werden die Kapillaren mit Helium gefüllt und an den Enden mit einer dünnen Beryllium- oder gering absorbierenden Leichtelementfolie verschlossen. Damit soll das Eindringen von Staub und Fremdpartikeln verhindert werden. Durch die Heliumfüllung wird eine Degradation der Oberfläche durch den vom Röntgenstrahl induzierten Ozoneinfluss minimiert. In [147] sind Beispiele gezeigt, dass die Intensität von Beugungsdiagrammen mit einer 20 µm Monokapillare ca. 3,3 − 9,9 mal stärker ist als mit einer Doppellochblende von 50 µm. Ein Beugungsdiagramm von Molybdänpulver mit Glaskapillare aufgenommen, zeigt Bild 7.7.

4.4 Glasfaseroptiken

Aufgabe 14: Schwächungsverhalten in einer Monokapillare

Schätzen Sie die Schwächung von charakteristischer Kupferstrahlung für eine 15 cm lange, unverschlossene Glaskapillare und eine beidseitig mit je einer 100 µm dicken Berylliumfolie verschlossene, und mit Helium gefüllte Glaskapillare ab.

Eine weitere Anordnung ist in Bild 4.18b und 4.18c zu sehen. Hier werden je nach gewünschter Anordnung 20 − 100 000 Glaskapillaren gebündelt. Jede Kapillare verdoppelt mindestens die Intensität gegenüber einer Lochblende. Mit der anfangs manuellen Bündelung von Einzelfasern als Herstellungstechnologie ist nur eine geringe Anzahl an Kapillaren möglich. Ebenso sind derzeit nicht die Kapillarlängen erreichbar, die für Monokapillaren bei entsprechender manueller Selektionen und Einzellagerung möglich sind.

Neuerdings geht man so vor, dass man dickwandigere Glasröhren mit größerem Durchmesser bündelt und dann dieses Bündel gemeinsam erhitzt und gemeinsam auszieht. Die Ausgangsformen bleiben dabei erhalten, die Abmessungen der Wandung und des Hohldurchmessers werden aber linear gemeinsam verkleinert. Bei intelligenter Steuerung des Ziehprozesses sind auch Variationen in den Hohlkapillardurchmessern über der Länge der Polykapillare möglich. Dadurch kann erreicht werden, dass mittels einer sich insgesamt verjüngenden Polykapillare aus einer Fokusfläche ein gebündelter Strahl entstehen kann. Hergestellt werden solche Bündel mit aus der Glasfasertechnik bekannten Technologien. Eingestellte Gradienten z. B. des Brechungsindizes im großen Maßstab werden durch das Ziehen auf kleine Dimensionen, also kleinere Glasdurchmesser, übertragen. Probleme gibt es hier in der Bearbeitung der Enden und in der wirksamen Verhinderung des zufälligen Verschließens einzelner Kapillaren. Die Zahl der Kapillaren ist hier variabel. So bündelt man nach dem ersten Ziehprozess das schon verkleinerte erste Bündel mehrfach und potenziert so die spätere Faserzahl. In [147] werden Beispiele aufgeführt, wo man bis zu $10^4 − 10^6$ Hohlglasfasern einsetzt. Heute typische Faserbündel haben 2 000 − 10 000 Fasern, die Lochdurchmesser variieren zwischen 5 − 10 µm bei einem Abstand der Fasern von wenigstens 500 µm.

Eine weitere Polykapillaranordnung unter Verwendung von Bündeln nicht paralleler Kapillaren, also kleinerer Eintrittsfläche und größerer Austrittsfläche bei Parallelstrahl, ist in Bild 4.18c dargestellt. Hergestellt werden solche Kapillaren derzeit noch manuell aber zunehmend durch intelligentere Verziehprozesse. Bei den gebogenen Kapillaren ist die Totalreflexion die vorherrschende Art der Strahlführung. Der maximale Radius R der Verbiegung hängt vom Totalreflexionswinkel θ_C und dem Öffnungsdurchmesser d ab. R ist damit von der Strahlungsenergie abhängig und es gilt nach [146]:

$$R \leq \frac{b \cdot \theta_C^2}{2} \; [mrad] \tag{4.21}$$

Man erreicht so z. B. eine Aufweitung des Punktfokus von $1 \cdot 1 \, mm^2$ auf $2 \cdot 2 \, mm^2$, aber als Parallelstrahl. Mit solchen Anordnungen lassen sich durch die Intensitätssteigerung gegenüber einer Lochblende Messzeitverkürzungen erreichen, die z. B. im Kapitel 11 eindrucksvoll gezeigt werden. Man kann mit Polykapillaren einen divergenten Strahl von bis zu 20° in einen fast parallelen Strahl mit einem Divergenzwinkel zwischen 0,06° − 0,23° umwandeln.

Glaskapillaren ermöglichen Parallelstrahlen mit mindestens Verdopplung der Intensität pro Einzelkapillare bei Verwendung von parallelen geraden Kapillaren. Gebogene Glaskapillaren nutzen die Totalreflexion. Sie ermöglichen eine Strahlaufweitung und den Erhalt von Parallelstrahlung. Der finanzielle Aufwand ist aber vielfach höher als für Lochblenden.

4.5 Detektoren

Einige Wechselwirkungsmechanismen und Detektionsmöglichkeiten für Röntgenstrahlung wurden schon in Kapitel 2.5 aufgeführt. Detektoren werden beurteilt nach ihrer:

- *Quantenausbeute*, d.h. welcher Anteil der Photonenenergie bzw. wie viele Photonen ergeben ein messbares Signal. Plausibel kann man die Quantenausbeute auch erklären indem man betrachtet, welcher Anteil der Strahlung ohne Wechselwirkung durch den Detektorwechselwirkungsraum geht und nicht im Detektor absorbiert wird. Die größten Unterschiede ergeben sich deshalb zwischen den gasgefüllten und den Festkörperdetektoren.
- *Linearität*, d.h. wird beurteilt nach der Anzahl der im Detektor ausgelösten Spannungsimpulse proportional zur Menge der auftreffenden Quanten. Zur Beschreibung der Linearität wird die so genannte *Totzeit* des Detektors eingeführt.
- *Proportionalität*, dies ist bei Detektoren der gewünschte lineare Zusammenhang zwischen der Quantenenergie und dem im Detektor ausgelösten Spannungsimpuls (Höhe des Spannungsimpulses).

In den nachfolgenden Abschnitten sollen die derzeit eingesetzten Detektoren ausführlicher beschrieben werden. Es wird eine *neue Einteilung* vorgestellt, die sich vorrangig nach der Art der *flächenmäßigen Detektion* richtet. Damit soll die Einheit von Beugungsexperiment, Probenart, Diffraktometeranordnung und Detektor betont werden. Bisher üblich war, nach dem Detektionsmechanismus zu unterscheiden.

Der im Kapitel 2.5 aufgeführte Spannungsimpuls dU an der Kondensatoranordnung, siehe Bild 4.20a, mit der Kapazität C der Elektroden einer Zählrohranordnung kann quantifiziert werden, Gleichung 4.22:

$$dU = \frac{n \cdot e}{C} \approx \frac{h \cdot f}{\overline{E_i}} \cdot \frac{e}{C} \qquad (4.22)$$

Für charakteristische Kupferstrahlung $E = 8\,\text{keV}$ und Argon, mittlere Ionisationsenergie $\overline{E_i} = 29\,\text{eV}$ und eine Kapazität der Anordnung $C \approx (10\ldots50\,\text{pF})$ ergeben sich Spannungsimpulse von $7\ldots35\,\mu\text{V}$. Um diese kleinen Spannungsimpulse zu verstärken, wird in Zählrohren eine Gasverstärkung, also eine Sekundärionisation, genutzt [63, 151]. In dem im Bild 4.20a gezeigten Rohr mit innerem Zähldraht wird durch den hermetischen Abschluss durch das Eintrittsfenster eine Gasfüllung mit einem bestimmten Druck aufrecht erhalten. Die Strahlungsquanten können nur durch das wenig absorbierende Eintrittsfenster (bestehend aus Mylarfolie, Glimmer oder Beryllium) eindringen. Die Rohrwandung absorbiert alle anderen Strahlungsquanten. Ein im Zählrohr absorbiertes Quant ionisiert längs der Bahn Atome der Gasfüllung. Die entstehenden Ladungen werden durch die

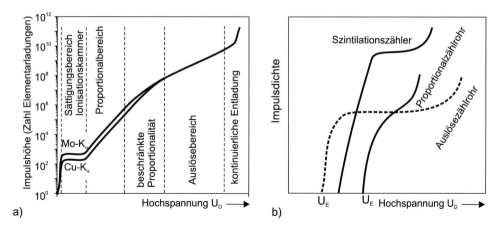

Bild 4.19: a) Abhängigkeit der Impulshöhe von der Zählrohrspannung für $Mo - K_\alpha$ und $Cu - K_\alpha$ Quanten bei konstanter Einstrahlintensität b) Zählercharakteristiken als Funktion der Zählerspannung U_D bei konstanter Einstrahlintensität

angelegte Hochspannung (Gleichspannung) getrennt und fließen zu den entsprechenden Elektroden ab. Um den Zähldraht bildet sich ein Feld mit sehr hoher Feldstärke ($1/r$ Gesetz, Gleichung 4.24) aus. Die primär bei der Quantenwechselwirkung gebildeten Elektronen werden zum Zähldraht weiter beschleunigt und ionisieren das Füllgas. Der einsetzende Stromfluss kommt erst dann zum Erliegen, wenn die beweglicheren Elektronen den Zähldraht erreicht haben und die langsameren positiven Ionen die elektrische Feldstärke an der Zählrohrwandung so weit herabsetzen, dass eine Sekundärionisation nicht mehr möglich wird.

Unbeachtet ist bisher die Abhängigkeit der auftretenden Zahl der im Zählrohr entstehenden Elementarladungen von der an das Zählrohr angelegten Spannung U_D. Die prinzipielle Abhängigkeit ist in Bild 4.19a dargestellt [120]. Bei kleinen Spannungen erreicht die Impulshöhe ein Plateau. Dies entspricht dem Sättigungsbereich einer Ionisationskammer. Der Spannungsimpuls ist die Folge des Ladungsstoßes der primären Wechselwirkung, also die Zahl der entstehenden Ionen-Elektronen-Lochpaare. Die Größe des Impulse im Plateau ist proportional zur Quantenenergie. Bei der Arbeitsweise eines Detektors in diesem Plateaubereich kann die Strahlungsart bestimmt werden – man spricht von *energiedispersiver Detektion*. Bei Erhöhung der Spannung U_D tritt der Gasverstärkungseffekt ein, es bilden sich sekundäre Ladungsträger. Der Gasverstärkungsfaktor A wird als Zahl der entstehenden mittleren sekundären Ladungsträger aus einem primären Ladungsträgerpaar bezeichnet. Gleichung 4.22 wird jetzt verändert zu:

$$dU = \frac{A \cdot n \cdot e}{C} \approx \frac{h \cdot f}{\overline{E_i}} \cdot \frac{A \cdot e}{C} \qquad (4.23)$$

Dieser als Proportionalbereich bezeichnete Spannungsbereich U_D ist dadurch gekennzeichnet, dass die Impulshöhe immer noch proportional zur Energie der einfallenden Strahlung ist. Es schließt sich ein Bereich beschränkter Proportionalität an. Im so genannten Auslösebereich bei weiter erhöhter Spannung U_D hat jeder Impuls etwa die gleiche Höhe

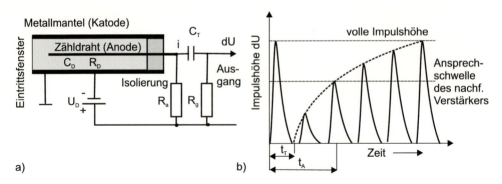

Bild 4.20: Prinzipieller Aufbau eines gasgefüllten Zählrohres a) Prinzipaufbau und Prinzipschaltung b) Impulshöhen-Zeitdiagramm beim Proportionalzähler

unabhängig von der Quantenenergie. A ist nicht mehr für alle $h \cdot f$ konstant, sondern der Gasverstärkungsfaktor $A \cdot n$ wird abhängig von der Quantenenergie. Wird die Spannung weiter erhöht, wird das Zählrohr zur Entladungsröhre. Ein Nachweis von Strahlenquanten wird dann unmöglich.

Die Bauform ist entscheidend für die Nutzung als Punktdetektor, d.h. die Bestimmung der reflektierten Strahlungsintensität in Abhängigkeit vom Beugungswinkel. Beim Liniendetektor wird die gebeugte Intensität als Funktion eines zeitgleich detektierten Winkelbereiches ausgegeben und beim Flächendetektor die gebeugte Intensität als Funktion über einem Raumwinkelbereich.

4.5.1 Punktdetektoren

Die gasgefüllten Zählrohren unterscheidet man nach Auslöse- und Proportionalzählrohre. Auslösezählrohre (Geiger-Müller-Zählrohre) werden kaum noch genutzt, da sie zwar hohe Spannungsimpulse liefern und ein Betreiberplateau besitzen, aber die linear maximal zählbare Quantenzahl nur ca. 100 bis 1 000 Impulse pro Sekunde beträgt und eine zu lange Totzeit von $t_T \approx 10^{-4}$ s aufweisen, bis das Zählrohr wieder für neue Zählungen einsatzbereit ist. Sie haben eine geringe Lebensdauer, maximal zählbar sind 10^9 Impulse.

Proportionalzählrohr

Das Proportionalzählrohr ist das heute vorherrschende gasgefüllte Zählrohr. Die Gasfüllung besteht aus Edelgasen (Argon, Krypton, Xenon mit Stabilisierungszusätzen aus verschiedenen organischen Dämpfen und Halogenen). Im Zählrohr beträgt der Druck ca. 100 mbar. Es zeichnet sich durch einen konstanten Gasverstärkungsfaktor von 10^3 bis 10^4 für alle Quantenenergien aus.

Mit den typischen Durchmessern der zylinderförmigen Kathoden von 1 cm, des mittig eingespannten Zähldrahtes mit einem Durchmesser von 10 µm und einer angelegten Spannung $U = 1\,000$ V ergibt sich unmittelbar an der Drahtanode eine Feldstärke $\phi(r)$ von 10^5 V/cm, Gleichung 4.24.

$$\varphi(r) = \frac{U}{r \cdot \ln\left(\frac{R_{Anode}}{R_{Kathode}}\right)} \tag{4.24}$$

Durch diese hohe Feldstärke werden die Elektronen einer starken Wechselwirkung mit dem Gas um die Anode unterzogen und in dieser kurzen Wegstrecke findet die Gasverstärkung durch Restgasionisation statt. Charakteristische Größen eines Proportionalzählrohres sind:

- *Quantenausbeute:* Quotient der Zahl der registrierten Quanten zu der Zahl der einfallenden Quanten in Prozent. Üblich sind 50 bis 80 %. Diese relativ hohe Zahl an detektierbaren Quanten kommt nicht allein von der Strahlungsabsorption im Gasvolumen, sondern auch daher, dass Quanten, die die Zählrohrwandung treffen, ebenfalls primäre Fotoelektronen herausschießen und gemessen werden.
- *Totzeit:* Wenn die im Gasvolumen vom Zähldrahtpotential angezogene Elektronenlawine den Zähldraht erreichen, erfolgt infolge des hohen Vorwiderstandes der Elektrodenanordnung ein Spannungsabfall an der Elektrodenanordnung. Innerhalb dieser als Totzeit t_T bezeichneten Zeitdauer können jetzt einfallende Quanten nicht detektiert werden, Bild 4.20b. Die Spannung liegt dann zwar am Proportionalzählrohr relativ schnell wieder an, aber es existieren noch positive schwere Ionen im Gasraum, die sich langsamer zur Kathode bewegen bzw. zuvor noch um den Zähldraht eine Raumladungswolke ausbilden, die dort die Feldstärke herabsetzen. Erst wenn diese Ionen vollständig abwandern, wird die volle am Proportionalzählrohr erreichbare Feldstärke erreicht und damit auch wieder der gesamte Gasverstärkungsfaktor. In dieser Erholungsphase sind die Impulshöhen kleiner. Berücksichtigt man für den Verstärker eine Ansprechschwelle, ab der Impulse real gezählt werden können, so ist dies die Auflösungszeit t_A, in der auf Grund der Totzeit und der Erholungszeit keine Impulse gezählt werden. Die Auflösungzeit t_A ist charakteristisch für die Bauform des Proportionalzählrohres einschließlich den eingestellten Parametern des nachfolgenden Verstärkers. Bis zum Verstreichen der Zeit t_A können also keine einfallenden Quanten gezählt werden. Ist N die Zahl der gezählten Impulse und N_o die wahre Impulszahl, dann werden in der Zeit $t = t_A \cdot N$ keine Impulse registriert. Es ergibt sich daraus Gleichung 4.25.

$$N_o = \frac{N}{1 - t_A \cdot N} \tag{4.25}$$

Nimmt man weiterhin an, dass die Zählverluste kleiner als 1 % sein sollen, dann ist bei einer angenommenen Auflösungszeit von typischer weise 10^{-6} s eine verarbeitbare lineare Impulsdichtezahl von 10^4 Impulse/s möglich.
- *Wirkung des Löschgases*: Die Löschgaszusätze (Alkohol, Methan) absorbieren UV-Licht und es bildet sich eine Molekülrotation aus, die die Gasentladung löscht. Durch das Löschgas wird die Totzeit dramatisch verkürzt.
- *Lebensdauer:* Die Vakuumdichtheit, die Haltbarkeit der Stabilisierungszusätze und die Haltbarkeit (Diffusionsvermögen, Rekombinationsvermögen) der Gasfüllung be-

stimmen die Lebensdauer. Mit einem Proportionalzähler lassen sich 10^{11} bis 10^{12} Impulse zählen, dann ist ein Proportionalzählrohr »verbraucht«. Der Zählrohrdraht wird als Anode geschaltet, um Sputtereffekte durch auftreffende Ionen zu verhindern. Trotzdem kann es auch zu einem Bruch des Drahtes kommen.

- *Stabilität gegenüber Abweichungen in der Versorgungsspannung:* Die Abhängigkeit der erreichbaren Impulsdichte von der an das Proportionalzählrohr angelegten Spannung bei konstanter eingestrahlter Intensität ist in Bild 4.19b gezeigt. Unterhalb der Einsatzspannung, auch Ansprechschwelle U_E genannt, werden keine Impulse gemessen. Es erfolgt ein starkes Ansteigen der messbaren Impulse oberhalb U_E bis zu einem kleinem Plateau bzw. Wendepunkt. Dieses kleine Plateau ist der Arbeitspunkt für das Zählrohr. Die das Zählrohr versorgende Hochspannung sollte auf den »Plateauwert« eingestellt werden, zulässige Schwankungen sollten kleiner 0,1 % sein.
- *Nulleffekt:* Ein mit Hochspannung betriebenes Zählrohr misst auch bei ausgeschalteter Strahlungsquelle immer eine gewisse Anzahl an Quanten. Dieser Nulleffekt ist die Folge der Detektion der kosmischen Strahlung, der Emission radioaktiver Strahlung aus Baumaterialien und eventueller weiterer Störstrahlungsquellen. Beim Proportionalzähler ergeben sich ca. 15 bis 20 Impulse/min. als Nulleffekt.

Szintillationszähler

Kristalle wie NaJ, CsJ und ZnS senden beim Bestrahlen mit Röntgenstrahlen einen Bruchteil der absorbierten Energie als sichtbares Licht aus, Tabelle 4.9. Man spricht hierbei von Lumeniszenz, d.h. diese Stoffe absorbieren die hohe Quantenenergie der Röntgen- oder γ-Strahlung und wandeln sie in niedrige emittierte Quantenenergie um [179]. Hier spricht man auch von Fluoreszenz oder Phosphoreszenz. Unter Szintillation versteht man die Abfolge von Absorption eines Röntgenquants unter Aussendung eines sichtbaren Lichtblitzes.

Ein im Bild 4.21 gezeigter Szintillationszähler besteht aus einem Szintillatorkristall. Es wird nicht hygroskopisches Material wegen der Beständigkeit angestrebt. Das Licht des Szintillators wird über einen Lichtleiter aus durchsichtigem Kunststoff (Glas wird vermieden, da Glas beim Bestrahlen mittels energiereicher Strahlung Farbzentren bildet, die die Lichtleitung zeitabhängig schwächen) angekoppelt und weiter geleitet. Der Lichtleiter ist in seiner Dicke so bemessen, dass die Energie eventueller Restquanten der Röntgenstrahlung absorbiert wird. Der Szintillatorkristall ist bis auf die Eintrittsstelle an allen anderen Flächen verspiegelt. Der entstehende Lichtblitz ist nicht monochromatisch. Die maximale Wellenlänge seiner spektralen Verteilung ist in Tabelle 4.9 angegeben. Die spektrale Verteilung der Lichtblitzintensität ist weitgehend unabhängig von der Quantenenergie der Röntgenstrahlung. Die Intensität der Lichtblitze ist aber quantenenergieabhängig. Die Fluoreszenzeffizienz ist ebenfalls materialabhängig und nicht sehr hoch. Das vom Szintillator emittierte Licht gelangt vom Lichtleiter auf einen Fotodetektor und erzeugt dort Fotoelektronen. Der Fotodetektor ist auf den Lichtleiter meist direkt aufgedampft und bildet eine innere Schicht in dem evakuierten Sekundärelektronenvervielfacher. Als Fotodetektor-Schichten finden meist Cäsium-Antimon-Verbindungen Anwendung. Über einen Sekundärelektronenvervielfacher werden die Fotoelektronen verstärkt. Der Spannungsimpuls ΔU der letzten Dynode wird verstärkt und in einer üblichen Detektors-

Tabelle 4.9: Eigenschaften von Szintillationskristallen aus [99, 120, 179]

Material	Fluoreszenz-effizienz	Maximum Emission [nm]	Abklingzeit [10^{-6} s]	Kristallart	Hygroskopie
$NaJ(Tl)$	0,08	415	0,25	Einkristall	sehr stark
$CsJ(Tl)$	0,04	420-570		Einkristall	nein
$CaJ_2(Tl)$	0,16	470		Einkristall	sehr stark
$ZnS(Ag)$	0,28	450	> 5	Polykristall	nein

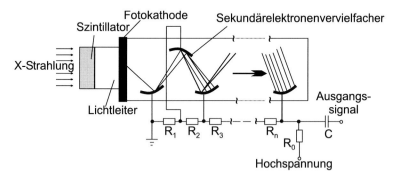

Bild 4.21: Prinzipieller Aufbau eines Szintillationsdetektors mit Sekundärelektronenvervielfacher

schaltung als Spannungsstoß abgenommen. Jede Dynode wird kaskadenförmig mit einer Spannungsdifferenz um 100 V versorgt. Ein auf die Dynode auftreffendes Elektron erzeugt in der Regel 3-5 Sekundärelektronen. Da diese Verstärkung kaskadenförmig verläuft, kann aus der Höhe des Spannungsimpulse an der letzten Dynode auf die Energie und die Wellenlänge der einfallenden Quantenstrahlung geschlossen werden. Den Szintillationszähler zeichnen folgende Eigenschaften aus:

- *Quantenausbeute:* Durch die nahezu vollständige Absorption der Röntgenstrahlung liegt die Quantenausbeute bei 100 %. Zwischen Absorption der Röntgenstrahlung und des Strahlungsverlustes des sichtbaren Lichtes ist ein Optimum für die Dicke des Szintillatorkristalls (bei NaJ(Tl) bei ca. 1 mm) zu suchen.
- *Totzeit:* Die Abklingzeit des Lichtblitzes im Szintillator (typischer weise im NaJ(Tl)-Kristall bei 0,25 µs) bestimmt die Auflösungszeit. Der nachgeschaltete Sekundärelektronenvervielfacher hat eine kleinere Auflösungszeit. Dadurch sind mit einem Szintillationszähler bis zu 10^5 Imp · s^{-1} nahezu zählverlustfrei messbar.
- *Lebensdauer:* Das Vakuum und die Langzeitstabilität im Sekundärelektronenvervielfacher bestimmen die Lebensdauer. Man geht davon aus, das man mehr als 10^{12} Impulse mit einem SEV zählen kann. Der Szintillatorkristall ist bei Vermeidung von Wasserdampf nahezu unbegrenzt einsatzfähig. Es gibt hier keine Lebensdauer beschneidende Effekte.
- *Stabilität gegenüber Abweichungen in der Versorgungsspannung:* Das Verstärkungsverhalten des SEV hängt entscheident von der Stabilität der Hochspannungsver-

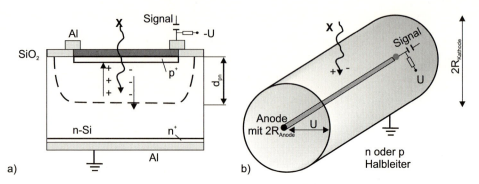

Bild 4.22: a) Prinzipieller Aufbau eines Halbleiterdetektors auf pin-Diodenbasis (APD) b) Prinzipieller Aufbau eines Halbleiterdetektors mit interner Verstärkung (GDA)

sorgung an den Dynoden ab. Es bildet sich ein ausgeprägteres Plateau als beim Proportionalzählrohr, Bild 4.19b. Die Eingangsempfindlichkeit des nachfolgenden Verstärkers ist für die Zählcharakteristik entscheidend. Die Hochspannungsstabilität muss besser als 0,1 % für qualitativ hochwertige Ergebnisse sein.

- *Nulleffekt:* Beim Szintillationszählrohr ist das thermische Rauschen zu beachten. Es hat seine Ursache in dem Fotodetektor im SEV. Ohne Impulshöhendiskriminator könnten ansonsten Nulleffekte bis 10^4 Imp. · s^{-1} auftreten. Durch Kühlung der Fotokathode auf dem Eintrittsfenster oder durch Einstellen einer Schwelle für die Höhe der Zählimpulse läßt sich der Nulleffekt erheblich reduzieren. Zu beachten ist jedoch, dass auch beim Szintillator natürliche radioaktive Gammastrahlung immer mit gezählt wird und somit der Nulleffekt nicht unter 15 bis 20 Impulse/min. liegt.

Halbleiterdetektoren

Seit vielen Jahren wird versucht Halbleiterdetektoren einzusetzen. Bis heute hat sich dieser Typ Detektor noch nicht umfassend für die Röntgenbeugung durchgesetzt. Eine großflächige Halbleiterdiode (Flächen bis mehrere Quadratzentimeter) mit einer großen Raumladungszone (als pin-Diode bezeichnet oder als Silizium Avelanche-Fotodiode bezeichnet (APD)) wird in Sperrichtung mit einer Sperrspannung bis 5 000 V betrieben. Das weitgehend eigenleitende (intrinsic) Gebiet in dem sich ein Raumladungszonengebiet bildet, ist schwach mit Lithium dotiert und hat fast noch den Eigenleitungscharakter des Halbleitermaterials. Damit nur geringe Leckströme auftreten, die thermische Generation von Ladungsträgern vermieden wird, erfolgt der Betrieb bei tiefen Temperaturen, meist bei ca. 70 K, also der Temperatur des flüssigen Stickstoffes. Das Lithium würde in dem elektrischen Feld ohne Kühlung weiter diffundieren und den pn-Übergang zerstören. Die Röntgenstrahlung wird im Halbleiter absorbiert, generiert dabei in der Raumladungszone aus dem Eigenleiter Ladungsträgerpaare (Elektronen-Lochpaare). Die Bildungsenergie zur Erzeugung eines Ladungsträgerpaares ist im Halbleiter mit ca. 3 eV bedeutend geringer als im Gasdetektor, dort Ionisationsenergie ca. 20 eV und im NaJ(Tl) im Szintillator mit ca. 300 eV. Damit werden in einem Halbleiterdetektor aus einem Röntgenquant wesentlich mehr Ladungsträger erzeugt, als in den anderen Detektoren. Im Festkörper selbst wird die Strahlung stärker absorbiert. Die Ausbeute beträgt 95−100 % bei Strahlungsenergien $hf = 25$ kV. Die in der Raumladungszone generierten Ladungsträger fließen entsprechend des angelegten Spannungspotentiales zu den jeweiligen Elektroden ab. Dort Erzeugen sie einen Stromimpuls von ca. 10^{-7} s Dauer, Bild 4.22a. Ein meist direkt im Halbleitermaterial (nur bei Si-Detektoren möglich) integrierter MOS-Transistor stellt gleichzeitig einen hochohmigen Verstärker dar. Durch die Kühlung und diesen MOS-Transistor wird das thermische Rauschen vermindert. Damit steigt die Effizienz der Anordnung. Die erzeugte Ladung ist der Energie der Strahlung proportional. Nach [151] steigt die Wahrscheinlichkeit für die Absorption eines Strahlungsquants mittels des Fotoeffekts mit der 4. Potenz der Ordnungszahl Z des Halbleitermaterials. Somit ist das Halbleitermaterial Germanium mit Z=32 besser als Silizium mit Z=14 für Halbleiterdetektoren geeignet. Die geringere Bandlücke des Germaniums gegenüber dem Silizium vergrößert aber die Anfälligkeit gegenüber dem Auslösen von thermisch generierten Elektronen-Lochpaaren. Halbleiter mit großer Bandlücke, wie Siliziumkarbid oder auch Diamant sind da Kandidaten für einen Einsatz, aber derzeit noch nicht über das Versuchsstadium herausgekommen.

Der große Vorteil der Halbleiterdetektoren ist die wesentlich bessere Energieauflösung als die gasverstärkende Detektoren, siehe Bild 4.29c. Wegen der im Betrieb notwendigen und kostenintensiven Kühlung mit flüssigen Stickstoff hat sich der Einsatz des APD-Halbleiterdetektors in der Röntgenbeugung noch nicht durchgesetzt. Insgesamt sind Halbleiterdetektoren etwa eine Größenordnung teurer (komplizierte Bauform und aufwändigere Elektronik) als Nachweissysteme mit Zählrohren. Häufiger findet man den Einsatz des APD-Halbleiterdetektors in der Röntgenfluoreszenzanalyse und vor allem in der energiedispersiven Materialanalyse im Elektronenmikroskop. Auch mittels Peltierelementen kann man den Halbleiterdetektor kühlen, jedoch tritt hier noch erhöhtes Rauschen auf. Über Diskrimination der Eingangspegel lassen sich jedoch akzeptable und in manchen Anwendungsfällen deutlich bessere Messergebnisse als mit den klassischen Punktdetektoren erzielen.

Die bisher besprochenen Detektoren haben keine Ortsauflösung. Da diesen Detektoren meist eine Eingangsblende, die Detektorblende, vorgeschaltet wird, sind sie nur sensitiv bei dem Winkel, auf dem der Detektor mit dem Eintrittsspalt gerade steht. Die im Detektor aus der Strahlungswechselwirkung generierten Ladungsträger sind somit nur für diese eine Winkelstellung sensitiv. Winkelbereiche können also nur sequentiell nacheinander abgetastet werden, deshalb der Begriff des Punktdetektors. In den nachfolgenden Kapiteln werden Modifikation der Proportionalzählrohre und des Halbleiterdetektors vorgestellt, die eine linienhafte oder flächenmäßige Detektion erlauben.

4.5.2 Lineare Detektoren

Will man parallel einen ganzen Winkelbereich abtasten, muss die Bauform des Detektors um eine Ortslokalisierung erweitert werden. Der Ort der Strahlungswechselwirkung im Detektor muss exakt lokalisiert werden können um daraus den Braggwinkel in der Beugungsanordnung ermitteln zu können. Wie kann eine solche Ortskodierung in einen Detektor integriert werden? Setzt man im Proportionalzählrohr einen hochohmigen Zähldraht ein und nimmt den entstehenden Ladungsimpuls bei Quantendetektion an beiden Enden des Zähldrahtes ab, dann treten unterschiedliche Zeitverzögerungen entsprechend

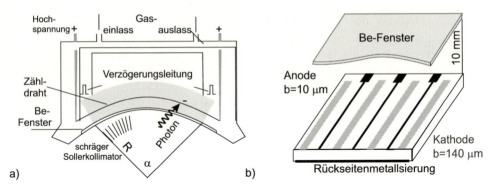

Bild 4.23: a) Prinzipieller Aufbau eines positionsempfindlichen Detektors auf Zähldrahtbasis (gasgefüllter PSD) b) Prinzipieller Aufbau eines Mikrostreifendetektors

$\tau = R \cdot C$ auf. Der Widerstand R (Zähldrahtwiderstand) und die lokal sich ausbildende Kapazität C des Proportionalzählrohres sind abhängig von der Bauform. Trifft ein Strahlungsquant an einem bestimmten Ort des Zähldrahtes auf, dann ergeben sich aus dem Gesamtwiderstand R des Zähldrahtes zwei Teilwiderstände R_1 und R_2 und damit zwei Laufzeiten/Zeitverzögerungen τ_1 und τ_2, die der Ladungsimpuls braucht, um an die jeweiligen Enden zu gelangen. Dann lassen sich mittels Zeitdiskriminierung Ortsauflösungen von 50 µm bei Zähldrahtlängen um 5 cm erreichen. Die hochohmigen Zähldrähte sind Quarzglasfasern, beschichtet mit Kohlenstoff oder Metallsiliziden. Die Ladungslawinen der Gasverstärkung um den Zähldraht beschleunigen die Alterung und können zur Zerstörung führen. Kalibrierungen zum Erhalt der Ortslagen sind regelmäßig notwendig. Diese Instabilitäten können umgangen werden, wenn man die Ortsdetektion über die Kathode des Zählrohres realisiert. Dies kann durch eine geometrisch parallel zum Zähldraht angeordnete, als Kathode geschaltete Verzögerungsleitung erfolgen, Bild 4.23a. Das Röntgenquant X erzeugt an einer bestimmten Stelle entlang des Zähldrahtes Ladungsträger, die Gasverstärkung erfolgt lokal und am Auftreffort bildet sich durch die Ladung am Zähldraht ein lokaler Kondensator zwischen Zähldraht und Verzögerungsleitung. Werden an den Enden der Verzögerungsleitung Impulse in entgegengesetzte Richtung eingespeist und »gewartet« bis diese an der entgegengesetzten Seite ankommen, ergeben sich je nach Ort des Kondensators unterschiedliche Verzögerungszeiten τ_1 und τ_2. Aus der messbaren Zeitdifferenz ist die Ortslagenbestimmung möglich. Solche als positionsempfindliche Detektoren (PSD) bezeichnete Detektoren haben oft keine ständige Gasfüllung. Über einen Strömungswächter wird ein Gasgemisch aus Argon und meist 5 % Methan in die Anordnung eingelassen und dient der Gasverstärkung. Mit diesen Anordnungen lassen sich je nach Bauform 2 – 12° eines Beugungsbereiches simultan mit einer Ortsauflösung von bis zu 0,02° messen. Die bogenförmige Anordnung des Zählrohres wird entsprechend gängiger Goniometerradien R gefertigt. Die Länge des Bogens bestimmt den maximal erreichbaren Öffnungswinkel α, Bild 4.23a. Zur Verbesserung der Ortsauflösung und Verminderung von Verschmierungen kann man vor das Eintrittsfenster einen Sollerkollimator vorschalten. Hier werden aber nicht parallele Metallblättchen verwendet, sondern Blättchen entlang des Goniometerradius, siehe Bild 4.23a.

Eine Synergie von Proportionalzählrohrprinzip und Mikrotechnik sind die Mikrostreifendetektoren, derzeit als MWPC (*m*ulti*w*ire *p*roportional *c*ounter), Bild 4.23b bezeichnet. Auf ein elektronenleitendes Glassubstrat (dient nur zur Potentialübertragung) werden breitere Kathodenstreifen und wesentlich schmalere Anodenstreifen wie im Bild 4.23b angedeutet, eng benachbart angeordnet. Bei der hier dargestellten Anordnung mit 200 µm Gesamtbreite einer Anoden-Kathodenanordnung können so auf einer Länge von 25 mm 100 lokale Proportionalzählrohre angeordnet werden. Zwischen der Rückseitenmetallisierung und den einzelnen Anodenstreifen wird an deren Kontaktstelle die Hochspannung angelegt. Über diese Anordnung wird ein Detektorfenster in ca. 10 mm Abstand angebracht und der Zwischenraum mit Gas gefüllt. Trifft ein Strahlenquant an einem Ort auf, generiert es Ladungsträger im Gas. Durch die schmalere Anode gibt es wieder Feldstärkeüberhöhungen und an den einzelnen Anodenstreifen kann das Signal wie beim Proportionalzählrohr entnommen werden. Die einzelnen Anoden kann man auch über Widerstandsschichten miteinander verbinden, enthält somit quer zu den Anoden eine Verzögerungsleitung. Der Ausleseprozess kann dann genauso wie beim Positionsempfindlichen Detektor erfolgen. Der hier beschriebene konventionelle MWPC-Detektor hat seine Begrenzungen in Entladungserscheinungen und in Nichtlinearitäten der Gasverstärkung bei hoher Strahlungsdichte [28]. Bringt man in den Gasraum dicht über der Anode (0,1−4 mm) noch ein Gitter auf wesentlich niedrigerem Potential als die Anode an, dann erfolgt die eigentliche Gasverstärkung zwischen Gitter und Anode. Solche Anordnungen werden *Micro-Gap-Detektoren* bezeichnet. Bei einem festgelegten Gasdruck im Detektorraum steigt die Verstärkung exponentiell mit der angelegten Spannung bis zum Durchbruch. Es gibt hier keinen Sättigungsbereich wie beim konventionellen Proportionalzählrohr. Diese Anordnung wird *PPAC-Detektor* (*p*arallel *p*late *a*valanche *c*hamber) genannt, Bild 4.24a. Typisch für diesen Detektor ist, dass hier die Verstärkung von 10^4 bei einer Impulsdichteleistung von 10^5 Imp $\cdot$ mm$^{-2} \cdot$ s^{-1} auf 10^3 bei Anstieg der einfallenden Strahlung auf 10^7 Imp $\cdot$ mm$^{-2} \cdot$ s^{-1}, wie es bei Reflexionsmessungen oder Einkristalluntersuchungen vorkommen kann, [51] sinkt. Die Anodenkonfiguration wird durch Einfügen einer Widerstandsschicht (Indium-Zinn-Oxid – ITO) mit einem Flächenwiderstand von ca. 10^6 Ω auf einem Isolator und Anbringen der Ausleseschicht auf der Rückseite des Isolators so verändert, wie in Bild 4.24b, dargestellt. Die Widerstandsschicht stabilisiert die Detektoranordnung und erlaubt eine Erhöhung der Ladungsverstärkung ohne Durchbrüche. Die auf die Widerstandsschicht auftreffende Ladung bildet über den Isolator einen Kondensator, dessen Ladung ortsaufgelöst ausgelesen werden kann [92]. Mit solchen Anordnungen lassen sich Impulsdichten bis zu $5 \cdot 10^7$ Imp/s mit einer lateralen Auflösung von $130 - 150$ µm detektieren [51].

Wesentlich mehr Ladungsträger pro Strahlenquant werden in Halbleitern generiert, siehe Seite 124. Im Bild 4.22b ist eine Anordnung dargestellt, die aus einem zylindrischen Halbleiter mit innerer Elektrode besteht. Durch diese Bauform erfolgt im Halbleiter eine innere Verstärkung der generierten Ladungsträgerpaare, man spricht bei Verwendung von Germanium als Halbleiter von einem Germanium-Detektor mit innerer Verstärkung (GDA). Vorteilhaft ist hier, dass dabei keine pin-Dioden hergestellt werden müssen, sondern dass nur ein gleichmäßig dotierter Halbleiter von p- oder meist n-Typ notwendig ist. In einem dotierten n-Halbleiter mit Donatorkonzentration N_D und einer koaxialen Anordnung ähnlich dem Proportionalzählrohr ergibt sich eine Feldstärke $\varphi(r)$, Gleichung

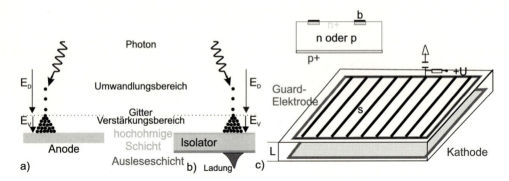

Bild 4.24: a) Konventionelle Anordnung und Wirkungsweise des PPAC-Detektors b) verbesserte Anordnung des PPAC-Detektors zur Erzielung höherer Impulsraten nach [51] c) Prinzipieller Aufbau eines linearen Mikrostreifenhalbleiters

4.26. Die Dielektrizitätskonstante des Halbleiters ϵ geht als eine Materialkonstante ein. Halbleiterdetektoren weisen eine extrem hohe Dynamik (bis 16 bit Digitalisierungstiefe, d.h. 1 zu 2^{16}) und Linearität auf, so dass man mit hohen Primärstrahlintensitäten arbeiten kann.

$$\varphi(r) = \frac{e \cdot N_D}{2\epsilon} - \frac{[U + (\frac{e \cdot N_D}{4\epsilon})(R^2_{Anode} - R^2_{Kathode})]}{r \cdot \ln(\frac{R_{Anode}}{R_{Kathode}})} \quad (4.26)$$

In der Halbleitertechnik wird anstelle der Feldstärke E_D eine Spannung U_D eingeführt, die so genannte Verarmungsspannung U_D. Sie bewirkt, dass sich der Halbleiter im Volumen neutralisiert, also alle Ladungen, die sich durch Fehler im Halbleiter ausbilden, neutralisiert werden. Diese Verarmungsspannung kann aus Gleichung 4.26 bei Annahme, dass $R_{Kathode} \gg R_{Anode}$ ist, abgeschätzt werden.

$$U_D \approx -\frac{e \cdot N_D}{4\epsilon} R^2_{Anode} \quad (4.27)$$

Damit wird Gleichung 4.26 letztlich zu:

$$\varphi(r) = -\frac{2 \cdot U_D}{R^2_{Anode}} r - \frac{U - U_D}{r \ln(\frac{R_{Anode}}{R_{Kathode}})} \quad (4.28)$$

Die hier auftretenden Feldstärken sind extrem hoch. Ein Problem ist die koaxiale Anordnung technologisch zu realisieren, d.h. eine in Halbleitermitte eingebettete dünne metallische Elektrode ohne Schädigung des Halbleiters herzustellen. Einfacher ist es, auf den Halbleiter mit der Dicke L ebene Elektroden der Breite b und dem Abstand s auf lokal dotierten Gebieten aufzubringen, Bild 4.24c. Die Gleichung 4.28 wird damit zu:

$$\varphi(0,y) = -\frac{2 \cdot U_D}{L^2} y - \frac{\pi(U - U_D)}{s[\frac{\pi L}{s} - \ln \frac{\pi b}{s}]} \coth \frac{\pi y}{s} \qquad (4.29)$$

Jeder einzelne Streifen ist damit ein ortsaufgelöster, kleiner Halbleiterdetektor. Über entsprechende Beschaltungen wie schon beim gasgefüllten Streifenleiter vorgestellt, ist die lineare Ortsdekodierung möglich. Mit diesen Anordnungen kann man mehr als 10^6 Imp/s verarbeiten. Pro Strahlungsquant liefert der Detektor mehr Signal und man kann die Messgeschwindigkeit damit um bis das 100-fache steigern [125]. Fertigungsbedingt treten jedoch im großflächig ausgedehnten Halbleiter immer Materialfehler/Defekte auf, so dass diese Streifenbereiche keine Ladungsträger detektieren können. Man blendet diese Streifen elektronisch aus. Das hat beim späteren kontinuierlichen Betrieb kaum einen Einfluss auf den detektierbaren Winkelbereich, führt aber dazu, dass solche Detektoren derzeit nicht als »schnelle stationäre Schnappschussdetektoren« eingesetzt werden können, weil die »blinden Zeilen« zu Einbrüchen in der Strahlungsdetektion führen.

Das Auslesen der erzeugten Ladungen kann auch über die seit vielen Jahren bekannte CCD-Technologie erfolgen. Ein CCD-Bauelement ist eine hochohmige Fotozelle (Größe um $20 \cdot 20\,\mu m^2$), die den entstehenden Fotostrom in einer Kapazität speichert. CCD steht für *c*harge-*c*oupled-*d*evices, also Ladungsträger verschiebbare Bauelemente. Dieser Vorgang erfolgt besonders effizient mit sichtbarem Licht. Energiereichere Röntgenstrahlung durchdringt die Fotoschichten fast verlustlos, d.h. es werden nur wenige Ladungsträger generiert. Deshalb werden in der Röntgentechnik dem Detektor großflächige Phosphorschirme (bis zu $100\,cm^2$) als Bildwandler vorgeschaltet. Die darin entstehenden Lichtblitze werden über Lichtleiter flächenmäßig verkleinert oder linsenoptisch auf den CCD-Chip (Fläche um $2\,cm^2$) abgebildet. Die einzelnen Zellen sind miteinander in Form von Schieberegistern verkettet. Die in einer Zelle gespeicherten Ladungen werden solange weiter geschoben, bis sie ein Register erreichen und dort weiter verstärkt werden. Da bekannt ist, wie oft man bis zum Register die Ladung verschoben hat, ist somit der Ort bekannt.

4.5.3 Flächendetektoren

Der erste Detektor für Röntgenstrahlung war ein Flächendetektor – nämlich fotografischer Film. Der Fotoprozess [30] ist schon im Kapitel 2.5 behandelt worden. Die laterale Auflösung von gängigen speziellen Röntgenfilmen ist bis heute unerreicht. Die Hardwarekosten sind gering, die Kosten für Verbrauchsmaterial sind dagegen hoch. Der Nachteil des Films ist seine Empfindlichkeit gegenüber normalem Licht, was immer die Verabeitung im Dunkeln erfordert. Dazu kommt die zeitliche Verzögerung, erst Experiment und Belichtung des Filmes, dann Entwicklung und danach liegt erst das Ergebnis vor. Eine Echtzeitverarbeitung ist mit Filmen nicht möglich.

Die im Kapitel 4.5.2 dargelegten Prinzipien werden zweidimensional angewendet. Ein GADS-Detector (*g*aseous *a*rea *d*etector *s*ystem) besteht aus einer Matrix von horizontal und vertikal gespannten Zähldrähten in je einer Ebene in einem quadratischen, gasgefüllten Rahmen. Als Zählgas wird eine Xenon-Kohlendioxidmischung verwendet [36]. Um die Ortsauflösung zu verbessern, wird hier nicht mit Unterdruck, sondern mit Überdruckgasfüllung von bis zu 4 bar gearbeitet. Wegen der Drahtanordnung wird diese Ausführung auch als MWPC (*m*ulti *w*ire *p*roportional *c*ounter) bezeichnet. Horizontal und vertikal am Rand sind Verzögerungsleitungen angeordnet. Durch diese Kombination kann man den Einstrahlort aus dem Kreuzungspunkt des horizontalen und vertikalen Zähldrahtes ermitteln. Solche Detektoren überspannen Flächen von 11 cm Durchmesser. Es werden dabei horizontal und vertikal je 1 024 Zähldrähte gespannt, man hat damit insgesamt eine Auflösung von 1 024 · 1 024 Bildpunkten. Mit solchen Detektoren lassen sich aber nur bis zu 10^4 Photonen pro Sekunden verarbeiten, Bild 4.27b.

Das Anordnen und Aufspannen der Drähte ist durch den kleinsten handhabbaren Drahtdurchmesser (ca. 25 µm bei Golddrähten) in der Zeilenzahl begrenzt. Vorteilhafter sind direkt hergestellte Mikrostrukturen in Matrixform ähnlicher Anordnung, Bild 4.25a. Die Lokalisierung der Ladungsträgerentstehung wird durch die punktförmigen Anoden besser.

Auch Halbleiterdetektoren mit gekreuzten Elektroden, wie in Bild 4.25b dargestellt, eignen sich zur flächenhaften Detektion. Durch Anwendung von Verfahren aus der Mikrosystemtechnik sind Steigerungen in der Zeilenzahl möglich. Durch Veränderungen im Design des Mikrostreifenleiters (MSHL), Bild 4.23b im Kathodenbereich, durch Aufbringen der Kathoden an der Rückseite und gleichzeitiges Drehen um 90° wird der Streifendetektor zum Flächendetektor.

Eine Bauform des flächenhaften Halbleiterdetektors besteht aus einer Kombination aus Szintillator und einer Fotozellenmatrix. Aus der Raumfahrt sind für Spezialaufgaben Fotozellenarrays mit 1 024 · 1 024 Zellen und Abmessungen der Einzelzelle von ca. 40 µm entwickelt worden. Jede Fotozelle ist mit einem Verstärkertransistor versehen. Es ergibt sich so mit den Leseleitungen eine Zellengröße von ca. 55 µm Kantenlänge. Damit ergeben sich Gesamtabmessungen von 6 · 6 cm^2 für den Detektor. Ordnet man jetzt über dieses Fotozellenarray eine flächige Szintillatorschicht einschließlich Lichtleiter an, dann lassen sich mit diesem flachen, zweidimensionalen Festkörperdetektor ortsaufgelöste Untersuchungen durchführen.

Eine Zwischenstellung zwischen Szintillationszähler und Halbleiterdetektoren nehmen die CCD-Detektoren ein. In mikrolithografisch erzeugten Halbleitergebieten wird durch Lichtstrahlung eine Ladungsträgerzahl erzeugt und über eine Schieberegister ähnliche Auslesefunktion ist der Ort der Ladungsentstehung, über die »Menge der Ladungen« die Intensität der Lichtstrahlung auslesbar. Bei Röntgenstrahlung ist der Wechselwirkungsraum für die Ladungsträgergeneration zu groß. Ursache ist wieder die höhere Energie, die schwache Absorption der Röntgenstrahlung und die hohe Reichweite. Für Röntgenstrahlung ist es somit nicht uneingeschränkt möglich, die Prinzipien der derzeit boomenden lichtempfindlichen CCD-Kameras zu übernehmen. Die CCD-Matrix darf nicht intensiver Röntgenstrahlung ausgesetzt werden. Sie würde die Ladungsträgerbilanz empfindlich stören. Um dennoch genügend »Röntgensignal« zu bekommen, nimmt man eine röntgenstrahlempfindliche Szintillatorschicht als Bildwandler und ordnet zwischen Szintillatorschichtrückseite und der fotoelektrischen Schicht zur weiteren Absorption der Röntgenstrahlung einen Lichtleiter an. Die Ortsauflösung geht jedoch in einem kompakten Lichtleiter verloren. Deshalb wird das Licht über Glasfasern bzw. Glasfaserbündel zum Fotodetektor weitergeleitet.

Eine weitere Variante von Flächendetektoren sind so genannte GEM-Detektoren (*g*as

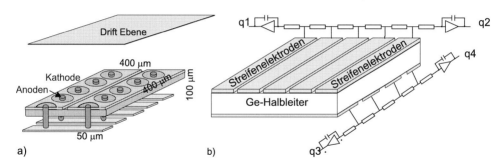

Bild 4.25: a) Prinzipdarstellung für einen GEM-Detektor b) Zweidimensionaler Halbleiterstreifendetektor

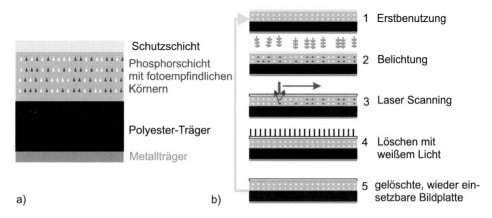

Bild 4.26: a) Prinzipieller Aufbau einer Bildplatte b) Zyklus der Gewinnung von Bildern, Ausleseprozess und Wiederverwendbarkeit von Bildplatten

electron multiplier). In eine doppelseitig mit Kupfer beschichtete, 50 µm dicke Kaptonfolie werden nasschemisch 75 µm große Löcher mit einem Rastermaß von 140 µm geätzt. Eine Spannung von 500 V erzeugt bei Ionisation in Lochnähe Gasverstärkungen von 10^4. Durch die lithografisch erzeugte Struktur der Löcher ergibt sich eine höhere Fertigungsgenauigkeit und damit weniger Schwankungen in der Homogenität der Gasverstärkung. Da die Feldstärkeverteilung beim GEM linear, beim Drahtdetektor dagegen radial um den Draht ist, ist der Raum für die Gasverstärkung völlig verschieden. Ebenso ist die Gasverstärkung beim GEM auf einen engeren Raum begrenzt, wie Bild 4.27a gegenüber dem GADS-Detektor mit Drahtanordnung zeigt. Der Abstand Löcherschicht-Anode ist ebenfalls viel kleiner als der Abstand Draht-Anode. Es wird erwartet, dass diese Detektoren die höchste Bandbreite von verarbeitbaren Impulsen haben, Bild 4.27b.

Von KHAZINS u.a. [97] wird das Prinzip der Mikrogaptechnologie für eine zweidimensionale Anordnung vorgestellt. Es wird hier eine Anordnung ähnlich Bild 4.24b für eine Detektorfläche von $14 \cdot 14\,\mathrm{cm}^2$ vorgestellt. Das für die Gasverstärkung notwendige Gitter wird aus einer 50 − 100 µm dicken, selbsttragenden Edelstahlfolie hergestellt. In diese Folie wird ein Lochmuster mit einem Mittelpunktsabstand von 350 µm bei 250 µm Loch-

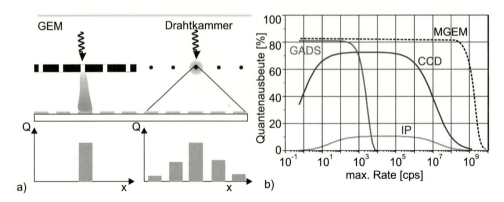

Bild 4.27: a) Vergleich der Ortsauflösung von GEM- und GADS-Detektoren b) Quantenausbeute und verarbeitbare Impulszahl verschiedener Flächendetektoren

durchmesser durch Lithographie hineingeätzt. Die Lochmaske hat damit eine optische Transparenz von 46 %. Durch Erhöhung des Gasinnendruckes auf 2 bar und Verwendung von Xenon/CO_2 (90/10-Anteilsverteilung) und nachfolgende hohe lokale Gasverstäkungen können laterale Auflösungen von 54 µm erreicht werden. Mit diesem Detektor können derzeit $5 \cdot 10^5$ cps/mm² detektiert werden. Dies ist gegenüber dem GADDS-Detektor deutlich höher bei ca. doppelter Auflösung. Durch den hohen Gasdruck wird eine Lebensdauer von bis zu zehn Jahren ohne Gaswechsel gegenüber zwei Jahren beim GADDS-Detektor prognostiziert.

Ein völlig anderes Prinzip zur flächenhaften Detektion ist der Nachweis über so genannte Bildplatten (Image Plates (IP)) bzw. auch Speicherfolien genannt. Im Prinzip ist dies mehrfach verwendbarer Film. Die Herstellerangaben variieren zwischen 1 000 bis 100 000 Belichtungs- und Löschzyklen. Der Aufbau ist in Bild 4.26a gezeigt. Auf einen dünnen metallenen Träger wird eine Polyester-Schicht aufgebracht. In einer Lackschicht von 100 − 300 µm Dicke werden kleinste Speicherkristalle aus Europium (Eu^{2+}) dotierten Barium-Flur-Brom-Verbindungen eingebracht. Die Pixelgröße variiert derzeit zwischen 50 − 15 µm. Die Strahlung überführt den Kristall in seinem Leuchtzentrum in einen metastabilen Zustand, Bild 4.26b. Das latente Bild in Gestalt angeregter, in Haftstellen festsitzender Hüllenelektronen wird damit »zwischengespeichert«. Dieser Zustand ist Stunden bis Tage stabil. Wird die belichtete Platte mit einem rotem Laserstrahl zeilenweise abgetastet, werden die Kristalle im metastabilen Zustand zur Aussendung von blauem Fluoreszenzlicht angeregt. Dieses blaue Licht wird quantitativ Pixel für Pixel erfasst. Die Intensität ist damit ein Maß für die dort zwischengespeicherte Strahlungsintensität. Dieser physikalische Prozess ist voll reversibel. Wird die Platte nach dem Auslesen mit weißem Licht ca. 10 − 20 min gleichmäßig bestrahlt, ist die Platte wieder »gelöscht« und für neue Aufnahmen bereit.

Die Bildplatte kann im Austausch mit der Film-Folien-Kassette bei sonst technisch unveränderter Röntgeneinrichtung eingesetzt werden. Das Auslesen dauert aber immer noch genauso lange wie der Filmentwicklungsprozess. Dynamische Prozesse lassen sich daher mit einer Bildplatte nicht aufnehmen. Mittlerweile ist die Bildpunktezahl auf $1\,800 \cdot 1\,600\,cm^{-2}$ ($6\,000 \cdot 5\,333\,inch^{-2}$) gestiegen und erreicht damit fast Filmqualität.

Tabelle 4.10: Vergleich der Eigenschaften und erwarteten Entwicklungsmöglichkeiten von zweidimensionalen Detektoren

	Film	IP	MWPC	GEM	STHL	CCD
Empfindlichkeit	-	+	+	++	++	+
Energieauflösung	-	-	+	+	+	o
Dynamik Zählrate	-	++	+	++	++	+
Auflösung	++	+	+	++	+	+
Echtzeitverarbeitung	-	-	++	++	o	o
aktive Fläche	++	++	+	+	+	+

Zum Vergleich hat der GADS-Detektor eine Bildpunktezahl von $93 \cdot 93 \, \text{cm}^{-2}$. Der Vorteil der Bildplatten gegenüber dem Film liegt in dem um zwei bis drei Größenordnungen gesteigerten Kontrastes. Hell-dunkel Unterschiede, also detektierbare Schwärzungsunterschiede sind beim Film bis zu 10^4 nachweisbar, linear nur bis zu zwei Größenordnungen. Mit Bildplatten erreicht man Werte bis zu 10^6 und dies sogar linear. Nachteil der Bildplatten ist die generell schlechtere Quantenausbeute, Bild 4.27b. Ursache ist hier wieder, dass zu wenig Raum für Wechselwirkungen vorliegt. Erhöht man die Wechselwirkungsschichtdicke, verschlechtert man die Auflösung. Die Verwendung von Bleiverstärkerfolien ist bei den Speicherfolien ebenfalls möglich. Es gibt heute schon Speicherfolien mit Abmessungen von $204 \cdot 254 \, \text{mm}^2$ bzw. $204 \cdot 432 \, \text{mm}^2$.

Die Tabelle 4.10 soll einer Zusammenfassung und einem Vergleich der zweidimensionalen Detektoren in Kurzform dienen.

4.5.4 Energiedispersive Detektoren

Ein Halbleiterdetektor wie schon im Bild 4.22a dargestellt kann mit Hilfe eines Pulsprozessors und eines Vielkanalanalysators auch energiedispersiv betrieben werden. Bild 4.28 zeigt schematisch noch einmal den Detektoraufbau. Im großflächigen Detektorkristall werden Röntgenquanten in energieproportionale Spannungs-Impulse umgewandelt. Durch Schneiden und Polieren im Fertigungsprozess des Kristalls und durch die dünne Kontaktierung mit Gold wird an der Oberfläche eine gestörte Kristallzone erzeugt, die als Totschicht bezeichnet wird und in der keine auswertbare Röntgenabsorption stattfindet. Der Detektorkristall ist eine in Sperrrichtung geschaltete Siliziumdiode, die Dotierungen sind äußerst gering und dienen der Kompensation von Störstellenleitung. Durch den Lithiumeinbau wird eine sehr große intrinsische, an Ladungsträgern verarmte Zone erzeugt. Die Betriebsspannung beträgt ca. $500 - 750 \, \text{V}$ und wird zwischen dem dünnen Au-Frontkontakt und dem dickeren Al-Rückseitenkontakt angelegt. Im Detektorkristall baut sich dadurch ein auf ca. 3 mm ausgedehnter Bereich auf, der frei an beweglichen Ladungsträgern ist. In einem idealen Messkristall fließt trotz angelegter Betriebsspannung kein Sperrstrom, da der Detektorkristall und der integrierte MOS-Feldeffekttransistor (FET-als Erstverstärker) über einen Kupfersteg mit flüssigem Stickstoff (ca. 70 K) oder Peltierelement gekühlt werden. Nur die Röntgenquanten, die im eigenleitenden Bereich absorbiert werden, können ein Ausgangssignal durch Erhöhung des Sperrstromes erzeu-

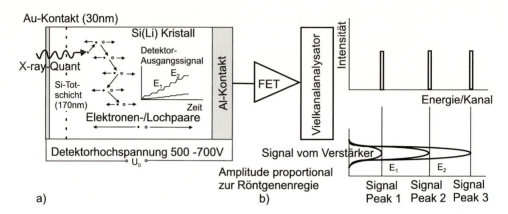

Bild 4.28: a) Aufbau eines energiedispersiven Detektors und schematische Darstellung der Ladunsträgergeneration b) Pulsprozessoraufbereitung und schematische Darstellung der Detektion

gen. Röntgenquanten, die im Messvolumen des Kristalls absorbiert werden, geben ihre gesamte Energie an ein Elektron ab. Dieses Elektron erzeugt durch Mehrfachstöße mit benachbarten Elektronen des Siliziumskristalls eine Vielzahl an »Elektronen-/Lochpaare«. Bei jedem Stoßvorgang werden dabei im Silizium 3,8 eV Quantenenergie »verbraucht«, und zwar solange, bis die ursprüngliche Energie des Röntgenquants aufgebraucht ist. Die *Anzahl* der erzeugten Ladungsträgerpaare ist damit proportional zur *Energie des Röntgenquants*. Die erzeugten Elektronen-/Lochpaare fließen zu den Elektroden des Kristalls und erzeugen am Rückseitenkontakt einen Spannungssprung, dessen Höhe proportional zur ursprünglichen Energie ist. Die Signale des Detektors werden verstärkt und der Maximalwert mit einen Analog-/Digital-Wandler (ADC) in eine Kanalnummer auf der Energieachse umgewandelt. Jedes registrierte Quant erhöht den Inhalt der entsprechenden Kanalnummer um eins.

Die Energieauflösung der Kristalle ist abhängig vom Material, der Bauform und von der nachgeschalteten Elektronik.

Durch Störungen sind die Ausgangssignale des Detektors nicht immer genau energieproportional. Deshalb ist eine Signalbearbeitung zur Verringerung der Störsignale erforderlich. Das Si(Li)-Detektorsystem stellt mehrere durch Software umschaltbare Filter zur Verfügung. Filter mit den größten Zeiten haben die geringste verarbeitbare Impulshöhe, dafür aber die beste Energieauflösung. Die Totzeit sollte zwischen 30 – 60 % eingestellt werden. In dieser Zeit kann der Detektor keine einfallenden Quanten detektieren.

Die Störungen auf dem Messsignal aus dem Kristall/FET bewirken, dass der Halbleiterdetektor für genau energiegleiche Signale nicht immer die gleiche Energiekanalnummer für das Spektrum ermittelt. Es ergibt sich eine Verteilungskurve, deren Maximum bei der gemessenen Energie liegt. Die Breite dieser Kurve bei der halben Intensität (Höhe) der Kurve wird als Energieauflösung (gemessen in eV) bezeichnet (FWHM). Für die meisten energiedispersiven Detektoren wird dieser Wert für die Energie von 5,9 keV der Mangan-K-Strahlung spezifiziert. Sie läßt sich leicht mit einem radioaktiven Fe_{55}-Präparat nachmessen. Für Si(Li)-Detektoren sind Halbwertsbreiten von 120 eV bis 140 eV bei 6 keV

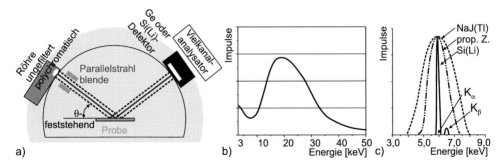

Bild 4.29: a) Schematische Darstellung einer energiedispersiven Anordnung b) nichtlinearen Ansprechverhalten bei einer polychromatischen Eisenstrahlung bei 45 kV Beschleunigungsspannung nach [99] c) Energieauflösung verschiedener Detektoren (NaJ(Tl)-Szintillator (3 070 eV); Proportionalzählrohr (1 000 eV) und Si(Li)-Halbleiterdetektor (160 eV)) für die Mangan K_α-Linie des Mangan (5,9 keV) [99]

Photonenenergie typisch.

Durch die Verwendung des Rauschfilters wird auch die Energieauflösung beeinflusst. Die Energieauflösung bestimmt das Peak/Untergrund-Intensitätsverhältnis. Je besser die Energieauflösung ist, desto geringere Peakintensitäten lassen sich noch nachweisen.

Im Detektor entstehen oftmals Störpeaks, die so genannten Summen- und Escape-Peaks. Der Summenpeak entsteht durch die Summierung der Ladungswolken, die von zwei praktisch gleichzeitig eintreffenden Röntgenquanten detektiert werden. Zwar überwiegt dieser Effekt bei zwei Röntgenquanten gleicher Energie, aber es entstehen auch Summenpeaks für Röntgenquanten mit verschiedener Energie. Ein Summenpeak ist grundsätzlich zwar für jede Elementenergie denkbar, aber in der Praxis wirken sich diese Peaks nur für Elementlinien im Energiebereich bis ca. 5 keV aus und treten vor allen bei der für die energiedispersive Beugung störenden Fluoreszenzstrahlung auf. Summenpeaks treten nur bei extrem hohen Röntgenintensitäten in Erscheinung. Sie werden weitgehend durch schnelle Diskriminierungsschaltungen in der Elektronik unterdrückt. Die Totzeit erhöht sich und muss korrigiert werden.

Der Escape-Peak entsteht durch Röntgenfluoreszenz an einem Atom des Detektorkristalls in der oberflächennahen Schicht des Detektorkristalls. Ein von der Probe kommendes Röntgenquant löst in dem Detektorkristall ein K-Röntgenquant des Detektormateriales (Silizium Anregungsenergie für K-Strahlung 1,74 keV, bzw. Germanium 9,876 keV) aus. Dieses neu angeregte Röntgenquant verlässt den Detektorkristall ohne Wechselwirkungsprozesse. Das von der Probe ausgesendete und zu detektierende Röntgenquant hat in diesem Röntgenfluoreszenzprozess schon einen Teil seiner Energie an das Detektor-Atom abgegeben und im Detektorkristall wird daher nur der verbleibende Rest absorbiert. Es entsteht eine Ladung im Kristall, die um den Betrag des austretenden Detektor-Röntgenquants (Si-1,74 keV; Ge-9,876 keV) geringer ist als die ursprüngliche. Dieser Vorgang erzeugt somit einen zusätzlichen Peak mit geringer Intensität, dessen Energie entsprechend des verwendeten Detektorkristalles geringer ist, als die des Hauptpeaks. Dieser Escape-Peak entsteht aber nur Peaks mit hohen Intensitäten. Ein Beispiel ist im Bild 5.55b gezeigt.

Eine Begrenzung des Einsatzes von energiedispersiven Detektoren liegt an dem nichtlinearen Ansprechverhalten des Detektors $I_R(E)$ bei polychromatischer Bremsstrahlung, wie in Bild 4.29b dargestellt. Das Ansprechverhalten wird von zwei Faktoren, dem Intensitätsverlauf der Bremsstrahlung $I_{Brems}(E)$ und der energieabhängigen Photoabsorption $A_{Ph}(E)$ der Röntgenquanten bestimmt. Das Ansprechverhalten kann durch die Beziehung

$$I_R(E) = I_{Brems}(E) \cdot A_{Ph}(E) \tag{4.30}$$

ausgedrückt werden. Die gleichmäßigere Intensitätsverteilung über die Energie der Synchrotronstrahlung ist die Ursache dafür, dass derzeit hier die Mehrzahl der energiedispersiven Beugungsexperimente stattfinden. Als Detektormaterial werden bei Synchrotronstrahlung heute meist Germanium-Detektoren eingesetzt.

4.5.5 Zählstatistik

Je nach Anforderung an die Messaufgabe, Bestimmung von Phasen oder Profilparameterbestimmung müssen bei jeder Messung die Zählstatistiken beachtet werden. Die Quantenemission als auch die nachfolgende Registrierung ist ein statistischer Vorgang, der der POISSON-Verteilung unterliegt. Betrachtet man die Wahrscheinlichkeit $w(N_i)$ um einen Wert N_i zu messen,

$$w(N_i) = \frac{\overline{N}^{N_i}}{N_i!} \exp(-\overline{N}) \tag{4.31}$$

dann ist $\overline{N}$ der Mittelwert aus unendlich vielen Messungen. Für große N_i geht die POISSON-Verteilung in eine GAUSS-Verteilung über und man kann umformen:

$$w(N_i) = \frac{1}{\sqrt{2\pi\overline{N}}} \exp\left[-\frac{(N_i - \overline{N})^2}{2\overline{N}}\right] \tag{4.32}$$

Die Standardabweichung σ ist hierbei eine Kenngröße und errechnet sich nach:

$$\sigma = \sqrt{\overline{N}} \approx \sqrt{N_i} \tag{4.33}$$

Ein wahrscheinlicher Fehler ΔN_{50}, d.h. eine 50 % Wahrscheinlichkeit dafür, dass der Messwert innerhalb $\overline{N} \pm \Delta N_{50}$ liegt ergibt sich damit zu:

$$\Delta N_{50} = 0{,}6745\sigma \approx 0{,}6745\sqrt{N_i} \tag{4.34}$$

Berechnet man den relativen Fehler ϵ für diese Wahrscheinlichkeit, dann ergibt sich:

$$\epsilon_{50} = \frac{\Delta N_{50}}{\overline{N}} = 0{,}6745 \frac{1}{\sqrt{\overline{N}}} \approx 0{,}6745 \frac{1}{\sqrt{N_i}} \qquad (4.35)$$

Wählt man strengere Genauigkeitsanforderungen, möchte man z. B. mit 90 % Wahrscheinlichkeit ($\overline{N} \pm \Delta N_{90}$) oder mit 99 % Wahrscheinlichkeit ($\overline{N} \pm \Delta N_{99}$) den Messwert erhalten, dann ergeben sich entsprechend den Gleichungen 4.34 und 4.35 für die 90 % bzw. 99 % Wahrscheinlichkeit die nachfolgenden Beziehungen.

$$\Delta N_{90} = 1{,}64 \sqrt{N_i} \qquad \Delta N_{99} = 2{,}58 \sqrt{N_i} \qquad (4.36)$$

$$\epsilon_{90} = \frac{1{,}64}{\sqrt{N_i}} \qquad \epsilon_{99} = \frac{2{,}58}{\sqrt{N_i}} \qquad (4.37)$$

Daraus kann man eine notwendige Zahl $N_{\epsilon 50}$ der wenigstens zu messenden Impulse für ΔN_{50} errechnen:

$$N_{\epsilon 50} = \left(\frac{0{,}6745}{\epsilon_{50}}\right)^2 \qquad (4.38)$$

Am Beispiel ergeben sich für $\epsilon_{50} = 1\,\%$ wenigstens 4 500 Impulse, die gezählt werden müssen, um sichere Messwerte zu erhalten. Bei den erhöhten Wahrscheinlichkeitsforderungen sind dann noch höhere Impulszahlen notwendig. Für $\epsilon_{90} = 2\,\%$ müssen wenigstens 6 700 Impulse und für $\epsilon_{99} = 2\,\%$ müssen wenigstens 16 600 Impulse gezählt werden.

Der soeben berechnete Wert der notwendigerweise zu zählenden Impulszahl N setzt sich aus den Werten für den eigentlichen Peak N_I und dem immer vorhandenen Detektor spezifischen Untergrund N_U zusammen.

$$N = N_I + N_U \qquad (4.39)$$

Wegen der Addition der Einzelfehler ist

$$\sigma_N = \sqrt{\sigma_{N_I}^2 + \sigma_{N_U}^2} \qquad (4.40)$$

und es folgt für den Fehler der Beugungspeakimpulszahl ϵ_i:

$$\epsilon_i = 0{,}6745 \cdot \sqrt{\frac{N + N_U}{N - N_U}} \qquad (4.41)$$

Wenn das Verhältnis der Zählraten des Peaks zum Untergrund $m = \frac{N_I}{N_U}$ bekannt ist und ein bestimmter Fehler für den Peak ϵ_I gefordert wird, hier 50 %, dann ist die notwendige

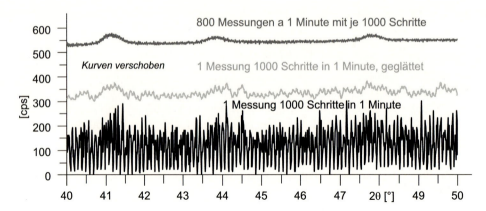

Bild 4.30: Beugungsdiagramme mit einer Messzeit von 0,06 s pro Messschritt und mit einer aufsummierten Messzeit von 48 s pro Schritt

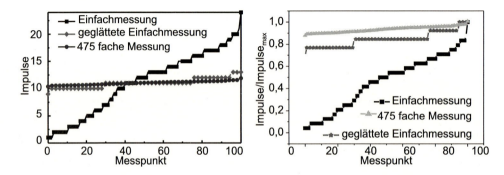

Bild 4.31: statistische Verteilung von 100 Messwerten des Untergrundes nach einer- und nach 475 Messungen

Zahl der zu zählenden Impulse:

$$N = \left(\frac{0{,}6745}{\epsilon_I}\right)^2 \cdot (1 + \frac{3}{m} + \frac{2}{m^2}) \quad \text{da gilt:} \tag{4.42}$$

$$N_I = \frac{N \cdot m}{(1+m)} \quad \text{und} \quad N_U = \frac{N}{(1+m)} \tag{4.43}$$

Im Bild 4.30 wurde eine Probe in BRAGG-BRENTANO-Anordnung mit einer kontinuierlichen Geschwindigkeit von $10\,°\text{min}^{-1}$ mit einer Schrittweite von $0{,}01°$ abgescannt. Das Beugungsdiagramm ist im Bild 4.30 unterste Kurve ersichtlich. Es treten Schwankungen in der Intensität der registrierten Reflexe von 2 – 300 cps auf. Auf dem ersten Blick würde man vermuten, in der Probe seien keine Beugungspeaks vorhanden. Die Probe wurde jetzt weitere 13 Stunden untersucht und die Messungen ca. 800 mal wiederholt.

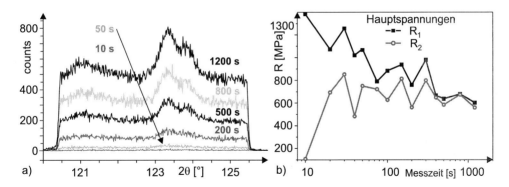

Bild 4.32: (4 2 2)-Netzebene von einer Ti(C,N)-Schicht, aufgenommen mit a) PSD-Detektor als Funktion der Gesamtmesszeit b) aus Bild a ausgerechnete Eigenspannungswerte

Die Ergebnisse bei jedem Winkelschritt wurden aufsummiert und im Bild mit einer Y-Verschiebung dargestellt. Das erhaltene Beugungsdiagramm zeigt jetzt eindeutig drei vom Untergrund abgehobene, äußerst breite und damit gering kristalline Bereiche. Die durchschnittliche Impulsdichte pegelte sich bei 80 Impulsen pro Sekunde ein. Mit einer Zählzeit von 48 Sekunden pro Messschritt sind bei jedem Schritt mindestens 3 840 Impulse gezählt worden, ein Wert der nach Gleichung 4.38 noch etwas unter den geforderten 4 500 Impulsen liegt. Ohne irgend welche mathematischen Filterungen ist jetzt ein deutliches Beugungsdiagramm gemessen worden. Andeutungsweise konnten jedoch auch bei einer mathematischen Glättung des Beugungsdiagramms schon Beugungslinien vermutet werden. Zu bemerken ist natürlich, dass es praktisch immer nicht möglich ist, eine Probe mehr als 10 Stunden zu vermessen.

Die Zählzeitstaistik gilt auch für mehrdimensionale Detektoren. Im Bild 4.32a ist der Beugungsbereich für eine (4 2 2)-Netzebene einer Titan-Carbonitrid-Schicht Ti(C,N), ein Mischkristall aus TiN und TiC, gezeigt. Der (4 2 2)-Beugungspeak wurde mit einem positionsempfindlichen Detektor entsprechend Bild 4.23a über einen Winkelbereich von 6° simultan aufgenommen. Bei Wahl einer Schrittweite bzw. Auflösung von 0,012° und simultaner Detektion mit einer Gesamtzählzeit zwischen 10 s und 1 200 s ergeben sich die unterschiedlichen Diffraktogramme in Bild 4.32a. Man erkennt, es muss mindestens 200 s lang gezählt werden, damit ein statistisch gesichertes Diffraktogramm erhalten wird. Die Auswirkungen von unzureichend aufgenommenen Beugungspeaks erkennt man an Bild 4.32b. Für die (4 2 2)-Netzebene einer Ti(C,N)-Schicht wurden die Haupteigenspannungen σ_1 und σ_2 in der Ebene errechnet, siehe Kapitel 10, und über der Messzeit aufgetragen. Man erkennt, dass die Eigenspannungswerte erst ab einer Messzeit von 400 s sicher ermittelbar sind. Die bei kleineren Messzeiten bestimmten Eigenspannungswerte sind somit zu unsicher. Aber selbst bei 1 200 s Messzeit pro Schritt werden nur maximal 800 Counts im Maximum gezählt und damit noch nicht die geforderten 4 500 Counts erreicht. Die Auswirkungen dieser statistisch nicht gesicherten Profilaufnahmen auf die Bestimmung der Eigenspannungswerte sind somit nicht zu vernachlässigen.

> Die Zeit zum Erhalt eines Beugungsdiagramms für quantitative Analysen mit einer geforderten statistischen Sicherheit sollte immer so lang gewählt werden, dass mindestens 4 500 Impulse pro Schritt gezählt werden.

Als Fazit dieses Abschnittes soll festgehalten werden, dass mangelnde Beugungsintensität durch eine schlecht streuende Probe unter der Voraussetzung der Konstanz der Röhrenspannung, des Röhrenstromes, der Zählerspannung und auch der mechanischen Genauigkeit und Wiederholbarkeit des Goniometers durch lange Zählzeiten wettgemacht werden können. Ist man sich also nach einer Erstmessung bei Vorliegen von stark schwankendem Untergrundverlauf und kaum erkennbaren Beugungspeaks nicht sicher, ob doch in der Probe kristalline Anteile vorliegen, so kann man durch eine extreme Verlängerung der Messzeit unter Voraussetzung der Konstanz der gesamten Beugungsapparatur eine eindeutigere Aussage erhalten. Es muss aber hier betont werden, dass nicht immer das Fehlen von Beugungslinien nur auf zu kurze Messzeiten zurückzuführen ist. Es gibt weitere Ursachen, wie sehr feinkörniges Material, sehr starke Texturierung oder schräg zur Oberfläche orientierte Netzebenen bei Einkristallen, die in normaler Diffraktometeranordnung eine röntgenamorphe Probe vortäuschen können. Ein Test der gemessenen Impulsdichteverteilung im Untergrundverlauf ist jedoch eine schnell ermittelbare Aussage, ob die gewählte Messzeit ausreichend hoch war oder nicht. Die Dichteverteilung der rohen Messwerte sollte wenigstens größer 0,75 sein, Bild 4.31b. Damit ist eine Fehlerursache, die zu Fehlinterpretationen führen kann, eliminiert. Die Zählstatistik und auch die Einhaltung der Bedingungen, im gesamten Peakverlauf wenigstens 4 500 Impulse pro gemessenem Schritt zu messen, ist bei der Profilanalyse, Kapitel 8 und bei der Fundamentalparameteranalyse, Kapitel 8.5 von entscheidender Bedeutung zur Erzielung korrekter Ergebnisse. Die neuen Detektoren, wie die Mikrogap- und die Halbleiter-Detektoren, werden helfen dabei, die Messzeiten zu verkürzen.

4.6 Goniometer

Goniometer, das sind Geräte, die Probe und Detektor definiert zueinander bewegen lassen, werden seit ca. 1940 eingesetzt und immer weiter entwickelt. Die Zahl der Bewegungsmöglichkeiten der Probe zum Detektor bestimmt den Namen. Von einem Zweikreisgoniometer spricht man, wenn zwei Bewegungen ausgeführt werden können, von einem Vierkreisgoniometer bei vier Bewegungsmöglichkeiten der Probe. Die am meisten verwendete Form der Bewegung sind Bewegungen auf Kreisbahnen bzw. Drehungen um eine Achse. Der Vorteil der Goniometer gegenüber den Filmkameras ist die wesentlich höhere erreichbare Winkelauflösung und die Möglichkeit der Echtzeitbeobachtung des Beugungsexperimentes. Die Bewegungen wurden in der Anfangszeit ausschließlich über mechanisch gekoppelte Zahnräder bzw. über elektromagnetische Kupplungen von Zahnradpaaren realisiert. Die Bewegungen sollten über mehr als 180° erfolgen können und eine Vor- bzw. Rückwärtsbewegung realisieren. Um einen Winkelbereich $2 \cdot \theta$ nahe 180° zu erreichen, muss die Bauform des Röhrenfokus und des Detektors sehr schmal gehalten werden. So ist derzeit die maximale Bewegung $2 \cdot \theta$ auf ca. 170° beschränkt. Weiterhin sind unterschiedliche Winkelgeschwindigkeiten gefordert ($0{,}001 - 40\,° \cdot \text{min}^{-1}$), die konstant

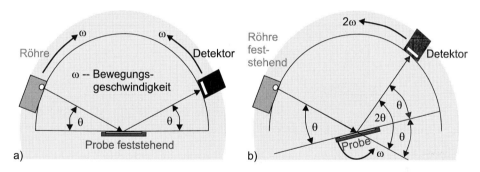

Bild 4.33: Prinzipdarstellung a) Theta-Theta-Goniometer b) Theta-2Theta-Goniometer (Omega-2 Theta)

über den gesamten Winkelbereich sein müssen. Eine weitere Anforderung ist die Reproduzierbarkeit und Langzeitstabilität der Bewegung. Durch das ständige gegenläufige Bewegen verschleißen die Zahnradflanken. Die ausschließlich mechanische Bewegungsart ist somit spielbehaftet. Mit der Laufzeit des Goniometers wird das Spiel größer und man erreicht letzlich nur eine Wiederholgenauigkeit von bestenfalls 0,01°. Mit dem Aufkommen von Schrittmotorsteuerungen und paralleler optischer Winkeldekodierung um 1975 und immer weiter verbesserter Ansteuerbarkeit der Motoren mit immer besseren Digital-Analogwandlern gelang es, die Winkelansteuerbarkeit heute auf 0,0001° und kleiner mit der gleichen Reproduziergenauigkeit zu steigern. Das Spiel der immer noch verwendeten Zahnräder (Schneckenradantrieb) wird durch die zusätzliche Schrittmotorensteuerung und die gleichzeitige optische Ortsdekodierung ausgeglichen. Die Norm EN 13925-3 [9] beschreibt die Charakterisierung und Prüfung der Funktionstüchtigkeit von Geräten zur Beugungsanalyse.

Bei den Goniometern gibt es zwei prinzipielle Bauformen. Man spricht von einem Theta-Theta-Goniometer, wenn die Probe feststeht und sich die Röhre und der Detektor um die feststehende Probe mit der Geschwindigkeit ω bewegen, Bild 4.33a. Hierbei ist es sinnvoll insbesondere bei Pulverproben, dass die Probe waagerecht liegt. Da die Röntgenröhre, das Röhrengehäuse sowie das dort angebrachte Hochspannungskabel und die Schläuche für die Wasserkühlung hochpräzise bewegt werden müssen, erfordert diese Anordnung einen erhöhten Aufwand an die Lagerung und den Antrieb der Achsen. Die Verwendung von Gegengewichten vermindert dabei einseitige Belastungen. Dies schränkt aber die Probengröße und den Bewegungsspielraum zum Teil ein. Diese Bauform ist damit teuer. Es lassen sich andererseits auch lose Pulver bzw. Flüssigkeiten untersuchen. Die Probenbestandteile benötigen keinen Schutz vor dem Herausfallen bzw. Herauslaufen. Die andere Bauform, als Omega-2 Theta-Goniometer (manchmal auch als Theta-2 Theta) bezeichnet, ist dadurch gekennzeichnet, dass die Röhreneinheit fest steht, die Probe um eine Achse mit einer Winkelgeschwindigkeit ω und der Detektor auf einem zweitem Kreis mit einer eigenen Geschwindigkeit, aber meist mit $2 \cdot \omega$, sich bewegt, Bild 4.33b.

Um den gesamten reziproken Raum einer Beugungsaufnahme vermessen zu können, werden Bewegungen nicht nur in einer Ebene, sondern auch senkrecht dazu benötigt. Die Probe selbst darf bei dieser Kippbewegung nicht aus der Fokussierungsebene herauslau-

142   4 Hardware für die Röntgenbeugung

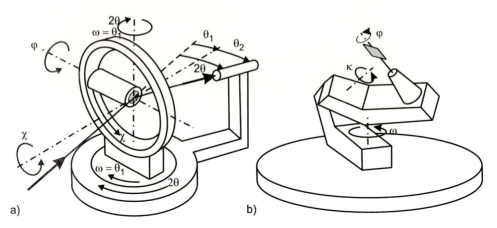

Bild 4.34: a) Vierachsen-Goniometer mit Eulerwiege und den Drehkreisen $\omega = \theta_1$, $2\theta = \theta_1 + \theta_2$, χ und φ. b) Das κ-Goniometer mit variablem κ-Winkel

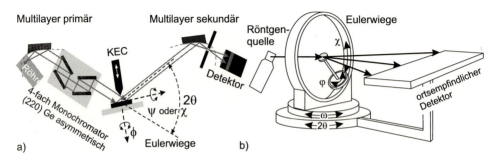

Bild 4.35: a) ψ Diffraktometer für Spannungsmessungen und heute als Allzweckdiffraktometer bezeichnet. Besteht die Möglichkeit, die Probe um eine Achse parallel zur Diffraktometerebene zu drehen, spricht man von einem ψ-Diffraktometer b) Röntgen-Texturmessanlage mit Eulerwiege und ortsempfindlichem Detektor

fen. Die Drehachse der Verkippung muss exakt in der Oberfläche der Probe liegen. Man spricht von einer euzentrischen Verkippung/Bewegung der Probe, denn nur so wird gewährleistet, dass der in senkrechter Stellung der Probe ausgeleuchtete Fleck auch bei Verkippung derselbe bleibt. Trotz euzentrischer Bewegung gibt es je nach Primärblendenform unterschiedliche Ausleuchtungsformen bei der Verkippung, siehe Bild 11.10. Eine solche Drehbewegung kann mit einer Eulerwiege realisiert werden. Kann jetzt noch die Probe um ihre eigene Achse gedreht, die Probe auf dem Aufnahmetisch in x- und y-Richtung bewegt und in z-Richtung unterschiedliche Höhen ausgeglichen werden, dann liegt ein Vierkreisgoniometer mit drei zusätzlichen linearen Bewegungsmöglichkeiten vor. Es wird manchmal auch Siebenkreis-Goniometer genannt, obwohl drei Bewegungsrichtungen keine Kreisbögen fahren, siehe Bild 4.34a. Bei der Diskussion von speziellen Anwendungen wie der Einkristalluntersuchung, Kapitel 5.10.3, und den Spannungs- und Texturmessungen, Kapitel 10.4 bzw. 11.4.2, wird nochmal speziell auf die Goniometer eingegangen. Die moderne Elektronik ermöglicht es diese Motoransteuerungen über eine zentrale

Rechnereinheit abzuwickeln und somit zu jedem Zeitpunkt exakt die Lage jedes Kreises hochgenau zu kennen.

Wird ein solches Vierkreisgonimeter mit weiteren Röntgenoptiken, wie Primärmultilayerspiegel, Vierfachmonochromator, Probenstreuschneidblende oder Sekundärmultilayerspiegel ausgerüstet, spricht man von einem modernen Allzweckdiffraktometer wie in Bild 4.35a dargestellt. Variiert man die Detektorseite durch Einsatz von positionsempfindlichen Detektoren oder Flächendetektoren, Bild 4.35b, dann sind diese auch als Vierkreisgonimeter zu gebrauchen.

Für Spezialanwendungen, wie bei Spannungsmessungen oder für Untersuchungen an Unikaten oder sehr großen Bauteilen wird die Probe vor Ort selbst wie ein Goniometerträger benutzt. Es wird das speziell konstruierte Goniometer an die »Probe angeflanscht«. Von der Probenoberfläche ausgehend werden Röhre und Detektor auf den entsprechenden Kreisen bewegt.

Die in älteren Büchern oftmals diskutierten Probleme der Kopplung von Goniometergeschwindigkeit und Papierrollenvorschubgeschwindigkeit für eine optimale Aufzeichnung der Beugungsmuster sind nicht mehr relevant.

4.7 Probenhalter

Eine weiteres wichtiges, oftmals leider vernachlässigtes Bauteil ist der Probenhalter. Der Probenhalter soll die Probe sicher fixieren, exakt die Fokussierungsebene einhalten, dabei die Probe aber nicht zusätzlich mechanisch verspannen und selbst keine Beugungspeaks zum Diffraktogramm bei kleinen Probenabmessungen liefern. Deshalb werden für Probenhalter häufig Hohlzylinderteile einer bestimmten Tiefe eingesetzt. Der Rand des Zylinders ist dann die Fokussierungsebene, die Probe darf diesen Rand nicht überragen, Bild 4.36a. Als »Abstandshalter« eignet sich Knetmasse, die in den Halter im Mittelpunkt eingebracht wird. Die Probe wird dann mittels einer ebenen Platte in die Knetmasse eingedrückt. Damit erreicht man, dass die Probenoberfläche auf die Fokussierebene justiert wird. Man muss jedoch darauf achten, dass die Knetmasse nicht die Probenfläche überragt. Sonst treten Peaks der Knetmasse auf, die im Bild 4.36b für verschiedene Höhen aufgenommen wurden. Metalle sollte man nicht als Probenträger für kleine Proben einsetzen. Metall ist selbst immer kristallin und ruft somit zusätzliche, störende Beugungspeaks hervor, die im ungünstigsten Fall die eigentlich zu erwartenden Beugungspeaks überdecken können. Nimmt man folgende Aufgabenstellung an, bei der eine Probe bestehend aus einer Aluminiumschicht auf einem Siliziumchip (Abmessung $3 \cdot 3\,\text{mm}^2$) in BRAGG-BRENTANO-Anordnung untersucht werden soll, und klebt man die Probe auf einen Aluminiumprobenträger auf, dann kann man wegen der Überstrahlung der Probenfläche keine Trennung der Beugungspeakanteile der Aluminiumschicht von dem Probentellers vornehmen, siehe auch Seite 153.

Ansonsten eignen sich als Probenträger röntgenamorphe Kunststoffe oder auch Gläser. Jedoch gibt es bei letzteren je nach Glasart manchmal im Beugungsdiffraktogramm so genannte Glashügel, d.h. Bereiche über mehrere Grad mit stark erhöhtem Untergrund, siehe Bild 5.6. Pulver kann man in topfförmige Probenträger relativ gut einfüllen oder vorher definiert als Tablette pressen. Der Vorteil eines Theta-Theta-Diffraktometers mit

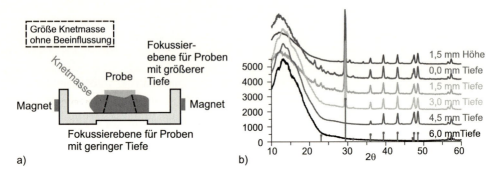

Bild 4.36: a) Prinzipdarstellung eines Probenträgers mit aufgebrachter Probe mit Fixierung in Knetmasse b) Beugungsdiagramme für Knetmasse im Probenträger und Ausformung der Oberfläche in verschiedenen Höhen/Tiefen, Goniometer nach Bild 5.41

einer waagerechten Probenlage wird deutlich, da hier keine Schutzfolie benötigt wird um z. B. zu Verhindern, dass bei einer Pulverprobe das Pulver nicht mehr im Probenhalter fixiert wird. Als Schutzfolie kommen dünne Polyethylen-, Kapton- oder auch Glimmerfolien zum Einsatz, die über die Probe gespannt werden. Die Folien selbst sollen wegen eines möglichst geringen Verlustes an Strahlungsintensität dünn und gleichzeitig aber auch röntgenamorph sein. Kann man die Probe mit einer Probenfläche größer als die bestrahlte Fläche frei aufbringen und durch Verfahren in z-Richtung am Probenhalter die Fokussierungsebene exakt einstellen, ist dies der beste Weg. Jedoch muss bei solcher Vorgehensweise beachtet werden, dass die für das Goniometer zulässige Probenmasse nicht überschritten wird. Die bewegte Masse der Probe und des Probenträgers ist u.a. verantwortlich für die Geschwindigkeit und auch die Genauigkeit des Goniometers. Es gibt vereinzelt Spezialgoniometer, mit denen große Bauteile wie z. B. ganze Turbinenschaufeln untersucht werden können. In solchen Spezialgoniometern werden die Goniometerkreise (Bewegung der Röhre und des Detektors) über gekoppelte Steuerungen zwischen zwei bis drei Raumrichtungen nachgebildet.

Bei Wafern haben sich ebene Träger mit einem Lochkanalsystem (Chuck) durchgesetzt. An das Kanalsystem wird ein Vorvakuum angelegt und der Wafer angesaugt. Problematisch ist dieser Träger jedoch bei Spannungsmessungen, da durch das Ansaugen an den Tisch der Wafer mechanisch verspannt wird.

Eine Renaissance erleben die Kapillaren als Probenträger. Um Pulver analysieren zu können, wird es in dünne, einseitig verschlossene Hohlglasröhren eingefüllt und in das Zentrum einer DEBYE-SCHERRER-Kammer eingebracht, Kapitel 5.4.1. Die Wandstärke dieser Kapillaren muss kleiner 20 µm sein, damit die Röntgenstrahlung nicht zu stark geschwächt wird. Beim Einfüllen »verstopfen« die Kapillaren sehr schnell. Man variiert hier die Probenpräparation, indem mit amorphen Klebern Pulverbestandteile auf das Äußere eines dünnen Glasstabes gibt. Diese Proben haben jedoch dann keine gleichmäßige Bedeckung mit Untersuchungsmaterial und sind nur schwer für quantitative Verfahren nutzbar. Solche Kapillaren werden auch in das Zentrum von Goniometern eingebracht und es ist möglich, mit Goniometern DEBYE-SCHERRER-Aufnahmen aufzunehmen, siehe Seite 171.

Aufgabe 15:   Auswertung Beugungsdiagramme Probenträger

Bild 4.36b zeigt Beugungsdiagramme von Knetmasse in verschiedenen Tiefen, die mit einem Goniometer nach Bild 5.41 aufgenommen wurden. Identifizieren Sie die Beugungspeaks mittels der PDF-Datei. Erklären Sie die unterschiedliche Ausbildung von Glashügel und Beugungspeaks bei kleineren Beugungswinkeln. Treffen Sie Aussagen zu der Höhenabhängigkeit eines Goniometers nach Bild 5.41.

Hinweis: Lösen Sie diese Aufgabe erst, wenn Sie das Kapitel 5 durchgearbeitet haben.

4.8   Besonderes Zubehör

In der Materialwissenschaft werden Legierungsbildungen, Phasenumwandlungen und Veränderungen in dem Aufbau von Werkstoffen oftmals durch Hochtemperaturschritte hervorgerufen. Umformen und Herstellung von Bauteilen und die Kristallisation aus der Schmelze erfolgen ebenfalls bei hohen Temperaturen. Es wird häufig gefragt, bei welcher Temperatur Phasenumwandlungen entstehen. Man kann die Probe auf ein Platinband legen, es durch Stromfluss erwärmen und hohe Temperaturen erzielen. Das Platinband selbst ist in der Höhe verstellbar und wird an den Enden beim Erhitzen nachgespannt, um die geheizte Probe in der geforderten Fokussierungsebene zu behalten. Platin als edles Material reagiert nur selten mit den Proben. Platinsilizide entstehen jedoch beim Heizen von Siliziumproben. Deshalb muss bei solchen Siliziumproben der direkte Kontakt zwischen Heizband und Silizium verhindert werden. Dies kann durch rückseitiges Beschichten der Probe mit SiO_2 oder Si_3N_4 erfolgreich realisiert werden. Um Oxidationen und weitere nicht erwünschte Probenreaktionen zu verhindern, wird um die Probe eine Kammer gebaut und die Probe einer Schutzgasatmosphäre ausgesetzt. Um die Röntgenstrahlung in das Innere der Kammer und auf die Probe zu fokussieren und die abgebeugte Strahlung möglichst ohne extreme Schwächung zum Detektor zu leiten, wird an die Wandung im Bereich Strahleintritt und Strahlaustritt eine dünne, wenig absorbierende Fensterfolie angebracht. Dieser hermetische Abschluss der Kammer erlaubt sogar das Betreiben bei Unterdrücken. Hinzu kommen Baugruppen zum Messen und Regeln der Temperatur, der Atmosphäre und des Druckes. Die Hochtemperaturkammer kann auch abgewandelt werden, um sie als Testkammer zur Prüfung des Einflusses von Umweltbedingungen (Feuchte, korrosive Gase, Salznebel) auf die Probe zu nutzen. Im Bild 13.8 sind Diffraktogramme einer Phasenumwandlung in der Hochtemperaturkammer gezeigt. Als Detektor kommt bei solchen Untersuchungen meistens ein ortsempfindlicher Detektor zum Einsatz, um zeitaufgelöst bei einem in der Kammer zu fahrenden Temperaturprofil über einen Winkelbereich den Wechsel in den Peaklagen und Peakintensitäten im Beugungsdiagramm detektieren zu können. Eine Temperaturkammer mit Multilayer-Anordnung als fokussierende Optik ist in [115] beschrieben.

In der Forensik, in der Materialwissenschaft und in technologischen Entwicklungslaboren, aber auch bei bestimmten Produktionsüberwachungen ist ein Abrastern der Probenoberfläche mittels Mappingverfahren notwendig. Zur Dokumentation, welche Probenstelle angefahren wurde, werden die Goniometer heute oftmals mit optischen CCD-Kameras ausgestattet. Das Goniometer ist zusätzlich mit einem Laser ausgerüstet. In die optische CCD-Kamera wird eine Messskala eingeblendet und das Zentrum auf die Fokusstelle des Goniometers justiert. Wie in Bild 4.37a gezeigt, wird der Laser parallel

146 4 Hardware für die Röntgenbeugung

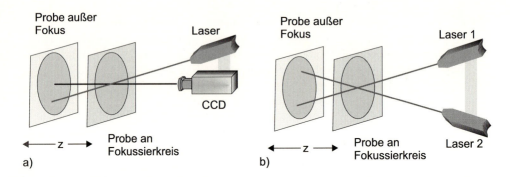

Bild 4.37: a) Probenjustage mit CCD-Kamera und Laser b) Probenjustage mit zwei Lasern

zur optischen Achse der CCD-Kamera angeordnet, aber in einer Richtung zur Kamera verkippt. Kreuzen sich Laser und optische Achse genau auf der Probenoberfläche, ist die Probe am Fokuskreis korrekt angeordnet. Ist der Laser nicht im Mittelpunkt der Kamera sichtbar, kann die Justage durch z-Verstellung des Probenträgertisches erfolgen. Mittels der CCD-Kamera kann die gemessene Probenstelle gut dokumentiert werden.

Verwendet man zwei schräg zueinander fest justierte Laser und hat man den Kreuzungspunkt auf die Fokussierebene justiert, dann liegt der Kreuzungspunkt beider Laser bei richtiger Justage genau auf dem von der Röntgenstrahlung beleuchteten Messfleck in der Fokussierungsebene, Bild 4.37b. Diese Hilfsmittel werden derzeit vor allen an Diffraktometern mit Flächenzählern verwendet.

5 Methoden der Röntgenbeugung

Führt man ein Beugungsexperiment aus, dann ist damit immer das Ziel verbunden, mehr über die Feinstruktur der Probe zu erfahren. Aus dem Beugungsexperiment kann man die im Bild 5.1 aufgezeigten Zusammenhänge und Informationen erhalten. Es ist damit ersichtlich, dass mit einer Untersuchung nicht alle Ergebnisse gleichzeitig, mit höchster Genauigkeit und dazu noch produktiv, d.h. sehr schnell vorliegen. Aus dem Kapitel 4.5.5 ist schon bekannt, dass Genauigkeit und Zeit sich oft diametral gegenüber stehen. Es ist also äußerst wichtig und notwendig, erst abzuklären, welche Informationen gewünscht werden und danach sowohl die Messanordnung als auch die Messstrategie auszuwählen.

Dabei ist es erforderlich bei neuen Aufgabenstellungen meistens mehrere unterschiedliche Messungen mit unterschiedlichen Messprogrammen auszuführen. Nach Auswertung der Ergebnisse kann man dann auszuwählen, welches (welche) Experiment(e)/Messprogramm(e) die meisten Informationen mit einem optimalen bzw. vertretbaren Zeitaufwand liefern.

Die heute häufigste Vorgehensweise in der Werkstoffwissenschaft ist die, dass man von einer unbekannten Probe zuerst eine so genannte Übersichtsaufnahme in BRAGG-BRENTANO-Anordnung oder vergleichbaren Anordnung über einen großen Winkelbereich anfertigt. Treten überhaupt Peaks auf, dann liegt eine kristalline Probe vor. Dieses Beugungsdiagramm wird analysiert nach der Zahl, der Lage, der Intensität und der Form der Beugungspeaks. Treten nur einzelne und sehr scharfe Beugungspeaks auf, kann ein Einkristall vorliegen. Treten sehr viele Beugungslinien auf, dann kann eine niedrigsymmetrische Kristallstruktur oder ein Kristallgemisch aus vielen Phasen vorliegen. Treten keine Beugungspeaks auf, dann gibt es innerhalb des Eindringbereiches der Strahlung keine beugenden Netzebenen und es kann eine röntgenamorphe Probe vorliegen. Von einer röntgenamorphen Probe im klassischen Fall spricht man, wenn die Kristallitausdehnungen senkrecht zur Oberfläche kleiner als 50 − 20 nm sind. Dabei ist zu beachten, dass die größere Zahl für leichte und die kleinere Zahl für schwerere Elemente gilt. Durch Anwendung moderner Strahloptiken, anderer Diffraktometergeometrien und verbesserter Detektoren ist die Röntgenamorphität heute auf Werte zwischen 15−3 nm Kristallitgröße abgesunken. Das Röntgenbeugungsverfahren ist damit wesentlich empfindlicher geworden. Bei dieser Betrachtungsweise soll aber auf schwerwiegende Fehlinterpretationsmöglichkeiten hingewiesen werden. Mit einem eindimensionalen Beugungsdiffraktometer kann von einer fehlorientierten Einkristallprobe ebenfalls ein Beugungsdiagramm erhalten werden, welches einer amorphen Probe gleicht. Dies ist dann der schwerst anzunehmende Fehler, den ein Anwender machen kann, eine einkristalline Probe als amorph einzustufen. Deshalb ist der sichere Nachweis, dass eine Probe amorph ist, nicht mit einer Messung einer unbekannten Probe erledigt.

Treten Beugungspeaks auf, dann lassen sich aus der Zahl, Intensität und Lage die kristallinen Phasen, das Kristallsystem bzw. die Kristallstruktur bestimmen. Die Bestimmung der Art der vorkommenden kristallinen Phase in einer Probe wird als qualitative

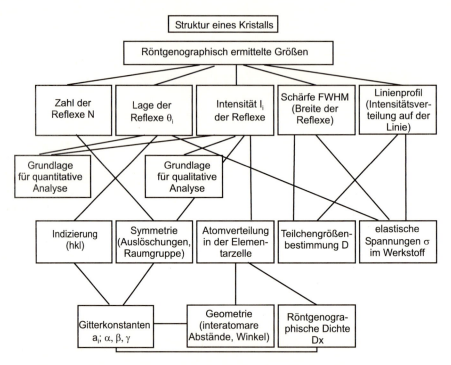

Bild 5.1: Erhaltbare Informationen von Beugungsexperimenten und daraus ableitbare Informationen

Phasenanalyse bezeichnet. Dies wird heute auch auf Grund der unterschiedlichen Kristallstrukturen aller Elemente und Verbindungen und der damit verbundenen charakteristischen Beugungsdiagramme als Fingerprint-Methode bezeichnet. Jedem einzelnen Beugungspeak kann – mehr oder weniger schwierig – eine Netzebenenschar $\{h\,k\,l\}$ zugeordnet werden, dann spricht man von der Indizierung der Beugungsdiagramme.

Hat man eine neue, unbekannte und kristalline Substanz synthetisiert, dann möchte man mehr über den Kristallaufbau herausfinden. Die Bestimmung der Gitterkonstanten, der Atomverteilung und der Geometrie der Atomanordnung wird als Kristallstrukturanalyse bezeichnet.

Hat man mehrere kristalline Verbindungen in einer Probe gefunden und versucht, deren Volumen- bzw. Mengenanteil zu bestimmen, dann wird dies als quantitative Phasenanalyse bezeichnet. Die Bestimmung von Teilchengrößen gehört ebenfalls zur quantitativen Analyse. Treten in einer Probe mechanische Spannungen auf, so führt das zu Abweichungen der Gitterparameter vom spannungsfreien Zustand. Die Bestimmung und Auswertung dieser Abweichungen wird als röntgenographische Spannungsanalyse bezeichnet. Die Bestimmung der Abweichungen der Körner von der regellosen Orientierungsverteilung wird als Texturanalyse bezeichnet. Diese Verfahren werden oftmals mit zur quantitativen Analyse gezählt. Die Mehrzahl der Autoren behandelt diese Verfahrensgruppen eigenständig. Der letzteren Auffassung wird sich hier angeschlossen.

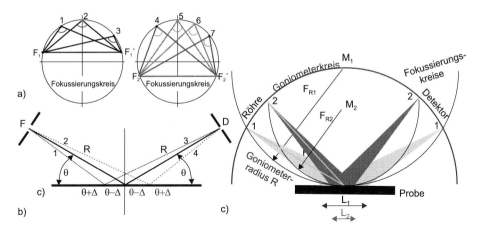

Bild 5.2: a) Fokussierungsbedingung nach JOST [91] b) Strahlengang für ein divergenten Primärstrahl als auch Detektorstrahl in einem Goniometer mit Radius R c) Fokussierungskreisausbildung bei zwei unterschiedlichen Beugungswinkel beim BRAGG-BRENTANO-Goniometer

5.1 Fokussierende Geometrie

Die bisher besprochenen Aspekte zur Röntgenstrahlerzeugung, -detektion und -fortleitung sind im wesentlichen dadurch geprägt, dass der aus der Röntgenröhre austretende Röntgenstrahl ein divergierender Strahl ist. Es liegt also nahe, die Strahlführung so zu gestalten, dass Teilstrahlen fokussierend auftreten. Nur mit einer Fokussierung können schwache und mit geringer Intensität auftretende Beugungserscheinungen auch zuverlässig beobachtet werden. Die Detektion erfolgt noch in mehr als der Hälfte der Anwendungen mit Punktdetektoren, siehe Kapitel 4.5.1. Alle fokussierenden Verfahren beruhen auf dem Gesetz, dass in allen Dreiecken, die über einer gemeinsamen Sekante einem Kreis einbeschrieben sind, der Scheitelwinkel gleich groß ist, Bild 5.2a. Der Winkel an den Positionen 1, 2 und 3 ist in der Fokussierungsstellung F_1 gleich. Ändert sich der Fokussierungsort auf F_2 bzw. F_2', Positionen 4 bis 7, dann ist auch dieser Winkel gleich. Der Winkel zwischen F_1-Fokusstellung und F_2-Fokusstellung ist natürlich unterschiedlich.

An dieser Stelle wird entgegen der geschichtlichen Entwicklung der Beugungsverfahren mit dem von FRIEDMANN und von PARRISH um 1945 bei Philips (USA) entwickelten Pulverdiffraktometern begonnen. Das von ihnen als BRAGG-BRENTANO-Geometrie bezeichnete Fokussierungsprinzip wird nachfolgend beschrieben. Literaturstellen und eine gewisse Normung sind [99, 11, 12, 9] entnommen.

5.1.1 BRAGG-BRENTANO-Anordnung

Eine polykristalline Probe besteht immer aus kleinen Kristalliten, den Körnern. Ein Kristallit ist ein kleiner Einkristall und durch eine Kristallitorientierung zur Oberfläche und Probenkante gekennzeichnet. Zur Beschreibung der Kristallitorientierung werden in der Regel die Netzebenennormalen, welche mit den Richtungen der reziproken Gittervektoren zusammenfallen, benutzt. Im ideal polykristallinen Material sind alle Orientierungen

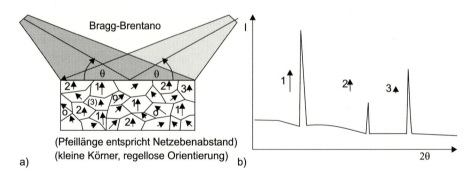

Bild 5.3: Schematische Darstellung der Kornstruktur eines Werkstoffen und seiner Netzebenenorientierung und mögliches Diffraktogramm schematisch

regellos verteilt. Somit sind nur jeweils wenige der möglichen Netzebenennormalen (Orientierungen) senkrecht zur Werkstoffoberfläche ausgerichtet, Bild 5.3. In diesem Beispiel sollen drei »Kornarten« mit drei unterschiedlichen Netzebenenabständen zur Erklärung der Beugung herangezogen werde. Ein divergenter Röntgenstrahl wird mit seinem Mittelpunktsstrahl in einer Entfernung R auf eine ebene Probe unter dem Winkel θ gelenkt, Bild 5.3 bzw. 5.2a. Gelangt der an der Netzebene reflektierte Mittelpunktsstrahl unter dem gleichem Winkel θ auf den Detektor und tritt dort wegen der Erfüllung der Braggschen-Gleichung ein messbares Intensitätsmaximum auf, dann liegt die Erfüllung der Beugungsbedingung vor. In dem beleuchteten Teil der Probe entsprechend Bild 5.3a bzw. Bild 3.21 sind nur wenige niedrig indizierte Netzebenen d_{hkl} parallel zur Oberfläche vorhanden (ausgedrückt durch den auf der Netzebene stehenden senkrechten Oberflächennormalenvektor) und der Einstrahlwinkel erfüllt die BRAGGsche-Gleichung 3.119. Bei einem Winkel θ_1 erfüllen die vier Körner, gekennzeichnet mit 1, die Beugungsbedingungen und rufen den Beugungspeak 1 hervor, Bild 5.3b. Die mit o gekennzeichneten drei Körner mit dem gleichen Netzebenenabstand tragen nicht zum Beugungspeak bei. Wird der Beugungswinkel θ weiter vergrößert, dann erfüllen bei einem Winkel θ_2 die mit 2 gekennzeichneten vier Körner die Beugungsbedingungen ebenfalls. Aber auf Grund anderer Verhältnisse in dem Strukturfaktor, in der Flächenhäufigkeit etc., siehe Gleichung 6.1 kann die Intensität jetzt kleiner sein. Ersichtlich ist im Bild 5.3a, dass auch hier Körner mit diesem Netzebenenabstand nicht zum Beugungspeak 2 beitragen, da deren Oberflächennormale nicht senkrecht zur Oberfläche steht. Im Bild 5.3a ist nur ein Korn 3 in Beugungsrichtung, das mit (3) gekennzeichnete Korn kann gerade noch so durch seine geringe Fehlorientierung zum Beugungspeak 3 beitragen.

Betrachtet man jetzt die divergenten Teilrandstrahlen der einfallenden Strahlung vom Punkt F, Bild 5.2a, dann tritt der linksseitige Strahl 1 mit einem um den Wert Δ größeren Einfallswinkel auf. Der rechtsseitige Teilstrahl 2 ist um Δ kleiner. Ist die Divergenz des Detektors genauso groß wie die von der Quelle, dann werden die Randstrahlen 3 mit einem um Δ kleineren Winkel und der Randstrahl 4 mit einem um Δ größeren Winkel beobachtet. Die Reflexion des Randstrahles 1 zum Detektorstrahl 3, als auch die Reflexion des Randstrahles 2 zum Detektorstrahl 4 sind somit in der Summe genau $2 \cdot \theta$ und damit genauso groß wie die Summe der Beugungswinkel des Mittelpunktstrahles. Somit trägt die gesamte bestrahlte Fläche zur Beugungsinterferenz unter dem Winkel $2 \cdot \theta$ bei.

Die Beugung findet real nicht nur an den ersten zwei Netzebenen statt, sondern im Bereich der Eindringtiefe der Röntgenstrahlung. Die vom Beugungswinkel abhängige Eindringtiefe τ ist durch Absorption und Extinktion bestimmt, siehe Kapitel 10.4.3. Die bei der Beugung erzielbare Linienbreite L_B kann nach Gleichung 5.1 mit dem Fehlorientierungswinkel χ (χ maximal 3°) für die Netzebene $(h\,k\,l)$ überschlägig bestimmt werden.

$$L_B = \tau \cdot \cos\theta_{hkl} + \chi \tag{5.1}$$

Röntgenröhrenfokus und Detektorfokus befinden sich in einer konstanten, gleichen Entfernung zur Probe. Wie schon im Kapitel 4.6 festgestellt, bewegen sich Detektor und Röhre auf einem Kreisbogen, man spricht von einer Bewegung auf einem Goniometerkreis mit dem Goniometerradius R. Röhrenfokus, Tangente der Probenoberfläche und Detektorfokus befinden sich zu jedem Zeitpunkt auf einem Kreisbogen. Zu einem Zeitpunkt t_1 der gemeinsamen Bewegung von Röhre und Detektor sei dieser Kreisbogenradius F_{R1}. Dieser Kreis wird Fokussierungskreis genannt. Zum Zeitpunkt t_1 wird eine Probenfläche der Länge L_1 bestrahlt. Bewegen sich Röhre und Detektor gleichmäßig zu höheren Winkel und verbleibt die Probe an ihrem Ort, dann lässt sich in dieser Stellung zum Zeitpunkt t_2 erneut ein Fokussierungskreis, aber diesmal mit einem kleinerem Radius F_{R2} finden. Die Randwinkelunterschiede gleichen sich wiederum aus, wie in Bild 5.2a schon erwähnt. Durch den kleineren Fokussierungskreisradius in Stellung 2 wird bei unveränderten Divergenzblenden eine kleinere Fläche der Probe bestrahlt. Der Randausgleich der Beugungswinkel wird aber auch in dieser Stellung erfolgen, der Winkelunterschied Δ wird aber mit größerem Beugungswinkel kleiner. Mit einer Eintrittsblende EB und einem damit verbundenen Divergenzwinkel γ wird die maximal bestrahlte Probenlänge L und -fläche festgelegt. Bringt man in die Diffraktometeranordnung noch weitere Blenden entsprechend Bild 5.4a ein, dann wird die Strahlgeometrie wiederum noch verändert. Da bei kleinen Beugungswinkeln θ sehr große Werte für die bestrahlte Probenlänge L auftreten können, wird im Allgemeinen noch eine probennahe Divergenzblende PDB eingebracht, Bild 5.4b. Diese verkürzt die bestrahlbare Probenfläche. Die Detektordivergenz wird durch die Detektorblende DB festgelegt.

Damit wird immer gewährleistet, dass der Detektor ausschließlich auf eine mit Röntgenstrahlung beleuchtete Probenfläche »schaut«. Diese Fläche wird bei kleinen Beugungswinkeln aber von der Detektorseite noch durch eine Streustrahlenblende SB eingeschränkt. Die Streustrahlenblende hat auf der Detektorseite die gleiche Funktion wie die probennahe Divergenzblende. In Bild 5.4b wird die Länge der bestrahlten Probenoberfläche als eine Funktion des Einstrahlwinkels für ein Diffraktometer mit Radius $R = 300$ mm ohne probennahe Divergenzblende für verschiedene Eintrittsblendendivergenzwinkel γ angegeben. Diese Länge lässt sich ansonsten nach Gleichung 5.2 berechnen. Von KRÜGER [107] wird eine Korrektur für kreisförmige Proben angegeben.

$$L(\theta, R, \gamma) = \frac{R \cdot \tan\gamma}{\sin\theta} \tag{5.2}$$

Als Auswirkung dieser ungleichmäßigen Beleuchtung zeigt sich, dass im Beugungsdiagramm der gemessene Untergrund bei kleinen Beugungswinkeln höher ist als bei großen

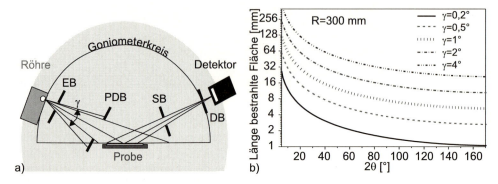

Bild 5.4: a) Anordnung und Wirkung von Blenden im BRAGG-BRENTANO-Diffraktometer b) Länge der bestrahlten Fläche bei einem Goniometer mit $R = 300$ mm und verschieden Divergenzwinkeln γ

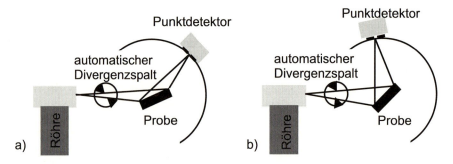

Bild 5.5: BRAGG-BRENTANO-Diffraktometer bei zwei unterschiedlichen Beugungswinkeln, a) kleinere Aperturblende bei kleinem Beugungswinkel b) größere und motorisierten Aperturblenden zur Erzielung gleicher Probenausleuchtung

Beugungswinkeln. Die bestrahlte Fläche wird kleiner. Dass der Unterschied im Untergrund nicht ganz so stark ist wie die Änderung der Fläche liegt daran, dass die Beugung im Volumen, d.h. bis zur jeweiligen Eindringtiefe der Strahlung in die Probe, stattfindet. Das Volumen wird nicht in dem Maß verkleinert wie die Fläche. Nach Gleichung 3.98 nimmt mit steigendem Beugungswinkel die Eindringtiefe zu. Damit wird das Volumen je nach Ordnungszahl des Probenmaterials nicht proportional mit dem Beugungswinkel kleiner. Betrachtet man das bestrahlte Volumen bei einer BRAGG-BRENTANO-Aufnahme, dann wird dies durch diese zwei gegenläufigen Prozesse nicht zu unterschiedlich sein.

Das Problem der ungleichmäßig beleuchteten Probenfläche lässt sich durch Kopplung stetig veränderbarer Eintrittsaperturblenden mit dem Beugungswinkel lösen. Schematisch wird dies in Bild 5.5 gezeigt.

Zur Erzielung höherer Intensitäten wird bewusst ein höherer Öffnungswinkel der Eintrittsblende zugelassen. Die Probe wird dabei bei kleinen Beugungswinkeln bewusst überstrahlt.

> Bei der BRAGG-BRENTANO-Geometrie befinden sich Röhrenfokus, Probe und Detektorspalt auf einen Fokussierkreis, dessen Radius mit zunehmenden Beugungswinkel kleiner wird. Nur die Kristallite, deren Netzebenen parallel zur Oberfläche liegen, erfüllen die Beugungsbedingungen. Die Probenfläche sollte immer größer sein als die bestrahlte Probenoberfläche. Bei sehr kleinen Proben ist die Probenträgerkristallinität zu beachten.

Zur Vermeidung von Justagefehlern zwischen Primärstrahlfläche und Detektorfläche und damit der Detektor auf nicht primärseitig bestrahlte Flächen »schaut«, wird im Allgemeinen eine größere Fläche durch eine breitere Eintrittblende bestrahlt. Das Verhältnis der Divergenzen bzw. Blendenöffnungen zwischen Primär- und Detektorstrahl sollte in reiner BRAGG-BRENTANO-Geometrie zwischen 2 − 10 ausgewählt werden. Die Eintrittsblende im Divergenzwinkel bzw. in der Spaltöffnung sollte ca. 2…10 mal größer sein, als die Detektorblende. Je kleiner die Divergenzwinkel sind, umso besser ist die Auflösung, aber umso weniger Intensität ist detektierbar. Damit die Bedingungen der Zählwahrscheinlichkeiten eingehalten werden, muss länger gemessen werden.

Die Wahl der Primärstrahldivergenz richtet sich auch nach der Probengröße. Bei kleinen Beugungswinkeln sollte die Probe größer sein als die bestrahlte Fläche. Eine Überstrahlung der Probe sollte vermieden werden. Insbesondere dann, wenn man quantitative Aussagen und quantitative Vergleiche liefern muss. Ansonsten kann es dazu führen, dass Beugungspeaks vom Probenhalter dem eigentlichen Diffraktogramm überlagert werden. In Bild 5.6 sind verschiedene leere Probenträger auf ihr kristallines Verhalten untersucht worden. Man erkennt, dass trotz nach Herstellerangaben – gleiche Kunststoffsorte – durch unterschiedliche Füll- und Farbstoffzugaben zum Teil unterschiedliche »kristalline Bereiche« in den zu erwartenden amorphen Kunststoffen auftreten. Ebenso sind zum Teil erhebliche Intensitätsraten besonders bei kleinen Beugungswinkeln festzustellen. Beim Originalprobenträger wird durch den als Glashügel bezeichneten sehr breiten Beugungspeak zwischen 8 und 23° bei sehr kleinen und überstrahlten Proben von unerfahrenen Nutzern so oftmals eine »beginnende Kristallisation« in die konkret zu untersuchende Probe hinein interpretiert, die gar nicht vorhanden ist. Die häufig benutzte Knetmasse zum Ausgleich von Höhenunterschieden für die Probenbefestigung zeigt ein sehr kristallines Verhalten. Deshalb sollte man hier immer sorgsam darauf achten, dass die zum Höhenausgleich verwendete Knetmasse niemals größere Ausdehnungen hat, als die zu untersuchende Probe.

Die Darstellung von Beugungsdiagrammen erfolgt heute meist als Funktion des doppelten Beugungswinkels $2 \cdot \theta$. Im Zeitalter der digitalen Verarbeitung der gemessenen Beugungsdiagramme wird der Beugungswinkelauftrag von links von kleineren Beugungswinkeln nach rechts zu größeren Beugungswinkeln vorgenommen. Im Kapitel 10, Bild 10.1, ist dieser Auftrag seitenverkehrt und stammt aus der Zeit, als das Beugungsdiagramm noch mit einem Papierrollenschreiber aufgenommen wurde. Deshalb ist beim Vergleich der Diffraktogramme immer auf die Richtung des Winkelauftrages zu achten. Auf der Ordinate wird die Zahl der gezählten Impulse (Counts) pro Winkelschritt aufgetragen. Beugungsdiagramme sind dann vergleichbar, wenn mit gleicher Zeit pro Winkelschritt gemessen wurde. Werden diese Bedingungen nicht erfüllt, dann kann die Vergleichbarkeit besonders im Intensitätsbereich mittels der Angabe Impulse/Zeit (counts per se-

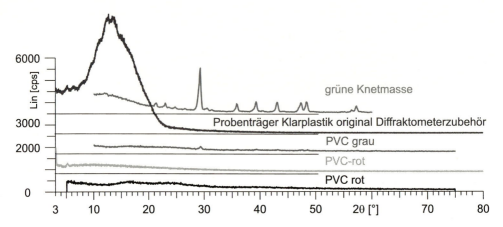

Bild 5.6: Diffraktogramme von verschiedenen Probeträgermaterialien zur Beachtung möglicher Störpeaks bei sehr kleinen, vom Röntgenstrahl überstrahlten Proben

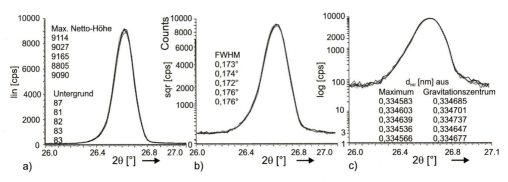

Bild 5.7: Darstellungsmöglichkeiten eines Beugungsdiagrammes (fünf Beugungsdiagramme gleichzeitig aufgetragen) und Angaben von Untergrundwerten, maximaler Nettohöhe, Halbwertsbreite (FWHM) und vom ableitbaren Netzebenenabstand bei a) linearer Auftrag b) quadratischer Auftrag c) logarithmischer Auftrag

cond – cps) angegeben werden. Je nach Wahl der Ordinatenachsenunterteilung, linearer Auftrag (Lin [cps]), quadratischer Auftrag (aber als Quadratwurzel) (Sqr [cps]) oder logarithmischer Auftrag (Basis 10) (Log [cps]), werden unterschiedliche Abschnitte eines Beugungsdiagrammes und mögliche Änderungen hervorgehoben.

Beim linearen Auftrag werden besonders die Unterschiede in der Maximalintensität sichtbar, beim logarithmischen Auftrag treten besonders Unterschiede bei niedrigen Intensitäten hervor. Im Bild 5.7 sind für die drei Auftragungsarten jeweils fünf Wiederholmessungen des (1 0 1)-Quarzpeakes (PDF-Datei 00-046-1045), aufgenommen mit einer Schrittweite von 0,02° und einer Zählzeit von 3 s pro Schritt, dargestellt. Im Bild 5.7a, mit linearen Auftrag sind die Unterschiede in der Maximalintensität auch als Zahlenwerte mit eingetragen. In dieser Darstellungsweise sind die Unterschiede im Peakmaximum sichtbar. Beim quadratischen Auftrag sind kaum Unterschiede ersichtlich. Die in den Peakbreiten bei halber Maximalhöhe (FWHM) auftretenden Unterschiede von 0,004° in der $2\cdot\theta$-Skala sind visuell nicht sichtbar. Im Bild 5.7c sind beim logarithmischen Auftrag die Unterschiede im Untergrund ersichtlich. Die Schwankungen ergeben sich, da in 3 s Zählzeit nur weniger als 90 Counts gezählt werden. Dies ist noch sehr weit entfernt von den in Kapitel 4.5.5 geforderten 4 500 Counts für eine statistisch gesicherte Messung. Im Bild 5.7c sind die ermittelten Netzebenenabstände aus dem Wert des Beugungswinkel θ aus der Maximalintensität und aus dem Gravitationsschwerpunkt angegeben. Die Unterschiede in der Bestimmung des Netzebenenabstandes von (|0,000 103 nm|) (Maximalintensität) bzw. |0,000 09 nm| (Gravitationszentrum) sind somit im Bereich der Fehler der Wellenlängenbestimmung der Röntgenstrahlung. Der hier schon an dem Beispiel ersichtliche Trend des kleineren Fehlers bei Verwendung des Gravitationszentrums ist verallgemeinerungsfähig. Die genaue Peaklage sollte also immer nach dieser Methode bestimmt werden. Die im Kapitel 8.5 dann später festgestellte generelle Verschiebung der Maximalintensität von der erwarteten Peaklage ist mit systematischen Fehlern bei der Durchführung der Messung erklärbar. Deshalb sollten bei der Gitterkonstantenbestimmung immer mehrere Netzebenen oder noch besser das gesamte Beugungsdiagramm verwendet werden und eine Ausgleichsrechnung/Regression auf $\theta = 90°$ durchgeführt werden, siehe Kapitel 5.2.

Die hier vorgestellte Variante der gleichzeitigen Bewegung der Röhre und des Detektors erfordert die Verwendung eines Theta-Theta-Goniometers, siehe Bild 4.33a. Das Verständnis für diese Geometrie und Bewegungsform ist einfacher, war aber entwicklungsgeschichtlich gesehen der letzte Schritt. Wie schon erwähnt, sind die Theta-Theta-Diffraktometer teurer.

Mit einem Theta-2 Theta Diffraktometer nach Bild 4.33b ist ebenso eine BRAGG-BRENTANO-Anordnung möglich. Die Probe befindet sich in der Mitte des Diffraktometers und wird von der hier feststehenden Röntgenröhre bestrahlt. Der Detektor lässt sich auf dem Detektorkreis verfahren, so dass die gebeugte Intensität über den ganzen Winkelbereich $2\cdot\theta$ aufgenommen werden kann. Dabei ist die Probe in dieser Stellung um den Winkel θ gegenüber dem Primärstrahl gedreht. Einfallender und reflektierter Strahl haben dann den gleichen Winkel zur Probenoberfläche. Da die Messrichtung immer parallel zur Winkelhalbierenden zwischen Primär- und Sekundärstrahl liegt, werden in dieser Stellung ausschließlich Netzebenenscharen parallel zur Oberfläche vermessen. Wird beim Bewegen des Detektors um den Winkel $\Delta 2\theta$ auch die Probe um den halben Winkel $\Delta\theta$ bewegt, bleibt die Messrichtung erhalten. Das Bewegen der Probe erfolgt mit der Geschwindigkeit ω. Damit die BRAGG-BRENTANO-Bedingung eingehalten wird, muss sich der Detektor mit der Geschwindigkeit $2\cdot\omega$ bewegen. Durch Abfahren eines größeren 2θ Bereiches erhält man dann ein Diffraktogramm des Werkstoffes, wie es z. B. in Bild 5.34 dargestellt ist. Diese Anordnung benötigt also zwei parallele Drehachsen für den Detektor und die Probe. Bei der beschriebenen Kopplung der Drehungen um beide Achsen spricht man von einer $\theta - 2\theta$ oder auch $\omega - 2\theta$ Anordnung, siehe auch Seite 393.

Die unzureichende Beachtung der bestrahlten Probenlänge bei kleinen Beugungswinkeln ist im Bild 5.8a zu erkennen. An mit Chrom beschichteten Rundproben aus Stahl sollten röntgenographische Spannungsmessungen durchgeführt werden. Im Kapitel 10 wird später gezeigt, dass es günstiger ist, die Spannungsbestimmung bei großen Beugungswinkeln durchzuführen. Es wurden Proben mit einer Länge von ca. 35 mm verwendet. Für eine Charakterisierung einer Probe sollte immer eine Beugungsaufnahme über den

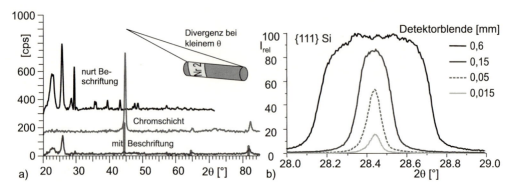

Bild 5.8: BRAGG-BRENTANO-Diffraktogramme a) Chrom-Beschichtungen auf Stahl mit und ohne Probenbeschriftung und nur Beschriftung b) {1 1 1}-Siliziumpeak als Funktion der Detektorblendenweite

gesamten Winkelbereich gemessen werden. Die im Bild 5.8a gezeigte Beugungsaufnahme »mit Beschriftung« wies im Winkelbereich 20 − 30° zunächst unerklärliche, teils scharfe Beugungspeaks auf, die dem Probenmaterial nicht zugeordnet werden konnten. Es zeigte sich jedoch, dass die Proben zur Kennzeichnung mit bedrucktem Papier (Toner enthält Graphit) und mittels eines Klebestreifens beklebt waren. Nach Entfernen der Probenkennzeichnung traten diese Beugungspeaks nicht mehr auf. Ursache war also, dass bei Verwendung einer 1 mm Lochblende bei einem Beugungswinkel von $\theta = 5°$ mindestens 30 mm Probenlänge bestrahlt werden, siehe auch Bild 5.8a. Der Röntgenstrahl traf auch die Beschriftung. Die dort vorhandenen Materialien mit ihren kristallinen Anteilen trugen ebenfalls zum Diffraktogramm bei.

Eine weitere wichtige Abhängigkeit beim BRAGG-BRENTANO-Verfahren ist im Bild 5.8b gezeigt. Hier ist noch eine andere Darstellungsart gewählt worden. Alle Maximalintensitäten der Beugungspeaks sind auf die stärkste Intensität normiert worden. Die Breite, die Peakform und die Intensität eines Beugungspeakes wird entscheidend von der Detektorblendenweite bestimmt. Sehr breite, aber intensitätsreiche Beugungspeaks werden bei breiten Detektorblenden erreicht, sehr scharfe und schmale Beugungspeaks bei sehr kleinen Detektorblenden. Das Peak-zu-Untergrundverhältnis bleibt aber bei allen Messungen weitgehend gleich. Es verschlechtert sich bei sehr starken Maximalintensitäten, wenn der Detektor aus dem linearen Zählbereich in die Sättigung läuft. Ersichtlich ist jedoch bei 0,6 mm Detektorblendenbreite der linksseitige (kleinerer Einstrahlwinkel) höhere Untergrund gegenüber auf der rechten Seite, d.h. die bestrahlte Fläche wird kleiner. An dieser Peakform ist aber auch zu erkennen, dass hier der Detektor beim Maximum in die Sättigung gefahren wurde. Eine Peakformanalyse, Kapitel 8, würde hier zu völlig falschen Ergebnissen führen. Auch ist hier der Peak links- wie rechtsseitig zu stark beschnitten und der Untergrundverlauf könnte falsch bestimmt sein.

Ein Diffraktogramm wird über einen Beugungswinkelbereich von θ_1 bis θ_2 abgefahren. Die meisten Diffraktogramme für ein unbekanntes Material scannt man von 10 − 140° im dann meist als 2θ angegebenen Bereich ab. Diese 65° Winkelunterschied werden mit realen Bewegungsgeschwindigkeiten des Detektors und der Probe bzw. der Röhre abgefahren. Die höchsten Geschwindigkeiten an Diffraktometern sind dabei derzeit 30 °min.$^{-1}$.

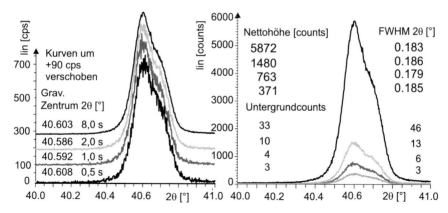

Bild 5.9: BRAGG-BRENTANO-Diffraktogramme der (1 1 0)-Netzebene von Molybdänpulver, aufgenommen im Schrittbetrieb mit einer Schrittweite von 0,002° mit unterschiedlichen Zählzeiten und Ermittlung charakteristischer Größen des Beugungspeakes für Kupfer-$K_{\alpha 1}$ Strahlung a) Auftrag als Lin [cps] b) Lin [counts]

Dies bedeutet bei einer Schrittweite von 0,05° eine »Verweildauer« des Detektors von gerade 0,1 s pro Messschritt. In dieser Zehntelsekunde muss der Detektor aber noch genügend Impulse registrieren, damit seine in Kapitel 4.5.5 beschriebene Zählstatistik erreicht wird. Dies wird meist nur bei Einkristallen erreicht. Deshalb werden die Diffraktogramme mit einer langsameren Bewegungsgeschwindigkeit der Komponenten abgefahren, um pro Zählschritt länger am Ort verweilen zu können und die Statistikbedingungen des Detektors einhalten zu können. Im Bild 5.9 ist von Mo-Pulver die (1 1 0)-Netzebene mit einer Schrittweite von 0,002° bei unterschiedlichen Zeiten pro Schritt aufgenommen und als Impulse pro Zeit, Bild 5.9a, und nur gezählte Impulse pro Schritt aufgetragen worden, Bild 5.9b. An diesem Beispiel wird die Forderung aus Kapitel 4.5.5 nochmals experimentell bestätigt. Das Beugungsprofil mit 8 s Messzeit zeigt einen weitgehend »glatten Verlauf« im Bereich des Maximums. Die notwendige Zahl der Impulse für eine statistische Sicherheit werden erreicht. Bei einer Zählzeit von 0,5 s ist der prinzipielle Verlauf erkennbar, die Beugungsprofilparameter weichen jedoch voneinander ab.

Dabei gibt es zwei verschiedene Bewegungsarten des Diffraktometers, der kontinuierliche Betrieb und der reine Schrittbetrieb. Im kontinuierlichen Betrieb wird das Goniometer von einem Anfangswinkel bis zum nächsten Winkel entsprechend der Schrittweite innerhalb der Zeit pro Schrittweite kontinuierlich bewegt. Bei Erreichen des zweiten Winkels wird nur die bis dahin aufintegrierte Zählrate bzw. Impulszahl ausgegeben. In Bild 5.10 ist dies an einem Beispiel für eine Molybdänpulverprobe und der {3 2 1}-Netzebene gezeigt. Innerhalb der fünf dargestellten Kurven wurde die Schrittweite zwischen 0,002° und 0,04° variiert. Das Maximum der Countzahl wird mit der feinsten Auflösung erreicht. Man erkennt aber auch, dass mit dieser Schrittweite noch keine »glatten Kurven« erreicht werden. Größere Schrittweiten als 0,04° messen einen größeren Bereich bis zur Ausgabe eines Stützpunkts für das Beugungsprofil aus. Dadurch ergeben sich glattere, aber eckigere Kurven. Der relativen Fehler aus den gemessenen Netzebenenabständen $SW_{0,002} = 0{,}084\,087$ nm und $SW_{0,04} = 0{,}084\,096$ nm beträgt für den kontinuierlichen

158 5 Methoden der Röntgenbeugung

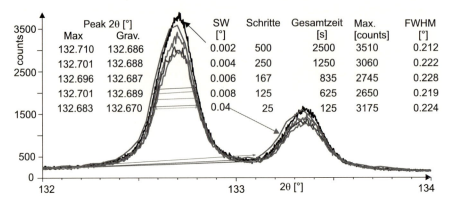

Bild 5.10: BRAGG-BRENTANO-Diffraktogramme der (3 2 1)-Netzebene von Molybdänpulver, aufgenommen im kontinuierlichen Betrieb mit einer Zählzeit pro Schritt von 5 s und Ermittlung charakteristischer Größen des Beugungspeakes für Kupfer-$K_{\alpha 1}$

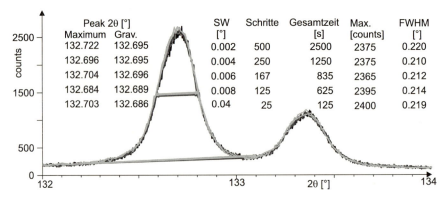

Bild 5.11: BRAGG-BRENTANO-Diffraktogramme der (3 2 1)-Netzebene von Molybdänpulver, aufgenommen im Schrittmodus mit einer Zählzeit pro Schritt von 5 s und Ermittlung charakteristischer Größen des Beugungspeakes für Kupfer-$K_{\alpha 1}$

Betrieb hier noch 0,010 70 %. Dies ist der Grund, warum man bei der Bestimmung der Beugungspeaklage nicht das Maximum, sondern den Schwerpunkt eines Beugungspeakes heranziehen sollte. Bei gleicher Vorgehensweise ist der Schrittweitenfehler dann nur noch 0,005 95 %. Das Maximum kann somit immer nur mit der Genauigkeit ermittelt werden wie die gewählte Schrittweitengröße. Bei diesem Vergleich ist aber zu beachten, dass das hier vorliegende Profil mit Schrittweite 0,002° ca. 42 min. Messzeit benötigt, das mit Schrittweite 0,04° nur 2,1 min. Messzeit.

Die gleiche Vorgehensweise und Vermessung der Mo-Pulverprobe im reinen Schrittbetrieb zeigt Bild 5.11. Die erhaltenen Beugungsintensitätsverteilungen sind nicht so unterschiedlich, die relativen Fehler in der Netzebenenabstandbestimmung betragen hier 0,008 33 % für das Maximum bzw. 0,003 57 % für das Gravitationszentrum.

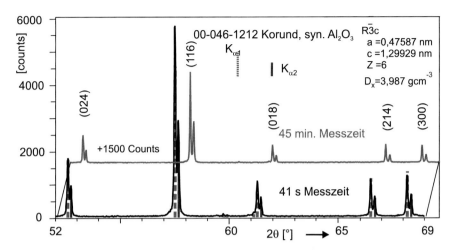

Bild 5.12: BRAGG-BRENTANO-Diffraktogramme von Al_2O_3 mit verschiedenen Detektoren aufgenommen

> Das Beugungsdiagramm sollte so vermessen werden, dass in möglichst vielen Winkelsegmenten die geforderten 4 500 Counts gemessen werden. Erreichbar ist dies mit einer größeren Schrittweite und längerer Zählzeit. Der Beugungswinkel sollte aus dem Gravitationszentrum des digitalisierten Beugungspeaks bestimmt werden.

Bild 5.12 zeigt den Vergleich einer BRAGG-BRENTANO-Aufnahme für Al_2O_3, aufgenommen mit einem punktförmigen Proportionalzählrohr bzw. Szintillatordetektor und dem linearen Microgap-Detektor [36], siehe Kapitel 4.5, welcher eine viel höhere Zahl an Röntgenquanten simultan verarbeiten kann. Die Messzeit konnte so von konventionell 45 min. auf jetzt 41 s verkürzt werden. Die maximale Impulszahl von 5 800 counts für die (1 1 6)-Netzebene ist dabei noch ca. doppelt so groß wie die für den konventionellen Detektor. Analysiert man die Form der Beugungspeaks genauer, dann sind beim Punktdetektor derzeit noch höhere Auflösungen im Winkelbereich festzustellen. Im Bild 5.13 sind an einem weiteren Beispiel die Auswirkungen des Einsatzes von neuen Detektoren zur wesentlichen Messzeitverkürzung am Zement gezeigt. Hier wird deutlich, dass der Einsatz der Mikrotechnik im Detektorbau, Bild 4.23b bzw. Bild 4.24b, nochmals gegenüber dem PSD-Detektor, Bild 4.23a eine beträchtliche Zeitverkürzung realisiert. Die Messzeiten von Mikrostreifendetektor zu PSD-Detektor zu Szintillationsdetektor verhalten sich wie 1 : 2,4 : 19,3. Im Kapitel 4.5.2 war ausgeführt worden, dass mit den linearen Detektoren simultan ein ganzer Winkelbereich bis zu 12° aufgenommen werden kann. In den Bildern 5.12 und 5.13 sind jedoch größere Winkelbereiche vermessen worden. Es sind auch keine Unstetigkeitsstellen bzw. Sprünge in den Intensitätsverläufen der Messkurven erkennbar. Dies liegt daran, dass es möglich ist, den linearen Detektor von seinem Mittelpunkt im Winkeldetektionsbereich kontinuierlich über den gesamten interessierenden Winkelbereich zu verschieben, BRAGG-BRENTANO-Kopplung, dabei aber immer den gesamten aufnehmbaren Winkelbereich zu vermessen und das Diffraktogramm im Bewegen aufzuintegrieren.

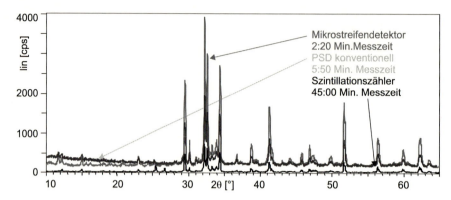

Bild 5.13: BRAGG-BRENTANO-Diffraktogramme von Zement, aufgenommen mit Szintillationszähler, PSD-Detektor, siehe Bild 4.23a und eines modifizierten Mikrostreifendetektors, siehe Bild 4.24b

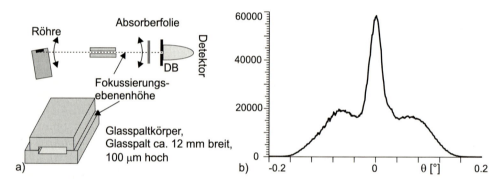

Bild 5.14: a) Prinzip der Nullpunktjustage mit einem Glasspalt b) Intensitätsverteilung des Nullpunktstrahles bei Detektorbewegung, Strahl mit 2 Cu-Plättchen abgeschwächt

Ähnliche Geschwindigkeitssteigerungen sind in [125] enthalten. Dort wird der lineare Halbleiterstreifendetektor für Messungen an LaB_6-Pulverdiffraktogrammen eingesetzt. Es wird ebenfalls von einer bis zu 100-fachen Geschwindigkeitssteigerung berichtet. Die kontinuierliche Bewegung des Detektors ist hier besonders wichtig, um die schon erwähnten »funktionsunfähigen Zeilen des Halbleiterstreifendetektors« auszublenden.

5.1.2 Justage des BRAGG-BRENTANO-Goniometer

Nur ein korrekt justiertes Goniometer liefert präzise und quantifizierbare Ergebnisse. Ebenso ist es notwendig, die von vorn herein nur geringe Röntgenstrahlausbeute auch korrekt auf die Probe zu fokussieren. Die wichtigste Einstellung an einem Goniometer ist die Justage der Nullstellung. Röhrenfokus, Probenoberfläche und Detektorspalt müssen auf einer Linie verlaufen. Da der Detektor im Nullstrahl nicht den vollen Photonenfluss verarbeiten kann, muss der primäre Fluss so abgeschwächt werden, dass man detektieren kann, aber dennoch den ortsabhängigen Röhrenfokus in seinem Maximum trifft. Als

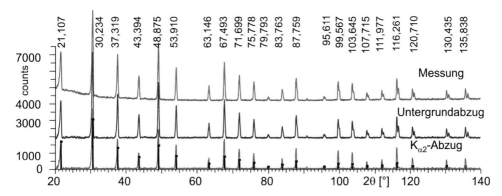

Bild 5.15: Pulverdiffraktometrieaufnahme und Messwertebehandlung – Untergrundabzug und $K_{\alpha 2}$ Abzug und Winkellagenbestimmung (Gravitationszentrum) für die Verbindung LaB_6 zur Überprüfung der Winkellagengenauigkeit nach der Justage, Diffraktogramm auch für Aufgabe 19 auf Seite 259

Probe verwendet man deshalb einen langen, parallelen Glasspalt von z. B. 100 μm Öffnunsbreite, Bild 5.14a. Der Glasspalt ist aus zwei unterschiedlich großen Hälften, aber jeweils mit der gleichen Spaltvertiefung, gefertigt. Beide Hälften werden verklebt und sollten dann so gefertigt sein, dass der Spaltmittelpunkt die spätere Probenoberfläche (Fokussierungsebenenhöhe) darstellt. Dieser Glasspalt wird in den Probenhalter eingebracht. Vor den Detektor wird meist noch eine 0,1 mm Cu-Folie (100-fache Schwächung) gestellt und der Detektor auf seine physische Nullstellung gefahren. Die Röhre wird jetzt beim Theta-Theta Goniometer um einen kleinen Winkelbereich verfahren und jeweils das Maximum der Intensitätsverteilung bestimmt. Dem Maximum des Durchlaufes wird an den heute üblichen Goniometern dieser Wert als Nullstellung Röhre zugewiesen. In einem zweitem Schritt wird dann bei nicht bewegter Probe und Röhre der Detektor um einen kleinen Winkelbereich gefahren und ebenfalls das Maximum als Null zugewiesen. Diese beiden Schritte werden meist wechselseitig durchgeführt. Bei exakter Justierung sollte sich eine Spaltintensitätsverteilung nach Bild 5.14b ergeben. Die hier nur geringen Maximalwerte sind einer Schwächung um ca. 10^4 zuzuschreiben (2-Cu-Folien vor dem Detektor), um Zählernichtlinearitäten bei hohen Impulsraten zu vermeiden. Diese Justage ist bei genügend lang »warm gelaufener Röhre« und bei der am meisten verwendeten Generatoreinstellung vorzunehmen. Änderungen in der Betriebsspannung U_A und dem Röhrenstrom I_A bewirken oft minimale Verschiebungen in der Lage des Röhrenfokus auf der Anode.

Die gleiche Vorgehensweise ist auch bei einem Omega-2 Theta Goniometer möglich. Hier werden wechselseitig der Probenträgerkreis und der Detektorkreis solange bewegt, bis die Glasspaltintensitätsverteilung nach Bild 5.14b erreicht wird.

Aufgabe 16: Bestimmung der Strahldivergenz eines Justierspaltes

Bestimmen Sie die verbleibende Divergenz des Nullstrahls, wenn ein Glasspalt von 100 μm Öffnungsweite und 4,5 cm Länge verwendet wird.

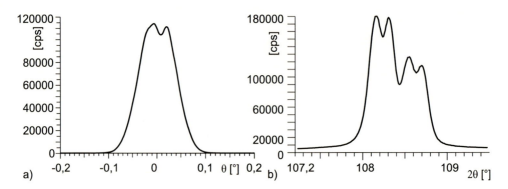

Bild 5.16: a) Intensitätsverlauf Nulldurchgang durch Glasspalt beim Detektorscan mit sehr kleiner Detektorblende von 50 µm b) Einkristallpeak einer InN-Probe mit Multilayermonochromator und Primärblende 50 µm im $\theta - 2\theta$-Scan aufgenommen

Nach dieser Justage braucht dann nur noch der Winkelmessbereich überprüft zu werden. Hierzu werden verschiedene Proben, wie Quarzpulver, LaB$_6$-Pulver oder Si-Einkristalle verwendet. So ist bei Verwendung eines {1 1 1}-Si-Einkristalles und Kupferstrahlung die Justage und die Probenlage exakt, wenn das Maximum bei $\theta = 14{,}22°$ bzw. $2\theta = 28{,}44°$ auftritt. Durch die heutige Verwendung der Schrittmotorensteuerung in den Goniometern treten außer bei Störungen in der Elektronik kaum noch Winkelfehler auf. Bild 5.15 zeigt die Aufnahme der kubisch primitiven Verbindung LaB$_6$ als Messwertfile, nach dem Untergrundabzug und dem Abzug der $K_{\alpha 2}$-Anteile mittels der RACHINGER-Trennung. Die Peaklagen und Intensitäten der Beugungslinien sind die Messdaten für Aufgabe 19.

Ein nicht zu vernachlässigender Effekt ist in Bild 5.16b gezeigt. Hier ist von einer einkristallinen InN-Probe mittels Multilayer-Primärstrahloptik und extrem kleiner Primärblende von 50 µm Offnungsweite ein Beugungspeak vermessen worden. Die zwei lokalen Maxima für K$_{\alpha 1}$ und K$_{\alpha 2}$ haben ihre Ursache in Beugungserscheinungen an Kanten von eng benachbarten Objekten, hier den Blendenkanten. Dieser Doppelpeak tritt auch schon bei der Justage der optischen Achse Fokus-Probenoberfläche-Detektorspalt auf, wenn man als Probenofläche den Glasspalt und als Detektorblende eine sehr kleine Detektorblende einsetzt und einen Detektorscan durchführt, Bild 5.16a. Diese Intensitätsverteilung wird dann auch bei der Beugung mit abgebildet, Bild 5.16b.

Eine weitere Fehlerquelle existiert. Man muss auf die kleinste einzustellende Schrittweite und Eingabe, für welchen Kreis die Eingabe gilt, achten. So sind bei einer kleinsten physischen Schrittweite von 0,001° am Goniometer und der Eingabe der Schrittweite für den Detektor bei der 2 : 1 Kopplung Detektor : Probe nur als kleinste Schrittweite 0,002° zugelassen. In einer solchen Konfiguration sind auch nur im Tausendstel-Grad Schrittweite-Bereich immer nur gerade Schrittweiten möglich, ansonsten ist die 2 : 1 Kopplung gestört. Bei der BRAGG-BRENTANO-Anordnung wird in der Regel mit einem selektiven Metallfilter die Strahlung monochromatisiert, welches die β-Strahlung herausfiltert. Eine Aufspaltung in die zwei noch vorhandenen Strahlungskomponenten $K\alpha_1$ und $K\alpha_2$ wird bei hohen Beugungswinkeln und kleiner Detektorblende an den Beugungspeakes ersichtlich, siehe Bilder 5.10, 5.11 und 5.12.

Wird im Detektorstrahlengang ein Quarz-Kristallmonochromator nachgeschaltet, kön-

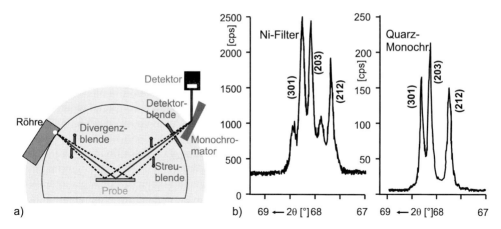

Bild 5.17: a) BRAGG-BRENTANO-Diffraktometeranordnung mit nachgeschalteten Monochromator für hohe Auflösung und Reduzierung der $K_{\alpha 2}$ Strahlung b) Quarz-Fünffingerpeak mit und ohne Monochromator vermessen

nen die störenden $K_{\alpha 2}$-Anteile eliminiert werden. Dies erfolgt aber unter erheblichem Intensitätsverlust. Im Bild 5.17b ist die Abtrennung der $K_{\alpha 2}$ Trennung unter erheblichem Intensitätsverlust, ca. eine Zehnerpotenz bei gleichzeitig stark gemindertem Untergrund, ersichtlich. Der Monochromator erübrigt den Ni-Filter.

Der große Vorteil des BRAGG-BRENTANO-Prinzips ist die Möglichkeit der Untersuchung großer Proben in ihrem Oberflächenbereich durch die Rückstreutechnik. Hat man nur wenig Material zur Analyse zur Verfügung, wird es schwierig, daraus eine geeignete Probe für die BRAGG-BRENTANO-Untersuchung zu fertigen. Der aktuelle Trend ist die Verwendung von Flächenzählern und die im Kapitel 5.8 beschriebenen Methoden zur so genannten Mikrobeugung. Eine schon relativ lange bekannte Methode der Mikrobeugung arbeitet mit der GANDOLFI-Kamera, welche bei der Parallelstrahlgeometrie vorgestellt wird, siehe Kapitel 5.4.1.

5.1.3 Weitere fokussierende Anordnungen

Die Ziele fokussierender Anordnungen sind wie bei der BRAGG-BRENTANTO-Geometrie die Erhöhung der registrierten Intensitäten, unabhängig ob mit Kameras oder Diffraktometern gearbeitet wird, und die Verbesserung der Auflösung der Beugungsdiagramme. Die wichtigsten weiteren fokussierenden Strahlgeometrien, neben der vorgestellten BRAGG-BRENTANTO-Geometrie, welche die heute am meisten eingesetzte fokussierende Strahlengeometrie darstellt, seien im Folgenden vorgestellt.

- SEEMANN-BOHLIN-Verfahren: Beim SEEMANN-BOHLIN-Verfahren wird das Präparat flächenförmig auf einem Teil der Innenseite eines Zylinders aufgetragen, auf dem anderen Teil wird der Film angebracht. Ein divergenter Primärstrahl tritt durch einen achsenparallelen Spalt auf die zu untersuchende Probe. Auf Grund der bereits erläuterten Fokussierungsbedingung, Bild 5.2a, werden die von beliebigen Punkten

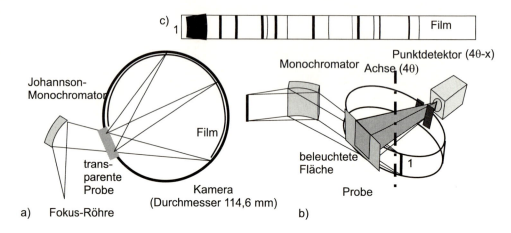

Bild 5.18: a) Prinzip der Guinier-Kamera b) Prinzip des Guinier-Diffraktometers

der Probe unter jeweils konstanten BRAGG-Winkeln reflektierten Strahlen auf den Film fokussiert.

- GUINIER-Verfahren (divergente und konvergente Strahlgeometrie): Das GUINIER-Verfahren ist mit dem SEEMANN-BOHLIN-Verfahren eng verwandt. Es benutzt jedoch als Primärstrahl einen divergenten Strahl aus einem fokussierenden Monochromator. Für die Transmissionstechnik hat GUINIER 1937 diese fokussierende Filmkamera entwickelt. Allerdings ist in dieser Anordnung der Strahlengang umgekehrt gegenüber dem beim SEEMANN-BOHLIN-Verfahren gerichtet. Auf diesem Kameraprinzip wie in Bild 5.18 dargestellt, sind auch Diffraktometer erhältlich. Mit solchen Kameras/Diffraktometern lassen sich Beugungswinkelbereiche bis $2\theta \approx 130°$ erfassen. Verwendet man hier einseitig beschichtete Filme (die Strahlen fallen asymmetrisch auf den Film auf und würden bei doppelseitiger Beschichtung größere Unschärfen erzeugen), dann lassen sich auf Grund des größeren Radius der Kamera, hier meist $360/\pi = 114{,}6$ mm, noch Linien, die einen Abstand von 0,1 mm aufweisen, erkennen. Nach [18] lassen sich so viermal bessere Auflösungen erreichen als beim DEBYE-SCHERRER-Verfahren. Die absolute Winkelbestimmung (Bestimmung des korrekten Wertes) ist aber problematischer. Deshalb wird der zu untersuchenden Probe meist eine Eichsubstanz mit bekannten Winkellagen zugemischt und so eine Relativmessung ermöglicht. Neben der asymmetrischen Druchstrahlanordnung existiert noch die symmetrische Rückstrahlanordnung. Der Einsatz derartiger Kameras und Diffraktometer erfolgt jedoch selten. Ausführlichere Angaben zu diesen Methoden sind in [99, 18] zu finden.

5.2 Systematische Fehler der BRAGG-BRENTANO-Anordnung

Mit der BRAGG-BRENTANO-Anordnung sind die systematischen Fehler bei der Präzisionsgitterkonstanten-Bestimmung ausführlich untersucht worden und weitgehend mathematisch beschreibbar [117, 99, 61, 63, 84, 18]. Die nachfolgenden Ausführungen sollen die einzelnen Fehler und mögliche Maßnahmen zur Vermeidung bzw. Minimierung beschreiben. Zu beachten ist jedoch, dass diese hier einzeln aufgeführten Fehler immer in Kombination auftreten und so z.T. kleinere bzw. auch größere Auswirkungen im Gesamtsystem ergeben können. Durch eine gezielte Analyse der Fehlereinflüsse lassen sich auch Empfehlungen für die Diffraktometergeometrie je nach Aufgabenstellung ableiten. Dies wird am Ende dieses Kapitels vorgenommen.

5.2.1 Abhängigkeit von der Ebenheit der Probe und der Horizontaldivergenz

In der BRAGG-BRENTANO-Anordnung geht man davon aus, dass die Oberfläche der Probe sich als Tangente an den Fokussierungskreis annähert. Eine ebene Probe berührt aber den Fokussierkreis nur an einer Stelle. Links und rechts von dieser Stelle nimmt der Abstand vom Fokussierkreis zu. Eine reale Probe hat keine gekrümmte Oberfläche entsprechend dem Fokussierkreisradius, da dieser sich bei einer Messung ständig ändert. Gekrümmte Kristalloberflächen benutzt man beim Kristallmonochromator, der Beugungswinkel bleibt aber hier konstant. Je größer die bestrahlte Fläche der Probe ist, umso größer werden an den Rändern die Abweichungen vom Fokussierkreis. Voraussetzung für die Fehlerbetrachtung ist, dass das Präparat so groß ist, dass es bei kleinen Winkeln vollständig vom Röntgenstrahl bestrahlt wird. Die bestrahlte Fläche in BRAGG-BRENTANO-Anordnung variiert aber mit dem Einstrahl- bzw. Beugungswinkel. Für einen konkreten Beugungswinkel kann diese Fläche durch eine Eingangsblende mit einer bestimmten Horizontaldivergenz γ eingestellt werden. Daraus lässt sich der erste Fehler der Winkelabweichung entsprechend Gleichung 5.3a bzw. ein daraus resultierender Gitterkonstantenbestimmungsfehler entsprechend Gleichung 5.3b bestimmen. Graphisch für verschiedene Horizontaldivergenzen aufgetragen, ergeben sich die Bilder 5.19a und 5.19b.

$$\Delta\theta_{HD} = -\frac{\gamma^2}{12}\cot\theta \qquad \text{bzw.} \qquad \frac{\Delta a_{HD}}{a} = \frac{\gamma^2}{12}\cot^2\theta \qquad (5.3)$$

Abhilfe/Fehlerverkleinerung schafft eine Extrapolation der Werte gegen $\theta \to 90°$. Hier kommt aber schon zum Ausdruck, dass die Probe nicht zu groß sein sollte, denn die Eingangsblende für die kleinsten Beugungswinkel sollte gerade die Probenoberfläche ausleuchten. Bei größeren Beugungswinkeln sollte die Eingangsblende vergrößert werden, um wieder die Probenoberfläche gut auszuleuchten und die Probenstatistik nicht negativ zu beeinflussen.

5.2.2 Endliche Eindringtiefe in das Probeninnere – Absorptionseinfluss

Die endliche Eindringtiefe des Röntgenstrahles in die Probe entsprechend dem linearen Schwächungskoeffizienten μ des Probenmateriales als auch die unterschiedliche Schwächung des Röntgenstrahles beim Durchlaufen des Weges vom Röhrenaustritt bis zum Detektor als Funktion des Diffraktometerkreisradius R ergeben wiederum Fehler für die

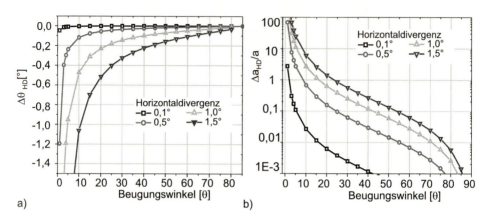

Bild 5.19: a) Abweichung des Beugungswinkels als Funktion der Horizontaldivergenz b) Fehler in der Gitterkonstantenbestimmung als Funktion der Horizontaldivergenz

Winkelbestimmung als auch daraus resultierende Gitterkonstantenabweichungen, Gleichung 5.4. Grafisch ist dies für verschiedene Beugungswinkel und Diffraktometerradien in Bild 5.20a aufgetragen.

Abhilfe/Fehlerverkleinerung schafft eine Extrapolation der Werte gegen $\theta \to 90°$.

$$\Delta\theta_{mu} = -\frac{\sin 2\theta}{4\mu R} \quad \text{bzw.} \quad \frac{\Delta a_{mu}}{a} = \frac{2\cos^2\theta}{4\mu R} \qquad (5.4)$$

5.2.3 Endliche Höhe des Fokus und der Zählerblende – axiale Divergenz

Die Breite der bestrahlten Probenoberfläche wird durch die Länge des Fokus in der Röntgenröhre beschränkt. Bei Annahme, dass, bedingt durch die Länge der Glühwendel in der Röntgenröhre, die Zählerblende die gleiche Höhe hat wie die Fokuslänge ergeben sich wiederum Abweichungen im Beugungswinkel bzw. in der Gitterkonstanten nach Gleichung 5.5. Je größer der Radius des Diffraktometers ist, umso größer ist die mögliche Unbestimmtheit der Gitterkonstante, Bild 5.20b. Ebenso ist ersichtlich, dass je größer man die Fokuslänge wählt, umso größer die Fehler sind. Deshalb auch der Trend zu einer immer kleineren Fokuslänge und Konzentration der Röntgenstrahlung auf immer kleinere Flächen, wie im Kapitel 4 schon beschrieben. Diesem Trend steht aber die Probenstatistik entgegen, denn je kleiner die bestrahlte Fläche ist, umso weniger Kristallite erfüllen die Beugungsbedingungen, d.h. umso weniger Kristallite weisen eine Netzebene auf, die parallel zur Oberfläche steht.

$$\Delta\theta_{Ax} = -\frac{h^2}{24R^2}\left(2\cot 2\theta + \frac{1}{\sin 2\theta}\right) \quad \text{bzw.} \quad \frac{\Delta a_{Ax}}{a} = \frac{h^2}{48R^2}(3\cot^2\theta - 1) \qquad (5.5)$$

Dieser Fehler kann durch Sollerblenden minimiert werden, indem der in axialer Richtung divergierende Strahl durch Zwangsführung durch längere planparallele Blättchen im Abstand a parallelisiert wird, siehe Kapitel 4.3.1 bzw. auch Bild 8.7. Dies geht aber

5.2 Systematische Fehler der BRAGG-BRENTANO-Anordnung

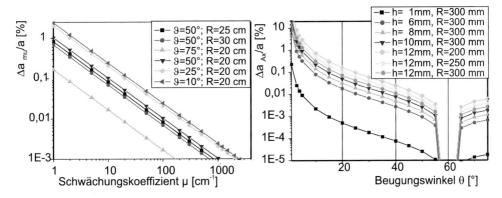

Bild 5.20: a) Fehler der Gitterkonstantenbestimmung durch endliche Eindringtiefe in das Probeninnere b) Fehler der Gitterkonstantenbestimmung in Abhängigkeit von der Fokuslänge h (axiale Divergenz)

mit Intensitätsverlust einher, da in einem solchem Sollerkollimator bekanntlich die divergenten Strahlungsanteile absorbiert werden.

5.2.4 Exzentrischer Präparatsitz

Im Kapitel 5.2.1 ist die Notwendigkeit der tangentialen Probenanordnung an den Fokussierungskreis schon besprochen worden. Nicht immer hat man ebene Proben zu untersuchen oder man kann die Probe nicht exakt an den Fokussierungskreis justieren. Dies trifft für sehr große und zylindrische Proben zu. Durch den exzentrischen Präparatesitz werden die gemessenen Beugungswinkel nach Gleichung 5.6 verfälscht. Der relative Fehler in der Gitterkonstante ist im Bild 5.21a in Abhängigkeit vom Beugungswinkel mit der Verschiebung S der Präparatoberfläche in Richtung der Oberflächennormale dargestellt. Bild 5.21b zeigt den relativen Gitterkonstantenfehler durch falsche Nullpunktjustierung mit dem BRAGG-Winkel als Parameter. Eine Minimierung des Fehlers wird bei Messung bei hohen Beugungswinkeln bzw. durch Extrapolation der gemessenen Winkel auf $\theta \to 90°$ erreicht.

$$\Delta\theta_{EP} = \frac{S}{R}\cos\theta \qquad \text{bzw.} \qquad \frac{\Delta a_{EP}}{a} = \frac{S}{R}(\cos\theta \cot\theta) \qquad (5.6)$$

5.2.5 Falsche Nullpunktjustierung

Das Entscheidende bei der Bestimmung der Gitterkonstanten ist die Gerätebeschaffenheit und letztendlich auch die Sorgfalt des Bedieners. Das Gerät muss ordnungsgemäß justiert sein. Strahlaustritt, Probenoberfläche und Detektorspalt müssen exakt auf Linie sein und alle drei Komponenten müssen sich auch noch zentrisch genau auf dieser Linie befinden, siehe Kapitel 5.1.2. Das Maximum des Röntgenfokus muss genau die Mitte der Eintrittsblende durchlaufen, der Detektorspalt muss das Maximum mittig detektieren.

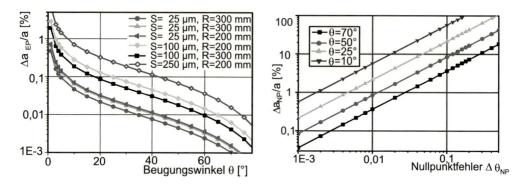

Bild 5.21: a) Fehler durch exzentrischen Präparatesitz b) Fehler der Gitterkonstantenbestimmung durch falsche Nullpunktjustierung

Dieser Strahl muss dann aber genau die Probenoberfläche mit seinem Maximum streifen. Die mittels des Glasspaltes gefundene Höhe am Präparateträger ist dann die Fokussierkreishöhe für die Probe und die Detektorstellung ist der Nullpunkt. Fehler in dieser Nullpunktbestimmung wirken sich auf die Gitterkonstante extrem nach Gleichung 5.7 aus. Graphisch ist dies in Bild 5.21b dargestellt. Auch hier gilt wieder ein Minimierungsgebot für großen Winkel. Man erkennt aber, dass hier der Fehler nicht einem Grenzwert zuläuft, sondern immer vorhanden ist.

$$\frac{\Delta a_{NP}}{a} = -(\cot\theta)\Delta\theta \tag{5.7}$$

5.2.6 Zusammenfassung der Fehlereinflüsse und Vorschläge für Messstrategien

Bei großen Beugungswinkeln treten tendenziell geringere systematische Fehler in quantitativen Messungen auf als in Messungen bei kleinen Beugungswinkeln. Wenn es sich anbietet und vergleichbare quantitative Ergebnisse über Laborgrenzen hinaus gefordert sind, sollte man eine Extrapolation der Werte gegen einen Beugungswinkel von 90° vornehmen.

- Je kleiner die Divergenzwinkel der Blenden sind (sowohl in horizontaler als auch in axialer Richtung), umso kleiner werden die Fehler, die Auflösung steigt. Die erzielbare Intensität nimmt jedoch ab. Man muss dann wieder länger messen.
- Ein großer Diffraktometerradius erhöht ebenfalls die Auflösung. Der damit verbundene längere Strahlweg schwächt jedoch die erzielbare Intensität. Auch hier muss dann länger gemessen werden.
- Die Absolutgenauigkeit der Gitterkonstantenbestimmung ist bei Materialien mit hohem Absorptionsvermögen größer.
- Aus dem Fehler der axialen Divergenz ergibt sich die Forderung auf Verwendung eines Punktfokus und einer kleinen Messfläche für Spannungsmessungen, vgl. Bild 5.20b für Parameter $h = 1\,\text{mm}$.
- Die Fehler infolge eines exzentrischen Präparatsitzes und einer Horizontaldivergenz

Tabelle 5.1: Erzielbare Genauigkeit der Intensitätsbestimmung für unterschiedliche Korngrößenverteilungen nach [161]

Korngrößenverteilung in [µm]			
10 – 20 µm	5 – 50 µm	5 – 15 µm	< 5 µm
18,2 %	10,1 %	2,1 %	1,2 %

Tabelle 5.2: Zahl der beugenden Kristallite als Funktion der Korngröße [161]

Durchmesser	40 µm	10 µm	1 µm
Kristallite pro 20 mm^3	597 000	38 000 000	3 820 000 000
Zahl der beugenden Kristallite	12	760	38 000
Anteil	$2 \cdot 10^{-5}$	$2 \cdot 10^{-5}$	$1 \cdot 10^{-5}$

sprechen für nicht fokussierende Verfahren, wie der Parallelstrahlgeometrie.
- Die genaue Analyse der Fehlereinflüsse ist die Grundlage der Profilanalyse, siehe Kapitel 8, und dort speziell der Fundamentalparameteranalyse.

5.3 Kristallitverteilung und Zahl der beugenden Kristalle

Die nachfolgende Aussage, die in den vorangegangenen Kapiteln festgestellt wurde, ist für das Verständnis der Beugungserscheinungen und -interpretation die wohl wichtigste:

> In der BRAGG-BRENTANO-Fokussierung tragen nur die Kristallitnetzebenen zur Beugungsintensität bei, die parallel zur Oberfläche liegen, bzw. deren Netzebenennormale senkrecht zur Probenoberfläche stehen.

Die Kornstatistik ist entscheidend für die Genauigkeit der quantitativen röntgenographischen Phasenanalyse. und die Kristallstrukturanalyse aus Pulverdaten. In beiden Messaufgaben sind die abgebeugten Intensitäten mit einer Genauigkeit von besser 2 % zu bestimmen.

In SMITH [161] wird die Intensitätsreproduzierbarkeit für den (1 1 3)-Quarzpeak mit Cu K_α-Strahlung untersucht und als Funktion der Korngröße des Quarzes angegeben, vgl. Tabelle 5.1. Nur bei einer kleinen Korngröße und gleichzeitiger enger Korngrößenverteilung sind die geforderten Genauigkeiten der Intensitätsbestimmung und Intensitätsreproduzierbarkeit erreichbar. In dieser Arbeit wird weiter gefragt: »Wie viele Kristallite tragen zur Beugung bei? Existiert eine starke Korndurchmesserabhängigkeit?« Diese Antworten sind der Tabelle 5.2 zu entnehmen.

> Bei Untersuchungen muss immer berücksichtigt werden, dass in BRAGG-BRENTANO-Anordnung von 50 000 – 100 000 Körnern durchschnittlich nur ein einziges Korn zur Beugungsintensität der in Frage kommenden Netzebene einen Beitrag beisteuert.

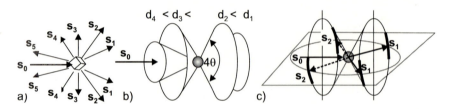

Bild 5.22: Prinzip der Beugung als räumliche Darstellung a) verschiedene Streuvektoren an einem Kristallit b) Ausbildung der Beugungskegel c) auf dem Film nachweisebare Beugungsringe als Teile des Beugungskegels

5.4 Parallelstrahlgeometrie

Die aus der Röhre divergent austretenden Strahlen zu parallelisieren und so einheitlichere Beugungsverhältnisse zu schaffen, ist mit verschiedenen Techniken möglich. Bringt man Mehrfachblenden sehr probennah an und nimmt die Beugungserscheinungen unter geringen Abständen ab, kann man die Divergenzen auf Kosten der Auflösung minimieren. Durch den Einsatz von Multilayerspiegeln ist in den letzten Jahren ein gewaltiger Fortschritt in den Diffraktometrieverfahren gelungen. Die nachfolgenden Ausführungen gehen auf diese neuen Anordnungen ein.

5.4.1 DEBYE-SCHERRER Verfahren

Das von DEBYE und SCHERRER um 1916 entwickelte Verfahren ist eine Filmmethode. Eine Parallelentwicklung gab es von HULL 1917 in den USA. Die Arbeitsweise des Verfahrens ist folgende, Bild 5.22:

Der polychromatische Röntgenstrahl verlässt die Anode, durchstrahlt einen selektiven Metallfilter, siehe Kapitel 2.4, und wird bei richtiger Kombination von Anodenmaterial der Röntgenröhre und dem selektiven Filter, siehe Tabelle 2.5 weitgehend monochromatisiert. Damit kann ihm jetzt eine konstante Wellenlänge (Betrag) zugeordnet werden. Einstrahlrichtung auf die Probe und Wellenlänge definieren den Einstrahlvektor, wobei $\vec{s_0} = 2\pi/\lambda$ ist. Eine ca. 5 cm längsgestreckte, zweifache Lochblendenanordnung erzeugt einen nahezu parallelen Strahl entsprechend dem Durchmesser der ersten Blendenöffnung (übliche Werte sind 0,2 mm – 2 mm und auch rechteckige Ausschnitte sind möglich). Der so monochromatisierte und kollimierte Strahl trifft auf das Präparat. An den Netzebenen der polykristallinen Probe treten Beugungserscheinungen entsprechend Bild 3.23b auf. In Bild 5.22a sind verschiedene Beugungsvektoren $\vec{s_1} \ldots \vec{s_5}$ eingezeichnet. Ist die Wegstrecke des eindringenden Strahls ein ganzzahliges Vielfaches der Weglänge des Netzebenenabstandes des bestrahlten Korns unter Berücksichtigung des Einfallswinkel θ, dann treten konstruktive d.h. verstärkende Interferenzen zwischen dem »Oberflächenanteil« des Strahls und dem penetrierenden Strahlenanteil entsprechend Gleichung 3.119 auf. Es liegt dann für dieses Korn die BRAGG-Bedingung vor. Im polykristallinen Präparat ist die BRAGG-Bedingung in verschiedenen Richtungen erfüllt, siehe Bild 5.23 rechter Teil für einen gleichen Netzebenenabstand für zwei Körner aber mit unterschiedlicher Oberflächennormalenausrichtung. Es bilden sich Beugungskegel mit einem Öffnungswinkel 4θ aus, Bild 5.22b. Das gleiche Ergebnis erhält man, wenn man die Betrachtungen im

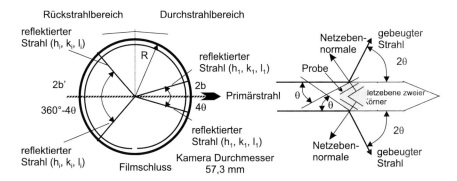

Bild 5.23: Prinzip der Anordnung in einer DEBYE-SCHERRER-Kamera und Verdeutlichung der Beugungsbedingungen an den Netzebenen für einen Netzebenenabstand

reziproken Gitter vornimmt und dort die EWALD-Konstruktion zu Hilfe nimmt, wie sie in Bild 3.24 schon dargestellt wurde. Somit entstehen für die hier angenommenen beiden Körner zwei Beugungspunkte, die um 4θ entfernt liegen. Die Oberflächennormalen der Kristallite in einem idealen Vielkristall für eine bestimmte Netzebene sind nach allen Richtungen gleichverteilt, Bild 5.3 bzw. Bild 5.22a. Deshalb wird es statistisch gesehen wiederum zwei Körner geben, die den gleichen Netzebenenabstand wie die eben gezeigten haben, aber eine davon wenig abweichende Ausrichtung der Oberflächennormalen. Die entstehenden Beugungspunkte liegen damit wiederum um 4θ auseinander, aber in einer anderen Raumrichtung ψ. Summiert man jetzt alle möglichen Richtungen dieser Netzebene auf, dann liegen sie auf einem Kreis mit dem Durchmesser 4θ, ebenso im reziproken Gitter – vergleiche EWALD-Konstruktion und dort Bild 3.24.

Der einfallende Strahl wird in verschiedene Richtungen entsprechend der BRAGGschen-Gleichung reflektiert und trifft auf einen zylindrisch um die Probe gelegten Film. Die Reflexe einer bestimmten Netzebene $(h\,k\,l)$ der gesamten vom Primärstrahl erfassten Teilchen liegen auf einem Kegelmantel mit der Spitze im Präparat und einem Öffnungswinkel von 4θ des eben besprochenen Beugungskreises, Bild 5.22c für einen Beugungsring in Durchstrahlung bzw. einen in Rückstrahlung. Nur in der räumlichen Darstellung werden die gebeugten Vektoren $\vec{s_1}$ bzw. $\vec{s_2}$ unterschiedlich lang gezeichnet. Der zylindrisch um die Probe gelegte Film schneidet aus den Kreisen zwei Teilabschnitte heraus. Sie sind in Bild 5.22c dick eingezeichnet. Der Abstand der auf dem Film registrierten Ringabschnitte ist 4θ. Das Zustandekommen dieses Winkels ist nochmals im Bild 5.23 erklärt. Alle möglichen Interferenzkegel aller möglichen Netzebenen entsprechend den Auswahlregeln für die Beugung schneiden den Filmzylinder, wie es in Bild 5.24a dargestellt ist. Die Filmenden werden in der so genannten STRAUMANIS-Einlage um 90° seitlich zur Einstrahlrichtung versetzt angeordnet.

Die Probe selbst kann aus einem feinen Pulver bestehen, das sich entweder in einem sehr dünnen, hohlen Glasröhrchen befindet (Kapillare) oder mit Zaponlack auf einen dünnen Glasstab aufgeklebt sein (beide Teile – Lack und Glasstab, sind amorph und liefern selbst keine Beugungsreflexe). Die Probe kann auch kompakt sein und z. B. aus einem Draht bestehen. Es ist zu beachten, dass die Probenabmessung (Durchmesser) kleiner sein muss als der Durchmesser der gewählten Eintrittsblende (Lochblende). Die Röntgenstrahlung

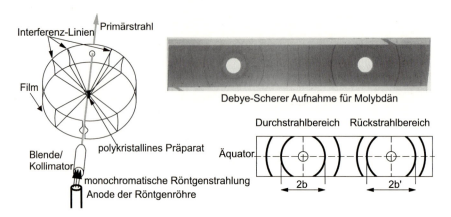

Bild 5.24: Schematischer Strahlengang beim DEBYE-SCHERRER- Verfahren und eine Beispielaufnahme für Molybdän (krz-bcc), Kennzeichnung der Bereiche

muss die Probe umspülen. Mittels an der Kamera angebrachten Justierschrauben kann die Probe exakt zentrisch im Mittelpunkt der Kamera justiert werden. Die Probe wird während der Bestrahlung gedreht, mit ca. zwei Umdrehungen pro Minute. Damit wird eine größere Lagevielfalt der Kristallite und somit eine gleichmäßigere Schwärzung der Interferrenzlinien erreicht, siehe auch Bild 5.46. Eine Aufnahme erhält man nach einer Belichtungszeit von 5−40 min. Sie richtet sich auch nach dem Probenmaterial. Der belichtetet Röntgenfilm wird entwickelt. Es laufen dabei die selben Vorgänge ab, wie schon bei den Detektionsmöglichkeiten besprochen. Unter günstigsten Bedingungen dauert es mindestens zwei Stunden, bis man eine DEBYE-SCHERRER-Aufnahme auswerten kann. Die in der Kammer befindliche Luft streut ebenfalls die Röntgenstrahlung. Die Streustrahlung gelangt so auf den Film und ruft dort eine Schleierschwärzung hervor. Inelastische, ordnungszahlabhängige Streuprozesse an der Probe tragen ebenfalls zur Schleierschwärzung bei. Deshalb werden zur Verringerung der Schleierschwärzung die großen Filmkameras manchmal evakuiert. Bei der Filmentwicklung sind eventuell auftretende Schrumpfungserscheinungen des Filmes zu beachten. Die Filmschrumpfung kann bei Verwendung der asymetrischen STRAUMANIS-Einlage (symmetrisch zu $\theta = 90°$) korrigiert werden. Ein weiterer Grund, warum diese Filmeinlage bevorzugt wird, ist die Möglichkeit der genauen Vermessung von Beugungslinien bei kleinen und großen Beugungswinkeln. Kleine Beugungswinkel werden für Identifizierungszwecke verwendet – z. B. in der Forensik, große Beugungswinkel sind für die Gitterkonstantenbestimmung vorteilhaft. Weitere Filmeinlagen sind die symmetrischen Filmeinlagen nach BRADLAY-JAY und nach VAN ARKEL sowie die asymmetrische Filmeinlage nach WILSON. Die Einlage nach BRADLAY-JAY kommt vereinzelt bei Vergleichsbestimmungen zum Einsatz, teilweise ergänzt durch die Einlage nach WILSON. Die Einlage nach VAN ARKEL wurde für die Bestimmung der $K\alpha$-Aufspaltung genutzt. Die Filmschrumpfung (soweit nicht korrigierbar) und die schlechtere Auflösung der Beugungslinien sind die Ursachen für die etwas ungenauere Gitterkonstantenbestimmung beim DEBYE-SCHERRER-Verfahren, siehe Kapitel 7.

Auf dem entwickelten Film können die möglichen Beugungsmuster entsprechend Bild 5.25 beobachtet werden. Durch die Präparatanordnung und den das Präparat umschließenden

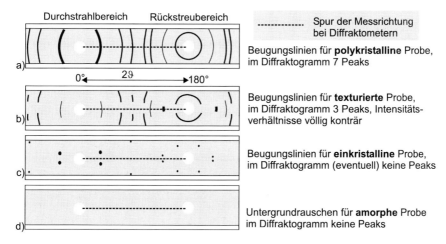

Bild 5.25: Verschiedene Formen von DEBYE-SCHERRER-Aufnahmen für ein Material, aber mit unterschiedlichem Kristallisationsstufen

Film ergibt sich die Möglichkeit, dass *alle Kristallite anteilig zur Beugung beitragen*. Auf einem Beugungsring bilden sich alle Kristallitorientierungen einer Netzebene ab. Ist ein solcher Beugungsring gleichmäßig geschwärzt, dann ist das der Beweis für einen idealen Polykristall, Bild 5.25a. In dieses Bild sind auch die Spuren der Messrichtung beim BRAGG-BRENTANO-Verfahren mit eingezeichnet. Aufgrund der dort eingeschränkten Probenbewegungsmöglichkeiten werden beim BRAGG-BRENTANO-Verfahren nur wesentlich weniger Lagemöglichkeiten der Netzebenennormalen erfasst. Dies kann beim Diffraktometerverfahren zu Fehlinterpretationen führen, Kapitel 5.1.1. Treten im untersuchten Material z. B. durch das Walzen oder das Drahtziehen Umverteilungen in den Kristallitorientierungen auf, dann spricht man von der Ausbildung einer Vorzugsorientierung bzw. Textur. Dies wird an der Einschränkung der Lagevielfalt der Körner sichtbar. Aus den Beugungskreisen werden Häufungsbereiche. Im Film ist dies als sichelförmige Beugungslinien erkennbar, Bild 5.25b bzw. im realem Bild für eine Drahtprobe aus Gold, Bild 5.26. Die Veränderungen im Beugungsbild beim Einkristall sind einer Reduzierung auf nur noch wenige Punkte wird deutlich im Bild 5.25c. Amorphe Stoffe haben keine Fernordnung und damit keine Netzebenenanordnung. Sie liefern somit keine Beugungserscheinungen, Bild 5.25d. Die möglichen Probleme bei der Untersuchung von texturierten und einkristallinen Stoffen mit dem Diffraktometer sind in Bild 5.25 wohl eindeutig aufgezeigt. Weitere Ausführungen zu dieser Problematik werden im Kapitel 5.8 behandelt.

Beim DEBYE-SCHERRER-Verfahren erhält man neben der Lage der Beugungswinkel noch zusätzliche Informationen zur Gefügeausbildung durch die Form bzw. das Aussehen der Beugungsringe. Beim DEBYE-SCHERRER unterliegen alle in der Probe vorkommenden kristallinen Bereiche innerhalb der Eindringtiefe der Röntgenstrahlung der Beugung und die Beugungserscheinungen können registiert werden. Beim BRAGG-BRENTANO-Verfahren erhält man dagegen nur entlang der Äquatorlinie die Beugungsinformationen und damit Informationen von wesentlich weniger Körnern.

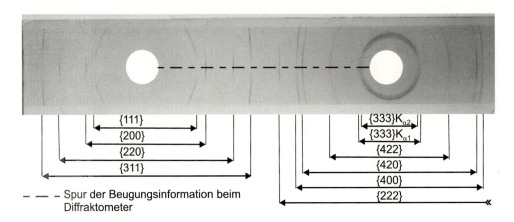

Bild 5.26: DEBYE-SCHERRER-Aufnahme einer stark texturierten Probe, hier (kfz)-Gold

Um in der Auswertung die Gitterkonstanten der Probe bestimmen zu können, müssen die Glanzwinkel θ_i und die Indizierung (Bestimmung der MILLERschen Indizes hkl_i) ermittelt werden. Aus dem Abstand korrespondierender Interferenzlinien auf dem Äquator des ausgebreitenden DEBYE-SCHERRER-Films kann θ_i auf Grund symmetrischer Verhältnisse bestimmt werden. Die DEBYE-SCHERRER-Kamera hat einen Innendurchmesser von $D_k = 57{,}3$ mm (kleine Kammer) oder $D_g = 114{,}6$ mm (große Kammer). Der Abstand der Beugungsringe im Durchstrahlbereich beträgt $2b$. Dieser Abstand entspricht einem Beugungswinkel von 4θ. Die DEBYE-SCHERRER-Kamera ist eine Vollkreiskamera, d.h. sie überstreicht einen Winkelbereich von 360°. Das Verhältnis

$$\frac{2\pi R}{360°} = \frac{2b}{4\theta} \tag{5.8}$$

nach dem Beugungswinkel aufgelöst, ergibt mittels des Durchmessers für die kleine DEBYE-SCHERRER-Kamera die zugeschnittene Größengleichung für den Durchstrahlbereich.

$$b\,[\mathrm{mm}] = \theta\,[°] \tag{5.9}$$

Mittels Bild 5.23 kann man für den Rückstreubereich die Größengleichung

$$b'\,[\mathrm{mm}] = 90° - \theta\,[°] \tag{5.10}$$

ableiten. Nach der Zuordnung von Durchstrahl- und Rückstreubereich misst man so genau wie möglich den Abstand der korrespondierenden Beugungsringsegmente $2b$ bzw. $2b'$ an der Äquatorlinie und ermittelt mittels der Gleichungen 5.9 bzw. 5.10 die Beugungswinkel θ_i. Das Ausmessen erfolgt mit üblichen Messmitteln (Lineal, Positioniersystemen) oder mit einem so genannten Abbe-Komparator. Hierzu wird der Film auf einen verschiebbaren Schlitten befestigt, der Film auf der Äquatorlinie rückseitig beleuchtet und mit einem Messokular die Ringposition z. B. der linken Seite vermessen. Die Verschiebung zum zweiten Ringteil in der rechten Position erfolgt anschließend und die Messposition

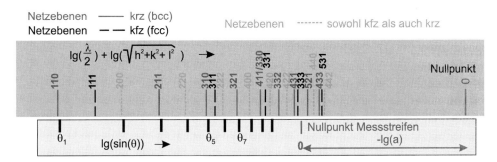

Bild 5.27: Schiebestreifen zur Indizierung von kubischen Materialien mit krz oder kfz BRAVAIS-Gitter und Beispiel einer Indizierung eines Messstreifens

wird erneut gemessen. Aus der Differenz von Position 1 zu Position 2 ist der Abstand mit diesem Gerät auf 0,01 mm messbar. Die Messunsicherheit vergrößert sich aber, da mit dem vergrößernden Messokular die Mittenposition des geschwärzten Bereiches bestimmt werden muss. Die Schwärzungsbreite schwankt zwischen 0,1 – 1 mm, je nach Beugungslinie, Belichtungszeit und Probe. Um aus den gefundenen Beugungswinkeln die konkreten Netzebenen zu finden, dies wird Indizierung genannt, werden die Winkel logarithmisch mit einem gewähltem Maßstabfaktor entsprechend Bild 5.27 aufgezeichnet. Für eine bestimmte Strahlungsart und z. B. das kubische Kristallsystem und die BRAVAISgitter (kfz oder krz) trägt man auf einem zweitem Streifen alle möglichen MILLERschen Indizess mit dem gleichen Maßstab auf. Danach verschiebt man beide Streifen solange, bis beide Teilstreifen zur Deckung gebracht werden. Daraus liest man für die gemessenen Beugungswinkel die entsprechenden MILLERschen Indizes ab. An der Stelle, wo die Deckung beider Teilstreifen erfolgt, ist der Abstand zwischen den beiden Nullpunkten der Logarithmus (Maßstab beachten) der Gitterkonstanten für ein kubisches Material. Mittels der BRAGGschen-Gleichung und den Gleichungen für den Netzebenenabstand und die Gitterkonstanten kann man nun für jeden Beugungswinkel mittels der gefundenen MILLERschen Indizes unter Verwendung der eingesetzten monochromatischen Strahlung eine provisorische Gitterkonstante für jeden gefundenen Beugungspeak berechnen.

Im Rückstreubereich treten des öfteren Doppelringe auf. Hier wird die Aufspaltung in $K_{\alpha 1}$ und $K_{\alpha 2}$-Strahlung sichtbar. Einem Doppelring kann dann nur ein MILLERsches Indizes zugeordnet werden. Der äußere Ring wird dann $K_{\alpha 1}$, der innere der Doppelringe $K_{\alpha 2}$ zugeordnet. Für die sonstige Auswertung der Beugungslinien wird beim DEBYE-SCHERRER-Verfahren mit der gewichteten mittleren Wellenlänge nach Gleichung 5.11 gerechnet.

$$\lambda_{K\alpha} = (2 \cdot \lambda_{K\alpha 1} + \lambda_{K\alpha 2})/3 \tag{5.11}$$

Die wesentlich schlechtere Winkelauflösung und die schlechtere Genauigkeit der Winkelbestimmung von bestenfalls $\Delta\theta \approx 0,05°$ im Vergleich zu den Diffraktometerverfahren wird hier deutlich.

Die Schwärzung der Beugungslinien ist ein Maß für die Intensität. Für den Erhalt quantitativer Aussagen misst man die Schwärzungen der Linien fotometrisch. Die so möglichen quantitativen Ergebnisse werden aber immer mehr durch die zweidimensionalen Diffraktometeruntersuchungen (2D-XRD) zurückgedrängt. Hier liegen die Intensitäten digital vor. Mittels der Pulverdiffraktometrie und der Fundamentalparameteranalyse sind die Ergebnisse wesentlich genauer und viel schneller erhältlich.

Die DEBYE-SCHERRER-Kamera ist eine optische Kamera für die kurzwellige Röntgenstrahlung. Jede optische Abbildung weist immer Abbildungsfehler auf, die bei Kenntnis der Fehlerursachen korrigiert werden können. Ähnlich den Fehlern in der Winkellagenbestimmung beim BRAGG-BRENTANO-Verfahren gibt es auch beim DEBYE-SCHERRER-Verfahren systematische Winkelverschiebungen.

Die Bestimmung der Gitterkonstanten muss mit sehr hoher Genauigkeit erfolgen, da ihre Änderungen auf einen veränderten Werkstoffzustand schließen lassen. Um eine Präzisionsgitterkonstantenbestimmung durchzuführen, ist es notwendig, die Auswirkungen eines fehlerhaft gemessenen Beugungswinkels θ auf die Bestimmung der Gitterkonstanten weitestgehend zu eliminieren, Begründungen und weiterführende Bemerkungen sind im Kapitel 7.2 zu finden. Differenziert man die BRAGGsche-Gleichung, Gleichung 3.119, partiell nach allen Variablen – Fehlerrrechnung Gleichung 3.97, dann stellt man fest, dass die bei einem Glanzwinkel von 90° bestimmte Gitterkonstante keinen Fehlerbeitrag mehr durch falsche Winkelbestimmung enthält, da $(\cot\theta|_{90°} \longrightarrow = 0)$ gilt. Diese Fehlerelimination wird in der Praxis über eine lineare Regression durchgeführt, Kapitel 7.2.1. Ebenso trifft zu, dass die kleinsten Fehler in der Gitterkonstantenbestimmung bei großen Beugungswinkeln, also $\theta \approx 90°$ auftreten. Für das DEBYE-SCHERRER-Verfahren hat sich die so genannte NELSON-RILEY-Funktion, Tabelle 7.2, als die günstigste Approximationsfunktion herausgestellt, siehe Kapitel 7.2.1. Werden die mit der NELSON-RILEY-Funktion (NR) umgerechneten Beugungswinkel θ_i und die errechnete Gitterkonstanten a_i für jeden gemessenen Beugungswinkel θ_i in ein Diagramm mit der größtmöglichen Ordinatenstreckung eingezeichnet, Bild 7.4b, und die Punkte mittels linearer Regression verbunden, dann ist der Schnittpunkt mit der Ordinate die gesuchte Gitterkonstante.

Zur Indizierung nicht kubischer Substanzen werden die Schiebestreifenmethode für tetragonale und hexagonale Substanzen, empirisches Vorgehen, Nutzung von Nomogrammen (die so genannten HULL-DAVEY-Kurven [142, 18]) und jetzt zunehmend Computerprogramme genutzt.

Angewendet wird das DEBYE-SCHERRER-Verfahren dann, wenn sehr wenig Material vorliegt, wie in der Mineralogie, Forensik und bei manchen Werkstoffentwicklungen. An Hand von wenigen Körnern ist ein Kristallinitätsnachweis, eine grobe Abschätzung über die Gefügeausbildung und eine qualitative Phasenanalyse möglich. Dies sind eindeutige Vorteile des DEBYE-SCHERRER-Verfahrens. Die Gerätekosten betragen ebenfalls nur einen Bruchteil eines Diffraktometers (eine DEBYE-SCHERRER-Kamera verschleißt nicht). Es fallen aber höhere Kosten für Verbrauchsmaterial an. Neben der hier vorgestellten klassischen Variante des DEBEY-SCHERRER-Verfahrens, welches vor allem in der studentischen Ausbildung nach wie vor wichtig ist, existiert eine Variante, welche mit einem ortsempfindlichen Detektor (PSD) arbeitet, Bild 5.29. Damit werden die Nachteile der Filmtechnik vermieden. Allerdings werden die Beugunsreflexe nur in der Äquatorebene registriert, so dass Informationen, die durch Auswertung der DEBYE-SCHERRER-Ringe in der Umgebung des Äquators gewonnen werden (z. B. Aussagen zu Texturen, Kristallitstatistik), verloren gehen. Dies ist auch bei weiteren Varianten der DEBYE-SCHERRER-

5.4 Parallelstrahlgeometrie

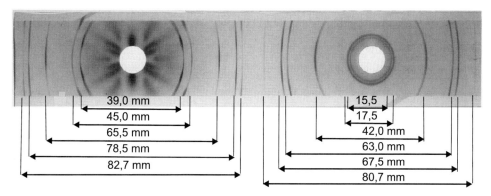

Bild 5.28: DEBYE-SCHERRER-Aufnahme zur Identifizierung und Gitterkonstantenbestimmung für Aufgabe 17, die Zahlenangaben sind die Abstände der Beugungsringe in mm

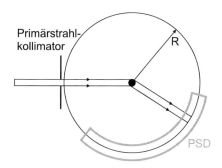

Bild 5.29: DEBYE-SCHERRER-Geometrie mit PSD

Methode, welche im Kapitel 5.7 vorgestellt werden, der Fall.

Einen Sonderfall der DEBYE-SCHERRER-Geometrie stellen die GANDOLFI-Kamera und ihre Modifikationen dar. Bei der GANDOLFI-Kamera handelt es sich um ein Verfahren der Mikrobeugung, welches die Anfertigung von Pulveraufnahmen von einzelnen, sehr kleinen Kristallen gestattet. In dieser Kamera ist der Film wie in einer DEBYE-SCHERRER-Kamera angeordnet. Die Probe (der Kristall) wird auf eine um 45° gegen die Kameraachse geneigte Spindel befestigt und um beide Achsen mit unterschiedlicher Winkelgeschwindigkeit gedreht. Durch diese Drehbewegung werden zufällige Kristallorientierungen realisiert. Man erhält so eine Filmaufnahme, welche einer DEBYE-SCHERRER-Aufnahme sehr nahe kommt. Im Falle niedrigsymmetrischer Kristalle müssen diese in der Regel in mehreren Orientierungen auf der Spindel befestigt werden. Weitere Informationen findet man bei JOST [91].

Aufgabe 17: Auswertung einer Debye-Scherrers-Aufnahme

Erstellen Sie ein Auswerteschema für die Auswertung einer DEBYE-SCHERRER-Aufnahme, z. B. aus Bild 5.28. Es ist eine Aufnahme eines kristallinen Elementes mit kubischem System. Bestimmen Sie das vorliegende BRAVAISgitter. Indizieren Sie alle Linien und bestimmen Sie aus der Gitterkonstante das chemische Element.

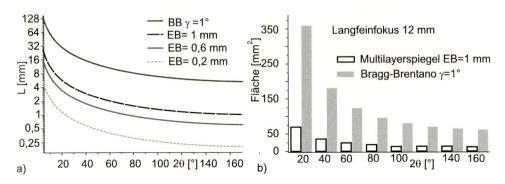

Bild 5.30: a) Länge der bestrahlten Probenfläche als Funktion des Beugungswinkels b) bestrahlte Probenfläche im Vergleich BRAGG-BRENTANO-Diffraktometer und Parallelstrahloptik für eine Langfeinfokus-Röntgenröhre

5.4.2 Diffraktometeranordnungen mit Multilayerspiegel

Wird anstelle des selektiven Metallfilters ein Multilayerspiegel zur Monochromatisierung nach Kapitel 4.2.3 eingesetzt, dann konzentriert man den aus der Röntgenröhre austretenden divergenten Strahl zu einem Parallelstrahl. Die Breite des Strahls wird durch eine Eintrittsblende EB nochmals begrenzt. Damit wird auch der nicht monochromatisierte Primärstrahl des Multilayerspiegels ausgeblendet. Arbeitet man dann auf der Detektorseite ebenfalls mit einem Parallelstrahl, indem man z. B. ähnliche Blendenweiten für die probennahe Streustrahlblende und die Detektorblende einsetzt, oder in dem man einen langen Sollerspalt einsetzt, dann ändern sich die geometrischen Beugungsbedingungen von Bild 5.2 dahin, dass es keinen anderen links- bzw. rechtsseitigen Beugungswinkel mehr gibt. So wie der Mittelpunktstrahl unter dem Winkel θ auf die Probe fällt, genau so groß ist der rechtsseitige und der linksseitige Teilstrahl. Die Konzentration der Intensität des Primärstrahles auf eine konstante kleinere Fläche bewirkt weiterhin, dass die »Probenbeleuchtung« unabhängiger vom Beugungswinkel θ wird. Gleichung 5.2 ändert sich zu:

$$L(\theta, EB) = \frac{EB}{\sin \theta} \qquad (5.12)$$

Für drei Eintrittblenden und im Vergleich zur BRAGG-BRENTANO-Anordnung ist im Bild 5.30a die bestrahlte Probenlänge als Funktion des Beugungswinkels dargestellt. Die gesamte und wegen der höheren Reflektivität des Spiegels höhere Intensität des monochromatisierten Röntgenstrahles wird auf eine wesentlich kleinere Probenfläche gestrahlt. Der Vergleich der bestrahlten Flächen ist in Bild 5.30b für eine 12 mm Langfeinfokusröhre dargestellt. Bild 5.31a zeigt die einfachste Anordnung für die Parallelstrahlgeometrie. Im Bild 5.31b ist der (1 1 0)-Peak von Mo-Pulver mit zwei Anordnungen, BRAGG-BRENTANO- und Multilayerspiegel-Anordnung, vermessen worden. Der Vorteil eines wesentlich besseren Peak zu Untergrund-Verhältnisses durch Einsatz der Parallelstrahloptik wird deutlich. Nachteilig ist die etwas schlechtere Peakauflösung. Die Schulter der $K_{\alpha 2}$-Anteile sind bei der Parallelstrahlgeometrie etwas schlechter als in der BRAGG-BRENTANO-Geometrie.

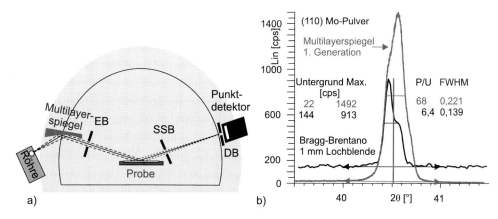

Bild 5.31: a) Diffraktometer mit primärseitigen Multilayerspiegel und Punktdetektor b) Vergleich des (1 1 0)-Peaks von Mo-Pulver mit BRAGG-BRENTANO- (BB) und Multilayerspiegel-Anordnung (ML; EB – Einstrittsblende; SSB – Streustrahlblende; DB – Detektorblende)

Dieses Diffraktogramm ist aber noch mit einem Multilayerspiegel der 1. Generation ausgeführt worden. Die damals größere Divergenzen und die schlechtere Reflektivität sind in Tabelle 4.5 aufgelistet.

Zur Beurteilung eines Diffraktogrammes ist von JENKINS und SCHREINER ein Gütekriterium G empirisch eingeführt worden [89], Gleichung 5.13:

$$G = I_{max.} \sqrt{\frac{FWHM}{I_{max.} + 4 \cdot I_{Untergrund}}} \qquad (5.13)$$

Wendet man dies auf die Diffraktogramme aus Bild 5.31b an, ergibt sich für die BRAGG-BRENTANO-Anordnung ein Wert von $G_{BB} = 8{,}82$ und für die Parallelstrahlgeometrie ein Wert von $G_{ML} = 17{,}65$.

Im Bild 5.32 sind die Peak-zu-Untergrundverhältnisse P/U und das Gütekriterium G als Funktion der Röhrenspannung U_A, des Röhrenstromes I_A und des Monochromatisierungsverhaltens ermittelt worden. Die deutlichen Verbesserungen dieses Verhältnisses durch den Einsatz der Multilayerspiegel auf das gesamte Diffraktogramm wird deutlich. Bild 5.32 zeigt jedoch auch sehr deutlich, dass in der Diffraktometrie materialspezifisch gearbeitet werden muss, und die Anregungsbedingungen der Röntgenstrahlung beachtet werden müssen. Die Aussagen von Bild 2.8 sind prinzipiell und berücksichtigen nicht die materialspezifischen Streuprozesse bei den Beugungserscheinungen. Will man nur gute Peak- zu Untergrundverhältnisse für Molybdänproben, dann suggeriert Bild 5.32 eine Röhrenspannung von 20 − 25 kV. Man darf aber hier nicht die erhaltbare Zählrate außer acht lassen, die im Maximum hier bei Multilayereinsatz bei 8 200 cps für 40 kV und 40 mA erreicht wird. Wertet man die 60 unterschiedlichen Peak- zu Untergrund-Verhältnisse aus, dann gibt es keine einheitliche Generatoreinstellung mit Minimal- bzw. Maximalwerten. Bestimmt man dagegen mittels Gleichung 5.13 das Gütekriterium, so ergeben sich bei allen drei Anordnungen als Minimumgütezahl jeweils bei 20 kV und 10 mA (4,20-BB-mit

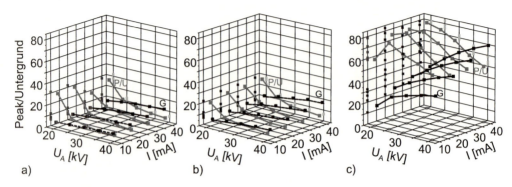

Bild 5.32: Verhältnis des Mo (110)-Peaks zum Untergrund und Gütekriterium G in Diffraktometern mit Kupferstrahlung bei unterschiedlichen Röntgenröhrenbetriebsparametern a) BRAGG-BRENTANO-Diffraktometer mit Nickel-Filter als Monochromator b) wie a aber ohne Filter c) mit Multilayer-Spiegel 2b Generation

Ni-Filter; 5,30-BB ohne Ni-Filter; 9,83 ML). Die Maximumgütezahlen (13,13- für BB-mit Ni-Filter; 17,19- für BB ohne Ni-Filter und 62,06 für Multilayereinsatz (ML)) ergeben sich für 40 kV und 40 mA. Für verschiedene Metalle sind später in Bild 6.14 weitere Peak- zu Untergrundverhältnisse dargestellt.

Mit der wesentlich besseren Strahlparallelität der Multilayerspiegel der 2a Generation sind die Diffraktogramme für den Quarz-Fünffingerpeak in Bild 5.33 angefertigt worden. Variiert man hier die Eintrittsblendenweite, dann sind bei 0,2 mm Eintrittsblende und gleicher Detektorblende die gleichen Auflösungen wie beim BRAGG-BRENTANO-Diffraktometer erreichbar, siehe Bild 4.8. Die erreichbaren Impulse steigen von 250 cps bei BRAGG-BRENTANO-Anordnung auf 6 000 cps mit Multilayereinsatz bei ersichtlich geringerem Untergrund an. Es muss hier aber angemerkt werden, dass die Untersuchungen für Bild 5.33 mit einer neuen Keramikröntgenröhre erfolgten. Die Untersuchungen für Bild 4.8 wurden dagegen mit einer Glasröntgenröhre mit einer nicht mehr zuordbaren Laufzeit und geringerer Verlustleistung durchgeführt. Die Detektorblendenweite betrug hier 0,1 mm.

In der Auflösung verbesserte Diffraktogramme lassen sich auch mit veränderten Blendenweiten am Detektor erzielen, Bild 5.33b. Die Veränderungen in den Teilpeakintensitäten bei einer Blendenweite von 0,05 mm sind auf die dann zu geringe beobachtete Fläche und den beginnenden Einfluss der Kornstatistik, siehe Kapitel 5.3, zurückzuführen.

Die wesentlich höheren erzielbaren Güten eines Diffraktogrammes kann man auch bei Einkristallen erreichen, Bild 5.34a. So ergeben sich hier Güten nach Gleichung 5.13 von $G_{BB} = 60,05$ und $G_{ML} = 230,46$.

Die Erhöhung der Intensität und des Peak/Untergrundverhältnisses ist nicht der einzige Vorteil der Multilayerspiegelanordnung. Durch den Parallelstrahl wird die Forderung der exakten Probenjustage an den Fokussierkreis hinfällig. Damit muss die Oberfläche der zu untersuchenden Probe nicht mehr exakt eben sein, es können reale Proben ohne große Vorbehandlung in die Fokussierebene eingebracht werden. Im Bild 5.34b ist dies an einer Bauschuttprobe gezeigt. Hier sollte das Material auf mögliche Asbestbelastung untersucht werden. Die Messung in BRAGG-BRENTANO-Anordnung ergab nur den Nachweis

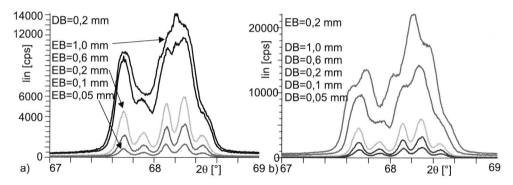

Bild 5.33: Peakform des Quarz-Fünffingerpeaks mit Multilayer-Monochromator bei Variationen a) der Eintrittsblende EB b) der Detektorblende DB

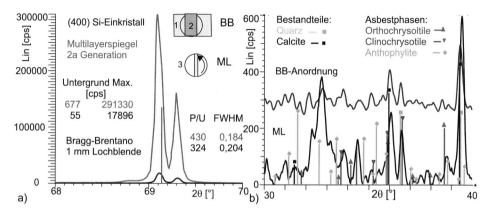

Bild 5.34: Vergleich von Diffraktogrammen a) (400)-Silizium-Einkristall b) Probe von Bauschutt mit BRAGG-BRENTANO-Diffraktometer (BB) (Punktfokus) und Theta-Theta-Diffraktometer mit Multilayermonochromator (ML)

der Hauptbestandteile Quarz und Kalzit. Bei Messung der gleichen Probe mittels der Parallelstrahlgeometrie konnten wiederum wesentlich höhere Peak/Untergrundverhältnisse bei verringertem Untergrund erreicht werden (in Bild 5.34b ist keine Verschiebung und kein Untergrundabzug vorgenommen worden). Jetzt treten Beugungspeaks für die Asbestphasen deutlich auf.

An dieser Stelle sei bemerkt, dass die Probe in beiden Messanordnungen noch senkrecht zur Oberflächennormalen gedreht würde. Diese Drehbewegung in BRAGG-BRENTANO-Anordnung verbessert die Kornstatistik nur wenig. Es gelangen so ebenfalls Körner in die Beugungslage, die sonst außerhalb des rechteckigen Strahles 1 liegen. Bei größeren Beugungswinkeln θ, im Bild 5.34 mit Nummer 2 gekennzeichnet, werden so wieder Körner flächenmäßig erfasst, die bei kleinerem Beugungswinkel schon überstrahlt werden. Bei der Parallelstrahlgeometrie wird durch die Drehbewegung nur die erfassbare Fläche vergrößert. Es werden bei einer Langfeinfokusröhre anstatt $35\,\text{mm}^2$ durch die Drehung $\pi \cdot 6^2 = 113\,\text{mm}^2$ Probenoberfläche erfasst. Die Drehung der Probe um die eigene Ach-

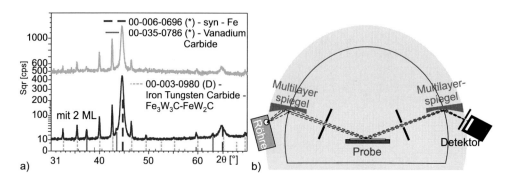

Bild 5.35: Pulverdiffraktometer mit zwei Multilayerspiegeln auf Eingangs- und Detektorseite, es werden optimale Peak-zu-Untergrund Verhältnisse erreicht a) Beispieldiagramm für eine legierte Stahlproben [36] b) Prinzip der Diffraktometeranordnung

se erhöht nur die Wahrscheinlichkeit, auf Körner zu treffen, die sich in Beugungslage befinden. Durch diese Drehbewegung gelangen keine Körner zusätzlich in Beugungslage. Körner mit Netzebenennormalen, die nicht senkrecht zur Oberfläche liegen, werden nicht in Beugungslage gedreht.

Durch den Einsatz von Multilayerspiegeln als Primär-Monochromatoren sind wesentlich höhere Beugungsintensitäten bei erhöhten Peak zu Untergrundverhältnis erreichbar. Der Parallelstrahl führt dazu, dass unebene und nicht an den Fokussierungskreis anliegende Proben mit verbesserter Auflösung untersucht werden können. Durch den Multilayerspiegel werden aber nicht mehr Körner in Beugungsstellung gebracht. Eine Probendrehung um die Achse φ erhöht nur die durchschnittlich bestrahlte Fläche.

Wie im Bild 5.33 gezeigt kann die Eintrittsblende und die Detektorblende verkleinert werden, um die Winkelauflösung weiter zu verbessern. Die Verkleinerung der Detektorblende geht aber zu Lasten der Kornstatistik. Blenden auf der Detektorseite parallelisieren den Strahl nicht vollständig. Wird auf der Detektorseite ein weiterer Multilayerspiegel angeordnet und danach erst der Detektor, dann wird aus dem Parallelstrahl auf der Sekundärseite ein divergent fokussierter Strahl. Bei Anordnung im Fokus des Spiegels des Punktdetektors erhält man damit eine Anordnung, die eine wesentlich bessere Peak- zu Intensitätsauflösung aufweist, was Bild 5.35 zeigt. An den Diffraktogrammen im Bild 5.35a sind keinerlei Manipulationen vorgenommen worden. Durch den zweiten Monochromator wird z. B. die Fluoreszenzstrahlung von Eisen bei Einsatz von Kupferstrahlung erheblich reduziert.

Die Anordnung mit zwei Multilayerspiegeln ist sehr kostenintensiv in der Anschaffung. Die zur Erzielung der hohen Auflösung nötigen kleinen Eintrittsblenden für den Primärstrahl, siehe Bild 5.33a, verkleinern die bestrahlte Probenoberfläche. Setzt man jetzt in den Primärstrahlengang einen Strahlaufweiter ein, wird die Strahlung an dem zweifachen (2 2 0)-Germanium-Kristall weiter monochromatisiert und vor allem aufgeweitet. Die Parallelität wird verbessert bzw. die Divergenz weiter verkleinert. Auf der Sekundärseite kann man jetzt einen langen Sollerspalt dem Detektor vorschalten, der die gesamte

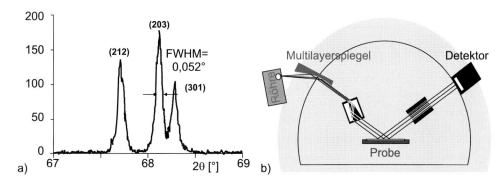

Bild 5.36: Pulverdiffraktometer mit einem Multilayerspiegel, einem (2 2 0)-Ge-Strahlaufweiter und einem 0,07° Kollimator mit dem Ziel höchster Auflösung a) Beispieldiagramm für Quarz-Fünffinger-Peak (wegen der Monochromatisierung treten nur noch drei Peaks auf) b) Prinzip der Diffraktometeranordnung

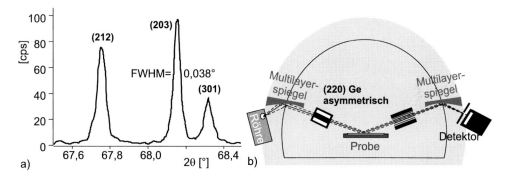

Bild 5.37: Pulverdiffraktometer mit zwei Multilayerspiegeln und einem asymmetrischen (2 2 0)-Ge zweifach Doppel-Monochromator (Channel-Cut) und einem 0,07° Kollimator mit dem Ziel höchster Auflösung a) Beispieldiagramm für Quarz-Fünffinger-Peak (wegen der Monochromatisierung treten nur noch drei Peaks auf) b) Prinzip der Diffraktometeranordnung

beleuchtete Probenfläche erfasst. Dieser Sollerspalt erfüllt bei verminderten Hardwarekosten im wesentlichen die gleichen Aufgaben wie der zweite Multilayerspiegel aus Bild 5.35b. Ein Sollerspalt wird auch bei der Methode des streifenden Einfalls, Kapitel 5.5, verwendet.

Die Auflösung kann man ungeachtet der Kosten für das Diffraktometer weiter steigern, indem man wieder zwei Multilayerspiegel einsetzt und zusätzlich in den Strahlengang einen asymmetrischen zweifachen (2 2 0)-Ge Monochromator einsetzt, Bild 5.37b. Mit einer solchen Anordnung erreicht man die im Bild 5.37a am α-Quarz gezeigte Auflösung.

Diese Anordnung lässt sich noch weiter verbessern, Bild 5.38b, indem auf der Detektorseite unter Verzicht des zweiten Multilayerspiegels ein Strahlaufweiter eingesetzt wird, um den Punktdetektor (Szintillator) besser auszuleuchten ohne an Auflösung zu verlieren. Die erzielbare Peakbreite ist am polykristallinem Si-Standardpräparat SRM 660a

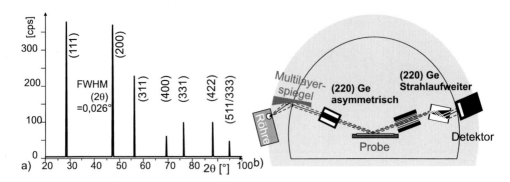

Bild 5.38: a) Diffraktogramm von Silizium b) Diffraktometeranordnung für die Höchstauflösung

Tabelle 5.3: Vergleich der charakteristischen Werte des $(2\,0\,3)$-Quarzpeaks aus dem Fünffingerpeakensemble für verschiedene Diffraktometeranordnungen. Im Vergleich die Breite des $(2\,0\,0)$-Peaks von einer Si-Polykristallprobe

Anordnung	EB/DB [mm]	FWHM [$\theta°$]	FWHM ["]	cps
ohne Monochromator	1,75; 0,22	0,053 7	194	1 950
Quarzmonochromator Bild 5.17	1,75; 0,22	0,045 9	165	210
Multilayerspiegel	0,05; 0,1	0,040 1	144	161
Bild 5.33a	0,1; 0,1	0,046 5	167	369
	0,2; 0,1	0,054 5	196	641
Bild 5.33a	0,6; 0,1	0,203	731	1 298
keine Trennung $K\alpha_{1,2}$ + $(3\,0\,1)$-Peak	1,0; 0,1	0,201	724	1 700
Bild 5.36		0,035 6	128	175
Bild 5.37		0,021 1	76	100
Bild 5.38		0,013 0	47	375

in Bild 5.38a gezeigt. Sie ist besser als in der Anordnung im Bild 5.37a. Trotz der hier festzustellenden fünf Beugungen an den verschiedenen Monochromatoren und der einen Beugung an der Probe wird gegenüber Bild 5.37a mit vier(fünf) Beugungen mehr Intensität erreicht. Mit dieser Anordnung lassen sich damit vergleichbare Peakauflösungen erreichen, wie sie ansonsten nur mit Synchrotronstrahlung und den dort bekanntlich sehr kleinen Divergenzen erreichen.

Als Zusammenfassung und Vergleich einzelner Diffraktometeranordnungen sind in Tabelle 5.3 für den Quarz-Fünffingerpeak der mittlere $(2\,0\,3)$-Peak bezüglich der einfachen Halbwertsbreite (in θ-Skala) und der erreichbaren Maximalintensität für Kupferstrahlung aufgeführt. Bei den BRAGG-BRENTANO-Anordnungen und dem einfachen Einsatz von Multilayerspiegeln wird keine $K_{\alpha 2}$-Abtrennung erreicht. Die erzielbaren Auflösungen hängen stark von den Eintrittsblenden ab, wie in der Tabelle 5.3 ersichtlich ist.

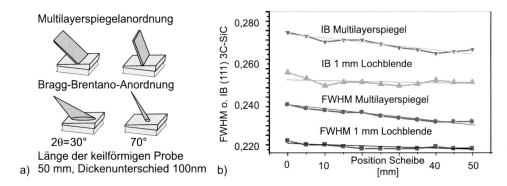

Bild 5.39: a) Schematischer Vergleich der »beleuchteten Fläche« einer keilförmigen 3C-SiC Schicht (Dickengradient ca. 100 nm mit Multilayerspiegel und in BRAGG-BRENTANO-Anordnung b) Gemessene Peakbreiten an verschiedenen Stellen der Probe

Die bessere Auflösung geht zu Lasten der Intensität, d.h. je besser die erzielbare Auflösung ist, desto länger muss gezählt werden, um eine statistisch gesicherte Peakintensität zu bekommen.
Je größer die erzielbare Intensität pro Zeiteinheit ist, umso schlechter ist die Auflösung.

Die relativ konstante Breite der Strahlform der Parallelstrahlanordnung bei Einsatz eines Multilayerspiegels gestattet es, lateral über Proben besser aufgelöst zu messen. In der Zeit der Mikroelektronik und Mikrotechnik kommt es darauf an, über große Bereiche eines Wafers homogene Verhältnisse in der Schichtdicke, der Phasenausbildung, der Korngröße und der mechanischen Spannung zu erreichen. Diese Homogenität muss aber geprüft und nachgewiesen werden können [120]. In der Beschichtungstechnologie findet man immer wieder Schichtdickeninhomogenitäten und unterschiedliche Temperaturfelder bei Nachbehandlungsprozessen [163]. Mit der Parallelstrahlführung ist es jetzt möglich, auch solche Inhomogenitäten einer ungleichmäßigen Schichtdickenausbildung gezielter zu analysieren. In Bild 5.39a wird noch einmal schematisch der Vergleich der sich ausbildenden beleuchteten Fläche auf einer keilförmigen Schichtprobe gezeigt. Wird die Probe lateral verschoben und jeweils der interessierende Beugungspeak gemessen und ausgewertet, dann ist die Halbwertsbreite (FWHM) des untersuchten Beugungspeakes u.a. auch ein Maß für die Schichtdicke, siehe Kapitel 8 bzw. 13. Werden die Peakbreiten als Funktion des Messortes auf der Probe aufgetragen, Bild 5.39b, dann wird deutlich, dass bei Verwendung der Parallelstrahlgeometrie deutliche Abhängigkeiten der Halbwertsbreite vom Ort erkennbar sind, die mit dem Verlauf der Schichtdicke auf der Probe korrelieren. Kleine Halbwertsbreiten sind an Stellen großer Schichtdicke und große Halbwertsbreiten an Stellen kleiner Schichtdicken feststellbar. Bei der BRAGG-BRENTANO-Anordnung wird der Beugungspeak über eine Fläche mit einem zu großen Schichtdickengradienten aufgenommen. Damit werden auch die Halbwertsbreiten gemittelt und die Abhängigkeit von der Beschichtungsgeometrie geht verloren. Der Vorteil der Multilayerspiegelnutzung ist damit an einem weiteren Beispiel gezeigt.

Von HOLZ [48] wird vorgeschlagen unter Verwendung von zwei sehr fein ausgeblendeten Multilayerspiegeln und exakter Justage zueinander eine Tiefenauflösung der Beugungsin-

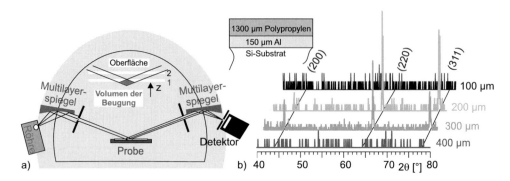

Bild 5.40: a) Schematische Darstellung zum gezielten Erhalt von tiefenaufgelösten Diffraktogrammen durch Einsatz von zwei Multilayerspiegeln b) Beispiel für diese Technik

formationen in der Probe zu erreichen. Der Schnittbereich beider Parallelstrahlen ergibt ein Parallellogramm, Bild 5.40a. Durch gezieltes Bewegen der Probe in z-Richtung, also in die Fokussierungsebene hinein, kann man dann unterschiedliche Tiefenbereiche auflösen. Die maximal erreichbare Tiefe wird von der Eindringtiefe der Strahlung in die zu untersuchende Probe bestimmt. Deshalb wird diese Technik auch für die Neutronenstrahlung und die hochenergetische Synchrotronstrahlung unter Verwendung geeigneter Blenden entwickelt. Die weitaus geringere Absorption bewirkt gegenüber der Röntgentechnik viel größere Eindringtiefen.

Nur an relativ leichten Materialkombinationen mit vorn herein größerer zu erwartetenden Einstrahltiefe von charakteristischer Röntgenstrahlung ist ein Einsatz der zwei Multilayerspiegel möglich. Ebenso setzt diese Technik einen höchst präzisen z-Probentisch-Vortrieb voraus, der in den derzeitigen Diffraktometern noch nicht Standard ist. In Bild 5.40a ist das Prinzip noch einmal verdeutlicht und im Bild 5.40b ist ein Beispiel für eine vergrabene Aluminiumschicht unter Polypropylen gezeigt [48]. Wird der Probentisch wie im Bild 5.40b rechts angegeben verschoben, so erkennt man eine deutliche Veränderung der Diffraktogramme. Die Beugungspeak können dem Aluminium zugeordnet werden. Es muss hier bemerkt werden, dass diese Methode nur bei höheren Beugungswinkeln Sinn macht, da hier erstens die Eindringtiefe größer ist und zweitens das sich überlappende Analysevolumen lateral kleiner wird und damit auch die Tiefenauflösung sich verbessert.

5.5 Streifender Einfall – GID

Bei allen bisher besprochenen Verfahren ist mehr oder weniger immer mit einer symmetrischen Anordnung gearbeitet worden, d.h. die Eingangsstrahlseite wurde spiegelverkehrt durch die Detektorseite wiedergegeben. Sowohl in reiner BRAGG-BRENTANO-Anordnung als auch bei symmetrischer Anordnung mittels Multilayerspiegel hängt die bestrahlte Fläche und die Eindringtiefe des Primärstrahles in die Probe vom Beugungswinkel ab. Besonders schwierig ist die Untersuchung dünner Schichten auf kristallinen Substraten. Unter steilen Einstrahlwinkeln durchdringt der Primärstrahl die Schicht ohne ausreichend Beugungsintensität zu liefern. Man erhält überwiegend Beugungsinformationen vom Substrat. Vom Schichtmaterial liegen »zu wenige Körner« in Beugungsrichtung vor.

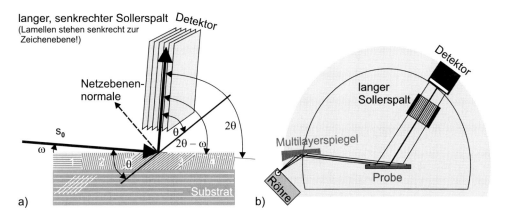

Bild 5.41: a) Prinzip der Beugung in Dünnschichtanordnung b) Diffraktometer mit primärseitigem Multilayerspiegel und langem Sollerkolimator auf der Detektorseite für die so genannte Dünnschichtanordnung

Wendet man einen asymmetrische Strahlengang an und strahlt den Primärstrahl unter einem konstanten, flachen Winkel ω ein, Bild 5.41 und verwendet auf der Detektorseite einen langen Sollerspalt, dann sind in dieser Anordnung Diffraktogramme messbar. Diese Methode wird GID (grazing incidence diffraction – Beugung durch streifenden Einfall) genannt.

Die Lamellen im Sollerspalt stehen senkrecht zur Zeichenebene. Beim Bewegen des Detektors erhält man ein Diffraktogramm der Probe, welches sich von den Winkellagen in keinster Weise von herkömmlichen BRAGG-BRENTANO-Aufnahmen bei einer ideal polykristallinen Probe unterscheidet. In Bild 5.41a ist schematisch eine polykristalline Schicht auf einem Einkristallsubstrat dargestellt. Bei einem Einstrahlwinkel ω soll die bestrahlte Schichtfläche die hier vier dargestellten Körner mit jeweils dem gleichen Netzebenenabstand erfassen. Die vier Körner unterscheiden sich lediglich durch ihre Netzebenennormalenrichtung. Verlängert man die Netzebenen von Korn 3 über die Probe hinaus, dann ergeben sich Verhältnisse wie in Bild 3.21, nur die ganze Anordnung ist gedreht. Der unter dem Winkel ω zur Probenoberfläche einfallende Strahl fällt auf die betrachtete Netzebene im Korn 3 unter dem Winkel θ ein. Zwischen der Netzebene im Korn 3, Richtung ausgedrückt durch den gestrichelt dargestellten Netzebenennormalenvektor, bildet sich der Einstrahlwinkel θ aus. Wird der Detektor so eingestellt, dass sich zwischen Detektorstrahl und Netzebenenverlängerung auch ein Winkel θ ausbildet, dann hat man exakt die BRAGGsche Beugungsbedingung für Korn 3 vorliegen. Der Detektor steht zur Oberfläche dann in einem Winkel $2\theta - \omega$. Erfüllt der Winkel θ und der Netzebenenabstand d_{hkl} für Korn 3 die BRAGGsche-Gleichung 3.119, wird in dieser Detektorstellung ein Maximum der reflektierten Röntgenstrahlung registriert. Die Körner 1, 2 und 4 erfüllen für den Einstrahlwinkel ω nicht die BRAGG-Bedingung und tragen so nicht zur Peakintensität bei.

Liegt eine ideal polykristalline Probe vor und wird bei fest eingestellten Winkel ω der Detektor um die Probe abgefahren, dann ist im Bezug zur Probenoberfläche die aktuelle Winkelstellung des Detektors immer $2\theta - \omega$. Für andere Netzebenenabstände gibt

188   5 Methoden der Röntgenbeugung

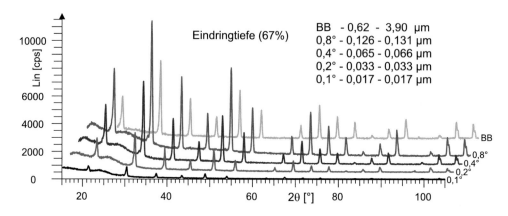

Bild 5.42: Vergleich Streifender Einfall und BRAGG-BRENTANO-Anordnung beim Pulver LaB$_6$

es nun auch Körner, wo eine ähnliche Netzebennormalenrichtung wie ursprünglich für Korn 3 vorliegt. Im gesamten abgefahrenen Detektorwinkelbereich sind solche Beugungserscheinungen für alle in der Kristallstruktur vorkommenden Netzebenen gleichermaßen erfüllt und man erhält ein repräsentatives Diffraktogramm der Probe. Die Subtraktion der Detektorwinkelstellung um den Einstrahlwinkel lässt sich bei der digitalisierten Registrierung sofort rückgängig machen, und man erhält das gesamte Diffraktogramm als 2θ-Auftrag. Würde man die Probe aus Bild 5.41 in BRAGG-BRENTANO-Anordnung abfahren, wäre anstatt Korn 3 Korn 1 in Beugungsrichtung und würde zur Beugungsintensität beitragen. Variiert man den Einfallswinkel ω, dann gibt es andere Körner, die mit ihren Netzebennormalen die Beugungsbedingungen erfüllen.

Nimmt man an, das das einkristalline Substrat und das Korn 1 einen vergleichbaren Netzebenenabstand parallel zur Oberfläche haben, dann würde ein sehr starker, intensitätsreicher Substratpeak in BRAGG-BRENTANO-Anordnung gemessen. Die geringe Intensität von Korn 1 würde vom Substratpeak vollständig überlagert, so dass in BRAGG-BRENTANO-Anordnung keine Information von dem Schichtmaterial erhältlich wäre. Dieser Substratpeak wird in GID-Anordnung eliminiert. Es kann sich aber als Störgröße ein Zustand einstellen, wie ebenfalls in Bild 5.41a im Substrat links angedeutet. Die Atome des einkristallinen Substrates bilden auch Netzebenen in der schräg angedeuteten Weise aus. Diese »schief liegenden Netzebenen« können bei Erfüllen der Beugungsbedingung zur Beugung beitragen und sich den Schichtinformationen überlagern. Verändert man aber den Einstrahlwinkel ω leicht ab, sind solche Störpeaks vom einkristallinen Substrat als leicht »wandernde Peaks« auszumachen, siehe z. B. in Bild 13.7 der Peak für das Silizium-Substrat.

Für Pulver aus LaB$_6$ (SRM660a Standard) sind für vier unterschiedliche Einstrahlwinkel ω und für die BRAGG-BRENTANO-Anordnung die erhaltenen Diffraktogramme in Bild 5.42 gezeigt. Mittels Gleichung 3.98 sind die theoretischen Eindringtiefenbereiche der Röntgenstrahlung in die Probe mit angegeben. Man erkennt die wesentlich größere Konstanz der Eindringtiefe bei streifenden Einfall. Bei den Diffraktogrammen ab $\omega > 0{,}4°$ sind die erhaltenen Beugungsintensitäten größer als in BRAGG-BRENTANO-Geometrie.

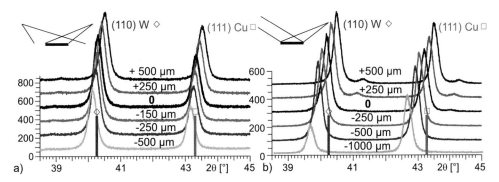

Bild 5.43: Diffraktogramme von Wolfram-Kupfer Kristallgemischen bei bewusster Verschiebung der Oberfläche im Fokussierkreis bei zwei Diffraktometeranordnungen a) Omega-2 Theta Diffraktometer mit Punktfokus und 1 mm Lochblende b) Theta-Theta Diffraktometer mit primärseitigem Multilayerspiegel, Detektorseite mit 0,2 mm Detektorblende

Bei der Methode des streifenden Einfalles erhält man von polykristallinen Schichten wesentlich besser auswertbare und intensitätsreichere Diffraktogramme. Die Winkellagen unterscheiden sich nicht. Es wird möglich, Beugungspeaks von einkristallinen Substraten vollständig zu eleminieren.

Aufgabe 18: Volumenbestimmung des Wechselwirkungsraumes

Schätzen Sie das Volumen für die BRAGG-BRENTANO- und die Dünnschichtanordnung für die LaB_6-Pulverprobe bei $\omega = 0{,}8°$ für die Beugungswinkel $2\theta = 15°$ und $2\theta = 110°$ ab. Es wurde mit einer Langfeinfokusröhre von 12 mm Strichfokuslänge und Kupferstrahlung gearbeitet. Verwenden Sie die angegebenen Eindringtiefen der Röntgenstrahlung aus Bild 5.42.
Wie würden sich die Volumenverhältnisse verändern, wenn angenommen wird, dass das LaB_6 als eine Schicht mit 150 nm Dicke vorliegt?

5.6 Höhenabhängigkeit der Probenlage auf Diffraktogramme

An einer ebenen Probe aus einem Kristallgemisch Wolfram-Kupfer wurden bewusst die Oberflächen aus dem Fokussierkreis verschoben und jeweils die Beugungswinkellagen bestimmt. In Bild 5.43a ist dies für ein BRAGG-BRENTANO-Diffraktometer mit Punktfokus und 300 mm Radius aufgenommen. Die Peaklagen des (1 1 0)-Wolfram und des (1 1 1)-Kupfers wurden bestimmt. Die Abweichungen und Fehler der Winkellagenbestimmung sind in Tabelle 5.4 aufgeführt. In Bild 5.43b sind an einem Theta-Theta Diffraktometer (Radius 220 mm) mit primärseitigem Multilayerspiegel und einem Parallelstrahl von 1 mm Breite, aber einem divergenten Detektorstrahl und Detektorschlitzblende mit 0,2 mm Öffnung, die gleichen Messungen ausgeführt worden. Die Ergebnisse der Abweichungen sind in Tabelle 5.4 aufgeführt. Die größeren Abweichungen des Beugungswinkels gegenüber der reinen BRAGG-BRENTANO-Geometrie sind darauf zurück zuführen, dass mit zunehmender Defokussierung sich »beide Strahlenbündel nicht mehr sehen«, erkenn-

Tabelle 5.4: Gemessene Winkelverschiebungen 2θ in [°] von (1 1 0)-Wolfram und (1 1 1)-Kupfer bei Verschiebung der Probenoberfläche wie in Bild 5.43

Ver-schiebung [μm]	BRAGG-BRENTANO-Diffraktometer				mod. Theta-Theta-Diffraktometer			
	(1 1 0) W	Fehler [%]	(1 1 1) Cu	Fehler [%]	(1 1 0) W	Fehler [%]	(1 1 1) Cu	Fehler [%]
500	0,228	0,566	0,198	0,457	0,312	0,777	0,300	0,694
250	0,112	0,278	0,091	0,210	0,136	0,339	0,168	0,389
−150	−0,048	−0,119	−0,049	−0,113				
−250	−0,060	−0,149	−0,057	−0,132	−0,144	−0,358	−0,168	−0,389
−500	−0,175	−0,434	−0,169	−0,390	−0,252	−0,627	−0,284	−0,657
−1 000					−0,528	−1,314	−0,570	−1,319

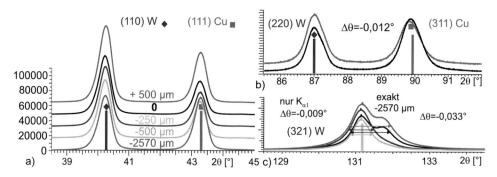

Bild 5.44: Diffraktogramme von Wolfram-Kupfer Kristallgemischen bei bewusster Verschiebung der Oberfläche im Fokussierkreis und Parallelstrahldiffraktometrie a) kleiner Winkelbereich θ, b) und c) großer Winkelbereich θ

bar an dem starken Abfall der Intensitäten bei −1 000 μm Defokussierung, Bild 5.43b. Beim Einsatz von wirklicher Parallelstrahlgeometrie sowohl auf der Primär- als auch auf der Detektorseite wird die durch falsche Probenhöhe bedingte Winkelverschiebung beseitigt, wie Messungen an der selben Probe (Wolfram-Kupfer Kristallgemisch) zeigen. Die Ergebnisse sind in Tabelle 5.5 bzw. Bild 5.44 wiedergegeben. Selbst bei Abweichungen aus dem Fokus von −2 570 μm sind die Peakverschiebungen um eine Größenordnung geringer als in reiner BRAGG-BRENTANO-Anordnung, Tabelle 5.4. Wertet man die Verschiebungen der Kalzitpeaks im Bild 4.36b aus, dann ergeben sich maximal Winkelverschiebungen von 0,029° bis 0,014° bei ±1 500 μm Probenverschiebung.

Die Auswirkungen einer unebenen Probenoberfläche ist im Bild 5.45 gezeigt. Die in der Abbildung gezeigten Werkzeugteile aus gesintertem Hartmetall (hexagonales Wolframkarbid, PDF-00-025-1047) weist eine plane und eine konkave (Abweichung 460 μm an der tiefsten Stelle – mit 1 bezeichnet) Fläche auf. Die Probe wurde in einem BRAGG-BRENTANO-Goniometer mit Eulerwiege und justierbarem x-z-Probenhalter exakt mit einer Messuhr auf die Fokussierungsebene eingestellt, bei der konkaven Stelle auf deren tiefste Stelle. Das Goniometer ist auf Punktfokus (Spannungsmessungen) und Kupfer K_α-Strahlung eingestellt. In Bild 5.45 sind die zwei erhaltenen Diffraktogramme ohne

Tabelle 5.5: Winkellagenabweichung bei Probenanordnung außerhalb des Fokussierkreises und bei Arbeiten im Parallelstrahldiffraktometer an den Proben aus Bild 5.44a

Fokusabweichung [μm]	(1 1 0)-W	Fehler[%]	(1 1 1)-Cu	Fehler[%]
500	0,023	0,057	0,010	0,023
−250	0,011	0,027	0,002	0,005
−500	0,002	0,005	−0,005	−0,012
−2 570	0,010	0,025	0,000	0,000

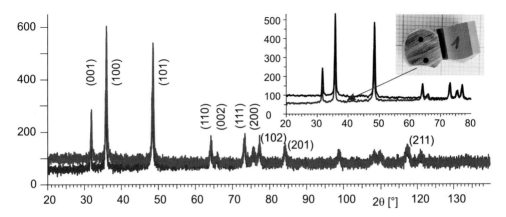

Bild 5.45: Veränderungen im Beugungsdiagramm bei BRAGG-BRENTANO-Geometrie und bei Verletzung der exakten Fokussierungsbedingungen am Beispiel eines Hartmetallwerkzeuges aus Wolframkarbid

Tabelle 5.6: Quantifizierung der Unterschiede aus den zwei Diffraktogrammen aus Bild 5.45

(hkl)	$\Delta\theta$ [°]	Δd_{hkl} [nm]	Intensität Fläche 2/$\Delta Intensitäten$
001	0,189	−0,001 655	242/98
100	0,201	−0,001 365	531/215
101	0,194	−0,000 708	485/141
200	0,161	−0,000 217	152/17
211	0,124	−0,000 059	137/6

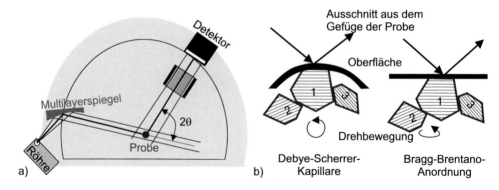

Bild 5.46: a) Anordnung im Diffraktometer für die Kapillaranordnung b) schematische Verdeutlichung der möglichen Körner, die zur Beugung beitragen können

Untergrundabzug dargestellt. Im kleinen Bildausschnitt sind beide Kurven geglättet worden. Die niedrigeren Intensitäten von der konkaven Fläche vor allem in den kleinen Winkelbereichen sind ersichtlich, Tabelle 5.6. Quantifiziert man die Winkellagendiffrenzen $\Delta\theta$ zwischen der planen Probenstelle 2 und der konkaven Fläche 1 und errechnet daraus die Netzebenunterschiede, dann erkennt man die Fehler durch falsche Probenjustierung bzw. durch nicht geeignete Probengeometrien. Man sieht, dass trotz fast gleichbleibender Winkeländerungen die Änderungen im Netzebenenabstand wegen der BRAGGschen-Gleichung bei hohen Beugungswinkel kleiner ausfallen. Ebenso minimieren sich bei hohen Winkeln die Unterschiede in den Intensitäten und in den Netzebenabständen. Die systematischen Fehler werden generell dann kleiner. Dies ist ein weiterer Hinweis für die Notwendigkeit der Messung der Röntgeninterferenzen bei hohen Winkeln.

5.7 Kapillaranordnung

Der Multilayerspiegel liefert einen Parallelstrahl. Hat man nur wenig Probenmaterial zur Verfügung oder möchte man eine Probe aus der DEBYE-SCHERRER-Kamera mit einer erhöhten Winkelgenauigkeit vermessen, so kann man die dünne Probe am Ort der Fokussierebene drehbar um die eigenen Achse anbringen. Als Proben verwendet man dünne Drähte oder feines Pulver, das in eine Kapillarglasröhre (daher kommt auch der Name Kapillaranordnung) eingefüllt oder auf einen Glasfaden aufgestäubt wird. Fährt man nur mit dem Detektor bei festem Einstrahlwinkel einen Winkelbereich ab, dann sind die Beugungsbedingungen nacheinander für viele Netzebenen erfüllt und man erhält ein Diffraktogramm. Durch die Drehbewegung um die eigene Längsachse der Probe gelangen so auch die in Bild 5.46b gekennzeichneten Körner 2 und 3 in Beugungsstellung und tragen zur Beugungsintensität bei. Im Vergleich ist auch die Drehbewegung bei Probenrotation in BRAGG-BRENTANO-Anordnung gezeigt. Die Körner 2 und 3 haben eine Netzebenennormalenrichtung, die durch diese Drehbewegung nicht in Beugungsanordnung gelangen. In BRAGG-BRENTANO-Anordnung tragen diese Körner für die eingezeichnete Netzebene also niemals zur Beugungsintensität bei. Mit der Kapillaranordnung erreicht man hohe Beugungsintensitäten mit wenig Probenmaterial. Die Probenstatistik wird durch die Ka-

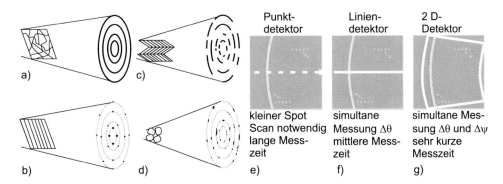

Bild 5.47: Beugungskegel für a) polykristallines Material b) einkristallines Material c) texturierten Material d) Mikrodiffraktion; Ausschnitte aus dem Beugungskegel und Informationsbereich bei Bragg-Brentano-Anordnung mit e) Punktdetektor f) Liniendetektor g) 2D-Detektor; Linien in den Teilbildern e-g sind (220)- und (400)-Peaks von W-Pulver

pillaranordnung entscheidend verbessert. Wesentlich mehr Körner der Probe im Eindringbereich der Strahlung tragen zur Beugung bei der Kapillaranordnung bei. Die Aussagen von Kapitel 5.3 bzw. Tabelle 5.2 treffen hier nicht zu. In dieser Anordnung wird aber im Vergleich zur klassischen DEBYE-SCHERRER-Anordnung kein gesamter Beugungsring erhalten. Es wird auch hier nur entsprechend Bild 5.25 auf der Äquatorlinie abgefahren. Körner die zur Detektionslinie um den Winkel $\psi > 0$ ausgerichtet sind, also aus der Zeichenebene in Bild 5.46 herauskippen, werden nicht registriert. Statt einen Punktdetektor um die Probe zu schwenken, wird heute ein ortsempfindlicher Detektor mit vorgesetztem Kapillarkollimator verwendet. Damit kann ein ganzer Winkelbereich sehr schnell untersucht werden. Dies ist dann eine Anordnung, die sich z. B. für eine Produktionskontrolle eignet.

Die Justage dieser Probenanordnung ist kompliziert und störanfällig. Quantitative Aussagen sind auf Grund der winkelabhängigen Absorptionskorrektur nur sehr ungenau zu erhalten.

5.8 Diffraktometer mit Flächendetektor

Ein Diffraktometer, welches mit einem 2D-Detektor ausgerüstet ist, erfordert eine erweiterte und gelegentlich abweichende Betrachtungsweise der Beugungserscheinungen. Ebenso sind Erweiterungen in der Beugungstheorie notwendig, die mit den bisherigen Betrachtungen zu den Beugungsanordnungen konform sein müssen. Im Bild 5.47a-c sind die sich unterschiedlich ausbildenden Beugungskegel für polykristalline, einkristalline und texturierte Matrialien dargestellt. Der Einkristall liefert nur wenige diskrete Punkte, der großflächig ausgebildete Polykristall besitzt viele unterschiedlich ausgerichtete Körner, die jeder für sich einen kleinen Einkristall mit Einzelpunkten als Beugungserscheinung ausbilden. Die Überlagerung *aller* Kristallite führt zu den gleichmäßigen Beugungsringen. Ist das Material texturiert, gibt es Vorzugsorientierungen der Körner und der Beugungsring tritt in sichelförmig ausgebildeten Beugungsringen auf, Bild 5.47c.

Im Teilbild d sind nur wenige Körner und ein mögliches unregelmäßiges Punktmuster auf den Kreisen für eine Mikrobeugung dargestellt. Ein mit Punkt- oder eindimensionalem Detektor aufgenommenes Diffraktogramm ist eine Funktion der Streuintensitäten über dem Beugungswinkel 2θ. In BRAGG-BRENTANO-Anordnung tragen nur die Kornnetzebenen zur Beugung bei, die eine parallele Ausrichtung zur Probenoberfläche aufweisen. Bei ebenen Proben ist damit die Zahl der Körner, die die Beugungsbedingung erfüllen, extrem beschränkt, siehe Tabelle 5.2. Bei der konventionellen Diffraktometrie mit Punktdetektor wird über einen sequentiellen Scan der Beugungswinkelbereich 2θ bei nur *einem, nicht veränderbaren ψ-Winkel* abgetastet. Die Messzeit ist entsprechend lang, das Diffraktogramm kann unvollständig ausgebildet sein. Sind auf der in Bild 5.47e dargestellten Scanrichtung (gestrichelte Linie) keine Körner parallel zur Oberfläche ausgerichtet, dann ergeben sich hier keine Beugungspeak.

Setzt man eine linearen Detektor (PSD) ein, der je nach Bauform einen $\Delta\theta$ Bereich überstreicht, erhält man das Diffraktogramm simultan bzw. bei Scanbebewegung des Detektors wesentlich schneller, Bild 5.47f. Sind aber die Körner ebenfalls nicht in Abtastrichtung parallel zur Oberfläche ausgerichtet, erhält man wie mit dem Punktdetektor keine Beugungspeaks, Bild 5.48a.

Die Parallelausrichtung der Körner kann jedoch auch in der Raumrichtung ψ auftreten und führt, wie schon im Bild 5.22c beim DEBEYE-SCHERRER-Verfahren gezeigt, zur Ausbildung der Beugungskegel. Mit den 2D-Detektoren können nun *mehrere einzelne Körner* einer nur aus wenigen Körnern bestehenden Probe detektiert werden. Die geringe Anzahl der Körner und damit der Beugungsrichtungen reicht nicht aus, geschlossenen gleichmäßige Ringe auszubilden. Durch die Möglichkeit der Integration aller gemessenen Beugungserscheinungen zu einem Diffraktogramm werden alle in Frage kommenden Körner vermessen, man spricht hier von Mikrodiffraktion.

Durch Einsatz der 2D-Detektoren ist es möglich, den Beugungsring (gesamt oder Teilbereiche) bzw. mehrere Beugungsringe simultan und digital in $\Delta\theta$ als auch über einen größeren $\Delta\psi$-Bereich zu detektieren. In Bild 5.47g ist dies der hell umrandete eingezeichnete Bereich. Ähnlich dem DEBYE-SCHERRER-Verfahren sind jetzt Ausschnitte aus dem gesamten Beugungsraum detektierbar, Bild 5.48b.

Der Unterschied zum Filmverfahren besteht darin, dass ebene Detektoren eingesetzt werden und die Beugungsinformationen digital vorliegen. Durch die Ebenheit der Detektorfläche kommt es zu Verletzungen der Beugungsgeomtrie. *Nur an einem Punkt* auf der Detektorfläche ist die BRAGG-BRENTANO-Fokussierung erfüllt. Beim nachfolgend als 2D-XRD bezeichneten zweidimensionalem Beugungsverfahren ist der Einsatz von punktförmigen, parallelen Strahlenquellen vorteilhaft. Damit werden die Verletzungen der Beugungsbedingungen nicht weiter vergrößert. Doppelt gekreuzte Multilayerspiegel oder Röhren mit Punktfokus und Parallelstrahlfokussierer sind die häufigsten Primärstrahlenquellen. Damit wird eine gleichmäßigere »Ausleuchtung« in alle Richtungen erreicht und die Möglichkeit der Intensitätsbeurteilung entlang der DEBYE-Ringe entscheidend verbessert.

Damit eine Integration und Quantifizierung der DEBYE-Ringe auf der ebenen Detektorfläche erfolgen kann, ist eine genaue Analyse der Vektorräume für Probe und Goniometer und die gegenseitige Umrechnung notwendig. Grundlegende Überlegungen zu dieser Analyse sind von HE [71, 72] durchgeführt worden, die im nachfolgenden überblicksartig

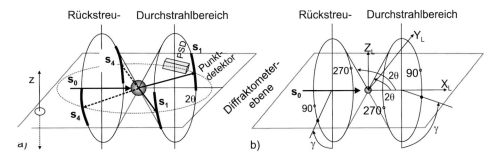

Bild 5.48: a) Beugung im 3D-Raum unter Einbeziehung konventioneller Beugungsanordnung mit Punkt- oder Liniendetektoren (PSD) b) Beugungsanordnung 2D-Detektor und Definition Laborsystem

zusammengestellt werden.

Die Probe befindet sich im Diffraktometer im Laborvektorsystem mit den drei rechtwinklig zueinander stehenden Vektoren $\vec{X}_L$; $\vec{Y}_L$; $\vec{Z}_L$, Bild 5.48b. Der einfallende Röntgenstrahl verläuft dabei vereinbarungsgemäß parallel zu $\vec{X}_L$. Man beachte bei dieser Darstellung die gemeinsame Ursprungslage für den Winkel 2θ im Durchstrahlbereich als auch im Rückstrahlbereich im Gegensatz zu $2\theta'$ für den Rückstrahlbereich bei der Straumaniseinlage beim DEBEYE-SCHERRER-Verfahren.

Vereinfacher kann dies am Kugelmodell von Bild 5.49a verdeutlicht werden. Einen solchen kugelförmigen Detektor (kein Film) existiert derzeit jedoch nicht. Der Einheitsvektor $\vec{h}_L$ beschreibt im Laborsytem mit dem Beugungswinkel θ und dem Raumrichtungswinkel γ nach Gleichung 5.14 einen Beugungskegel und dort speziell alle Lagepunkt für $0 \leq \gamma \leq 360°$. Bei dieser Definition sei auf die negativen Werte des Beugungswinkel hingewiesen:

$$\vec{h}_L = \begin{bmatrix} h_x \\ h_y \\ h_z \end{bmatrix} = \begin{bmatrix} -\sin\theta \\ -\cos\theta \sin\gamma \\ -\cos\theta \cos\gamma \end{bmatrix} \quad (5.14)$$

Ein ebener Detektor schneidet den mit dem Winkel 4θ geöffneten Beugungskegel entsprechend Bild 5.49b. Der sich normalerweise am Ende des Beugungskegels ausbildende Ring verformt sich zu einer nicht regelmäßigen Beugungslinie, die je nach Winkellage 2θ und auch α und Abstand e von Kreisen über Ellipsen bis zu Hyperbelabschnitten übergeht. Der Winkel α beschreibt den Winkel zwischen Probenzentrum und Detektorzentrum. Nach Bild 5.50a ist für Position 1 der Winkel $\alpha = 0°$ und damit auf dem Detektor die Ausbildung des gesamten Beugungsringes sichtbar. Bei einem Winkel $\alpha_2 < 0$ oder $\alpha_3 < 0$ je nach Größe ergeben sich schematisch Beugungslinien nach Teilbild 2 und 3. Für den Mittelpunkt des Detektors ist dies aber die Stellung des Detektors $2\theta_D$ und hier mit negativen Vorzeichen. Mit Gleichung 5.14 ergibt sich damit wieder ein »physikalisch korrekter« positer Beugungswinkel 2θ. Bild 5.50b und c definiert die Drehachsen und das Laborsystem für ein Vierkreisdiffraktometer mit 2D-Detektor. Hierbei ist ω die Drehung der Probe im Rechtsdrehsinn und liegt mit α in einer Ebene. Zu beachten ist, dass

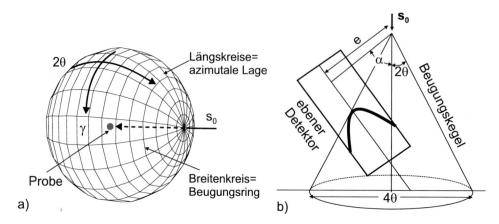

Bild 5.49: a) ideale Detektorfläche mit allseitigem 4π-Öffnungswinkel (Breitenkreis) und Darstellung des Beugungswinkels 2θ und des Beugungsrichtungsvektorwinkel γ b) Beugungskegel und beliebiger Schnitt im Kegel mit einem ebenen 2D-Detektor

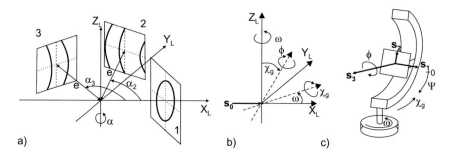

Bild 5.50: a) 2D-Detektorpostion für drei verschiedene Stellungen α mit Teilringbeugungsabbildungen b) Probendrehung – Definitionen der Achsen c) Definitionen Laborsystem und Probensystem

der Winkel der Verkippung der Probe zum Strahl mit zwei entgegengesetzt verlaufenden Winkeln ψ und χ_g bzw. mit unterschiedlichen Startpunkten definiert wird. χ_G ist die Verkippung der Probe zur horizontalen Achse bei linksseitiger Drehachse. Es gilt hier: $\chi_G = 90° - \psi$ Das Probensystem $\vec{S}$ und das Laborsystem stehen zueinander:

	X_L	Y_L	Z_L
S_1	a_{11}	a_{12}	a_{13}
S_2	a_{21}	a_{22}	a_{23}
S_3	a_{31}	a_{32}	a_{33}

(5.15)

Daraus lässt sich die Transformationsmatrix **A**, also der Zusammenhang zwischen EULER-Geometrie, Laborsystem und Probensystem, aufstellen:

$$\mathbf{A} = \begin{bmatrix} a_{11} & a_{12} & a_{13} \\ a_{21} & a_{22} & a_{23} \\ a_{31} & a_{32} & a_{33} \end{bmatrix} = \begin{bmatrix} -\sin\omega\sin\psi\sin\phi & \cos\omega\sin\psi\sin\phi & -\cos\psi\sin\phi \\ -\cos\omega\cos\phi & -\sin\omega\cos\phi & \\ \sin\omega\sin\psi\cos\phi & -\cos\omega\sin\psi\cos\phi & \cos\psi\cos\phi \\ -\cos\omega\sin\phi & -\sin\omega\sin\phi & \\ -\sin\omega\cos\psi & \cos\omega\cos\psi & \sin\psi \end{bmatrix}$$

Der Beugungsvektor $\vec{h}_s$ im Probenkoordinatensystem $S_1 S_2 S_3$ ist gegeben durch:

$$\vec{h}_s = \mathbf{A}\,\vec{h}_L \tag{5.16}$$

$$\begin{bmatrix} h_1 \\ h_2 \\ h_3 \end{bmatrix} = \begin{bmatrix} a_{11} & a_{12} & a_{13} \\ a_{21} & a_{22} & a_{23} \\ a_{31} & a_{32} & a_{33} \end{bmatrix} \begin{bmatrix} h_x \\ h_y \\ h_z \end{bmatrix} \tag{5.17}$$

$$= \begin{bmatrix} -\sin\omega\sin\psi\sin\phi & \cos\omega\sin\psi\sin\phi & -\cos\psi\sin\phi \\ -\cos\omega\cos\phi & -\sin\omega\cos\phi & \\ \sin\omega\sin\psi\cos\phi & -\cos\omega\sin\psi\cos\phi & \cos\psi\cos\phi \\ -\cos\omega\sin\phi & -\sin\omega\sin\phi & \\ -\sin\omega\cos\psi & \cos\omega\cos\psi & \sin\psi \end{bmatrix} \begin{bmatrix} -\sin\theta \\ -\cos\theta\sin\gamma \\ -\cos\theta\cos\gamma \end{bmatrix}$$

Achsenaufgelöst kann man auch schreiben:

$$\begin{aligned} h_1 =\ & \sin\theta(\sin\phi\sin\psi\sin\omega + \cos\phi\cos\omega) + \cos\theta\cos\gamma\sin\phi\cos\psi \\ & -\cos\theta\sin\gamma(\sin\phi\sin\psi\cos\omega - \cos\phi\sin\omega) \\ h_2 =\ & \sin\theta(\cos\phi\sin\psi\sin\omega - \sin\phi\cos\omega) - \cos\theta\cos\gamma\cos\phi\cos\psi \\ & +\cos\theta\sin\gamma(\cos\phi\sin\psi\cos\omega + \sin\phi\sin\omega \\ h_3 =\ & \sin\theta\cos\psi\sin\omega - \cos\theta\sin\gamma\cos\psi\cos\omega - \cos\theta\cos\gamma\sin\psi \end{aligned} \tag{5.18}$$

Mit dem mathematischem Apparat aus Gleichung 5.16 kann jetzt in jeder Diffraktometerstellung der Verlauf der Beugungslinie berechnet werden. Dies wird ausgenutzt, um jetzt auf dem Detektor gemessene Beugungserscheinungen für einen Beugungswinkel θ über den detektierten Bereich ψ aufzuintegrieren. Bei diesem Vorgang spricht man oft von »virtueller Oszillation«. Wie schon mehrfach bei den Punktdetektionsverfahren genannt, versucht man zur Verbesserung der Probenstatistik die Probe um die Achse ϕ zu rotieren oder die Probe um ihre Lage in ΔX bzw. ΔY zu oszillieren. Damit wird nur eine scheinbar größere Probenoberfläche abgescannt und damit die Wahrscheinlichkeit, mehr Körner in Beugungsrichtung zu messen, größer. Bei der 2D-Beugung stehen zwei Beugungsvektoren auf einem Ring im Abstand $\Delta\psi$ zueinander, siehe Bild 5.51a. Mit einem ebenen Flächendetektor wird der Bereich $\Delta\gamma$ simultan erfasst. Zwischen dem erfassten Bereich $\Delta\gamma$ und dem Bereich der Beugungswinkel $\Delta\psi$ existiert entsprechend dem Beugungswinkel θ der Zusammenhang:

$$\Delta\psi = 2\arcsin[\cos\theta \sin(\frac{\Delta\gamma}{2})] \tag{5.19}$$

Der hier beschriebene Bereich wird *ohne mechanische Probenbewegung* simultan erfasst.

198 5 Methoden der Röntgenbeugung

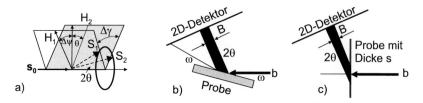

Bild 5.51: a) Virtuellle Oszillation b) Beugungspeakbreiten bei Rückstreuanordnung c) bei Durchstrahlungsanordnung

Diese virtuelle Oszillation ist wesentlich effektiver und weniger fehlerbehaftet.
In der 2D-XRD gibt es keine Schlitzblenden auf der Detektorseite. Über die geometrischen Verhältnisse nach Bild 5.51b bzw. c lassen sich die gerätebedingten Verbreiterungen der Beugungsringe bestimmen.

Für den Rückstreubereich ergibt sich für die Breite B des Beugungspeak:

$$\frac{B}{b} = \frac{\sin(2\theta - \omega)}{\sin \omega} \tag{5.20}$$

Im Durchstrahlbereich ist die Breite B mit der Dicke s der Probe:

$$\frac{B}{b} = \cos 2\theta + \frac{s}{b} \sin 2\theta \tag{5.21}$$

Man erhält mit dieser Integration des digitalen 2D-Beugungsbildes für eine Mikrodiffraktion, Bild 5.52a und für eine Pulveraufnahme, Bild 5.52a, jeweils vollwertige Diffraktogramme, welche entsprechend den Ausführungen der nachfolgenden Kapitel in gleicher Weise ausgewertet werden können [170]. Das Diffraktogramm für die Mikrodiffraktion, also nur sehr wenig zu untersuchendes Material, ist mit dieser Methode der vollständigen Aufintegration über alle ψ-Bereiche ein gleichwertiges Diffraktogramm, wie das einer Pulverprobe, aufgenommen mit dem Punktdetektor. In der Spurenanalyse hat man zwangsläufig nur wenig Material zur Verfügung und es sind mit dieser 2D-Beugungsuntersuchung so neue Nachweismethoden möglich [108].

Die Ergebnisse der Untersuchungen an einen Apatitkristall sind im Bild 5.53 gezeigt. Der relativ große Kristall liefert nur wenige punktförmige Reflexe. Verkippt man die Probe in verschiedene ψ-Richtungen und integriert die wenigen erhaltenen Reflexe über den theoretischen Verlauf der Beugungslinien auf, dann sind aus der Mikrobeugung und der geringen Zahl an Beugungspunkten »reale polykristalline« auswertbare Diffraktogramme möglich.

Die Vorteile der zwei-dimensionalen Röntgenbeugung (2D-XRD) sind:

- Die Phasenidentifikation kann über einen gemessenen 2θ- und einen γ-Bereich (entspricht ψ Bereich) durch Integration erfolgen. Die aufintegrierten Intensitäten liefern vor allen bei texturierten Proben, bei schlechter Kornstatistik (große kohärent streuende Bereiche) und bei geringsten Mengen (Spurenanalyse) zuverlässigere Werte.
- Bei vollständigen Polfigurmessungen, siehe Bild 6.13, müssen in der Regel nur zwei χ-Winkel gemessen werden. Die ϕ-Winkel werden entsprechend Bild 11.13 gescannt.

5.8 Diffraktometer mit Flächendetektor   199

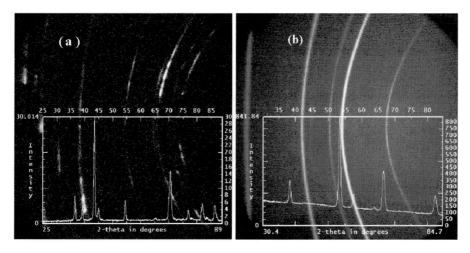

Bild 5.52: a) 2D-Beugungsdiagramm von Al_2O_3 (Mikrodiffraktion) und Aufintegration zu einem auswertbaren Diffraktogramm b) 2D-Beugungsdiagramm einer Pulverprobe und Integration zu einem Diffraktogramm (Mit freundlicher Genehmigung Dr. B. B. He, Bruker AXS, Madison USA)

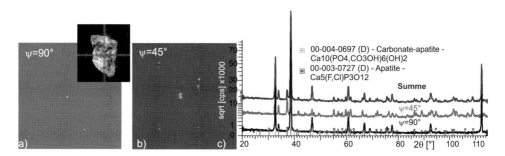

Bild 5.53: a) 2D-Beugungsdiagramme von einem Apatitkristall bei unterschiedlichen Verkippungen $\psi = 90°$ und $\psi = 45°$ b) über die Beugungsringe aufintegrierte Diffraktogramme und Itentifizierung mittels der PDF-Datei (Mit freundlicher Genehmigung Dr. J. Brechbühl, Bruker AXS Karlsruhe)

- Bei Vorliegen von Eigenspannungen ist eine direkte Messung des verformten Beugungskegels möglich. Durch die direkte Messung des Beugungskegels ist die direkte Anwendung der 2D-Spannungsgleichung und damit die Bestimmung des Spannungstensors möglich. Sehr schnelle und präzise Spannungsmessungen sind so möglich, siehe Kapitel 10.10.
- Die Texturmessung ist extrem schnell. Hier wird gleichzeitig der Untergrund und der Peakbereich gemessen. Durch die schnelle Messung wird eine feinere Schrittweite in χ-Richtung möglich. Bei Proben mit extrem scharfer Textur ist diese Vorgehensweise von großem Vorteil.

Der 2D-Detektor erlaubt sehr schnelle Messungen innerhalb weniger Sekunden bzw. Minuten pro Frame bei einer hohen Ortsauflösung. Jedes Diffraktionsbild des 2D-Detektors beinhaltet die Information über einen großen Winkelbereich $\Delta\theta \approx 40°$ möglich. Deshalb sind mehr Reflexe simultan erfassbar, als mit positionsempfindlichen Detektoren.

5.9 Energiedispersive Röntgenbeugung

Der in Kapitel 4.5.4 beschriebene Detektor ermöglicht eine energiedispersive Röntgenbeugung nach Bild 11.15.

Wie kommt es nun zur energiedispersiven Beugung? Primärseitig wird dazu ungefilterte Röntgen oder Synchrotronstrahlung verwendet. Vorteilhaft ist eine Feinfokus- oder Stirnfokus-Röntgenröhre mit einem Anodenmaterial hoher Dichte (z. B. Wolfram) als Strahlenquelle. Sie gibt ein weißes Röntgenspektrum hoher Intensität ab, das aus dem kontinuierlichen Bremsstrahlungsuntergrund und den charakteristischen Linien des Anodenmaterials besteht. Günstiger wäre hochenergetische Synchrotronstrahlung. Dem steht jedoch die sehr begrenzte Verfügbarkeit dieser intensitätsstarken Röntgenquellen entgegen. Aus dem einfallenden weißen Röntgenspektrum (Synchrotronspektrum) wird ein energetisch kleines Teilspektrum abgebeugt. Dabei »suchen« sich die Kristallite – entsprechend ihrer lokalen Orientierung – diejenigen Wellenlängen bzw. Photonenenergien »heraus«, die der BRAGGschen-Gleichung genügen. Die Energie eines gebeugten Röntgenquants E_{hkl} kann ähnlich dem Gesetz von DUANE-HUNT, Gleichung 2.4, bestimmt werden und wird als energiedispersive BRAGGsche-Gleichung 5.22 bezeichnet:

$$E_{hkl} = n \frac{h \cdot c}{2 \cdot d_{hkl} \sin\theta} \qquad (5.22)$$

Dabei steht n für die Beugungsordnung, h für die Plancksche Konstante, c für die Lichtgeschwindigkeit, d_{hkl} für den Netzebenenabstand und θ für den BRAGGschen Winkel. Der Betrag des reziproken Gittervektors $|s|$ ist proportional zur Energie E:

$$|s| = \frac{1}{d_{hkl}} = \frac{2\sin\theta}{h \cdot c} \cdot E \qquad (5.23)$$

Der energiedispersive Detektor steht während der Messung fest und blickt unter einem engen Raumwinkel auf die Probe, siehe Bild 4.29a. Die hohen Primärstrahlflussdichten

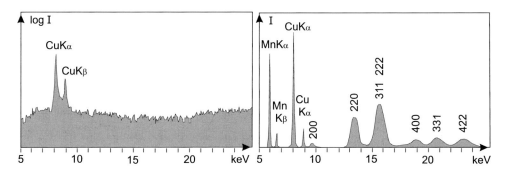

Bild 5.54: Energiedispersiv aufgenommenes Primärstrahlspektrum von einer Kupferröhre in logarithmischer Darstellung der Intensität (links) und das energiedispersive Sekundärspektrum von einer texturierten Aluminium-2 % Mangan-Probe (rechts)

der Synchrotronstrahlung und die wesentlich bessere Energieauflösung gegenüber dem Szintillations- oder Proportionalzählern, Bild 4.29b sind die Ursache für den immer häufigeren Einsatz. Über einen Vielkanalanalysator wird das rückgestreute Energiespektrum entsprechend Bild 4.28b zerlegt und ausgegeben.

Mit Hilfe eines Lochblenden- oder Glaskapillarkollimators wird eine feine Primärstrahlsonde ausgeblendet und nur ein kleines Probenvolumen beleuchtet, das in der Regel aus Kristalliten unterschiedlicher Orientierung besteht.

Die Richtungen des Primärstrahls ($\vec{s_o}$) und der detektierten, abgebeugten Strahlen ($\vec{s_i'}$) sind für alle Reflexe gleich. Nach der EWALDschen Konstruktion werden nur Reflexe von solchen Netzebenen $(h\,k\,l)$ gemessen, deren Normalen $[h\,k\,l]$ parallel zum Beugungsvektor $\vec{s_i'} - \vec{s_o}$ stehen. In der energiedispersiven Beugung variieren die Radien der EWALD-Kugeln entsprechend der Breite des *weißen Primärstrahlspektrums* und überdecken einen kontinuierlichen Bereich im reziproken Raum. *Zu einer festen Referenzrichtung im Probenkoordinatensystem erhält man so einen ganzen Satz von $(h\,k\,l)$ Reflexen* unterschiedlicher Energie. Im Falle des symmetrischen Strahlenganges ($\theta_1 = \theta_2$ in Bild 11.15) und eines Probenkippwinkels von 0° beispielsweise reflektieren nur Netzebenen, die parallel zur Probenoberfläche ausgerichtet sind. Mit dem Ändern der Probenreferenzrichtung durch Kippen und Drehen der Probe in der Eulerwiege werden dann Netzebenen zur Reflexion gebracht, die gegenüber der Probenoberfläche um gerade diese Bewegung gedreht liegen.

Mittels der Röntgen-Rasterapparatur, siehe Kapitel 11.5.1, und mit *energiedispersiver Beugung* ist die Bestimmung *lokaler Gitterdehnungen* und die Kartographie lokaler Eigenspannungen [158] möglich. Ausgehend von der Tatsache, dass lokale Gitterdehnungen im Probenvolumen zu Peakverschiebungen (Eigenspannungen I. Art) bzw. Peakverbreiterungen (Eigenspannungen II. und III. Art) führen, lässt sich durch eine Peakprofilanalyse der Beugungsreflexe im Energiespektrum auch die örtliche Verteilung der lokalen Gitterdehnung bestimmen. Nach der BRAGGschen-Gleichung 5.22 in Energieform ist die relative Änderung der Peaklage im Spektrum gleich der relativen Änderung des Netzebenenabstandes:

$$\Delta E_{hkl}/E_{hkl} = -\Delta d_{hkl}/d{hkl} \tag{5.24}$$

Die Breite eines Beugungspeaks wird durch die Gitterdehnung, die Beleuchtungs- und Detektorapertur sowie die Energieauflösung des Detektors bestimmt. Die drei apparativ bedingten Anteile sind während energiedispersiven Messungen an allen Stellen der Probe messtechnisch konstant, wenn diese parallel zu ihrer Oberfläche verschoben wird. Eine mögliche Änderung der Peakbreite wird daher allein durch Gitterdehnungen verursacht. Um die Beleuchtungsapertur klein zu halten, wird ein Kollimator aus zwei Lochblenden mit kleinen Durchmessern und großem Abstand zwischen den Blenden verwendet. Eine kleine Detektorapertur erreicht man durch einen großen Abstand des Detektors von der Probe. Beides führt jedoch zur Verringerung der Intensitäten. Damit aber für die Peakprofilanalyse eine ausreichende Zählstatistik gewährleistet ist, müssen lange Messzeiten von bis zu einigen zehn Sekunden pro Messpunkt eingehalten werden.

Die Primärstrahlung kann die Probenatome auch zur Röntgenfluoreszenz anregen, so dass im Sekundärspektrum neben den Beugungslinien auch Röntgenfluoreszenzlinien der Probenelemente zu finden sind. Aus deren Lage und Intensität lässt sich die Zusammensetzung der Probe quantitativ ermitteln (Röntgen-Fluoreszenz-Analyse, abgekürzt RFA). Allerdings wird an Luft weiche Röntgenstrahlung bereits so stark absorbiert, dass in der Regel erst Elemente ab Kalium nachgewiesen werden können. Daher fehlen im Spektrum des Bildes 5.54 die Röntgenfluoreszenzlinien von Aluminium bei $E = 1{,}5\,\text{keV}$, während die K-Fluoreszenzlinien des Mangan mit $5{,}9\,\text{keV}$ bzw. $6{,}5\,\text{keV}$ trotz des niedrigen Mangangehalts sehr deutlich nachgewiesen werden. Die Cu-K-Linien sind Streustrahlung aus dem Spektrum des Primärstrahls der Kupferröhre.

Insgesamt setzt sich das Sekundärspektrum zusammen aus, Bild 5.54:

- breiten Beugungslinien (Linienbreite ≈ Apertur). Man verwendet großen Aperturen, um möglichst hohe Intensitäten zu erhalten, ohne dass sich jedoch die entsprechend verbreiterten Beugungsreflexe bereits überlappen. Bei Texturmessungen lässt man typischerweise Breiten bis ca. $300\,\text{eV}$ zu. Bei sehr hohen Peakintensitäten sind die Spektren immer auf Escape-Peaks zu untersuchen.
- Fluoreszenzlinien der Probenelemente. Die Linien der K-Serien sind bekanntlich besonders schmal. Ihre Peakbreiten werden durch die Detektorauflösung von ca. $140\,\text{eV}$ begrenzt und hängen nicht von den Aperturen ab.
- einem Untergrund aus gestreuter Primärstrahlung, d.h. gestreuter Bremsstrahlung und gestreute Intensitäten der charakteristischen Linien des Anodenmaterials. Die charakteristischen Linien entfallen bei Verwendung von Synchrotronstrahlung.

Mit der Variation des BRAGG-Winkels θ ändern die Beugungsreflexe ihre Lage im Energiespektrum, während die Lage der elementcharakteristischen Fluoreszenzlinien konstant bleibt. Die Beugungsreflexe können daher leicht anhand ihrer größeren Breite und der Verschiebung als Funktion des BRAGG-Winkels, siehe Gleichung 5.22, identifiziert werden. Die Intensität eines schwachen $(h\,k\,l)$-Reflexes kann man um ein Vielfaches gezielt anheben, wenn man den BRAGG-Winkel so wählt, dass der Reflex auf eine der intensitätsstarken charakteristischen Linien des Anodenmaterials bei Verwendung von Röntgenstrahlung fällt.

Mit den hohen Strahlflussdichten der Synchrotronstrahlung und Germaniumdetektoren werden zunehmend materialwissenschaftliche bzw. werkstofftechnische Problemstellungen erfolgreich untersucht. Im Bild 5.55a ist das energiedispersive Beugungsspektrum

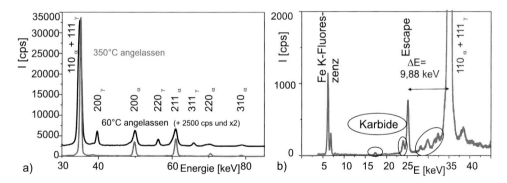

Bild 5.55: a) Energiedispersive Beugungsspektren an zwei unterschiedlich wärmebehandelten 100Cr6 Stählen b) Ausschnitt aus dem Beugungsspektrum zu kleineren Energien (Mit freundlicher Genehmigung Dr. K. Pantleon, Technische Universität Dänemark, aufgenommen an der Synchrotronbeamline EDDI des Hahn-Meitner-Institutes bei BESSY/Berlin)

an zwei unterschiedlich wärmebehandelten 100Cr6 Stählen (Austenetisieren bei 900 °C in Argon, Abschrecken in Salzwasser und Anlassen) dargestellt. In den zwei Spektren sind deutliche Unterschiede im Restaustenitgehalt (γ-Phase) erkennbar. Der Restaustenitgehalt sinkt deutlich nach der Wärmebehandlung bei 350 °C, 60 min. gegenüber 60 °C, 120 min. ab, die Peaks (2 0 0); (2 2 0) und (3 1 1) der γ-Phase sind deutlich kleiner. Auch im energiedispersiven Modus sind die Peakformen unterschiedlich in Breite und Höhe. Die teilweisen Peakverschiebungen sind auf die unterschiedliche Tetragonalität des Martensits zurückzuführen. Über Gitterkonstantenbestimmungen lassen sich dann quantitativere Aussagen gewinnen und so eine Technologiekontrolle realisieren.

Im Bild 5.55b sind die niederenergetischen Bereiche des gemessenen Spektrums der höher Wärmebehandelten Probe stark herausgezoomt dargestellt. Der Peak bei 25 keV ist der Escapepeak zum intensitätsreichsten $(1\,1\,0)_\alpha$- und $(1\,1\,1)_\gamma$-Peak. Bei dieser hohen Streckung des Diagramms werden noch die von den Kreisen umschlossenen Peaks den Karbidphasen im Stahl zugeordnet. Diese Karbide lassen sich so deutlich nicht mit Röntgenstrahlung nachweisen. Für die Interpretation der Wärmebehandlung der Stahlproben sei auf SCHUMANN [153] oder SCHATT [144] verwiesen.

5.10 Einkristallverfahren

Bild 5.56 zeigt im Vergleich die Beugungsdiagramme von polykristallinem Kupfer(II)-sulfat und unterschiedlich orientiertem, einkristallinem Kupfer(II)-sulfat. Die Diagramme wurden mit einem BRAGG-BRENTANO-Diffraktometer aufgenommen. Das Pulverdiagramm zeigt auf Grund der niedrigen Symmetrie von Kupfer(II)-sulfat (Kupfervitriol) sehr viele Reflexe. Die Diagramme der Einkristalle zeichnen sich dagegen dadurch aus, dass nur die Reflexe der jeweiligen Oberfläche auftreten. Zusatzreflexe sind darauf zurückzuführen, dass es sich um keinen sauberen Einkristall handelt oder dass die Oberfläche nicht exakt orientiert war. Mit derart wenigen Reflexen können Einkristalle nicht

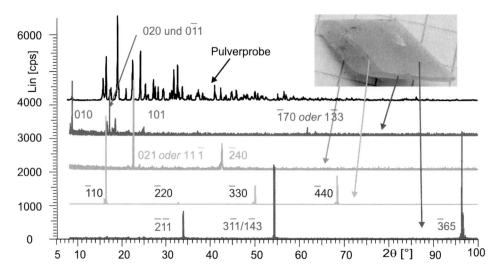

Bild 5.56: Gegenüberstellung eines Pulverdiffraktogramm und von Diffraktogrammen an verschiedenen Seiten eines Einkristalls

ausreichend röntgenographisch charakterisiert werden. Es kommen daher spezielle Einkristallverfahren zum Einsatz, welche sich durch möglichst viele Reflexe auszeichnen. Die Reflexanzahl dieser Einkristallmethoden ist deutlich höher als die von Pulveraufnahmen. Daher sind Einkristallmethoden für die Kristallstrukturanalyse besser geeignet als Pulvermethoden. Es existiert eine Vielzahl von Einkristallverfahren. An dieser Stelle seien nur einige wichtige Verfahren vorgestellt.

5.10.1 LAUE-Verfahren

Das LAUE-Verfahren ist allgemein bekannt. Im Jahr 1912 wurden erstmals Röntgenbeugungsexperimente durchgeführt. Bei diesem Verfahren wird ein fest stehender Einkristall mit einem polychromatischen Röntgenstrahl (Bremskontinuum) untersucht. Man unterscheidet das LAUE-Durchstrahlverfahren und das LAUE-Rückstrahlverfahren, Bild 5.57. In beiden Fällen wird die gebeugte Strahlung auf einem planen photographischen Film bzw. einem 2D-Detektor registriert. Durch den Einsatz polychromatischer Strahlung erfüllen immer eine Vielzahl von Netzebenen die Reflexionsbedingungen. Am besten wird das mit Hilfe der EWALD-Konstruktion, Bild 3.23, ersichtlich. Betrachtet man die LAUE-Aufnahmen in Bild 5.59, sieht man eine charakteristische Anordnung der Reflexe. Sie liegen auf Ellipsen bzw. Parabeln (Durchstrahlverfahren) oder Hyperbeln (Rückstrahlverfahren). Reflexe, welche auf einer Ellipse, Parabel bzw. Hyperbel liegen, gehören einer kristallographischen Zone $[u\,v\,w]$ an. Somit erfüllen alle Reflexe $(h\,k\,l)$ die Zonengleichung, Gleichung 3.13. In Bild 5.58a ist schematisch eine LAUE-Aufnahme bei einem ausgerichteten und perfekten Einkristall gezeigt. Liegen in dem Kristall Zwillinge vor oder ist der Kristall aus zum Teil zueinander fehlorientierten Einkristallen aufgebaut so überlagern sich alle Teilkristallaufnahmen. Eine Indizierung ist dann an solchen überlagerten Aufnahmen ohne Kenntnis des Kristallsystems der zu untersuchenden Probe fast unmöglich.

5.10 Einkristallverfahren

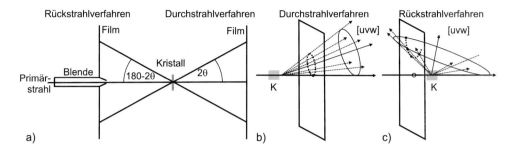

Bild 5.57: Prinzipdarstellung LAUE-Verfahren

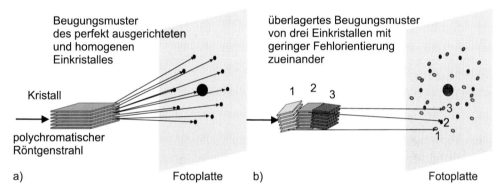

Bild 5.58: a) Durchstrahlungs-LAUE-Aufnahme an einem perfekt ausgerichteten und homogenen Einkristall b) Überlagerung von drei LAUE-Aufnahmen bei Durchstrahlung eines inhomogen, nicht perfekten Einkristalls

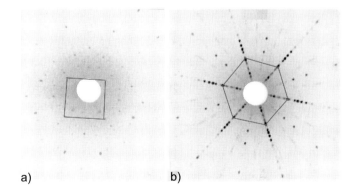

Bild 5.59: LAUE-Durchstrahlaufnahmen a) einer nicht ideal orientierten kubischen Si-Einkristallprobe in [1 0 0]-Richtung b) einer hexagonalen Siliziumkarbidprode in [0 0 1]-Richtung

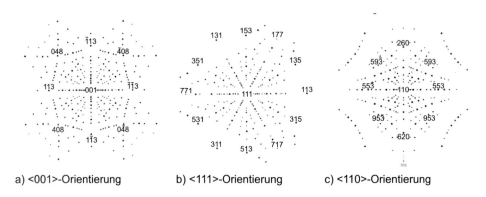

Bild 5.60: theoretische LAUE-Muster nach DIN 50433-3

Für LAUE-Aufnahmen ist weiterhin charakteristisch, dass sie die Kristallsymmetrie in Richtung des Primärstrahles wiedergeben, Bild 5.59. Durchstrahlt man einen kubischen Kristall in [0 0 1]-Richtung, so zeigt sich in Bezug auf die Primärstrahlrichtung eine vierzählige Symmetrie, Bild 5.59a für das kubische Silizium. Durchstrahlt man den kubischen Kristall dagegen in [1 1 1]-Richtung, so zeigt die Aufnahme bezüglich der Primärstrahlrichtung eine dreizählige Symmetrie. In Bild 5.59b ist die sechszählige Symmetrie des hexagonalem Siliziumkarbidkristalles eindeutig ersichtlich. Somit gestattet das LAUE-Verfahren über Aufnahmen in mehrere kristallographische Richtungen die Bestimmung der Punktsymmetrie. Auf Grund der FRIEDELschen Regel kann jedoch nur zwischen den 11 LAUE-Gruppen, d.h. den 11 zentrosymmetrischen Punktgruppen, unterschieden werden. Trotz der Fortschritte in der Einkristalldiffraktometrie mit Vierkreisdiffraktometern erfolgt die Bestimmung der LAUE-Gruppen noch heute gelegentlich mit dem LAUE-Verfahren. Den häufigste Einsatz des LAUE-Verfahrens, welcher auch für die Materialwissenschaften von besonderer Bedeutung ist, bildet jedoch die Orientierungs- bzw. Fehlorientierungsbestimmung von großen Einkristallen. Dabei kommt in der Regel das Rückstrahlverfahren zum Einsatz [3]. Bild 5.10.1 zeigt die theoretischen LAUE-Muster für die Diamantstruktur bei exakter ⟨001⟩-, ⟨111⟩- und ⟨110⟩-Orientierung. Für andere einkristalline Materialien mit anderen Symmetrien kann man ähnlich vorgehen.

In jüngster Zeit spielt das LAUE-Verfahren mit dem Einsatz von Synchrotronstrahlung und 2D-Detektoren auch eine wichtige Rolle in der Kristallstrukturanalyse von Makromolekülen. Insbesondere bei zeitlich schnell ablaufenden Prozessen wird die Methode häufig verwendet. Bezüglich der Einzelheiten sei auf die Fachliteratur verwiesen, z. B. ASLANOV [19].

5.10.2 Drehkristall-, Schwenk- und Weissenbergverfahren

Würde man beim LAUE-Verfahren an Stelle der polychromatischen Strahlung eine monochromatische Strahlung verwenden, so würde entsprechend der EWALD-Konstruktion, Bild 3.23, bei feststehendem Kristall in der Regel keine Beugung auftreten. Dreht man jedoch den Kristall so gelangen verschiedene Netzebenen in Reflexionsstellung. In der Regel wird bei diesem Verfahren der Kristall so orientiert, dass eine kristallographische

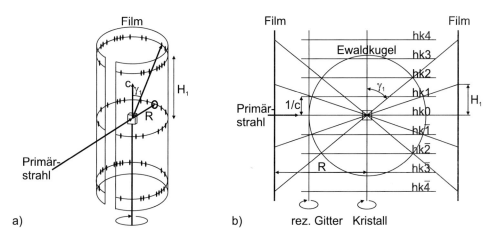

Bild 5.61: Prinzipdarstellung ds Drehkristall-Verfahrens a) Kameraanordnung b) Prinzip der Beugungsentstehung und Indizierung der erhaltenen Beugungsreflexe

Richtung $[u\,v\,w]$ parallel zur Drehrichtung liegt. Die ebenen des reziproken Gitters, deren Gitterpunkte die Gleichung

$$hu + kv + lw = n, \text{ n ganzzahlig} \tag{5.25}$$

erfüllen, stehen senkrecht auf $[u\,v\,w]$. Ist $[u\,v\,w]$ die c-Achse, so sind das die Ebenen $hk0$, $hk1$, $hk\bar{1}$, $hk2$ usw. Die Abstände dieser reziproken Netzebenen sind $1/c$. Die praktische Anordnung zur Aufnahme von Drehkristallaufnahmen zeigt Bild 5.61. Die Beugungsreflexe werden auf einem zylindrischen Film, welcher koaxial zur Rotationsachse des Kristalls angeordnet ist, aufgenommen. Der Kristall wird um 360° um die ausgewählte Achse gedreht. Stimmt die Drehachse mit einer kristallographischen Achse überein, liegen die Reflexe auf den so genannten Schichtlinien. Betrachten wir jetzt einen Kristall mit der Drehachse $[u\,v\,w] = [0\,0\,1]$, so gilt für den Abstand H_1 der Schichtlinien mit $l = 0$ und $l = 1$. Im Bild 5.62b ist eine Drehkristall-Aufnahme für Harnstoff gezeigt.

$$H_1 = R\tan(90° - \gamma_1) = R\cot\gamma_1 \tag{5.26}$$

R ist der Radius des Filmzylinders und γ_1 der halbe Öffnungswinkel des Beugungskegels. Allgemein gilt für den halben Öffnungswinkel der Beugungskegel γ_l unter Verwendung der LAUE-Gleichung

$$\cos\gamma_l = \lambda\frac{l}{c} \tag{5.27}$$

Somit kann mit Hilfe dieser beiden Gleichung sehr leicht die Gitterkonstante c ermittelt werden. Gleiches gilt bei entsprechender Kristallorientierung für die anderen Gitterkonstanten. Bezüglich der Indizierung der Drehkristallaufnahmen sei auf JOST [91] verwiesen. Der praktische Aufbau der Drehkristallkamera unterscheidet sich nur unwesentlich von der DEBEY-SCHERRER-Kamera. Der Fildurchmesser beträgt in der Regel 57,3 mm. Somit gelten in der Äquatorebene bezüglich des Glanzwinkels 2θ die gleichen Zusammenhänge wie beim DEBEY-SCHERRER-Verfahren. Bei der Anfertigung der Aufnahmen sollte sichergestellt werden, dass der untersuchte Kristall allseitig vom Primärstrahl umhüllt/umspült wird. Dreht man den Kristall um einen kleineren Winkel als 360° so spricht man vom Schwenkverfahren. Insbesondere bei großen Gitterkonstanten sollte der Schwenkwinkel relativ klein gewählt werden (in der Regel 30° bis 60°). Damit erreicht man, dass die Zahl der Reflexe übersichtlich bleibt. Weiterhin wird verhindert, dass Reflexe von ungleichwertigen Ebenen zusammenfallen (wichtig für die Kristallstrukturanalyse). Trotzdem kann die Überlagerung von Reflexen nicht vollständig verhindert werden. Einen Ausweg bildet die Verbindung der Kristalldrehung mit einer synchronen Bewegung des Films. Dadurch wird erreicht, dass jeder Reflex einer bestimmten Netzebene zugeordnet werden kann. Das WEISSENBERG-Verfahren ähnelt sehr stark dem Drehkristallverfahren.

Im Gegensatz zum Drehkristallverfahren wird der zu untersuchende Kristall von einem Metallzylinder umgeben. Dieser Metallzylinder enthält einen schmalen Spalt, welcher verschoben werden kann. Der Spalt wird so angeordnet, dass nur der Beugungskegel einer einzigen reziproken Gitterebene auf dem Film registriert werden kann. Somit wird nur eine Schichtlinie der Drehkristallaufnahme registriert. Gleichzeitig mit der Kristalldrehung wird der Filmzylinder parallel zur Drehachse synchron hin und her bewegt. Somit ist eine Überlagerung von Reflexen unmöglich. Weitere Verfahren mit kombinierter Kristall- und Filmbewegung sind das Verfahren nach DE JONG und BOUMAN sowie das BUERGERsche Präzessions-Verfahren. Beide Verfahren gestatten eine unverzerrte Abbildung des reziproken Gitters. Das WEISSENBERG- und das DE JONG-BOUMAN-Verfahren gestatten die Registrierung von Reflexen auf den reziproken Gitterebenen senkrecht zur Drehachse des Kristalls. Das BUERGER-Präzessionsverfahren gestattet die Registrierung von reziproken Gitterpunkten parallel oder nahezu parallel zur Drehachse des Kristalls. Damit liefern die Verfahren sich ergänzende Aussagen zur Raumgruppenbestimmung. Bezüglich der Einzelheiten sei auf JOST [91], WÖLFEL [183] und GIACOVAZZO [60] verwiesen.

Bei allen Einkristalluntersuchungen ist es notwendig, die Probe exakt auszurichten. Dazu wird ein Probenhalter verwendet, wie er in Bild 5.62a abgebildet ist. Mit dem Kreuztisch kann die exakte Position des Einkristalles eingestellt werden, über die zwei Kreise lässt sich dabei die Probe zur Einstrahlrichtung verkippen und so justieren. Verwendet man Röntgenfilm, dann ist dieser Justierprozess sehr langwierig wegen der bekannten sequentiellen Schrittfolge Belichten-Entwickeln-Auswerten-Nachjustieren. Der Einsatz von Flächendetektoren ist hier eine moderne Alternative. Generell muss jedoch bemerkt werden, dass diese Methoden der Materialwissenschaftler seltener anwenden wird.

5.10.3 4-Kreis-Einkristalldiffraktometer

Die bisher besprochenen Einkristallverfahren werden vor allem zur Punkt- und Raumgruppenbestimmung eingesetzt. Zum Teil wird damit auch die Gittermetrik ermittelt. Für die Datensammlung zur Kristallstrukturanalyse (Intensitätsdaten möglichst vieler Reflexe) finden diese Verfahren nur noch relativ selten Anwendung. In der Regel werden vollautomatische 4-Kreis-Diffraktometer eingesetzt. Die Einkristall-Vierkreisdiffraktometer unterscheiden sich von den Pulverdiffraktometern für Spannungs- und Texturmessung durch den Probenhalter. Für die Aufnahme großer Proben gibt es spezielle Konstruktio-

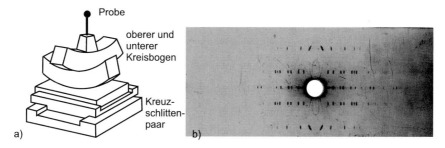

Bild 5.62: a) Probenhalter bzw. auch oft Probengoniometer genannte Vorrichtung zur Justage der Probe für Einkristalluntersuchungen b) Drehkristall-Aufnahme von Harnstoff

nen. Die Einkristalle werden auf einem Goniometerkopf montiert. Nach der Montage des Kristalls auf dem Goniometerkopf können die Kristalle mit Hilfe eines optischen Zweikreisgoniometers bezüglich ihrer kristallographischen Achsen orientiert werden. Nach der optischen Vorjustierung wird der Goniometerkopf auf dem Diffraktometer befestigt. Automatische 4-Kreis-Diffraktometer ermöglichen eine vollständige Vermessung des integralen Reflexionsvermögens aller Reflexe eines Kristalls. Voraussetzung ist, dass die zugehörigen reziproken Gitterpunkte innerhalb der EWALDschen Kugel liegen. Typisch sind in der Einkristalldiffraktometrie ca. 3 000 Reflexe. Entsprechend ihrem Namen besitzen die Einkristalldiffraktometer vier Kreise zur Kristall- und Detektorbewegung, die beliebige Kristallorintierungen zulassen. Bei den 4-Kreis-Diffraktometern werden zwei Geometrien unterschieden, Bild 4.34:
- die EULERwiegen-Geometrie
- die Kappa-Kreis-Geometrie

Bei der am häufigsten verwendeten Vollkreis-EULERwiegengeometrie sind vier voneinander unabhängige Kreise vorhanden, siehe Bild 4.34a. Der φ-Kreis und der χ-Kreis bestimmen die Orientierung des Kristalls gegenüber dem Goniometerkoordinatensystem. Der ω-Kreis verändert die Orientierung des Kristalls zum Röntgenstrahl. Mit dem 2θ-Kreis wird der Detektor eingestellt. ω-Kreis und 2θ-Kreis sind koaxial.

Die EULERwiegengeometrie beruht darauf, dass ein reziproker Gittervektor $\vec{r}^*$ in beliebiger räumlicher Lage mit Hilfe der beiden Kreise φ und χ in die Äquatorebene des Diffraktometers gebracht wird. Danach muss der Kristall mit der ω-Achse in die richtige Lage zum Primärstrahl gebracht werden (Winkel θ Netzebene mit Primärstrahl). Abschließend wird der Detektor in die Winkelposition 2θ gebracht.

Bei der Kappa-Kreis-Geometrie wird der χ-Kreis durch die κ-Achse ersetzt. Die κ-Achse ist auf der ω-Achse angebracht und gegen sie um einen festen Winkel geneigt (oft 50°). φ- und κ-Achse schließen ebenfalls einen festen Winkel ein, siehe Bild 4.34b.

Der erste Schritt in der Arbeit mit den Einkristall-4-Kreis-Diffraktometern ist nach der Kristallmontage die Bestimmung der Orientierungsmatrix aus einer beschränkten Anzahl an Reflexen. Sind die Gitterkonstanten noch nicht bekannt wird dazu der reziproke Raum mit einem automatischen Reflexsuchprogramm nach Reflexen abgesucht. Die Orientierungsmatrix beschreibt die Orientierung der Elementarzelle bezüglich der Goniometerachsen. Sie ist eine 3x3-Matrix und gibt die Komponenten der drei reziproken Achsen in den drei Richtungen des Goniometer-Achsensystems an. Mit der Bestimmung der Orientierungsmatrix erfolgt auch die Gitterkonstantenbestimmung, falls diese nicht bereits mit Filmmethoden erfolgte. Im Anschluss daran erfolgt die Bestimmung der LAUE-Gruppe und des BRAVAIS-Typs. Dazu werden gegebenenfalls weitere Reflexe vermessen. Im Anschluss daran werden Intensitäten der symmetrieunabhängigen Reflexe vermessen. Diese Daten müssen zur Berechnung der integralen Intensitäten und der $|F(hkl)|^2$-Werte hinsichtlich verschiedener Störeffekte korrigiert werden (Untergrundkorrektur, LP-Korrektur – LORENTZfaktor und Polarisationsfaktor, Absorptionskorrektur, Volumenkorrektur). Man spricht von der so genannten Datenreduktion. Gegebenenfalls sind diese Korrekturen durch die Extinktionskorrektur, die Korrektur der Umweganregung und die Korrektur der inelastischen thermisch-diffusiven Streustrahlung (TDS) zu ergänzen. Mit diesen Daten beginnt dann die eigentliche Kristallstrukturanalyse, wie in Kapitel 9 beschrieben.

6 Phasenanalyse

6.1 Qualitative Phasenanalyse

Im Kapitel 5 wurde aufgezeigt, wie das Beugungsdiagramm einer polykristallinen Probe zustande kommt. Das Diffraktogramm einer untersuchten Probe sollte als erstes qualitativ ausgewertet werden. Bei dieser Auswertung soll festgestellt werden, welche kristallinen Phasen dem Diffraktogramm zugeordnet werden können. Man spricht von der qualitativen Phasenanalyse.

Werkstoffe unterscheidet man in [88, 144, 153]:
- einphasige Werkstoffe
- mehrphasige Werkstoffe

Unter dem Begriff Phase versteht im Sinne der Thermodynamik die Gesamtheit aller jener Bereiche eines stofflichen Systems, die eine gleiche bzw. gleichartige Struktur haben. Somit sind auch die thermodynamischen Eigenschaften, die chemische Zusammensetzung und letztlich die physikalisch-chemischen Eigenschaften gleich. Als Phasen können auftreten:
- reine Elemente
- Mischkristalle
- chemische Verbindungen

Diese Phasen können kristallin oder amorph auftreten, unabhängig davon, ob sie in einem einphasigen oder mehrphasigen Werkstoff auftreten. Unter einem Mischkristall versteht man eine homogene kristalline Mischung, die gebildet wird, wenn in die Kristallstruktur eines Stoffes A bestimmte Mengen eines anderen Stoffes B regellos eingebaut werden, ohne dass sich die Kristallstruktur des ersten Stoffes ändert. Man unterscheidet zwischen Substitutionsmischkristallen und Einlagerungsmischkristallen. Bilden die Komponenten bei bestimmten Zusammensetzungsverhältnissen eine chemische Verbindung, dann unterscheidet sich ihre Kristallstruktur in der Regel von der der beteiligten Elemente/Komponenten.

Typische einphasige Werkstoffe sind Elektrolytkupfer, Reineisen und α-Messing als metallische Werkstoffe, Si und GaAs als Halbleiterwerkstoffe und aus dem Bereich der Gläser Quarzglas. Einphasige Werkstoffe können einkristallin sein.

Typische mehrphasige Werkstoffe sind Stähle, Messinglegierungen aus α- und *beta*-Messing, Aluminiumlegierungen, viele Keramiken usw. Die Phasen können kristallin oder amoph auftreten. Sind alle Phasen kristallin, spricht man von einem Kristallgemisch. Eutektika sind typische Kristallgemische, welche sich durch eine extrem feine Verteilung der Phasen auszeichnen.

Ausgehend von der Klassifizierung der Werkstoffe sind im Bild 6.1 die prinzipiell möglichen Diffraktogrammformen aufgezeigt. Die eigentliche Bestimmung, welche Phasen wirklich auftreten, ist noch nicht mit vollautomatischen Verfahren möglich. Dies ist nach

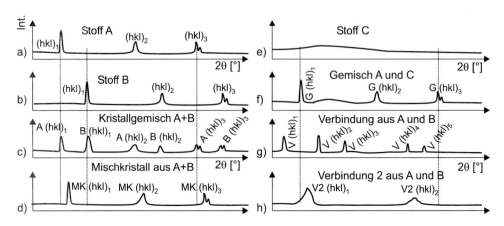

Bild 6.1: Schematische Darstellung verschiedener Diffraktogrammarten a, b) Einstoffsysteme c) Kristallgemisch d) Mischkristall e) amorpher Stoff f) Gemisch aus Stoff A und amorphen Stoff C g, h) Verbindungen aus A und B

wie vor die Domäne des Nutzers. An dieser Stelle muss auf die äußerst kritische Bewertung von Vorschlägen einer automatischen Phasenidentifikation hingewiesen werden. So sind nach wie vor die Erfahrungen und die jahrelange Praxis des Nutzers eine wichtige Komponente für den Erfolg einer Analyse. Eine Hilfe in der Phasenbestimmung sind Datenbanken über Röntgenbeugungsdiagramme bzw. Kristallstrukturdaten. Ebenso notwendig für eine sichere Phasenanalyse sind Zusatzinformationen, wie die chemische Zusammensetzung bzw. vermutete chemische Zusammensetzung. Ansonsten können sehr schnell Fehlinterpretationen auftreten. Ein Beispiel für solch eine »Fehlleistung« ist in dem Bild 6.5 bzw. Tabelle 6.3 aufgeführt.

Jedes Einstoffsystem hat sein entsprechendes Beugungsmuster, d.h. die Beugungspeaklagen und auch die Intensitäten von Stoff A und Stoff B unterscheiden sich, siehe Bild 6.1a und b. Werden beide Einstoffsysteme gemischt/legiert und es liegt ein System der Unmischbarkeit im festen als auch flüssigen Zustand (Leiterdiagramm als Zustandsschaubild) bzw. ein System vollständiger Mischbarkeit im flüssigen Zustand und Unmischbarkeit im festen Zustand (V-Diagramm als Zustandsschaubild) vor, dann kommt es zur Superposition der Einzeldiagramme der Stoffe A und B. Die Peaklagen der Beugungspeaks bleiben bei den Werten der Stoffe A bzw. B. Wie im Bild 6.1c schematisch gezeigt, treten jetzt sechs Beugungspeaks auf. Über die Intensitätsverhältnisse der Beugungspeaks $A(h\,k\,l)_1$ und $B(h\,k\,l)_1$ lassen sich dann die Volumenanteile im Kristallgemisch A+B bestimmen, siehe Kapitel 6.5. Es muss hier aber betont, dass bei dieser Art der Diffraktogramme z. B. nicht unterschieden werden kann, ob es sich bei dem Kristallgemisch um eine Zusammensetzung aus Eutektikum und einem Reststoff oder nur aus Eutektikum handelt. Werden unmischbare Komponenten im Schmelzzustand abgekühlt und die Schmelzen technisch »gerührt abgekühlt«, dann hat das Diffraktogramm einen Verlauf wie ein Kristallgemisch. Hier sind werkstoffwissenschaftliche Zusatzkenntnisse gefragt. Es muss betont werden, dass die Diffraktogramme zweier verschiedener Einzelphasen nicht unbedingt ähnlich sein müssen, wie es aus Bild 6.1a und b erscheinen könnte.

Kristallisieren die beiden Stoffe A und B aber in der gleichen Kristallstruktur und haben beide Einzelkomponenten auch nur um maximal 15 % unterschiedliche Gitterkonstanten, dann liegen die Voraussetzungen für eine Mischkristallbildung vor. Sind die beiden Komponenten aus werkstoffwissenschaftlicher Sicht sowohl im flüssigen, als auch im festen Zustand vollständig mischbar (Linsendiagramm), dann liegt nach Legierungsbildung ein Mischkristall vor. Die gleiche Kristallstruktur der Einzelkomponenten ergibt sich dann auch beim entstehenden Mischkristall, es treten nur soviel Beugungspeaks auf, wie bei den Einzelkomponenten. Die Lage der Beugungspeaks des Mischkristalles liegen dann zwischen denen der Einzelkomponenten, Bild 6.1d. Mittels der genauen Lagebestimmung der Beugungswinkel lassen sich dann über die VEGARDsche Regel die Atomkonzentrationen der Stoffbestandteile bestimmen, siehe Kapitel 7.2.2.

Kommt es zur Mischung einer armorphen Phase, Stoff C im Bild 6.1e, mit einer kristallinen Phase, z. B. Stoff A, als Superposition auf atomarer Ebene oder im makroskopischen Bereich bei der Bildung von Verbundwerkstoffen, dann gibt das Beugungsdiagramm der Mischung nahezu unverändert nur die kristalline Phase A wieder. Gegebenenfalls sind die Intensitäten etwas kleiner. Der manchmal bei amorphen Stoffen auftretende, als Glashügel bezeichnet, über mehrere Grad verlaufende erhöhte Untergrund tritt dann auch im Gemisch wieder auf.

Als letzte Möglichkeit der einfachen Diffraktogramme bei Mischung aus zwei Stoffen A und B kann es zur kristallinen Verbindungsbildung kommen. In dem Legierungsprozess bildet sich aus den Einzelkomponenten A und B bei entsprechender stöchiometrischer Zusammensetzung eine völlig neue Kristallstruktur der neu entstandenen Verbindung V, Bild 6.1g. Die Beugungspeaklagen und die Zahl der auftretenden Beugungspeaks kann völlig anders sein als die der Einzelkomponenten.

Tritt eine Phase in einem Übergangsstadium amorph-kristallin auf, dann sind die sich ausbildenden Kristallite noch sehr klein in ihren Abmessungen. Die Ausdehnung der Körner in die Tiefe wird auch vielfach als kohärent streuende Bereiche bezeichnet. Sind diese Abmessungen klein, treten nur sehr kleine und vor allen sehr breite Beugungspeaks auf. In der Breite der Beugungspeaks sind weitere physikalische Informationen enthalten, die z. B. mit den Methoden aus Kapitel 8 zugänglich werden.

Erschwerend kommt hinzu, dass infolge von Herstellungseinflüssen sich Abweichungen in dem gleichverteilten Orientierungsverhalten der Körner ergeben können und manche Körner damit vorzugsorientiert auftreten. Je nach Ausprägung und Grad der Vorzugsorientierung spricht man dann von einer Textur. Die Bestimmung des Texturgrades, Einflüsse auf die Beschreibung, Interpretation und Messmöglichkeit werden in Kapitel 11 beschrieben. Schwierigkeiten in der Auswertung ergeben sich immer dann, wie in Bild 6.1h angedeutet, wenn bei der Verbindungsbildung keine ausgeprägten kristallinen Phasen oder stark texturierte Phasen entstehen.

Ein modernes und zertifiziertes Labor sollte für Kalibrierzwecke geeignete Referenzmaterialien von Zeit zu Zeit analysieren und so den Zustand der Geräte und auch der Verfahrensabläufe überprüfen. Die Norm EN 13925-4 beschreibt die geeigneten Referenzmaterialien [16].

Die nachfolgenden Abschnitte sollen den Prozess der Aufklärung der entstandenen Phasen je nach Auswertestrategie verdeutlichen.

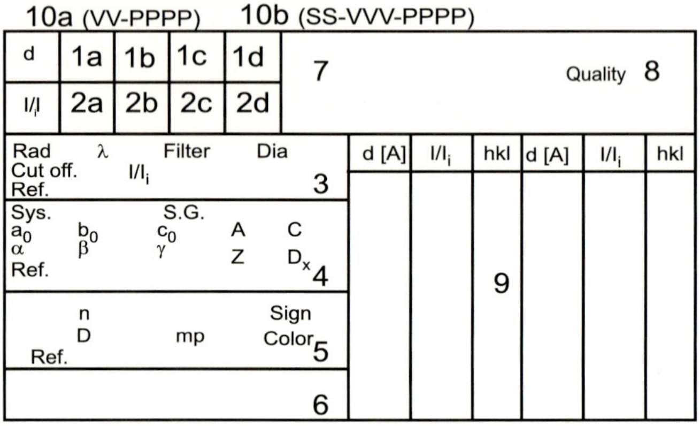

214   6 Phasenanalyse

	10a (VV-PPPP)				10b (SS-VVV-PPPP)					
d	1a	1b	1c	1d	7			Quality	8	
I/I	2a	2b	2c	2d						
Rad λ Filter Dia						d [Å]	I/I$_i$	hkl	d [Å]	I/I$_i$	hkl
Cut off. I/I$_i$					3					
Ref.										
Sys. S.G.										
a_0 b_0 c_0 A C										
α β γ Z D$_x$					4		9			
Ref.										
n Sign										
D mp Color					5					
Ref.										
					6					

Bild 6.2: Leere Beispielkarte der PDF-Datei

6.2 PDF-Datei der ICDD

1941 wurde in den USA das »Joint Committee for Chemical Analysis by Powder Diffraction Methods« gegründet. Ziel dieser Organisation war es, die bis dahin gesammelten Beugungsdiagramme zu systematisieren und die Daten als Referenzdaten einer breiten wissenschaftlich-technischen Nutzergemeinschaft zugänglich zu machen. Die PDF-Datei (Powder Diffraction File) entstand. Gefördert wurden die Arbeiten anfänglich von der ASTM-Organisation (American Society for Testing Materials). 1969 wurde die JCPDS Organisation (Joint Committee on Powder Diffraction Standards) gegründet, deren Hauptaufgabe die Pflege und Veröffentlichung der PDF-Datei war. 1978 wurde eine Namensänderung in ICDD (International Centre for Diffraction Data) durchgeführt und damit auch die Internationalität hervorgehoben. Ca. 270 aktive Mitglieder in 33 Ländern arbeiten derzeit in der ICDD mit. Das Ziel dieser »Non-Profit Organisation« sollte sein, die von Wissenschaftlern bereitgestellten Daten zu katalogisieren, eine Datenbank aufzubauen, die eine elektronische Auswertung von Beugungsdiagrammen zulässt und sie zu vertreiben. Ursprünglich wurde die PDF-Datei als regelrechte Kartei mit den Ordnungsmerkmalen eines Karteikastensystems aufgebaut, jedes Jahr kam ein neuer Kasten hinzu, der die Hauptnummer repräsentiert. Eine Beispielkarte aus den früheren Ausgaben ist im Bild 6.2 gezeigt. Die im Bild 6.2 gezeigten Zifferngruppen beinhalten folgende Einzeldaten, Tabelle 6.1.

Um aus den bis 1990 vorhandenen damals ca. 47 000 Karteikarten die der Probe entsprechende Karteikarte herauszufinden, gab es verschiedene Indexbücher, nach dem die Kartei geordnet ist.

1. *Hanawalt-Index*   Hierbei sind die Substanzen nach den d_{hkl}-Werten ihrer stärksten Linien in Gruppen – den so genannten HANAWALT-Gruppen – eingeteilt. Innerhalb einer HANAWALT-Gruppe sind die Substanzen nach den d_{hkl} Werten der zweitstärksten Interferenz gereiht. In neueren Ausgaben sind noch zusätzlich die acht stärksten Linien jeder Substanz angegeben.

Tabelle 6.1: Erklärungen zu der PDF-Kartei entsprechend Bild 6.2

1	1a, 1b, 1c	Netzebenenabstände der drei stärksten Linien
	1d	größter gefundener Netzebenenabstand
2	2a, 2b, 2c, 2d	Relative Intensitäten der Netzebenen aus 1
3	Rad	Röntgenstrahlungsart (Cu, Ni, Mo ...)
	λ	Wellenlänge in Angström
	Filter	Filterart (Ni, Fe, ohne ...)
	Dia.	Durchmesser der zylindrischen Kamera bei Filmaufnahmen
	Cut off	größter erfasster Netzebenenabstand
	I/I_i	Methode der Intensitätsmessung
	Ref	Literaturangabe
4	Sys	Kristallsystem
	SG	Raumgruppe
	a_o, b_o, c_o	Gitterkonstanten
	A, C	a_o/b_o bzw. c_o/b_o
	α, β, γ	Kristallographische Winkel
	Z	Anzahl der Formeleinheiten in der Elementarzelle
	D_x	röntgenographische Dichte
5		physikalische Kenngrößen der Substanz, z. B.
	n	Brechungsindex
	D	Gemessene Dichte
	mp	Schmelzpunkt ...
	Ref	Literaturstelle
6		Bemerkungen, Herkunft, Vorbehandlungen
7		Chemische Formel und Name der Substanz
8		Qualität der Karte, siehe Tabelle 6.2
9		Netzebenenabstände, relative Intensitäten, MILLERsche Indizes
10a	\multicolumn{2}{l}{Identifizierungsnummer der Karteikarte bis zum Jahr 2003 in der Form (VV-PPPP) VV- dabei Hauptkarteinummer (Jahr seit 1950), PPPP- Nummer im Jahr}
10b	\multicolumn{2}{l}{Identifizierungsnummer seit 2003 in der Form (SS-VVV-PPPP) mit SS=00 experimentelle Werte (alte ab 1950), VVV von 001 – 055 SS=01 ICSD-Datei, VVV von 070 – 089 SS=02 CSD (Cambridge Structure Database) nur für Teil PDF4 Organics SS=03 NIST-Datei (Metalle und Legierungen (M&A), VVV =065}

Tabelle 6.2: Symbole und Erläuterung der Bedeutung der Qualitätsmerkmale in der PDF-Datei

Symbol	Anteil	$\Delta 2\theta$	Erläuterung
*	10 %	< 0,03°	hohe Qualität, Messung an meist synthetisch hergestellten Kristalliten, sehr verlässliche Werte, Beugungsmuster haben sehr hohe Qualität, Peaks vollständig indiziert
I	23 %	< 0,06°	die meisten Peaks indiziert, Kristallstruktur und Einheitszellenabmaße bekannt, gemessenes Diagramm hatte gute Qualität
C	5 %		Kristallstruktur bekannt, Netzebenenabstände und Intensität berechnet, sehr oft wurde das Program POWD-12++ verwendet, welches jedoch in der Intensitätsberechnung fehlerhaft ist. Die Programme POWDERCELL [121] oder CARINE [33] liefern da verlässlichere Werte
N	37 %	> 0,06°	kein Symbol oder N für (non), nicht indiziert, Beugungsmuster erfüllt nicht die Qualität Q
Q	10 %		fragliche Qualität, Daten erfüllen nicht die Bedingungen für I
D	15 %		als gelöscht markierte Daten, da diese oft durch neuere, genauere Werte ersetzt wurden, aber noch abrufbar

2. *Fink-Index* In diesem Index sind die Substanzen ebenfalls nach den d_{hkl}-Werten in HANAWALT-Gruppen eingeteilt. Als erste Linie wird aber nicht die stärkste Linie angegeben, sondern die bei dem kleinsten Beugungswinkel auftretende. Die anderen Linien sind mit steigendem Beugungswinkel registriert.

3. *KWIC-Index* (key word in context) Alphabetische Auflistung der registrierten Verbindungen (englische Namensgebung) und dahinter die drei d_{hkl}-Werte der stärksten Interferenzen.

Die Einführung der elektronischen Datenbank hat aber auch einige Umstrukturierungen in den Datenbankfiles und den Einschluss der ICSD-Datei (Inorganic Crystal Structure Database -Karlsruhe) gefunden. Aus den dort ca. 38 000 enthaltenen Kristallstrukturdaten wurden theoretische Diffraktogramme berechnet und in die Datenbank eingeschlossen.

Die PDF-Datei wird derzeit noch in 3 Gruppen, in die PDF-1; die PDF-2 und die PDF-4 unterschieden. Die PDF-1 enthält nur die Netzebenenabstände und den Namen der Substanz. Die Pflege und der Vertrieb dieses Files ist im Jahr 2004 eingestellt worden. Die PDF-2 Datei ist die elektronische Umsetzung der Karteikarten. Diese Datenbank ist in derzeit 55-Hauptgruppen mit experimentellen Daten und in die berechneten Gruppen von Hauptgruppe 70-89 untergliedert. Sie enthält in der Version 2004 163 835 Einträge, davon 94 511 experimentelle und 59 522 errechnete Diffraktogramme. Im Jahr 2003 wurde die Datennummerierung von 6-Digit auf 9-Digit umgestellt, siehe Tabelle 6.1, Erläuterungspunkt 10. Die Konvertierung der alten Nummern für z. B. Silizium 27-1402 in 00-027-1402 ist eindeutig, ebenso 75-0589 in neu 01-075-0589. Gegenüber der Ausgabe 2003 wurden 6 787 Einträge neu aufgenommen. Diese hohe Zahl an Neueintragungen führt dazu, dass die Datenbank jedes Jahr ein Update erfahren sollte. Die dabei verlangten sehr hohen jährlichen Kosten stehen der Durchführung eines Updates entgegen. Auch übersteigen die Kosten für fünf jährliche Updates nacheinander die Neuanschaffungskosten.

Im Jahr 2002 ist eine neue Form, die PDF-4 Datei eingeführt worden. Hier sind Unterteilungen in anorganische und eine Ausweitung in den organische Materialien vorgenommen worden, verschiedene Datenbanken wie die NIST (National Institute of Standard and Technology, Gaithersburg USA), MPDS (Material Phases Data Systems, Schweiz), CCDC (Cambridge Crystallographic Data Centre, England) und FIZ (Fachinformationszentrum Karlsruhe, Deutschland) zusätzlich aufgenommen worden. Die PDF-4 Full-File Datei enthält die gleiche Zahl wie die PDF-2 Datei, PDF-4-Organics nochmal 218 194 organische Materialien. Enthalten sind zusätzlich auch ca. 94 511 digitalisierte komplette Beugungsbilder. Ebenso sind verbesserte Suchalgorithmen in die Software implementiert. Es wurde jedoch eine Lizensierungspolitik der Software und der Datenbank etabliert, die der Arbeit eines Universitätslabors oder auch vieler öffentlicher Einrichtungen und Privatlaboren völlig konträr entgegensteht. Wird nicht jährlich die PDF-4-Datenbank kostenpflichtig aktualisiert, ist eine Nutzung der gesamten teuer erkauften Datenbank im Folgejahr nicht mehr möglich. Ebenso sind die käuflichen Lizenzen ausschließlich nur Einzelplatzlizenzen und konkret an einen speziellen Computer über eine Hardwareerkennung gebunden. Netzwerklizenzen werden nicht angeboten. Es steht zu befürchten, dass in wenigen Jahren die PDF-2 Datei ebenso eingestellt wird wie die PDF-1. Weiterhin ist leider festzustellen, dass Korrekturen in der ICSD-Kristallstrukturdatenbank nicht in die PDF-Datei eingearbeitet werden.

In den Versionen der Datenbank bis zum Jahr 2002 war es möglich, aus dem Fundus der gesamten PDF-2 Datenbank sich selbst eine Datenbank mit immer wieder verwendeten Materialien zu erstellen und somit, ohne die Informationen zu indizierten Netzebenen und Intensitäten abzurufen, separat Diffraktogramme auszuwerten und zu dokumentieren. Ebenso konnten fehlerhafte Dateien selbst korrigiert werden. Diese Vorgehensweise wurde den Softwareanbietern in neueren Versionen von der ICCD untersagt.

6.3 Identifizierung mit der PDF-Datei

Wie kommt man aus dem gemessenem Beugungsdiagramm zu einer kompletten Auswertung? Neben der Kennzeichnung der Qualität der Daten durch die Markierungen ist die PDF-Datei in diverse Subfiles unterteilt. Dadurch wird die Datei in die Bereiche anorganischer und organischer Stoffe, anorganischer Mineralien und organisch-anorganischer Stoffe eingeteilt. Die Nutzung dieser Einteilung ist vor allem dann sinnvoll, wenn von vornherein bekannt ist, in welche Kategorie die zu suchende Substanz fällt. Damit reduziert sich schlagartig die Zahl der möglich vorkommenden Stoffe. Dadurch wird sowohl die benötigte Zeit für die Suche verkürzt, als auch das Ergebnis eindeutiger. Allerdings kön-

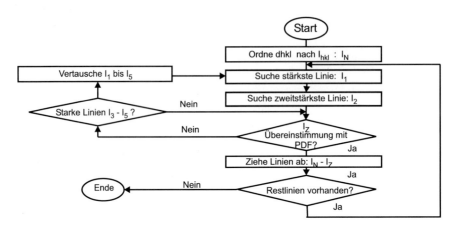

Bild 6.3: Vereinfachter Suchalogorithmus zur automatischen Identifizierung von Beugungsdiagrammen

nen Redundanzen auftreten, da dieselbe Substanzdatei in unterschiedlichen Qualitäten vorliegen kann.

Die rechnergestützte Auswertung unter Einbeziehung der gesamten PDF-Datei auf der Basis von Personalcomputern hat um 1988 begonnen und entwickelt sich weiter. Derzeit gibt es viele durch Computer gestützte Auswertesysteme. Ihnen ist mehr oder weniger gemeinsam, dass sie nur *unterstützend* für den Operator arbeiten. Diese Programme geben Vorschläge für eine Auswertung, können aber meist keine komplexen Zusammenhänge verarbeiten. Der Operator mit seiner Erfahrung und seinem Wissen ist für die korrekte Auswertung des Experimentes nach wie vor verantwortlich.

6.3.1 Diffraktogramm-Behandlung

Das Diagramm liegt in digitaler Form als Intensitätswerteauflistung beginnend beim Anfangswinkel θ_A mit einer Schrittweite Δs vor. Dieses Diagramm wird dargestellt. Die Intensitätswerte können linear, quadratisch oder logarithmisch aufgetragen werden. Man kann dann noch wählen zwischen Impulsauftrag oder Impulsrate (in [cps], Impulse geteilt durch Zeit pro Schritt), siehe Kapitel 5.1.1. Spannungsspitzen im elektrischen Netz können Fehler in der Auswerteelektronik hervorrufen. In [18] wird deshalb als erstes eine Behandlungsprozedur zur Beseitigung vorgeschlagen. Die hier vorgeschlagene Methode ist aber in den kommerziellen Auswerteprogrammen der Firmen Bruker, Pananlytical und Seifert nicht enthalten. Die eigenen Erfahrungen zeigen, dass diese Prozedur zur Beseitigung von Impulsspitzen nicht mehr notwendig ist.

Untergrundabzug

Ein Untergrund in Diffraktogrammen kommt zustande durch:
- Nulleffekt und natürliche Strahlungsmessung (Fremdstrahlung) im Detektor
- Elastische Streuung an Luft, am Probenträger – siehe Bild 4.36, an amorphen Anteilen der Probe

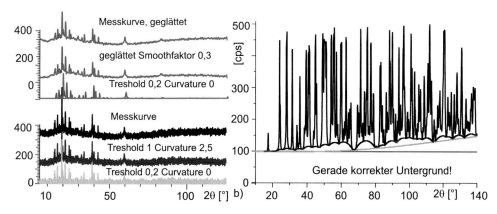

Bild 6.4: a) Gemessenes Diffraktogramm einer Pulverprobe, Bestimmung des Untergrundes b) Bestimmung des Untergrundes von Kalium-Cyclo-Pentadienyl (KCP) nach [95]

- Fluoreszenzstrahlung der Probe, siehe z. B. Bild 6.15
- inelastische Streuung – hier treten Änderungen der Wellenlängen auf.

Der Untergrund muß beseitigt werden, damit bei der nachfolgenden Peakidentifikation keine schwachen Peaks im Untergrund untergehen. Ebenso sind für die quantitative Analyse immer Nettoimpulshöhen notwendig. Die Auswirkungen eines nicht abgezogenen Untergrundes sind in Bild 6.5 gezeigt. Die einfachste Art des Untergrundabzuges ist das Anlegen von Geraden, Geradenabschnitten oder Parabeln bzw. Parabelabschnitten. Der Untergrundabzug wird derzeit meist interaktiv vorgenommen, indem der Verlauf des Untergrundes vom Auswerteprogramm vorgeschlagen wird, Parameteränderungen können sofort auf den Verlauf geprüft werden, Bild 6.4a. Hier ist am Beispiel von $CuSO_4$-Pulver der Untergrundabzug mit Parabeln und mit Geraden gezeigt. Zum Vergleich sind die Untergrundabzüge auch an einer geglätteten Kurve vollzogen. Relativ unkritisch ist dieses Vorgehen bei Beugungsdiagrammen mit wenigen Peaks. Treten jedoch Überlagerungen von Beugungspeaks bei niedrigsymmetrischen Kristallstrukturen auf, täuscht die Überlagerung der Peaks einen erhöhten Untergrund vor. Nachfolgende quantitative Auswertungen aus den Nettohöhen resultieren in fehlerhaften Auswertungen, wie Bild 6.4b von [95] zeigt. Hier hat sich mit der Fundamentalparameteranalyse gezeigt, dass bei Verwendung des nicht linearen Untergrundes erhebliche Differenzen zwischen Fit und Messkurve auftreten.

Glättung

Im Kapitel 4.5.5 wurde schon darauf hingewiesen, dass es notwendig ist, relativ lange zu zählen, mindestens 4 500 Impulse pro Schritt, um relativ glatte Kurven zu bekommen. Diese Vorgabe kann jedoch nicht immer befolgt werden. Manche Diffraktogramme würden dann erst nach Messzeiten von mehr als 20 h vorliegen. Dies ist nicht akzeptabel. Deshalb werden verschiedene Glättungsroutinen für das nicht optimal aufgenommene Diffraktogramm entwickelt. Erschwerend kommt hinzu, dass auf Grund der in Peaknähe gewünschten relativ großen »Sprünge in der Zählrate« die Methoden der Interpolation

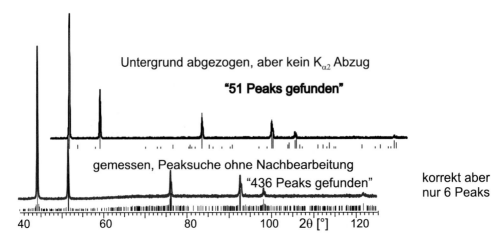

Bild 6.5: Gemessenes Diffraktogramm einer Pulverprobe, Bestimmung der Peaklagen ohne Filterung und nach Untergrundabzug, aber ohne $K_{\alpha 2}$ Abzug

zwischen den nächsten Nachbarn versagen. Nach ALLMANN [18] werden als Routinen eingesetzt:
- *gleitende Polynomglättung*: Dieses aus der Spektroskopie stammende Verfahren setzt eine ungefähre Kenntnis der Spektrenverläufe voraus. Voraussetzung sind äquidistante Messwertabstände. Dies ist im Diffraktometer in Schrittbetrieb gegeben. Die Messwerte werden durch wechselnde Polynome n. ten Grades angenähert, um das Peakmaxiumum herum als Parabel, im Untergrundverlauf als Polynom 3. Grades.
- *Tiefpassfilter*: Üblicher weise ergeben Signal und Rauschen das Messsignal. Die Fouriertransformierte dieses Messsignales ist somit die Addition der Fouriertransformierten des Signales plus der Fouriertransformierten des Rauschens.

Die Glättung und ihre Auswirkungen sind heute meist interaktiv am Monitor zu verfolgen. Die günstig erscheinenden Parameter müssen aber bei *allen* weiteren Proben der zu untersuchenden Probenserie angewendet werden.

Benötigt man gesicherte quantitative Informationen, dann sollte die Glättung so wenig wie möglich eingesetzt und mehr Zeit für die Messung eingeplant werden.

$K_{\alpha 2}$-Abtrennung

Arbeitet man nicht mit einem Kristallmonochromator, so ist die RACHINGER-Trennung, Kapitel 4.2.1, anzuwenden. Für die anschließende Peaksuche ist es günstig, die Zahl der Peaks zu verringern und somit wenigstens rechnerisch vollständig monochromatisch arbeiten.

Peaksuche

Zuerst wird das Diffraktogramm auf Beugungspeaks untersucht. Hier können die folgenden Methoden zum Einsatz kommen:

6.3 Identifizierung mit der PDF-Datei

- *Schwellenmethode*: Dies geschieht durch Untersuchung von Abweichungen konkreter Impulszahlen pro Schritt zum Untergrund. Liegen je nach einer eingestellten Schwelle signifikante Abweichungen vor, wird ein Peak identifiziert. Man muss hier oft mehrere Stützpunkte zusammen fassen und gemeinsam behandeln. Erst wenn alle zusammengefassten Punkte eine eingestellte Schwelle überschreiten, wird der Bereich als Reflex gezählt. Schließlich wird der d-Wert (Netzebenenabstand) und die zugehöhrende Intensität ermittelt.
- *Bestimmung über die 1. Ableitung*: Ein Diffraktogramm wird Punkt für Punkt untersucht. Wenn z. B. drei zusammenhängende Messwerte signifikant über dem Untergrundlevel liegel, dann ist dies ein erster Hinweis für das Vorliegen einer Anstiegsflanke eines Beugungspeaks. Die Messwertreihe wird bis zum Auftreten eines lokalen Maximums weiter untersucht. Zur Verfeinerung der Reflexlage wird eine Parabel um das lokale Maximum eingepasst. Das Maximum der Parabel sei die gesuchte lokale Beugungspeaklage. Diese Bestimmung erfolgt über die Nullstellenberechnung der ersten Ableitung der gefundenen Parabelfunktion. Als zusätzliches Kriterium sollte die Höhe des Reflexes wenigstens 0,5 % der größten gemessenen Reflexhöhe aller bestimmten Beugungspeaks betragen, um Schwankungen des Untergrundes auszuschließen. Als drittes Kriterium ist dann noch die Halbwertsbreite des Beugungpeaks zu bestimmen. Dieser Wert muss größer sein als die Divergenz der Detektorblende, um »Störpeaks« auszuschließen.
- *Bestimmung über die 2. Ableitung*: Beim Vorliegen von großen Nettoimpulshöhen ($> 10^3$) und nicht horizontalen Untergrundverläufen ist zur Reflexsuche auch die Bildung der zweiten Ableitung des Diffraktogrammes vorteilhaft. Der Winkel des Minimums der zweiten Ableitung markiert die gesuchte Peaklage. Der Abstand der zwei Nullstellen der zweiten Ableitung ist etwas kleiner als die Halbwertsbreite des Beugungspeaks. Mit dieser Methode werden auch überlagerte Beugungspeaks, erkennbar an dem Auftreten von »Schultern«, besser erkannt als mit den vorangegangenen Methoden. Diese Methode sollte aber nicht bei stark verrauschten Diffraktogrammen angewendet werden, da bei der Bildung der 2. Ableitung das Rauschen verstärkt wird.
- *Peakformvorgabe*: Bei Pulverdiffraktogrammen haben alle auftretenden Beugungspeaks nahezu die gleiche Profilform, siehe Kapitel 8. Man nimmt eine bestimmte Peakform an und schiebt drei Punkte mit einem Abstand etwa der Halbwertsbreite über das Diffraktogramm. Liegen von den drei Punkten der mittlere auf einem lokalen Maximum und die links bzw. rechtsseitigen Punkte auf den Flanken des Beugungspeaks, dann ist die Lage des mittleren Punktes der Winkel des gesuchten Beugungspeaks. Ausführlichere Betrachtungen sind bei [18] zu finden.

Nach einer Peakidentifikation wird zuerst eine Fehlergrenze Δd_{hkl} festgelegt, innerhalb der das Suchprogramm arbeiten soll, d.h. eine Toleranzgrenze für einen experimentell gefundenen Peak. Aus der PDF-2 Datei wird eine Indexdatei (DIF-Datei – d-Werte und Intensitäten) erzeugt, die Daten, ähnlich der Indexbücher, enthält. Die gefundenen Beugungspeaklagen und die ermittelten relativen Intensitäten der Beugungspeaks werden meist in einem so genannten DIF-File zwischengespeichert und dann dem Suchalgorithmus entsprechend dem nachfolgenden Schema, Bild 6.3, unterworfen. Damit wird eine

222   6 Phasenanalyse

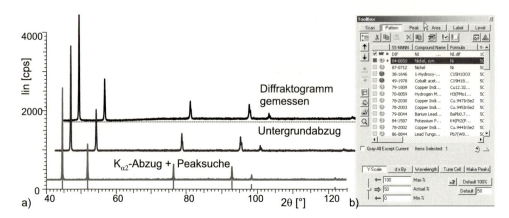

Bild 6.6: a) Diffraktogramm einer Pulverprobe zur Bestimmung der Peaklagen und Übergabe zum Suchen der Phase b) Ergebnis eines Suchvorganges mittels des Programmes EVA (Bruker AXS Karlsruhe)

Tabelle 6.3: Vorschlagsliste möglicher Substanzen für das gemessene Diffraktogramm ohne Nachbearbeitung. Alle Vorschläge sind falsch, ebenso die vorgeschlagene Kristallstruktur.

SS-PPPP	Compound Name	Formula	System	a [Å]
79-2333 (C)	Aluminum Phosphate	$Al(PO_4)$	Hexagonal	18.6005
71-0357 (C)	Cobalt Titanium Sulfide	$Co_{0.25}TiS_2$	Monoclinic	11.78
73-0847 (C)	Barium Zirconium Sulfide	$BaZrS_3$	Orthorhombic	7.0599
80-0900 (D)	Lead Vanadium Sulfide	$Pb_{1.12}VS_{3.12}$	Monoclinic	5.7279
78-1178 (C)	Lithium Boron Fluoride Hydrate	$LiBF_4(H_2O)$	Orthorhombic	5.126
73-0835 (C)	Barium Iodate	$Ba(IO_3)_2$	Monoclinic	13.638
81-0581 (C)	Barium Hafnium Sulfide	$Ba_6Hf_5S_{16}$	Orthorhombic	7.002
81-1281 (C)	Barium Zirconium Sulfide	$Ba_4Zr_3S_{10}$	Orthorhombic	7.0314
73-0458 (C)	Potassium Manganese Oxide	$KMnO_4$	Orthorhombic	9.105
84-1661 (C)	Manganese Zinc Niobium Oxide	$MnZn_2Nb_2O_8$	Monoclinic	19.267
46-1498 (N)	Lead Magnesium Tungsten Oxide	Pb_2MgWO_6	Orthorhombic	7.944
84-2370 (C)	Gustavite	$PbAgBi_3S_6$	Orthorhombic	4.0771
41-1156 (C)	Plutonium Selenide	$PuSe_{2-x}$	Tetragonal	8.198
88-0733 (C)	Manganese Zinc Tantalum Oxide	$MnZn_2Ta_2O_8$	Monoclinic	19.286
81-1953 (C)	Lithium Manganese Oxide	Li_2MnO_3	Monoclinic	4.921
44-1300 (C)	Silver Tin	Ag_3Sn	Orthorhombic	5.968
...	...	...	...	...
82-0326 (C)	Indium Titanium Oxide	$In_2(TiO_5)$	Orthorhombic	7.2418
48-0314 (N)	Calcium Strontium Lead Oxide	$SrCa_3Pb_2O_8$	Orthorhombic	5.92349
71-0260 (C)	Lanthanum Sulfide	LaS_2	Orthorhombic	8.131
41-1191 (C)	Lead Plutonium	Pu_5Pb_4	Hexagonal	9.523

Tabelle 6.4: Ergebnis der Identifizierung des Diffraktogramms nach Bild 6.6a und Ausgabe der Daten aus der PDF-Datei

SS-VVV-PPPP	Compound	System/Bravais	a [nm]	Space Group	Z	Volumen [Å^3]
01-087-0712 (C)	Nickel/Ni	Cubic/fcc	0,352 38	Fm-3m (225)	4	43,755 6
00-004-0850 (*)	Nickel, syn	Cubic/fcc	0,352 38	Fm$\overline{3}$m (225)	4	43,755 6

Vorschlagsliste, Bild 6.6b von in Frage kommenden Substanzen vorgeschlagen. Als Übereinstimmungskriterien werden Bewertungskoeffizienten für den Indexversuch ausgegeben, die FOM-Werte (figure of merit). Hiermit wird verglichen, wie viele Beugungspeaks im Intervall gemessen wurden und wie viele Beugungspeaks für die vorgeschlagene Substanz im gleichen Intervall liegen bzw. wie viele Peaks nicht zugeordnet werden konnten. Es wird weiter verglichen, wie die gemessenen Peaklagen mit den theoretischen Peaklagen (hier geht die oben schon erwähnte Toleranz Δd_{hkl} ein) übereinstimmen und wie letztlich die Intensitätsverhältnisse korrelieren.

Eine Abbildung aus einem solchen Suchvorgang zeigt Bild 6.6. Das gemessene Diffraktogramm sollte immer auf Untergrund korrigiert werden und bei Messung mit nicht vollständiger monochromatischer Strahlung die RACHINGER-Trennung durchgeführt werden. Ebenso sollte die Peaksuche durchgeführt werden. Bei Einstellung einer zu kleinen Ansprechschwelle für die Peaksuche wird andernfalls das Rauschen im Untergrund ebenso als Peak vorgeschlagen wie die deutlich sichtbaren Peaks. Im Bild 6.5 werden ohne jegliche Ansprechschwelle »436 Peaks« gefunden, mit Untergrundabzug aber ohne $K_{\alpha2}$-Abzug werden immer noch »51 Peaks« gefunden, korrekt sind aber nur sechs Beugungspeaks. Würde man ohne diese Nachbehandlung die Suche starten, kommen »Ergebnisse« heraus, wie in Tabelle 6.3 aufgelistet. Alle Substanzen haben nichts mit der korrekten Substanz Nickel gemeinsam, ebenso sind alle vorgeschlagenen Kristallstrukturen falsch. Dieses Beispiel soll verdeutlichen, dass es in den meisten Fällen nicht ausreicht, eine Messung durchzuführen und sich vom »Computer das Ergebnis« ausgeben zu lassen.

Bei jeder unbekannten Probe sollte man Zusatzinformationen einholen, wie z. B. die chemische Zusammensetzung. Dadurch kann man nicht vorkommende chemische Elemente ausschließen. Dies ist besonders dann wichtig, wenn zwei Substanzen in der gleichen Kristallstruktur und auch zufälliger weise mit fast der gleichen Gitterkonstante kristallisieren. Dies kommt sehr häufig bei den niedrig symmetrischen Kristallen vor. Aber auch bei hochsymmetrischen Kristallen wie z. B. Kupfer, PDF-Datei 00-004-0836, Gitterkonstante $a_{Cu} = 0,361\,5$ nm, Raumgruppe $Fm\overline{3}m$ bzw. Nr. 225 und die Verbindung BN (Borazon), PDF-Datei 00-035-1365, Gitterkonstante $a_{BN} = 0,361\,5$ nm, Raumgruppe $F\overline{4}3m$ bzw. Nr. 216, lassen sich keine Unterscheidungen aus den Beugungswinkellagen treffen. Bei Untersuchungen an BN-Proben, die mittels eines funkenerosiven Verfahrens mit Kupferdraht geschnitten wurden, konnten so keine Aussagen getroffen werden, ob BN durch den Schneidvorgang degradiert, da sich auf der Oberfläche eine Kupferschicht niederschlug. Die Beugungspeaks beider Materialien überlagern sich deckungsgleich. Hinzu kommt, dass Schichten texturiert aufwachsen und so auch die Intensitätsverhältnisse gestört werden. Nur vom intensitätsreichsten (1 1 1)-Beugungspeak bei gleicher Lage kann auf keine Mengenverteilung geschlossen werden.

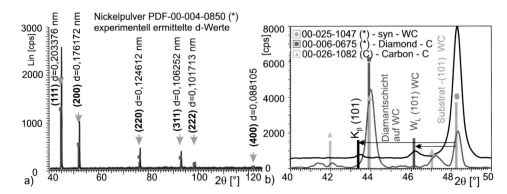

Bild 6.7: a) Ergebnis der Auswertung und Identifizierung des Diffraktogrammes, einschließlich der Übertragung der Netzebenen aus dem PDF-File 00-004-0850 b) Einfluss von Beta- und Wolframstörstrahlung auf Diffraktogramme und die Auswertung am Beispiel von Wolframkarbid und Diamantschichten

Das Ergebnis der Identifizierung einschließlich der notwendigen Dokumentation für ein einphasiges Element ist in Bild 6.7a gezeigt. Es sollte immer versucht werden, den gemessenen Beugungspeak eine Netzebene zuzuordnen und auch die gemessenen Netzebenenabstände für Vergleichszwecke mit anzugeben.

6.3.2 Vorgehensweise bei der Phasenbestimmung

Sind für die untersuchten Proben Informationen über das mögliche Kristallsystem bekannt, dann ist folgende Verfahrensweise möglich.

Man bestimmt die Beugungspeaklagen und vergleicht diese mit möglichen Peaklagen aus der PDF-Datei. Im Bild 6.7b sind zwei Ausschnitte aus Diffraktogrammen für ein Wolframkarbidsubstrat und für ein mit Diamant/Kohlenstoff beschichtetes Wolframkarbidsubstrat gezeigt. Die Peaklage für den (1 0 1)-WC-Peaks ist eingezeichnet. Die gemessene Peaklage stimmt gut mit der PDF-Datei überein. Im Diffraktogramm des Substrates werden aber noch weitere Beugungspeaks gefunden, die nicht dem Wolframkarbid zugeordnet werden können. Treten hochintensive identifizierte Beugungspeaks auf, sollte man bei Einsatz von älteren Röntgenröhren das Diffraktogramm für die gefundene Substanz zusätzlich mit der Strahlung der Wolfram-L-Linie, siehe Tabelle 4.2 und der K_β-Strahlung, siehe Kapitel 2.4, untersuchen, Bild 6.7b.

Im Bild 6.8 ist das Diffraktogramm für ein Kristallgemisch bzw. eine Schicht auf einem Nickelsubstrat gezeigt. Aus einer Paralleluntersuchungen an Querschliffen mittels energiedispersiver Röntgenanalyse im Elektronenmikroskop konnten die Elemente Ni, Zr, Y und O nachgewiesen werden. Auf diese Elemente wurde dann die Suche in der PDF-Datei beschränkt. Dem Diffraktogramm aus Bild 6.7a sind weitere Beugungspeaks überlagert. Die verbleibenden, nicht identifizierten Beugungspeaks können dem Yttrium stabibilisierten Zirkonoxid zugeordnet werden. Die aus der PDF-Datei 00-030-1468 entnommenen Netzebenenidentifizierungen sind in das Diffraktogramm Bild 6.8 übernommen worden. Es konnte allen vorkommenden Beugungspeaks eine konkrete Netzebene zugeordnet werden.

6.3 Identifizierung mit der PDF-Datei 225

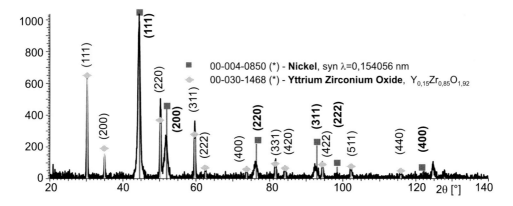

Bild 6.8: Identifizierung eines Kristallgemisches aus Nickel und Yttrium-Zirkonoxid

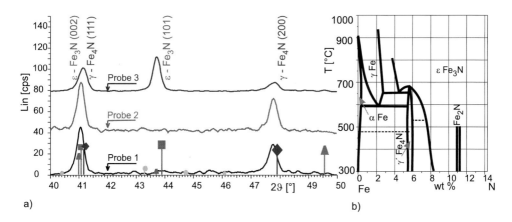

Bild 6.9: Identifizierung von Eisennitridphasen auf nitrierten Proben a) Röntgenbeugungsdiagramm und zugeordnete Beugungspeaks b) Ausschnitt aus dem Phasendiagramm Eisen-Stickstoff

Die qualitative Phasenanalyse ist damit für dieses Diffraktogramm abgeschlossen.

Im Bild 6.9 sind drei Beugungsdiagramme und ein Ausschnitt aus dem Temperatur-Konzentrations-Zweistoffdiagramm von Eisen und Stickstoff (Fe-N Zustandsschaubild) gezeigt. Die Proben sind Zahnradflanken aus einem Getriebe. Sie wurden mit dem Ziel der Verbesserung des Verschleißverhaltens, der Dauerfestigkeit und der Korrosionsbeständigkeit oberflächennah gasnitriert. Das Nitrieren ist eine thermochemisches Behandlung von technischen Oberflächen zum Anreichern der Randschicht mit Stickstoff. Zunehmend wird das Gasnitrieren mit Ammoniak (NH_3) als Stickstoffquelle verwendet. Die Bauteile werden in einem Temperaturbereich zwischen 510° bis 590° und einer Zeitdauer zwischen 4 h bis 100 h dem Stickstoff ausgesetzt Dabei bilden sich Eisennitridphasen.

Die Phasenbildung erfolgt beim Nitrieren über die Bildung einer Diffusionsschicht (maximal 0,1 % Stickstofflöslichkeit auf Zwischengitterplätzen im α-Ferrit) und einer erzeugten Verbindungsschicht mit einer Dicke zwischen 20 µm bis 1 000 µm. In der darunter liegenden Diffusionsschicht kann ein Phasengemisch aus Fe-Nitriden und den so genannten Sondernitriden der Legierungselemente auftreten. In der PDF-Datei, Version 2000, findet man 55-Eisennitridphasen, davon 21 experimentelle und 34 errechnete Phasen. Als einzige Phase ist die Fe$_2$N-Phase (PDF-Nr. 00-050-0958) mit der Qualität (*) aufgeführt. Ansonsten findet man drei mal die Qualität (I); 24 mal (C); drei mal (N); zehn mal (A) und 14 mal (D). Für Fe$_4$N findet man acht-; für Fe$_3$N vierzehn-; für Fe$_2$N dreizehn-Einträge und der Rest wird der FeN$_x$-Phase zugeordnet. Aus werkstoffwissenschaftlicher Sicht ist die Aufnahme nicht stöchiometrischer Phasen, wie FeN$_{0,0334}$ bis FeN$_{0,0950}$ problematisch. Die Unterscheidung zwischen stöchiometrischen Phasen Fe-N und eventuell auftretenden Mischkristallen mit unterschiedlichem Stickstoffgehalt ist so nicht eindeutig. In der Zusammensetzung unterscheiden sich die FeN$_{0,0334}$ bis FeN$_{0,0950}$-Phasen nur gering von der reinen kubischen Ferrit-Phase. In dem Beispiel aus Bild 6.9 wurden die Fe-N-Phasen dem Fe_3N (PDF-Nr. 00-003-0925 (D)) und dem Fe_4N (PDF-Nr. 06-0627 Roaldite (I)) zugeordnet. Zusätzliche Untersuchungen zum Stöchiometrieverhältnis mittels EDX am Elektronenmikroskop zeigen, dass hier Fe$_3$N als einzig passende Phase auftrat. Die gemessenen Beugungspeaks in Bild 6.9 können nur der Phase Fe$_3$N hexagonal mit den Gitterkonstanten $a = 0,2695$ nm und $c = 0,4362$ nm zugeordnet werden (PDF-Nr. 00-003-0925 (D)), die jedoch als »Deleted« in der PDF-Datei markiert ist. Die Phasen, die in der PDF-Datei die Nr. 03-0925 ersetzen, haben alle ganz andere Gitterkonstanten und ein völlig anderes Beugungsmuster. Die als Ersatz für den PDF-File 00-003-0925 aufgeführten »neueren Phasen« können der Probe nicht zugeordnet werden. Hier erweist sich die Praxis des Beibehaltens der älteren Phasen in der PDF-Datei als günstig.

Die Eisennitrid-Bildung der Verbindungsschicht erfolgt zunächst über die γ'-Phase-Fe$_4$N kubisch flächenzentriert. Die Zähigkeit dieser Phase ist ihre bevorzugte Eigenschaft. Danach kann es zur Ausbildung der ϵ-Phase-$Fe_{2-3}N$ mit hexagonaler Kristallstruktur kommen. Die ϵ-Phase ist härter und spröder als die γ'-Phase, dafür aber auch korrosionsbeständiger. Die Kenntnis des strukturellen Aufbaus der erzeugten Schichten sowie ihre Dicke ist entscheidend für die erzielbaren Eigenschaften. Werden zum Beispiel hohe Anforderungen an die Dauerfestigkeit und den Verschleiß gestellt, dann ist eine einphasige Schicht mit der γ'-Phase bevorzugt (gut realisierbar beim Plasmanitrieren durch schwach dosiertes Stickstoffangebot). Werden dagegen hohe Anforderungen an die Korrosionsbeständigkeit gestellt, dann werden einphasige Schichten mit der ϵ-Phase bevorzugt (gut realisierbar beim Plasmanitrieren durch zusätzliches Eindiffundieren von Kohlenstoff (Nitrocarburieren)). Die Charakterisierung der Schichten kann durch zerstörende metallographische Untersuchungsmethoden oder durch die Röntgendiffraktometrie erfolgen.

6.3.3 Polytyp-Bestimmung

Es gibt Aufgaben, die nur schwer oder gar nicht mit der Pulverdiffraktometrie gelöst werden können wie beispielsweise bei Materialien mit Polytypie, d.h. wenn ein Material in verschiedenen Kristallstrukturen auftritt. Werden dazu noch Einkristalle verwendet, kann es schwierig bzw. in üblicher Beugungsanordnung unmöglich sein, den Polytyp exakt zu bestimmen. Siliziumkarbid (SiC) kann in ca. 230 Polytypen auftreten. Die bekanntesten Polytypen sind 3C – SiC, 2H – SiC, 4H – SiC und 6H – SiC. Die Gitterkonstanten und die Raumgruppen sind in Tabelle 6.5 aufgelistet.

Tabelle 6.5: Vergleich der Kristallstrukturparameter für die wichtigsten SiC-Polytypen; [1] Umrechnung kubisch in hexagonal über Gleichungen 3.21 bzw. 3.22

Eigenschaften	3C-SiC	6H-SiC	4H-SiC	2H-SiC
Gitterkonstante a [nm]	0,435 89 (0,308 3)[1]	0,307 3	0,307 3	0,308 1
Gitterkonstante c [nm]	(0,755 1)[1]	1,508	1,005 3	0,503 1
Raumgruppe	$F\bar{4}3m$	$P6_3mc$	$P6_3mc$	$P6_3mc$
PDF-Datei	00-029-1129	00-029-1131	00-022-1317	00-029-1126
Stapelfolge	ABC	ABCACB	ABAC	AB
Nichtgleichgewichtsplätze hexagonal	0	1	1	1
Nichtgleichgewichtsplätze kubisch	1	2	1	0

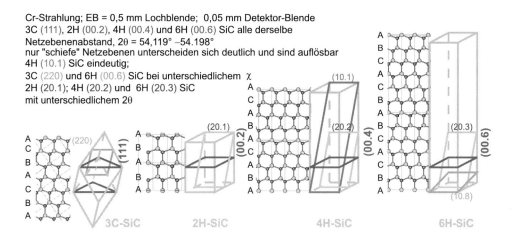

Bild 6.10: Stapelfolgen und Ausrichtung von Netzebenen verschiedener SiC-Polytypen

Im Beispiel bestand die Aufgabe herauszufinden, ob sich in epitaktisch gewachsenen Schichten auf 4H − SiC-Substrat sich Einschlüsse anderer Polytypen nachweisen lassen. Dazu wurde die nachfolgende Strategie erarbeitet [139].
In Bild 6.10 sind die in Frage kommenden SiC-Polytypen mit ihren einkristallinen Strukturen schematisch dargestellt. Für jeden Polytyp sind auch die Stapelfolgen an zwei Elementarzellen mit dargestellt. Der Unterschied der Polytypen ist in dieser Ausrichtung nur an den Stapelfolgen erkennbar. Bei der Epitaxie nutzt man die Vielfachen der c-Achse und beim kubischen Polytyp die (1 1 1)-Ebene. Damit eine bessere Winkelauflösung realisiert werden kann, wurde mit Cr-Strahlung gearbeitet. Die Netzebenenabstände der (1 1 1)-Ebene des 3C − SiC und und die (0 0 l)-Ebenen der unterschiedlichen hexagonalen Polytypen unterscheiden sich nur geringfügig. Für die zum Nachweis in Frage kommenden »dichtest gepackten Netzebenen« gibt es deshalb keinen messbaren Unterschied in den

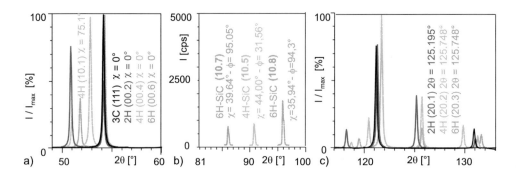

Bild 6.11: Diffraktogramme und Peaklagen von »isoliert auftretenden Nebenpeaks«

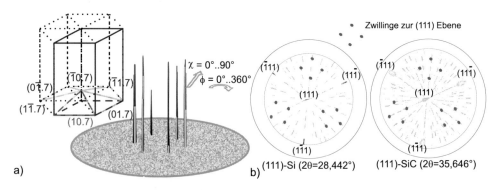

Bild 6.12: a) Differentierung von kubischem oder hexagonalem Polytyp durch Ausmessen von »schräg gelagerten« beugungsfähigen Netzebenen mittels Polfiguren b) gemessene (1 1 1)-Polfiguren von Si-Substrat und 3C − SiC-Schicht; bei der Schicht sind an Hand der Verschiebungen der Pole die Fehlorientierung feststellbar

Beugungspeaklagen, Bilder 6.10 und 6.11. Unterschiede existieren jedoch in den (1 0 7)-, (1 0 5)- und (1 0 8)-Netzebenen für 6H − SiC und 4H − SiC sowohl bei unterschiedlichem θ und χ. Durch diese Vorgehensweise ist es möglich, gezielt Proben in den entsprechnden Winkelbereichen zu untersuchen und anderweitige Polytypeinschlüsse festzustellen.

Mittels eines Vierkreisgoniometers ist es möglich, schräg zur Oberflächenorientierung liegende Netzebenen bei einem Verkippungswinkel χ entlang des Beugungskreises nachzuweisen. Aus der Anzahl der auftretenden Nebenwinkel ist eine Unterscheidung zwischen kubisch (vier Nebenpeaks) und hexagonal (sechs Nebenpeaks) möglich, Bild 6.12a.

Mit dem Vierkreisgoniometer kann man auch Polfiguren aufnehmen, siehe Kapitel 11.3. Im Bild 6.12b ist eine solche gemessene Polfigur für die (1 1 1)-Ebene von gewünschten epitaktischen 3C − SiC-Schichten dargestellt. Die um die (1 $\bar{1}$ 1)-; ($\bar{1}$ 1 1)- bzw. ($\bar{1}$ $\bar{1}$ 1)-Pole symmetrisch gefundenen Nebenpole sind Zwillinge der (5 1 1)-Ebene, [168]. Die Fehlorientierung des Schichtwachstums ist in den Asymmetrien der ($\bar{1}$ 1 1)-Pole bzw. der Verschiebung des (1 1 1)-Poles vom Zentrum feststellbar und beträgt hier 6,5°.

Im Bild 6.13a ist für 6H-SiC die {1 0 2}-Polfigur mittels 2D-Detektor gemessen darge-

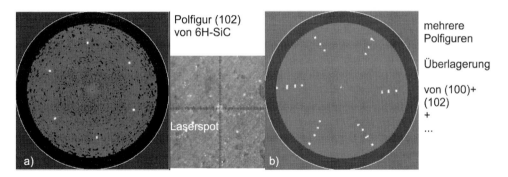

Bild 6.13: a) (1 0 2)-Polfigur von 6H-SiC-Einkristall, aufgenommen mit 2D-Detektor und Laserspot der beleuchteten Fläche, Raster 10 µm c) Aufsummation mehrerer Polfiguren von 6H-SiC zum Test, ob 3C-SiC-Phasen in der Probe vorkommen

stellt. Im Bild 6.13b ist der Messfleck mittels Laser auf dem Einkristallsubstrat dargestellt. Bei nur zwei notwendigen Verkippungen in ψ-Richtung lassen sich die Polfiguren mit einer enormen Zeitersparnis gegenüber dem Abrastern aufnehmen und so die Fehlorientierungen und den Polytyp bzw. das Kristallsystem schnell ermitteln. Der geringe Dynamikbereich in den Zählraten des 2D-Drahtdetektors schränkt aber die Möglichkeiten der z. B. Zwillingsbestimmung ein, da die hohen Polintensitäten nicht ungeschwächt auf den Detektor gelangen dürfen, dann aber die Zwillinge sich nicht deutlich aus dem Untergrund abheben. Hier sind aber Verbesserungen zu erwarten, wenn die 2D-Detektoren auf Microgap-Basis kommerziell verfügbar sind.

Im Bild 6.13c sind mehrerer Polfiguren aufintegriert und gemeinsam dargestellt.

6.4 Einflüsse Probe – Strahlung – Diffraktometeranordnung

Aus den Intensitäten und den Profilparametern können weitere Informationen dem Beugungsdiagramm entnommen werden.

An verschiedenen reinen Elementen wie Kohlenstoff, Aluminium, Eisen, Kupfer, Molybdän und Tantal sind an Beugungspeaks bei ähnlichen Beugungswinkeln mit großer zu erwartenden Intensität die maximal erhaltbaren Zählraten durch Verwendung einer Multilayerspiegelanordnung der 2a Generation (Nickel/Silizium-Multilayer) bestimmt worden, Bild 6.14a. Bei Verdopplung der Röhrenspannung werden hier nicht direkt quadratisch erhöhte Beugungsintensitäten gemessen. Bildet man jedoch das Verhältnis zwischen den Maximalwerten bei 40 kV und 20 kV sowie des Gütekriteriums, dann ergeben sich die nachfolgenden Werte, Tabelle 6.6. Diese Auflistung spiegelt die wesentlichen Eigenschaften der Röntgenstrahlung bei Wechselwirkung mit Materialien wieder. So ist die Verwendung von Kupferstrahlung zur Untersuchung von Eisenwerkstoffen wegen eines schlechteren Peak zu Untergrundverhältnis infolge der hohen Fluoreszenzstrahlung des Eisens ungeeignet. Die gemessenen Unterschiede in den Intensitäten werden relativiert, wenn man die um Größenordnungen unterschiedlichen Eindringtiefe der Strahlung und damit der unterschiedlichen Volumina, in denen die Beugung stattfindet und der unterschiedlichen Strukturamplituden F_{hkl} berücksichtigt. Diese Überlegungen sollte man im-

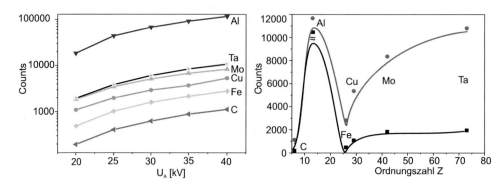

Bild 6.14: a) Gemessene Intensität an intensitätsreichen Beugungspeakes von Kohlenstoff, Aluminium, Eisen, Kupfer, Molybdän und Tantal als Funktion der Röntgenröhrenspannung, Röhrenstrom 40 mA, an einem Theta-Theta Goniometer mit Multilayerspiegel
b) Auftrag als Funktion der Ordnungszahl, 10 mA/40 kV bzw. 40 mA/40 kV

mer voranstellen, wenn man Beugungsexperimente mit neuen Materialien für das Labor durchführt. Dies ist besonders dann wichtig, wenn Gemische untersucht werden, die aus leichten und schweren Elementen bestehen. »Schirmt« das schwere Material das leichte ab, wird durch das schwere hochabsorbierende Material die Eindringfähigkeit der Strahlung behindert und folglich nur geringe Intensitäten in Beugungsreflexen des leichteren Material gemessen. Damit darf aber nicht pauschal geschlossen werden, dass das leichtere Material in geringerer Konzentration vorliegt. Dieser Tatsache muss besonders bei geschichteten Verbundwerkstoffen Rechnung getragen werden.

Die Untersuchungen von Eisen- bzw. Stahlproben ist ein wichtiges Feld in der Röntgendiffraktometrie. Es wurde schon mehrfach auf die Problematik der hohen Fluoreszenzanteile im gemessenen Beugungsdiagramm für Eisenwerkstoffe mit Kupferstrahlung hingewiesen. In Bild 6.15 sind die Ergebnisse einer Reineisenprobe mit vier verschiedenen Strahlungen gezeigt. Bei allen Darstellungen wurden die Rohdaten ohne Untergrundabzüge oder RACHINGER-Trennung übernommen. In den Diffraktogrammen für die zwei Strahlungen mit Chrom- und Kobalt-Anode sind nur zur besseren Darstellungsmöglichkeit die im Bild angegebenen Werte pro Schritt aufaddiert worden. Um Diffraktogramme, aufgenommen mit verschiedenen Strahlungen, gemeinsam darstellen und vergleichen zu können, wird ein Auftrag über den Netzebenenabstand bzw. reziproken Netzebenenabstand vorgenommen. Damit liegen alle Beugungspeaks bei dem gleichen Abszissenwert. In dem Bild 6.15 wird der sehr hohe Untergrund für Kupferstrahlung deutlich. Das Peak zu Untergrundverhältnis ist das Schlechteste und wäre ohne Multilayerspiegeleinsatz noch schlechter. Dieser hohe Untergrund ist äußerst ungünstig, wenn man Untersuchungen vornehmen muss, wo noch Beugungspeaks von anderen Materialien zu erwarten sind. Diese Beugungspeaks verschwinden dann sozusagen im Untergrund. Die charakteristisch errechenbaren Werte sind in Tabelle 6.7 nochmals zum besseren Vergleich aus den Diffraktogrammen zusammengefasst worden. Es wird aber auch deutlich, dass mit der sehr weichen, energiearmen Chromstrahlung nur geringste Intensitäten messbar sind. Die Beugungswinkel werden alle zu hohen Werten hin verschoben und steigern somit die Genauigkeit. Mit Chromstrahlung kann bei einem Beugungswinkel $2\theta = 156{,}10°$ die $\{2\,1\,1\}$-Netzebene gemessen

Tabelle 6.6: Erreichbare Zählrate an verschiedenen reinen Elementen bei verschiedenen Generatoreinstellungen und erreichbarer Gütefaktor von intensitätsreichen Beugungspeaks

Element	C	Al	Fe	Cu	Mo	Ta
Ints. [cps] für 20 kV; 40 mA	146	18 449	226	954	1 819	1 924
Ints. [cps] für 20 kV; 40 mA	835	116 202	1 373	5 140	8 201	10 714
Verhältnis 40/20 kV	5,75	6,33	5,78	4,93	4,54	5,53
Peak/Untergrund P/U	3,82	156,57	1,93	36,14	51,21	95,63
Gütekriterium Gl. 5.13	36,75	207,76	11,48	43,3	62,06	73,39
Raumgruppe	P63/mmc	Fm3m	Im3m	Fm−3m	Im3m	Im3m
Nr.	(194)	(225)	(229)	(225)	(229)	(229)
$\{h\,k\,l\}$	(1 0 1)	(1 1 1)	(1 1 0)	(1 1 1)	(1 1 0)	(2 0 0)
F_{hkl}^2	26,89	1 283	1 365	7 798	4 067	11 948
Dichte [gcm^{-3}]	1,664	2,699	7,875	8,95	10,221	16,634
Eindringtiefe [µm]	269,4	12,58	0,758 4	4,051	1,089	0,877 3

Tabelle 6.7: Vergleich einiger charakteristischer Werte für den (1 1 0)-Beugungspeak von Eisen bei der Untersuchung mit verschiedenen Strahlungen entsprechend Bild 6.15

Strahlung	2θ [°]	Untergrund	Nettohöhe	Peak/Untgr.	FWHM [°]	Güte [89]
Cr	66,994	43,4	51,3	1,18	0,704	2,87
Co	52,282	97,7	451	4,62	0,757	13,52
Cu	44,602	1 621	1 645	1,01	0,474	12,56
Mo	20,094	79,1	987	12,48	0,319	15,44

werden. Diese hat eine theoretische Intensität von 30 %.

Die Winkelverschiebung zu kleinen Werten hin bei Einsatz der Molybdänstrahlung ist nachteilig. Um dort eine akzeptable Winkelauflösung zu haben, müsste man mit dem (3 2 1)-Peak bei $2\theta = 55{,}15°$ arbeiten. Diese Netzebene liefert aber nur eine theoretische Intensität von 5,2 %. Höher indizierte Netzebenen mit noch höheren Beugungswinkeln wie die (4 1 1)- und (3 3 0)-Netzebene weisen nur 1,8 % Intensität bei $2\theta = 63{,}32°$ oder die (5 1 0)- und (4 3 1)-Netzebene weisen nur 1,1 % Intensität bei $2\theta = 78{,}23°$ auf. Dies ist u.a. die Ursache dafür, dass Molybdänstrahlung insgesamt in der Röntgendiffraktometrie nur eine Außenseiterrolle einnimmt.

Es ist schon mehrfach gezeigt worden, dass durch den Einsatz der Multilayerspiegel die Untergrundstrahlung herabgesetzt werden kann. Setzt man für Eisenwerkstoffe eine Anordnung mit zwei Multilayerspiegeln ein, siehe Bild 5.35, dann wird durch das Monochromatisierungsverhalten des zweiten Spiegels der Untergrund bzw. die Fluoreszenzstrahlung weiter herabgesetzt und damit das Peak zu Untergrundverhältnis für Kupferstrahlung wesentlich verbessert. Diese Aussage steht der bisherigen Lehrmeinung in den Büchern [61, 117, 99] konträr gegenüber, folgt aber aus der Entwicklung auf diesem

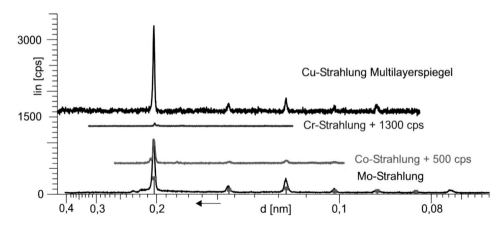

Bild 6.15: Eisenprobe, aufgenommen mit verschiedenen Strahlungen. Darstellung als Funktion des Netzebenenabstandes

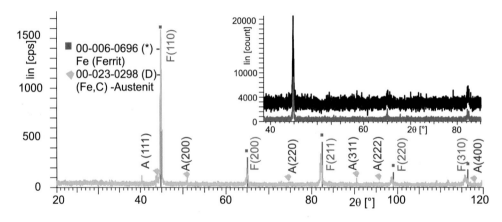

Bild 6.16: Eisenprobe mit Restaustenit (NIST-Standard), Kupferstrahlung und Mikrogapdetektor mit veränderter Energiediskriminierung, Diffraktogramme mit freundlicher Genehmigung Dr. L. Brügemann, Bruker AXS Karlsruhe [36]

Gebiet. Die Erfahrung zeigt, dass mit Multilayerspiegeln oder energiediskriminierenden Detektoren mit Kupferstrahlung an Eisenproben ebenso sichere und wegen der höheren Intensität schnellere Untersuchungen durchgeführt werden können.

Im Bild 6.16 von [36] wird ein weiteres Beispiel gezeigt, wie durch Anwendung der modernen Detektoren gezielt der Einsatz der Kupferstrahlung auch für Eisenwerkstoffe möglich wird. Das Einstellen einer Energiediskriminierung ist bei den Mikrogap- als auch bei den Halbleiterdetektoren [125] möglich und beseitigt so die bisherigen Nachteile der Kupferstrahlung. Das Beispiel der relativ einfachen Messbarkeit der zwei unterschiedlichen Eisenphasen, Ferrit (bcc-Kristallstruktur) und der Ungleichgewichtsphase Austenit (fcc-Kristallstruktur) sowie der Quantifizierbarkeit beider Phasen zeigt das hohe Potential der Röntgendiffraktometrie. Man kann das selbe chemische Element, nur »anders

6.4 Einflüsse Probe – Strahlung – Diffraktometeranordnung   233

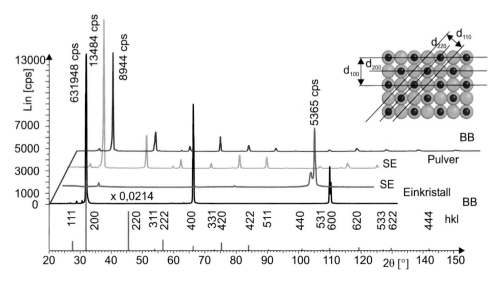

Bild 6.17: Vergleich von Einkristall- und Pulveraufnahmen in BRAGG-BRENTANO- und streifender Anordnung (SE) am Beispiel von Halit (NaCl)

atomar angeordnet«, zerstörungsfrei nachweisen und quantifizieren. Dies ist mit elementanalytischen Verfahren, wie der Augerelektronenspektroskopie, der Elektronenenergieverlustspektroskopie, der energiedispersiven Röntgenanalyse, der Fluoreszenzspektroskopie und der Glimmentladungsspektroskopie nicht möglich. Einzig über metallographische Schliffanalyse und mittels der Elektronenstrahl induzierten Rückstreubeugung (EBSD) lassen sich ansonsten zerstörend diese beiden Phasen quantitativ nachweisen. Für diese Anwendung wird der Einsatz der Molybdänstrahlung wegen der größeren Eindringtiefe und damit der größeren statistischen Sicherheit und der verminderten Fluoreszenzstrahlung noch favorisiert.

In einem anderen Beispiel soll nun noch einmal gezeigt werden, wie gemessene Diffraktogramme aussehen, wenn Einkristalle oder Pulver als Untersuchungsobjekt verwendet werden und wie sich dann die gemessenen Diffraktogramme ändern, wenn man die Beugungsanordnung variiert.
An einem quaderförmigen Einkristall aus Halit (NaCl) sind Untersuchungen in BRAGG-BRENTANO-Anordnung und mit streifendem Einfall durchgeführt worden, Bild 6.17. Danach ist der Kristall zerkleinert und pulverisiert worden und mittels beiden Anordnungen ist das Pulver erneut untersucht worden. In BRAGG-BRENTANO-Anordnung sind nur drei sehr intensitätsreiche Beugungspeaks beim Einkristall festzustellen. Indiziert man die Aufnahmen, so werden die Beugungspeaks der Vielfachen der (1 0 0)-Netzebene (die (1 0 0)-Netzebene wird ausgelöscht) zugeordnet. Die Aufspaltung in $K_{\alpha 1}$ und $K_{\alpha 2}$ bei hohen Beugungswinkeln ist festzustellen, was für eine fast perfekte Ausrichtung des Kristalles mit seiner [1 0 0]-Richtung senkrecht zur Oberfläche spricht. Die zwei kleinen Peaks vor dem (2 0 0)-Peak sind der β-Reststrahlung und der W-L Strahlung der verwendeten älteren Röntgenröhre zuzuordnen. Die im Diagramm angegebene maximale Impulsdichte ist die für Sättigung des Szintillationszählers und wird real noch höher liegen. Die im

Diagramm eingezeichneten relativen Intensitäten durch die unterschiedlich hohen Balken bei den MILLERschen Indizes sind für diese Einkristalluntersuchungen unzutreffend. Bei der Untersuchung in streifender Anordnung tritt die $(2\,0\,0)$-Netzebenen nur minimal auf. Der auftretende Peak kann der $(1\,1\,0)$-Netzebene bzw. seinen Vielfachen, der $(4\,4\,0)$-Netzebene zugeordnet werden. Der hier gefundene Beugungswinkel von $\theta = 50{,}5°$ ist bei einen Einstrahlwinkel von $\omega = 5°$ der Winkel zwischen der $(1\,0\,0)$- und der $(1\,1\,0)$-Ebene im kubischen Kristallsystem. Durch Anwenden der Kristallgeometrie lassen sich damit auch in dieser Anordnung Beugungspeaks bei Einkristallen interpretieren. Man kann durch Mehrfachanwendung so von einem unbekannten Kristall Informationen von weiteren Netzebenen erhalten und so Beiträge für eine Strukturaufklärung erhalten. Diese Diffraktometeranordnung wird oft als asymmetrische Beugungsanordnung bezeichnet.

Die Pulverproben vom Halit zeigen sowohl in streifender Anordnung als auch in BRAGG-BRENTANO-Anordnung das Gleiche zu erwartende Beugungsmuster. Die noch feststellbaren Schwankungen der Intensitätsverhältnisse zu denen aus der PDF-Datei und zwischen BRAGG-BRENTANO- und streifender Anordnung verdeutlichen, dass die Pulverisierung noch nicht ausreichend homogen erfolgt ist. Hier kommen dann die Aussagen aus Kapitel 5.3 zur Anwendung. Die Vorteile des streifenden Einfalls mit den höheren Intensitäten sind ersichtlich. Erwähnenswert ist dass die jetzt auftretenden Maximalintensitäten der Pulverproben um Größenordnungen kleiner sind als im Einkristallfall.

6.5 Quantitative Phasenanalyse

Mit Hilfe der qualitativen Phasenanalyse wurde bestimmt, aus welchen Phasen ein Kristallgemisch zusammengesetzt ist. Es stellt sich jetzt die Aufgabe, aus den Intensitäten im Röntgenbeugungsdiagramm auch die mengenmäßigen Anteile der einzelnen Phasen zu bestimmen. Man spricht von der quantitativen Phasenanalyse. Die Auswertung der Intensitäten bzw. Intensitätsverhältnisse der Linien der einzelner Phasen bildet eine große Gruppe der Methoden der quantitativen Phasenanalyse. Eine weitere Methode nutzt die Informationen des gesamten Beugungsdiagramms aus. Am wichtigsten ist derzeit das RIETVELD-Verfahren. Ursprünglich wurde das RIETVELD-Verfahren für die Kristallstrukturanalyse bzw. die Verfeinerung von Kristallstrukturen entwickelt. In jüngster Zeit wird es aber auch häufig zur quantitativen röngenographischen Phasenanalyse eingesetzt.

Die Genauigkeit der quantitativen Phasenanalyse hängt unabhängig von der Methode sehr stark von der Probenpräparation ab. Folgende Grundvoraussetzungen müssen erfüllt werden:

- die zu analysierenden Phasen (einschließlich eventuell notwendiger Standards) müssen in der Probe gleichmäßig verteilt sein – z. B. sorgfältige Pulverisierung und Homogenisierung der Probe
- Vermeidung der Ausbildung von Texturen bei der Präparation
- die Korngrößen müssen für eine gute Kornstatistik bei den Intensitätsmessungen ausreichend klein sein. Es sollte jedoch noch keine korngrößenbedingte Linienverbreiterung auftreten.

Unter den angegebenen Voraussetzungen können Genauigkeiten von $1-2\,\%$ in der quantitativen röntgenographischen Phasenanalyse der Hauptbestandteile erreicht werden. Für die Nebenbestandteile hängt die Genauigkeit von vielen Faktoren ab. In der zunächst vorzustellenden Methodengruppe ist es für diese Phasen sehr wichtig, dass mit den intensitätsstärksten Linien gearbeitet werden kann.

6.5.1 Auswertung der Intensität ausgwählter Beugungslinien

Entsprechend den Ausführungen im Kapitel 3.2 gilt Gleichung 6.1 für die integrale Intensität einer Beugungslinie:

$$I(hkl) = K \cdot L(\theta) \cdot P(\theta) \cdot A \cdot y \cdot H \cdot |F(hkl)|^2 \qquad \text{mit} \tag{6.1}$$

K	: Konstante	L	: LORENTZ-Faktor
P	: Polarisationsfaktor	A	: Absorptionsfaktor
y	: Extinktionsfaktor	F	: Strukturfaktor, siehe Kapitel 3.2.5 Für ein Kristall-
H	: Flächenhäufigkeitsfaktor, siehe Tabelle 3.4		

gemisch muss die Gleichung für die Intensität der Phase i mit der Volumenkonzentration v_i korrigiert werden. Der in die Gleichung 6.1 einzusetzende Absorptionsfaktor A ist der des Kristallgemisches. Dieser ist leider unbekannt, da die Zusammensetzung unbekannt ist.

$$I_i(hkl) = K \cdot L_i(\theta) \cdot P_i(\theta) \cdot A_i \cdot y_i \cdot H_i \cdot |F_i(hkl)|^2 \cdot v_i = K \cdot G_i(hkl) \cdot A_i \cdot v_i \tag{6.2}$$

Da der Absorptionsfaktor von der Zusammensetzung des Kristallgemisches abhängt, ist der Zusammenhang zwischen der Linienintensität und der Volumenkonzentration in der Regel nicht linear. Somit ist eine direkte Bestimmung der Volumen- bzw. Massenkonzentration aus der Linienintenstät nicht möglich.

In der BRAGG-BRENTANO-Anordnung wird bei unendlicher Probendicke $A = 1/(2 \cdot \mu)$ und ist unabhängig vom Glanzwinkel. μ ist der lineare Absorptionskoeffizient. Für die integrale Beugungsintensität folgt:

$$I_i(hkl) = K' \cdot G_i(hkl) \cdot \frac{1}{\mu} \cdot v_i \tag{6.3}$$

Für den Absorptionskoeffizienten μ gilt:

$$\mu = \rho \cdot \frac{\mu}{\varrho} = (1/\sum_i \frac{x_i}{\varrho_i}) \cdot \sum_i x_i \cdot \frac{\mu_i}{\varrho_i} \tag{6.4}$$

Ersetzt man jetzt noch in Gleichung 6.3 die Volumenkonzentration v_i durch die Massenkonzentration x_i

$$v_i = \frac{\frac{x_i}{\varrho_i}}{\sum_i \frac{x_i}{\varrho_i}} \tag{6.5}$$

so erhält man für die Intensität des $(h\,k\,l)$-Reflexes der Phase i:

$$I_i(hkl) = K' \cdot G_i(hkl) \cdot \frac{\frac{x_i}{\varrho_i}}{\sum_i \frac{x_i \mu_i}{\varrho_i}} \tag{6.6}$$

Ersetzt man in Gleichung 6.3 den Absorptionskoeffizienten μ durch den Massenabsorptionskoeffizienten $\mu_m = \mu/\varrho$ und die Volumenkonzentration v_i durch die Massenkonzentration x_i, so erhält man für die integrale Beugungsintensität:

$$I_i(hkl) = K' \cdot G_i(hkl) \cdot \frac{1}{\varrho_i} \cdot \frac{1}{\mu_m} \cdot x_i \tag{6.7}$$

Im Falle eines zweiphasigen Systems gilt nach Gleichung 6.6:

$$I_1(hkl) = K' \cdot G_1(hkl) \cdot \frac{x_1}{\varrho_1} \left[\frac{1}{x_1\left(\frac{\mu_1}{\varrho_1} - \frac{\mu_2}{\varrho_2}\right) + \frac{\mu_2}{\varrho_2}} \right] \quad \text{und} \tag{6.8}$$

$$I_2(hkl) = K' \cdot G_2(hkl) \cdot \frac{x_2}{\varrho_2} \left[\frac{1}{x_2\left(\frac{\mu_2}{\varrho_2} - \frac{\mu_1}{\varrho_1}\right) + \frac{\mu_1}{\varrho_1}} \right] \tag{6.9}$$

Führt man den Massenabsorptionskoeffizienten $\mu_m = \mu/\varrho$ ein, so lautet die obige Gleichung für die Phase 1:

$$I_1(hkl) = K' \cdot G_1(hkl) \cdot \frac{x_1}{\varrho_1 [x_i(\mu_{m1} - \mu_{m2}) + \mu_{m2}]} \tag{6.10}$$

Aus den obigen Gleichungen wird leicht ersichtlich, dass nur unter der Voraussetzung

$$\frac{\mu_1}{\varrho_1} = \frac{\mu_2}{\varrho_2} \quad bzw. \quad \mu_{m1} = \mu_{m2} \tag{6.11}$$

die Intensität $I_i(hkl)$ proportional zur Massenkonzentration x_i ist. Andernfalls ergeben sich Abweichungen, wie sie schematisch im Bild 6.18a dargestellt sind. Somit ist im Regelfall eine direkte Bestimmung der quantitativen Zusammensetzung aus den Linienintensitäten nicht möglich. Durch den Einsatz von Standards bzw. die Bildung von Intensitätsverhältnissen kann man das Problem lösen. Die wichtigsten Methoden, welche hier vorgestellt werden sollen, sind:

- Methode mit äußerem Standard
- Methoden mit innerem Standard
- Methode der Intensitätsverhältnisse

Bezüglich umfassender Betrachtungen zu den oben angegebenen und zu weiteren Methoden unter Nutzung der Intensität einzelner Linien sei auf die ausführliche Monographie von ZEVIN und KIMMEL [188] hingewiesen.

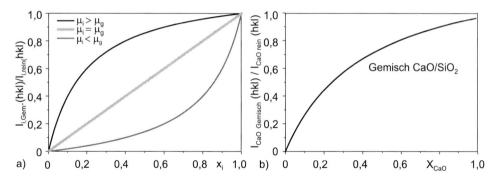

Bild 6.18: a) Abhängigkeit der relativen Integralintensität $I(x_1)$ von der Massenkonzentration x_1 der Phase 1 b) Methode mit äußerem Standard

Methode mit äußerem Standard

Das Grundprinzip dieser Methode zur Bestimmung der Konzentration der Phase i besteht darin, neben den Integralintensitäten dieser Phase im Kristallgemisch auch die Integralintensitäten der reinen Phase i unter den gleichen experimentellen Bedingungen zu bestimmen. Für die Intensitätsverhältnisse einer Phase i im Kristallgemisch und reinen Phase gelten:

$$\frac{I_i(hkl)}{I_i^0(hkl)} = v_i \cdot \frac{\mu_i}{\mu} \quad \text{mit} \tag{6.12}$$

$I_i(hkl)$: integrale Intensität des $(h\,k\,l)$-Reflexes der Probe
$I_i^0(hkl)$: integrale Intensität des $(h\,k\,l)$-Reflexes der reinen Probe
μ : Absorptionskoeffizient Kristallgemisch (Probe)
μ_i : Absorptionskoeffizient reine Probe
μ bzw. μ_i sind für die Wellenlänge des Reflexes $(h\,k\,l)$ zu bestimmen

Eine Berechnung der Volumenkonzentration v_i aus den bestimmten Intensitätsverhältnissen ist wegen der unbekannten Phasenzusammensetzung nur dann möglich, wenn man den Absorptionskoeffizienten μ des Kristallgemischs experimentell bestimmt. Der Hauptvorteil dieser Methode besteht darin, dass eine absolute Bestimmung der Volumenkonzentrationen v_i möglich ist. Somit kann über die Beziehung

$$\Delta v = 1 - \sum_j v_i \tag{6.13}$$

auf nicht erfasste kristalline bzw. röntgenamorphe Phasen geschlossen werden. Sind alle Phasen richtig erfasst und keine röntgenamorphen Phasen vorhanden, so ist diese Differenz Null bzw. nahe bei Null.

Für ein zweiphasiges Gemisch können wir entsprechend Gleichung 6.10 unter Verwendung der Massenkonzentration anstelle der Volumenkonzentration für das Intensitätsverhältnis der Probe zum Standard schreiben:

$$\frac{I_i(hkl)}{I_i^0(hkl)} = \frac{x_1 \cdot \mu_{m1}}{x_1(\mu_{m1} - \mu_{m2}) + \mu_{m2}} \tag{6.14}$$

Es wird eindeutig ersichtlich, dass auch in diesem Fall kein linearer Zusammenhang zwischen der Intensität $I_i(hkl)$ und x_i besteht. Man kann jedoch für ein derartiges Zweiphasengemisch Kalibrierkurven aufnehmen, indem man das Verhältnis $(I_i(hkl))/(I_i^0(hkl))$ als Funktion von x_1 experimentell aufnimmt oder unter der Verwendung tabellierter Werte für μ_{m1} und μ_{m2} berechnet.

Als Beispiel sei ein Gemisch aus Quarz (SiO_2) und Kalk (CaO) betrachtet. Der Massenabsorbtionskoeffizient der beiden Phasen kann aus den tabellierten Massenabsorptionskoeffizienten (siehe International Tables for Crystallography [132]) der Elemente berechnet werden. Es gilt:

$$\mu_{m,Phase} = \sum_i x_i \cdot \mu_{m,i} \tag{6.15}$$

x_i ist der Atomanteil der jeweiligen Elemente in der Phase und $\mu_{m,i}$ der Massenabsorptionskoeffizient des jeweiligen Elements.

Für Cu-Kα-Strahlung erhält man $\mu_{m,CaO} = 119{,}11\,\text{cm}^2/\text{g}$ und $\mu_{m,SiO_2} = 34{,}43\,\text{cm}^2/\text{g}$. Die mit diesen Werten berechnete Kurve ist in Bild 6.18b dargestellt. Die Abweichung von der Linearität ist sehr gut zu erkennen.

Methoden mit innerem Standard

Besteht das Kristallgemisch aus mehr als zwei Phasen, so sind die Methoden mit innerem Standard für die quantitative Phasenanalyse besser geeignet. Bei diesen Methoden wird dem zu quantifizierenden Kristallgemisch eine Standardprobe in einem konstanten Volumen V_S bzw. einer konstanten Masse m_S zugefügt.

In einer ersten Variante dieser Methode wird das Intensitätsverhältnis der Interferenzen von Probe und Standard bestimmt. Die allgemeine Beziehung für die Intensitätsverhältnisse soll im folgenden abgeleitet werden. Für die Intensität I_i der zu analysierenden Phase und die Intensität des inneren Standards I_S in der zu analysierenden Probe gelten die Gleichungen 6.3 bzw. 6.7. Aus den Intensitätsverhältnissen von Probe und innerem Standard in der Probe ergeben sich folgende Beziehungen für die Volumenkonzentration v_i bzw. Massenkonzentration x_i der zu analysierenden Phase.

$$v_i' = \frac{G_i}{G_S} \cdot v_S \cdot \frac{I_i}{I_S} = K_{VS} \cdot \frac{I_i}{I_S} \quad x_i' = \frac{G_S \cdot \varrho_i}{G_i \cdot \varrho_S} \cdot x_S \frac{I_i}{I_S} = K_{xS} \cdot \frac{I_i}{I_S} \tag{6.16}$$

Die Werte v_i' und x_i' beschreiben die Konzentrationen in der mit dem inneren Standard versetzten Probe. Die tatsächlichen Konzentrationen der zu analysierenden Phase x_i bzw. v_i erhält man mit Hilfe folgender Gleichungen:

$$v_i' = v_i(1 - v_S) \qquad x_i' = x_i(1 - x_S) \tag{6.17}$$

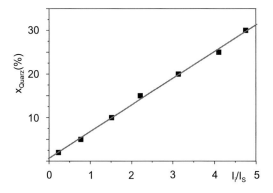

Bild 6.19: Quantitative Analyse von Quarz in einem keramischen Pulver

v_S und x_S sind die Volumen- bzw. Massenkonzentration des inneren Standards in der Probe. So erhält man für den Massenanteil x_i folgende Beziehung:

$$x_i = \frac{K_{xS}}{1 - x_S} \cdot \frac{I_i}{I_S} = K'_{xS} \cdot \frac{I_i}{I_S} = K'_{xS} \cdot S_{iS} \qquad (6.18)$$

Die Beziehung für den Volumenanteil sieht analog aus. Aus Gleichung 6.18 wird ersichtlich, dass der Massenanteil x_i eine lineare Funktion des Intensitätsverhältnisses ist. Dabei ist das Intensitätsverhältnis unabhängig vom Massenabsorptionskoeffizienten der mit dem inneren Standard versetzten Probe. Gleichung 6.18 ist die Grundgleichung der Methode mit innerem Standard. Die Konstanten K'_{xS} bzw. K'_{VS} können experimentell bestimmt werden, indem man mehrere Mischungen bekannter Zusammensetzung des zu analysierenden Systems mit einer bekannten Menge des internen Standards versetzt und die Intensitätsverhältnisse misst, dies ist die Methode nach CHUNG [188]. Durch lineare Regression ermittelt man eine Gerade der Form:

$$x_i = A + K'_{xS} \cdot \frac{I_i}{I_S} = A + K'_{xS} \cdot S_{iS} \qquad (6.19)$$

Bild 6.19 zeigt als Beispiel die quantitative Bestimmung von Quarz in einem keramischen Pulver. Die in Bild 6.19 dargestellte Regressionsgerade lautet (Konzentrationsangabe in Prozent):

$$x_i = 0{,}68 + 6{,}12 \cdot \frac{I_i}{I_S} \qquad (6.20)$$

Theoretisch gilt für sich nicht überlappende Peaks, dass $A = 0$ ist. Abweichungen ergeben sich, wenn die Untergrundbestimmung nicht sorgfältig durchgeführt wurde. Für die Betrachtung der Genauigkeit dieser Methode berechnen wir ausgehend von Gleichung 6.18 die Standardabweichung.

$$\sigma(c_i) = \sqrt{[K'_{xS}\sigma(S_{iS})]^2 + [S_{iS}\sigma(K'_{xS})]^2} \qquad (6.21)$$

$\sigma(S_{iS})$ und $\sigma(K_{xS})$ sind die Standardabweichungen von S_{iS} und K_{xS}. Die Standardabweichung der Intensitätsverhältnisse $\sigma(S_{iS})$ beschreibt die Reproduzierbarkeit der Messung an der selben Probe. Zur Bestimmung wird die Probe N-mal aus dem Probenhalter entnommen, wieder eingesetzt und die Intensitätsverhältnisse gemessen. Es gilt:

$$\sigma(S_{iS}) = \sum_{k=1}^{N}[(S_{iS})_k - <S_{iS}>]^2/(N-1) \qquad (6.22)$$

$<S_{iS}>$ ist der Mittelwert. Die Standardabweichung der Steigung der Regressionsgerade kann nach folgender Gleichung berechnet werden:

$$\sigma(K'_{xS}) = \sigma_0 \sqrt{\frac{1}{\sum_{k=1}^{N}[(S_{iS})_k - <S_{iS}>]^2}} \qquad (6.23)$$

mit der Standardabweichung σ_0 der gemessenen Datenpunkte $S_{iS,obs}$ von den korrespondierenden Werten S_{iS} auf der Regressionsgeraden.

$$\sigma_0 = \sum_{k=1}^{N}[(S_{iS,obs})_k - (S_{iS})_k]^2/(N-2) \qquad (6.24)$$

Im oben aufgeführten Beispiel beträgt die Standardabweichung des Anstiegs der Regressionsgeraden $\sigma(K'_{xS})$ ca. 0,13 %. Für die Genauigkeit der Quarzanalyse ergibt sich ein Wert $\sigma(x_{Quarz})$ von ca. 0,8 % bei einem Quarzgehalt von 20 %.
Neben der experimentellen Bestimmung der Konstanten K'_{xS} bzw. K'_{VS} ist auch eine theoretische Berechnung unter Verwendung der bekannten Beziehungen möglich.
Auch die Methode des inneren Standards gestattet die Absolutbestimmung der Konzentrationen und damit einen Rückschluss auf nicht identifizierte bzw. röntgenamorphe Phasen in Mehrphasensystemen. Ein besonderer Vorteil dieser Methode ist, dass in einem Mehrphasengemisch eine einzelne Phase quantitativ bestimmt werden kann, ohne dass die anderen Phasen analysiert werden müssen. Bei nicht pulverförmigen Proben kann diese Methode nur dann angewendet werden, wenn eine der Phasen des Kristallgemischs mit Hilfe anderer Verfahren quantifiziert werden kann (z. B. Röntgenfluoreszenzanalyse).

Eine weitere Variante dieser Methoden wird als Methode der Referenzintensitätsverhältnisse (RIR = Reference Intensity Ratio) bezeichnet. Sie nutzt Korund ($\alpha-Al_2O_3$) als Referenzsubstanz. Zunächst ermittelt man das Intensitätsverhältnis der stärksten Linie der zu analysierenden Phase und des (1 1 3)-Korund-Peaks in einem Phase-Korundgemisch im Gewichtsverhältnis 1:1 ($I/I_C - Wert$ – RIR-Wert). Für viele Phasen ist dieser Wert in der PDF-Datei angegeben. Man kann ihn bei bekannter Kristallstruktur der Phase auch berechnen. Im Falle von Linienüberlagerungen mit der stärksten Korundlinie muss auf andere Linien des Korunds bzw. andere Referenzsubstanzen (ZnO, TiO_2, Cr_2O_3, CeO_2) ausgewichen werden. Vom NIST (National Institute for Standards and Technology, Gaithersburg) wird ein geeigneter Satz von Eichsubstanzen (SRM 674) angeboten. Für alle zu bestimmenden Phasen des Kristallgemischs müssen die I/I_C-Werte bekannt sein. Man stellt jetzt eine Probe her, bei der dem zu untersuchenden Kristallgemisch ein bestimmter Anteil x_C Korundpulver zugesetzt und eine homogene Mischung hergestellt wird. Diese Mischung wird auf dem Pulverdiffraktometer vermessen und die integralen Beugungsintensitäten ermittelt. Kann man die stärksten Linien der zu quantifizierenden Phase und des Korund auswerten, dann gilt für die Massenkonzentration der zu analysierenden Phase x_i:

$$x_i = (I_{i,100}/I_{C,100}) \cdot x_C/(I/I_C)_i \qquad (6.25)$$

Kann man nicht mit den stärksten Linien arbeiten, ist Gleichung 6.25 zu modifizieren:

$$x_i = (I_{ij}/I_{Ck}) \cdot (I_{ij,rel}/I_{Ck,rel}) \cdot x_C/(I/I_C)_i \qquad (6.26)$$

$I_{ij,rel}$ und $I_{Ck,rel}$ sind die relativen Intensitäten der j-ten Linie der reinen Phase und der k-ten Linie des reinen Korunds. Auch bei dieser Methode kann über die Abweichung der Summe der x_i von eins auf das Vorhandensein nicht identifizierter bzw. röntgenamorpher Phasen geschlossen werden.

Methode der Intensitätsverhältnisse

Bei dieser Methode werden die Intensitätsverhältnisse der Interferenzen der verschiedenen Phasen des Kristallgemischs zur qualitativen Phasenanalyse ausgenutzt. Durch die Bildung von Intensitätsverhältnissen soll der unbekannte Absorptionskoeffizient μ bzw. μ_m eliminiert werden. Für das Intensitätsverhältnis der k-ten Interferenzlinie der Phase i und der l-ten Interferenzlinie der Phase j gilt:

$$\frac{I_{ik}}{I_{jl}} = \frac{G_{ik}}{G_{jl}} \cdot \frac{v_i}{v_j} \quad \text{bzw.} \quad \frac{I_{ik}}{I_{jl}} = \frac{G_{ik} \cdot \varrho_j}{G_{jl} \cdot \varrho_i} \cdot \frac{x_i}{x_j} \qquad (6.27)$$

Die experimentell bestimmten Intensitätsverhältnisse liefern somit die Verhältnisse der Volumen- bzw. Massenkonzentrationen (die G-Werte können berechnet bzw. experimentell bestimmt werden). Enthält das Kristallgemisch n Phasen, dann erhält man n-1 unabhängige Intensitätsverhältnisse. Für die direkte Bestimmung der Massen- bzw. Volumenkonzentrationen der einzelnen Phasen muss zusätzlich die Normierungsbedingung

$$\sum_i v_i = 1 \quad \text{bzw.} \quad \sum_i x_i = 1 \qquad (6.28)$$

verwendet werden. Man erhält:

$$v_i = \left(\sum_j \frac{G_{ik}}{G_{jl}} \cdot \frac{I_{jl}}{I_{ik}}\right)^{-1} \quad \text{bzw.} \quad v_i = \left(\sum_j \frac{G_{ik} \cdot \varrho_j}{G_{jl} \cdot \varrho_i} \cdot \frac{I_{jl}}{I_{ik}}\right)^{-1} \qquad (6.29)$$

Der Vorteil der Methode der Intensitätsverhältnisse besteht darin, dass ohne zusätzlichen Standard gearbeitet werden kann. Der Nachteil der Methode besteht darin, dass man durch Verwendung der o. g. Normierungsbedingungen nicht erkennt, ob nicht identifizierte Phasen bzw. röntgenamorphe Phasen im Kristallgemisch vorliegen. Problematisch sind Absorptionskanten bei benachbarten chemischen Elementen.

Zwei weitere, relativ häufig eingesetzte Methoden sind, siehe ZEVIN und KIMMEL [188]:
- die Dotierungsmethode nach COPELAND und BRAGG – bei dieser Methode wird die zu untersuchende Probe mit einer bekannten Menge der zu analysierenden Phase versetzt (dotiert)
- die Verdünnungsmethode – bei dieser Methode wird die zu untersuchende Probe mit einer bestimmten Menge eines inerten Materials mit möglichst bekanntem Massenabsorptionskoeffizienten verdünnt, wobei die Beugungspeaks dieses Materials nicht gemessen werden (d. h. das Material kann auch amorph sein).

Neben den hier vorgestellten Methoden existiert noch eine Vielzahl weiterer Varianten, welche sich jedoch nicht durchgesetzt haben bzw. Sonderfällen vorbehalten sind. Erwähnt sei die Methode nach FILA [188], welche er 1972 für Kristallgemische mit sehr vielen Linienüberlagerungen entwickelte. Diese Methode findet jedoch heute kaum noch Anwendung, da in diesen Fällen die RIETVELD-Methode zu besseren Resultaten führt.

6.5.2 RIETVELD-Verfahren zur quantitativen Phasenanalyse

Das RIETVELD-Verfahren ist ein Profilanpassungsverfahren für das gesamte Beugungsdiagramm. Es wurde zunächst für die Kristallstrukturanalyse bzw. die Verfeinerung von Kristallstrukturen entwickelt. Später fand es auch Einsatz in der quantitativen röntgenographischen Phasenanalyse, für welche es in der Regel ein standardloses Verfahren ist. Das RIETVELD-Verfahren benötigt für alle zu analysierenden Phasen ein Strukturmodell. Dadurch unterscheidet es sich von anderen Profilanpassungsverfahren. Mögliche Texturen können bei der Profilanpassung berücksichtigt werden.

Das Grundprinzip der RIETVELD-Methode besteht darin, alle Messpunkte i eines Pulverbeugungsdiagramms (gemessene Intensität y_{io}) mit analytischen Funktionen zu beschreiben (berechnete Intensität y_{ic}). Die Funktionsparameter werden im Verfeinerungsprozess mit Hilfe der Methode der kleinsten Quadrate simultan angepasst, YOUNG [185]:

$$S_y = \sum w_i |y_{io} - y_{ic}|^2 \rightarrow \text{Minimum} \tag{6.30}$$

Als Wichtungsfaktor w_i wird häufig

$$W_i = 1/\sigma_i^2 = 1/y_{io} = Z \cdot t \tag{6.31}$$

benutzt. Aber auch andere Wichtungsfaktoren sind möglich.

Die Berechnung der Messpunkte i erfolgt mit Gleichung 6.32:

$$y_{ic} = s \sum_K H_K \cdot L_K \cdot P_K \cdot A \cdot S_r \cdot E \cdot |F_K|^2 \cdot \Phi(2\theta_i - 2\theta_K) + y_{ib} \quad \text{mit} \tag{6.32}$$

s	: Skalierungsfaktor	K	: h,k,l eines BRAGG-Reflexes
L_K	: LORENTZ- und Polarisationsfaktor	H_K	: Flächenhäufigkeitsfaktor
P_K	: Texturfaktor	S_r	: Faktor für Oberflächenrauhigkeit
A	: Absorptionsfaktor	Φ	: Reflexprofilfunktion
E	: Extinktionsfaktor	F_K	: Strukturfaktor
$2\theta_K$	: berechnete Position BRAGG-Peak (mit Korrektur Nullpunktverschiebung Detektor)		
y_{ib}	: Untergrundintensität am i-ten Messpunkt		

Die Anwendung der Methode der kleinsten Quadrate führt zu einem Satz von Normalgleichungen, welche die Ableitungen aller berechneten Intensitäten y_{ic} in Bezug zu jedem verfeinerbaren Parameter enthalten. Dieser Satz von Normalgleichungen kann durch Inversion der Normalmatrix $\boldsymbol{M_{jk}}$ gelöst werden, wobei x_j und x_k der Satz der verfeinerbaren Parameter sind.

$$\mathbf{M_{jk}} = -\sum_i 2wi[(y_{io} - y_{ic}) \cdot \frac{\partial^2 y_{ic}}{\partial x_j \partial x_k} - \frac{\partial y_{ic}}{\partial x_j} \cdot \frac{\partial y_{ic}}{\partial x_k}] \tag{6.33}$$

Der Extinktionsfaktor kann für die meisten Pulverpräparate vernachlässigt werden. Bezüglich der Reflexprofile sei auf das Kapitel 8 verwiesen. Es kommt sowohl die Beschreibung durch analytische Profilfunktionen (GAUSS, LORENTZ usw.) in Betracht als auch der Fundamentalparameteransatz.

Der Untergrund sollte durch eine Untergrundfunktion beschrieben werden, deren Parameter mitverfeinert werden können. Man unterscheidet zwischen phänomenologischen Funktionen und Funktionen, welche auf der physikalischen Realität beruhen. Über diese Funktionen können weitere Informationen zur Probe erhalten werden, insbesondere zu den amorphen Anteilen in der Probe. Eine häufig verwendete Untergrundfunktion lautet:

$$y_{ib} = \sum_n b_n (2\vartheta_i)^n \tag{6.34}$$

Treten in der Probe Texturen auf, führt dies, insbesondere bei BRAGG-BRENTANO-Geometrie, zu Änderungen in der Beugungsintensität. Dies kann durch geeignete Funktionen, speziell für Fasertexturen, korrigiert werden. Nach [185] kommen vor allem folgende Funktionen zum Einsatz:

$$P_K = e^{(-G_1 \alpha_K^2)} \quad \text{und} \quad P_K = G_2 + (1 - G_2)e^{(-G_1 \alpha_K^2)} \tag{6.35}$$

G_1 und G_2 sind die verfeinerbaren Parameter. α_K ist der Winkel zwischen dem Beugungsvektor und der durch die Textur bedingten bevorzugten Achse. DOLLASE zeigte, dass für stark texturierte Proben die MACH-Funktion sehr gut geeignet ist. Sie wird daher auch als MACH-DOLLASE-Funktion bezeichnet:

$$P_K = (G_1^2 \cos^2 \alpha + (1/G_1) \sin^2 \alpha)^{-3/2} \tag{6.36}$$

Enthält die untersuchte Probe mehrere Phasen, so werden diese simultan verfeinert. Die simultan verfeinerbaren Parameter für jede Phase sind nach YOUNG [185]:

- x_j, y_j, z_j – Atomkoordinaten für alle j Atome in der Elementarzelle
- B_j – Temperaturfaktor
- N_j – Besetzungsfaktor
- s – Skalierungsfaktor
- Parameter der probenbedingten Profilbreite
- Gitterkonstanten
- mittlerer Temperaturfaktor der Probe
- Textur
- Kristallitgröße und Mikroeigenspannungen (über Profilparameter)
- Extinktion

Neben diesen Parametern, welche für jede Phase verfeinert werden müssen, sind nach YOUNG [185] mehrere globale Parameter zu verfeinern:

- 2θ – Nullpunkt – Nullpunktverschiebung
- instrumentelles Profil
- Profilasymmetrie
- Untergrund
- Wellenlänge
- Probenjustierung
- Absorption

Der Fortgang und die Güte der RIETVELD-Verfeinerung, d. h. der Minimierung von S_y, kann mit verschiedenen Kennwerten beurteilt werden. Am häufigsten werden die so genannten R-Werte (Residuen) als Übereinstimmungskriterium betrachtet [185, 18]. Man unterscheidet den Strukturfaktor-R-Wert R_F und den BRAGG-R-Wert R_B, welche analog in der Kristallstrukturanalyse zum Einsatz kommen, und die Profilübereinstimmungsindizes R_p und R_{wp}. Ein weiterer R-Wert ist der so genannte Erwartungswert R_{exp}, welcher dem theoretischen Minimalwert von R_{wp} entspricht. R_F und R_B benutzen die integralen Intensitäten:

- $R - F$-Wert:

$$R_F = \frac{\sum_k |\sqrt{I_{ko}} - \sqrt{I_{kc}}|}{\sum_k \sqrt{I_{ko}}} \qquad (6.37)$$

- R_B-Wert:

$$R_B = \frac{\sum_k |I_{ko} - I_{kc}|}{\sum_k I_{ko}} \qquad (6.38)$$

- I_k-Werte sind integrale Intensitäten.

Die Profilübereinstimmungsindizes R_p, R_{wp} und R_E benutzen die gemessenen bzw. berechneten Intensitäten am Messpunkt i. Beide Parameter werden mit und ohne Untergrundkorrektur verwendet:

6.5 Quantitative Phasenanalyse

- R_p-Wert ohne Untergrundkorrektur:

$$R_p = \frac{\sum_i |y_{io} - y_{ic}|}{\sum_i y_{io}} \qquad (6.39)$$

- R_p-Wert mit Untergrundkorrektur:

$$R_p = \frac{\sum_i |y_{io} - y_{ic}|}{\sum_i |y_{io} - y_{ib}|} \qquad (6.40)$$

- R_{wp}-Wert ohne Untergrundkorrektur:

$$R_p = \sqrt{\frac{\sum_i w_i(y_{io} - y_{ic})^2}{\sum_i w_i(y_{io})^2}} \qquad (6.41)$$

- R_{wp}-Wert mit Untergrundkorrektur:

$$R_p = \sqrt{\frac{\sum_i w_i(y_{io} - y_{ic})^2}{\sum_i w_i(y_{io} - y_{ib})^2}} \qquad (6.42)$$

- R_E-Wert:

$$R_E = \sqrt{\frac{(N - P)}{\sum_i w_i(y_{io})^2}} \qquad (6.43)$$

- N und P sind die Anzahl der Messpunkte bzw. die Anzahl der verfeinerten Parameter

Ein weiteres Gütekriterium ist der Übereinstimmungsfaktor S (goodnes of fit, GOF):

$$S = \frac{R_{wp}}{R_E} = \sqrt{\frac{\sum_k w_i(y_{io} - y_{ic})^2}{(N - P)}} \qquad (6.44)$$

R_{wp} und S sind die wichtigsten Werte zur Beurteilung der Verfeinerung. Beide Größen enthalten im Zähler die zu minimierende gewichtete Fehlerquadratsumme S_y. Ergänzt werden die o. g. Werte durch die berechnete Standardabweichungen σ_j der verfeinerten Parameter:

$$\sigma_j = \sqrt{M_{jj}^{-1} \frac{\sum -iw_i(y_{io} - y_{ic})^2}{N - P}} \qquad (6.45)$$

M_{jj} ist das Diagonalelement der inversen Normalmatrix, siehe Gleichung 6.33, N die Anzahl der Messpunkte, P die Anzahl der verfeinerten Parameter.

Neben den vorgestellten numerischen Werten benutzt man zur Charakterisierung des Fortgangs und der Güte der RIETVELD-Verfeinerung auch die so genannte Differenzkurve.

Dabei handelt es sich um eine graphische Darstellung der Differenz von berechneter und gemessener Kurve. Daneben werden die gemessene und berechnete Kurve selbst betrachtet. Insbesondere am Anfang der Verfeinerung können Fehler im Startmodell erkannt werden (zusätzliche Phasen, falsche Strukturmodelle usw.). Aber auch bei der Freigabe weiterer Parameter in der Verfeinerung ist die graphische Darstellung sehr hilfreich.

Für eine endgültige Aussage, dass eine Verfeinerung sehr gut ist, müssen nach ALLMANN [18] mehrere Dinge betrachtet werden:
- alle R-Werte deuten eine gute Verfeinerung an
- die Differenzkurve zeigt eine gute Verfeinerung an
- es wurden niedrige, physikalisch sinnvolle Standardabweichungen ermittelt
- die verfeinerten Parameter liefern physikalisch sinnvolle Ergebnisse.

Verfeinert man das Beugungsdiagramm eines Vielphasensystems, dann existiert nach HILL und HOWARD ein enger Zusammenhang zwischen dem Skalierungsfaktor s_i und dem Gewichtsanteil W_i der Phase i in der Probe mit j Phasen.

$$W_i = \frac{s_i \rho_i V_i}{\sum_j s_j \rho_j V_j} \tag{6.46}$$

ρ_i bzw. ρ_j sind die Dichten der Phasen und V_i bzw. V_j die Volumina der Elementarzellen dieser Phasen. Bei einer sorgfältigen Durchführung der RIETVELD-Analyse können auch Phasen mit einem Massenanteil unter einen Masseprozent sicher analysiert werden. Die Anwendung der RIETVELD-Analyse in der quantitativen Phasenanalyse erfordert die Erfüllung folgender Bedingungen:
- bekannte Kristallstruktur aller Phasen im Kristallgemisch
- kristallographisch korrekte Besetzungzahlen
- feinkristalline Proben (wegen der Kornstatistik), jedoch möglichst keine Profilverbreiterung durch die Korngröße
- keine Texturen, andernfalls Arbeit mit Korrekturfaktoren
- keine amorphe Phase.

Sollte eine amorphe Phase vorhanden sein, so muss in der Regel mit einem inneren Standard gearbeitet werden. Durch den Einsatz geeigneter Untergrundfunktionen kann der amorphe Anteil jedoch auch im Rahmen des Verfeinerungsprozesses bestimmt werden.

7 Gitterkonstantenbestimmung

Eine regelmäßige Anordnung von Atomen und damit die Kristallbildung erfolgt aus Gründen der Energieminimierung des Gesamtsystems für ganz bestimmte Atomabstände – Bindungsabstände. Diese lokalen Minima der Energie sind äußerst stabil. Der räumliche Abstand dieser Minima in einem Kristall ist ein »Fingerabdruck« der Atomanordnung. Die dabei möglichen Kristallsysteme und die sich ausbildenden Elementarzellen mit einer Atombelegung abweichend von primitiven Elementarzellen für einen Kristall können äußerst exakt mit der Röntgenbeugung bestimmt werden. Diesen Vorgang nennt man Strukturbestimmung. Bestimmt man dagegen vorwiegend nur die Abstände der Atome und die Längen der Elementarzellenabschnitte, dann wird dieser Vorgang Präzisionsgitterkonstantenbestimmung genannt.

Die Präzisionsgitterkonstantenbestimmung hat möglichst an einem Pulverdiffraktogramm mit kleinster vertretbaren Schrittweite, langer Zählzeit und über einen möglichst großen Winkelbereich zu erfolgen. Besonders Beugungspeaks bei hohen Beugungswinkeln θ sind vorteilhaft und erhöhen die Genauigkeit der Bestimmung der Gitterkonstanten, siehe Kapitel 5.2. Als erster Schritt ist das Diffraktogramm zu indizieren, also jedem Beugungspeak die entsprechenden MILLERschen Indizes $(h\,k\,l)$ zuzuordnen. Dies kann bei bekannter Phase mittels der PDF-Datei erfolgen, siehe Kapitel 6.3. Bei Proben aus hochsymmetrischen Kristallen, erkennbar an einer relativ geringen Zahl an Beugungspeaks, kann die Indizierung auch auf rechnerischem Weg erfolgen. Neue Software gestattet auch die Indizierung von Beugungsaufnahmen niedrigsymmetrischer Kristalle.

7.1 Indizierung auf rechnerischem Weg

Indizierung unter Kenntnis der Elementarzellenabmessungen

Die Gleichungen 3.33 und 3.34 stellten den Zusammenhang zwischen Abstand der reziproken Gitterpunkte und dem Netzebenenabstand d_{hkl} dar. Jeder Punkt im reziproken Raum repräsentiert eine Netzebene mit dem Netzebenenabstand d_{hkl} im Realraum. Quadriert man Gleichung 3.33 unter Verwendung der Beträge der reziproken Gittervektoren $\vec{a_i^*}$, dann ergibt sich folgender Ausdruck für einen Parameter P_{hkl}:

$$P_{hkl} = r^{*\,2} = \frac{1}{d_{hkl}^2} = \frac{4 \cdot \sin^2\theta}{\lambda^2} = h^2 \cdot a_1^{*\,2} + k^2 \cdot a_2^{*\,2} + l^2 \cdot a_3^{*\,2} + \qquad (7.1)$$
$$2hk \cdot a_1^* \cdot a_2^* \cos\gamma^* + 2hl \cdot a_1^* \cdot a_3^* \cos\beta^* + 2kl \cdot a_2^* \cdot a_3^* \cos\alpha^*$$

Gleichung 7.1 kann unter Zuhilfenahme von sechs Konstanten mit den nachfolgenden Vereinfachungen umgeschrieben werden.

$$P_{hkl} = h^2 \cdot A + k^2 \cdot B + l^2 \cdot C + hk \cdot D + hl \cdot E + kl \cdot F \qquad (7.2)$$

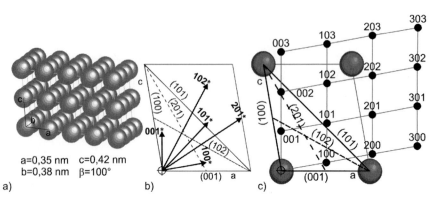

Bild 7.1: a) primitiv monokline Atomanordnung von vier, drei und zwei Elementarzellen in a, b und c Richtung b) Projektion einer Elementarzelle auf die (0 1 0)-Ebene und Einzeichnung von reziproken Netzebennormalen hkl* c) Konstruktion des reziproken Gitters und Indizierung der Netzebenen

Gleichung 7.2 ist die allgemeine Form und so gültig für alle Kristallsysteme. Die Größen A – F stehen für:

$A = a_1^{*\,2}$ $\quad$ $D = 2hk a_1^* a_2^* \cos \gamma^*$
$B = a_2^{*\,2}$ $\quad$ $E = 2hk a_1^* a_3^* \cos \beta^*$
$C = a_3^{*\,2}$ $\quad$ $F = 2hk a_2^* a_3^* \cos \alpha^*$

Verkörpern die Proben höher symmetrische Kristallsysteme, dann vereinfacht sich die Gleichung 7.2 entsprechend:

monoklin $\quad$ $P_{hkl} = h^2 \cdot A + k^2 \cdot B + l^2 \cdot C + hk \cdot D + hl \cdot E$
rhomboedrisch $\quad$ $P_{hkl} = (h^2 + k^2 + l^2) \cdot A + (hk + hl + kl) \cdot D$
trigonal und hexagonal $\quad$ $P_{hkl} = (h^2 + k^2 + l^2) \cdot A + l^2 \cdot C$
orthorhombisch $\quad$ $P_{hkl} = h^2 \cdot A + k^2 \cdot B + l^2 \cdot C$
tetragonal $\quad$ $P_{hkl} = (h^2 + k^2) \cdot A + l^2 \cdot C$
kubisch $\quad$ $P_{hkl} = (h^2 + k^2 + l^2) \cdot A$

Sind die Gitterkonstanten bekannt, dann lassen sich die Parameter A – F berechnen und damit auch alle Netzebenabstände d_{hkl} bzw. die Beugungswinkel θ_{hkl}. Über die Methode der kleinsten Quadrate lassen sich so über alle gemessenen Beugungspeaks die Gitterkonstanten verfeinern.

Über das Modell des reziproken Gitters lassen sich ebenfalls die Indizierungen bestimmen. Eine Ebene wird auf einen einzigen Lagepunkt im reziproken Gitter reduziert. Im Bild 7.1a sind Atome in primitiver monokliner Anordnung dargestellt. Man projiziert die Elementarzelle auf die (0 1 0)-Netzebene und errechnet von jeder Netzebene den reziproken Netzebenabstand d_{hkl}^* entsprechend Gleichung 16.18 und einen konstanten Maßstabsfaktor K in der Form:

$$d_{hkl}^* = K/d_{hkl} \tag{7.3}$$

Zeichnet man nun zu jeder Netzebene den Netzebennormalenvektor mit der Länge d_{hkl}^* ein und verschiebt alle Normalenvektoren in den Ursprung, dann stellen die Enden der jeweiligen Vektoren die ersten reziproken Gitterpunkte dar, Bild 7.1b. Verdoppelt man die Längen der Normalenvektoren, so hat man die Lage einer Netzebene mit höherer Beugungsordnung, Bild 7.1c. Diese Vorgehensweise wird später beim so genannten ITO-Verfahren verwendet. Aus dem gemessenen Pulverdiagramm werden die Längen der reziproken Netzebenennormalenvektoren d^*_{hkl} quantitativ bestimmt.

Eine Fehlermöglichkeit besteht bei der Untersuchung von Mischkristallen. Dort verschieben sich die Gitterkonstanten mit der Variation der Zusammensetzung. Die gemessenen Winkellagen resultieren aus Peakverschiebungen und es ergeben sich andere P_{hkl_i}. Bestehen die Mischkristalle aus höher symmetrischen Kristallsystemen, sind meist isolierte Peaks vorhanden und man kann die Indizierung übernehmen. Bei niedrigsymmetrischen Kristallsystemen und der damit verbundenen hohen Beugungspeakzahl kommt es schnell zur Peaküberlappung. Damit ist bei der Fehlbestimmung von P_{hkl} das Auftreten von Fehlindizierungen eher wahrscheinlich. In jedem Fall muss dann nach einer Indizierung mit all den gefundenen $(h\,k\,l)$ eine Rückrechnung der Gitterkonstanten erfolgen. Nur wenn weitgehend gleiche Gitterkonstanten erhalten werden, die in das Modell hineingesteckt wurden, kann davon ausgegangen werden, dass eine sichere Indizierung erfolgt ist. Die Verwendung dieser Methode ist deshalb nur anzuraten, wenn die Kristallstruktur der untersuchten Probe weitgehend bekannt ist.

Die Beugungswinkelbestimmung ist immer nach Merksatz auf Seite 159 vorzunehmen.

An dieser Stelle wird darauf hingewiesen, dass die Indizierung mehrdeutig zu sein braucht und es verschiedene Lösungsvorschläge geben kann. Dies passiert immer dann, wenn über einen kleinen Beugungswinkelbereich gemessen wurde und die ersten Beugungspeaks bei niedrigem θ nicht im Diffraktogramm erfasst wurden. Auch bei Elementarzellenabmessungen mit abwechselnd »kleinen« und »großen« Abmessungen, wie z. B. den Tonmineralen treten oft solche Fehler auf.

Sind die Indizierungen dagegen sicher bekannt, lassen sich die Gitterkonstanten unabhängig von den Startwerten mittels der Methode der kleinsten Fehlerquadrate verfeinern. Gleichung 7.2 ist eine lineare Gleichung für alle sechs Parameter A – F. Die bei der Methode der kleinsten Fehlerquadrate zu bildenden partiellen Ableitungen von z. B. $\partial P_{hkl}/\partial A = h^2$ sind nur von den MILLERschen Indizes abhängig und damit auch immer ganze Zahlen.

Indizierungen bei unbekannten Proben

Geht man davon aus, dass die untersuchte Probe kein Kristallgemisch sondern eine einphasige Substanz ist, dann kann vor allem bei kubischen Stoffen der BRAVAIS-Kristalltyp und die Gitterkonstante nur aus der Lage der Beugungspeaks mittels der Indizierung ermittelt werden. Schreibt man Gleichung 7.2 unter Zuhilfenahme der Definition des reziproken Gitters und der Elementarzelleneigenschaften für ein kubisches Kristallsystem um, Gleichung 7.4, so erhält man:

$$\sin^2\theta_i = \frac{\lambda^2 \cdot P_{hkl_i}}{4} = \frac{\lambda^2 \cdot (h_i^2 + k_i^2 + l_i^2) \cdot a^{*\,2}}{4} = \frac{\lambda^2 \cdot (h_i^2 + k_i^2 + l_i^2)}{4 \cdot a^2} \quad (7.4)$$

Für eine $(1\,0\,0)$-Netzebene vereinfacht sich Gleichung 7.4 zu:

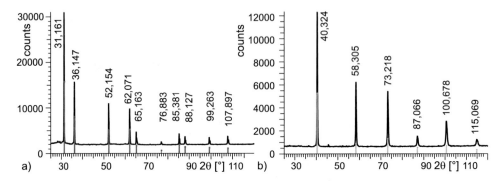

Bild 7.2: Diffraktogramme von zwei kubischen Proben mit Angabe der Beugungspeaklagen bestimmt aus dem Gravitationsschwerpunkt. Auswertungen sind in Aufgabe 19 vorzunehmen

$$\sin^2 \theta_{(100)} = \frac{\lambda^2 \cdot P_{(100)}}{4} = \frac{\lambda^2 \cdot a^{*\,2}}{4} = \frac{\lambda^2}{4 \cdot a^2} \tag{7.5}$$

Bildet man den Quotienten aller $\sin^2 \theta_i / \sin^2 \theta_{(100)}$ eines Diffraktogramms, dann ist dies die Summe der Quadrate der MILLERschen Indizes. Dies kann auch noch anders interpretiert werden, wenn man die Beziehung $P_{hkl} = (h^2+k^2+l^2) \cdot A$ heranzieht. Nur ganzzahlige Vielfache von A treten im kubischen Kristallsystem auf. Einige Werte wie sieben bzw. weiterhin alle $8 \cdot n - 1$ sind nicht möglich. Zieht man jetzt noch die Auswahlregeln für die verschiedenen BRAVAISgitter hinzu, Kapitel 3.2.10, dann sind für kubisch raumzentrierte Kristalle nur geradzahlige Vielfache von A erlaubt, d.h. der größte gemeinsame Teiler aller P_{hkl_i} ist $2 \cdot A$. Die Bedingung für kubisch flächenzentrierte Kristalle, dass alle $(h\,k\,l)$ nur geradzahlig oder alle nur ungeradzahlig sind führt zu einer möglichen Reihe erlaubter Netzebenen von 3, 4, 8, 11, 12, 16, 19, 20, 24, 27 und 32 mal A.

Die Tabelle 7.1 fasst die möglichen Netzebenen als Funktion der Summe der quadratischen MILLERschen Indizes zusammen. Ebenso sind hier für tetragonale und hexagonale Kristallsysteme die möglichen Werte für die Indizes h und k mit aufgeführt.

Die Indizierung führt man tabellarisch aus. Aus den bestimmten Beugungswinkeln werden die $\sin^2 \theta_i$-Werte gebildet. Eine höhere Genauigkeit liefert die Verwendung des Gravitationszentrums. Aus den ersten $\sin^2 \theta$-Werten werden Quotienten durch natürliche Zahlen gebildet. Der größte gemeinsame Wert jeder Spalte wird gesucht und dieser Wert repräsentiert die $(1\,0\,0)$-Netzebene bzw. den $\sin^2 \theta_{(100)}$. Da außer bei primitivem Gitter immer ein Faktor A größer eins existiert, ist für nicht primitive Gitter die größte gemeinsame Zahl aus der Quotientenbildung größer eins zu suchen. Die Quotientenbildung $(\sin^2 \theta)/(\sin^2 \theta_{(100)})$ liefert den Wert der Summe der Quadrate der MILLERschen Indizes. Aus diesem Wert bzw. aus Tabelle 7.1 lassen sich die MILLERschen Indizes und damit auch der BRAVAIStyp bestimmen.

Tabelle 7.1: Quadratische Form der MILLERschen Indizes für kubische, tetragonale und hexagonale Kristallsysteme

		kubisch			tetragonal	hexagonal
$\sum$	prim. hkl	kfz hkl	krz hkl	Diamant hkl	hk	hk
1	100				10	10
2	110		110		11	
3	111	111		111		11
4	200	200	200		20	20
5	210				21	
6	211		211			
7						21
8	220	220	220	220	22	
9	300				30	30
9	221					
10	310		310		31	
11	311	311		311		
12	222	222	222			22
13	320				32	31
14	321		321			
16	400	400	400	400	40	40
17	410				41	
17	322					
18	411		411			
18	330		330		33	
19	331	331		331		32
20	420	420	420		42	
21	421					
22	332		332			
24	422	422	422	422		
25	500/403					
26	510/413		510			
27	511/333	511/333		511/333		
29	520/432					
30	521		521			
32	440	440	440	440		
33	522/441					
34	530/433		530/433			
35	531	531		531		

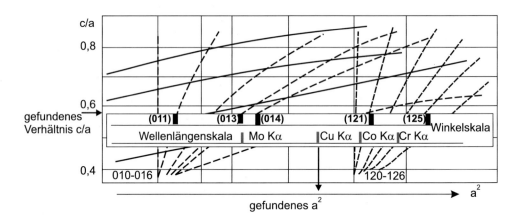

Bild 7.3: HULL-DAVY-Kurve. Schematische Darstellung und Vorgehensweise der Indizierung

Indizierung mittels graphischer Verfahren

Hat man zwei Freiheitsgrade, also tetragonale oder hexagonale Kristallstrukturen der Proben, dann lassen sich die Indizierungen auch auf graphischem Weg bestimmen. Ähnlich der Lösung bei der Auswertung kubischer Substanzen beim DEBYE-SCHERRER-Verfahren mit dem Schiebestreifen werden mittels so genannter HULL-DAVEY-Kurven, Nomogramme in [142, 18], die Indizes bestimmt.

Formt man den Ausdruck $P_{(h\,k\,l)}$ für das hexagonale Kristallsystem um und logarithmiert beide Seiten, dann erhält man Gleichung 7.6:

$$\log P_{(h\,k\,l)} = \log A + \log(h^2 + k^2 + hk + l^2) \tag{7.6}$$

Für verschiedene c/a-Verhältnisse sind die Kurven verschiedener MILLERschen Indizes in ein Diagramm eingetragen. Die Konstante $\log A$ bewirkt eine Verschiebung der über $\log \sin^2 \theta$ aufgetragenen gemessenen Beugungswinkel. Diese Verschiebung repräsentiert über $A = 1/a^2$ die erste Gitterkonstante. Eine vertikale Verschiebung liefert das Verhältnis c/a. Auf der Winkelskala ist gleichzeitig noch die Wellenlänge λ mit aufgetragen. Praktisch geht man so vor, dass auf der Winkelskala die gefundenen Beugungswinkel aufgetragen werden. Diesen Papierstreifen verschiebt man innerhalb des Nomogrammes solange nach links rechts/oben unten, bis alle Beugungswinkel eine Kurve für ein MILLERsches Indextripel schneiden. Über die vertikale Ausrichtung dieser Lage kann das Verhältnis c/a abgelesen werden. Bei dem Punkt der verwendeten Wellenlänge der Untersuchung wird auf a^2 herabgelotet. Unter Verwendung von Gleichung 16.20 muss nun überprüft werden, ob die gefundenen Indizierungen und bestimmten Gitterkonstanten a und c eine Übereinstimmung von errechneten und gemessenen Netzebenenabständen ergeben. Es gibt vom äußeren Erscheinungsbild mehre c/a-Verhältnisse, die Übereinstimmung vortäuschen, aber nur eine Position, die die Gleichung 16.20 erfüllen.

Die gleiche Vorgehensweise führt mit einem anderem Nomogramm zur Indizierung von tetragonalen Proben. Diese Auswertung ist auch mittels Computerprogrammen durchführbar und ein Spezialfall des ITO-Verfahrens.

Ito-Verfahren

Sind mehr als zwei Parameter zu bestimmen, dann ist dies mit Nomogrammen nicht mehr möglich. Man geht davon aus, dass die untersuchte Probe eine trikline Kristallstruktur besitzt und damit alle Konstanten A, B, C, D, E und F aus Gleichung 7.2 über das gemessene Beugungsdiagramm erfüllt sein müssen. Stellt sich im Laufe der Rechnungen heraus, dass die Glieder D, E und F den Wert Null annehmen können, dann liegt eine monokline oder orthorhombische Kristallstruktur vor.

ITO hat dieses Verfahren um 1949/1950 vorgeschlagen, Literaturquellen und ausführliche Beispiele sind in [103, 18] zu finden.

Der kleinste gefundene Messwert P_1 wird gleich A gesetzt. Existieren P_i-Werte höherer Ordnung, also $h^2 = 4A$ oder $h^2 = 9A$, dann könnten diese Beugungspeaks die $(2\,0\,0)$- und $(3\,0\,0)$-Netzebene sein. Der zweite gefundene Messwert P_2 wird als B gesetzt und die höheren Ordnungen werden gesucht. Es wird überprüft, ob diese $(0\,k\,0)$-Ebenen auftreten. Nach diesem Schritt wird geprüft, ob mögliche $(h\,k\,0)$-Peaks existieren, indem ein D ermittelt wird, was möglichst viele weitere gemessene P_i-Werte erfüllt, Gleichung 7.7.

$$P_{(h\pm k 0)_i} = h^2 A + k^2 B \pm hkD \tag{7.7}$$

Eine Zwischenprüfung sollte ergeben, dass die $P_{(h\pm k 0)_i}$ symmetrisch um die berechenbaren Werte $(h^2 A + k^2 B)$ liegen. Falls $D \approx 0$ ist, dann ist der reziproke Winkel $\gamma^* = 90°$ und für einige P_i muss Übereinstimmung zu $(h^2 A + k^2 B)$ existieren.

Der dritte gemessene P_3-Wert wird als C angenommen. Mit dem Wert für A wird in Abwandlung zu Gleichung 7.7 über die $(h\,0\,l)$-Ebenen der mögliche Wert für E bestimmt. Analog wird über die $(0\,k\,l)$-Ebenen F bestimmt. Somit sind alle sechs Unbekannten bestimmt und die noch nicht indizierten P-Werte müssen jetzt $(h\,k\,l)$ erfüllen. Wenn dies nicht möglich ist, ist der Ansatz falsch und man beginnt mit dem Ansatz für die erste gemessene Linie mit 4A. Dadurch verdoppelt man die Gitterkonstante unter der Annahme, dass die $(0\,0\,1)$-Ebene ja ausgelöscht sein kann. Hat man eine Lösung und treten Vielfache wie D$\approx$A, F$\approx 2\cdot$B bzw. E≈ 0 auf, dann ist dies das Anzeichen für höhersymmetrische Kristallsysteme.

Bei nicht triklinen Kristallsystemen führt dieses Verfahren meistens zum Erfolg, d. h. es gibt innerhalb von Toleranzgrößen eine Lösung. Trikline Elementarzellen mit Volumina größer 1 nm³ sind nur äußerst schwierig selbst bei Rechnerunterstützung lösbar.

Fließen Erfahrungen aus der Kristallographie und der systematischen Analyse der Auslöschungsregeln in die Analyse ein, dann sind bei nicht primitiven monoklinen Kristallsystemen die Netzebenen $(1\,0\,0)$, $(0\,1\,0)$ und oft $(0\,0\,1)$ ausgelöscht. Durch das Vorhandensein der zwei rechten Winkel α und γ lassen sich auch Ebenen $(0\,2\,0)$ testen. Es gilt im monoklinen Kristallsystem $2P_{(020)} + P_{(h10)} = P_{(h30)}$ und $3P_{(020)} + P_{(h20)} = P_{(h40)}$. Kommen solche Summen $2P_j + P_i$ bzw. $3P_j + P_i$ häufig vor, dann steht P_i mit großer Sicherheit für eine $(0\,2\,0)$-Netzebene. Damit lassen sich die zwei Gitterkonstanten a^* und b^* bestimmen. Somit ist die ganze $\{h\,k\,0\}$-Zone bestimmbar.

Das ITO-Verfahren liefert eine primitive Elementarzelle. Dem Indizierungsverfahren schließt sich ein Verfahren zur Reduktion der Elementarzellengröße (Zellreduktionsverfahren) an. Auch die reduzierte Zelle ist primitiv. Größere Zellen bilden hingegen oftmals

Tabelle 7.2: Interpolationsfunktionenen zur Verfeinerung der Gitterkonstanten

	DEBYE-SCHERRER	Diffraktometerausgleichsfunktion (DAK)	
1	$\cos^2 \theta$	$\cot \theta \cdot \cos \theta$	D1
2	$\cot \theta$	$\frac{1}{2}[\cot \theta + \cot \theta \cdot \cos \theta]$	D2
3	$\frac{1}{2}\left[\frac{\cos^2 \theta}{\theta} + \frac{\cos^2 \theta}{\sin \theta}\right]$ NELSON-RILEY-Funktion	$\frac{1}{2}[\cot^2 \theta + \cot \theta \cdot \cos \theta]$	D3

die gewünschten rechten Winkel, deshalb gibt es eine weitere Transformation zu reziproken Standardzellen [18].

Das Ergebnis für eine Transformation des triklinen indizierten Gitters nach der Ito-Methode in ein höher symmetrisches tetragonales Kristallsystem ist nachfolgend angegeben, Einzelheiten sind in [18] nachzulesen. Die Transformationsmatrix **T**, Gleichung 7.8, gilt für die reziproken Gittervektoren, die Atomkoordinaten xyz und die Koordinaten der Gitterpunkte uvw. Für die Gittervektoren und die $(h\,k\,l)$-Netzebenen gilt die transponierte inverse Matrix $\overline{\mathbf{T}}^{-1}$, Gleichung 7.9.

$$\begin{pmatrix} a^* \\ b^* \\ c^* \end{pmatrix}_{tetragonal} = \begin{pmatrix} 0 & -1 & 1 \\ 1 & -1 & 1 \\ -1 & 2 & -1 \end{pmatrix} \cdot \begin{pmatrix} a^* \\ b^* \\ c^* \end{pmatrix}_{triklin} \quad (7.8)$$

$$\begin{pmatrix} h \\ h \\ l \end{pmatrix}_{tetragonal} = \begin{pmatrix} -1 & 0 & 1 \\ 1 & 1 & 1 \\ 0 & 1 & 1 \end{pmatrix} \cdot \begin{pmatrix} h \\ k \\ l \end{pmatrix}_{triklin} \quad (7.9)$$

7.2 Präzisionsgitterkonstantenverfeinerung

7.2.1 Lineare Regression

Im Kapitel 3.3 und mit Hilfe der Ableitung der BRAGGschen-Gleichung 3.119 nach allen Variablen 3.97 wird eine Möglichkeit gezeigt, gezielt die Fehler in der Gitterkonstantenbestimmung abzuschätzen. Stellt man Gleichung 3.119 nach dem Netzebenenabstand $d_{(h\,k\,l)}$ um, erhält man Gleichung 7.10:

$$\frac{\partial d_{hkl}}{d_{hkl}} = \frac{\partial \lambda}{\lambda} - \frac{\partial \theta \cdot \cot \theta}{2 \cdot \sin \theta} \quad (7.10)$$

Es bietet sich eine einfache Möglichkeit der Fehlereliminierung an, indem man die Gitterkonstante bestimmt, die bei einem Winkel von 90° gemessen würde. Dann ist der Fehler der Netzebenenfehlbestimmung wegen dem zweiten Quotienten bei einem theoretischen Winkel $\theta = 0°$ nur noch von der Fehlbestimmung der Wellenlänge abhängig. Dazu extrapoliert man die aus den einzelnen Interferenzen errechneten Gitterkonstanten gegen 90°. Zur Berücksichtigung von weiteren Einflussgrößen, wie winkelabhängige

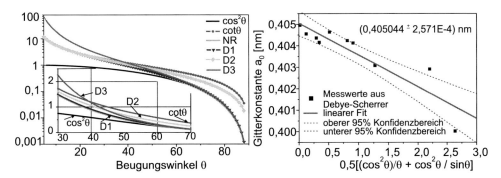

Bild 7.4: a) Interpolationsfunktionen aus Tabelle 7.2 als grafische Darstellung b) Gitterkonstantenbestimmung nach Extrapolation für fcc-Al aus einer DEBYE-SCHERRER-Aufnahme

Röntgenstrahlabsorption und Kameraverzerrungen, werden je nach verwendeter Methode, DEBYE-SCHERRER-Kamera oder Diffraktometer nicht lineare Extrapolationsfunktionen verwendet. Diesen Funktionen ist eigen, dass sie bei einem Beugungswinkel von $\theta = 90°$ den Wert Null besitzen. Die Gitterkonstante wird dann als Ordinatenschnittpunkt der Regressionsgerade bestimmt, siehe Bild 7.5a. Ein weiterer Grund für diese Vorgehensweise entspringt den Forderungen/Vereinbarungen in der Mathematik. Eine linerare Regression ist nur für den Wertebereich vom kleinsten bis zum größten Messwertepaar definiert. Bei Extrapolationen über den Messwertpaarbereich hinaus muss man annehmen, dass sich die Funktion nicht ändert. Trägt man linear über den Beugungswinkel θ auf, dann ist der Abstand zwischen letztem gemessenem Winkel und 90° im Bereich zwischen $\Delta\theta \approx 20°$. Der Abstand zwischen Extrapolationsfunktion größter Beugungswinkelmesswert θ und Wert 0 ist meist kleiner als 0,1. Damit ist der Bereich, wo die Regressionsgerade eigentlich nicht »sicher definiert« ist, bei Benutzung der Extrapolationsfunktion wesentlich kleiner. Die Auswirkungen auf die Gitterkonstantenbestimmung ein und der selben Messwerte mit den zwei unterschiedlichen Extrapolationsarten ist in Bild 7.6 gezeigt. Bei der direkten Interpolation auf 90° laufen die Linien für das Konfidenzintervall gerade bei 90° am weitesten auseinander.

Die Interpolationsfunktionen erfüllen alle die Forderung, dass sie bei 90° den Wert Null haben. Die Verläufe sind unterschiedlich, wie in Bild 7.4 zu sehen. Beim DEBYE-SCHERRER-Verfahren erfüllt die NELSON-RILEY-Funktion am besten den Einfluss der oben beschriebenen Fehlereinflüsse. Der Funktionswert der NELSON-RILEY-Funktion bei 0° entspricht damit einem Glanzwinkel von 90°. Praktisch ist diese Extrapolation so vorzunehmen, dass die Werte der NELSON-RILEY-Funktion in Abhängigkeit vom Winkel bestimmt werden. Die erhaltenen Gitterkonstanten werden auf Minimum und Maximum untersucht, und diese Differenz mit dem größtmöglichen Ordinatenmaßssstab dargestellt. Dann werden die erhaltenen Wertepaare in das Diagramm eingezeichnet und die Regressionsgerade ermittelt. Der Schnittpunkt (0, Ordinatenwert) der Regressionsgerade repräsentiert im Ordinatenwert die auf 90° extrapolierte Gitterkonstante. Bild 7.4b zeigte die Extrapolation für (kfz) Aluminium nach der DEBYE-SCHERRER-Methode und Bild 7.6 für (krz)- Molybdän nach dem Diffraktometerverfahren. Es wird hier deutlich, dass

256   7 Gitterkonstantenbestimmung

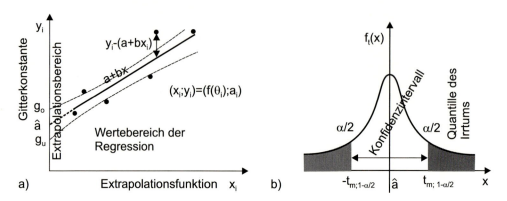

Bild 7.5: a) Prinzip der linearen Regression und zugehörende Werte b) Verdeutlichung der Bedeutung der Quantille-Werte

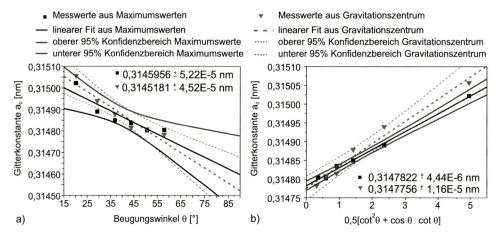

Bild 7.6: Gitterkonstantenbestimmung nach Extrapolation für krz (bcc)-Mo aus Diffraktometerdaten a) nicht übliche und abzulehnende Extrapolation direkt auf 90° b) Extrapolation durch Verwendung der Diffraktometerausgleichskurve

bei beiden Methoden unterschiedliche Anstiege in den Funktionen und auch unterschiedliche Größenordnungen im Fehler auftreten. Die Zahl der gemessenen Beugungslinien geht in die Standardabweichung der bestimmten Gitterkonstanten, Gleichung 7.12, ein. Diese Standardabweichung 7.13 ist ein erstes Kennzeichen für die Glaubwürdigkeit der erhaltenen Gitterkonstante aus der Geradengleichung [166].

$$\tilde{y} = \tilde{a} + \tilde{b} \cdot x = \overline{y} + \tilde{b} \cdot (x - \overline{x}) \tag{7.11}$$

Die zu erwartende Gitterkonstante $\tilde{a}$ ergibt sich aus den Einzelmesswerten zu:

$$\tilde{a} = \frac{1}{n} \sum y_i - \frac{\sum (x_i - \overline{x})(y_i - \overline{y})}{\sum (x_i - \overline{x})^2} \cdot \frac{1}{n} \sum x_i \tag{7.12}$$

7.2 Präzisionsgitterkonstantenverfeinerung

Die Streuung der Gitterkonstanten ist:

$$s_{\tilde{a}} = \tilde{s}\sqrt{\frac{1}{n} + \frac{\overline{x}^2}{(n-1) \cdot s_x^2}} \tag{7.13}$$

$$\tilde{s}^2 = \frac{1}{n-2}\sum_{i=1}^{n}(y_i - \tilde{y}_i)^2 \qquad s_x^2 = \frac{1}{n-1}\sum_{i=1}^{n}(x_i - \overline{x})^2 \tag{7.14}$$

Das Konfidenzintervall ($\epsilon = 1 - \alpha$), also ein mit ϵ-prozentiger Sicherheit zu erwartender Wertebereich für die Gitterkonstante a, ergibt sich nach Formel 7.15. Bei den meisten Statistikexperimenten wird mit einem 90%igen, 95%igen und 99%igen Konfidenzintervall gerechnet, schematisch im Bild 7.5 eingezeichnet. Man zieht dazu die so genannte Studentverteilung [166] für zweiseitige Fragestellungen mit einer Irrtumswahrscheinlichkeit α zu Rate. Die Quantille-Werte $t_{m;1-\alpha/2}$ der Irrtumswahrscheinlichkeit sind der Tabelle 7.3 für die zweiseitige Fragestellung zu entnehmen. Dabei ist $m = n-2$ der Freiheitsgrad der Auswertung.

$$g_u = \tilde{a} - s_{\tilde{a}} \cdot t_{m;1-\alpha/2} < a < \tilde{a} + s_{\tilde{a}} \cdot t_{m;1-\alpha/2} = g_o \tag{7.15}$$

Führt man die Regression mit einem Programm wie Origin, Excel, Mathematika, Matlab etc. aus, werden weitere Größen wie Standardfehler der Konstante $s_{\tilde{a}}$, Korrelationskoeffizient R der Regression und t-Wert ausgegeben. Daraus lässt sich bestimmen, wie gut die Qualität der Messwerte ist und welche Genauigkeiten das jeweilige Verfahren zulassen. Man berechnet für die erhaltenen Werte der Gitterkonstanten ein Konfidenzintervall, Gleichung 7.15, für z. B. 95%ige Wahrscheinlichkeit und bestimmt daraus den prozentualen Fehler für die Gitterkonstantenbestimmung, Gleichung 7.16:

$$\text{Fehler}[\%] = \frac{g_o - g_u}{\tilde{a}} \cdot 100 = \frac{2 \cdot s_{\tilde{a}} \cdot t_{m;1-\alpha/2}}{\tilde{a}} \cdot 100 \tag{7.16}$$

Führt man diese Regression an den Beugungspeaklagen aus Diffraktogrammen aus, z. B. an den mit verschiedenen Verfahren aufgenommenen Mo-Pulver, Bild 7.7, dann ergeben sich Gitterkonstanten des Molybdäns von $a_{Mo} = 0,314\,802 \pm 1,889\,99 \cdot 10^{-5}$ nm bei Nutzung der Anordnung mit Multilayerspiegel der Generation 2a. An der gleichen Probe ergibt die Messung mittels einer Monokapillare Durchmesser 100 µm eine Gitterkonstanten von $a_{Mo} = 0,314\,808 \pm 8,951\,2 \cdot 10^{-5}$ nm. Die Peaklagenbestimmung »leidet« hier an der schlechten Kornstatistik und den damit verbundenen geringen Intensitäten. Der Messfleck bei dieser Anordnung ist zu gering. Ein durchschnittlicher Durchmesser der Mo-Körner von 586 nm mittels Linienanalyse von Rasterelektronenmikroskopischen Aufnahmen wurde bestimmt. Damit lässt sich eine bestrahlte Kornzahl zwischen 152 000 − 183 000 ermitteln. Mit den Werten aus Tabelle 5.2 ergibt sich somit eine Zahl von beugungsfähigen Körner weit unter 10. Die PDF-Datei 00-004-0809 liefert für Molybdän eine Gitterkonstante von 0,314 7 nm.

Die Regression der DEBYE-SCHERRER-Aufnahmewerte liefert für Aluminium eine Gitterkonstante von $a_{Al} = 0,405\,05 \pm 2,57 \cdot 10^{-4}$ nm. Die PDF-Datei 00-004-0787 liefert eine

Tabelle 7.3: Quantille-Werte $t_{m;\alpha/2}$-Werte der Irrtumswahrscheinlichkeit für Signifikanzniveaus 90 %, 95 % und 99 % und Freiheitsgrade F von 1 – 30 (1 – 32 Messwerte Beugungswinkel)

F	0,005 (90%)	0,025 (95%)	0,005 (99%)	F	0,05 (90%)	0,025 (95%)	0,005 (99%)
1	6,313 7	12,706 2	63,656 7	2	2,919 9	4,430 2	9,924 8
3	2,353 3	3,182 4	5,840 9	4	2,131 8	2,776 4	4,604 0
5	2,015 0	2,570 5	4,032 1	6	1,943 1	2,446 9	3,707 4
7	1,894 5	2,364 6	3,499 4	8	1,859 5	2,306 0	3,355 3
9	1,833 1	2,262 1	3,249 8	10	1,812 4	2,228 1	3,169 2
11	1,795 9	2,201 0	3,105 8	12	1,782 3	2,178 8	3,054 5
13	1,770 9	2,160 4	3,012 3	14	1,761 3	2,144 8	2,976 8
15	1,753 1	2,131 5	2,946 7	16	1,745 9	2,119 9	2,920 8
17	1,739 6	2,109 8	2,898 2	18	1,734 1	2,100 9	2,878 4
19	1,729 1	2,093 0	2,860 9	20	1,724 7	2,086 0	2,845 3
21	1,720 7	2,079 6	2,831 4	22	1,717 1	2,073 9	2,818 8
23	1,713 9	2,068 7	2,807 3	24	1,710 9	2,063 9	2,796 9
25	1,708 1	2,059 5	2,787 4	26	1,705 6	2,055 5	2,778 7
27	1,703 3	2,051 8	2,770 7	28	1,701 1	2,048 4	2,763 3
29	1,699 1	2,045 2	2,756 4	30	1,697 3	2,042 3	2,750 0

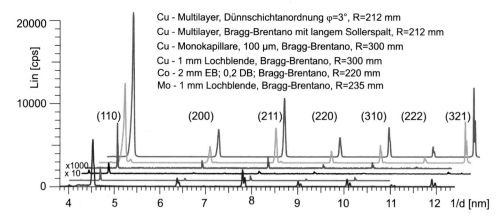

Bild 7.7: Beugungsdiagramm von Mo-Pulver, aufgenommen mit verschiedenen Diffraktometeranordnungen und Strahlungen, BRAGG-BRENTANO-Anordnung, Einsatz einer Monokapillare mit 100 µm Durchmesser und 190 mm Länge

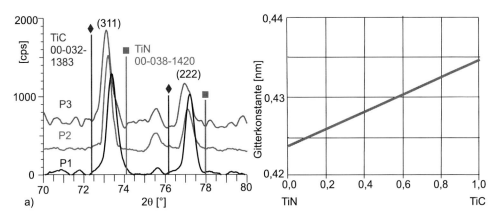

Bild 7.8: a) Beugungsdiagramm von Ti(C,N)-Mischkristallen b) Bestimmung der Konzentration nach der VEGARDschen Regel

Gitterkonstante von 0,404 9 nm. Mit den Ergebnissen aus der Bestimmung der Gitterkonstante für Aluminium mittels des DEBYE-SCHERRER-Verfahrens ergibt sich ein Fehler von 0,287 %, hingegen ist der Fehler beim Molybdän mittels Diffraktometerverfahrens bei 0,030 8 %. Damit wird deutlich, dass Eigenspannungsmessungen, wo man Gitterkonstantenänderungen im Bereich 0,01 – 0,15 % bestimmen will, mit dem DEBYE-SCHERRER-Verfahren nicht durchführbar sind.

Aufgabe 19: **Indizierung und Gitterkonstantenbestimmung**

Indizieren Sie die Diffraktogramme aus den Bildern 7.2 und 5.15. Bestimmen Sie die Gitterkonstanten und verfeinern Sie diese.

7.2.2 Ermittlung der Konzentration von Mischkristallen

Im folgenden Beispiel soll ein praktischer Anwendungsfall der Präzisiongitterkonstantenbestimmung vorgestellt werden. In binären Phasensystemen mit vollständiger Mischbarkeit im festen und flüssigen gilt in erster Näherung ein linearer Zusammenhang zwischen der Zusammensetzung und der Gitterkonstante des Mischkristalls. Dies wird als VEGARDsche-Regel bezeichnet. Vollständige Mischkristallbildung tritt nur auf, wenn beide Phasen in der gleichen Kristallstruktur kristallisieren und sich die Gitterkonstanten nicht mehr als 15 % unterscheiden. Ein praktisches Beispiel aus dem Bereich der Hartstoffe ist das binäre System TiN – TiC. Beschichtungen aus dem Mischkristall werden Titankarbonitride Ti(C,N) genannt. Bilden sich Mischkristalle aus beiden Phasen, dann bildet sich die resultierende Gitterkonstante des Mischkristalles aus den Volumenanteilen der zwei Phasen, siehe Bild 7.8b für einen Mischkristall aus den Phasen TiC und TiN. Nach Gleichung 7.17 kann aus einem gemessenem Diffraktogramm und den daraus bestimmten Netzebenenabständen die Atomkonzentration unter Verwendung der Netzebenenabstände der reinen Phasen ($d_{Phase2} < d_{Phase1}$) berechnet werden.

$$c_{Phase1} \, [\text{at\%}] = \frac{d_{Phase2} - d_{gemessen}}{d_{Phase2} - d_{Phase1}} \tag{7.17}$$

Tabelle 7.4: Errechnete Konzentrationen aus den Netzebenenlagen der Probe 1 von Bild 7.8 und die Konzentrationen für Probe 2 und 3 aus den Gitterkonstantenbestimmungen

$(h\,k\,l)$	$2\theta_{mess}$ [°]	d_{hkl} [nm]	c_{TiC} [at%]	d_{TiN} [nm]	d_{TiC} [nm]
(1 1 1)	36,328	0,247 30	47,75 %	0,244 92	0,249 90
(2 0 0)	42,208	0,214 11	47,40 %	0,212 07	0,216 37
(2 2 0)	61,239	0,151 36	45,52 %	0,149 97	0,153 02
(3 1 1)	73,350	0,129 07	45,32 %	0,127 89	0,130 50
(2 2 2)	77,209	0,123 56	45,16 %	0,122 45	0,124 90
Probe 1	Durchschnitt		46,23 %	TiC	
Gitterkonstante	0,427 626 nm		41,00 %	0,424 1 nm	0,432 7 nm
Probe 2	Durchschnitt		55,53 %	TiC	
Gitterkonstante	0,428 150 nm		47,10 %	0,424 1 nm	0,432 7 nm
Probe 3	Durchschnitt		57,87 %	TiC	
Gitterkonstante	0,428 584 nm		52,13 %	0,424 1 nm	0,432 7 nm

Gleichung 7.17 liefert »winkelabhängige« Konzentrationswerte, da, wie in den Tabellen zur Gitterkonstantenbestimmung 16.5 bzw. 16.6 schon gezeigt, kein konstanter Wert der Gitterkonstante sich ergibt. Erst die Regression auf $\theta = 90°$ liefert den Endwert. Dies muss auch bei der Konzentrationsbestimmung durchgeführt werden. Gleichung 7.17 wird dann zu:

$$c_{Phase1}\ [at\%] = \frac{a_{Phase2} - a_{gemessen}}{a_{Phase2} - a_{Phase1}} \qquad (7.18)$$

Im Bild 7.8a sind drei Diffraktogramme von Ti(C,N)-Schichten, hergestellt bei unterschiedlichen Abscheidebedingungen in einem CVD-Reaktor (Chemische Dampfablagerung – gasförmige Bestandteile werden in heißen Reaktorzonen zersetzt und lagern sich auf den heißen Substraten ab; die Konzentration der Gasbestandteile bestimmt die Konzentration) dargestellt. Die Peaklagen der reinen Phasen TiN (PDF=00-038-1420) und TiC (PDF=00-032-1382) sind für die (3 1 1)- und (2 2 2)-Netzebenen ebenfalls eingezeichnet. Die Peaklagen der drei gemessenen Proben sind unterschiedlich und damit die Konzentrationen.

Für Probe 1 sind für alle messbaren und isolierten Beugungspeaks des Mischkristalles die Konzentrationen aus den einzelnen Netzebenabständen und letztlich aus der auf $\theta = 90°$ interpolierten Gitterkonstante errechnet worden, Tabelle 7.4. Man erkennt, dass die Angaben der Konzentration zwischen den Netzebenen einer Probe relativ stark schwanken. Die Bestimmung an einer Netzebene liefert relative Werte. Wenn man nur an einer Netzebene einer Probenserie die Konzentrationsbestimmung vornehmen kann, dann sind Aussagen über Konzentrationsänderungen relativ zwischen den Proben möglich. Die Absolutkonzentrationsangaben sind nur über die Bestimmung der Gitterkonstanten zuverlässig.

Durch die Bedingung der vollständigen Mischkristallbildung nur bis zu 15 % Gitterkonstantenänderung sind die Unterschiede der Beugungswinkellagen bei geringen Beugungswinkeln kleiner als bei bei großen Beugungswinkeln. Am Beispiel des Systems Si-Ge sollen die möglichen Fehler in der Konzentrationsbestimmung verdeutlicht werden. Beide Stoffe kristallisieren in der Diamantstruktur mit einer Gitterkonstante $a_{Si} = 0{,}543\,0$ nm und $a_{Ge} = 0{,}565\,7$ nm. Bei Verwendung von Kupferstrahlung liegen die Beugungswinkel für die (1 1 1)-Netzebene um $\Delta 2\theta - 111 = 1{,}172°$. Bei einer Genauigkeit der Winkelbestimmung von 0,01° sind somit nur 117 Stöchiometrievariationen ermittelbar, d.h. eine Genauigkeit von ca. 1 %. Für die (4 0 0)-Netzebene ergeben sich Winkelunterschiede von $\Delta 2\theta_{400} = 3{,}143°$. Damit sind in diesem Bereich bei gleicher Genauigkeit der Winkelbestimmung 314 Stöchiometrievariationen messbar, also hier bestenfalls 0,3 % Konzentrationsunterschiede messbar. Die Charakterisierung von epitaktischen Si-Ge-Schichten erfordert daher den Einsatz hochauflösender Röntgenbeugungsverfahren, Kapitel 13.4.

7.3 Anwendungsbeispiel NiO-Schichten

Viele Metalloxide weisen z. T. halbleitende Eigenschaften auf, die u. a. beim Einsatz als Sensormaterialien Verwendung finden. Röntgenbeugungsexperimente zur Ermittlung der Eigenschaften soll hier am Beispiel von NiO gezeigt werden [82]. NiO-Schichten wurden vom Ni-Sputtertarget bzw. mit einem NiO-Sputtertarget in einer Magnetronsputteranlage mit Hilfe eines zusätzlichen Sauerstoffflusses reaktiv abgeschieden. Innerhalb des Gasraumes verbinden sich Nickelpartikel mit Sauerstoff und werden als Ni-O-Mischphase abgeschieden. Es ist typisch für Sputterprozesse, dass bei Verwendung von stöchiometrischen Sputtertargets infolge präfentieller Sputterraten der Einzelelemente sich in der Schicht nichtstöchiometrische Zusammensetzungen abscheiden. Nur bei Einhaltung der Stöchiometrie im Rahmen des Existenzbereiches der Phase ergeben sich stöchiometrische NiO-Phasen nach entsprechenden Temperaturnachbehandlungen – Temperung genannt. Solche abgeschiedenen und nachbehandelten Schichten sind mit Kupferstrahlung und Verwendung eines Multilayerspiegels zur Monochromatisierung im streifenden Einfall prozessabhängig untersucht worden.

In Bild 7.9a ist deutlich die Amorphität von Diffraktogramm 1 ersichtlich. Der Sauerstoffeinbau bewirkt das Verschwinden der metallischen Ni-Phase, reicht aber noch nicht zur Bildung von kristallinem NiO. Für mittlere Sauerstoffflüsse und damit erhöhten aber noch nicht stöchiometrischen Sauerstoffeinbau sind erhebliche Peakverschiebungen und niedrige Intensitäten der Beugungspeaks ersichtlich.

In der PDF-Datei werden für Nickeloxid zwei mögliche Kristallsysteme angeben, ku-

Tabelle 7.5: Peakpositionen für kubisches und trigonales NiO

fcc Fm3m (225) PDF-Nr.: 00-047-1049			trigonal R-3m (166) PDF-Nr.: 00-047-1049		
$d_{(hkl)}$ [nm]	I	(h k l)	$d_{(hkl)}$ [nm]	I	(h k l)
0,241 20	61	(1 1 1)	0,241 19	60	(1 0 1)
0,208 90	100	(2 0 0)	0,208 84	100	(0 1 2)
0,146 78	35	(2 2 0)	0,147 73	30	(1 1 0)
			0,147 60	25	(1 0 4)

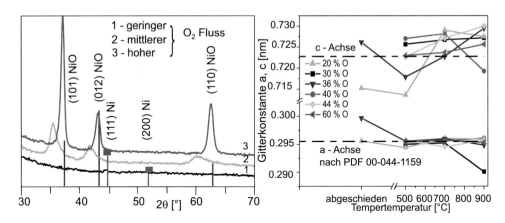

Bild 7.9: a) Dünne NiO-Schichten untersucht mit streifendem Einfall als Funktion des Sauerstoffluss b) Bestimmung der Gitterkonstanten von trigonalem (rhomboedrischen) NiO in hexagonaler Aufstellung als Funktion der Tempertemperatur und des Sauerstoffgehaltes im Sputterraum

bisch (PDF 00-047-1049 mit $a = 0{,}417\,7$ nm) bzw. trigonal (rhomboedrisch) in hexagonaler Aufstellung (PDF 00-044-1159 mit $a = 0{,}295\,5$ nm und $c = 0{,}722\,7$ nm), Tabelle 7.5. Das Anfitten der gemessenen Diffraktogramme ist bei Verwendung der kubischen Phase nicht möglich. Durch Ändern der Gitterkonstante können sich nur *alle* Beugungspeak verschieben. Sind aber die Abweichungen der gemessenen Beugungswinkellagen ungleichmäßig, dann müssen zwei Gitterparameter sich ändern. Bei Annahme von der trigonalen Phase, aber hier in hexagonaler Aufstellung, ist dann ein Anfitten möglich. Die Ergebnisse der somit bestimmten Gitterkonstanten als Funktionen einer Tempernachbehandlung und der Herstellungsparameter zeigt Bild 7.9b [82]. Besonders die Änderungen der c-Achsenlänge als Funktion des Sauerstoffgehaltes wird deutlich.

Die Untersuchungen waren aber nur möglich, da ein Multilayerspiegel und die Methode des streifenden Einfalles verwendet wurde. Selbst die Probe nach Diffraktogramm 3 in Bild 7.9a zeigte in BRAGG-BRENTANO-Anordnung kaum messbare Beugungspeaks. Die kohärent streuenden Bereich der nur 50 nm dicken Schichten sind mit parallel durchgeführten Untersuchungen am Transmissionselektronenmikroskop (TEM) mit nur 3 – 5 nm bestimmt worden. Es liegt damit nahe, die mit Röntgenbeugung nachgewiesenen Beugungserscheinungen der gleichen Größenordnungen zuzuordnen.

Die Verwendung des Multilayerspiegels und der streifenden Beugungsanordnung senkt die Nachweisgrenze der kohärent streuenden Bereiche von ca. 20 nm bei BRAGG-BRENTANO-Anordnung auf nun kleiner 5 nm.

8 Mathematische Beschreibung von Röntgenbeugungsdiagrammen

Seit der Durchführung von Beugungsexperimenten mit den ersten Diffraktometern zeigte sich, dass das Aussehen der Beugungsinterferenzen, also die Intensitätsverteilung der lokalen Beugungspeaks in Form, Profil und vor allem in der Intensität unterschiedlich sind.

8.1 Röntgenprofilanalyse

Ein $K_{\alpha 2}$ korrigiertes Röntgenprofil hat
- einen Untergrund (geradlinig, asymmetrisch, sonstig),
- eine Breite, beschreibbar durch Halbwertsbreite FWHM oder Integralbreite IB
- eine Asymmetrie.

Diese Größen führen bei Nichtbeachtung/Nichtgewichtung unweigerlich zu Fehlern bei der Bestimmung der in dem Profil enthaltenen physikalischen Eigenschaften. Meist kommt es zur Überlagerung von mehreren Peaks mit unterschiedlichen Schwerpunktlagen. Die sich ausbildende Profilform eines Röntgenbeugungspeakes kann nach verschiedenen mathematischen Funktionen und mittels verschiedener Verfahren beschrieben werden.
- einparametrige analytische Funktionen nach GAUSS, CAUCHY oder LORENTZ
- zusammengesetzte bzw. auch mehrparametrisch genannte Funktionen (VOIGT oder PEARSON-VII)

Schaut man sich die Profile eines monochromatisierten $K_{\alpha 2}$ getrennten Röntgenbeugungspeakes an, so sind in erster Näherung glockenförmige Verteilungen denkbar. Am bekanntesten sind die CAUCHY-, die LORENTZ- und die GAUSSverteilung. Die Verläufe dieser vier Profilfunktionen sind in Bild 8.1 und charakteristische Werte wie Halbbreitsbreite und Integralbreite sind in Tabelle 8.1 aufgeführt.

Im Bild 8.1 ist sofort ersichtlich, dass es je nach mathematischer Funktion »schmalere« und »breitere« Peaks gibt, ebenso ist der Ausläuferbereich zum Untergrund immer verschieden. Die VOIGT-Funktion, Gleichung 8.1 ist eine Linearkombination der GAUSS- und der LORENTZ-Funktion mit einem Faktor M_V, der den Grad des LORENTZ-Anteiles angibt. Mittels dieses Faktors M_V kann somit der Peakanteil und nur gering der Ausläuferanteil eines Beugungsbeakes mehr oder weniger besser approximiert werden, Bild 8.2a. Mittels der Anteile an einer VOIGT-Funktion lassen sich physikalische Peakverbreiterungseinflüsse $S(x)$, hervorgerufen durch endliche Korngrößen bzw. durch vorhandene Spannungen, im Korn trennen. Im Kapitel 3.3 wurde schon darauf hingewiesen, dass es auf Grund der endlichen Ausdehnung der Kristallite zu einer Beugungspeakverbreitung kommt. Bei Umkehrung dieser Tatsache und Bestimmung der Beugungspeakbreite ist diese Breite eine Funktion der physikalischen Eigenschaften des Realkristalles.

Tabelle 8.1: Verteilungsfunktionen und charakteristische Werte, P ...Verbreiterungsfaktor

Verteilung	$Y(x)$	FWHM bzw. HB	IB	$\dfrac{HB}{IB}$
CAUCHY	$\dfrac{1}{1+P^2x^2}$	$\dfrac{2}{P}$	$\dfrac{\pi}{P}$	0,637
quadr. CAUCHY	$\dfrac{1}{(1+P^2x^2)^2}$	$\dfrac{2\sqrt{-1+\sqrt{2}}}{P}$	$\dfrac{\pi}{2\cdot P}$	0,820
GAUSS	$\dfrac{1}{\sqrt{2\pi}}\cdot\exp\left(-\dfrac{x^2}{2P^2}\right)$	$\dfrac{2\sqrt{\ln 2}}{P}$	$\dfrac{\sqrt{\pi}}{P}$	0,943
LORENTZ	$\dfrac{1}{4\left(\dfrac{x}{P}\right)^2+1}$	$\dfrac{1}{P}$	$\dfrac{P\cdot\pi}{2}$	$\dfrac{2}{P^2\cdot\pi}$

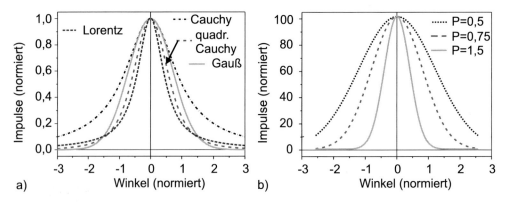

Bild 8.1: a) Verteilungsfunktionen von analytischen Funktionen für $P = 1$ nach Tabelle 8.1 ;
b) Verlauf einer GAUSSfunktion bei verschiedenen Parameterwerten P

Erhält man Beugungspeaks mit einem sanft aus dem Untergrund verlaufenden Peak, dann eignet sich noch besser die so genannte Person-VII-Funktion, Gleichung 8.2 bzw. Bild 8.2b mit den zwei Parametern P und M_{PVII}. Wird $M_{PVII} = 1$, geht die PEARSON-VII-Funktion in eine LORENTZ-Funktion über, wird $M_{PVII} \to \infty$ liegt eine GAUSS-Funktion vor. Bei großem M_{PVII} wird die Fläche unter der Kurve ebenfalls sehr groß.

$$S(x) = (1 - M_V) \cdot S_{Gauss} + M_V \cdot S_{Lorentz} \tag{8.1}$$

Im Gegensatz zur VOIGT-Funktion ist dem Verbreiterungsfaktor M_{PVII} bei der PEARSON-VII-Funktion kein eindeutiger physikalischer Hintergrund zugeordnet. Asymmetrische Funktionen können durch Überlagerung von mehreren Funktionen mit unterschiedlichen Schwerpunktlagen und Peaklagen nachgebildet werden. Ein Beispiel für die Nachbildung des Emissionsprofils durch vier Lorentzfunktionen ist schon im Bild 2.6 gezeigt.

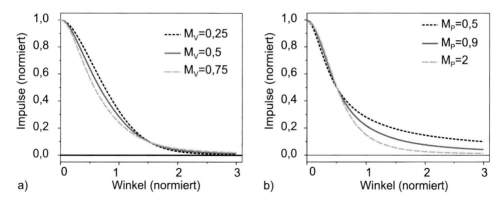

Bild 8.2: a) Peakapproximation durch VOIGT-Funktionen mit unterschiedlichem LORENTZ-anteil M_V b) Peakapproximation durch Person-VII-Funktionen mit unterschiedlicher Person-Breite M_{PVII}; Verbreiterungsfaktor jeweils $P = 1$

$$S(x) = \frac{1}{\left[1+\left(\frac{2 \cdot x\sqrt{2^{(1/M_{PVII})}-1}}{P}\right)^2\right]^{M_{PVII}}} \quad (8.2)$$

Der Realkristall ist einerseits durch endliche Grenzen in der Ausdehnung – wie Körner und Korngrenzen, durch Null-dimensionale Kristallbaufehler (Punktdefekte) und dadurch durch partiell kleine Netzebenenabstandsverschiebungen, gekennzeichnet. Die endliche Ausdehnung D_{hkl} des zum Beugungspeak beitragenden Kristallites, die so genannten kohärent streuenden Bereiche sind schon 1918 von SCHERRER [145] und vervollständigt 1939 von PATTERSON [127] beschrieben worden und als SCHERRER-Gleichung 8.3 bekannt.

$$D_{hkl} = \frac{K \cdot \lambda}{B \cdot \cos\theta} \quad (8.3)$$

Der Faktor K ist hier ein mehrfach deutbarer Faktor, der je nach Wahl der verwendeten Breitenbestimmung B (FWHM oder IB) bzw. des Modelles zur Korngrößenverbreitung bestimmte Werte aufweisen kann, die davon abhängen, nach welcher Methode die Breite B des Beugungspeakes angeben wird, siehe Seite 72. Vielfach wird aber auch über K die Form der Kristalllitausdehnung, also ob Mosaizität oder globulare Kristallformen vorliegen, ausgedrückt. λ ist die verwendete Wellenlänge der monochromatischen Strahlung und θ der einfache Beugungswinkel. Die Breite B muss immer in Bogenmaß eingegeben werden. Die so einfach erscheinende SCHERRER-Gleichung 8.3 zeigt jedoch bei etwas genauerer Diskussion die enormen Schwierigkeiten, die bei der Peakbreitenanalyse auftreten. Variiert man mögliche Peakbreiten von 0,001° bis zu einem Grad und errechnet für verschiedene monoenergetische Röntgenstrahlung der Mo-, Cu- und Cr-Anode jeweils bei einem Beugungswinkel θ von 10° bzw. 40° die Korngröße, Bild 8.3a, dann er-

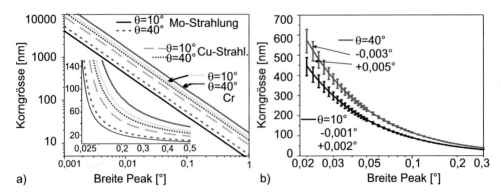

Bild 8.3: a) Korngröße (kohärent streuende Bereiche) als Funktion der Beugungspeakbreite, Parameter Strahlungsart bzw. Beugungswinkel b) Fehler in der Korngrößenbestimmung bei Peakbreitenunbestimmtheit von $-0{,}001°$ bzw. $-0{,}003°$ (positiver Fehlerbalken) und $+0{,}002°$ bzw. $+0{,}005°$ (negativer Fehlerbalken)

Tabelle 8.2: Korngröße und korrigierte Korngröße bei Profilbreitenfehler nach der SCHERRER-Gleichung 8.3, $\theta = 25°$

B[°]		$-0{,}0025°$	$+0{,}0025°$		$-0{,}0025°$	$+0{,}0025°$
0,006	1 623,2	2 782,7	1 145,8	2 412,6	4 135,8	1 703,0
0,01	973,9	1 298,6	779,2	1 447,5	1 930,1	1 158,0
0,02	487,0	556,5	432,9	723,8	827,2	643,4
0,04	243,5	259,7	229,2	361,9	386,0	340,6
0,08	121,7	125,7	118,1	180,9	186,8	175,5
0,2	48,7	49,3	48,1	62,1	62,8	61,5
0,5	19,5	19,6	19,4	29,0	29,1	28,8
1	9,7	9,8	9,7	14,5	14,5	14,4
	D_{hkl} [nm] für Cu-Strahlung			D_{hkl} [nm] für Cr-Strahlung		

geben sich Variationen in der Korngröße von größer 10 µm bis kleiner 5 nm. In Bild 8.3b ist für Kupferstrahlung gleichzeitig noch ein Fehlerbalken für eine schnell auftretende Unbestimmtheit der Peakbreitenbestimmung von plus $0{,}002°(0{,}005°)$ (negativer Fehlerbalken) bis minus $0{,}001°(0{,}003°)$ (positiver Fehlerbalken) eingetragen. Diese Unbestimmtheiten bzw. Fehler sind durch falsche Schrittweitenwahl, zu kurze Messzeit und damit zu schlechte Zählstatistik oder exzentrische Präparatesitze und unebene und rauhe Proben sehr schnell in einer Messung enthalten. Treten dazu noch in einer Probe Variationen in der Korngröße auf, wie sie z. B. sehr häufig in Pulvern vorkommen, dann ist in den meisten Fällen von einer einfachen Profilanalyse abzuraten. Verbesserungen sind jetzt mittels der Fundamentalparameteranalyse erreicht worden. Die dort auf den ersten Blick unscheinbaren Verbesserungen im Peakfit sind jedoch bei Analyse der konkreten Werte von Bild 8.3 in Tabelle 8.2 eindeutig notwendig und sind der Beweis der Notwendigkeit Fundamentalparameteranalyse, siehe Kapitel 8.5.

Die Verzerrung ϵ (strain) der Netzebenabstände, vielfach auch dann mit Umrechnung über den Elastizitätsmodul als Spannung »Dritter Art« bezeichnet, siehe Kapitel 10, wird durch die Gleichung 8.4 ausgedrückt.

$$\epsilon = \frac{B}{4 \cdot \tan \theta} \tag{8.4}$$

Es gibt praktisch aber keine Dirac-Peaks, wie in Bild 3.2.7a bzw. c gezeigt. Die Komplexität und zusätzliche Schwierigkeiten ergeben sich daraus, das der gemessene Profilverlauf des Beugungspeakes, im weiteren mit $Y(\theta)$ oder $Y(x)$ bezeichnet, immer eine Faltung des Röntgenröhrenspektrums $W(x)$ und der verwendeten Geräteanordnung, im weiteren als Geräteprofil $G(\theta)$ oder $G(x)$ bezeichnet und den eigentlichen peakverbreiternden Faktoren, im nachfolgenden immer als physikalisches Profil $S(\theta)$ oder $S(x)$ bezeichnet, ist. Die Integralgleichung 8.5

$$Y(x) = \int_{-\infty}^{\infty} S(x) \otimes G(x-y) dy \tag{8.5}$$

ist dabei nach $S(x)$ aufzulösen, aus dem Verlauf von $S(x)$ die Breite zu bestimmen und dann die gesuchten Realstrukturgrößen D bzw. ϵ zu bestimmen.

Das Geräteprofil $G(x)$ ist im Grunde genommen auch schon ein überlagertes Profil aus den verbreiternden Faktoren des Gerätes, wie Strahlung, Blendeneinsatz, Probengeometrie und aus dem Absorptionsverhalten der Probe. Das Geräteprofil $G(x)$ muss mit höchstmöglicher Sorgfalt gemessen werden, d.h. die Ebenheit und die Einjustage auf den Fokussierkreis muss so exakt wie möglich sein. Die Probe für das Geräteprofil sollte mit der zu untersuchenden Probe das gleiche/ähnliches Absorptionsverhalten aufweisen und die Peaklagen zwischen Probe für das Geräteprofil und Messprobe gleich, bzw. maximal um einen Beugungswinkel $\Delta \theta \leq 2{,}5°$ sein. Die Probe für das Geräteprofil soll/darf selbst keine Verbreiterung im Profil hervorrufen. Nach Tabelle 8.2 sollten hier Kristallit- bzw. Korngrößen gleichverteilt größer 2 µm und mit möglichst Null Verspannung vorliegen. Daran erkennt man, dass für viele Materialuntersuchungen es gar nicht möglich sein wird, eine Probe zur Aufnahme für das Geräteprofil herzustellen. Gelingt es von einem Material Pulver und z. B. Schichten herzustellen, dann können die Schichteigenschaften mittels dieser Methode gut analysiert werden. Die schwierige Herstellung einer Probe für das Geräteprofil ist ein Grund dafür, dass die Fundamentalparameteranalyse, Kapitel 8.5 der klassischen Profilanalyse den Rang mehr und mehr abläuft.

Die Entfaltung kann über die folgenden Wege durchgeführt werden. Der Rechenaufwand und die spätere Genauigkeit ist von Methode zu Methode unterschiedlich.

- Approximationsmethoden
- Fourieranalyse, auch Methode nach STOKES genannt (entwickelt um 1948)
- LAGRANGE-Methode
- Fundamentalparameteranalyse

Ebenso konnte durch vielfältige Vergleichsuntersuchungen festgestellt werden, dass sich Ergebnisse bei manchen Probensystemen mit bestimmten Materialien gut bestimmen ließen. Die gleiche Methode auf ein anderes Materialsystem angewendet, lieferte hingegen unbrauchbare und offensichtlich falsche Werte.

Die nachfolgenden Methoden konnten meist erfolgreich bei dünnen Schichten eingesetzt werden, im Kapitel 13.5 werden weitere Beispiele gezeigt. Bei Schichten lassen sich die erhaltenen Ergebnisse einfach verifizieren. Ermittelt man eine Korngröße D_{hkl} größer der Schichtdicke, dann ist die Entfaltung und Bestimmung der physikalischen Parameter sehr stark fehlerhaft. Die kohärent streuenden Bereiche können nicht größer der Schichtdicke sein.

8.2 Approximationsmethoden

Liegt in einer Probe eine vermutete Korngröße von $D < (150\,\text{nm} - 200\,\text{nm})$ vor, dann kann diese Korngröße aus der Verbreiterung der Reflexe mittels der Scherregleichung 8.3 ermittelt werden.

Bei der Approximationsmethode wird für den Faktor K der Scherregleichung eingesetzt:
- $K = 1$ bei Verwendung der Integralbreite I_B
- $K = 0{,}89$ bei Verwendung der Halbwertsbreite FWHM

Betrachtet man die ersten drei analytische Funktionen aus Tabelle 8.1, die CAUCHY-, die quadratische CAUCHY- und die GAUSS-Verteilung, dann sind die Verläufe in Bild 8.1 erkennbar. Aus diesen Verteilungsfunktionen lassen sich die Integralbreiten als auch Halbwertsbreiten direkt angeben. Interessant ist dann noch das Verhältnis von Halbwertsbreite zu Integralbreite. Dieses Verhältnis ist schnell aus dem gemessenem Profil errechnet und je näher dieses Verhältnis einer der drei Funktionen kommt, umso sicherer kann man sein, dass bei der untersuchten Probe dieser Profilverteilungstyp vorliegt. Aus dem Profilverteilungstyp lässt sich abschätzen, welcher Anteil zur physikalischen Peakverbreiterung führt. Liegt ein CAUCHY-Profil vor, dann deutet viel auf mögliche Korngrößenverbreiterung hin. Liegt dagegen ein GAUSS-Profil vor, dann sind überwiegend Spannungen die Ursachen für die Verbreiterung des Röntgenprofiles.

In der Praxis treten jedoch beide Verbreiterungseinflüsse auf, so dass beide Komponenten in Betracht gezogen werden müssen. Ein oft brauchbarer Weg diese Komponenten zu trennen, ist der Ansatz der Röntgenprofilapproximation durch eine multiplikative Verknüpfung von entsprechenden GAUSS- und CAUCHYanteilen im physikalischen Profil. Werden dann noch mehrere Peaks mit unterschiedlichen Peakmaxima überlagert, ergibt sich schnell ein großer Parameterraum, der bestimmt werden muss.

$$S(x) = S_{Gauss}(x) \otimes S_{Cauchy}(x) \tag{8.6}$$

Die GAUSS-Funktion $S_{Gauss}(x)$ wird definiert nach:

$$S_{Gauss}(x) = \exp\left(-\frac{1}{2P^2}x^2\right) \tag{8.7}$$

8.2 Approximationsmethoden

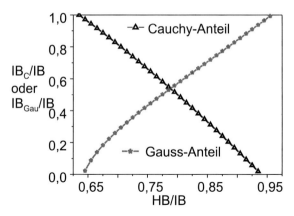

Bild 8.4: Bestimmungsfunktion für die Ermittlung des Verbreiterungsanteiles nach CAUCHY- bzw. GAUSS-Verteilung

Die CAUCHY-Funktion $S_C(x)$ wird definiert nach:

$$S_C(x) = \frac{1}{1 + P^2 x^2} \tag{8.8}$$

Die zu lösende Faltung von Mess-, Geräte- und physikalischen Profil kann auch auf die jeweiligen Anteile nach CAUCHY bzw. GAUSSS übertragen werden. Hier zuerst die Faltungsfunktion für den CAUCHYanteil:

$$Y_C(x) = G_C(x) \otimes S_C(x) \tag{8.9}$$

Die Faltungsfunktion für den GAUSSanteil ist:

$$Y_G(x) = G_G(x) \otimes S_G(x) \tag{8.10}$$

Das Verhältnis des CAUCHYanteils IB_C zur gemessenen Intergalbreite IB des gemessenen Profiles $Y(x)$ sei:

$$\frac{IB_C}{IB} = a_0 + a_1 \varphi + a_2 \varphi^2 \tag{8.11}$$

Das Verhältnis des GAUSSanteils IB_{Gauss} zur gemessenen Intergalbreite IB des gemessenen Profiles $Y(x)$ sei:

$$\frac{IB_{Gauss}}{IB} = b_0 + b_{1/2}\sqrt{(\varphi - \frac{2}{\pi}} + b_1 \varphi + b_2 \varphi^2 \tag{8.12}$$

Der Parameter φ in den Gleichungen 8.11 und 8.12 ist das Verhältnis der messbaren Halbwerts- und Integralbreite des Messprofiles $Y(x)$ nach Gleichung 8.13:

$$\varphi = \frac{HB}{IB} \tag{8.13}$$

In [93] sind die dazugehörenden Koeffizienten mit:

$a_0 = 2{,}020\,7$; $a_1 = -0{,}480\,3$; $a_2 = -1{,}775\,6$ und
$b_0 = 0{,}420$; $b_{1/2} = 1{,}418\,7$; $b_1 = -2{,}204\,3$; $b_2 = 1{,}870\,6$ bestimmt worden.

Trägt man beide Gleichungen als Funktionen des Quotienten Halbwerts- zu Integralbreite auf, dann können die Breiten der jeweiligen Anteile im Bild 8.4 abgelesen werden.

Aus den Integralbreiten für die CAUCHY- und GAUSSanteile können dann die Korngröße D_{hkl} und die Verzerrungen ϵ nach der Approximationsmethode in Abwandlung zu den Gleichungen 8.3 und 8.4 bestimmt werden. Zunächst die Korngröße aus dem CAUCHYanteil:

$$D_{hkl} = \frac{\lambda}{IB_C \cdot \cos\theta} \tag{8.14}$$

Die Verzerrung/(Spannung) aus GAUSSanteil beträgt dann:

$$\epsilon = \frac{IB_{Gauss}}{4 \cdot \tan\theta} \tag{8.15}$$

Variationen dieser Methode existieren. So werden von SCARDI [143] in einem Übersichtsartikel alle zur Zeit existierenden Integralen Breitenmethoden zusammengefasst. Der Hauptansatz ist die Gleichung 8.16:

$$IB(d^*) = IB_S + IB_D = \frac{1}{<L>_v} + 2 \cdot e \cdot d^* \tag{8.16}$$

Die Größen IB_S und IB_D sind die integralen Breitenanteile hervorgerufen durch die Kristallitgröße (size) und durch die Verzerrungen (strain). Die Größe $<L>_v$ ist die gewichtete, mittlere Kornvolumenlänge [143]. Entlang der Beugungsrichtung wird ein Korn in Säulen der Längen L eingeteilt. $<L>_v$ ist dann die Längenverteilung über ein Korn.

8.3 Fourieranalyse

Auch hier ist wieder das Ziel, Gleichung 8.5 zu lösen. Es wird jetzt angenommen, dass die Profile $Y(x)$, $G(x)$ und $S(x)$ sich aus Linearkombinationen von Kosinus und Sinusfunktionen zusammensetzen.

Da $Y(x)$ und $G(x)$ gemessen werden können, lassen die sich nach einer notwendigen Normierung des Beugungspeakintervalles von θ_1 bis θ_2 auf den Entwicklungsintervallbereich x von -1 bis $+1$ und einer Normierung auf die Maximalintensität zu 100 jeweils als eine Summe darstellen.

$$Y(x) = \frac{A_0}{2} + \sum_{n=1}^{\infty}\left(A_n \cos(2\pi n \frac{x}{x_0}) + B_n \sin(2\pi n \frac{x}{x_0})\right) \quad \text{bzw. für } G(x) \tag{8.17}$$

$$G(x) = \frac{a_0}{2} + \sum_{n=1}^{\infty}\left(a_n \cos(2\pi n \frac{x}{x_0}) + b_n \sin(2\pi n \frac{x}{x_0})\right) \quad \text{mit} \tag{8.18}$$

A_n bzw. a_n ... Kosinuskoeffizienten (Realteil der komplexen Koeffizienten)
B_n bzw. b_n ... Sinuskoeffizienten (Imaginärteil der komplexen Koeffizienten)
x_0 ... Intervall der Fourieranalyse

Die Berechnung der Koeffizienten A_n bzw. B_n erfolgt mit $n = 0, 1, 2 \ldots \epsilon N$ über:

$$A_n = \frac{1}{x_0} \int_{-\frac{x_0}{2}}^{\frac{x_0}{2}} Y(x) \cos(2\pi n \frac{x}{x_0}) dx \qquad B_n = \frac{1}{x_0} \int_{-\frac{x_0}{2}}^{\frac{x_0}{2}} Y(x) \sin(2\pi n \frac{x}{x_0}) dx \qquad (8.19)$$

Die Koeffizienten a_n und b_n für das Geräteprofil $G(x)$ werden analog berechnet. Praktisch erfolgt statt der Integration eine Summation der jeweiligen Profildaten, da das Profil meistens im Step-Scan Modus gemessen wird. $\Delta x = \frac{x_0}{p}$ ist die verwendete Schrittweite bei der Profilmesswertaufnahme und p die Anzahl der Stützstellen im Intervall x_0. Gleichung 8.19 wird damit zu:

$$A_n = \frac{1}{x_0} \sum_{-\frac{x_0}{2}}^{\frac{x_0}{2}} Y(x) \cos(2\pi n \frac{x}{x_0}) \Delta x \qquad (8.20)$$

Die Funktionen $Y(x)$, $G(x)$ und $S(x)$ lassen sich über die soeben ermittelten Fourierkoeffizienten transformiert darstellen.

$$Y_n = A_n + iB_n \qquad G_n = a_n + ib_n \qquad S_n = \alpha_n + i\beta_n \qquad (8.21)$$

Die noch unbekannten Fourierkoeffizienten α_n bzw. β_n für das physikalische Profil bzw. seine Fouiertransformierte S_n lassen sich errechnen durch

$$S_n = \frac{1}{x_0} \frac{Y_n}{G_n} \qquad (8.22)$$

und daraus mit den Gleichungen 8.21:

$$\alpha_n = \frac{1}{x_0} \cdot \frac{A_n a_n + B_n b_n}{a_n^2 + b_n^2} \qquad \beta_n = \frac{1}{x_0} \cdot \frac{a_n B_n - A_n b_n}{a_n^2 + b_n^2} \qquad (8.23)$$

Aus den Fourierkoeffizienten α_n und β_n lässt sich die Rücktransformation durchführen und das gesuchte physikalische Profil $S(x)$ berechnen.

$$S(x) = \frac{\alpha_0}{2} + \sum_{n=1}^{\infty} \left(\alpha_n \cos(2\pi n \frac{x}{x_0}) + \beta_n \sin(2\pi n \frac{x}{x_0}) \right) \qquad (8.24)$$

Die Integralbreite I_b^S des physikalischen Profiles lässt sich auch direkt aus den Fourierkoeffizienten berechnen.

$$I_b^S = \frac{x_0 \cdot \alpha_0}{\alpha_0 + 2 \cdot \sum_{n=1}^{\infty} \alpha_n} \qquad (8.25)$$

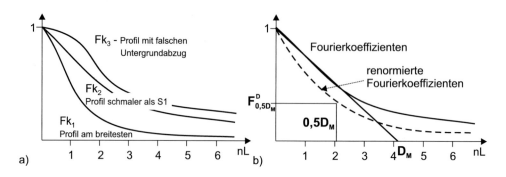

Bild 8.5: Fourierkoeffizienten als Funktion des Entwicklungsintervalles L

Mit dieser Integralbreite lassen sich dann die Korngröße und die Verzerrung (Spannung) analog zu den Gleichungen 8.3 und 8.4 bestimmen.

$$D_{four} = \frac{\lambda}{I_b^S \cdot \cos\theta} \qquad \epsilon = \frac{I_b^S}{4\tan\theta} \qquad (8.26)$$

In Bild 8.5a sind für drei unterschiedliche Profile $S_n(x)$ die Verläufe der Fourierkoeffizienten Fk_n über dem Entwicklungsintervall $n \cdot L$, Gleichung 8.27 aufgetragen. Dabei kann man feststellen, je weniger Fourierkoeffizienten ungleich Null ermittelt worden sind, umso breiter ist das physikalische Profil, d.h. hier wird $S_1(x)$ einen breiteren Peakverlauf besitzen als $S_2(x)$. Der Verlauf von $S_3(x)$ zeigt hingegen, das Informationen des gemessenen Profiles $Y(x)$ durch falschen Untergrundabzug weggeschnitten wurden. Ein falsch gewähltes Entwicklungsintervall, also der Untergrund links und rechts vom Peakmaximum zu weit gewählt führt auch zu solchen Verläufen des Fourierkoeffizienten. Ein richtiger Untergrundabzug beim Profil wird am Verlauf der Fourierkoeffizienten über $n \cdot L$ ersichtlich, der größte Anstieg in diesem Funktionsverlauf sollte immer beim Wertepaar (0,1) sein.

$$L = \frac{n \cdot \lambda}{2(\sin\theta_2 - \sin\theta_1)} \qquad (8.27)$$

Die Bestimmung der Korngröße und die Verzerrung kann noch durch eine 2. Variante erfolgen. Die Kosinus-Fourierkoeffizienten $F(n)$ des physikalischen Profiles werden über dem Entwicklungsintervall $n \cdot L$ aufgetragen. Wird aus dem Anstieg im Punkt (0,1) der Anstieg bestimmt und diese Gerade schneidet $n \cdot L$, dann ist die so ermittelte Korngröße D_M dieser Wert.

$$\lim_{n \to 0} F(n) \approx 1 - \frac{n \cdot L}{D_M} \qquad (8.28)$$

Aus den Fourierkoeffizienten werden renormierte Fourierkoeffizienten mittels des neuen Wertes D_M gebildet.

$$F^s(n) = \exp\left(\frac{-nL}{D_M}\right) \tag{8.29}$$

Bei $n \cdot L = 0{,}5 \cdot D_M$ wird der renormierte Fourierkoeffizient $F^D_{0,5D_M}$ ermittelt. Die Netzebenenverzerrung ϵ (strain) ist dann

$$<\epsilon>^2_{0,5D_M} = \frac{(1-F^D_{0,5D_M})2d_o^2}{\pi^2 D_M^2 m^2} \tag{8.30}$$

mit m ... Beugungsordnung, meist m=1 für erste Beugungsordnung und d_o gleich unverzerrter Netzebenenabstand.

Schwierigkeiten ergeben sich immer dann, wenn kein Standardprofil zur Verfügung steht. Es muss eine rekristallisierte Pulverprobe mit einer definierten Korngröße größer 1,5 µm und im unverspannten Zustand vorliegen. Die Entfaltung mittels Fourierkoeffizienten ist sehr von der exakten Untergrundbestimmung des Messprofils und von der Gleichheit des Entwicklungsintervalles Standard- und Messprofil abhängig. Als Ergebnis erhält man meist nur die Korngröße und die Spannung, nicht aber das entfaltete Profil in unnormierter Form. Bild 13.33 zeigt aus ca. einhundert Auswertungen ein gelungenes, wo das bestimmte physikalische Profil aus der Fourieranalyse auch wirklich eine Profilform zeigt. Liegen Fourierkoeffizientenverläufe wie Fk_3 bzw. Fk_1 aus Bild 8.5a vor, ist dies der Hinweis auf falsche Entwicklungsintervalle bzw. fehlerhafte Untergrundabzüge.

8.4 LAGRANGE-Analyse

Beim LAGRANGE-Verfahren soll wiederum die Gleichung 8.5 gelöst werden. Hier geht man noch einen Schritt weiter und stellt fest, dass das gemessene Diffraktogramm $Z(x)$ sich aus dem eigentlichem Messprofil $Y(x)$ und einem Fehler $\gamma(x)$ zusammen setzt, es gilt die Gleichung 8.31.

$$Z(x) = Y(x) + \gamma(x) \tag{8.31}$$

Mittels der Gleichungen 8.5 und 8.31 lässt sich dann schreiben.

$$\gamma(x)^2 = (Y(x) - G(x) \otimes S(x))^2 \tag{8.32}$$

Es wird nun eine zweite Gleichung aufgestellt, die eine Funktion φ enthält. Die Funktion φ soll im gesamten Definitionsbereich gleich bzw. größer dem Untergrund des gemessenen Profiles $Z(x)$ sein. Die Abweichung vom Untergrund sei eine Funktion r_b und man kann jetzt schreiben.

$$r_b^2 = \left(\frac{d^n S(x)}{d(2\theta)^n} - \frac{d^n \varphi}{d(2\theta)^n}\right)^n \tag{8.33}$$

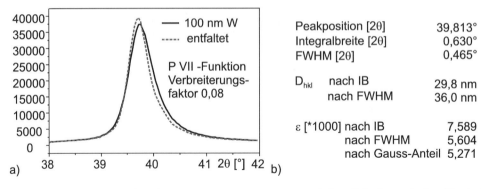

Bild 8.6: Entfaltung eines (1 1 0)-Wolframpeaks einer 100 nm dicken Schicht nach der Abscheidung und b) Auflistung der Ergebnisse der Peakentfaltung

Die Röntgenprofile sind stetige Funktionen, die in idealer Weise nur ein Maximum und damit maximal zwei Wendestellen aufweisen. Zum Erhalt von »glatten« Kurven müssen deshalb die Ableitungen des gesuchten physikalischen Profiles $S(x)$ möglichst klein sein. Die jetzt eingeführte Abweichung r_s von der noch zu suchenden glatten Profilfunktion $S(x)$ sei:

$$r_s = \left(\frac{d^m S(x)}{d(2\theta)^m}\right)^2 \tag{8.34}$$

Die Addition der Gleichungen 8.33 und 8.34 ergibt Gleichung 8.35.

$$L(2\theta, S(x), S(x)^{(n)}, S(x)^{(m)}) = \gamma(x)^2 + K_b r_b^2 + K_s r_s^2 \tag{8.35}$$

Das LAGRANGE-Integral E, Gleichung 8.36, hat für jedes $S(x)$ eine eindeutige Lösung.

$$E = \int_{-\infty}^{\infty} L(2\theta, S(x), S(x)^{(n)}, S(x)^{(m)}) d(2\theta) \tag{8.36}$$

Das optimale Entfaltungsergebnis ist die gesuchte physikalische Profilfunktion $S(x)$, für die E zum Minimum wird.

Die verwendeten Rechenmethoden und Transformationen sind in [182, 137] ausführlich beschrieben und werden hier nicht dargestellt. Im Bild 8.6a ist das Ergebnis einer Entfaltung gezeigt. Da kein geeignetes Gerätemessprofil bzw. rekristallisiertes, spannungsarm geglühtes Wolframpulver mit einer Korngröße um $\approx 2\,\mu m$ zur Verfügung stand, wurde die PEARSON-VII-Funktion als Gerätefunktion benutzt. Der verwendete Verbreiterungsfaktor ist der für diese Goniometergeometrie am günstigsten erscheinende und wurde aus Vergleichsmessungen am Mo-Pulver gemessen, welches die Anforderungen an das Standardpulver erfüllte. Aus dem entfaltetem Profil sind dann die Ergebnisse, aufgelistet in Bild 8.6b, entsprechend der Ausführungen und Gleichungen 8.3, 8.4 und 8.15 errechnet

worden. Die Werte der Korngröße sind realistisch. Mit der hier vorgestellten Methode der Entfaltung mittels der LAGRANGE-Methoden können folgende Probleme vorteilhaft gelöst werden.
- die Untergrundbestimmung erfolgt automatisch,
- das entfaltete Profil liegt in unnormierter Form vor, Peaklage und Intensitäten ergeben sich als direkt verwertbare Funktion,
- neben einem gemessenen Standardprofil können auch errechnete Profile, wie eine GAUSS-, eine CAUCHY- und eine PEARSON-VII-Funktionen mit einem frei wählbaren Verbreiterungsfaktor P_i verwendet werden.

Nachteilig ist, dass zur Berechnung Matrizen verwendet werden, die zweidimensional die gleiche Größe aufweisen, wie sie durch die Länge des Messvektors vorgegeben ist. Übliche Profile haben eine Länge des Messvektors von 100 − 1 000 Winkelstützstellen. Mehrere Matrizen von 1 000 Zeilen und 1 000 Spalten übersteigen bei schlechter Programmierung immer noch die Grenzen des Standard-PC im Speicherbereich für numerische Daten.

8.5 Fundamentalparameteranalyse

Mit einem relativ alten Ansatz, vorgeschlagen aus dem Jahr 1954 von KLUG und ALEXANDER [99], und der Verknüpfung mit neuen mathematischen Algorithmen zur Fittung von CHEARY und COELHO [43] und der Verfügbarkeit immer leistungsfähiger Rechner gelang es, aus der Faltung des Emissionsprofiles W und der geometrischen Strahlengangeinflüsse G die gesuchten physikalischen Parameter S einer Probe, also die Verbreiterung des Beugungsprofiles in Abhängigkeit von der Korngröße und inneren mechanischen Spannungen dritter Art, siehe Kapitel 10, zu erhalten. Gleichung 8.5 schreibt man dann in der Form:

$$Y(2\theta) = (W \otimes G) \otimes S \quad (8.37)$$

Die Arbeiten von HÖLZER [85] zur Neubestimmung der Emissionsprofile der Röntgenstrahlung, Bild 2.6 sind dabei der Ausgangspunkt und die Grundlage für die Abbildung des Emissionsprofiles über die Beugungserscheinung. Dieses Emissionsprofil wird mit den Gerätefunktionen gefaltet. Entsprechend Bild 8.7 aus [99] gehen alle strahlverbreiternden Faktoren, wie die Fokuslänge und -breite, die so genannten Röhrenfüße (Vergrößerung der Fläche der Strahlungsentstehung in der Anode der Röntgenröhre besonders am Rand der Glühkathodenabbildung), der Abstand Fokus-Probenmittelpunkt, die Probengröße bzw. Probenfläche und die Detektorschlitzblendengrößen ein. Das sich ausbildende Beugungsprofil beeinflussen n (acht bis zehn) Fundamentalparameter F_i mit $1 < i \leq n$; $i, n \epsilon N$). Gleichung 8.37 kann wie folgt geschrieben werden, Gleichung 8.38:

$$Y(2\theta) = W \otimes F_1(2\theta) \otimes F_2(2\theta) \otimes \ldots F_i(2\theta) \otimes \ldots \otimes F_n(2\theta) \quad (8.38)$$

Alle diese Funktionen F_i sind analytisch als Kombinationen von Funktionen der Winkellage und/oder der Intensität/Profilparameter beschreibbar, siehe Tabelle 8.3. Diese Beschreibungsfunktionen sind in den Bildern 8.8 und 8.9 für die einzelnen Einflüsse ebenfalls schematisch aufgeführt [99, 18, 95]. Aus den jeweils für das Diffraktometer zutreffenden

276   8 Mathematische Beschreibung von Röntgenbeugungsdiagrammen

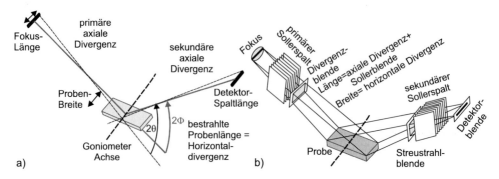

Bild 8.7: Geometrische Verhältnisse beim BRAGG-BRENTANO-Goniometer a) horizontale und axiale Divergenzverhältnisse b) horizontale und axiale Divergenzverhältnisse mit Sollerkollimatoren nach [99, 18]

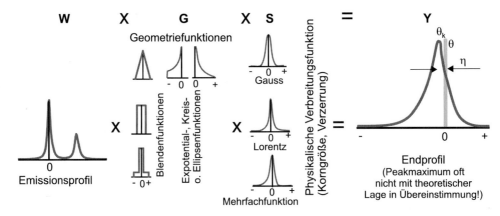

Bild 8.8: Notwendige Funktionentypen für eine exakte Anfittung des gemessenen Profiles nach [99, 18]

Größen und Auswahl der Funktion F_i lassen sich unter Annahme von Strahldivergenzen in die »jeweils andere Richtung« maximale Divergenzwinkel ausrechnen. Entsprechend Kapitel 5.2 wirken sich Abweichungen vom Mittelpunktstrahl auf die Beugungswinkellage und auch auf die Breite der Reflexe aus.

Die bei einem Pulverdiagramm ermittelte Intensität an einem Datenpunkt ist die Summe aus den Beiträgen benachbarter BRAGG-Reflexe plus dem Untergrund. Die errechnete Intensität am gleichen Datenpunkt ist dagegen die Mehrfachsumme aus dem Strukturmodell, dem Probenmodell, dem Diffraktometermodell und dem Untergrundmodell.

Es gibt derzeit mehrere Programme, wie BGM [6] oder TOPAS [96], die es gestatten, nach einer exakten Geometriebeschreibung des Diffraktometers und der physikalischen Eigenschaften der Probe ein gemessenes Profil soweit anzufitten, dass eine weitestgehende Deckung, erkennbar an sehr kleinen R_p-Werten (Differenz gemessenes Profil und errechnetes Profil) auftreten. Die Bewertungsgrößen zur Bestimmung der Fitergebnisse sind die gleichen wie auf Seite 244, Gleichungen 6.37 bis 6.44. Am Beispiel des (1 1 1)-

Tabelle 8.3: Zusammenstellung der Fundamentalparameterfunktionen nach [95], R_s-Diffraktometerradius, $2\theta_k$-gemessene Peaklage, Abweichung von der theoretischen zur gemessenen Peaklage $\eta = 2\theta - 2\theta_k$ (Anmerkung: programmtechnisch werden die Funktionen F_{11} bis F_{18} z.B nach der Breite umgestellt eingesetzt)

Name	F_i	Funktion	Wertebereich η
		geometrische Strahlfunktionen	
Horizontaldivergenz Festblende	F_1 [°]	$1/\sqrt{4\eta_m \eta}$	$0 \leqq \eta \leqq \eta_m$ $\eta_m = -\frac{\pi}{360} \cot(\theta_k) F_1^2$
Horizontaldivergenz variable Blende	F_2 [mm]	$1/\sqrt{4\eta_m \eta}$	$0 \leqq \eta \leqq \eta_m$ $\eta_m = -F_2^2 \sin(\theta_k) \cdot \frac{180/\pi}{4R_s^2}$
Quellengröße axial	F_3 [mm]	Rechteckfunktion	$-\eta_m/2 < \eta < \eta_m/2$ $\eta_m = \frac{(180/\pi)}{F_3/R_s}$
Probenkippung	F_4 [mm]	Rechteckfunktion	$-\eta_m/2 < \eta < \eta_m/2$ $\eta_m = (180/\pi) \cos(\theta_k) F_4/R_s$
Detektorblendenlänge in axialer Ebene	F_5 [mm]	$(1/\eta_m)(1 - \sqrt{\eta_m/\eta})$	$0 \leqq \eta \leqq \eta_m \quad \eta_m =$ $-(90/\pi)(F_5/R_s)^2 \cot(2\theta_k)$
Detektorblendenbreite in horizontaler Ebene	F_6 [mm]	Rechteckfunktion	$-\eta_m/2 < \eta < \eta_m/2$ $\eta_m = -(180/\pi)(F_6/R_s)$
Röhrenfüße	F_7	Rechteckfunktion	...
...	F_9	...	...
		physikalische Funktionen der Probe	
Linearer Absorptionskoeffizient	F_{10} [cm^{-1}]	$(1/\sigma)\exp(-\eta/\sigma)$	$\eta \leqq 0 \quad \sigma =$ $900 \cdot \sin(2\theta_k)/(\pi \cdot F_{10} \cdot R_s)$
Korngröße	F_{11} [nm]	$(180/\pi \cdot \lambda/(B\cos\theta_k)$	FWHM-Lorentzprofil
Korngröße	F_{12} [nm]	$(180/\pi \cdot \lambda/(B\cos\theta_k)$	FWHM-Gauss-Profil
Korngröße	F_{12} [nm]	$(180/\pi \cdot \lambda/(B\cos\theta_k)$	IB- Lorentz-Profil
Korngröße	F_{13} [nm]	$(180/\pi \cdot \lambda/(B\cos\theta_k)$	IB- Gauss-Profil
Gitterverzerrung	F_{14} [%]	$B/\tan\theta_k$	FWHM-Gauss-Profil
Gitterverzerrung	F_{15} [%]	$B/\tan\theta_k$	FWHM-Lorentz-Profil
Gitterverzerrung	F_{16} [%]	$B/\tan\theta_k$	IB-Gauss-Profil
Gitterverzerrung	F_{17} [%]	$B/\tan\theta_k$	IB-Lorentz-Profil
Volumen gewichtete Korngröße	F_{18} [nm]	gewichtete Breite einer Voigt-Funktion (Gauss $\otimes$ Lorentz)	

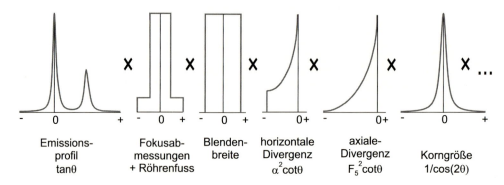

Bild 8.9: Beispiel für die Beachtung aller Fitfunktionen und prinzipielle Beugungswinkelabhängigkeit für eine exakte Anfittung des gemessenen Profiles nach [18]

Beugungspeaks für LaB$_6$ (NIST-Standard SRM660a) sind in Bild 8.10 die Ergebnisse der schrittweisen Anfittung nach KERN [95] dargestellt. Im Bild 8.10a ist das Messprofil und das Emissionsprofil W für Kupfer K$_\alpha$-Strahlung nach HÖLZER [85] dargestellt. Wird jetzt dem Emissionsprofil W eine Funktion für die Horizontaldivergez aus Tabelle 8.3, entweder F_1 oder F_2, durch Faltung hinzugefügt, entsteht ein synthetisches Profil nach Bild 8.10b. Eine bessere Anfittung an das Messprofil wird erreicht, wenn auch noch die axiale Divergenz F_5 hinzugefügt wird, Bild 8.10c. Man erkennt, dass jetzt zwischen Messprofil und synthetisierten Profil nur noch geringe Differenzen bestehen. Wendet man jetzt noch physikalische Funktionen z. B. eine/mehrere wie $F_{11} \ldots F_{18}$ zur weiteren Faltung an, werden die physikalischen Parameter der Probe (Korngröße und Verzerrung) zugänglich. In den Bildausschnitten 8.10e oder f sind Vergrößerungen von Teilbereichen des Profiles und Teilstadien der Faltungsprozedur eingezeichnet.

Das LaB$_6$-Pulver (SRM660a) soll laut Herstellerangaben eine relativ gut abgesicherte, standardisierte Pulvergröße von zwei Mikrometer Durchmesser aufweisen. Das Pulver ist spannungsarm, Verbreiterungen der Beugungspeaks durch Spannungen treten fast nicht auf. Mit der Fundamentalparameteranalyse ist es bei exakter Beschreibung der Diffraktometergeometrie möglich, vertrauenswürdige Messergebnisse zur Korngröße/Verzerrung zu erhalten. Untersuchungen der Korngrößenverteilung mittels Rasterelektronenmikroskopie am LaB$_6$-Pulver ergeben eine mittlere, flächengewichtete Korngröße von 2,84 μm. Im Bild 8.11a sind aber auch Partikelgrößen von 0,6 – 10,2 μm festgestellt worden. Manche großen Partikel können aus mehreren kleinen Partikeln bestehen. Mit einer reinen BRAGG-BRENTANO-Anordnung, Strichfokus und unter Einbeziehung der so genannten Röhrenfüße, also Fokusabmessungen am Rand sind größer als die realen Fokusabmessungen, wurde das LaB$_6$-Pulver mit Kobalt K$_\alpha$-Strahlung vermessen und mittels der Fundamentalparameteranalyse unter Verwendung der Funktion F_{11} die volumengewichtete Korngröße für die verschiedenen Beugungspeaks, Bild 8.11b bestimmt. Die Probe wurde fünfmal gemessen und aus den Einzelergebnissen eine Standardabweichung bestimmt. Ersichtlich wird, dass bei kleinen Beugungswinkel Fehler im Bereich von $\approx 10\,\%$ auftreten, die sich bei größeren Winkeln auf bis zu $\approx 25\,\%$ ausdehnen. Dies resultiert aus dem relativ hohen Rauschlevel der gemessenen Beugungspeaks (Schrittweite $\Delta 0,04°$, Messzeit pro Schritt 5 s ergeben nur noch im Maximum des (3 2 1)-Peaks 300 counts). Die für die

8.5 Fundamentalparameteranalyse 279

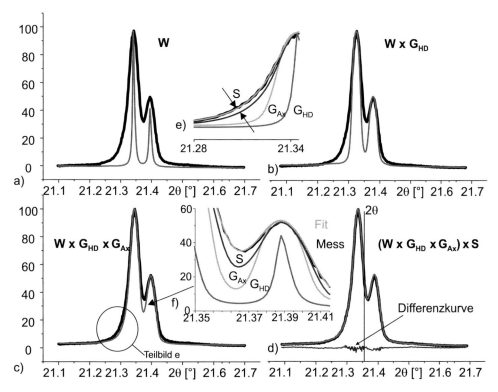

Bild 8.10: Ausschnitte aus dem Fittprozess an (100)-LaB$_6$-Pulver, SRM 660 nach Einbindung a) Emssionsprofil b) horizontalen Divergenzen c) nach axialen Divergenzen – Abschluß Faltung mit Gerätefunktion d) nach Ermittlung der physikalischen Größen; Rohdatenverwendung mit Genehmigung Dr. A. Kern, Bruker AXS Karlsruhe [95]

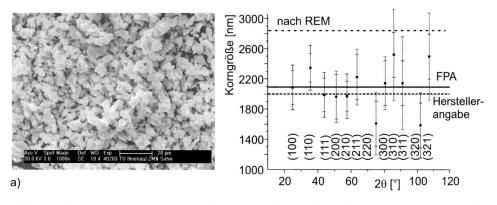

Bild 8.11: a) Rasterelektronenmikroskopie an LaB$_6$-Pulver b) bestimmte Kristallitgrößen für verschiedene Beugungspeaks, Fehlerbalken sowohl als Standardabweichung und als Fehler aus dem Fundamentalparameterprogramm bestimmten Größen

Tabelle 8.4: Auflistung der Zahl und der Parameter für die Fundamentalparameteranalyse (FPA) und für die analytische Profilanalyse (APF)

Einlinienmethoden		Gesamtes Diffraktogramm	
FPA	APF	FPA	APF
$Y(2\theta)\ Y_{max}$	$Y(2\theta)\ Y_{max}$	Korngröße	$Y(2\theta)$, V, W
Korngröße	IB_C; IB_{Gauss}	(Verzerrung)	na; nb
(Verzerrung)	IB; $FWHM$		Asymmetrie
3 (4)	6	1 (2)	mindestens 6

Kristallitgrößenbestimmung wichtige Ermittlung des LORENTZanteiles der Peaks ist für Peaks mit hohem Rauschen nicht mehr eindeutig möglich und führt zu steigenden Fehlerwerten. Man muss sich immer verdeutlichen, dass die physikalischen Verbreiterungen für diese Kristallitgrößen im Bereich von 1/100° bis 1/1 000° auftreten, siehe Tabelle 8.2.

Die Messungen wurden auch an einem Spannungs- und Texturgoniometer mit Punktfokus und mit kreisförmiger Primärblende durchgeführt. Die geometrische Beschreibung des Diffraktometers und damit die Fundamentalparameter sind damit mit den Funktionen aus Tabelle 8.3 nicht mit ausreichender Genauigkeit beschreibbar. Mit diesem Diffraktometer konnten nur mittlere Korngrößen von 106 nm ermittelt werden. Diese Werte sind eindeutig falsch.

Kann das Diffraktometer nicht eindeutig geometrisch beschrieben werden, treten erhebliche Fehler in den bestimmten physikalischen Größen auf.

Es ist aber auch möglich, bei bekannten physikalischen Probenparametern die geometrischen Größen des Diffraktometers im Rahmen der vertretbaren Abweichungen zu verfeinern (d.h. bei einer Blendenweite von 0,2 mm sind dann Verfeinerungen im Bereich 0,190 mm bis 0,210 mm sinnvoll, kommt aber ein Wert von z. B. 0,298 mm heraus, ist das Diffraktometer falsch beschrieben!). Mit diesen verfeinerten Werten ist eine bessere Beschreibung des Diffraktometers möglich und damit an neuen Proben eine Verbesserung der Genauigkeit der Bestimmung der physikalischen Parameter erzielbar. Nach Umbauarbeiten, Röhrenwechsel und Justagen sind alle Verfeinerungen mittels Kontrollmessungen zu überprüfen.

Die Tabelle 8.4 zeigt den Vergleich der Fundamentalparameteranalyse (FPA) zur reinen analytischen Beschreibung (APF) der Beugungsprofile bezüglich der Zahl der anzufittenden Parameter. Je weniger freie Parameter auftreten, umso eher und sicherer wird ein Prozess konvergieren. Die Fundamentalparameteranalyse hat zudem den Vorteil, dass hier im Gegensatz zu den anderen bisher beschriebenen Verfahren man keine Normierungen vornehmen muss, sondern mit den Messwerten »direkt rechnen« kann.

Derzeit wird die Fundamentalparameteranalyse hauptsächlich bei Diffraktometern in reiner BRAGG-BRENTANO-Anordnung angewendet. Verwendet man zusätzliche Strahloptiken, wie Monochromatoren, Multilayerspiegel und positionsempfindliche Detektoren auf 1D- oder 2D-Basis, dann gelingt es nicht mehr in ausreichender Weise, das Emissionsprofil der Strahlung über die Optiken fehlerfrei abzubilden bzw. zu übernehmen. Das »Emissionsprofil« einer Anordnung unter Verwendung eines Multilayerspiegels ist zur Zeit

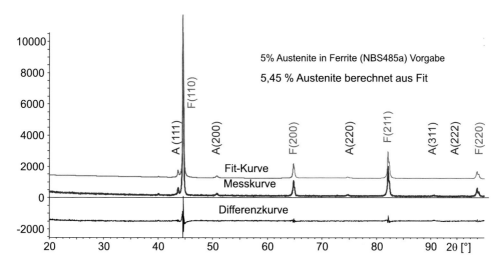

Bild 8.12: Fit eines Gesamtdiffraktogrammes von einem Gemisch aus Ferrit und Austenit mit dem Ziel der Mengenbestimmung des Austenites

nicht analytisch konstant beschreibbar, es treten hier Spiegelbauart und -seriennummer bedingte Abweichungen auf. Für jeden Multilayerspiegel, Detektor oder Monochromator müsste das Röhrenemissionsprofil individuell vermessen werden. Die auftretenden Abweichungen in der Emissionsprofilabbildung können ansonsten die physikalischen Verbreiterungen vom synthetisierten Profil zum Messprofil übersteigen.

> Derzeit kann nur die Fundamentalparamteranalyse in klassischer BRAGG-BRENTANO-Anordnung als »Black Box« verwendet werden. Zusätzliche Röntgenoptiken und veränderte Geometrien sind zur Zeit noch nicht ausreichend beschrieben bzw. erfordern die individuelle Röhrenemessionsprofilbestimmung der Einzelanordnung.

Eine ähnliche Bestimmungsmethode zur Bestimmung der Gerätefunktion ist von IDA [87] vorgeschlagen worden. Hierbei wird eine Längentransformation, Dateninterpolation und eine schnelle Fouriertransformation zur Bestimmung der Gerätefunktion herangezogen. Durch diese drei Schritt-Methode sollen die axialen Divergenzen, die Ebenheit der Probe, die Absorption der Röntgenstrahlung und das Emissionsprofil der Quelle berücksichtigt werden.

Die Fundamentalparameteranalyse wird nicht nur zur Einzelprofilanalyse genutzt, sondern zunehmend auch zur quantitativen Analyse von Kristallgemischen. Am Beispiel der Restaustenit-Bestimmung sind durch Messung und Anfittung des Gesamtdiffraktogrammes an einer Standardprobe (NBS485a – 5 %-Austenit) [36] ein Austenit-Gehalt von 5,45 % bestimmt worden. Man verwendet hier die Methoden aus Kapitel 6.5 für Kristallgemische. Da die Intensitäten, Flächen unter den Kurven für die quantitative Analyse ausgenutzt werden, ist hier die direkt arbeitende Fundamentalparameteranalyse eine neue Möglichkeit, Kristallgemische quantitativ zu analysieren.

> Durch Mehrfachfaltung von Emissionsprofilen mit eindeutig definierten Gerätefunktionen lassen sich die physikalischen Verbreiterungen des Beugungspeaks und damit Probeneigenschaften einer Probe bestimmen. Durch die eindeutige Beschreibung der Geräteparameter mit analytischen Funktionen treten weniger Parameter auf, die Konvergenz der Fittung wird besser.

8.6 Rockingkurven und Versetzungsdichten

Wenn man die gekoppelte Bewegung zwischen Detektor und Probe beim Diffraktometer ausschaltet, spricht man von asymmetrischen Beugungsuntersuchungen. Wird der Detektor auf die Position des doppelten Braggwinkels (2θ) einer Netzebene fixiert und die Probe wird ausgehend vom einfachem Braggwinkel um ein $\Delta\theta$ bewegt, dann spricht man bei der Aufzeichnung der abgebeugten Intensitäten von einer Rockingkurve, Bild 8.13a. Als Beispiel ist dort eine Probe mit drei Kristalliten 1, 2 und 3 dargestellt. Wird der Detektor auf den Winkel θ fest eingestellt und die Probe zum Strahl gedreht, dann wird als erstes der Kristallit 3 die Beugungsbedingung erreichen. Die Probe ist jetzt um $\Delta\theta$ zur herkömmlichen BRAGG-BRENTANO-Anordnung verkippt. Bei Weiterdrehung der Probe kommt dann Kristallit 2 und später Kristallit 1 in Beugungsanordnung. Die Selektivität dieser Winkelverkippung hängt von der Breite des einfallenden Röntgenstrahles ab. Für präzise Messungen versucht man, diese Breite so gering wie möglich bei kleinstmöglichen Divergenzen des Strahles zu halten. Diese Forderung kann erst richtig mit der hochauflösenden Röntgendiffraktometrie (HRXRD) erfüllt werden, siehe auch Kapitel 13. Die Intensität und Halbwertsbreite dieser Kurve ist für die Gleichmäßigkeit der Netzebenenausrichtung senkrecht zur Probenoberfläche maßgebend. Mittels einer Rockingkurve und deren Breite lässt sich die *kristalline Qualität* des untersuchten Materials beschreiben. In Bild 8.13b aus [90] sind die unterschiedlichen Breiten einer polykristallinen bzw. einer Multilayer-Probe und eines (1 1 1)-Si-Einkristalls gezeigt. Rockingkurven werden meistens zur Beschreibung der Einkristallperfektion bzw. zur Bestimmung von Epitaxieverhältnissen benutzt. Wie im Bild 8.13a ersichtlich, werden in den Flanken dieser Kurve die »Fehlausrichtungen« der Netzebene repräsentiert. Wie später in Kapitel 12 gezeigt, können über solche Rockingkurven auch Fehlorientierungen der Netzebene des Einkristalls zur Oberfläche genauestens bestimmt werden.

In den vorangegangenen Kapiteln wurde die röntgenographische Korngröße, die kohärent streuenden Bereiche, über verschiedene Methoden bestimmt. Nach AYERS [21] ist die Breite β_D der Rockingkurve invers proportional zur Größe der kohärent streuenden Bereiche. In dieser Arbeit wird der Versuch unternommen, aus der messbaren Halbwertsbreite FWHM der Rockingkurve, hier mit β_{rock} bezeichnet, Versetzungsdichten in einkristallinen Materialien bzw. epitaktischen Schichten abzuschätzen. Versetzungen in Kristallen können aus Stufen- und aus Schraubenversetzungen bestehen. Versetzungen verbreitern die Rockingkurven auf drei Wegen:

- Die Versetzung führt zu einer Rotation/Verdrehung der Netzebene. Diese Verkippung (tilt) ist die schon bekannte Mosaizität und führt ebenso zu einer Verbreiterung β_M der Rockingkurve entlang einer Kreislinie um den Ursprung. Versetzung können weiterhin zur Bildung von Kleinwinkelkorngrenzen führen. Dadurch werden

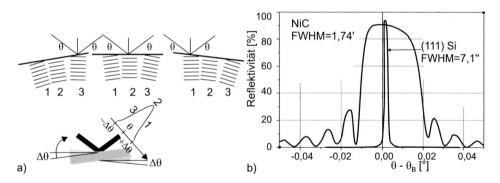

Bild 8.13: a) Prinzip der Rockingkurve und Erklärung der Mosaizität b) Rockingkurve für NiC Multilayer und (1 1 1)-Si-Einkristall nach [90]

die benachbarten Kristallite leicht gegeneinander verkippt. Wächst ein Material säulenförmig auf, dann lässt sich dieser Verbreiterungseinfluss nicht von der gleichzeitig auftretenden Verkippung unterscheiden.
- Versetzungen verzerren das Gitter lokal. Das damit verbundene Verzerrungsfeld führt zu einer Verteilung der Gitterabstände und diese zu einer Verbreiterung β_ϵ der Rockingkurve.
- Kleine Korngrößen/kohärent streuenden Bereiche verbreitern den Peak, der Einflussparameter auf die Breite der Rockingkurve wird β_D^2 genannt.

Mittels der Röntgenbeugung ist es möglich, Versetzungsdichten zwischen $10 \cdot 10^5$ und $10 \cdot 10^9 \, \mathrm{cm}^{-2}$ zu bestimmen. Im Gegensatz zu Transmissionselektronenmikroskopuntersuchungen sind die Röntgenbeugungsuntersuchungen zerstörungsfrei.
Fasst man diese Einflüsse der Verbreiterung der Rockingkurve zusammen, dann kann unter Annahme einer GAUSSförmigen Überlagerung der Verbreiterungseffekte die Gleichung 8.39 erstellt werden:

$$\beta_{rock}^2 = \beta_{int}^2 + \beta_G^2 + \beta_M^2 + \beta_\epsilon^2 + \beta_D^2 + \beta_r^2 \tag{8.39}$$

Die in dieser Gleichung noch nicht beschriebene Größen β_{int} ist die *intrinsische Halbwertsbreite* und weist für perfekte Einkristalle (Halbleiterkristalle) Werte kleiner $10''$ auf.
Je nach verwendeter Messapparatur, z. B. Bild 5.38 ist die *Gerätebreite* entgegen einer polykristallinen Probe dann bei einer einkristallinen Probe unter $8''$ und damit auch vernachlässigbar. β_G wird auch als resultierende Breite des Primärstrahles bei einem BARTELS-Monochromator, siehe Tabelle 4.4, aufgefasst. Durch die quadratische Form von Gleichung 8.39 ist dieser Wert bei Versetzungsdichtenbestimmung oft vernachlässigbar. Wird eine Verteilung nach GAUSS für die Orientierungsverteilung an den Kleinwinkelkorngrenzen angenommen, dann berechnet sich unter Einbeziehung des BURGERSvektor $\vec{b}$, abhängig vom Kristallsystem und dessen Symmetrie, die Versetzungsdichte ϱ_V nach Gleichung 8.40:

$$\beta_M^2 = 2\pi \ln(2) \cdot b^2 \cdot \varrho_V = K_M \tag{8.40}$$

Die Verzerrung des Gitters durch Versetzungen kann ebenfalls durch eine GAUSS-Verteilung der lokalen Verspannung und damit bezüglich der Verbreiterung β_ϵ beschrieben werden, Gleichung 8.41:

$$\beta_\epsilon^2 = [8 \cdot \ln 2(\overline{\epsilon_N^2})] \tan^2 \theta = K_\epsilon \tan^2 \theta \tag{8.41}$$

$\overline{\epsilon_N^2}$ ist die mittlere quadratische Verzerrung in Richtung der Normalen $\vec{N}$ der Beugungsebene. Ist Δ der Winkel zwischen der Normale der Versetzungsebene und der Normalen der betrachteten Beugungsebene, Ψ der Winkel zwischen dem BURGERS-Vektor und der Normalen der Beugungsebene und r bzw. r_0 die Integrationsgrenzen für das betrachtete Spannungsfeld und mit einer POISSON-Zahl von 1/3, dann kann $\overline{\epsilon_N^2}$ nach Gleichung 8.42 bestimmt werden.

$$\overline{\epsilon_N^2} = \left[\frac{5b^2}{64\pi^2 r^2}\right] \ln(\frac{r}{r_0}) \cdot (2{,}45 \cos^2 \Delta + 0{,}45 \cos^2 \Psi) \tag{8.42}$$

Die Verbreiterung β_D^2 durch den Korngrößeneinfluss D wird bei Schichten durch die Schichtdicke d beeinflusst, Gleichung 8.43

$$\beta_D^2 = \left[\frac{4 \ln 2}{\pi d^2}\right] \left(\frac{\lambda^2}{cos^2\theta}\right) \tag{8.43}$$

Die Verbreiterung β_r^2 durch die Verkrümmung der Probe wird durch Gleichung 8.44 beschrieben. Hier ist b die Breites des einfallenden Strahls und r der Radius der Verbiegung.

$$\beta_r^2 = \frac{b^2}{r^2 \sin^2 \theta} = \frac{K_r}{\sin^2 \theta} \tag{8.44}$$

Gleichung 8.39 kann jetzt anders aufgeschrieben werden:

$$\beta_{rock}^2 = \beta_{int}^2(hkl) + \beta_G^2(hkl) + K_M + K_\epsilon \tan^2 \theta + \left[\frac{4 \ln 2}{\pi d^2}\right] \left(\frac{\lambda^2}{cos^2\theta}\right) + \frac{K_r}{\sin^2 \theta} \tag{8.45}$$

Über die Messung von drei Rockingkurven eines Materials bei unterschiedlichen Beugungswinkel θ lassen sich die Konstanten K_i bestimmen und so die Einzelverbreiterungseinflüsse bestimmen.

Über Durchstrahlungsaufnahmen (Röntgentopographie) lassen sich Vernetzungsnetzwerke visualisieren und sind so auch analysierbar [5].

9 Kristallstrukturanalyse

Die Aufgabe der Kristallstrukturanalyse besteht in der Bestimmung der Atomlagen in der Elementarzelle. In der Regel erfolgt dieses aus den über Beugungsexperimente (Röntgen, Elektronen- oder Neutronenbeugung) bestimmten Strukturfaktoren. Die Bestimmung der Strukturfaktoren kann sowohl über die Auswertung der Intensität von Einkristallbeugungsaufnahmen als auch der Intensität von Pulverbeugungsdiagrammen erfolgen. Die Atomkoordinaten können leider nicht direkt aus den Strukturfaktoren ermittelt werden, da aus den gemessenen Beugungsintensitäten nur die $|F_{hkl}|^2$-Werte bestimmt werden können.

$$I_{hkl} = k \cdot |F_{hkl}|^2 \qquad F_{hkl} = |f_{hkl}|e^{i \cdot \varphi_{hkl}} \qquad (9.1)$$

Die Phase φ_{hkl} ist damit den Beugungsexperimenten nicht direkt zugänglich. Man spricht daher auch vom Phasenproblem der Kristallstrukturanalyse.

Der prinzipielle Ablauf einer Kristallstrukturanalyse besteht aus folgenden Schritten, ausführliche Beschreibungen sind von MASSA [112] dargelegt.

- Züchtung und Auswahl geeigneter Einkristalle und Montage auf dem Goniometerkopf
- Kristalljustierung und Zentrierung durch Justieraufnahmen (Röntgenfilmaufnahmen bzw. Flächedetektorsystem) bzw. Zentrierung des Einkristalls auf dem Vierkreis-Diffraktometer (EULER- bzw. Kappa-Geometrie) und Reflexsuche (Basissatz von ca. 20 gut im reziproken Raum verteilten Reflexen)
- Bestimmung der Orientierungsmatrix und der Gittermetrik
- Bestimmung der Anzahl der Formeleinheiten in der Elementarzelle
- Klärung des Vorhandenseins eines Inversionszentrums
- Bestimmung der Punkt- bzw. LAUE-, der Raumgruppe und des BRAVAIS-Typs
- Intensitätsmessung und Datenreduktion (LP-Korrektur, Absorptionskorrektur)
- Bestimmung der $|F(hkl)|$ aus den gemessenen Intensitäten
- Überprüfung der Raumgruppe
- Bestimmung der Phase (Lösung des Phasenproblems) und Lösung der Struktur (Berechnung der Elektronendichte)
- Verfeinerung des Strukturmodells
- kritische Prüfung des Strukturmodells

Dieser prinzipielle Ablauf muss gegebenenfalls leicht modifiziert bzw. ergänzt (z. B. Einführung anisotroper Temperaturfaktoren) werden. Eine ähnliche Vorgehensweise gilt für die Verfeinerung von Kristallstrukturen, welche häufig als eigenständige Aufgabe durchgeführt wird. Die Mehrzahl der Kristallstrukturbestimmungen erfolgt nach wie vor aus Daten von Einkristalluntersuchungen (Einkristalldiffraktometer bzw. Einkristallfilmaufnahmen). Die Anzahl gelöster Kristallstrukturen aus Pulverdaten hat jedoch mit der rasanten Entwicklung der Rechentechnik deutlich zugenommen. Die Verfeinerung von

Kristallstrukturen erfolgt immer häufiger über Pulverdaten, insbesondere unter Nutzung der RIETVELD-Methode. Obwohl eine Vielzahl sehr guter Software zur Kristallstrukturanalyse und Kristallstrukturverfeinerung existiert, erfordert die erfolgreiche Kristallstrukturanalyse nach wie vor sehr viel Erfahrung und umfassendes kristallographisches Wissen. Ein Materialwissenschaftler wird daher selten allein eine Kristallstrukturanalyse durchführen, sollte jedoch die Grundlagen kennen. Insbesondere bei der Verfeinerung von Kristallstrukturen wird der Materialwissenschaftler aber immer häufiger auf sich allein gestellt sein. Im Folgenden soll vorausgesetzt werden, dass die Gittermetrik, die Zahl der Formeleinheiten in der Elementarzelle und die LAUE-Symmetrie bekannt sind.

9.1 Ermittlung des Vorhandenseins eines Inversionszentrums

Wegen der Zentrosymmetrie des reziproken Raumes besteht keine Möglichkeit, das Inversionszentrum (Symmetriezentrum) auf direktem Wege röntgenographisch nachzuweisen. Mit röntgenographischen Methoden kann ein Inversionszentrum nur auf indirektem Wege nachgewiesen werden:

- indirekter Nachweis über gesetzmäßige Auslöschungen – z. B. sei über gesetzmäßige Auslöschungen die Symmetrieelementekombination $2_1/c$ nachgewiesen, diese Symmetrielementekombination bedingt ein Symmetriezentrum, somit ist dieses auf indirektem Wege nachgewiesen
- indirekter Nachweis auf Grund statistischer Aussagen über die Verteilung von Strukturamplituden (Intensitätsstatistik)

Neben diesen indirekten röntgenographischen Methoden kann ein Inversionszentrum mit physikalischen Verfahren nachgewiesen werden. Die wichtigsten Methoden sind:

- lichtoptische Vermessung der Kristallflächen mit einem 2-Kreis-Goniometer und Darstellung in stereographischer Projektion – Flächen in allgemeiner Lage besitzen bei Anwesenheit eines Inversionszentrums Fläche und Gegenfläche
- Auswertung der Symmetrie von Ätzfiguren auf verschiedenen Flächen – Aussage nicht immer eindeutig
- Untersuchung der optischen Aktivität – optische Aktivität tritt bei 15 der 21 nicht zentrosymmetrischen Kristallklassen auf
- Untersuchung der Pyroelektrizität
- Nachweis der Piezoelektrizität

Der Nachweis der An- bzw. Abwesenheit eines Inversionszentrums mit physikalischen Methoden erfordert sehr viel Erfahrung und ist nicht immer eindeutig.

Der indirekte Nachweis eines Inversionszentrums mit Hilfe der Intensitätsstatistik sei im Folgenden vorgestellt. WILSON zeigte 1949 erstmals, dass für zentrosymmetrische und nicht zentrosymmetrische Strukturen unterschiedliche Verteilungen der Messinformationen $|F(hkl)|$ auftreten. Für die Entscheidung, ob eine Kristallstruktur zentrosymmetrisch ist oder nicht, kann man den N(z)-Test nach HOWELLS, PHILLIPS und ROGERS (1950 vorgeschlagen) nutzen.

N(z) gibt den Bruchteil der Reflexe mit Intensitäten kleiner oder gleich der z-fachen mittleren Intensität an. Für zentrosymmetrische bzw. nicht zentrosymmetrische Strukturen gelten folgende Beziehungen für N(z):

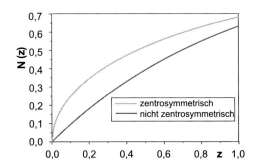

Bild 9.1: Intensitätsstatistik zentrosymmetrische und nicht zentrosymmetrische Kristallstrukturen

- nicht zentrosymmetrische Kristallstruktur: $N(z) = 1 - e^z$
- zentrosymmetrische Kristallstruktur: $N(z) = \text{erf}(\sqrt{z/2})$

Bild 9.1 zeigt die Verteilungen. Es ist jedoch zu beachten, dass es zu Abweichungen von dieser Intensitätsstatistik kommen kann:

- Bei der Kristallstruktur handelt es sich um eine hyperzentrische Struktur. Das ist eine zentrosymmetrische Struktur, bei der zusätzlich zentrosymmetrische Baugruppen auf einer allgemeinen Lage sitzen. In diesem Fall wird der N(z)-Kurvenverlauf angehoben.
- Schwere Atome nehmen spezielle Lagen ein. In diesem Fall wird der Kurvenverlauf nach unten gedrückt.
- Es treten systematische Intensitätsverteilungen im reziproken Raum auf. Das ist u. a. der Fall, wenn schwere Atome eine höhere Symmetrie als die Raumgruppensymmetrie haben (z. B. Schweratom auf der Schraubenachse in Richtung [001]). In diesem Fall wird der Kurvenverlauf angehoben.

Ausführlich Betrachtungen zur Intensitätsstatistik und Herleitungen der Verteilungsgleichungen finden sich bei WÖLFEL [183]. Die Intensitätsstatistik erfordert immer Einkristalldaten.

9.2 Kristallstrukturanalyse aus Einkristalldaten

Die im Folgenden beschriebenen Methoden wurden für die Auswertung von Einkristalldaten entwickelt. Sie sind prinzipiell jedoch auch für die Kristallstrukturbestimmung aus Pulverdaten einsetzbar. Bei der Benutzung von Pulverdaten sind jedoch einige Besonderheiten zu berücksichtigen, auf welche im nächsten Abschnitt kurz eingegangen wird.
Für die Kristallstrukturbestimmung aus Einkristalldaten kommen folgende grundlegenden Verfahren zum Einsatz:

Trial-and-Error-Verfahren:

Bei diesem Verfahren versucht man durch Variation eines Strukturvorschlages eine gute Übereinstimmung zwischen beobachteten und berechneten Strukturfaktoren zu erreichen.

Der Grad der Übereinstimmung wird durch den R-Faktor, Gleichung 9.2, beschrieben. Je kleiner dieser Wert ist, umso wahrscheinlicher ist die Richtigkeit des Strukturmodells.

$$R = \frac{\sum ||F(hkl)|_{exp} - |F(hkl)|_{theor}|}{\sum |F(hkl)|_{exp}} \qquad (9.2)$$

Der wichtigste Schritt dieser Methode ist dabei die Erstellung des Strukturvorschlages. Die Erstellung des Strukturvorschlags erfordert umfassende kristallchemische Kenntnisse. Aus diesem Strukturvorschlag können dann die benötigten Phasen berechnet und die Kristallstruktur iterativ verbessert werden. Der Einsatz des Trail-and-Error-Verfahrens war bis in jüngste Zeit auf einfache Kristallstrukturen begrenzt. Mit der Entwicklung immer schnellerer Rechentechnik kommt das Verfahren jedoch wieder des Öfteren zum Einsatz. Bei relativ einfachen Strukturen kann sogar auf einen Strukturvorschlag verzichtet werden.

Fouriersynthesen:

Eine Kristallstruktur kann sehr gut durch die periodische Elekronendichteverteilung $\rho(xyz)$ beschrieben werden. Die Maxima der Elektronendichteverteilung entsprechen den Atompositionen. Nach den Ausführungen im Kapitel 3.2 ist die Elektronendichteverteilung die Fouriertransformierte des Strukturfaktors:

$$\rho(\vec{r}) = \int_{S^*} F(\vec{r}^*) exp(-2\pi\imath \vec{r}^* \cdot \vec{r}) d\vec{r}^* \qquad (9.3)$$

bzw. kann als folgende Fouriersynthese berechnet werden:

$$\rho(xyz) = \frac{1}{V} \sum_{h,k,l=-\infty}^{+\infty} F(hkl) exp[-2\pi\imath(hx + ky + lz)] \qquad (9.4)$$

Könnte man aus den gemessenen Intensitäten direkt die Strukturfaktoren bestimmen, wäre die Elektronendichteverteilung und damit die Kristallstruktur direkt zugänglich, denn man könnte für jeden Punkt xyz in der Elementarzelle die Elektronendichte $\rho(xyz)$ berechnen. Wegen des bekannten Zusammenhangs $I \propto |F(hkl)|^2$ ist jedoch nur der Betrag des Strukturfaktors $|F(hkl)|$ zugänglich (Phasenproblem der Strukturanalyse). Somit kann die Elektronendichteverteilung nicht direkt berechnet werden. Man kann jedoch auch von der direkt zugänglichen Größe $|F(hkl)|^2$ eine Fouriertransformierte berechnen und somit eine modifizierte Fourierreihe aufstellen. Man erhält die so genannte PATTERSON-Funktion bzw. PATTERSON-Reihen $P(\vec{u})$:

$$P(\vec{u}) = \int_{V^*} |F(\vec{r}^*)|^2 exp(-2\pi\imath \vec{r}^* \cdot \vec{u}) d\vec{r}^* \qquad (9.5)$$

bzw. die folgende Fouriersynthese:

$$P(uvw) = \frac{1}{V} \sum_{h,k,l=-\infty}^{+\infty} |F(hkl)|^2 exp[2\pi\imath(hu + kv + lw)] \tag{9.6}$$

Man kann zeigen, dass für die PATTERSON-Funktion folgender Zusammenhang gilt:

$$P(\vec{u}) = \int_V \rho(\vec{r})\rho(\vec{r}+\vec{u})d\vec{r} \tag{9.7}$$

Zur Unterscheidung von der Elektronendichte verwendet man für die PATTERSON-Funktion die Symbole $\vec{u}$ bzw. uvw für die Koordinaten im PATTERSON-Raum. Diese beziehen sich auch auf die Achsen der Elementarzelle, die auftretenden Maxima sind jedoch nicht direkt mit den Atomkoordinaten xyz korreliert.
Die PATTERSON-Funktion zeichnet sich durch folgende Eigenschaften aus:

- Die PATTERSON-Funktion hat ihre Maxima an den Stellen der interatomaren Abstandsvektoren und im Nullpunkt.
- Alle interatomaren Abstandsvektoren werden von einem Punkt aus aufgetragen.
- $P(\vec{u})$ hat die gleiche Elementarzelle wie $\rho(\vec{r})$.
- Die Symmetrie von $P(\vec{u})$ wird durch die Symmetrie von $|F(hkl)|^2$ bestimmt, sie ist damit immer zentrosymmetrisch.
- Zentrierte Elementarzellen bleiben erhalten, womit sich insgesamt 21 verschiedene Symmetrien des PATTERSON-Raumes ergeben.
- Bei N Atomen in der Elementarzelle gehen von jedem Atom N-1 Abstandsvektoren (interatomare Vektoren) aus. Damit ergeben sich in der Elementarzelle des PATTERSON-Raumes N(N-1) Maxima und das Maximum im Nullpunkt.
- Die relativen Intensitäten I_P der PATTERSON-Maxima sind proportional dem Produkt der Ordnungszahlen Z_i bzw. Z_j der beiden Atome an den Enden des jeweiligen interatomaren Abstandsvektors.

$$I_P = Z_i \cdot Z_j \tag{9.8}$$

Die Entstehung der PATTERSON-Maxima zeigt Bild 9.2. PATTERSON-Maxima, die von schweren Atomen (Ordnungszahl > 20) herrühren, sind somit besonders leicht erkennbar.
- Der Nullpunkt hat die höchste relative Intensität, da jedes Atom zu sich selbst den Abstand Null hat.

Auf der leichten Erkennbarkeit der Maxima von Schweratomen beruht die so genannte Schweratommethode zur Lösung des Phasenproblems. In der Regel wird ein Schweratom aus der PATTERSON-Synthese lokalisiert. Dieser Weg führt sehr leicht zum Ziel, wenn nur wenige schwere Atome neben leichten Atomen vorhanden sind. Die Methode des isomorphen Ersatzes beruht auf demselben Prinzip. Bei dieser Methode werden gezielt schwere Atome (Br, I usw.) während der Kristallzüchtung in die Kristallstruktur eingebaut, ohne dass sich merkliche Änderungen in der Gittermetrik und den Atomlagen ergeben. Sind in

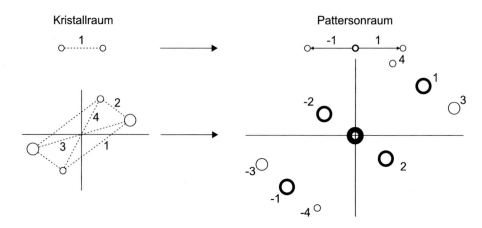

Bild 9.2: Entstehung der Maxima in der PATTERSON-Synthese

der Struktur keine bzw. viele Schweratome vorhanden, dann kann man mit so genannten Bildsuchmethoden Erfolg haben. Bei zu vielen ähnlich schweren Atomen kommt jedoch auch diese Methode trotz modernster Rechentechnik an ihre Grenzen, so dass in diesem viel häufig andere Methoden eingesetzt werden müssen.

Direkte Methoden der Phasenbestimmung:

Bei diesen Verfahren wird versucht, die unbekannte Phase bzw. die Atomkoordinaten direkt aus den Messgrößen $|F(hkl)|^2$ zu bestimmen. Die direkten Methoden beruhen auf zwei Tatsachen:
- auf mathematischen Beziehungen, welche zwischen den Strukturamplituden und den Phasen bestehen – diese Aussagen können innerhalb berechenbarer Wahrscheinlichkeiten getroffen werden
- darauf, dass die Elektronendichte keine beliebigen Werte annehmen kann, sondern physikalisch sinnvoll sein muss (keine negativen Elektronendichten, annähernd punktförmige Maxima der Elektronendichte, jedoch keine extreme Anhäufung von Elektronen usw.)

Auf den erwähnten mathematischen Beziehungen beruht die bereits vorgestellte Intensitätsstatistik zur Entscheidung, ob ein Inversionszentrum vorhanden ist. Der Ursprung der direkten Methoden liegt in den Arbeiten von HARKER und KASPER. Diese fanden 1948, dass beim Vorhandensein von Symmetrieelementen Zusammenhänge zwischen den Strukturamplituden bestimmter Reflexpaare bestehen. Anstelle der Strukturfaktoren arbeitet man mit den so genannten unitären Strukturamplituden U:

$$U(\vec{r}^*) = F(\vec{r}^*)/\sum_{j=1}^{N} f_j = \sum_{j=1}^{N} n_j e^{2\pi i (\vec{r}^* \vec{r}_j)} \quad \text{mit} \tag{9.9}$$

$$n_j = f_j / \sum_{j=1}^{N} f_j \tag{9.10}$$

Die unitäre Strukturamplitude besitzt denselben Phasenfaktor und damit dasselbe Vorzeichen wie der Strukturfaktor. Für die unitären Strukturamplituden entwickelten HARKER und KASPER eine Methode, um ihr Vorzeichen zu bestimmen. Auf der Grundlage der aus der Mathematik gut bekannten CAUCHY-SCHWARZschen Ungleichung führten sie die nach ihnen benannten HARKER-KASPER-Ungleichungen ein. So gilt für ein Symmetriezentrum $\bar{1}$:

$$|U(hkl)|^2 \leq \frac{1}{2}(1 + U(2h,2k,2l)) \tag{9.11}$$

Eine eindeutige Entscheidung des Vorzeichens erfordert jedoch, dass beide U-Werte groß sind, was häufig nicht der Fall ist. Für jede Raumgruppe kann man derartige Ungleichungen herleiten. Man findet sie in den International Tables. In der Regel wird man aus diesen Ungleichungen das Vorzeichen der unitären Strukturamplituden nur mit einer gewissen Wahrscheinlichkeit erhalten. Neben der bereits aufgeführten mathematischen Beziehung gibt es ein Reihe weiterer Gleichungen. Dazu gehören die SAYRE-Gleichungen und die darauf beruhenden Triplett-Beziehungen. Bezüglich der Einzelheiten sei auf die Fachliteratur zur Kristallstrukturanalyse verwiesen [183, 112].

Methode der anormalen Dispersion:

Bei diesem Verfahren handelt es sich um eine Methode der experimentellen Phasenbestimmung. Die Methode beruht auf Beugungseffekten, welche auftreten, wenn die Frequenz der benutzten Röntgenstrahlung in der Nähe der Absorptionskante eines Atoms bzw. einer Anzahl von Atomen liegt. In diesem Fall treten zwei Effekte auf:

- Wenn die Energie der Röntgenstrahlung etwas größer ist als die Ionisierungsenergie für die innere Elektronenschalen dieser Atome (z. B. K-Schale), dann löst ein Teil der auftreffenden Quanten diese Ionisation aus. Das führt zu einer ungerichteten Emission von Röntgenstrahlung (z. B. K_α-Strahlung) und dieses wiederum zu einer erhöhten Untergrundstrahlung.
- Die Röntgenstrahlung erfährt in Folge der starken Wechselwirkung an diesen Atomen eine kleine Änderung in Amplitude und Phase. Diesen Vorgang nennt man anomale Streuung bzw. anomale Dispersion. Dieser Streubeitrag wird im Atomformfaktor f, Gleichung 9.12, durch zwei Zusatzterme beschrieben, den Realteil $\Delta f'$ und den Imaginärteil $\Delta f''$.

$$f = f_0 + \Delta f' + \imath \Delta f'' \tag{9.12}$$

Der Realteil kann positiv oder negativ sein. Der Imaginärteil ist immer positiv. Das bedeutet, dass die anomale Streuung immer einen kleinen Phasenwinkel addiert. Es stellt sich jetzt die Frage, welche Auswirkung die anomale Dispersion auf die FRIEDELsche Regel hat. Wir betrachten dazu zunächst einen zentrosymmetrischen Kristall. Der Strukturfaktor lautet in diesem Fall:

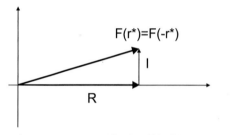
a) zentrosymmetrische Struktur

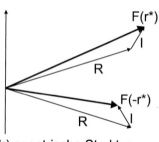
b) azentrische Struktur

Bild 9.3: $F(\vec{r}^*)$ im Falle anomaler Streuer

$$F(\vec{r}^*) = \sum_{J=1}^{N} f_j e^{2\pi i(\vec{r}^* \cdot \vec{r}_j)} = \sum_{j=1}^{N/2} f_j (e^{2\pi i(\vec{r}^* \cdot \vec{r}_j)} + e^{-2\pi i(\vec{r}^* \cdot \vec{r}_j)}) \qquad (9.13)$$

Durch Einsetzen von Gleichung 9.12 und Umformen erhält man:

$$F(\vec{r}^*) = 2[\sum_{j=1}^{N/2}(f_0 + \Delta f_j{}') \cos 2\pi(\vec{r}^* \cdot \vec{r}_j) + i \sum_{j=1}^{N/2} \Delta f_j{}'' \cos 2\pi(\vec{r}^* \cdot \vec{r}_j)] \qquad (9.14)$$

Es wird eindeutig ersichtlich, dass $F(\vec{r}^*)$ und $F(-\vec{r}^*)$ gleich sind und somit die FRIEDELsche Regel gültig ist. Für den Fall eines Kristalls ohne Symmetriezentrum gilt:

$$F(\vec{r}^*) = \sum_{j=1}^{N}(f_{0j} + \Delta f_j{}')e^{2\pi i(\vec{r}^* \cdot \vec{r}_j)} + i \sum_{j=1}^{N} \Delta f_j{}'' e^{2\pi i(\vec{r}^* \cdot \vec{r}_j)} \qquad (9.15)$$

Stellt man $F(\vec{r}^*)$ in der GAUSSschen Zahlenebene, Bild 9.3, dar, erkennt man, dass $|F(\vec{r}^*)| \neq |F(-\vec{r}^*)|$. Die Unterschiede der Strukturfaktoren der FRIEDEL-Paare

$$D(\vec{r}^*) = |F(\vec{r}^*)|^2 - |F(-\vec{r}^*)|^2 \qquad (9.16)$$

werden als BIJVOET-Differenzen bezeichnet. Aus diesen Differenzen lassen sich die gesuchten Phasenwinkel ermitteln. Für genauere Ausführungen zur Bestimmung der Phasenwinkel sei auf WÖLFEL [183] verwiesen.

9.3 Strukturverfeinerung

Nachdem mit den bisher beschriebenen Methoden ein Strukturmodell erhalten wurde, wird in der Regel eine so genannten Strukturverfeinerung angeschlossen. Ziel der Strukturverfeinerung ist es, die Lagen der Atome mit hoher Genauigkeit festzulegen und die thermische Bewegung der Atome durch anisotrope Temperaturfaktoren zu beschreiben.

Ein Kriterium für die Güte der Strukturbestimmung ist der R-Faktor.

$$R = \frac{\sum ||F(hkl)|_{exp} - |f(hkl)|_{theor}|}{\sum |F(hkl)|_{exp}} \qquad (9.17)$$

Zwei Methoden sind besonders wichtig:
- die Methode der kleinsten Fehlerquadrate
- die Differenzfouriersynthese

Die Differenzfouriersynthese mit $F(hkl)_{exp} - F(hkl)_{theor}$ als Koeffizienten, wird in der Regel im fortgeschrittenem Stadium der Strukturanalyse eingesetzt. Ziel sind Erkenntnisse über Einzelheiten der Elektronendichteverteilung. So kann man u. a. recht gut die Lage von Wasserstoffatomen bestimmen. Aber auch bei der Bestimmung der anisotropen Schwingungen von Atomen bzw. Atomgruppen wird diese Methode eingesetzt. Bezüglich der Einzelheiten der Strukturverfeinerung sei wiederum auf die Fachliteratur zur Kristallstrukturanalyse verwiesen [112].

9.4 Kristallstrukturanalyse aus Polykristalldaten

Bisher wurde für die Kristallstrukturanalyse die Auswertung von Einkristalldaten betrachtet. Einkristalluntersuchungen haben den Vorteil, dass in der Regel ca. 50 bis 100 mal mehr Reflexintensitäten als zu bestimmende Atomlagen zur Auswertung zur Verfügung stehen. Pulverdiagramme enthalten dagegen sehr viel weniger Reflexe, womit eine Kristallstrukturanalyse zunächst als kaum möglich erscheint. Durch RIETVELD wurde in den Jahren 1967 und 1969 ein Ausweg aus diesem Problem vorgestellt. RIETVELD verwendete als Messwerte nicht die Reflexintensitäten, sondern die Zählraten der einzelnen Messpunkte des Pulverdiagramms (bis zu einigen 1 000 Peaks bei niedrigsymmetrischn Kristallklassen). In der Pulveraufnahme sind die räumlichen Informationen der Beugungsreflexe verloren gegangen, die Folge sind Überlagerungen einzelner Reflexe die eine Trennung einzelner Netzebenen z.T. unmöglich gestalten.

Die RIETVELD-Methode ist eigentlich eine Strukturverfeinerung, d.h. es ist notwendig, mit einem dem Ergebnis schon sehr nahe kommenden Startmodell einer Struktur eines Kristalles zu beginnen. Mittels der Rechnungen werden nur die Atomlagen so in ihren Positionen verändert, bis eine weitgehende Übereinstimmung zwischen dem errechneten und dem gemessenem Diffraktogramm erfolgt. Die Intensitäten der Einzelreflexe aus den individuellen Strukturfaktoren F_{hkl} werden zu zusammenfallenden Beiträgen von Reflexgruppen zusammengefasst. In den zu untersuchenden Proben auftretenden Texturefekte, die Realstrukturfehler und die Eigenspannungen (besonders bei Pulvern Spannungen III. Art) führen zu Intensitätsverschiebungen. Dies wird z.T. mit zusätzlichen verfeinernden Orientierungsparametern korrigiert. Die im Kapitel 8 aufgeführten Probleme der mathematischen Beschreibung der Einzelprofile verlagert sich auf alle Beugungsreflexe und kann zu einem zu lösenden Parameterfeld von mehr als 100 Parametern führen. Die Konvergenz der Anfittung ist damit gefährdet. Die Fundamentalparameteranalyse [96] und die mathematischen neuen Fitmethoden [43] haben dazu geführt, dass die Strukturverfeinerung jetzt mit diesen Hilfsmittel durchgeführt wird.

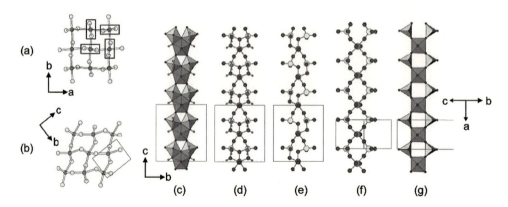

Bild 9.4: Ergebnis der Strukturanalyse und Darstellung der Phasentransformation
$ZrMo_2O_7(OH)_2 \cdot H_2$ in LT $-$ $ZrMo_2O_8$ nach [17] - Erklärungen im Text

An kubischen $ZrMo_2O_8$, einem interessanten Material mit stark negativem Temperaturkoeffizienten, sollen Vorgehensweise und Ergebnisse der Strukturanalyse von weiteren Zwischenphasen nach ALLEN [17] überblicksartig dargestellt werden. Die technisch interessante kubische Phase ist eine metastabile Phase, die erst ab 750 K auftritt. Stabile Phase bei Raumtemperatur ist eine trigonale Phase.

Als Ursache für das Temperaturverhalten wird bei dem kubischen Material die Gerüststruktur von ZrO_6- und MoO_4-Anteilen angesehen. Die Herstellung solcher metastabilen Substanzen kann neben der Synthese aus den binären Oxiden und Abschreckung auch über den Zerfall von $ZrMo_2O_7(OH)_2 \cdot H_2$ erfolgen. Die beim Zerfall auftretende Zwischenphase LT $-$ $ZrMo_2O_8$ wurde an einem Diffraktometer, ausgerüstet mit (1 1 1)-Ge-Monochromator, Hochtemperaturkammer und linearem PSD-Detektor, nachgewiesen. Die Fundamentalparameteranalyse wurde zur Auswertung der temperaturabhängigen Röntgendiffraktogramme genutzt. Es sind neun Parameter für den Untergrund, die drei Parameter für die Gitterkonstanten, sechs Peakparameter für die verwendete VOIGT-Funktion des Peakverlaufes und ein Parameter für die Probenhöhe verfeinert worden. Bei der Kristallstruktur sind 19 Atomkoordinaten innerhalb der Elementarzelle und sechs Temperaturfaktoren in die Analyse eingeflossen. In Auswertung der Pulverdiffraktogramme ergeben sich Kristallstrukturen, die das Ausdehnungsverhalten erklären können [17].

Im Bild 9.4 sind im Teilbild a und b die Draufsichten der Zr-Mo Brücken für die $ZrMo_2O_7(OH)_2 \cdot H_2$- und LT $-$ $ZrMo_2O_8$-Phase unter Weglassen der Sauerstoffatome gezeigt. In Teilbild c ist die Ausgangsphase in der bc-Ebene gezeigt. Mit Verminderung der Temperatur wird in den Teilbildern d-f die Eliminierung des Wassers und das Aufbrechen einer Mo-O Bindung gezeigt. Teilbild g zeigt dann die entstandene LT $-$ $ZrMo_2O_8$-Phase. Der Existenzbereich dieser orthorhombischen Zwischenphase (Raumgruppe $Pmn2_1$) konnte in einem Temperaturbereich zwischen 350 $-$ 920 K mittels Röntgendiffraktometrie und Hochtemperaturkammer unter Anwendung der Fundamentalparameteranalyse nachgewiesen werden [17]. Diese Zwischenphase begünstigt das Wachstum der gewünschten kubischen Phase.

10 Röntgenographische Spannungsanalyse

Schon in den 20-ger Jahren des letzten Jahrhunderts wurde erkannt, dass die Röntgenbeugung Informationen über den Dehnungszustand eines Materials liefern kann. Hieraus entwickelten sich eine Reihe von Verfahren, die es erlauben, mit Hilfe der Röntgenbeugung den Dehnungs- und Spannungszustand eines Materials zu bestimmen. Sie werden unter dem Begriff der »Röntgenographischen Spannungsermittlung« (RSE) zusammengefasst. Begleitet von vielen Fortschritten der apparativen Messtechnik wurde die RSE in den letzten Jahrzehnten wesentlich durch die Arbeiten von E. MACHERAUCH und V. HAUK gefördert. Sie initiierten u.a. die heute alle vier Jahre stattfindenden europäischen (ECRS) und internationalen (ICRS) Tagungen über Eigenspannungen. Umfassende Darstellungen der Entwicklung und Anwendung geben u. a. die Bücher [68, 122]. In den folgenden Kapiteln sind die wesentlichen Grundlagen des Verfahrens zusammengestellt. Manche der besprochenen Herleitungen sind in ausführlicherer Form in [27] enthalten. Die Darstellungen und Beispiele stammen größtenteils aus [68, 27], wo auch jeweils die genauen Zitate angeführt sind.

10.1 Spannungsempfindliche Materialeigenschaften und Messgrößen

Mechanische Spannungen sind über die elastischen Materialeigenschaften mit den elastischen Dehnungen verknüpft, d.h., es ändern sich die Abstände und relativen Positionen der Gitterpunkte eines Kristalls oder der Teilvolumina eines Bauteils. Hierdurch erfahren eine Reihe von Messgrößen und Materialeigenschaften messbare Änderungen [81, 141]. So vergrößern oder verkleinern sich die Abstände der Netzebenenscharen, wenn auf einen Kristall eine Kraft ausgeübt und dadurch Spannungen im Material induziert werden. Da man mit der Röntgenbeugung Netzebenenabstände äußerst genau bestimmen kann, siehe Kapitel 7.2, ist dies ein mögliches Verfahren der Dehnungsbestimmung und Spannungsanalyse. Es gibt eine Reihe weiterer Messgrößen, die aufgrund des Auftretens von Spannungen Änderungen erfahren. Obwohl sich dieses Kapitel mit der röntgenographischen Spannungsanalyse beschäftigt, werden aber auch diese Verfahren kurz angerissen, da es für manche Aufgabenstellungen notwendig sein kann, die Ergebnisse unterschiedlicher Messverfahren zu kombinieren. Neben der Röntgenbeugung werden hauptsächlich mechanische-, Ultraschall- und magnetische Spannungsmessverfahren angewandt. Die Messgrößen und Messverfahren sind im Folgenden kurz beschrieben. Hierbei soll nicht auf die Messtechnik der einzelnen Verfahren eingegangen werden, dies ist ausführlich z. B. in [68, 138] geschehen, sondern auf die prinzipiellen Zusammenhänge der Spannungen mit den physikalischen Materialeigenschaften.

10 Röntgenographische Spannungsanalyse

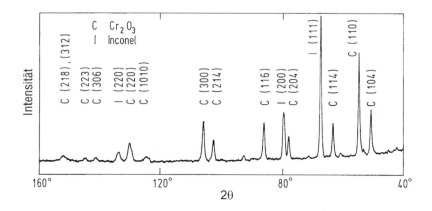

Bild 10.1: Diffraktogramm einer Chromoxidschicht auf einem Inconel-Substratwerkstoff, aufgenommen mit Cr-Kα-Strahlung

10.1.1 Netzebenenabstände, Beugungswinkel, Halbwertsbreiten

Durch mechanische Spannungen werden kleine relative Verschiebungen der Atompositionen innerhalb des Kristallgitters hervorgerufen. Damit ändern sich i. A. auch die mittleren Abstände der Netzebenenscharen d_{hkl}, die üblicherweise durch ihre MILLER-Indizes $(h\,k\,l)$ beschrieben werden. Gemäß der BRAGGschen-Gleichung 3.119 ist der Reflexionswinkel 2θ eindeutig verknüpft mit dem Netzebenenabstand der reflektierenden Ebenenschar. Jede Interferenz eines Diffraktogramms entspricht genau einer Netzebenenschar. Anhand der Struktur der auftretenden Interferenzen und deren Intensitäten kann die Kristallstruktur des Werkstoffes bestimmt werden. Wenn sich also ein Netzebenenabstand aufgrund von mechanischen Spannungen vergrößert oder verkleinert, führt dies zu einer entsprechenden Verschiebung der Interferenzlinie. Kleine Änderungen der Netzebenenabstände aufgrund von mechanischen Spannungen führen zu kleinen Verschiebungen der Interferenzlinien im Bereich von $0{,}01° - 0{,}5°$. Die Struktur des Diffraktogramms wird dadurch nicht geändert, aber die kleinen Verschiebungen der Interferenzlinien lassen sich sehr genau bestimmen. Damit ergibt sich also die grundsätzliche Möglichkeit, Spannungen und Dehnungen über die Beugung von Röntgen- und Neutronenstrahlen an den Kristallgittern experimentell zu ermitteln. Da sich die Netzebenenabstände in den verschiedenen Phasen unterscheiden, lassen sich diese wie in Bild 10.1 anhand der Struktur der auftretenden Interferenzlinien identifizieren und somit separat untersuchen.

10.1.2 Makroskopische Oberflächendehnung

Makroskopische Oberflächendehnungen lassen sich mit Hilfe von Dehnungsaufnehmern und optischen Methoden an der Oberfläche eines Körpers oder durch Vermessung der Form bzw. des Verzuges einer Probe bestimmen [130]. Das Prinzip der mechanischen Methoden der Eigenspannungsbestimmung ist, den vorhandenen Spannungszustand lokal auszulösen, indem Schnitte oder Bohrungen in das Bauteil eingebracht werden. Die mit der Spannungsrelaxation verbundenen Dehnungen und Verschiebungen werden an der

Oberfläche erfasst. Dies sind zunächst nur Änderungen gegenüber dem Ausgangszustand. Der absolute Wert der ursprünglich vorhandenen Dehnungen ergibt sich erst, wenn angenommen werden kann, dass der dehnungsfreie Zustand erreicht ist. Die bekannten Methoden sind Bohrlochverfahren, Ringkernverfahren und Zerlegeverfahren. Die Dehnungen werden meist über Dehnungsmessstreifen (DMS) bzw. Bohrlochrosetten aufgenommen. Bei der großflächigen Bestimmung von Dehnungsverteilungen bieten sich optische Methoden wie das Moirée-Verfahren an. Bei schichtweisem Abtrag kann auch die Krümmung der Probe als Maß verwendet werden. Die Umrechnung der Dehnungen in makroskopische Spannungen erfolgt mit Hilfe der makroskopischen Elastizitätskonstanten und muss die Geometrie der Probe wie auch die der auslösenden Eingriffe (z. B. Bohrungen, Schnitte) berücksichtigen.

10.1.3 Ultraschallgeschwindigkeit

Die Geschwindigkeit von Ultraschallwellen in Festkörpern ist durch deren Dichte und Elastizitätskonstanten bestimmt. Für makroskopisch isotrope Festkörper sind die Geschwindigkeiten v_L und v_T der Longitudinal- bzw. der Transversalwellen durch die Lamé-Konstanten λ und μ sowie die Dichte ρ bestimmt:

$$\rho\, v_L^2 = \lambda + 2\mu \quad ; \quad \rho\, v_T^2 = \mu \tag{10.1}$$

In diesen Beziehungen sind die elastischen Konstanten bis zur 2. Ordnung berücksichtigt. Eine Abhängigkeit von dem Dehnungs- oder dem Spannungszustand liegt insoweit nicht vor. Diese tritt erst auf, wenn Konstanten dritter Ordnung mit einbezogen werden:

$$\sigma_{ij} = c_{ijkl}\, \epsilon_{kl} + c_{ijklmn}\, \epsilon_{kl}\, \epsilon_{mn} + \ldots \tag{10.2}$$

Die in 10.2 auftretenden Konstanten 2. Ordnung c_{ijkl} werden im Kapitel 10.2.2 behandelt. Für elastisch isotrope Körper gibt es demnach nur zwei unabhängige Moduln, die entsprechend Tabelle 10.2 gewählt werden können. Von den Moduln 3. Ordnung C_{ijklmn} sind maximal 56 Werte unabhängig, bei isotroper Symmetrie verbleiben aber nur 3 unabhängige Konstanten, die mit m, n, l bezeichnet werden. Mit der Berücksichtigung der Konstanten dritter Ordnung werden die Schallgeschwindigkeiten der verschiedenen Wellenmoden abhängig von den Spannungen. In den Richtungen der Hauptachsen des Spannungssystems ergeben sich die Schallgeschwindigkeiten der verschiedenen Wellenmoden zu [148]:

$$\rho\, v_{ii}^2 = \lambda + 2\mu + (2l + \lambda)(\epsilon_{ii} + \epsilon_{jj} + \epsilon_{kk}) + (4m + 4\lambda + 10\mu)\, \epsilon_{ii}$$
$$\rho\, v_{ij}^2 = \mu + (\lambda + m)(\epsilon_{ii} + \epsilon_{jj} + \epsilon_{kk}) + 4\mu\, \epsilon_{ii} + 2\mu\, \epsilon_{jj} - 0{,}5n\, \epsilon_{kk}$$
$$\rho\, v_{ik}^2 = \mu + (\lambda + m)(\epsilon_{ii} + \epsilon_{jj} + \epsilon_{kk}) + 4\mu\, \epsilon_{ii} - 0{,}5n\, \epsilon_{jj} + 2\mu\, \epsilon_{kk} \tag{10.3}$$

Der erste Index der Schallgeschwindigkeit v_{ij} kennzeichnet die Ausbreitungsrichtung, der zweite Index die Schwingungsrichtung. Somit ist v_{ii} die Geschwindigkeit der Longitudinalwelle, und v_{ij}, v_{ik} sind diejenigen der beiden Transversalwellen unterschiedlicher Polarisation, jeweils mit Ausbreitungsrichtung i. Bild 10.2 zeigt die prinzipielle Empfindlichkeit

298 10 Röntgenographische Spannungsanalyse

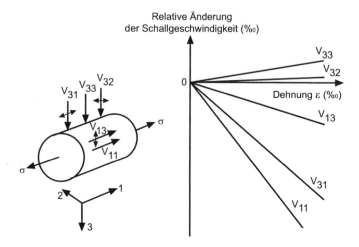

Bild 10.2: Relative Änderungen der Schallgeschwindigkeiten der unterschiedlichen Wellenmoden mit der elastischen Dehnung [148]

der Schallgeschwindigkeiten gegenüber dem Dehnungszustand. Bei der Anwendung des Verfahrens ist unbedingt zu beachten, dass die Gefügestruktur und die Textur des Materials sich in ähnlicher Größenordnung auf die Schallgeschwindigkeit auswirken wie die Spannungen. Eine sorgfältige Trennung dieser verschiedenen Einflüsse ist also in jedem Fall notwendig [148].

10.1.4 Magnetische Kenngrößen

Ferromagnetische Werkstoffe zeichnen sich durch spontane Magnetisierung und hohe Permeabilität aus. Die Kristallite unterteilen sich spontan in so genannte Weißsche Bezirke, innerhalb derer die Dipolmomente parallel ausgerichtet sind. Die Größe dieser Bezirke liegt im Bereich von 5 – 10 µm. Bezirke unterschiedlicher Polarisierung werden durch Blochwände mit einer Dicke von 100 – 1 000 Atomlagen getrennt, in denen sich die Polarisierung kontinuierlich in der Ebene der Blochwand ändert. Beim Anlegen einer magnetischen Feldstärke verschieben sich die Blochwände zugunsten derjenigen Bezirke, die energetisch günstig zur Richtung der Feldstärke polarisiert sind. Bei höheren Feldstärken im Bereich der Sättigungsmagnetisierung kommt es dann auch zu Drehungen der Polarisation in Richtung der Feldstärke. Die Änderung der lokalen Polarisation und die Verschiebung von Blochwänden sind mit einem Energieaufwand verbunden und werden durch jede Art von Gitterfehlern erschwert. Dies äußert sich in der Fläche der Hystereseschleife. Die Verschiebung der Blochwände und die Änderung der Polarisationsrichtung geschieht nicht kontinuierlich, sondern in kleinen Sprüngen, womit sich auch die magnetische Induktion diskontinuierlich erhöht, wie dies in Bild 10.3 angedeutet ist. Diese Sprünge lassen mit einer Induktionsspule als so genanntes BARKHAUSEN-Rauschen erfassen.

Die eigentliche Ursache dafür, dass mikromagnetische Kenngrößen des Materials mit dem vorliegenden Spannungszustand korreliert werden können, ist das magnetostriktive Ver-

10.1 Spannungsempfindliche Materialeigenschaften und Messgrößen 299

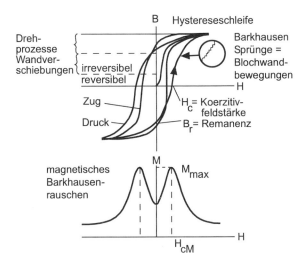

Bild 10.3: Aus der Hystereseschleife abgeleiteten Kenngrößen

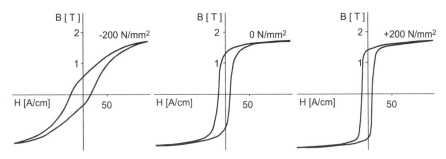

Bild 10.4: Formen der Hystereseschleifen von Stahl bei verschiedenen Spannungszuständen [169]

halten der Kristalle. Änderungen der Polarisationsrichtung sind mit Längenänderungen, also Dehnungen verknüpft. Blochwandverschiebungen und Polarisationsdrehungen werden erleichtert, wenn die damit verbundenen Dehnungen dasselbe Vorzeichen wie die vorliegenden elastischen Spannungen haben, im anderen Fall werden sie erschwert. Bild 10.4 zeigt den Einfluss von elastischen Spannungen auf die Hystereseschleife eines Stahles [169]. Einige weitere magnetische Kenngrößen sind ebenfalls empfindlich gegenüber elastischen Spannungen. Für die Spannungsanalyse werden u. a. die Barkhausenrauschamplitude M_{Max} und die Koerzitivfeldstärke H_{CM} genutzt. Die Zusammenhänge mit den Spannungen sind nicht-linear. Auch muss beachtet werden, dass alle magnetischen Kenngrößen stark von der Mikrostruktur des Werkstoffs abhängen.

Tabelle 10.1: Wirkungen von Spannungen auf verschiedene Kenngrößen, Messgrößen der Verfahren und Art der zu bestimmenden Eigenspannung, siehe Tabelle 10.5

Messverfahren	Ursächliche Auswirkung mechanischer Spannungen	direkte Messgröße	notwendige Daten für die Spannungsauswertung	ausgenutzte Materialeigenschaft	Spannung
mechanische Verfahren, optische Verfahren	Änderung des makroskopischen Dehnungszustandes	Formänderung beim Aufbringen von Spannungen, Dehnungsrelaxation beim Auslösen von Eigenspannungen	Oberflächendehnung, Verzug	Einstellung des Spannungs- und Momentengleichgewichtes	σ^I
Ultraschallverfahren	Änderung des mittleren Atomabstandes	Ultraschallgeschwindigkeit	Messung der Geschwindigkeitsunterschiede verschiedener Wellenmoden	Potentialverlauf über dem Atomabstand ist nicht parabelförmig	σ^I
Beugungsverfahren mit Röntgenstrahlen oder Neutronen	Änderung der mittleren Gitterebenenabstände	Beugungswinkel von Röntgen- und Neutronenstrahlen	Peakverschiebung in unterschiedlichen Messrichtungen	Streuung an Atomhüllen bzw. -kernen. Lage der konstruktiven Interferenz ist abhängig vom mittleren Atomabstand	σ^I $\langle\sigma^{II}\rangle$ $\langle\sigma^{III}\rangle$
	Änderung der Verteilung der Gitterebenenabstände	Profil und Breite der Interferenzlinien	Linienprofil mehrerer Gitterebenen, Trennung des Geräte- und des Korngrößeneinflusses	die Breiten der Linien werden u.a. durch die Streuung der Gitterebenenabstände um ihre Mittelwerte bestimmt	$\Delta\sigma$
magnetische Verfahren	Behinderung der magnetostriktiven Dehnungen	Koerzitivfeldstärke, Barkhausenrauschamplitude, dynamische Magnetostriktion	je nach Werkstoffzustand geeignete Kombination verschiedener Kenngrößen	spontane Magnetisierung, Blochwandverschiebung durch äußere Magnetfelder	σ^I $\langle\sigma^{II}\rangle$

10.1.5 Übersicht der Messgrößen und Verfahren

Mechanische, Ultraschall- und magnetische Kenngrößen können im Wesentlichen mit makroskopischen Spannungszuständen korreliert werden. Die bei Beugungsuntersuchungen erfassten Gitterdehnungen werden dagegen sowohl von Makrospannungen als auch von den verschiedenen Arten der Mikrospannungen beeinflusst. Für die Trennung der unterschiedlichen Spannungen ist teilweise eine unabhängige Bestimmung der Makrospannungen mit einem der anderen Verfahren notwendig, vgl. Kapitel 10.9. Tabelle 10.1 fasst noch einmal die wichtigsten spannungsempfindlichen Materialeigenschaften, deren physikalische Grundlagen sowie die Messgrößen zusammen.

Neben den aufgeführten Größen sind auch andere Messgrößen prinzipiell empfindlich gegenüber Spannungen und Dehnungen. Für Halbleitermaterialien wie Silizium wurde in den letzten Jahren zunehmend die Verschiebung des RAMAN-Spektrums für die Spannungsanalyse genutzt. Weitere Effekte, wie die Änderung des elektrischen Widerstands mit der mechanischen Spannung, die Verschiebung und Verbreiterung von Fluoreszenzspektren und die Verschiebung der Kern-Quadrupol-Resonanzen haben bislang keine praktische Bedeutung für die Spannungsermittlung an technischen Werkstoffen erlangt.

10.2 Elastizitätstheoretische Grundlagen

Die Auswertung und Interpretation der Ergebnisse röntgenographischer Dehnungs- und Spannungsbestimmungen erfordern einige grundlegende Definitionen und Zusammenhänge der Elastizitätstheorie, die in den folgenden Kapiteln besprochen werden. In den dargestellten Gleichungen wird dabei durchgängig die Summationskonvention verwendet, d.h., tritt innerhalb eines Terms ein Index i doppelt auf, so wird der Term für $i = 1,2,3$ summiert:

$$a_i\, b_i = \sum_{i=1}^{3} a_i\, b_i \tag{10.4}$$

10.2.1 Spannung und Dehnung

Innerhalb eines Materials üben benachbarte Materialgebiete i. A. Kräfte aufeinander aus, da sie sich bei Erwärmung, Phasenumwandlung oder Verformung unterschiedlich ausdehnen und somit gegenseitig behindern. Um dann die Kontinuität des Materials zu erhalten, ohne dass die unterschiedlichen Ausdehnungen durch Risse oder plastische Verformungen ausgeglichen werden, sind Kräfte notwendig, die diese Dehnungsinkompatibilitäten kompensieren. Die Stärke dieser elastischen Wechselwirkung zwischen benachbarten Gebieten wird durch den Begriff der Spannungen beschrieben.

Zur Definition der Spannungen betrachtet man ein kleines Volumen innerhalb oder am Rand eines Materials. Die direkte Umgebung übt i. A. Kräfte auf die Oberfläche dieses Volumens aus. Die Oberfläche sei nun in Flächenelemente aufgeteilt, deren Lagen jeweils durch die nach außen gerichteten Normaleneinheitsvektoren beschrieben sind. Eine Fläche mit Normalenvektor $\vec{m}$ grenzt an eine Fläche des benachbarten Volumenelementes. Diese Fläche hat den Normalenvektor $-\vec{m}$. Aus dem Reaktionsprinzip folgt, dass auf die Fläche des Nachbarvolumens die Kraft $-\vec{F}$ wirken muss. Liegt das Flächenelement am Rand des Materials, so kann $\vec{F}$ die von außen aufgebrachte Kraft sein.

Die Kraft $\vec{F}$ auf eine Fläche ist proportional zum Flächeninhalt A und hängt von der Flächenlage, also vom Normalenvektor ab sowie natürlich vom Belastungszustand des Materials. Die Kraft auf ein Flächenelement soll nun neben dem Normalenvektor, der die Lage beschreibt, durch Größen ausgedrückt werden, die nicht mehr von der Lage des Flächenelementes abhängen, sondern nur noch von dem Belastungszustand des Materials. Diese Größen werden die Komponenten σ_{jk} des Spannungstensors sein. Die Kraft $\vec{F}$ und der Vektor $\vec{m}$ werden dazu durch ihre Komponenten bezüglich eines festen Koordinatensystems beschrieben: $\vec{F} = (F_1, F_2, F_3)$, $\vec{m} = (m_1, m_2, m_3)$. Die Spannungskomponenten σ_{jk} sind dann definiert durch:

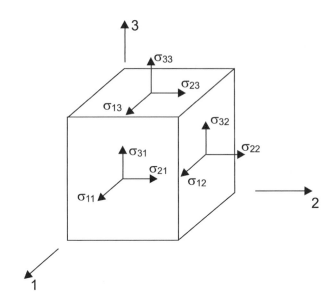

Bild 10.5: Zur Definition der Spannungskomponenten

$$\sigma_{jk}\, m_k = \frac{F_j}{A} \tag{10.5}$$

Die Bedeutung der Spannungskomponenten lässt sich an dem in Bild 10.5 skizzierten würfelförmigen Volumenelement veranschaulichen, das an den Achsen eines Koordinatensystems ausgerichtet ist. Das Koordinatensystem werde von den Einheitsvektoren $\vec{n}^1$, $\vec{n}^2$, $\vec{n}^3$ aufgespannt. Die Fläche mit Normalenvektor $\vec{n}^k$ wird als k-Fläche bezeichnet. Die Spannungskomponente σ_{jk} ist dann gleich der Kraft, die auf die k-Fläche in j-Richtung wirkt, dividiert durch den Flächeninhalt A. Zum Beispiel ist σ_{11} die Kraft, die pro Flächeneinheit auf die 1-Fläche in 1-Richtung angreift, σ_{23} ist die Kraft pro Fläche, die auf die 3-Fläche in 2-Richtung wirkt. Die Komponenten σ_{kk} wirken senkrecht auf die entsprechenden Flächen und werden als Normalspannungen bezeichnet, σ_{jk} ($j \neq k$) sind Schubspannungen und wirken parallel zu den Flächen.

Die Indizes der Spannungen σ_{jk} sind jeweils bestimmten Raumrichtungen zugeordnet und verhalten sich bei Drehungen wie die Indizes eines Vektors. Sie bilden damit einen Tensor 2. Stufe. Aus der Forderung, dass an einem ruhenden Volumenelement kein resultierendes Drehmoment angreifen kann, folgt für die Symmetrie des Spannungstensors [123, 58]:

$$\sigma_{jk} = \sigma_{kj} \tag{10.6}$$

Durch das Auftreten von Kräften bzw. Spannungen wird ein Raumpunkt x eine Verschiebung $u(x)$ und das Material eine Dehnung erfahren. Beide werden im Folgenden als klein

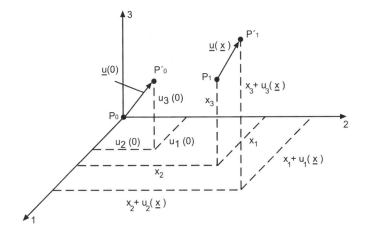

Bild 10.6: Zur Definition der Dehnungen

angenommen. Im eindimensionalen Fall einer Saite mit der Länge L_0 ist die Dehnung definiert als $\epsilon(x) = du/dx$. Wenn ϵ homogen ist, also nicht vom Ort x abhängt, gilt:

$$\epsilon = \frac{L - L_0}{L_0} = \frac{\Delta L}{L_0}$$
$$u(x) = \epsilon\, x \tag{10.7}$$

Bei räumlichen Körpern wird die Verschiebung eines Punktes x durch den Verschiebungsvektor $\vec{u}(\vec{x}) = (u_1, u_2, u_3)$ beschrieben, Bild 10.6. In der Umgebung eines festen Punktes $\vec{x}_0$ können die Verschiebungen in eine Taylor-Reihe entwickelt werden, die man nach der ersten Ordnung abbrechen darf, wenn man sich auf kleine Entfernungen $\Delta \vec{x} = \vec{x} - \vec{x}_0$ beschränkt:

$$u_i(\vec{x}_0 + \Delta \vec{x}) = u_i(\vec{x}_0) + \frac{\partial u_i}{\partial x_1}\Delta x_1 + \frac{\partial u_i}{\partial x_2}\Delta x_2 + \frac{\partial u_i}{\partial x_3}\Delta x_3 \;;\; i = 1,2,3 \tag{10.8}$$

Die räumlichen Änderungen der Verschiebungen $e_{ij} = \partial u_i/\partial u_j$ bilden die Komponenten des Distorsionstensors 2. Stufe e. Der symmetrische Anteil von e wird als Dehnungstensor ϵ bezeichnet. Er beschreibt die Änderung der Form und des Volumens eines Volumenelementes. Der antisymmetrische Anteil von e gibt dagegen eine reine Rotation wieder. Die Komponenten des Dehnungstensors ϵ_{ij} sind also definiert als

$$\epsilon_{ij} = \frac{1}{2}(e_{ij} + e_{ji}) = \frac{1}{2}\left(\frac{\partial u_i}{\partial x_j} + \frac{\partial u_j}{\partial x_i}\right) \tag{10.9}$$

Mit den Dehnungen ändern sich die Abstände und die relativen Positionen der Raumpunkte. Die Diagonalelemente oder Normaldehnungen ϵ_{11}, ϵ_{22} und ϵ_{33} stehen für die Dehnungen in den jeweiligen Richtungen, genauso wie im eindimensionalen Fall, z.B.

$\epsilon_{22} = \partial u_2 / \partial x_2$. Wenn nur Normaldehnungen vorliegen, wird aus einem Quader mit den ursprünglichen Abmessungen d_1, d_2, d_3 ein solcher mit den Abmessungen $d_1(1 + \epsilon_{11})$, $d_2(1 + \epsilon_{22})$, $d_3(1 + \epsilon_{33})$. Die Dehnungskomponenten ϵ_{ij} mit $i \neq j$ stehen für die Scherungen. Die geometrische Bedeutung z. B. von ϵ_{13} ist die Änderung des Winkels zweier Linien, die ursprünglich parallel der 1- bzw. der 3-Achse lagen. Die Scherung ϵ_{13} ändert den Winkel von $0{,}5 \cdot \pi$ nach $0{,}5 \cdot \pi - \epsilon_{13}$.

Spannungen und Dehnungen bilden symmetrische Tensoren 2. Stufe mit jeweils $3^2 = 9$ Komponenten σ_{ij} bzw. ϵ_{ij}. Diese werden üblicherweise als Matrix angeordnet:

$$\sigma = \begin{pmatrix} \sigma_{11} & \sigma_{12} & \sigma_{13} \\ \sigma_{21} & \sigma_{22} & \sigma_{23} \\ \sigma_{31} & \sigma_{32} & \sigma_{33} \end{pmatrix} \tag{10.10}$$

$$\epsilon = \begin{pmatrix} \epsilon_{11} & \epsilon_{12} & \epsilon_{13} \\ \epsilon_{21} & \epsilon_{22} & \epsilon_{23} \\ \epsilon_{31} & \epsilon_{32} & \epsilon_{33} \end{pmatrix} \tag{10.11}$$

Die Beträge und Vorzeichen der einzelnen Komponenten hängen im Allgemeinen von der Wahl des Koordinatensystems ab, bezüglich dessen sie dargestellt werden. Wegen der Symmetrie $\sigma_{ij} = \sigma_{ji}$ und $\epsilon_{ij} = \epsilon_{ji}$ sind jeweils nur 6 der 9 Komponenten unabhängig, und sie sind ausreichend zur Beschreibung des Spannungs- bzw. des Dehnungszustandes. Bei bekanntem Spannungstensor lassen sich die Spannungen in jede durch einen Einheitsnormalenvektor $\vec{n}$ beschriebene Richtung angeben. Die Rechenvorschrift entspricht der Berechnung der Projektion eines Vektors $\vec{a}$ auf einen Richtungsvektor $\vec{n}$ durch das Skalarprodukt $\vec{a} \cdot \vec{n} = a_i \, n_i$. Die Spannung in eine bestimmte Richtung $\vec{n}$ erhält man durch Projektion des Spannungstensors auf $\vec{n}$ [123]:

$$\begin{aligned} \sigma_{\vec{n}} &= \sigma_{ij} \, n_i n_j \\ &= \sigma_{11} \, n_1{}^2 + \sigma_{22} \, n_2{}^2 + \sigma_{33} \, n_3{}^2 + \sigma_{12} \, n_1 n_2 + \sigma_{13} \, n_1 n_3 + \sigma_{23} \, n_2 n_3 \end{aligned} \tag{10.12}$$

Analog dazu erhält man auch die Dehnung in Richtung $\vec{n}$:

$$\begin{aligned} \epsilon_{\vec{n}} &= \epsilon_{ij} \, n_i n_j \\ &= \epsilon_{11} \, n_1{}^2 + \epsilon_{22} \, n_2{}^2 + \epsilon_{33} \, n_3{}^2 + \epsilon_{12} \, n_1 n_2 + \epsilon_{13} \, n_1 n_3 + \epsilon_{23} \, n_2 n_3 \end{aligned} \tag{10.13}$$

Beschreibt man noch den Vektor $\vec{n}$ durch seinen Azimut φ und Polwinkel ψ

$$\vec{n} = (\cos\varphi \, \sin\psi, \, \sin\varphi \, \sin\psi, \, \cos\psi) \tag{10.14}$$

so folgt:

$$\begin{aligned} \epsilon_{\vec{n}} = {} & \epsilon_{11} \, \cos^2\varphi \, \sin^2\psi + \epsilon_{22} \, \sin^2\varphi \, \sin^2\psi + \epsilon_{33} \, \cos^2\psi \\ & + \epsilon_{12} \, \sin\varphi \, \cos\varphi \, \sin^2\psi + \epsilon_{13} \, \cos\varphi \, \sin\psi \, \cos\psi + \epsilon_{23} \, \sin\varphi \, \sin\psi \, \cos\psi \end{aligned} \tag{10.15}$$

10.2.2 Elastische Materialeigenschaften

Sobald die Spannungen, denen ein Material unterworfen ist, entfernt werden, relaxiert ein Teil der durch sie hervorgerufenen Dehnungen. Dieser Anteil wird als elastischer Dehnungsanteil bezeichnet, der verbleibende Anteil als plastische Dehnung. Die Dehnungen als Antwort des Materials auf mechanische Belastungen werden also in elastische und in plastische Dehnungen unterteilt:

$$\epsilon = \epsilon^{el.} + \epsilon^{pl.} \tag{10.16}$$

Solange die Spannungen nicht die Elastizitätsgrenze überschreiten, sind die mit ihnen verbundenen Dehnungen rein elastischer Art, und wenn diese klein sind, kann ihr Zusammenhang mit den Spannungen als linear angenommen werden:

$$\epsilon^{el.} \sim \sigma \tag{10.17}$$

Der Zusammenhang zwischen Spannungen und Dehnungen hängt von den mechanischen Eigenschaften des Materials ab und wird durch Materialgleichungen beschrieben. Mit dem materialspezifischen Elastizitätsmodul E als Proportionalitätskonstante ist dies das bekannte HOOKEsche Gesetz, für den eindimensionalen Fall:

$$\sigma = E\,\epsilon \tag{10.18}$$

Die allgemeine lineare Beziehung zwischen dem Spannungs- und dem Dehnungstensor ist gegeben, wenn jede Spannungskomponente von jeder der neun Dehnungskomponenten abhängt und umgekehrt, was 9 Gleichungen mit 9 unabhängigen Variablen entspricht:

$$\sigma_{ij} = c_{ijkl}\,\epsilon_{kl} \tag{10.19}$$

Hierdurch wird der Tensor 4. Stufe $\mathbf{c}$ der Elastizitätsmoduln definiert, mit den $3^4 = 81$ Komponenten c_{ijkl}. Die Gleichung 10.19 kann man auch als Rechenvorschrift für ein Tensorprodukt ansehen: Der Spannungstensor ist das Produkt des Tensors der Elastizitätsmoduln $\mathbf{c}$ und des Dehnungstensor ϵ:

$$\sigma = \mathbf{c}\,\epsilon \tag{10.20}$$

Die Gleichungen 10.19 und 10.20 werden als verallgemeinertes HOOKEsches-Gesetz bezeichnet.
Da der Spannungs- wie auch der Dehnungstensor symmetrisch sind, lässt sich auch der Tensor der Elastizitätsmoduln $\mathbf{c}$ symmetrisch schreiben:

$$c_{ijkl} = c_{jikl} = c_{jilk} \tag{10.21}$$

Damit reduziert sich die Anzahl der unabhängigen Komponenten auf 36. Zur einfacheren Schreibweise werden häufig die Notierungen nach VOIGT benutzt [175]. Jedes Indexpaar ij wird durch einen VOIGTschen Index m gemäß folgendem Schema ersetzt:

$$\begin{array}{lll} 11 \to 1; & 22 \to 2; & 33 \to 3 \\ 23 \to 4; & 13 \to 5; & 12 \to 6 \\ 32 \to 4; & 31 \to 5; & 21 \to 6 \end{array} \qquad (10.22)$$

Mit der zusätzlichen Vereinbarung

$$\epsilon_m = \left\{ \begin{array}{ll} \epsilon_{ij} & \text{für} \quad i = j \\ 2\epsilon_{ij} & \text{für} \quad i \neq j \end{array} \right\} \qquad (10.23)$$

lässt sich Gleichung 10.19 durch 6 Gleichungen ausdrücken,

$$\sigma_1 = c_{11}\,\epsilon_1 + c_{12}\,\epsilon_2 + c_{13}\,\epsilon_3 + c_{14}\,\epsilon_4 + c_{15}\,\epsilon_5 + c_{16}\,\epsilon_6$$
$$\sigma_2 = c_{21}\,\epsilon_1 + c_{22}\,\epsilon_2 + c_{23}\,\epsilon_3 + c_{24}\,\epsilon_4 + c_{25}\,\epsilon_5 + c_{26}\,\epsilon_6$$
$$\sigma_3 = c_{31}\,\epsilon_1 + c_{32}\,\epsilon_2 + c_{33}\,\epsilon_3 + c_{34}\,\epsilon_4 + c_{35}\,\epsilon_5 + c_{36}\,\epsilon_6$$
$$\sigma_4 = c_{41}\,\epsilon_1 + c_{42}\,\epsilon_2 + c_{43}\,\epsilon_3 + c_{44}\,\epsilon_4 + c_{45}\,\epsilon_5 + c_{46}\,\epsilon_6$$
$$\sigma_5 = c_{51}\,\epsilon_1 + c_{52}\,\epsilon_2 + c_{53}\,\epsilon_3 + c_{54}\,\epsilon_4 + c_{55}\,\epsilon_5 + c_{56}\,\epsilon_6$$
$$\sigma_6 = c_{61}\,\epsilon_1 + c_{62}\,\epsilon_2 + c_{63}\,\epsilon_3 + c_{64}\,\epsilon_4 + c_{65}\,\epsilon_5 + c_{66}\,\epsilon_6 \qquad (10.24)$$

und die Komponenten c_{mn} können als 6×6 Matrix dargestellt werden. Man muss allerdings beachten, dass die c_{mn} keine Komponenten eines Tensors sind. Bei Berechnungen mit Tensorprodukten oder Tensortransformationen sollte die Tensorschreibweise nach Gleichung 10.19 benutzt werden.

Zusätzlich zu den Symmetrieeigenschaften in Gleichung 10.21 ergibt die Betrachtung der mit den Dehnungen und Spannungen verbundenen elastischen Energie [123] die Beziehung $c_{ijkl} = c_{klij}$, oder in VOIGTscher Schreibweise $c_{mn} = c_{nm}$. Damit wird die Matrix der c_{mn} symmetrisch und die maximale Anzahl der unabhängigen Komponenten reduziert sich auf 21.

Die Umkehrung der Beziehung 10.20 ergibt das verallgemeinerte HOOKEsche-Gesetz in der Form:

$$\epsilon = \mathbf{s}\,\sigma \quad \text{bzw.} \quad \epsilon_{ij} = s_{ijkl} \cdot \sigma_{kl} \quad \text{mit} \quad \mathbf{s} = \mathbf{c}^{-1} \qquad (10.25)$$

Der Tensor $\mathbf{s}$ der Elastizitätskoeffizienten s_{ijmn} ist der inverse Tensor zu $\mathbf{c}$. Bei der VOIGTschen Schreibweise der Komponenten von $\mathbf{s}$ sind die folgenden Vereinbarungen üblich:

$$\begin{array}{ll} s_{mn} = s_{ijkl} & \text{für } (m \leq 3 \text{ und } n \leq 3) \\ s_{mn} = 2s_{ijkl} & \text{für } (m \leq 3 \text{ und } n > 3) \quad \text{oder umgekehrt} \\ s_{mn} = 4s_{ijkl} & \text{für } (m > 3 \text{ und } n > 3) \end{array} \qquad (10.26)$$

Sie gelten allerdings nur für die Elastizitätskoeffizienten, für alle anderen Tensoren 4. Stufe gilt das oben beschriebene Schema:

Tabelle 10.2: Beziehungen zwischen den Elastizitätskonstanten isotroper Körper [27]

	E, ν	E, G	λ, μ	K, G	μ, ν	c_{11}, c_{12}	s_{11}, s_{12}
E	E	E	$\dfrac{(3\lambda+2\mu)\mu}{\lambda+\mu}$	$\dfrac{9KG}{3K+G}$	$2(1+\nu)\mu$	$\dfrac{(c_{11}-c_{12})(c_{11}+2c_{12})}{c_{11}+c_{12}}$	$\dfrac{1}{s_{11}}$
ν	ν	$\dfrac{E-2G}{2G}$	$\dfrac{\lambda}{2(\lambda+\mu)}$	$\dfrac{3K-2G}{6K+2G}$	ν	$\dfrac{c_{12}}{c_{11}+c_{12}}$	$\dfrac{-s_{12}}{s_{11}}$
K	$\dfrac{E}{3(1-2\nu)}$	$\dfrac{EG}{3(3G-E)}$	$\dfrac{3\lambda+2\mu}{3}$	K	$\dfrac{2\mu(1+\nu)}{3(1-2\nu)}$	$\dfrac{c_{11}+2c_{12}}{3}$	$\dfrac{1}{3(s_{11}+2s_{12})}$
G, μ	$\dfrac{E}{2(1+\nu)}$	G	μ	G	μ	$\dfrac{c_{11}-c_{12}}{2}$	$\dfrac{1}{2(s_{11}-s_{12})}$
λ	$\dfrac{\nu E}{(1-2\nu)(1+\nu)}$	$\dfrac{G(E-2G)}{3G-E}$	λ	$\dfrac{3K-2G}{3}$	$\dfrac{2\mu\nu}{1-2\nu}$	c_{12}	$\dfrac{-s_{12}}{(s_{11}-s_{12})(s_{11}+2s_{12})}$
c_{11}	$\dfrac{(1-\nu)E}{(1-2\nu)(1+\nu)}$	$\dfrac{G(4G-E)}{3G-E}$	$\lambda+2\mu$	$\dfrac{3K+4G}{3}$	$\dfrac{2\mu(1-\nu)}{1-2\nu}$	c_{11}	$\dfrac{s_{11}+s_{12}}{(s_{11}-s_{12})(s_{11}+2s_{12})}$
c_{12}	$\dfrac{\nu E}{(1-2\nu)(1+\nu)}$	$\dfrac{G(E-2G)}{3G-E}$	λ	$\dfrac{3K-2G}{3}$	$\dfrac{2\mu\nu}{1-2\nu}$	c_{12}	$\dfrac{-s_{12}}{(s_{11}-s_{12})(s_{11}+2s_{12})}$
s_{11}	$\dfrac{1}{E}$	$\dfrac{1}{E}$	$\dfrac{\lambda+\mu}{\mu(3\lambda+2\mu)}$	$\dfrac{2G+6K}{18KG}$	$\dfrac{1}{2\mu(1+\nu)}$	$\dfrac{(c_{11}+c_{12})}{(c_{11}-c_{12})(c_{11}+2c_{12})}$	s_{11}
s_{12}	$\dfrac{-\nu}{E}$	$\dfrac{2G-E}{2EG}$	$\dfrac{-\lambda}{2\mu(3\lambda+2\mu)}$	$\dfrac{2G-3K}{18KG}$	$\dfrac{-\nu}{2\mu(1+\nu)}$	$\dfrac{-c_{12}}{(c_{11}-c_{12})(c_{11}+2c_{12})}$	s_{12}
s_1^m	$\dfrac{-\nu}{E}$	$\dfrac{2G-E}{2EG}$	$\dfrac{-\lambda}{2\mu(3\lambda+2\mu)}$	$\dfrac{2G-3K}{18KG}$	$\dfrac{-\nu}{2\mu(1+\nu)}$	$\dfrac{-c_{12}}{(c_{11}-c_{12})(c_{11}+2c_{12})}$	s_{12}
$\tfrac{1}{2}s_2^m$	$\dfrac{1+\nu}{E}$	$\dfrac{1}{2G}$	$\dfrac{1}{2\mu}$	$\dfrac{1}{2G}$	$\dfrac{1+\nu}{2\mu(1+\nu)}$	$\dfrac{1}{c_{11}-c_{12}}$	$s_{11}-s_{12}$

Tabelle 10.3: Matrixdarstellung der elastischen Einkristallmoduln und der Einkristallkoeffizienten in VOIGTscher Notierung. Anordnung der Komponenten für die verschiedenen Kristallklassen; nur die jeweils obere Dreiecksmatrix der symmetrischen Matrizen ist dargestellt [152, 180]

Kristall-system	Kristall-klasse	Form der C_{ij} - Matrix bzw. S_{ij} - Matrix	Zahl der unabhängigen Komponenten	Kristall-system	Kristall-klasse	Form der C_{ij} - Matrix bzw S_{ij} - Matrix	Zahl der unabhängigen Komponenten
triklin	alle Klassen		21	tetragonal	4 (C_4) $\bar{4}$ (S_4) 4/m (C_{4h})		7
monoklin	alle Klassen		13		4mm (C_{4v}) $\bar{4}$2m (D_{2d}) 422 (D_4) $\frac{4}{m}$mm (D_{4h})		6
rhombisch	alle Klassen		9	hexagonal	alle Klassen		5
trigonal	3 (C_3) $\bar{3}$ (C_{3i})		7	kubisch	alle Klassen		3
	32 (D_3) 3m (C_{3v}) 3m (D_{3d})		6	isotrop			2

$S_{ij} = 0$ $S_{ij} \neq 0$ $S_{ij} = S_{kl}$ $S_{kl} = -S_{ij}$ $S_{ij} = 2(S_{11} - S_{12})$ $S_{kl} = 2 S_{ij}$

$C_{ij} = 0$ $C_{ij} \neq 0$ $C_{ij} = C_{kl}$ $C_{kl} = -C_{ij}$ $C_{ij} = \frac{1}{2}(C_{11} - C_{12})$ $C_{kl} = C_{ij}$

$$c_{mn} = c_{ijkl} \tag{10.27}$$

Die Anzahl der unabhängigen Komponenten wird durch die Symmetrieeigenschaften des Kristallgitters weiter reduziert [123]. Zum Beispiel haben die Tensoren **s** und **c** orthorhombischer Kristalle, wenn man das Koordinatensystem an deren Symmetrieachsen ausrichtet, die folgende Struktur mit nur 9 unabhängigen Komponenten:

$$\mathbf{c} = \begin{bmatrix} c_{11} & c_{12} & c_{13} & c_{14} & c_{15} & c_{16} \\ \bullet & c_{22} & c_{23} & c_{24} & c_{25} & c_{26} \\ \bullet & \bullet & c_{33} & c_{34} & c_{35} & c_{36} \\ \bullet & \bullet & \bullet & c_{44} & c_{45} & c_{46} \\ \bullet & \bullet & \bullet & \bullet & c_{55} & c_{56} \\ \bullet & \bullet & \bullet & \bullet & \bullet & c_{66} \end{bmatrix} \tag{10.28}$$

Die Matrix ist symmetrisch, deshalb ist nur die obere Dreiecksmatrix ausgeschrieben. Mit zunehmender Symmetrie des Kristallgitters erhält man weitere Vereinfachungen, z. B. bei hexagonaler Symmetrie:

$$\begin{aligned} s_{11} &= s_{22} & s_{13} &= s_{23} & c_{11} &= c_{22} & c_{13} &= c_{23} \\ s_{44} &= s_{55} & s_{66} &= 2(s_{11}-s_{12}) & c_{44} &= c_{55} & c_{66} &= \tfrac{1}{2}(c_{11}-c_{12}) \end{aligned} \tag{10.29}$$

Die Struktur der Elastizitätstensoren hexagonaler Kristalle zeichnet sich auch dadurch aus, dass die resultierenden elastischen Eigenschaften rotationssymmetrisch um die sechszählige Symmetrieachse sind. Bei kubischer Symmetrie gilt

$$\begin{aligned} s_{11} &= s_{22} = s_{33} & c_{11} &= c_{22} = c_{33} \\ s_{44} &= s_{55} = s_{66} & c_{44} &= c_{55} = c_{66} \\ s_{12} &= s_{13} = s_{23} & c_{12} &= c_{13} = c_{23} \end{aligned} \tag{10.30}$$

Ist das Material elastisch isotrop, so erhält man zusätzlich zu Gleichung 10.30 noch

$$\begin{aligned} s_{44} &= 2(s_{11} - s_{12}) \\ c_{44} &= \frac{1}{2}(c_{11} - c_{12}) \end{aligned} \tag{10.31}$$

In diesem Fall gibt es nur noch zwei unabhängige Komponenten. Das elastische Verhalten isotroper Körper kann z. B. durch den E-Modul und die Querkontraktionszahl ν beschrieben werden: $s_{11} = 1/E$ und $s_{12} = -\nu/E$. Aber auch andere Konstanten sind gebräuchlich, z. B. der Schubmodul G und der Kompressionsmodul K oder die Lamé-Konstanten λ und μ. In jedem Fall genügen zwei dieser Konstanten, um das elastische

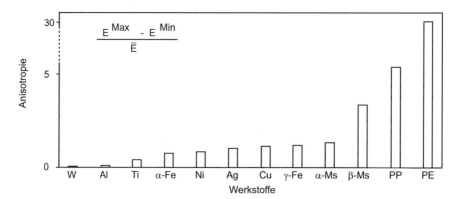

Bild 10.7: Relative elastische Anisotropie der Kristallgitter verschiedener Werkstoffe; Ms Messing, PP Polypropylen, PE Polyethylen [27]

Verhalten eines isotropen Materials vollständig zu charakterisieren. Die Beziehungen zwischen den verschiedenen Elastizitätskonstanten sind in Tabelle 10.2 zusammengestellt. Drückt man in 10.25 die Elastizitätskoeffizienten gemäß Tabelle 10.2 durch E und ν aus, erhält man nach einigen Umformungen das Hookesche Gesetz isotroper Körper in der Form

$$\epsilon_{ij} = \frac{1+\nu}{E}\, \sigma_{ij} - \frac{\nu}{E}\, \delta_{ij}\, (\sigma_{11} + \sigma_{22} + \sigma_{33}) \tag{10.32}$$

Aus Gleichung 10.19 ergibt sich unter Verwendung der LAMÉ-Konstanten λ und μ

$$\sigma_{ij} = 2\mu\, \epsilon_{ij} + \lambda\, \delta_{ij}\, (\epsilon_{11} + \epsilon_{22} + \epsilon_{33}) \tag{10.33}$$

Die Elastizitätsmoduln c_{ijkl} haben als Einheiten MPa oder N/mm², die Elastizitätskoeffizienten s_{ijkl} die Einheiten MPa^{-1} oder mm²/N. Beziehen sie sich auf ein einkristallines Material, werden sie als Einkristallmoduln bzw. als Einkristallkoeffizienten bezeichnet. Beide beschreiben in gleicher Weise das einkristalline elastische Verhalten. Ohne Festlegung, welcher der beiden Datensätze gemeint ist, wird von Einkristalldaten oder auch von Einkristallkonstanten gesprochen. Die Anordnung der Einkristalldaten in VOIGTscher Notation als 6 × 6 Matrix ist für die unterschiedlichen Kristallsymmetrien in Tabelle 10.3 zusammengestellt. Kristallgitter sind i. A. elastisch anisotrop, d.h. ihre physikalischen Eigenschaften sind richtungsabhängig. So ist auch die Dehnung davon abhängig, in welcher Richtung eine Spannung anliegt. Es gibt verschiedene Möglichkeiten, das Maß der elastischen Anisotropie zu beschreiben. Für kubische Kristallgitter wird oft die Kombination

$$a = c_{11} - c_{12} - 2c_{44} \tag{10.34}$$

genommen, die für elastisch isotrope Materialien Null wird. Der richtungsabhängige E-Modul sei analog zu 10.18 durch die Dehnung, die bei einachsiger Belastung auftritt, definiert, wobei die Messrichtung mit der Belastungsrichtung übereinstimmen soll:

$$\sigma_{\vec{n}} = E_{\vec{n}}\, \epsilon_{\vec{n}} \tag{10.35}$$

mit $\epsilon_{\vec{n}}$ und $\sigma_{\vec{n}}$ aus 10.12 bzw. 10.15. Dann gibt es für jedes Gitter eine Richtung mit maximalem und minimalem E-Modul, E^{Max} und E^{Min}, sowie den Mittelwert über alle Richtungen, $\overline{E}$. Als Maß für die relative Anisotropie kann dann auch der Ausdruck

$$a = \frac{E^{Max} - E^{Min}}{\overline{E}} \tag{10.36}$$

genommen werden. Die großen Unterschiede zwischen den elastischen Anisotropien der verschiedenen Werkstoffe macht Bild 10.7 deutlich. Wolfram ist nahezu isotrop, auch Aluminium hat eine nur sehr geringe Anisotropie. Bei Eisenwerkstoffen ist die Austenit-Phase anisotroper als die Ferrit-Phase. Die β-Phase des Messings gehört bei den Metall-Legierungen zu den Werkstoffen mit den höchsten Anisotropie-Werten. Teilkristalline Polymere wie Polypropylen (PP) und Polyethylen (PE) haben in Richtung ihrer Molekülketten kovalente Bindungen, während zwischen den Ketten nur schwache van-der-Waals Bindungen vorliegen. Entsprechend hoch ist ihre Anisotropie.

10.2.3 Bezugssysteme und Tensortransformation

Die Darstellung der Tensorkomponenten ist gekoppelt an ein Koordinatensystem. Derselbe Tensor hat andere Komponenten, wenn man ihn bezüglich eines anderen Koordinatensystems beschreibt. Das gilt für Vektoren (Tensor 1. Ordnung), wie auch für Tensoren 2. und 4. Ordnung. Ein Vektor $\vec{m}$ transformiert sich bekanntlich von einem orthogonalen, durch die Einheitsvektoren $\vec{x}^1, \vec{x}^2, \vec{x}^3$ aufgespannten Koordinatensystem in ein zweites System $\vec{x}^{1'}, \vec{x}^{2'}, \vec{x}^{3'}$ mit Hilfe der entsprechenden Transformationsmatrix $\boldsymbol{\omega_{ij}}$:

$$m'_i = \omega_{ij}\, m_j \tag{10.37}$$

Eine Komponente ω_{ij} der Transformationsmatrix ist durch das Skalarprodukt der Richtungseinheitsvektoren gegeben bzw. durch den Kosinus des Winkels zwischen der i-Achse des alten Koordinatensystem und der j-Achse des neuen Systems. Die Matrix ergibt sich nach dem folgenden Schema:

$$\begin{array}{c c c c c} & & \text{alt} & & \\ & \vec{x}^1 & \vec{x}^2 & \vec{x}^3 & \\ \vec{x}^{1'} & \omega_{11} & \omega_{12} & \omega_{13} & \\ \text{neu}\ \vec{x}^{2'} & \omega_{21} & \omega_{22} & \omega_{23} & \ ;\ \omega_{ij} = \cos(\angle\, \vec{x}^{i'}, \vec{x}^j) \\ \vec{x}^{3'} & \omega_{31} & \omega_{32} & \omega_{33} & \end{array} \tag{10.38}$$

Die Spaltenvektoren jeder Transformationsmatrix haben die Länge 1 und sie stehen senkrecht aufeinander. Dasselbe gilt für die Zeilenvektoren. Die inverse Matrix ist gleich der transponierten Matrix:

$$(\omega_{ij})^{-1} = (\omega_{ij})^T = (\omega_{ji})$$

Somit werden die Komponenten eines Vektors $\vec{m}'$ von dem System X' in das System X durch Anwendung der transponierten Matrix $(\omega_{ji}) = (\omega_{ij})^T$ transformiert:

$$m_j = \omega_{ji}\, m'_j \tag{10.39}$$

Die Komponenten der Tensoren 2. und 4. Stufe transformieren sich entsprechend:

$$\sigma'_{ij} = \omega_{im}\,\omega_{jn}\,\sigma_{mn} \quad , \quad \sigma_{ij} = \omega_{mi}\,\omega_{nj}\,\sigma'_{mn} \tag{10.40}$$

$$c'_{ijkl} = \omega_{im}\,\omega_{jn}\,\omega_{ko}\,\omega_{lp}\,c_{mnop} \quad , \quad c_{ijkl} = \omega_{mi}\,\omega_{nj}\,\omega_{ok}\,\omega_{pl}\,c'_{mnop} \tag{10.41}$$

Folgende orthogonale Koordinatensysteme zeichnen sich durch ihre besondere Lage zur Probe, zum Kristallgitter, zu den Hauptspannungen oder zur Messrichtung aus:

Kristallsystem (Einheitsvektoren $\vec{C}^i$)	C	Die Achsen des Kristallsystems sind an den Symmetrieachsen des Kristallgitters ausgerichtet. Das Koordinatensystem wird durch die Einheitsvektoren $\vec{C}^i$, ($i = 1,2,3$) aufgespannt. Bezüglich dieser Achsen haben die Komponenten des Tensors der Einkristallmoduln die in Tabelle 10.3 gezeigte Anordnung.
Hauptspannungssystem	P	Im Hauptspannungssystem sind alle Schubspannungen gleich Null. Zu jedem symmetrischen Tensor 2. Stufe kann ein solches Koordinatensystem mit dem Verfahren der Hauptachsentransformation gefunden werden. Die entsprechenden Diagonalkomponenten des Spannungstensors werden Hauptspannungen genannt.
Probensystem (Einheitsvektoren $\vec{S}^i$)	S	Die 3-Achse liegt in Richtung der Probennormale (NR), die 1- und 2-Achse sind mit den Symmetrierichtungen parallel zur Oberfläche verknüpft, im Falle von Blechen z. B. der Walzrichtung (WR) und der Querrichtung (QR). Messdaten werden immer bezogen auf das Probensystem aufgetragen
Laborsystem (Einheitsvektoren $\vec{L}^i$)	L	Das Laborsystem bzw. Messsystem ist mit der Messrichtung verbunden. Wird eine physikalische Größe in Richtung von $\vec{m}$ bestimmt, so legt man die 3-Achse des Messsystems parallel zu $\vec{m}$. Die 2-Achse liegt parallel zur Probenoberfläche. Damit ist auch der Vektor $\vec{L}^1$ als Kreuzprodukt $\vec{L}^2 \times \vec{L}^3$ festgelegt.

Im Probensystem wird die Messrichtung $\vec{m}$ (= $\vec{L}^3$) durch ihre Polarkoordinaten, den Azimutwinkel φ und den Polwinkel ψ beschrieben, $0° \leq \varphi \leq 360°$, $0° \leq \psi \leq 90°$. Es ist aber auch üblich, die Richtungen $(\varphi + 180°, \psi)$ als $(\varphi, -\psi)$ zu bezeichnen, die Winkel laufen dann in den Intervallen $0° \leq \varphi \leq 180°$ und $-90° \leq \psi \leq 90°$, Bild 10.8. Der

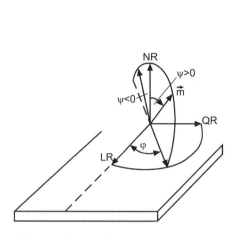
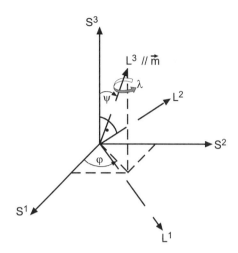

Bild 10.8: Beschreibung der Messrichtung durch ihre Polarkoordinaten φ und ψ

Bild 10.9: Orientierung des Messsystems in Bezug auf das Probensystem. Drehwinkel λ um die Messrichtung

Winkel λ beschreibt die Drehung eines Kristalliten oder der Kristallorientierung um die Messrichtung $\vec{m}$. Bild 10.9 zeigt die relative Orientierung zwischen dem Probensystem und dem Messsystem. Die Transformationsmatrix ω_{ij} zwischen diesen Systemen kann durch φ und ψ ausgedrückt werden:

$$(\omega_{ij}) = \begin{pmatrix} \cos\varphi \cos\psi & \sin\varphi \cos\psi & -\sin\psi \\ -\sin\varphi & \cos\varphi & 0 \\ \cos\varphi \sin\psi & \sin\varphi \sin\psi & \cos\psi \end{pmatrix} \tag{10.42}$$

Der dritte Reihenvektor ist im Probensystem die Messrichtung $\vec{m}$, gleichzeitig definiert er die 3-Richtung des Messsystems.

Der Dehnungswert ϵ'_{33} entspricht im Probensystem der Projektion des Dehnungstensors ϵ auf die Messrichtung $\vec{m}$, siehe Gleichung 10.15. ϵ'_{33} erhält man auch durch Transformation des Tensors ϵ vom Probensystem in das Messsystem:

$$\epsilon'_{ij} = \omega_{ik}\, \omega_{jl}\, \epsilon_{kl} \tag{10.43}$$

$$\begin{aligned}
\epsilon_{\vec{m}} &= \epsilon_{kl}\, m_k\, m_l \\
&= \epsilon'_{33} = \omega_{3k}\, \omega_{3l}\, \epsilon_{kl} \\
&= \epsilon_{11} \cos^2\varphi \sin^2\psi + \epsilon_{22} \sin^2\varphi \sin^2\psi + \epsilon_{33} \cos^2\psi \\
&\quad + \epsilon_{12} \sin 2\varphi \sin^2\psi + \epsilon_{13} \cos\varphi \sin 2\psi + \epsilon_{23} \sin\varphi \sin 2\psi
\end{aligned} \tag{10.44}$$

was wieder der Gleichung 10.15 entspricht.

10.3 Einteilung der Spannungen innerhalb vielkristalliner Werkstoffe

10.3.1 Eigenspannungsbegriff

Mechanische Spannungen sind über die elastischen Materialeigenschaften mit den elastischen Dehnungen verknüpft. Somit liegen Spannungen in einem Material, einer Probe oder einem Bauteil vor, wenn die Abstände zwischen den Bestandteilen des Materials nicht ihren Gleichgewichtsabständen entsprechen. Unter Eigenspannungen versteht man mechanische Spannungen in einem Material frei von äußeren Kräften und Temperaturgradienten. Lastspannungen hingegen werden durch Kräfte verursacht, die von außen an der Probe oder dem Bauteil angreifen. Bei der Beschreibung von Eigenspannungen ist immer anzugeben, auf welcher Skala dies geschieht, z. B. auf der Ebene des Kristallgitters, auf der Ebene der Kristallite innerhalb eines vielkristallinen Materials, oder auf makroskopischer Ebene des Vielkristalls, Bild 10.10. Man muss festlegen, mit welcher Auflösung der Spannungszustand betrachtet wird, oder über welche Volumenbereiche man ihn mittelt. Dies ist insbesondere im Hinblick auf die verschiedenen Messmethoden zur Spannungsermittlung wichtig.

Auf der Ebene des Kristallgitters werden Eigenspannungen durch Defekte wie Fehlstellen, Zwischengitteratome, Fremdatome, Versetzungen, Stapelfehler oder Zwillingsbildungen verursacht, Bild 10.11. Da sich durch Fehlstellen und Zwischengitteratome der Entropieanteil der freien Energie erhöht, sind sie mit Wahrscheinlichkeiten, die von ihren Bildungsenergien und der Temperatur abhängen, immer vorhanden. Die durch einen Punktdefekt hervorgerufenen Verschiebungen innerhalb des umgebenden Kristalls sind aber gering und auf die nächsten Nachbarn beschränkt, Tabelle 10.4. Die wesentliche Quelle der Eigenspannungen innerhalb des Kristallgitters stellen Versetzungen dar. Durch eine Versetzung wird die weitere Umgebung elastisch verformt. Die hierzu nötige Energie bildet den Großteil der Selbstenergie der Versetzung, d.h. den zu ihrer Erzeugung in einem ursprünglich fehlerfreien Kristall notwendigen Energieaufwand. Da der Entropiegewinn durch Versetzungen klein ist, sind sie im Gegensatz zu Punktdefekten thermodynamisch instabil. Sie werden durch thermisch bedingte Spannungen während des Kristallwachstums oder durch mechanische Verformungen des Kristalls erzeugt. Die Versetzungsdichten, also die Anzahl der durch eine Fläche hindurch tretenden Versetzungslinien, liegen in guten Halbleiterkristallen bei $10^3 \, \text{cm}^{-2}$, in Metallen bei $10^7 - 10^9 \, \text{cm}^{-2}$ und in stark verformten Metallen bei $10^{11} - 10^{12} \, \text{cm}^{-2}$. Die Versetzungslinien können räumlich homogen über das Kristallvolumen verteilt vorliegen oder in Versetzungszellstrukturen auftreten. Letztere werden nach Verformungen oder zyklischen Belastungen gefunden. Der Kristall ist dann aufgeteilt in versetzungsarme Zellen, die von versetzungsreichen Zellwänden umgeben sind, Bild 10.12. Aufgrund des lokalen Aufstauens der Versetzungen in den Zellwänden ist der Dehnungs- und Spannungszustand innerhalb der Zellen ein anderer als innerhalb der Zellwände. Wenn keine Kräfte auf die Oberfläche des Kristalls einwirken, kompensieren sich die Spannungen in den Wänden und den Zellen gegenseitig. Eine andere räumliche Aufteilung des Kristalls einer Legierung kann durch die Bildung von kohärenten oder inkohärenten Ausscheidungen erfolgen, die zu Eigenspannungen führen, wenn sie mit Volumenänderungen verbunden sind. Bei kohärenten Ausscheidungen ent-

10.3 Einteilung der Spannungen innerhalb vielkristalliner Werkstoffe 315

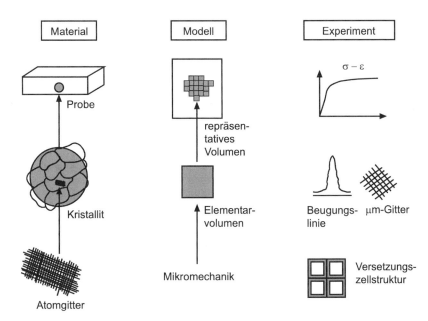

Bild 10.10: Verschiedene Betrachtungsebenen bei der Beschreibung von Werkstoffzuständen [110]

Tabelle 10.4: Durch Punktdefekte in Kupfer hervorgerufene Volumenänderungen und Abstandsänderungen der Nachbaratome. Die Relaxation ist in % des Abstandes der Normallagen der Atome vom Defektzentrum angegeben [180]

Punktdefekt	Leerstelle	Zwischengitteratom
Relaxation nächster Nachbarn in %	−2,00	+21,70
Relaxation übernächster Nachbarn in %	+0,15	+0,75
Volumenänderung in Bruchteilen des Atomvolumens	−0,29	+1,39

stehen Eigenspannungen schon durch die unterschiedlichen Gitterkonstanten der Matrix und der Ausscheidung. Die γ'-Ausscheidungen in Nickelbasislegierungen sind ein Beispiel hierfür, Bild 10.13. Es handelt sich aber hier um die Bildung einer zusätzlichen Phase.

Geht man von der Ebene des Kristallgitters zu den Kristalliten innerhalb eines Vielkristalls über, so gelten die obigen Überlegungen weiterhin für jeden einzelnen Kristallit. Hinzu kommt aber, dass ein Kristallit von einer Reihe Nachbarkristallite umgeben ist, die Kräfte auf ihn ausüben können. Die physikalischen Eigenschaften der Kristallite sind anisotrop, hier zu nennen sind die anisotropen Elastizitätseigenschaften, das anisotrope plastische Verhalten sowie, bei nichtkubischen Kristallen, die anisotrope Wärmeausdehnung. Auch sind anisotrope Volumenänderungen bei Phasentransformationen möglich. Viele technisch wichtige Werkstoffe bestehen weiterhin aus mehreren Phasen, deren Kristallite sich durch ihre Kristallgitter und ihre geometrische Ausbildung, d.h. ihre Kornform, unterscheiden können.

10 Röntgenographische Spannungsanalyse

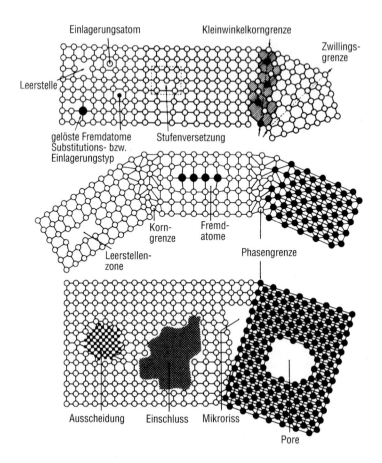

Bild 10.11: Gitterfehler als Quellen von Eigenspannungen innerhalb der Kristallite [111]

Aufgrund der unterschiedlichen Orientierungen oder Phasenzugehörigkeiten der Kristallite behindern sich diese beim Abkühlen oder bei mechanischer oder thermischer Beanspruchung gegenseitig, d.h. sie üben Kräfte aufeinander aus. Die hierdurch hervorgerufenen Spannungen in den Kristalliten hängen von ihrer eigenen Orientierung, Kornform und Phasenzugehörigkeit sowie von den sie umgebenden Kristalliten ab. Die Spannungen zwischen den Kristalliten und ihrer jeweiligen Umgebung werden als intergranulare Spannungen bezeichnet. Nach Entlastung der Probe und thermischem Ausgleich sind es entsprechend intergranulare Eigenspannungen.

Neben den kristallinen Bereichen innerhalb der Kristallite existieren in Vielkristallen Korngrenzbereiche und Phasengrenzen, die den Übergang zwischen den Kristalliten gleicher bzw. unterschiedlicher Phasen herstellen. Der kristalline Aufbau dieser Bereiche ist stark gestört, so dass sich ihre Eigenschaften von denen der Kristallite unterscheiden können und sich insbesondere bei plastischer Verformung Eigenspannungen zwischen den

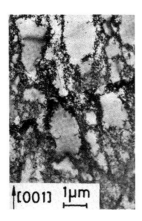 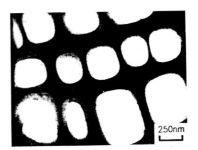

Bild 10.12: TEM-Aufnahme der Versetzungszellstruktur innerhalb eines verformten Cu-Einkristalls, Ansicht parallel zur Verformungsrichtung [173]

Bild 10.13: Kohärente aluminiumreiche Ausscheidungen (γ'-Phase, hell) innerhalb der Kristallite hochtemperaturfester Nickelbasislegierungen (γ-Phase) [116]

Korngrenzbereichen und den Kristalliten ausbilden.

Der Spannungszustand in vielkristallinen Werkstoffen ist also grundsätzlich ortsabhängig. Er variiert zwischen den einzelnen Kristalliten aufgrund der jeweiligen Umgebung, der Orientierung und der Vorgeschichte des betreffenden Werkstoffzustandes, aber auch zwischen wenig gestörten kristallinen Bereichen und den Korn- und Phasengrenzen sowie innerhalb der Kristallite aufgrund der Verteilung der Versetzungen, Stapelfehler, Ausscheidungen usw.. Diese im mikroskopischen Sinne ortsabhängigen Spannungen sind messtechnisch nicht direkt zugänglich. Um den Zustand eines Werkstoffs zu beschreiben, ist es aber auch nicht notwendig, anzugeben, wo sich innerhalb eines Kristallits eine Versetzung befindet, wie eine bestimmte Versetzungsanhäufung gegenüber dem benachbarten versetzungsarmen Zellbereich verspannt ist, welche Dehnungen eine bestimmte Ausscheidung in ihrer Umgebung hervorruft, oder welche Kräfteverteilung auf einen bestimmten Kristalliten von seiner Umgebung einwirkt. Vielmehr sind die jeweiligen statistischen Verteilungen innerhalb makroskopischer Volumenbereiche von technischem Interesse, ausgedrückt durch Mittelwerte und mittlere Abweichungen, also solche Daten, die für den Werkstoff bzw. die betrachtete Probe repräsentativ sind.

10.3.2 Eigenspannungen I., II. und III. Art

Man versteht unter Eigenspannungen I. Art den Mittelwert der Spannungen in einem Volumen, das genügend viele Kristallite aller vorhandenen Werkstoffphasen enthält, um als repräsentativ für das Material gelten zu können, Bild 10.14. Die notwendige Größe des Volumens hängt demnach von der mittleren Korngröße ab, hat in der Regel aber makroskopische Ausdehnungen, d.h. $> 0{,}5\,\text{mm}$. Eigenspannungen I. Art werden Makroeigenspannungen bezeichnet. Alle Abweichungen von dem vorliegenden makroskopischen

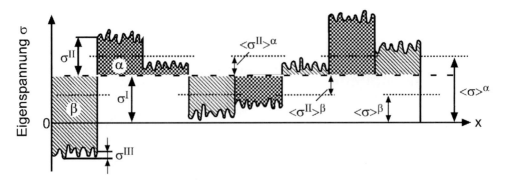

Bild 10.14: Zur Definition der Eigenspannungen I., II. und III. Art, Werkstoff mit den Phasen α und β [69]

Mittelwert werden als Mikrospannungen bezeichnet. Wenn Mikrospannungen betrachtet werden, ist daher jeweils zu definieren, welche dieser Abweichungen gemeint sind.
Die Differenz der mittleren Spannung eines Kristalliten zur Eigenspannung I. Art gilt als Eigenspannung II. Art, und die ortsabhängigen Abweichungen der Spannungen innerhalb des Kristalliten von der Summe aus I. und II. Art heißen Eigenspannungen III. Art:

$$\sigma^{I} = \frac{1}{V_{makro}} \int_{V_{makro}} \sigma(x)\, dV \tag{10.45}$$

$$\sigma^{II} = \frac{1}{V_{Kristallit}} \int_{Kristallit} (\sigma(x) - \sigma^{I})\, dV \tag{10.46}$$

$$\sigma^{III}(x) = \sigma(x) - \sigma^{I} - \sigma^{II} \tag{10.47}$$

Die so definierten Eigenspannungen II. und III. Art beziehen sich auf einen Kristallit und sind demnach nicht repräsentativ für das gesamte Material. Experimentell sind sie nur in sehr grobkörnigen Werkstoffen zugänglich, die eine ortsaufgelöste Spannungsmessung innerhalb eines Kristallits erlauben.

10.3.3 Mittelwerte und Streuungen von Eigenspannungen

Während der Begriff der Eigenspannungen I. Art oder Makroeigenspannungen unabhängig von der gewählten Methode der Eigenspannungsbestimmung angewandt werden kann, charakterisieren die Begriffe der Eigenspannungen II. Art und III. Art die Messergebnisse z.T. nur unzureichend. So haben sich in der Literatur weitere, für die Beschreibung der experimentellen Ergebnisse geeignetere Definitionen herausgebildet. Sie sind in Tabelle 10.5 zusammengestellt.

Unter einer Kristallitgruppe werden alle Kristallite innerhalb des Messvolumens verstanden, deren Kristallgitter bezüglich der Probe gleich orientiert sind. Die Beschreibung

10.3 Einteilung der Spannungen innerhalb vielkristalliner Werkstoffe

der Orientierung eines Kristallits wird in Kapitel 11 behandelt. Wie weit die Orientierungen der Kristallite voneinander abweichen dürfen, um noch als gleich angesehen zu werden, hängt davon ab, in wie feine Schritte Δg der Orientierungsraum aufgeteilt wird. Alle Kristallite, deren Orientierungen g innerhalb des Intervalls $g^l \leq g < g^l + \Delta g$ liegen, werden dann der Kristallitgruppe g^l zugeordnet und als identisch angesehen.

Spannungsmittelwerte sind durch Volumenmittelungen zu berechnen. Wenn man annehmen darf, dass die mittleren Kornformen und Kornorientierungen der Kristallitgruppen nicht von deren Kristallorientierungen abhängen, d.h. für alle Kristallitgruppen dieselben sind, können Volumenmittelwerte auch durch Mittelungen über die Orientierungen ersetzt werden. Mittelungen werden allgemein durch spitze Klammern symbolisiert, wobei das Volumen, über das gemittelt wird, als oberer Index angefügt wird, z. B. die Mittelung über eine Werkstoffphase α:

$$<\sigma>^\alpha = \frac{1}{V^\alpha} \int_{V^\alpha} \sigma(x)\, dx \tag{10.48}$$

Mikrospannungen sind diejenigen Spannungsanteile, die sich in jedem makroskopischen Volumen gegenseitig kompensieren. Im Gegensatz zu Makrospannungen tragen sie nicht zur Verformung oder zum Verzug eines Bauteils bei. Mittelwerte der Mikrospannungen über gleichartige räumlich getrennte Gefügebestandteile werden homogene Mikrospannungen genannt, ihr Wert hängt i. A. nicht von der genauen Messposition ab. Homogene Mikrospannungen sind z.B. die Mittelwerte der lokalen Mikrospannungen über die Kristallite einer Phase, einer Kristallitgruppe oder die Mittelwerte über die versetzungsarmen Anteile einer Phase oder eines Kristalls. Inhomogene Mikrospannungen sind dagegen im mikroskopischen Sinne ortsabhängig.

Der Zustand eines Materials wird nicht allein durch die Mittelwerte der lokalen Spannungen und der entsprechenden Dehnungen charakterisiert, sondern zusätzlich durch deren Verteilung um die Mittelwerte. Als Maß für die Breite einer Verteilung um den Mittelwert dient die mittlere quadratische Abweichung der Verteilung bzw. deren Wurzel $\overline{\Delta\sigma}^\alpha$:

$$\overline{\Delta\sigma}^\alpha = \sqrt{Var(\sigma)} = \sqrt{\frac{1}{V}\int_V (\sigma(x) - <\sigma>^\alpha)^2\, dx} \tag{10.49}$$

Während Spannungen mit Raumrichtungen verknüpft sind, d.h. ihre Darstellung von der Orientierung des gewählten Koordinatensystems abhängt, ist die Varianz der Spannungsverteilung hiervon unabhängig. Die den Breiten der Spannungsverteilungen zugeordneten Werte $\overline{\Delta\sigma}$ werden deshalb als nicht-orientierte Mikrospannungen bezeichnet.

10.3.4 Ursachen und Kompensation der Eigenspannungsarten

Mit den meisten mechanischen Bearbeitungen und Wärmebehandlungen ist eine Ausbildung von Eigenspannungen verbunden, sobald die auftretenden plastischen Verformungen oder die Phasentransformationen inhomogen über das Bauteil bzw. innerhalb des

Tabelle 10.5: Definitionen, Einteilungen und Bezeichnungen der Spannungen in vielkristallinen Werkstoffen. Die spitzen Klammern $<\cdots>$ stehen für Mittelungen entsprechend Gleichung 10.48, wobei der Bereich der Mittelung als Index angedeutet ist. α Werkstoffphase, K Kristallit, KG Kristallitgruppe, mit * sind jeweils die versetzungsarmen Bereiche gekennzeichnet

Art			Name	Bedeutung	Bezeich.	Bestimmung
Makro- und Mikro-Anteile			lokale Spannung	vom Ort x abhängige Spannung innerhalb eines Kristallits	$\sigma(x)$	/
			Kristallitspannung	Mittelwert über einen Kristallit	σ^K	$<\sigma(x)>^{Kristallit}$
			Versetzungszellspannung	Mittelwert der Spannungen des versetzungsarmen Anteils des Kristallvolumens	σ^{K*}	$<\sigma(x)>^{Versetzungszellen}$
			Kristallitgruppenspannung	Mittelwert über alle Kristallite derselben Orientierung g	$\sigma(g)$	$<\sigma>^g$
			Phasenspannung der Phase α	Mittelwert über die Kristallite einer Werkstoffphase.	$\overline{\sigma}^\alpha$, $\overline{\sigma}$	$<\sigma^I + \sigma^{II}>^\alpha$
			mittlere Spannungen der Versetzungszellen	Mittelwert der Spannungen des versetzungsarmen Anteils α^* des Volumens einer Phase α	$\overline{\sigma}^{\alpha*}$	$<\sigma(x)>^{\alpha*} =$ $<\sigma(x)>^{\alpha, Zellinneres}$
Makrospannung			Makrospannung	Mittelwert über ein makroskopisches Volumen	σ^M	$\sigma^I + \sigma^L$
			Lastspannung	Anteil der Makrospannung, der von außen anliegenden Kräften hervorgerufen wird	σ^L	Gleichgewicht mit äußeren Kräften
			ES I. Art, Makro-ES	Eigenspannungsanteil von σ^M	σ^I	$\sigma^M - \sigma^L$
Mikro-Eigenspannung	inhomogene Mikro-ES	orientierte Mikro-ES	lokale Mikro-ES	ortabhängige Abweichung von der Makrospannung	$\sigma(x) - \sigma^M$	$\sigma^{II} + \sigma^{III}$
			ES II. Art	Abweichung der Kristallitspannung von der Makrospannung	σ^{II}	$\sigma^K - \sigma^M$
			ES III. Art	ortsabhängige Abweichung von der Kristallitspannung	σ^{III}	$\sigma(x) - \sigma^I - \sigma^{II}$
			intragranulare Mikro-ES	Mittelwert der ES III über die versetzungsarmen Anteile des Volumens eines Kristalls	$\sigma^{III,K*}$	$<\sigma^{III}>^{K*} = \sigma^{K*} - \sigma^K$
			intragranulare Mikro-ES	Mittelwert der ES III über die versetzungsarmen Anteile α^* des Volumens einer Phase α	$\sigma^{III,\alpha*}$	$<\sigma^{III}>^{\alpha*} = \overline{\sigma}^{\alpha*} - \overline{\sigma}^\alpha$
	homogene Mikro-ES		intergranulare Mikro-ES	Differenz zwischen Kristallitgruppenspannung und Phasenspannung	$\sigma^{int.}(g)$	$\sigma(g) - \overline{\sigma}^\alpha$
			Phasen-Mikro-ES	Differenz zwischen Phasenspannung und Makrospannung	$\sigma^{II,\alpha}$	$<\sigma^{II}>^\alpha = \overline{\sigma}^\alpha - \sigma^I - \sigma^L$
		nicht orientiert	nicht-orientierte Mikro-ES	mittlere Abweichung der lokalen Spannungen von ihrem Mittelwert: innerhalb der Kristallite, innerhalb der Kristallitgruppe, innerhalb der Phase α:	$\overline{\Delta\sigma}^K$ $\overline{\Delta\sigma}^{KG}$ $\overline{\Delta\sigma}^\alpha$	$\sqrt{<(\sigma(x)-\sigma^K)^2>^{Kristallit}}$ $\sqrt{<(\sigma^K-\sigma^{KG})^2>^{Kristallitgruppe}}$ $\sqrt{<(\sigma^{KG}-\overline{\sigma}^\alpha)^2>^\alpha}$

Gefüges verteilt sind. Makroeigenspannungen werden verursacht durch räumlich inhomogene plastische Verformungen, Phasentransformationen oder Abkühlungsverläufe. Temperaturgradienten während der Wärmebehandlung können zu inhomogenen plastischen Verformungen oder zu zeitlich und räumlich inhomogen ablaufenden Phasentransformationen führen, die, wenn sie mit Volumenänderungen verknüpft sind, Makroeigenspannungen und/oder plastische Verformungen hervorrufen. Auf einer mikroskopischen Skala sind es die elastische und die plastische Anisotropie der Kristallite sowie die Unterschiede in den elastischen, plastischen und thermischen Eigenschaften der Phasen, die in Verbindung mit mechanischen oder thermischen Belastungen des Materials Mikroeigenspannungen zwischen den Gefügebestandteilen verursachen. Tabelle 10.5 fasst die verschiedenen Spannungsarten und deren Ursachen und Kompensationen zusammen. Mikrospannungen müssen sich definitionsgemäß zwischen den Gefügebestandteilen kompensieren. Die Kompensation geschieht auf gleicher Stufe, d.h. Phasenmikrospannungen der verschiedenen Phasen kompensieren sich untereinander, intergranulare Mikroeigenspannungen kompensieren sich zwischen den verschieden orientierten Kristallitgruppen und intragranulare Mikroeigenspannungen zwischen den versetzungsreichen und versetzungsarmen Gefügebestandteilen. Hierbei sind jeweils die Volumenanteile p der einzelnen Gefügebestandteile zu berücksichtigen. Für Phasenmikrospannungen gilt z. B.

$$\sum_{\alpha=1}^{n} p^{\alpha} <\sigma^{II}>^{\alpha} = 0 \qquad (10.50)$$

und die Makrospannung ergibt sich als gewichteter Mittelwert der Phasenspannungen:

$$\sum_{\alpha=1}^{n} p^{\alpha}\ \sigma^{\alpha} = \sigma^{L} + \sigma^{I} = \sigma^{M} \qquad (10.51)$$

Die Gleichungen 10.50 und 10.51 sind Grundlage der Trennung von Mikro- und Makrospannungen in mehrphasigen Werkstoffen, vgl. Kapitel 10.9.

10.3.5 Übertragungsfaktoren

Die verschiedenen Arten der Spannungen sind nicht unabhängig voneinander. So ist die Aufteilung äußerer Kräfte auf die Phasen des Werkstoffs i.Ä. ungleichmäßig. In faserverstärkten Werkstoffen werden z. B. die Fasern mehr belastet als die Matrix, es entstehen damit Mikrospannungen zwischen den beiden Phasen, die von den Makrospannungen abhängig sind. Jede Änderung des makroskopischen Spannungszustandes führt auch zu Änderungen der Phasenspannungen. Das Ausmaß der Änderungen hängt von dem Verhältnis der elastischen Eigenschaften der Phasen ab, wie es schematisch in Bild 10.3.5 dargestellt ist. Die mikroskopische Wirkung von Lastspannungen und von Makroeigenspannungen ist gleich, insofern braucht hier nicht zwischen beiden unterschieden zu werden. Auch wenn keine Makrospannungen vorliegen, sind die Phasen i. A. nicht spannungsfrei. Zum Beispiel entwickeln sich Mikroeigenspannungen während der Abkühlung nach dem

Tabelle 10.6: Unterteilung der homogenen orientierten Mikrospannungen nach ihren Ursachen, den Materialeigenschaften und den Bereichen der Kompensation. (REK: röntgenographische Elastizitätskonstanten)

Werkstoffbehandlung	Art der Mikrospannung	Gefügebereiche der Kompensation von Phasenmikrospannungen		
		Kristallitgruppen	Zellwände und Zellinneres von Versetzungsstrukturen	Phasen
elastische Verformung	elastisch induziert	Elastische Anisotropie der Kristallite, verbunden mit Makrospannungen; diese Mikrospannungen entsprechen bei den Berechnungen der REK den verschiedenen Modellannahmen zur Kristallitkopplung.	Die elastischen Eigenschaften von Zellwänden und Zellinnerem können sich aufgrund der unterschiedlichen mittleren Atomabstände unterscheiden. Dies wurde experimentell bisher aber nicht nachgewiesen.	Unterschiedliche elastische Eigenschaften der Phasen; diese Mikrospannungen entsprechen den Unterschieden zwischen den Phasen–REK und den Verbund–REK.
plastische Verformung	plastisch induziert	Plastische Anisotropie der Kristallite, orientierungsabhängige Streckgrenzen. Hierdurch können nichtlineare $d(\sin^2\psi)$-Verteilungen verursacht werden.	Ausbildung von Versetzungszellstrukturen mit unterschiedlichen plastischen Eigenschaften von Zellwänden und Zellinnerem.	Unterschied der Streckgrenzen und des Verfestigungsverhaltens der Phasen.
Glühen/ Abkühlen	thermisch induziert	Anisotropie der thermischen Ausdehnung der Kristallite in nichtkubisch kristallisierenden Werkstoffen.	/	Unterschiede in den makroskopischen thermischen Ausdehnungskoeffizienten der Phasen.
Glühen/ Abkühlen	thermisch induziert	Anisotrope Volumenänderung der Kristallitbereiche bei Phasentransformationen.	/	Mittlere Volumenänderung bei Phasentransformationen.

10.3 Einteilung der Spannungen innerhalb vielkristalliner Werkstoffe 323

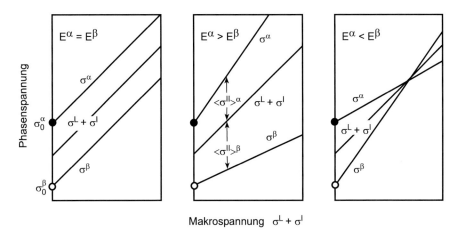

Bild 10.15: Spannungen in den Phasen eines zweiphasigen Materials in Abhängigkeit von der Makrospannung für verschiedene Verhältnisse der Elastizitätsmodule der beiden Phasen [27]

Herstellungsprozess aufgrund der unterschiedlichen Wärmeausdehnungskoeffizienten. Die Phasenspannungen setzen sich also aus einem unabhängigen und einem von den Makrospannungen abhängigen Anteil zusammen. Der unabhängige Anteil wird jeweils durch einen unteren Index $_0$ gekennzeichnet.

$$\sigma^\alpha = \sigma_0^\alpha + \mathbf{f}^\alpha \left[\sigma^L + \sigma^I \right] \tag{10.52}$$

Hierdurch ist der Tensor $\mathbf{f}^\alpha$ der Übertragungsfaktoren f_{ijkl} der Phase α definiert:

$$\mathbf{f}^\alpha_{ijkl} = \frac{\partial (\sigma^\alpha)_{ij}}{\partial (\sigma^L + \sigma^I)_{kl}} \tag{10.53}$$

Er beschreibt die lineare Abhängigkeit der Phasenspannungen von den Komponenten des Makrospannungstensors. Die mit den Phasenanteilen p^α der n Phasen gewichtet gemittelten Faktoren müssen sich zu eins ergänzen:

$$\sum_{\alpha=1}^{n} p^\alpha \mathbf{f}^\alpha = \mathbf{I} \tag{10.54}$$

$\mathbf{I}$ ist hierin der Einheitstensor 4. Stufe. Für den unabhängigen Anteil gilt

$$\sigma_0^\alpha = \sigma^\alpha \quad \text{wenn} \quad (\sigma^L + \sigma^I = 0) \tag{10.55}$$

$$\sum_{\alpha=1}^{n} p^\alpha \sigma_0^\alpha = 0 \tag{10.56}$$

Gemäß der Definition der mittleren Mikroeigenspannung $<\sigma^{II}>^\alpha$ in Tabelle 10.5 setzt sich die Phasenspannung aus den Anteilen der Makro- und Mikrospannungen zusammen:

$$\sigma^\alpha = \sigma^L + \sigma^I + <\sigma^{II}>^\alpha \tag{10.57}$$

Schreibt man 10.52 folgendermaßen um,

$$\sigma^\alpha = \sigma_0^\alpha + \mathbf{f}^\alpha [\sigma^L + \sigma^I] = \sigma^L + \sigma^I + \sigma_0^\alpha + [\mathbf{f}^\alpha - \mathbf{I}] [\sigma^L + \sigma^I] \tag{10.58}$$

so ergibt sich durch Vergleich mit Gleichung 10.57 die Mikrospannung der Phase zu

$$<\sigma^{II}>^\alpha = \sigma_0^\alpha + [\mathbf{f}^\alpha - \mathbf{I}] [\sigma^L + \sigma^I] \tag{10.59}$$

Der Tensor $[\mathbf{f}^\alpha - \mathbf{I}]$ ist ein Maß für die Unterschiede zwischen den elastischen Eigenschaften der Phasen. Der Term $[\mathbf{f}^\alpha - \mathbf{I}] [\sigma^L + \sigma^I]$ stellt den abhängigen Anteil der Mikrospannungen dar und wird als elastisch induzierter Anteil der Phasen-Mikrospannungen bezeichnet. Die Übertragungsfaktoren können auch in VOIGTscher Notierung dargestellt werden:

$$\mathbf{f}_{mn}^\alpha = \frac{\partial(\sigma^\alpha)_m}{\partial(\sigma^L + \sigma^I)_n} \tag{10.60}$$

In makroskopisch homogenen Werkstoffen ist der Tensor $\mathbf{f}$ isotrop, sofern Einflüsse der Oberfläche vernachlässigt werden dürfen. Er kann ortsabhängig werden, wenn die Verteilung der Phasen in dem Material makroskopisch heterogen ist, z. B. in Schichtverbundwerkstoffen. In diesem Fall muss zwischen den Übertragungsfaktoren der Lastspannungen und der Makroeigenspannungen unterschieden werden.

10.4 Röntgenographische Ermittlung von Eigenspannungen

10.4.1 Dehnung in Messrichtung

Beugungsverfahren mit Röntgen- oder Neutronenstrahlen ermöglichen sowohl die Bestimmung makroskopischer Spannungszustände, wie auch die Untersuchung von Mikrospannungen zwischen den verschiedenen Werkstoffphasen und zwischen Kristallgruppen innerhalb der Phasen. Die einzelnen Werkstoffphasen und auch Teile des Phasenvolumens sind jeweils separat zugänglich. Röntgenstrahlen werden an den Atomhüllen, Neutronenstrahlen an den Atomkernen gestreut. In beiden Fällen überlagern sich die von den einzelnen Atomen ausgehenden Streuwellen, vgl. Kapitel 3.3.2. Bei einem regelmäßigen Kristallgitter liegt eine feste Phasenbeziehungen zwischen den an den Atomen oder Molekülen des Gitters gestreuten Wellen vor. Nur unter bestimmten Richtungen, die durch die Gittervektoren des reziproken Gitters gegeben sind, tritt konstruktive Interferenz auf. Die Beugung am Kristallgitter wurde in Kapitel 3.3.2 als Reflexion an den Netzebenenscharen beschrieben, wie es in Bild 10.16 angedeutet ist. Dabei steht die Winkelhalbierende zwischen einfallenden und gestreuten Strahlen senkrecht auf der reflektierenden Ebenenschar. Die Bedingung für konstruktive Interferenz ist durch die BRAGGsche Beziehung 3.119 $2d_{hkl} \sin\theta_{hkl} = n\lambda$ gegeben.

10.4 Röntgenographische Ermittlung von Eigenspannungen

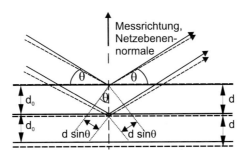

Bild 10.16: Reflexion von Röntgen- oder Neutronenstrahlen an einer Netzebenenschar des Kristallgitters. BRAGG-Winkel θ, verspannter Netzebenenabstand d, unverspannter Netzebenenabstand d_0 und Messrichtung $\vec{m}$

Die Ordnung n der Interferenz wird üblicherweise mit den MILLER-Indizes zusammengezogen, d.h. zum Beispiel, die 2. Ordnung der Interferenz an der $(1\,1\,1)$-Ebene wird als $(2\,2\,2)$-Interferenz bezeichnet. Bei Verwendung monochromatischer Strahlung ergibt sich durch die Messung des BRAGG-Winkels einer Interferenz der Ebenenabstand der reflektierenden Netzebenenschar. Jede Interferenzlinie eines Diffraktogrammes wie in Bild 10.1 kann somit einer Netzebenenschar und einem Netzebenenabstand zugeordnet werden. Die Messrichtung $\vec{m}$, in deren Richtung der Netzebenenabstand bestimmt wird, steht jeweils senkrecht auf der Ebenenschar. Durch mechanische Spannungen werden die Netzebenenabstände d verändert und damit auch der Beugungswinkel 2θ, so dass sich die Interferenzlinien verschieben. In Bild 10.16 ist dies durch die gestrichelte Darstellung angedeutet. Die Änderungen von 2θ sind klein, sie liegen je nach Spannungszustand im Bereich von $0{,}01° - 0{,}5°$, sind aber Grundlage der Spannungsermittlung mittels Beugungsverfahren. Wir bezeichnen nun mit θ_0 und mit d_0 den BRAGG-Winkel einer Interferenz bzw. den Netzebenenabstand im spannungsfreien Zustand und mit $\Delta\theta$ und Δd die jeweiligen Änderungen aufgrund von vorliegenden Spannungen. Durch Differenzieren der BRAGGschen-Gleichung 3.119 erhält man den Zusammenhang zwischen Linienverschiebung und Ebenenabstandsänderung, wobei berücksichtigt ist, dass die jeweiligen Verschiebungen klein sind:

$$\frac{\Delta\theta}{\Delta d} = -\frac{1}{d}\tan\theta\,\frac{180°}{\pi} \tag{10.61}$$

$(\Delta d)/d = (d-d_0)/d_0$ ist aber gerade die Dehnung in Richtung der Ebenenscharnormalen. Also ergibt sich

$$\Delta\theta = -\epsilon\tan\theta\,\frac{180°}{\pi} \tag{10.62}$$

Aus der Linienlage einer Interferenz lässt sich also mittels der BRAGGschen-Gleichung der Netzebenenabstand der reflektierenden Ebenenschar ermitteln, und wenn man die ungestörten Werte kennt, auch dessen Veränderung aufgrund vorliegender Spannungen und damit die Dehnung in Richtung der Ebenenscharnormalen.

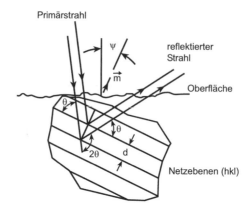

Bild 10.17: Kristallit in reflexionsfähiger Lage

10.4.2 Röntgenographische Mittelung über Kristallorientierungen

Zu einer Interferenzlinie trägt immer nur ein kleiner Teil der Kristallite eines Vielkristalls bei. Sie sind festgelegt durch die Wahl der Strahlung, der Messrichtung und der zu untersuchenden Ebenenschar. Bei feinkristallinen Vielkristallen sind es dennoch sehr viele. Ihre Orientierungen bezüglich des Probensystems unterscheiden sich um eine Drehung um die Messrichtung. Für elastisch anisotrope Kristallgitter hängt bei gegebenem Spannungszustand die Dehnung eines Kristallits in eine bestimmte Richtung aber von seiner Orientierung ab. Eine experimentell beobachtete Interferenzlinie setzt sich also aus den Interferenzlinien vieler einzelner Kristallite zusammen. Der Netzebenenabstand, den man aus der Linienlage der Summeninterferenz erhält, ist aber i. A. nicht repräsentativ für die Gesamtheit aller Kristallite, sondern charakterisiert nur die an der Interferenz beteiligten Kristallite. So ist es für die Interpretation von Messergebnissen immer wichtig, zu berücksichtigen, wie der bestimmte Messwert erhalten wurde und welche Kristallite mit welcher Wichtung Beiträge zum Ergebnis lieferten.

Bei Bestrahlung eines Kristalls mit Strahlung der Wellenlänge λ liefert eine Ebenenschar $(h\,k\,l)$ genau dann eine Interferenzlinie, wenn der BRAGG-Winkel θ, unter dem die Strahlung die Ebenenschar trifft, und der Ebenenabstand d die BRAGGsche Interferenzbedingung 3.119 erfüllen. Bei einem Einkristall ist dies i. A. nicht der Fall, so dass man, um Interferenzen zu erzeugen, mit polychromatischer Strahlung arbeiten muss (Laue-Verfahren). Zu jeder Ebenenschar mit Abstand d_{hkl} und jedem Einstrahlwinkel θ gibt es dann genau eine Wellenlänge aus dem Spektrum, mit der Gleichung 3.119 erfüllt wird. In einem Vielkristall dagegen liegen innerhalb des Messvolumens genügend viele unterschiedlich orientierte Kristallite vor, so dass bei fester Wellenlänge zu jeder Ebenenschar Kristallite vorhanden sind, die gerade so orientiert sind, dass sie ihre Ebenenschar gegenüber der Einstrahlrichtung unter dem richtigen Winkel θ liegen haben. Ein derart günstig orientierter Kristallit ist in Bild 10.17 skizziert. Die Messrichtung bzw. die Winkelhalbierende zwischen ein- und ausfallendem Strahl wird bezüglich des Probensystems durch ihren Azimut-Winkel φ und Polwinkel ψ beschrieben. Wenn der gezeigte Kristallit also gerade so orientiert ist, dass er bei der Messrichtung $\vec{m}$ zur Interferenzlinie der

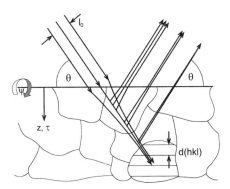

Bild 10.18: Schwächung der einfallenden und reflektierten Röntgenstrahlen, schematisch

Ebenenschar $(h\,k\,l)$ beiträgt, so würde sich an dieser Situation nichts ändern, wenn man ihn um die Messrichtung um einen beliebigen Winkel drehen würde. Kristallite, deren Orientierung sich nur um eine Drehung um die Messrichtung unterscheiden, tragen also ebenfalls zu der beobachteten Interferenz bei.

Da sich die Orientierungen dieser Kristallite unterscheiden, sind i. A. auch ihre Dehnungen als Antwort auf einen vorliegenden Spannungszustand verschieden, d.h. ihre Netzebenenabstände d_{hkl} haben unterschiedliche Abweichungen von dem Abstand, der bei einem spannungsfreien Zustand vorläge. Die Interferenzlinien der einzelnen Kristallite überlagern sich dann zu einer Summenlinie, deren Linienlage wiederum durch Gleichung 3.119 mit dem Mittelwert ihrer Netzebenenabstände verknüpft ist. Der beobachtete Ebenenabstand und die daraus resultierende Dehnung sind also Mittelwerte über alle an der Interferenz beteiligten Kristallite.

10.4.3 Mittelung über die Eindringtiefe

Aufgrund von Streuung und Absorption erfahren Röntgen- wie Neutronenstrahlen auf ihrem Weg durch das Material eine Schwächung, die durch das exponentielle Schwächungsgesetz, Gesetz von BEER-LAMBERT, Gleichung 2.16, beschrieben wird. Der Schwächungskoeffizienten μ und der zurückgelegte Weg s sind hierbei die maßgeblichen Größen. Bei Beugungsexperimenten an Vielkristallen tragen also die weiter von der Oberfläche entfernt liegenden Kristallite zu einem geringeren Maße zu der beobachteten Interferenzlinie bei als diejenigen, die nahe der Oberfläche liegen, was in Bild 10.18 schematisch dargestellt ist. Wird der Strahl in der Tiefe z' von einer Netzebenenschar $(h\,k\,l)$ reflektiert, gelangt zur Oberfläche zurück und tritt aus dem Material wieder heraus, so ist sein Weg im Material im Fall einer Ψ-Diffraktometergeometrie, siehe Kapitel 10.6.

$$s = \frac{2z'}{\sin\theta\,\cos\psi} \qquad (10.63)$$

Die reflektierte Intensität hängt vom Reflexionsvermögen der Ebenenschar und dem Volumenanteil der Kristallite in reflexionsfähiger Lage, also von der Textur ab. Beschreibt man diese Einflüsse durch Konstanten K^{hkl} und T^{hkl}, so hat der reflektierte Strahl nach

Austritt aus der Oberfläche die Intensität

$$I_{z'} = I_0 \, K^{hkl} \, T^{hkl} \, \exp\left(-\frac{z'}{\tau}\right) \quad \text{mit} \quad \tau = \frac{\sin\theta \, \cos\psi}{2\mu} \tag{10.64}$$

und aus dem Tiefenbereich $z' = 0 \cdots z$ erhält man insgesamt die Intensität

$$I_{0\cdots z} = I_0 \, K^{hkl} \, T^{hkl} \int_0^z \exp\left(\frac{z'}{\tau}\right) dz' = I_0 \, K^{hkl} \, T^{hkl} \, \tau \left(\left(1 - \exp\left(-\frac{z}{\tau}\right)\right)\right) \tag{10.65}$$

Der Anteil $\hat{I}(z)$ der aus dem Bereich $0 \cdots z$ stammenden Intensität an der insgesamt von einem Material der Dicke s reflektierten Intensität lautet

$$\hat{I}(z) = \frac{I_{0\cdots z}}{I_{0\cdots s}} = \frac{1 - \exp\left(-\frac{z}{\tau}\right)}{1 - \exp\left(-\frac{s}{\tau}\right)} \tag{10.66}$$

Ist die Probendicke s sehr groß gegenüber τ, dann geht 10.66 über in

$$\hat{I}(z) = 1 - \exp\left(-\frac{z}{\tau}\right) \tag{10.67}$$

Aus dem Tiefenbereich $0 \cdots \tau$ erhält man $(1 - 1/e) \approx 63\,\%$ der Information. Da auch die Intensität I_0 des Primärstrahls in der Tiefe τ auf den Wert I_0/e abgefallen ist, wird τ als Eindringtiefe bezeichnet. Die Schwächung der Strahlung ist für das Ergebnis dann von Bedeutung, wenn der Spannungszustand, der Gefügezustand oder die chemische Zusammensetzung des Materials sich innerhalb des Tiefenbereiches der Eindringtiefe wesentlich ändern, also Funktionen der Tiefe z sind.

Der ermittelte d-Wert und der entsprechende Dehnungswert ergeben sich dann als Mittelwerte über das Volumen V^c der zur Interferenz beitragenden Kristallite, gewichtet mit der exponentiellen Schwächung:

$$d(\vec{m}, hkl) = \frac{\int_{V^c} d(\vec{m}, hkl, z) \, \exp(-z/\tau) \, dz}{\int_{V^c} \exp(-z/\tau) \, dz} \tag{10.68}$$

$d(\vec{m}, hkl, z)$ sind die für eine feste Tiefe z über die beitragenden Kristallite gemittelten Werte. Mit dem Netzebenenabstand des spannungsfreien Zustandes d_0 erhält man die entsprechenden Dehnungswerte, wobei vorausgesetzt werden muss, dass d_0 nicht von z abhängt, d.h. die chemische Zusammensetzung über z konstant ist.

10.4.4 $d(\sin^2 \psi)$-Verteilungen

Netzebenenabstände d werden selten über den gesamten Bereich möglicher Messrichtungen φ, ψ bestimmt, sondern bei konstantem φ für eine Reihe von ψ-Winkeln, meist in äquidistanten $\sin^2 \psi$-Schritten, ein Beispiel zeigt Bild 10.19. Der Grund hierfür liegt in

10.4 Röntgenographische Ermittlung von Eigenspannungen

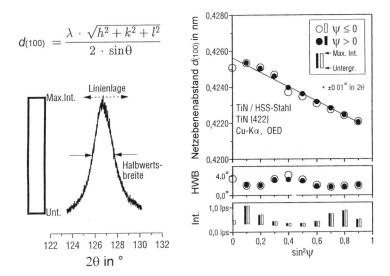

Bild 10.19: Beispiel für die Darstellung der aus den Beugungsinterferenzen ermittelten Netzebenenabstände d, Halbwertsbreiten (HWB) und Linienintensitäten. Zusätzlich ist die Regressionsgerade durch die d-Werte eingezeichnet sowie der Fehler, welcher der Justiergenauigkeit von $\pm 0{,}01°$ in 2θ entspricht

der Begrenzung des experimentellen Aufwandes und darin, dass diese Messwerte in den meisten Fällen ausreichen, den mittleren Spannungszustand vollständig zu bestimmen. Für kubische Werkstoffe lassen sich die gemessenen Ebenenabstände $d_{\{hkl\}}$ mit Hilfe der MILLER-Indizes direkt in $d_{\{100\}}$-Werte umrechnen, so dass die Ergebnisse verschiedener Ebenenscharen in dem selben Diagramm erscheinen können.

Bei gegebenem mittleren Spannungszustand hängt der genaue Netzebenenabstand einer Netzebenenschar von deren Orientierung in der betrachteten Probe ab. So sind z. B. bei Druckspannungen parallel der Oberfläche eines Körpers die Ebenen senkrecht zu dieser Richtung gestaucht, während diejenigen, die parallel zur Oberfläche liegen, aufgrund der Querdehnung gedehnt sind. Das ist in Bild 10.20 angedeutet, ebenso der lineare Verlauf über $\sin^2 \psi$.

Nicht-texturierte Werkstoffe liefern in der Regel annähernd lineare Abhängigkeiten der d-Werte über $\sin^2 \psi$, aus deren Steigungen und Achsenabschnitten sich die mittleren Spannungen ableiten lassen. Das Verfahren, die Netzebenenabstände d für konstant gehaltenen φ-Winkel über $\sin^2 \psi$ aufzutragen und die Spannungen nach linearer Regression aus den Steigungen und Achsenabschnitten zu bestimmen, wird als Auswertung nach dem so genannten »$\sin^2 \psi$-Gesetz« bezeichnet.

Obwohl die $d(\sin^2 \psi)$-Verteilungen in vielen praktischen Anwendungen recht linear sind, ist dies doch ein Spezialfall, der für Werkstoffe aus elastisch isotropen Kristalliten oder für nicht-texturierte Werkstoffe mit homogenen Spannungszuständen gilt. Aber auch wenn diese Voraussetzungen nicht ganz erfüllt sind, erweisen sich die Abweichungen vom linearen Verlauf häufig als so klein, dass sie vernachlässigt werden können. Prinzipielle

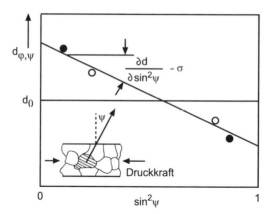

Bild 10.20: Abhängigkeit der Netzebenenabstände von der Messrichtung in einem spannungsbehafteten Werkstoff

Verläufe der $d(\sin^2 \psi)$-Verteilungen sind in Bild 10.21 zusammengestellt. Sie zeigen die möglichen Einflüsse einer Textur, von plastischer Verformung, von Schubspannungskomponenten und von Spannungsgradienten in Normalen-Richtung. Während der Effekt von Spannungsgradienten daher rührt, dass die Eindringtiefe der Strahlung von der Messrichtung abhängt und deshalb auf Röntgenmessungen beschränkt ist, lassen sich alle anderen Effekte auch mit Neutronenstrahlen erfassen. Ausgangspunkte für die Bestimmung von Dehnungen und Spannungen in vielkristallinen Werkstoffen sind immer eine oder mehrere $d(\sin^2 \psi)$-Verteilungen. Aus deren Verläufen, ihren Steigungen und Achsenabschnitten muss der elastische Beanspruchungszustand des Werkstoffs abgeleitet werden.

Jeder Messwert $d(\vec{m}, hkl)$ ergibt sich aus einer kombinierten Mittelwertbildung über die Orientierungen und die Tiefe. Bei der Auswertung von Spannungen und Dehnungen ist man auf vereinfachende Annahmen angewiesen, weil nie die vollständigen $d(\sin^2 \psi)$-Verteilungen aller Ebenenscharen, sondern immer nur eine begrenzte Anzahl an Messwerten zur Verfügung stehen. Die Vereinfachungen betreffen den Dehnungs- oder Spannungszustand und ihre Gradienten im Bereich des Messvolumens sowie den Einfluss der Textur. In den nächsten Kapiteln werden die für die Praxis wichtigsten und am häufigsten auftretenden Zusammenhänge zwischen den messbaren d-Werten und den Spannungen behandelt, insbesondere für homogene Spannungszustände in polykristallinen, texturfreien Werkstoffen. In Bild 10.21 entsprechen diese Fälle dem linken und mittleren Bild der obersten Reihe.

10.4.5 Elastisch isotrope Werkstoffe

In Kapitel 10.2.1 wurde mit Gleichung 10.15 der Zusammenhang der Dehnung in einer bestimmten Richtung mit den Komponenten des Dehnungstensors abgeleitet. Stellt man diese Gleichung etwas um und berücksichtigt die geometrischen Identitäten

$$2\sin\alpha \, \cos\alpha = \sin 2\alpha \quad ; \quad \cos^2 \alpha = 1 - \sin^2 \alpha \tag{10.69}$$

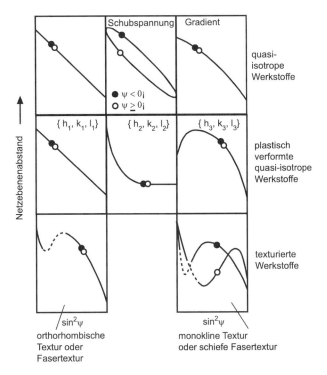

Bild 10.21: Typische Verteilungen $d(\sin^2 \psi)$, hervorgerufen durch verschiedene Spannungs- und Gefügezustände [27]

so bekommt man:

$$\epsilon_{\vec{m}} = \epsilon_{ij}\, m_i\, m_j = \frac{\Delta d}{d_0} = \frac{d - d_0}{d_0}$$
$$= (\epsilon_{11} - \epsilon_{33})\, \cos^2 \varphi\, \sin^2 \psi + (\epsilon_{22} - \epsilon_{33})\, \sin^2 \varphi\, \sin^2 \psi + \epsilon_{33}$$
$$+ \epsilon_{12}\, \sin 2\varphi\, \sin^2 \psi + \epsilon_{13}\, \cos \varphi\, \sin 2\psi + \epsilon_{23}\, \sin \varphi\, \sin 2\psi \qquad (10.70)$$

Die Dehnung in eine beliebige Richtung ϕ, ψ hängt also mit den 6 Komponenten des Dehnungstensors zusammen. Durch Messung der Dehnungen in mindestens 6 verschiedenen Richtungen könnte man also im Prinzip den gesamten Dehnungstensor bestimmen. Wenn dann der Dehnungstensor bekannt ist, kann der Spannungstensor mit Hilfe des HOOKEschen Gesetzes 10.20 berechnet werden. Dieser Weg ist allerdings anfällig gegenüber Messfehlern, und er erfordert die genaue Kenntnis des spannungsfreien Ebenenabstandes d_0, der in der Praxis nicht immer mit genügender Genauigkeit bekannt ist. Als Messergebnisse hat man zunächst immer die Linienlagen 2θ einer Interferenz, bzw. die Ebenenabstände d, die über die BRAGG-Gleichung eindeutig miteinander verknüpft sind. Dehnungen ergeben sich erst mit der Kenntnis des genauen d_0- Wertes. Für Spannungsauswertungen sollte dieser Wert auf mindestens $1 \cdot 10^{-5}$ nm bekannt sein.

> Es reicht nicht aus, einen ungefähren d_0 Wert für den untersuchten Werkstoff etwa aus Tabellenwerken zu entnehmen, da Schwankungen in den Legierungsanteilen den d_0 Wert schon um einige $1 \cdot 10^{-5}$ nm beeinflussen können.

Wie im Kapitel 10.4.7 ausgeführt wird, können aber eine Reihe von Spannungsergebnissen schon ohne die genaue Kenntnis von d_0 erhalten werden. Um den direkten Zusammenhang der messbaren d-Werte mit den Komponenten des Spannungstensors zu erhalten, werden die Dehnungskomponenten in Gleichung 10.70 mittels des HOOKEsche Gesetzes durch die Spannungskomponenten ausgedrückt. Wir gehen zunächst davon aus, dass das Material elastisch isotrop ist, so dass Gleichung 10.32 benutzt werden darf. Man erhält hiermit:

$$\epsilon(\varphi,\psi) = -\frac{\nu}{E}(\sigma_{11}+\sigma_{22}+\sigma_{33}) + \frac{1+\nu}{E}\sigma_{33}$$
$$+\frac{1+\nu}{E}[(\sigma_{11}-\sigma_{33})\cos^2\varphi\sin^2\psi + (\sigma_{22}-\sigma_{33})\sin^2\varphi\sin^2\psi]$$
$$+\frac{1+\nu}{E}[\sigma_{12}\sin 2\varphi\sin^2\psi + \sigma_{13}\cos\varphi\sin 2\psi + \sigma_{23}\sin\varphi\sin 2\psi] \quad (10.71)$$

10.4.6 Die Grundgleichung der röntgenographischen Spannungsanalyse

In Gleichung 10.71 treten die beiden Konstanten $-\nu/E$ und $(1+\nu)/E$ auf, die sich aus dem makroskopischen E-Modul und der Querkontraktionszahl zusammensetzen. Bei der Ableitung wurde aber vorausgesetzt, dass die Kristallite des Werkstoffs mechanisch isotrop sind und sich also mechanisch genau so verhalten wie der makroskopische Werkstoff. Nun sind Kristallite i. A. mechanisch anisotrop, d.h. die Verformung eines Kristallits hängt davon ab, wie sein Kristallgitter gegenüber den wirkenden Spannungen orientiert ist. Werkstoffe, die auf einer mikroskopischen Skala zwar anisotrop sind, makroskopisch aber isotrop erscheinen, bezeichnet man als quasiisotrop. Zu einer Röntgeninterferenzlinie tragen, wie im Kapitel 10.4.2 beschrieben wurde, Kristallite unterschiedlicher Orientierung bei. Sind die elastischen Eigenschaften anisotrop, unterscheiden sich auch die Netzebenenabstände und die Dehnungen in Messrichtung. Die Röntgeninterferenz setzt sich also aus einer Vielzahl von Einzelinterferenzen mit etwas unterschiedlichen Linienlagen zusammen. Aus der Summenlinie wird mittels der BRAGG Gleichung dann ein mittlerer Netzebenenabstand ermittelt. Es stellt sich nun die Frage, wie der Zusammenhang dieser mittleren Netzebenenabstände mit den Komponenten des Spannungstensors aussieht. Hierzu sind bei gegebenem Spannungszustand die Dehnungen aller zum Reflex beitragenden Kristallite zu mitteln. Die Auswahl der beteiligten Kristallite hängt dabei von der Messrichtung und der untersuchten Ebenenschar ab. Um die Anisotropie der Kristalle bei der röntgenographischen Spannungsermittlung zu berücksichtigen, werden die in Gleichung 10.71 auftretenden Konstanten durch ebenenabhängige, so genannte röntgenographischen Elastizitätskonstanten (REK) $s_1(hkl)$ und $\frac{1}{2}s_2$ ersetzt:

$$\frac{-\nu}{E} \to s_1(hkl) \quad ; \quad \frac{1+\nu}{E} \to \frac{1}{2}s_2(hkl) \quad (10.72)$$

Dieses Vorgehen erfolgte zunächst empirisch und zeigte sich in Übereinstimmung mit experimentellen Beobachtungen. Die ebenenabhängigen Konstanten können experimentell bei vorgegebenen Spannungen bestimmt werden, oder sie lassen sich für einige Modelle über die mechanische Wechselwirkung zwischen den Kristalliten berechnen. Später wurde in [165] gezeigt, dass dieses Vorgehen korrekt ist und die Form der Gleichung 10.71 beim Übergang zu anisotropen Kristalliten erhalten bleibt, solange nur der Werkstoff makroskopisch isotrop ist. Es gilt also:

$$\epsilon(\varphi, \psi) = \frac{d(\varphi, \psi) - d_0}{d_0}$$
$$= s_1(hkl)\,(\sigma_{11} + \sigma_{22} + \sigma_{33}) + \frac{1}{2} s_2(hkl)\,\sigma_{33} \quad (10.73)$$
$$+ \frac{1}{2} s_2(hkl)\,[(\sigma_{11} - \sigma_{33})\cos^2\varphi \sin^2\psi + (\sigma_{22} - \sigma_{33})\sin^2\varphi \sin^2\psi\,]$$
$$+ \frac{1}{2} s_2(hkl)\,[\sigma_{12}\sin 2\varphi \sin^2\psi + \sigma_{13}\cos\varphi \sin 2\psi + \sigma_{23}\sin\varphi \sin 2\psi]$$

Gleichung 10.73 wird auch als »Grundgleichung der röngenographischen Spannungsanalyse« bezeichnet, da sie Ausgangspunkt für die dreiachsige Auswertung mittlerer Spannungen in quasiisotropen Werkstoffen ist [68].

Mittelt man die REK über alle möglichen Ebenenscharen $(h\,k\,l)$, erhält man die makroskopischen Werte, die das makroskopische Dehnungsverhalten des Materials beschreiben. Dieses wird durch den E-Modul und die Querkontraktionszahl beschrieben. Die Materialkonstanten $\frac{-\nu}{E}$ und $\frac{1+\nu}{E}$ werden deshalb auch als makroskopische REK bezeichnet und mit einem Index m versehen.

$$\frac{-\nu}{E} = s_1^m \quad ; \quad \frac{1+\nu}{E} = \frac{1}{2} s_2^m \quad (10.74)$$

Bei konstantem Azimutwinkel φ verbleiben in 10.73 neben einigen konstanten Termen solche mit $\sin^2\psi$ und $\sin 2\psi$, z. B. für $\varphi = 0°$

$$\epsilon(\varphi, \psi) = s_1(hkl)\,(\sigma_{11} + \sigma_{22} + \sigma_{33}) + \frac{1}{2} s_2(hkl)\,\sigma_{33}$$
$$+ \frac{1}{2} s_2(hkl)\,(\sigma_{11} - \sigma_{33})\sin^2\psi + \sigma_{13}\sin 2\psi \quad (10.75)$$

Der Ausdruck $\sin 2\psi$ beschreibt über $\sin^2\psi$ eine Ellipse mit den Halbachsen 1 und $\frac{1}{2}$ und dem Mittelpunkt bei $(\sin^2\psi = \frac{1}{2},\ \sin 2\psi = 0)$, denn die Identität $2\sin\alpha\cos\alpha = \sin 2\alpha$, lässt sich umformen in die Ellipsengleichung

$$4\,(\sin^2\psi - \frac{1}{2})^2 + (\sin 2\psi)^2 = 1 \quad (10.76)$$

Werden also die Dehnungen oder die Ebenenabstände in ein Diagramm über $\sin^2\psi$ auf-

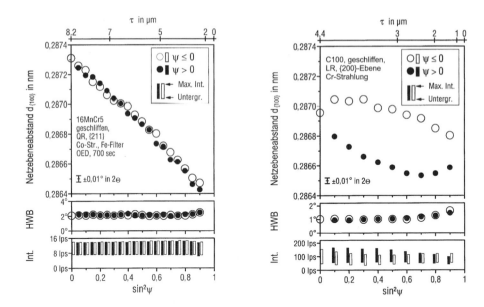

Bild 10.22: Beispiele einer linearen Gitterdehnungsverteilung und einer Verteilung mit ψ-Aufspaltung, Ergebnisse in Querrichtung eines gehärteten und geschliffenen 16MnCr5-Stahls (links) und in Schleifrichtung eines perlitischen C100-Stahls (rechts). Eindringtiefe τ, Netzebenenabstände d, Halbwertsbreiten sowie Maximalintensitäten der Interferenzlinien über $\sin^2 \psi$ [27]

getragen, so ergibt sich eine Verteilung, die sich durch die Überlagerung einer Geraden mit einer Ellipse beschreiben lässt. Wenn Schubkomponenten σ_{i3} vorliegen, unterscheiden sich die Werte für Messrichtungen $\psi > 0°$ und $\psi \leq 0°$. Sie bilden den oberen bzw. den unteren Teil der Ellipse, oder umgekehrt, je nach Vorzeichen der Schubkomponenten. Dieser Effekt wird deshalb als ψ-Aufspaltung bezeichnet. In Bild 10.22 sind jeweils ein Beispiel einer linearen $d(\sin^2 \psi)$-Verteilung und einer Verteilung mit ψ-Aufspaltung dargestellt.

Die Grundgleichung gilt für makroskopisch isotrope Materialien mit einem innerhalb des Messvolumens homogenen Spannungszustand. In der Praxis lässt sie sich aber auch auf schwach texturierte Werkstoffe anwenden und auf Spannungszustände, die sich innerhalb des Messvolumens nicht sehr stark ändern, also nur schwache Spannungsgradienten aufweisen.

10.4.7 Auswerteverfahren für quasiisotrope Materialien

Bei der Auswertung experimenteller Ergebnisse anhand der Grundgleichung können in vielen Fällen Vereinfachungen bezüglich des Spannungszustandes angenommen werden. Wenn man die Vorgeschichte des Materials kennt, z. B. die Richtungen der bisherigen Bearbeitung durch Walzen oder Schleifen, kann man das Probenkoordinatensystem so festlegen, dass es mit dem Hauptspannungssystem übereinstimmt. Der Spannungstensor hat hierin nur Hauptspannungen, aber keine Schubspannungen. Weiterhin darf aufgrund der geringen Eindringtiefe der Röntgenstrahlen oft die Spannungskomponente in Normalenrichtung der Probe vernachlässigt werden. Aufgrund der Gleichgewichtsbedingungen ist diese Komponente an der direkten Oberfläche grundsätzlich Null. Diese Annahmen vereinfachen dann die Auswertung der Ergebnisse. Im allgemeinen Fall muss aber davon ausgegangen werden, dass alle Spannungskomponenten vorliegen. Dabei ist zu erwähnen, dass die Grundgleichung nicht nur auf röntgenographische Ergebnisse, sondern auch auf solche Anwendung findet, die mit Neutronenstrahlen erzielt werden. Bei diesen ist die Eindringtiefe dann so groß, dass immer mit einem dreiachsigen Spannungstensor gerechnet werden muss. Im Folgenden wird zunächst der allgemeine dreiachsige Spannungszustand behandelt, die anschließenden Kapitel gehen dann auf die verschiedenen Vereinfachungen ein.

10.4.8 Allgemeiner dreiachsiger Spannungszustand

In der Praxis lassen sich die meisten Messergebnisse durch Gleichung 10.73 beschreiben, die nach wenigen Umstellung folgendes Aussehen hat:

$$\begin{aligned}\epsilon(\varphi,\psi) &= \frac{d(\varphi,\psi) - d_0}{d_0} \\ &= s_1(h\,k\,l)\left[(\sigma_{11} - \sigma_{33}) + (\sigma_{22} - \sigma_{33})\right] + \left(3s_1(h\,k\,l) + \frac{1}{2}s_2(h\,k\,l)\right)\sigma_{33} \\ &+ \frac{1}{2}s_2(h\,k\,l)\left[(\sigma_{11} - \sigma_{33})\cos^2\varphi + (\sigma_{22} - \sigma_{33})\sin^2\varphi + \sigma_{12}\sin 2\varphi\right]\sin^2\psi \\ &+ \frac{1}{2}s_2(h\,k\,l)\left[\sigma_{13}\cos\varphi + \sigma_{23}\sin\varphi\right]\sin 2\psi \end{aligned} \quad (10.77)$$

Diese Gleichung gilt für texturfreie Werkstoffe, wenn ausschließlich elastisch induzierte Mikrospannungen Einfluss auf die Messwerte haben. In vielen Fällen, in denen diese Voraussetzungen nicht streng erfüllt sind, benutzt man wegen der Einfachheit des im Folgenden beschriebenen Vorgehens aber zur Spannungsauswertung trotzdem obige Beziehung, und man erhält insbesondere bei schwach texturierten Werkstoffen recht gute Näherungen. Die Polarkoordinaten φ und ψ legen die Messrichtung im Probensystem fest, wobei, wie in 10.2.3 beschrieben, die Richtungen $(\varphi+180°,\psi)$ als $(\varphi,-\psi)$ bezeichnet werden. Für eine vollständige Spannungsauswertung werden die $d(\sin^2\psi)$-Verteilungen für mindestens 3 Azimutebenen φ = const. benötigt, wobei jeweils Messungen in Richtungen (φ,ψ) und $(\varphi,-\psi)$ erforderlich sind. Eine vorteilhafte Wahl der Azimutebenen ist $\varphi = 0°$, $45°$ und $90°$. Liegen die Messwerte für diese Richtungen vor, so bildet man die Kombinationen

$$d^+ = \frac{d(\varphi,\psi) + d(\varphi,-\psi)}{2} \quad , \quad d^- = \frac{d(\varphi,\psi) - d(\varphi,-\psi)}{2} \quad (10.78)$$

aus den Messungen in Richtungen $(\varphi,+\psi)$ und $(\varphi,-\psi)$. Man erhält:

$$\frac{d^+ - d_0}{d_0} = s_1(h\,k\,l)\left[(\sigma_{11} - \sigma_{33}) + (\sigma_{22} - \sigma_{33})\right] + \left(3s_1(h\,k\,l) + \frac{1}{2}s_2(h\,k\,l)\right)\sigma_{33}$$
$$+ \frac{1}{2}s_2(h\,k\,l)\left[(\sigma_{11} - \sigma_{33})\cos^2\varphi + (\sigma_{22} - \sigma_{33})\sin^2\varphi + \sigma_{12}\sin 2\varphi\right]\sin^2\psi$$
(10.79)

$$\frac{d^- - d_0}{d_0} = \frac{1}{2}s_2(hkl)\left[\sigma_{13}\cos\varphi + \sigma_{23}\sin\varphi\right]\sin 2\psi \tag{10.80}$$

Die Größe d^+ hängt dann linear von $\sin^2\psi$ und die Größe d^- linear von $\sin 2\psi$ ab. Die so aufgetragenen Messdaten müssen also lineare Abhängigkeiten liefern. Die Spannungskomponenten erhält man aus den Steigungen und den Achsenabschnitten dieser Beziehungen:

$$\sigma_{11} - \sigma_{33} = \frac{1}{d_0}\frac{1}{\frac{1}{2}s_2}\frac{\partial d^+(\varphi = 0°, \psi)}{\partial \sin^2\psi}$$

$$\sigma_{22} - \sigma_{33} = \frac{1}{d_0}\frac{1}{\frac{1}{2}s_2}\frac{\partial d^+(\varphi = 90°, \psi)}{\partial \sin^2\psi}$$

$$\sigma_{33} = \frac{1}{3s_1 + \frac{1}{2}s_2}\left[\frac{d^+(\varphi, \psi = 0°) - d_0}{d_0} - s_1(\sigma_{11} - \sigma_{33}) - s_1(\sigma_{22} - \sigma_{33})\right]$$

$$\sigma_{13} = \frac{1}{d_0}\frac{1}{\frac{1}{2}s_2}\frac{\partial d^-(\varphi = 0°, \psi)}{\partial \sin 2\psi}$$

$$\sigma_{23} = \frac{1}{d_0}\frac{1}{\frac{1}{2}s_2}\frac{\partial d^-(\varphi = 90°, \psi)}{\partial \sin 2\psi}$$

$$\sigma_{12} = \frac{1}{d_0}\frac{1}{\frac{1}{2}s_2}\left[\frac{\partial d^+(\varphi = 45°, \psi)}{\partial \sin^2\psi}\right] - \frac{(\sigma_{11} - \sigma_{33}) + (\sigma_{22} - \sigma_{33})}{2} \tag{10.81}$$

In Gleichung 10.81 sollte für $d^+(\psi = 0°)$ der Mittelwert der Achsenabschnitte der Regressionsgeraden für $\varphi = 0°$ und $90°$ eingesetzt werden. Die Anwendung der Gleichung für σ_{33} erfordert im Gegensatz zu den übrigen Beziehungen die genaue Kenntnis des Netzebenenabstandes d_0 des spannungsfreien Zustands, denn hier taucht dieser Wert in der Differenz auf. Die Problematik der Bestimmung dieses Wertes wird genauer in [68] behandelt. Mit Kenntnis von σ_{33} folgen die anderen Hauptspannungen aus 10.81. Ein Fehler von $1 \cdot 10^{-4}$ nm in d_0 führt bei Stählen zu einem Fehler von etwa 170 MPa in den Hauptspannungen. Die Differenzen der Hauptspannungen sowie auch die Schubspannungen sind dagegen unempfindlich gegenüber d_0, d.h. für die Berechnung dieser Werte darf man näherungsweise auch ein d_0 aus Tabellenwerken oder den Mittelwert aller Messdaten benutzen. Die Auswertung des vollständigen Spannungstensors ist als DÖLLE-HAUK-Methode bekannt. Die Auswertung von 10.79 allein durch lineare Regression der über $\sin^2\psi$ aufgetragenen Messwerte wird als »$\sin^2\psi$-Verfahren« bezeichnet. Mit den Gleichungen 10.70 und 10.81 erhält man die Beziehungen zwischen den Komponenten

10.4 Röntgenographische Ermittlung von Eigenspannungen   337

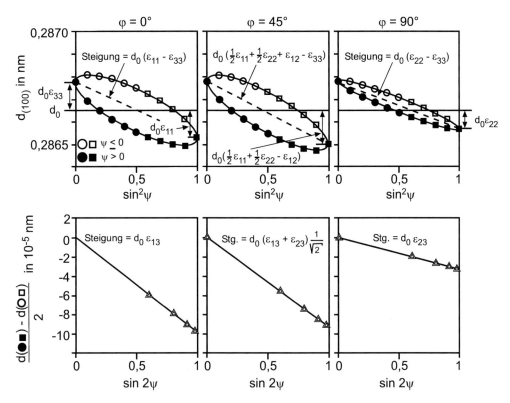

Bild 10.23: Prinzip der Auswertung der Komponenten der Phasendehnungen nach der DÖLLE-HAUK-Methode, Beispiel für einen ferritischen Stahl [68]

des Spannungs- und Dehnungstensors:

$$\epsilon_{11} - \epsilon_{33} = \frac{1}{2}s_2 \left(\sigma_{11} - \sigma_{33}\right) \quad ; \quad \epsilon_{22} - \epsilon_{33} = \frac{1}{2}s_2 \left(\sigma_{22} - \sigma_{33}\right) \tag{10.82}$$

$$\epsilon_{33} = \frac{d^+(\varphi, \psi = 0°) - d_0}{d_0}$$

$$\epsilon_{13} = \frac{1}{2}s_2\, \sigma_{13} \quad ; \quad \epsilon_{23} = \frac{1}{2}s_2\, \sigma_{23} \quad ; \quad \epsilon_{12} = \frac{1}{2}s_2\, \sigma_{12}$$

In Bild 10.23 sind die Dehnungskomponenten angegeben, die jeweils aus den Steigungen und Achsenabschnitten der $d(\sin^2 \psi)$-Verteilungen in den Azimutebenen $\varphi = 0°$, $45°$ und $90°$ ableitbar sind. Ein Beispiel soll den Einfluss des d_0-Wertes auf das Ergebnis aufzeigen: Wertet man die in Bild 10.23 gezeigten $d(\sin^2 \psi)$-Verteilungen nach obigen Gleichungen für zwei unterschiedliche d_0-Werte aus, so erhält man folgende Spannungstensoren, mit $d_0 = 0{,}286\,650$ nm: $\quad\quad\quad\quad$ mit $d_0 = 0{,}286\,679$ nm:

$$\sigma_{ij} = \begin{pmatrix} -100 & -30 & -60 \\ -30 & -75 & -20 \\ -60 & -20 & +50 \end{pmatrix} \text{MPa} \quad\quad \sigma_{ij} = \begin{pmatrix} -150 & -30 & -60 \\ -30 & -125 & -20 \\ -60 & -20 & 0 \end{pmatrix} \text{MPa}$$

Die Werte der Normalkomponenten hängen stark von dem verwendeten d_0-Wert ab, die Schubkomponenten sind dagegen davon weitgehend unbeeinflusst, solange der Wert im richtigen Bereich liegt.

Ein wesentlicher Vorteil der Auftragungen über $\sin^2\psi$ bzw. $\sin 2\psi$ ist, dass die dann entstehenden Verteilungen linear sein sollten. Die Dehnungs- und Spannungskomponenten ergeben sich aus den Steigungen und Achsenabschnitten. Diese können aus den so aufgetragenen Messwerten durch einfache Regressionsanalyse bestimmt werden.

Auch eine graphische Auswertung ist einfach möglich. Insbesondere kann das Auge sehr gut den Einfluss von Streuungen abschätzen und prinzipielle Abweichungen von einem linearen Verlauf erkennen. Mögliche Ursachen solcher Abweichungen sind Einflüsse der Textur, siehe Kapitel 10.7.1, Spannungsgradienten, siehe Kapitel 10.7.2 oder plastische Verformungen, Kapitel 10.7.3. Auch eine Dejustierung des Diffraktometers kann zu nichtlinearen Verteilungen der Messwerte führen.

Aufgabe 20: $\quad$ **Spannungsauswertung**

Im rechten Diagramm von Bild 10.22 ist die gemessene $d(\sin^2\psi)$-Verteilung in Schleifrichtung eines perlitischen C100-Stahls dargestellt. Das Probensystem ist so gewählt, dass die Schleifrichtung in 1-Richtung und die Probennormale in 3-Richtung liegt. Welche Spannungswerte lassen sich aus den Messergebnissen ableiten? Berechnen Sie diese Spannungen unter Verwendung der Materialdaten $d_0 = 0{,}286\,8$ nm und $\frac{1}{2}s_2(2\,0\,0) = 7{,}7 \cdot 10^{-6}\,\text{MPa}^{-1}$

10.4.9 Dreiachsiger Zustand mit $\sigma_{33} = 0$

Mit der Annahme, dass die Normalspannung σ_{33} im Bereich der Eindringtiefe der Röntgenstrahlen Null ist, entfällt die Notwendigkeit, für die Spannungsauswertung den genauen d_0-Wert zu kennen. Für alle verbliebenen Spannungskomponenten reicht es, in den Gleichungen 10.81 den d_0-Wert auf etwa 10^{-3} nm genau zu kennen. Er taucht nur als Quotient auf und die Ungenauigkeit würde dann relative Fehler der ermittelten Spannungswerte im Bereich von Promille nach sich ziehen. Andersherum kann man aus den Messdaten mit der Annahme von $\sigma_{33} = 0$ den dazugehörigen d_0-Wert ableiten. Für die Ermittlung des d_0-Wertes im Falle $\sigma_{33} = 0$ ist es vorteilhaft, folgende Kombination der Messdaten zu bilden. Aus den schon gemittelten Verteilungen $d^+(\varphi = 0°, \psi)$ und $d^+(\varphi = 90°, \psi)$ für die Azimute $\varphi = 0°$ und $\varphi = 90°$ wird nochmals die Mittelung gebildet:

$$\frac{\frac{d^+(\varphi=0°,\psi)+d^+(\varphi=90°,\psi)}{2} - d_0}{d_0} = \left[2\,s_1(hkl) + \frac{1}{2}s_2(hkl)\,\sin^2\psi\right](\sigma_{11}+\sigma_{22}) \quad\quad (10.83)$$

Aus 10.83 ist zu erkennen, dass die rechte Seite Null wird, wenn gilt:

$$\sin^2 \psi = \sin^2 \psi^* = \frac{-2\, s_1(hkl)}{\frac{1}{2}s_2(hkl)} \tag{10.84}$$

Dann muss auch die linke Seite von 10.83 Null werden, d.h. es gilt

$$d_0 = \frac{d^+(\varphi = 0°, \psi^*) + d^+(\varphi = 90°, \psi^*)}{2} \tag{10.85}$$

Der Winkel ψ^* gibt also die Messrichtung an, unter der aus der gemittelten Verteilung $(d^+(\varphi = 0°, \psi) + d^+(\varphi = 90°, \psi))/2$ der d_0-Wert abgelesen werden kann. Er wird deshalb als dehnungsfreie Richtung bezeichnet.

10.4.10 Dreiachsiger Hauptspannungszustand

Kennt man aufgrund der Symmetrie der Bearbeitung und der aktuellen Belastung durch äußere Kräfte die Lage des Hauptspannungssystems und richtet sein Probensystem hiernach aus, so vereinfacht sich Gleichung 10.77 zu

$$\begin{aligned}\epsilon(\varphi, \psi) &= \frac{d(\varphi, \psi) - d_0}{d_0} \\ &= s_1(hkl)\left[(\sigma_{11} - \sigma_{33}) + (\sigma_{22} - \sigma_{33})\right] + \left(3s_1(hkl) + \frac{1}{2}s_2(hkl)\right)\sigma_{33} \\ &\quad + \frac{1}{2}s_2(hkl)\left[(\sigma_{11} - \sigma_{33})\cos^2 \varphi + (\sigma_{22} - \sigma_{33})\sin^2 \varphi\right]\sin^2 \psi \end{aligned} \tag{10.86}$$

In allen Azimutebenen liegen dann lineare Verteilungen über $\sin^2 \psi$ vor und die Spannungskomponenten folgen aus den Steigungen und den Achsenabschnitten analog zu Gleichung 10.81. Da keine ψ-Aufspaltung vorliegt, sind die Messrichtungen (φ, ψ) und $(\varphi, -\psi)$ gleichwertig.

$$d^+(\varphi, \psi) = d(\varphi, +\psi) = d(\varphi, -\psi) \tag{10.87}$$

Trotzdem kann die Mittelung dieser Richtungen gemäß Gleichung 10.78 gebildet werden, um Messstreuungen auszumitteln. In Bild 10.24 sind alle Größen zusammengefasst, die sich aus den Steigungen und Achsenabschnitten der linearen $d(\sin^2 \psi)$-Verteilungen für die Azimut-Ebenen $\varphi = 0°$ und $\varphi = 90°$ auswerten lassen. Im Fall einer nicht verschwindenden Spannungskomponente σ_{33} gilt für d_0 und ψ^* folgender Zusammenhang:

$$\frac{d^+(\varphi = 0°, \psi^*) + d^+(\varphi = 90°, \psi^*)}{2} = d_0 \left[1 + \sigma_{33}\left(3s_1(hkl) + \frac{1}{2}s_2(hkl)\right)\right] \tag{10.88}$$

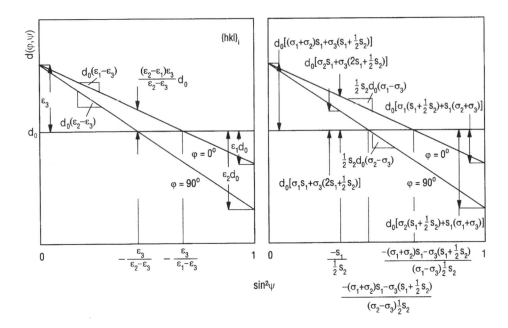

Bild 10.24: $d(\sin^2 \psi)$-Verteilungen für die Azimut-Ebenen $\varphi = 0°$ und $\varphi = 90°$ für einen dreiachsigen Hauptspannungszustand. Eingetragen sind die Kombinationen der Dehnungs- und Spannungskomponenten, die aus den Achsenabschnitten und Steigungen ableitbar sind [68]

Die Ermittlung des d_0-Wertes bei der Richtung ψ^* ist in Bild 10.25 für verschiedene dreiachsige und zweiachsige Hauptspannungszustände zusammengefasst.

10.4.11 Vollständiger zweiachsiger Spannungszustand

Da die Eindringtiefe der Röntgenstrahlen klein ist, darf man in vielen Fällen, und dies gilt insbesondere für einphasige Werkstoffe, näherungsweise von einem ebenen, d.h. zweiachsigen Spannungszustand ausgehen. Dann reduziert sich Gleichung 10.77 zu

$$\epsilon(\varphi, \psi) = \frac{d(\varphi, \psi) - d_0}{d_0}$$
$$= s_1(hkl) \left[\sigma_{11} + \sigma_{22}\right]$$
$$+ \frac{1}{2} s_2(hkl) \left[\sigma_{11} \cos^2 \varphi + \sigma_{22} \sin^2 \varphi + \sigma_{12} \sin 2\varphi\right] \sin^2 \psi \quad (10.89)$$

Da $\sigma_{33} = 0$ vorausgesetzt ist, kann man mit Gleichung 10.85 den d_0-Wert ermitteln. Die Größe

10.4 Röntgenographische Ermittlung von Eigenspannungen

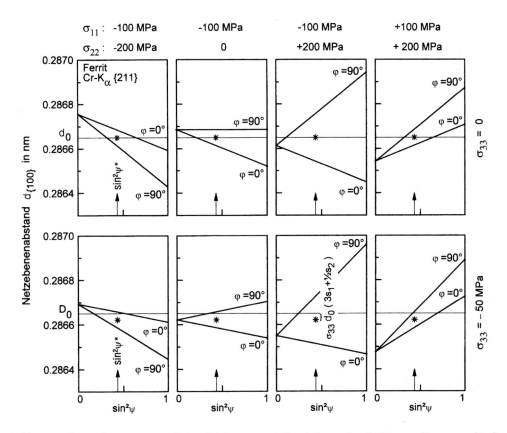

Bild 10.25: Lage der spannungsfreien Richtung und Ermittlung des d_0-Wertes für unterschiedliche Hauptspannungszustände [68]

$$\sigma_\varphi = \sigma_{11} \cos^2 \varphi + \sigma_{22} \sin^2 \varphi + \sigma_{12} \sin 2\varphi \qquad (10.90)$$

ist die Spannung in Richtung $(\varphi, \psi = 90°)$ und folgt direkt aus der Steigung der $d(\sin^2 \psi)$-Verteilung

$$\sigma_\varphi = \frac{1}{\frac{1}{2} s_2(hkl)} \frac{\partial d(\varphi, \psi)}{\partial \sin^2 \psi} \qquad (10.91)$$

Das Auftreten der Scherspannung σ_{12} bedeutet, dass das gewählte Probenkoordinatensystem gegenüber dem Hauptspannungssystem um den Winkel

$$\Delta \varphi = \frac{1}{2} \arctan \left(\frac{2\sigma_{12}}{\sigma_{11} - \sigma_{22}} \right) \qquad (10.92)$$

gedreht ist. Den Hauptspannungstensor σ^S erhält man dann mittels der Transformationsmatrix, s. Kapitel 10.2.3.

$$(\omega_{ij}) = \begin{pmatrix} \cos\varphi & \sin\varphi & 0 \\ -\sin\varphi & \cos\varphi & 0 \\ 0 & 0 & 1 \end{pmatrix} \tag{10.93}$$

$$\sigma^S_{ij} = \omega_{im}\,\omega_{jn}\,\sigma_{mn} \tag{10.94}$$

$$\sigma^S_{11} = \sigma_{11}\cos^2\varphi + \sigma_{22}\sin^2\varphi + \sigma_{12}\,2\sin\varphi\,\cos\varphi$$
$$\sigma^S_{22} = \sigma_{11}\sin^2\varphi + \sigma_{22}\cos^2\varphi - \sigma_{12}\,2\sin\varphi\,\cos\varphi$$
$$\sigma^S_{12} = 0 \tag{10.95}$$

Im allgemeinen Fall eines dreiachsigen Spannungszustandes treten mehrerer Scherkomponenten auf. Dann werden das Hauptspannungssystem und die Hauptspannungen mittels des Verfahrens der Hauptachsentransformation berechnet. Die Achsen des Haupspannungssystems liegen in den Richtungen der Eigenvektoren des Spannungstensors und die Hauptspannungen sind dessen Eigenwerte λ_σ, d.h. die Lösungen der charakteristischen Gleichung

$$Det\left[\begin{pmatrix} \sigma_{11} & \sigma_{12} & \sigma_{13} \\ \sigma_{12} & \sigma_{22} & \sigma_{23} \\ \sigma_{13} & \sigma_{23} & \sigma_{33} \end{pmatrix} - \lambda_\sigma \begin{pmatrix} 1 & 0 & 0 \\ 0 & 1 & 0 \\ 0 & 0 & 1 \end{pmatrix}\right] = 0 \tag{10.96}$$

10.5 Röntgenographische Elastizitätskonstanten

In der Grundgleichung 10.73, die den Beitrag der mittleren Phasenspannungen auf die Dehnung in Messrichtung beschreibt, stehen als Proportionalitätskonstanten die röntgenographischen Elastizitätskonstanten (REK) $s_1(hkl)$ und $\frac{1}{2}s_2(hkl)$. Sie hängen von den elastischen Eigenschaften des Materials ab, unterscheiden sich aber von den makroskopischen Konstanten, weil in der jeweiligen Messrichtung nicht alle, sondern nur eine Auswahl der Kristallorientierungen an dem Beugungsreflex beteiligt sind. Diese Auswahl wird bestimmt von der Wahl der Messrichtung und der betrachteten Ebenenschar. Die röntgenographischen Elastizitätskonstanten wurden zuerst für die Beschreibung der Ergebnisse von Röntgenmessungen definiert und deshalb auch so bezeichnet. Die Konstanten sind in gleicher Weise natürlich auch für die Ergebnisse von Neutronenmessungen zu verwenden. In diesem Zusammenhang werden sie auch als Beugungselastizitätskonstanten oder Neutronen-Elastizitätskonstanten bezeichnet. Die REK können experimentell im Zug- oder Biegeversuch bestimmt oder aus den Einkristalldaten berechnet werden. Beide Wege werden im Folgenden besprochen.

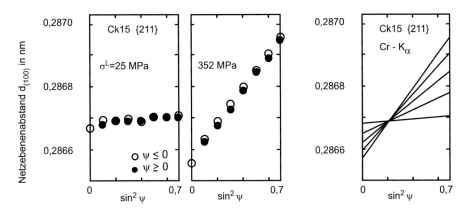

Bild 10.26: Änderungen der $d(\sin^2 \psi)$-Geraden bei fallenden Laststufen am Beispiel der (2 1 1)-Ebene des Stahls Ck15. Die linken beiden Diagramme zeigen die $d(\sin^2 \psi)$-Verteilungen bei minimaler und maximaler Last. Im rechten Diagramm sind die Regressionsgeraden für alle Laststufen eingezeichnet [68]

10.5.1 Experimentelle Bestimmung der REK

Aus 10.73 erhält man die REK z. B. als Ableitungen der Dehnungen nach der Spannung in 1-Richtung und nach $\sin^2 \psi$:

$$s_1(hkl) = \frac{1}{d_0} \frac{\partial}{\partial \sigma_{11}} d(\psi = 0°, hkl) \tag{10.97}$$

$$\frac{1}{2} s_2(hkl) = \frac{1}{d_0} \frac{\partial}{\partial \sigma_{11}} \frac{\partial}{\partial \sin^2 \psi} d(\varphi = 0°, \psi, hkl) \tag{10.98}$$

Bei der experimentellen Bestimmung werden im Zug- oder Biegeversuch äußere einachsige Lastspannungen σ^L den vorhandenen Eigenspannungen überlagert. Dadurch ändern sich die $d(\sin^2 \psi)$-Verteilungen, die bei texturfreien Werkstoffen gewöhnlich Geraden sind, wie dies in Bild 10.26 dargestellt ist. Zur Ermittlung der REK trägt man die Steigungen und die Achsenabschnitte über der Lastspannung auf. Die Konstanten ergeben sich dann aus den Steigungen dieser Abhängigkeiten gemäß Bild 10.27. Um sicherzustellen, dass die elastische Reaktion des Werkstoffs auf die Änderung der Lastspannung nicht durch plastische Verformungen überlagert wird, müssen die $d(\sin^2 \psi)$-Verteilungen, ausgehend von der maximalen Last, bei fallenden Laststufen gemessen werden. Der Schnittpunkt der Regressionsgeraden definiert die spannungsunabhängige Richtung ψ':

$$\sin^2 \psi' = \frac{-s_1}{\frac{1}{2} s_2} \tag{10.99}$$

Nun können sich die Lastspannungen bei mehrphasigen Werkstoffen ungleichmäßig auf die vorhandenen Phasen verteilen. Auch können einachsige Lastspannungen mehrachsige Spannungszustände in den Phasen verursachen. Aus den Änderungen der d-Werte, Achsenabschnitte und Steigungen der $d(\sin^2 \psi)$-Verteilungen erhält man in diesem Fall

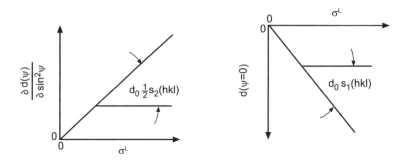

Bild 10.27: Bestimmung der REK aus $d(\sin^2 \psi)$-Verteilungen, gemessen bei fallenden Laststufen [68]

zunächst die Verbund-REK. Sie beschreiben die Reaktion der Werkstoffphase auf Änderungen der Lastspannungen (hier in 1-Richtung) bzw. der Makroeigenspannungen:

$$s_1^V(hkl) = \frac{1}{d_0} \frac{\partial}{\partial \sigma_{11}^L} d(\psi = 0°) \tag{10.100}$$

$$\frac{1}{2} s_2^V(hkl) = \frac{1}{d_0} \frac{\partial}{\partial \sigma_{11}^L} \frac{\partial}{\partial \sin^2 \psi} d(\varphi = 0°, \psi) \tag{10.101}$$

Verbund-REK und die REK der Phase sind nur dann identisch, wenn die Änderung der Lastspannung und der Phasenspannung gleich sind. Betrachtet man nur Hauptspannungen, so heißt das

$$f_{iikk} = \frac{\partial \sigma_{ii}}{\partial \sigma_{kk}^L} = \delta_{ik} \tag{10.102}$$

Die f_{iikk} sind die in 10.53 definierten Übertragungsfaktoren, die ausdrücken, wie sich Makrospannungen auf die Spannung einer Phase innerhalb des Materials auswirken, δ_{ik} ist das Kronecker-Symbol. Gleichung 10.102 gilt für einphasige Werkstoffe, näherungsweise aber auch dann, wenn der Volumenanteil weiterer Phasen gering ist, z. B. < 5 %. Der Zusammenhang zwischen den Konstanten der Phase und den Verbund-Konstanten wird allgemein von den Übertragungsfaktoren bestimmt, denn die Ableitung nach σ^L kann durch die partiellen Ableitungen nach den Phasenspannungen ausgedrückt werden:

$$\frac{\partial}{\partial \sigma_{ij}^L} = \sum_{k,l} \frac{\partial \sigma_{kl}}{\partial \sigma_{ij}^L} \frac{\partial}{\partial \sigma_{kl}} = \sum_{k,l} f_{klij} \frac{\partial}{\partial \sigma_{kl}} \tag{10.103}$$

Wirken die Lastspannungen nur in 1-Richtung und werden keine Schubspannungen im Werkstoff induziert, gilt:

$$s_1^V = s_1 (f_{1111} + f_{2211}) + (s_1 + \frac{1}{2} s_2) f_{3311} \tag{10.104}$$

$$\frac{1}{2}s_2^V = \frac{1}{2}s_2 \left(f_{1111} - f_{3311}\right) \tag{10.105}$$

Um den Einfluss der Mikrospannungen zu verdeutlichen, können die Phasenspannungen als Summe

$$\sigma_{ij} = \sigma_{ij}^I + \sigma_{ij}^L + <\sigma_{ij}^{II}> \tag{10.106}$$

ausgedrückt werden, wobei $<\sigma_{ij}^{II}>$ hier die elastisch induzierten mittleren Mikrospannungen der Phase sind. Die Übertragungsfaktoren lauten dann (σ^I ist konstant)

$$f_{iikk} = \delta_{ik} + \frac{\partial <\sigma_{ii}^{II}>}{\partial \sigma_{kk}^L} \tag{10.107}$$

und Gleichung 10.104 und Gleichung 10.105 werden zu:

$$s_1^V = s_1 \left(1 + \frac{\partial(<\sigma_{11}^{II}> + <\sigma_{22}^{II}> + <\sigma_{33}^{II}>)}{\partial \sigma_{11}^L}\right) + \frac{1}{2}s_2 \frac{\partial <\sigma_{33}^{II}>}{\partial \sigma_{11}^L} \tag{10.108}$$

$$\frac{1}{2}s_2^V = \frac{1}{2}s_2 \left(1 + \frac{\partial(<\sigma_{11}^{II}> - <\sigma_{33}^{II}>)}{\partial \sigma_{11}^L}\right) \tag{10.109}$$

Um aus den experimentell bestimmten Verbund-REK die REK der untersuchten Werkstoffphase abzuleiten, benötigt man die Kenntnis der Übertragungsfaktoren. Dürfen die Änderungen der elastisch induzierten Mikrospannungen vernachlässigt werden, wie dies bei weitgehend einphasigen Werkstoffen der Fall ist, können die experimentell bestimmten Verbund-Werte auch als solche der Phase betrachtet werden. Dies zu bewerten erfordert allerdings Kenntnisse über den Gefügeaufbau und die Phasenzusammensetzung des Materials.

Aufgabe 21: **REK-Auswertung**

In Bild 10.26 sind für einen Ck15 Stahl die $d(\sin^2\psi)$-Verteilungen bzw. deren Regressionsgeraden für unterschiedliche Laststufen dargestellt. Die Zugprobe mit dem Querschnitt $12\,\text{mm}^2$ wurde hierbei mit den Kräften 4 228 N, 3 335 N, 2 354 N, 1 270 N und 294 N belastet. Bestimmen Sie die REK $s_1(211)$ und $\frac{1}{2}s_2(211)$. Verwenden sie hierbei den d_0-Wert 0,286 7 nm.

10.5.2 Berechnung aus den Einkristalldaten

Die Berechnungen der REK erfolgen überwiegend für die drei Modelle homogener Dehnung der Kristallite gemäß VOIGT [175], homogener Spannung gemäß REUSS [135] oder für kugelförmige Kristallite in einer homogenen Matrix gemäß ESHELBY/KRÖNER [104]. Ausführlich werden diese Modelle und die Berechnungen der elastischen Daten in [27] beschrieben.

Die Annahmen gleicher Spannung in allen Kristalliten bedeutet, dass die anisotropen Kristallite je nach Orientierung unterschiedliche Dehnungen haben, die nicht mit einem kontinuierlich zusammenhängenden Material vereinbar wären. Die Annahme gleicher Dehnungen dagegen ist zwar mit den Bedingungen für die Dehnungen vereinbar, erfüllt dann

Tabelle 10.7: Orientierungsparameter für kubische und hexagonale Kristallsymmetrie

Kristallsymmetrie	Orientierungs Parameter	$(h\,k\,l)$
kubisch	3Γ	$3\,\dfrac{h^2\,k^2 + k^2\,l^2 + l^2\,h^2}{(h^2 + k^2 + l^2)^2}$
hexagonal	H^2	$\dfrac{l^2}{\frac{4}{3}\left(\frac{c}{a}\right)^2 (h^2 + k^2 + h\,k) + l^2}$

aber an den Grenzflächen nicht die Gleichgewichtsbedingung der Kräfte. Dennoch werden diese beiden Modelle häufig benutzt, da sie Grenzwerte für die elastische Materialdaten liefern. Nach HILL müssen die realen makrosopischen Materialdaten grundsätzlich zwischen den beiden Grenzwerten liegen. In dem Modell nach ESHELBY/KRÖNER werden die Kristallite als kugelförmig oder ellipsoidförmig betrachtet. Die Umgebung des Kristallits wird ersetzt durch eine homogene Matrix, die die elastischen Eigenschaften des makroskopischen Materials haben soll. Die Berechnungen nutzen ESHELBYs Lösung des Einschlussproblems, womit die Grenzflächenbedingungen der Spannungen und der Dehnungen erfüllt werden. Die Ergebnisse liegen zwischen denen der beiden Grenzannahmen und zeigen oft recht gute Übereinstimmung mit experimentellen Werten.

Die REK hängen von der Messrichtung bezüglich des Kristallsystems ab, d.h. von der untersuchten Ebenenschar $(h\,k\,l)$, deren Normale die Messrichtung ist. Damit reichen zur Darstellung zwei Parameter, z.B. die Polarkoordinaten (η, ρ) im Kristallsystem, aus. Im Falle kubischer und hexagonaler Symmetrie reicht sogar jeweils nur ein Parameter, 3Γ bzw. H^2, zur Darstellung der REK aus. Sie können durch die MILLER-Indizes ausgedrückt werden und sind in Tabelle 10.7 aufgelistet. Das Modell homogener Dehnungen nach VOIGT liefert grundsätzlich von der Ebenenschar unabhängige REK. Ihre Berechnung aus den Einkristallmoduln c_{ik} erfolgt für alle Kristallsymmetrien nach folgenden Gleichungen.

$$\text{VOIGT:} \quad s_1 = -\frac{3}{2}\,\frac{x + 4y - 2z}{(x - y + 3z)(x + 2y)} \quad , \quad \frac{1}{2}s_2 = \frac{15}{2x - 2y + 6z} \qquad (10.110)$$

mit $x = c_{11} + c_{22} + c_{33} \quad y = c_{12} + c_{23} + c_{13} \quad z = c_{44} + c_{55} + c_{66}$

Die REK kubischer Werkstoffe erweisen sich für die Modelle nach REUSS und ESHELBY/KRÖNER als linear über dem Parameter 3Γ, der zwischen 0 und 1 variiert. Die REK nach REUSS lassen sich mit Hilfe der Einkristallkoeffizienten folgendermaßen schreiben:

$$\text{REUSS:} \quad s_1 = s_{12} + \Gamma\,s_0 \quad , \quad \frac{1}{2}s_2 = s_{11} - s_{12} - 3\Gamma\,s_0 \qquad (10.111)$$

mit $s_0 = s_{11} - s_{12} - \frac{1}{2}s_{44}$

Bei hexagonaler Symmetrie erhält man einen Parabelausschnitt über H^2. Bild 10.28 zeigt die graphische Darstellung der REK $\frac{1}{2}s_2$ einiger kubischer Metalle sowie des hexagonalen Titans. Die Lagen einiger Ebenenscharen sind hierin eingetragen.

Der Einfluss weiterer Werkstoffphasen kann in die Modellberechnungen nach ESHEL-

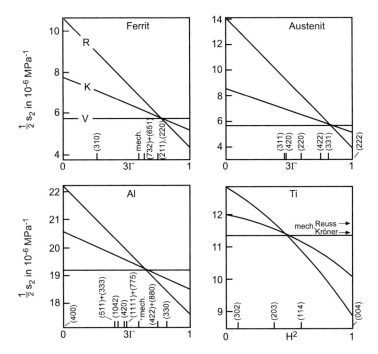

Bild 10.28: Aus den Einkristalldaten nach den Modellen homogener Dehnung (VOIGT,), homogener Spannung (REUSS) und kugelförmiger Einschlüsse in einer homogenen Matrix (ESHELBY/KRÖNER) berechnete REK $\frac{1}{2}s_2$ über dem Orientierungsparameter 3Γ bzw. H^2 [27]

BY/KRÖNER einbezogen werden, auf das hier aber nicht im Einzelnen eingegangen werden soll, s. hierzu [27]. Man erhält die Verbund-REK als Maß für die Reaktion der betrachteten Phase auf makroskopische Last- oder Eigenspannungen. Zwei Beispiele solcher Berechnungen sind in Bild 10.29 dargestellt. Man erkennt deutlich den Effekt der unterschiedlichen Phasenanteile auf die Verbund-REK.

10.5.3 Zur Verwendung der REK

Die REK $s_1(h\,k\,l)$ und $\frac{1}{2}s_2(h\,k\,l)$ verknüpfen die messbaren Dehnungen mit den Spannungen in der untersuchten Phase, egal, ob es sich um einen einphasigen, mehrphasigen Werkstoff oder einen Verbundwerkstoff handelt. Die Phasenspannungen setzen sich aus den Makrospannungen und den mittleren Mikrospannungen zusammen. Bei allen σ-Angaben in den folgenden Gleichungen handelt es sich jeweils um die Differenz der 11- und der 33-Komponente. Die Indizes sind der Übersichtlichkeit halber weggelassen. Wird an der Phase α gemessen, folgt für $\varphi = 0°$ mit 10.75:

$$\frac{1}{d_0} \frac{1}{\frac{1}{2}s_2} \frac{\partial d(\varphi,\psi)}{\partial \sin^2 \psi} = \sigma^\alpha$$

348   10 Röntgenographische Spannungsanalyse

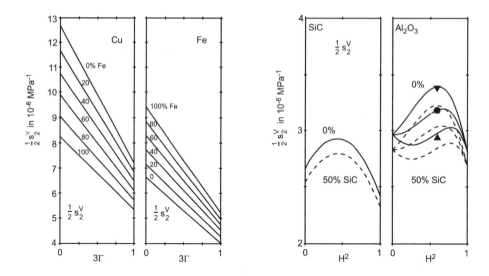

Bild 10.29: Verbund-REK der Phasen eines Fe/Cu- und eines SiC/Al_2O_3-Verbundwerkstoffes [68, 27] für verschiedene Zusammensetzungen ; Angaben in Vol.-%

$$\begin{aligned} &= \sigma^I + <\sigma^{II}>^\alpha \\ &= \sigma^I + \sigma_0^\alpha + (f^\alpha - 1)\,\sigma^I \\ &= f^\alpha\,\sigma^I + \sigma_0^\alpha \end{aligned} \quad (10.112)$$

mit der Abkürzung, siehe Gleichung 10.105:

$$f^\alpha = f_{1111} - f_{3311} = \frac{\frac{1}{2}s_2^V}{\frac{1}{2}s_2} \quad (10.113)$$

Es wird nun manchmal behauptet, die an mehrphasigen Werkstoffen ermittelten Verbund-REK wären geeignet, die Makrospannung in diesen Werkstoffen aus den Gitterdehnungsverteilungen einer der Phasen zu bestimmen. Das ist i. A. falsch. Die Verbund-REK verknüpfen ausschließlich die Makrospannungen mit den durch sie verursachten Dehnungen. Aus den beobachteten Dehnungsänderungen kann somit auf Änderungen der Makrospannungen geschlossen werden, nicht aber auf die absolute Höhe der Spannungen.

Wertet man die experimentell bestimmten $d(\sin^2 \psi)$-Geraden mit der Verbund-REK aus, so erhält man

$$\frac{1}{d_0}\frac{1}{\frac{1}{2}s_2^V}\frac{\partial d(\varphi, \psi)}{\partial \sin^2 \psi} = \sigma^I + \frac{1}{f^\alpha}\sigma_0^\alpha \quad (10.114)$$

σ_0^α sind die von den Makrospannungen unabhängigen Mikrospannungen der Phase α. Sie werden von den Unterschieden im plastischen oder thermischen Verhalten der Phasen hervorgerufen. Nur wenn dieser Teil der Mikrospannungen nicht vorhanden ist, werden mittels der Verbund-REK die Makrospannungen bestimmt. Dies darf i. A. aber nicht vorausgesetzt werden. Prüfen lässt sich dies durch Vergleich mit Ergebnissen mechanischer Messverfahren, die σ^I allein liefern. Stimmen die mechanischen Messergebnisse mit den nach 10.114 ausgewerteten Ergebnissen überein, ist σ_0^α offensichtlich vernachlässigbar. Dies konnte z. B. für die α-Phase des teilkristallinen Polypropylens nachgewiesen werden. Es existieren keine nennenswerten thermisch oder plastisch induzierten Mikrospannungen zwischen der α-Phase und den beiden anderen Phasen (β-Phase und amorpher Anteil) des Polypropylens. Der Nutzen der Verbund-REK für die Spannungsauswertung ist deshalb relativ klein. Kennt man allerdings die REK der vermessenen Phase nicht, können die Verbund-REK zumindest als Anhaltswert benutzt werden, denn sie unterscheiden sich quantitativ oft nicht sehr von den REK der Phase. Wird an einer Phase gemessen, die den überwiegenden Volumenanteil am Werkstoff hat, etwa $> 95\,\%$, oder sind die elastischen Eigenschaften der Phasen ähnlich, dann ist $f^\alpha \approx 1$. Die Gleichungen 10.112 und 10.114 gehen dann ineinander über. Für die Trennung der Mikrospannungen in den thermisch bzw. plastisch induzierten Anteil und den von den Makrospannungen abhängigen elastisch induzierten Anteil sind die Verbund-REK der Phasen allerdings notwendig.

Gleichung 10.73 gilt für nicht-texturierte Werkstoffe. Somit sind die REK auch nur für solche definiert, sie gelten dann jeweils für eine Ebenenschar, sind aber unabhängig von der Messrichtung. Die $d(\sin^2 \psi)$-Verteilungen sind linear, wenn nur Hauptspannungen vorliegen und φ konstant gehalten wird. Diese Beschreibung der Dehnungen ist bei texturierten Werkstoffen nicht mehr möglich, da die $d(\sin^2 \psi)$-Verteilungen nichtlinear werden. Bei nicht sehr ausgeprägten Texturen oder bei geringer Anisotropie der Kristallite sind diese Nichtlinearitäten aber gering. Für die praktische Spannungsanalyse werden deshalb häufig Textureffekte vernachlässigt und die Spannungen näherungsweise nach Gleichung 10.81 ausgewertet, mit den REK des isotropen Vielkristalls.

10.5.4 Vergleich experimenteller Ergebnisse mit REK-Berechnungen

Den experimentellen Werten haftet immer eine Messunsicherheit von einigen Prozent an. Die berechneten Werte stützen sich auf experimentell bestimmte Einkristalldaten sowie eine der beschriebenen Modellannahmen. Ein Vergleich der auf verschiedene Weise und mit unterschiedlichen Modellen bestimmten Resultate ist für eine Bewertung des Werkstoffverhaltens und für die Auswahl der für die Spannungsanalyse zu verwendenden Konstanten notwendig. Bild 10.30 zeigt an Stählen in verschiedenen Gefügezuständen bestimmte Werte im Vergleich mit Berechnungen. Das Modell nach ESHELBY/KRÖNER zeigt die bessere Übereinstimmung mit den gemessenen Werten. Weniger deutlich ist dies beim Titan. Die Streuung der experimentellen Ergebnisse ist ähnlich groß wie der Bereich, der von den drei behandelten Modellannahmen abgedeckt wird.

Die experimentellen Erfahrungen zeigen, dass bei isotropen Vielkristallen Berechnungen mit der Modellannahme kugelförmiger Einschlüsse in einer homogenen Matrix nach ESHELBY/KRÖNER die beste Übereinstimmung mit experimentellen Ergebnissen haben. Diese Daten sollten also für die Spannungsanalyse benutzt werden. Näherungsweise können

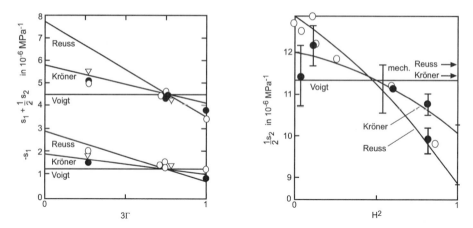

Bild 10.30: Vergleich experimenteller REK-Werte mit Berechnungen nach verschiedenen Modellen, aus [27]. Links: verschiedene Stähle. Rechts: Titanlegierung TiAl6V4

aber auch die Mittelwerte nach VOIGT- und REUSS benutzt werden, die recht einfach zu berechnen sind, siehe Gleichungen 10.110 und 10.111. Bei texturierten Werkstoffen wird häufig eine Tendenz in Richtung der Modellannahme homogener Spannungen nach REUSS festgestellt. Eine mögliche Begründung hierfür ist, dass sich bei starken Texturen die Kristallite gegenseitig weniger behindern, da sie alle ähnlich orientiert sind. Dies würde einer ungehinderten Dehnung näher kommen.

10.6 Experimentelles Vorgehen bei der Spannungsbestimmung

Für die Durchführung von Eigenspannungsuntersuchungen sind eine Reihe von Vorbereitungen zu treffen und Bedingungen einzuhalten, um zuverlässige Ergebnisse zu erzielen. Dies betrifft u.a. die Probenvorbereitung, die Justierung des Diffraktometers, die Auswahl der Strahlung, der Blenden und Filter, die Auswertung der Interferenzen, die Angabe von Fehlern und die Dokumentation. Hierzu ist vom Fachausschuss Eigenspannungen der AWT (Arbeitsgemeinschaft Wärmebehandlung und Werkstofftechnik e.V.) eine Verfahrensbeschreibung zusammengestellt worden, die man als praktischen Leitfaden bei der Spannungsermittlung verwenden kann [150]. Eine Europäische Norm befindet sich derzeit in der Veröffentlichungsphase. Im Folgenden werden nur einige wesentliche Daten und Vorgehensweisen besprochen.

10.6.1 Messanordnungen

Für die röntgenographische Spannungsbestimmung benutzt man Diffraktometer wie in Bild 4.35 oder Bild 10.31 mit der in Kapitel 5.1.1 beschriebenen BRAGG-BRENTANO Fokussierung. Bei der $\theta/2\theta$ Kopplung der Drehachsen von Detektor und Probe liegt die Messrichtung immer senkrecht zur Probenoberfläche ($\psi = 0°$). Dies ist die typische

10.6 Experimentelles Vorgehen bei der Spannungsbestimmung

Vorgehensweise bei der Pulveranalyse. Durch Abfahren eines größeren 2θ Bereiches erhält man dann ein Diffraktogramm des Werkstoffs, wie es z. B. in Bild 10.1 dargestellt ist.

Zur Spannungbestimmung reicht es nun nicht aus, die Dehnung bzw. den Netzebenenabstand nur in einer Richtung zu kennen. Wie im Kapitel 10.4.7 beschrieben, benötigt man für die Auswertung die Messwerte in verschiedenen Richtungen (φ, ψ). Um eine Messrichtung (φ, ψ) bezüglich des Probensystems einzustellen, muss die Probe im Diffraktometer so orientiert werden, dass die Richtung (φ, ψ) parallel zur Winkelhalbierenden zwischen ein- und ausfallendem Röntgenstrahl liegt. Dies lässt sich auf zwei Arten erreichen:

Man kann eine Drehung ψ der Probe um die Achse durchführen, die in der Probenoberfläche und senkrecht zur 2θ-Achse liegt. Man spricht in diesem Fall von einem Ψ Diffraktometer. Die ψ Drehachse ist in Bild 10.31c bereits eingezeichnet. Um den Reflexionswinkel 2θ einzustellen, werden Detektor und Probe gemäß der $\theta/2\theta$ Anordnung gekoppelt verfahren. Bei einem Ψ-Diffraktometer liegt immer ein symmetrischer Strahlengang vor, d.h. der einfallende und der ausfallende Röntgenstrahl haben die gleichen Winkel bzgl. der Probenoberfläche. Die zweite Möglichkeit, die Messrichtung ψ einzustellen, ist die Drehung der Probe um eine Achse parallel zur 2θ-Achse mit Winkel ω, man spricht dann von einem Ω-Diffraktometer. Eingestellt werden die Winkel 2θ und ω, indem Probe und Detektor unabhängig, aber um dieselbe Achse gedreht werden. Die Messrichtung ψ ergibt sich dann aus

$$\psi = \frac{2\theta}{2} - \omega \tag{10.115}$$

Der Strahlengang bei der ω Anordnung ist asymmetrisch. Bild 10.32 veranschaulicht die Winkeleinstellung beim ω Diffraktometer. Die ψ-Winkel können nur in einem Bereich $-\theta < \psi < \theta$ eingestellt werden, da sonst der einfallende oder der ausfallende Strahl von der Probe abgeschattet wird bzw. es zum streifenden Ein- oder Ausfall kommt. Spannungsbestimmungen mit der ω Anordnung sind deshalb auf Interferenzen im Rückstrahlbereich ($2\theta > 90°$) beschränkt und im Vorstrahlbereich ($2\theta < 90°$) praktisch nicht möglich. Der Azimutwinkel φ wird in allen Fällen durch Drehung um die Probennormale eingestellt.

Statt die Probe um die θ bzw. die ω Achse zu drehen, kann man sie auch fixieren und dafür Röhre und Detektor entsprechend drehen. Demnach gibt es unterschiedliche Ausführungsformen der Diffraktometer, vgl. Bild 10.31. In modernen Spannungsdiffraktometern lassen sich oft sowohl die Ψ als auch die ω Anordnung realisieren. Kommt die eine oder die andere Geometrie bei den Messungen zum Einsatz, spricht man von Messungen im Ψ-Modus oder im ω-Modus.

Je nachdem, welche Messaufgaben anstehen, gibt es Vor- und Nachteile der einzelnen Diffraktometergeometrien. So ist es bei schweren und oder großen Proben besser, diese zu fixieren und die anderen Komponenten zu bewegen. Dies wird insbesondere bei transportablen Röntgendiffraktometern genutzt. Im Ψ-Modus kann man Messungen bis zu hohen ψ-Winkeln durchführen, dagegen kommt es im ω-Modus dann zu Abschattungen. Da im ω-Modus alle Komponenten um dieselbe Achse gedreht werden, kann der Röntgenstrahl eine größere Ausdehnung parallel zu dieser Achse haben, also als Strich ausgeführt

10 Röntgenographische Spannungsanalyse

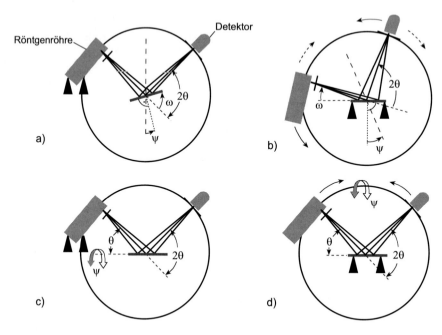

Bild 10.31: Mögliche geometrische Anordnungen für Ψ- bzw. ω-Diffraktometer [150]

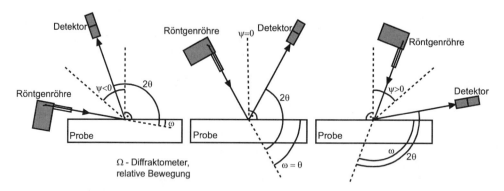

Bild 10.32: ω-Diffraktometergeometrie: Einstellung der Messrichtung durch relatives Drehen der Probe gegenüber dem Diffraktometer um eine Achse, die vertikal zur Diffraktometerebene steht. Hier ist die Probe fixiert, Detektor und Röhre bewegen sich relativ zu ihr [68]

Tabelle 10.8: Eigenschaften und Messmöglichkeiten der verschiedenen Diffraktometeranordnungen

Größe	ω-Diffraktometer	ψ-Diffraktometer
Achse für die ψ-Verkippung	senkrecht zur Diffraktometerebene	parallel zur Diffraktometerebene
Strahlgeometrie bzgl. der Probe	asymmetrisch	symmetrisch
Apertur um Defokussierungsfehler zu begrenzen	Strichfokus senkrecht zur Diffraktometerebene	Punktfokus
bestrahlte Probenoberfläche	Strich, stetige Verkleinerung der Strichbreite von $\psi < 0$ nach $\psi > 0$	Punkt, wird ellipsenförmig und vergrößert mit $|\psi|$
Probenpositionierung	Exzentrizität $\pm 0{,}01$ mm	etwas weniger empfindlich
Polarisations-; Lorenz- und Absorptionskorrektur	notwendig, insbes. bei breiten Interferenzlinien	nicht notwendig wenn nur der Anstieg von d über $\sin^2 \psi$ ausgewertet wird
Messzeiten	klein für Routinemessung, da Strichfokus hohe Intensität liefert	größer
Spannungsmessung	beschränkt auf Reflexionen im Rückstrahlbereich und $\sin^2 \psi \leq 0{,}8$; $\psi < \theta$	keine Beschränkung in 2θ; $\sin^2 \psi \leq 0{,}9$ im Rückstrahlbereich
Texturanalyse	nicht möglich	uneingeschränkt möglich

sein. Das bringt höhere Intensität und damit schnellere Messungen gegenüber dem Ψ-Modus, bei dem ein punktförmiger Strahl verwendet werden muss. Die Abhängigkeit der Eindringtiefe von der Messrichtung sind aufgrund der unterschiedlichen Strahlengänge bei den Diffraktometertypen verschieden, siehe Kapitel 10.6.3. Für Untersuchungen von steilen Spannungsgradienten kann es deshalb sinnvoll sein, Messungen in beiden Modi zu kombinieren, um für jede Messrichtung jeweils Informationen aus zwei unterschiedlichen Tiefenbereichen zu erhalten. Die charakteristischen Unterschiede zwischen beiden Diffraktometerarten und deren Vor- und Nachteile sind in Tabelle 10.8 zusammengefasst.

10.6.2 Justierung

Mit einer sorgfältigen Justierung des Diffraktometers muss sichergestellt werden, dass sich alle Drehachsen in einem Punkt schneiden, dass die Messstelle auf der Probe genau in diesem Punkt liegt und dass dies bei den notwendigen Drehungen der Achsen stabil ist, siehe hierzu Kapitel 5.6 und [150]. Die korrekte Justierung des Diffraktometers wird durch eine vollständige Messung an einem spannungsfreien Pulver überprüft. Die Interferenzlinie des Pulverwerkstoffes sollte nur wenige Grad neben der gewählten Werkstoffinterferenz liegen. Linienlagen der Pulverinterferenz müssen für alle Messrichtung innerhalb von $\pm 0{,}01°$ übereinstimmen, denn eine Steigung über $\sin^2 \psi$ darf bei einem spannungsfreien Material nicht auftreten. Eine Abweichung des Mittelwertes vom theoretischen Wert kann bei der späteren Auswertung als Korrektur berücksichtigt werden. Die geeigneten Justierpulver und die entsprechenden Interferenzlinien sind in Tabelle 10.9 mit aufgelistet.

10.6.3 Mess- und Auswerteparameter

Strahlung und Interferenz

Die Wahl der Röntgeninterferenz und der verwendeten Strahlung richten sich nach der Intensität der Interferenz, ihrer Lage in 2θ und nach der Eindringtiefe. Moderne Diffraktometer erlauben Messungen im Bereich von $30° - 170°$, so dass fast der gesamte Bereich zur Verfügung steht. Für die Spannungsermittlung müssen aber kleine Änderungen der Netzebenenabstände durch die genaue Vermessung der Verschiebungen der Interferenzlinie erfasst werden. Hierfür muss die Auflösung, also die Verschiebung der Interferenz bei Änderung des d-Wertes, möglichst groß sein. Mit Gleichung 10.61 sind Messungen demnach vorzugsweise bei großen 2θ-Winkeln durchzuführen.

Die Strahlung sollte den Werkstoff nicht zur Fluoreszenz anregen, da dann das Verhältnis von Linienintensität zu Untergrund sehr schlecht wird. Durch die Verwendung von Filtern, die in den primären Strahlengang gestellt werden, kann die Kβ Strahlung unterdrückt werden. Dies ist insbesondere dann notwendig, wenn es sonst zu Linienüberlagerungen kommt. Bei der Auswahl der Interferenzlinie muss darauf geachtet werden, dass sie nicht durch Interferenzen der vermessenen Werkstoffphase oder anderer im Material vorhandenen Phasen überlagert wird. Tabelle 10.9 zeigt für ferritische Eisenwerkstoffe geeignete Interferenzen, die jeweiligen Eindringtiefen und mögliche Kalibrierpulver-Interferenzen.

$\sin^2 \psi$-Bereich

Die Messrichtungen werden meist so gelegt, dass sie gleichmäßig über einen $\sin \psi$-Bereich verteilt sind, wie es in den Bildern 10.19 und 10.22 gezeigt ist. Die Genauigkeit der späteren Auswertung erhöht sich mit der Anzahl der Werte und der Größe des erfassten ψ-Bereiches. Ausreichend ist in der Regel ein Bereich bis $\sin^2 \psi \geq 0{,}6$, der in Schritten von $0{,}1$ in $\sin^2 \psi$ vermessen wird. Auf jeden Fall sollten dabei Messrichtungen für $+\psi$ und $-\psi$ eingestellt werden, um einerseits eine mögliche ψ-Aufspaltung erfassen zu können, andererseits auch die Justierung zu kontrollieren, denn einige Justierfehler führen auch zu einer Aufspaltung der Messwerte.

Eindringtiefe

Die Eindringtiefe der Strahlung wird von dem Schwächungskoeffizienten, der Messrichtung und der Messanordnung bestimmt. Für die beiden Diffraktometeranordnungen lässt

Tabelle 10.9: Geeignete Strahlungen und Netzebenen für eine Spannungsbestimmung an Ferrit sowie mögliche Kalibrierpulver (Wegen der Fluoreszenzanregung bei Cu-Strahlung sollte hierbei ein Sekundärmonochromator verwendet werden.) Die mittleren Eindringtiefen sind für die Messrichtung $\sin^2 \psi = 0$ angegeben

Strahlung	Ferrit				Kalibrierpulver	
	$\{h\,k\,l\}$	2θ	$k\alpha_2 - k\alpha_1$	$\tau(\psi = 0°)$ [µm]	$\{h\,k\,l\}$	2θ
Ti-K$_\alpha$	$\{2\,0\,0\}$	146,99°	0,52°	3,3	Al $\{2\,2\,0\}$	147,45°
Cr-K$_\alpha$	$\{2\,1\,1\}$	156,07°	0,93°	5,6	Cr $\{2\,1\,1\}$	152,92°
Fe-K$_\alpha$	$\{2\,2\,0\}$	145,54°	0,76°	8,6	Au $\{4\,0\,0\}$	143,37°
Co-K$_\alpha$	$\{2\,1\,1\}$	99,69°	0,30°	8,6	Au $\{2\,2\,2\}$	98,87°
	$\{3\,1\,0\}$	161,32°	1,59°	11,1	Au $\{4\,2\,0\}$	157,48
Cu-K$_\alpha$	$\{2\,2\,2\}$	137,13°	0,73°	1,9	Au $\{4\,2\,2\}$	135,39°
					Si $\{5\,3\,3\}$	136,89°
Mo-K$_\alpha$	$\{7\,3\,2\}$ +$\{6\,5\,1\}$	153,88°	3,17°	16,9	Cr $\{7\,3\,2\}$ +$\{6\,5\,1\}$	150,97°

sie sich nach den Gleichungen 10.116 und 10.117 berechnen. Bild 10.33 zeigt einige Verläufe über $\sin^2 \psi$.

$$\tau_\psi = \frac{\sin\theta \, \cos\psi}{2\mu} \tag{10.116}$$

$$\tau_\omega = \frac{\sin^2\theta - \sin^2\psi}{2\mu \, \sin\theta \, \cos\psi} \tag{10.117}$$

Bei der Auswertung der Messwerte nach Kapitel 10.4.7 wird vorausgesetzt, dass für jede Messrichtung derselbe Spannungszustand erfasst wird. Da nun die Eindringtiefe von der Messrichtung abhängt, müssen die Spannungen streng genommen unabhängig von der Tiefe im Material sein. Es ist aber in der Praxis ausreichend, wenn man annehmen kann, dass sich die Spannungen innerhalb des Eindringtiefenbereiches nicht wesentlich ändern. Die Auswertung liefert dann einen Mittelwert für diesen Bereich.

Aufnahme der Interferenzlinie

Für die Ermittlung von Spannungen müssen die Linienlagen der Interferenzen auf etwa 0,01° genau bestimmt werden. Dazu wird der Detektor in kleinen Schritten von 0,01−0,05° über den 2θ Bereich der ausgewählten Interferenz verfahren. Hierbei bewegt sich die Probe jeweils um den halben Winkel mit, damit die Messrichtung konstant bleibt. Die Interferenzlinie ergibt sich als Intensitätsverteilung über 2θ. Wie bereits in Bild 10.19 angedeutet, wird sie charakterisiert durch ihre Maximalintensität, ihre Halbwertsbreite und ihre Linienlage, aus der sich mit dem BRAGGschen Gesetz und der verwendeten Wellenlänge direkt der Netzebenenabstand oder die Dehnung in Messrichtung ergibt. Um

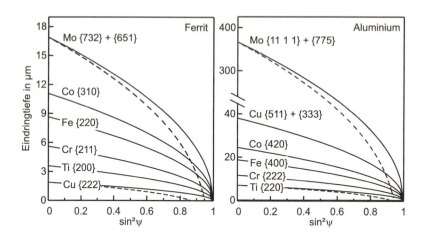

Bild 10.33: Abhängigkeit der Eindringtiefe von der Messrichtung für unterschiedliche Materialien, Strahlungen und Diffraktometeranordnungen (Linien: Ψ–Modus, gestrichelte Linien: ω–Modus) [68]

den Untergrund geeignet anpassen und von der Interferenz subtrahieren zu können, muss er auf beiden Seiten erfasst werden. Der vermessene 2θ-Bereich sollte mindestens 2-3 mal der Halbwertsbreite entsprechen. Eine noch ausreichende Impulsstatistik wird erreicht, wenn im Maximum etwa 1 000 Impulse über dem Untergrund gezählt werden. Dies hängt aber von der Höhe des Untergrundes ab. Durch den Einsatz von Filtern und Monochromatoren kann das Intensitätsverhältnis von Interferenz zu Untergrund wesentlich verbessert werden.

Intensitätskorrekturen

Vor der Bestimmung der Linienlage sind einige Intensitätskorrekturen durchzuführen. Wie in Kapitel 3 beschrieben, hängt die Intensität der Röntgeninterferenz von dem Kristallgitter und den Atompositionen innerhalb der Elementarzelle ab. Daneben gibt es aber noch einige Faktoren, die von den Aufnahmebedingungen bestimmt werden, d.h. der Diffraktometergeometrie, dem 2θ-Winkel der Detektorposition oder dem ψ-Winkel der Messrichtung. Dies sind der Absorptionsfaktor A, der Polarisationsfaktor P und der Lorentzfaktor L.

Der Absorptionsfaktor berücksichtigt die unterschiedlichen Wege des Röntgenstrahles innerhalb des zu untersuchenden Materials. Er führt dazu, dass sich bei Messungen im ω–Modus die Linienintensitäten für die Messrichtungen $-\psi$ und $+\psi$ unterscheiden. In diesem Fall lautet er:

$$A^\omega(2\theta) = \frac{1 - \tan\psi \, \cot\theta}{2\mu} \tag{10.118}$$

wobei μ der Absorptionskoeffizient ist. Bei einer Messung im Ψ-Modus ist er konstant:

$$A^\Psi(2\theta) = \frac{1}{2\mu} \tag{10.119}$$

Die Gleichungen 10.118 und 10.119 gelten für den Fall, dass die Eindringtiefe τ_0 bei $\psi = 0°$ viel kleiner als die Materialdicke s ist ($\tau_0 \leq 3D$). Dünne Oberflächenschichten müssen deshalb gesondert betrachtet werden.

Der Polarisationsfaktor $P(2\theta) = (1 + \cos^2 2\theta)/2$ berücksichtigt, dass der reflektierte Röntgenstrahl teilweise polarisiert ist, auch wenn im primären Strahl alle Polarisationsrichtungen vorhanden sind. Die im Material an den Streuzentren angeregte Strahlung lässt sich jeweils als Dipolstrahlung auffassen, mit ihrer bekannten Ausbreitungscharakteristik. Durch Überlagerung der durch alle Polarisationsrichtungen angeregten Dipolstrahlungen in Richtung des reflektierten Strahles erhält man den oben angegebenen Polarisationsfaktor.

Mit dem auch bereits im Kapitel 3 besprochenen Lorentz-Faktor berücksichtigt man die Tatsache, dass die integrale Intensität einer Interferenz davon abhängt, wie lange sich die Kristallite bei einem Scan über 2θ in reflexionsfähiger Lage befinden. Dies hängt von der Linienlage der Interferenz und auch von der Aufnahmegeometrie ab. Für den Fall des schrittweisen Abtastens der Interferenz in dem beschriebenen ω- oder dem Ψ-Modus lautet der LORENTZfaktor:

$$L(2\theta) = \frac{1}{\sin^2\theta} \tag{10.120}$$

Fasst man die Korrekturen zusammen, spricht man von der PLA-Korrektur. Für die Auswertung der Linienlage genügt es, nur die winkelabhängigen Terme zu berücksichtigen:

$$I(2\theta)^{korr} = \frac{I(2\theta)}{PLA(2\theta)} \tag{10.121}$$

mit dem PLA Faktor

$$PLA^\Omega(2\theta) = \frac{1 + \cos^2 2\theta}{\sin^2\theta} \left(1 - \tan\psi \, \cot\theta\right) \tag{10.122}$$

für die Ω–Diffraktometer Geometrie bzw.

$$PLA^\Psi(2\theta) = \frac{1 + \cos^2 2\theta}{\sin^2\theta} \tag{10.123}$$

für die Ψ–Diffraktometer Geometrie.

Die gemessene Intensität setzt sich immer aus der Intensität der Interferenzlinie und der Untergrundintensität zusammen. Häufig ist das Verhältnis Interferenz zu Untergrund

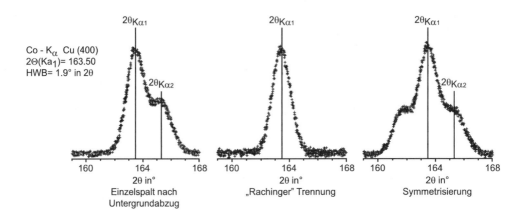

Bild 10.34: Trennung oder Symmetrisierung des $K\alpha_1/K\alpha_2$ Dubletts [68]

ungünstig klein. Hat dann der Untergrund einen Verlauf über 2θ, kann dieser die Bestimmung der Linienlage verfälschen. Deshalb sollte grundsätzlich eine Untergrundkorrektur durchgeführt werden. Um den Untergrund durch eine lineare Funktion oder ein Polynom anpassen zu können sind die Ausläufer beiderseits der Interferenz ausreichend weit mit zu vermessen, siehe hierzu Kapitel 5 und 8.5.

Während der Absorptions- und der Polarisationsfaktor sowohl für die Intensität der Interferenzlinie als auch des Untergrundes gilt, ist der Lorentzfaktor nur für die Linienintensität gültig. Die Korrekturen sollten deshalb in der folgenden Reihenfolge angewandt werden:

- Absorptions- und Polarisationskorrektur
- Untergrundabzug
- Lorentzkorrektur.

Häufig wird aber auch zuerst der Untergrund abgezogen und anschließend eine *PLA*-Korrektur durchgeführt, was bei nicht zu hohem Untergrund kaum Auswirkungen hat.

Trennung und Symmetrisierung der $K\alpha_1/K\alpha_2$-Linien

Als Strahlung wird überwiegend die $K\alpha$ Linie einer Röntgenröhre benutzt. Diese besteht aber immer aus dem Dublett der $K\alpha_1$ und $K\alpha_2$ Wellenlänge. Beide Wellenlängen liefern eine Interferenzlinie bei etwas verschobenen 2θ-Winkeln. Nach Durchführung der beschriebenen Korrekturen liegt dann ein Summenprofil vor, wie es z. B. im linken Teil von Bild 10.34 gezeigt ist. Der Abstand der Teilinterferenzen vergrößert sich mit 2θ:

$$\Delta 2\theta_{K\alpha_1 - K\alpha_2} = 2 \frac{\Delta\lambda_{K\alpha_1 - K\alpha_2}}{\lambda_{K\alpha_1}} \tan\theta \frac{180°}{\pi} \tag{10.124}$$

Das Verhältnis ihrer Intensitäten ist etwa 2 : 1. Die meisten Verfahren der Linienlagebestimmung erfordern aber ein symmetrisches Profil. Dies kann durch folgende Verfahren der Trennung und der Symmetrisierung erreicht werden.

10.6 Experimentelles Vorgehen bei der Spannungsbestimmung 359

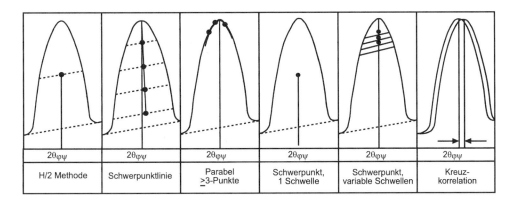

Bild 10.35: Verschiedene Methoden der Linienlagenbestimmung [68]

Durch sukzessive Subtraktion der $K\alpha_2$ Intensität lässt sich die $K\alpha_1$ Interferenz separieren, siehe Kapitel 4.2.1:

$$I(2\theta)^{korr} = I(2\theta) - \frac{1}{2} I(2\theta - \Delta 2\theta_{K\alpha_1-K\alpha_2}) \qquad (10.125)$$

Die Subtraktion muss im linken Untergrund beginnen. Man erhält damit die in der Mitte von Bild 10.34 gezeigte $K\alpha_1$ Interferenz. Dieses Verfahren der $K\alpha_1/K\alpha_2$ Trennung wurde zunächst graphisch durchgeführt und wird nach seinem ersten Anwender auch als RACHINGER-Trennung bezeichnet, siehe auch Kapitel 4.2.1.
Ein symmetrisches Profil, wie es im rechten Teilbild dargestellt ist, wird mit der Vorschrift

$$I_{symm}(2\theta) = I(2\theta) + \frac{1}{2} I(2\theta + \Delta 2\theta_{K\alpha_1-K\alpha_2}) \qquad (10.126)$$

erhalten. Die Symmetrisierung wurde anfangs nicht rechnerisch erzielt, sondern durch die Anwendung von Doppelspaltblenden statt eines Einzelspaltes vor dem Detektor. Die beiden Spalte haben gleiche Breite und einen Abstand, der auf dem Diffraktometerkreis dem Winkelabstand $\Delta 2\theta_{K\alpha_1-K\alpha_2}$ entspricht. Die Höhe der Spalte haben das Verhältnis 2:1. Beim Abfahren der $K\alpha_1/K\alpha_2$ Interferenzlinie trifft dann zunächst der kleine Spalt auf die größere $K\alpha_1$-Interferenz, danach kommen die $K\alpha_1$-Interferenz mit dem großen Spalt und gleichzeitig die kleinere $K\alpha_2$-Interferenz mit dem kleinen Spalt zur Deckung, und schließlich trifft dann noch der große Spalt auf die $K\alpha_2$-Interferenz. Diese Doppelspalte mussten für jeden Diffraktometerradius, jede Strahlung und jeden 2θ-Bereich angefertigt werden. Heute wird dieses Verfahren nur noch rechnerisch durchgeführt.

Linienlagebestimmung

Für die Bestimmung der Lage einer gemessenen Interferenzlinie gibt es eine Reihe von Auswerteverfahren, von denen einige in Bild 10.35 skizziert sind. Die Mitte der Linie auf halber Höhe der Interferenz als Linienlage zu nehmen, ist gegenüber Streuungen sehr anfällig. Eine Verbesserung wird erzielt, wenn die Mitten bei verschiedenen Höhen bestimmt werden und der Durchstoßpunkt ihrer Verbindung durch die Interferenzspitze genommen wird. Dies war eine geeignete Methode, als die Linien noch graphisch aufgezeichnet und ausgewertet wurden. Mit der digitalen Aufzeichnung hat man die Möglichkeit, einer Anpassung an Funktionen oder der Berechnung von Linienschwerpunkten. Die Anpassung der Spitze an eine Parabel ist wiederum sehr anfällig gegenüber Streuungen. Die Verwendung der Schwerpunktmethode , insbesondere bei variabler unterer Schwelle, ist eine geeignete Methode, die auch bei den unvermeidlichen Streuungen eine bessere Reproduzierbarkeit hat. Nach der Schwerpunktmethode berechnet sich die Linienlage mit:

$$2\theta_{\phi,\psi} = \frac{\int_{2\theta_1}^{2\theta_2} I(2\theta)\, 2\theta\, d2\theta}{\int_{2\theta_1}^{2\theta_2} I(2\theta)\, d2\theta} \qquad (10.127)$$

Die Intensitäten an den Integrationsgrenzen sind jeweils gleich der unteren Schwelle I_u der Schwerpunktsberechnung:

$$I(2\theta_1) = I(2\theta_2) = I_u \qquad (10.128)$$

Bei einer getrennten $K\alpha_1$–Interferenz kann die untere Schwelle zwischen $0{,}2 \cdot I_{Max}$ und $0{,}8 \cdot I_{Max}$ variiert und die Ergebnisse gemittelt werden. Bei symmetrisierten Linien dürfen die Schwellen nur zwischen $0{,}55 \cdot I_{Max}$ und $0{,}8 \cdot I_{Max}$ liegen, da man ansonsten die beiden Schultern der Linie erfasst. Ist die Linie trotz erfolgter Korrekturen nicht symmetrisch, so wird man eine systematische Abhängigkeit der Schwerpunkte von der unteren Schwelle finden. Dies kann z. B. durch eine Überlagerung der Interferenzlinie mit Linien weiterer Werkstoffphasen hervorgerufen werden oder auch auf starke Spannungsgradienten im Bereich der Eindringtiefe hindeuten. Zuerst ist aber zu prüfen, ob alle Intensitätskorrekturen richtig durchgeführt wurden.

Die Kreuzkorrelationsmethode bestimmt die Lage eines Profils relativ zu einem Referenzprofil, z. B. zu dem Profil bei $\psi = 0°$. Man sucht das Maximum der Korrelationsfunktion:

$$K(\Delta 2\theta) = \int_{i=1}^{n} I_R(2\theta)\, I(2\theta + \Delta 2\theta)\, d2\theta \qquad (10.129)$$

Es werden hiermit also nur relative Verschiebungen der Linienlage bestimmt. Das Profil braucht aber nicht notwendigerweise symmetrisch zu sein. Die wesentliche Voraussetzung ist, dass sich die Form der Interferenzprofile bei verschiedenen Messrichtungen nicht ändern. Dies ist aber nur selten erfüllt, was dann zu fehlerhaften Ergebnissen führen kann.

Interferenzlinien können näherungsweise durch bekannte Profilfunktionen beschrieben werden, siehe Kapitel 8. Für die iterative nichtlineare Anpassung gemessener Profile an eine geeignete Profilfunktion stehen heute verschiedene Rechenprogramme zur Verfügung. Als Profilfunktionen können z. B. die GAUSS-Funktion, CAUCHY-Funktion, LORENTZ-Funktion oder die PEARSON-VII-Funktion benutzt werden, deren Eigenschaften und Formen bereits in Kapitel 8 besprochen wurden. Sie alle beschreiben mehr oder weniger gut die Form des realen Profils. Sie enthalten einige Profilparameter, die durch eine geeignete Anpassungsroutine festgelegt/ermittelt werden müssen.

I_{max} : Intensität im Maximum
HWB : Halbwertsbreite
$2\theta_{\phi,\psi}$: Linienlage
m : Formfaktor

$$\text{Gauss}: \quad I(2\theta) = \frac{I_{max}}{\exp\left(4 \ln 2 \left(\frac{2\theta - 2\theta_{\phi,\psi}}{HWB}\right)^2\right)} \tag{10.130}$$

$$\text{Cauchy}: \quad I(2\theta) = \frac{I_{max}}{1 + 4\left(\frac{2\theta - 2\theta_{\phi,\psi}}{HWB}\right)^2} \tag{10.131}$$

$$\text{Pearson VII}: \quad I(2\theta) = \frac{I_{max}}{\left(1 + 4\left(2^{\frac{1}{m}} - 1\right)\left(\frac{2\theta - 2\theta_{\phi,\psi}}{HWB}\right)^2\right)^m} \tag{10.132}$$

$$\text{Lorentz}: \quad I(2\theta) = \frac{I_{max}}{1 + (2\theta - 2\theta_{\phi,\psi})^2 \, HWB^2} \tag{10.133}$$

Die PEARSON-VII-Funktion geht für $m = 1$ in die CAUCHY-Funktion über und für $m \to \infty$ in die GAUSS-Funktion. Sie ist damit flexibler als die beiden anderen, allerdings ist oft die Konvergenz der iterativen Anpassung schlechter. Bei allen Anpassungen ist es wichtig, dass die Ausläufer beiderseits der Interferenz mit vermessen werden. Die Anpassung erfolgt an die korrigierte und vom Untergrund befreite Interferenzlinie. Prinzipiell kann man sie auch an eine Summe mehrerer Profilfunktionen durchführen. Dies ist z. B. bei überlagerten Interferenzlinien notwendig, oder wenn keine $K\alpha_1/K\alpha_2$ Trennung durchgeführt wurde. Der Abstand der $K\alpha_1$ und $K\alpha_2$ Interferenzen ist bekannt. Setzt man weiter voraus, dass sie ein Intensitätsverhältnis von 2:1 haben und von ähnlicher Form sind, die Parameter m und HWB sind dann jeweils gleich, brauchen nur noch so viele Parameter wie auch bei der Anpassung an eine Einzellinie bestimmt werden.

10.6.4 Fehlerangaben

Bei der Spannungsermittlung treten verschiedene Quellen systematischer und statistischer Fehler auf. Ihre Zusammenhänge und ihre Auswirkungen auf die Spannungsergebnisse sind ausführlich in [105] behandelt. Wesentliche systematische Fehler sind:
- Justierfehler bei der Ausrichtung der Diffraktometerachsen
- Nicht-linearer Verlauf der $d(\sin^2 \psi)$-Verteilung, hervorgerufen durch Textur, Gradienten oder plastische Verformung

- Ungenaue Kenntnis der Materialdaten (REK).

Fehler bei der Positionierung der Probe im Diffraktometer und Justierfehler können durch sorgfältiges Einrichten und Justierung mit spannungsfreiem Pulver vermieden werden, für die Positionierung der Probe stehen sehr genaue mechanische oder optische Hilfen zur Verfügung.

Die REK haben immer eine Unsicherheit von mehr als 5 %. Glücklicherweise hängt das elastische Verhalten von Materialien nur wenig von dem aktuellen Gefügezustand ab, so dass diese Werte nur selten zu bestimmen sind, siehe hierzu auch Kapitel 10.5.3.

> Abweichungen von einem linearen Verlauf der d-Werte über $\sin^2 \psi$ lassen sich sehr leicht mit dem Auge erkennen. Deshalb ist es unbedingt notwendig, solche Auftragungen darzustellen und zu dokumentieren.

Unsystematische Fehlerquellen resultieren aus der Zählstatistik und der Gefügestatistik. Werden an einer Detektorpositionen N Impulse gezählt, so kann der statistische Fehler mit $\sqrt{N}$ angegeben werden. Durch Fehlerfortpflanzungsrechnung ließe sich daraus der resultierende statistische Fehler der Linienlage bestimmen. Für einige Methoden existieren Näherungsformeln, mit denen dieser Fehler abgeschätzt werden kann, so für die Schwerpunktmethode [105] und die Anpassung der PEARSON-VII-Funktion [150]:

$$\Delta 2\theta_{\phi,\psi} = \frac{3}{4}\sqrt{\frac{IB\ SW_{2\theta}}{I_{Max}}}\sqrt{\frac{1+U_V^2}{1-U_V^2}} \qquad (10.134)$$

mit der integralen Breite IB, der Intensität im Maximum I_{Max}, der Schrittweite beim Abtasten der Interferenz $SW_{2\theta}$ und dem Untergrundverhältnis U_V. Für die Anpassung an andere Profilfunktionen und auch für die Schwerpunktmethode liegen die Fehler in der gleichen Größenordnung.

Der weniger gut zu beschreibende statistische Fehler liegt in der räumlichen Inhomogenität des Gefüges und des Spannungszustandes, wenn das Messvolumen nicht groß genug ist, um das Material und den makroskopischen Spannungszustand zu repräsentieren.

Da es praktisch nicht möglich ist, alle auftretenden Fehler mit einer konsequenten Fehlerfortpflanzung bis zum letztendlich gefragten Fehler des Spannungswertes zu verfolgen, hat sich folgendes Vorgehen bewährt: Aus den n Messwerten $d(\sin^2 \psi)$ wird der Achsenabschnitt AA und die Steigung Stg der Regressionsgeraden bestimmt. Sie ist diejenige Gerade, für welche die Summe der quadratischen Abweichungen

$$S_q = \sum_n \left(d(\sin^2 \psi) - AA - Stg\ \sin^2 \psi\right)^2 \qquad (10.135)$$

der Messwerte von der Geraden minimal wird. Fasst man diese Abweichungen als statistische Streuungen auf, dann kann man die Standartabweichung v_d für die Einzelmessungen angeben.

$$v_d = \sqrt{\frac{S_q}{n-2}} \qquad (10.136)$$

Durch Fehlerfortpflanzungsrechnung erhält man damit für den Achsenabschnitt und die Steigung der Regressionsgeraden die jeweiligen einfachen Vertrauensbereiche v_{AA} und v_{Stg}, die man als Fehlerangaben nutzen kann. Für den Fall, dass die n Messdaten in äquidistanten Schritten über $\sin^2\psi$ vorliegen, gelten Gleichung 10.137 und 10.138 [176], ansonsten sind die entsprechenden Beziehungen z. B. in [176, 105] angegeben.

$$v_{AA} = v_d \sqrt{\frac{12}{n(n^2-1)}} \tag{10.137}$$

$$v_{Stg} = v_d \sqrt{\frac{2(2n+1)}{n(n-1)}} \tag{10.138}$$

Da die Spannungen nun nach Gleichung 10.81 aus dem Achsenabschnitt und der Steigung berechnet werden, ergeben sich aus den Fehlern dieser Größen entsprechende Fehlerangaben für die Spannungen. Sie können als Maß für die durch Zähl- und Gefügestatistik hervorgerufene Messungenauigkeit angesehen werden.

Grundsätzlich sollte bei Fehlerangaben von Messergebnissen vermerkt sein, um welche Fehler es sich handelt oder wie sie berechnet wurden.

10.6.5 Beispiel einer Spannungsauswertung

Bei einer Oberflächenbearbeitung durch Schleifen ist die Schleifrichtung gegenüber allen anderen Richtungen ausgezeichnet. Das Material an der Oberfläche wird in dieser Richtung stark verformt, aber es tritt auch eine Verformung in Normalenrichtung auf. Der nach der Bearbeitung vorliegende Spannungszustand ist mit seinem Hauptspannungssystem gegenüber dem Probensystem verkippt. Man beobachtet nach einer Schleifbearbeitung deshalb in der Regel eine $d(\sin^2\psi)$-Verteilungen mit ψ-Aufspaltung in Schleifrichtung ($\varphi = 0°$). Die beiden Richtungen senkrecht dazu sind dagegen gleichwertig, so dass für die Messrichtungen ($\pm\psi, \varphi = 90°$) bis auf Streuungen gleiche Werte gemessen werden. In Bild 10.36 ist als Beispiel ein Messergebnis mit recht ausgeprägter ψ-Aufspaltung in Schleifrichtung und linearer Verteilung in Querrichtung gezeigt. Es wurde an einem geschliffenen Stahl Ck45 mit $Cr - K\alpha$ Strahlung an der $\{2\,1\,1\}$-Netzebenenschar erzielt. Für die Spannungsauswertung benötigt man den Netzebenenabstand des spannungsfreien Zustandes d_0 sowie die röntgenographischen Elastizitätskonstanten des Materials s_1 und $\frac{1}{2}s_2$. Der Spannungstensor lässt sich dann mit den Gleichungen 10.81 aus Kapitel 10.4.8 bestimmen. Mit den Werten $d_0 = 0{,}286\,71$ nm, $s_1 = -1{,}25 \cdot 10^{-6}$ MPa^{-1} und $\frac{1}{2}s_2 = 5{,}76 \cdot 10^{-6}$ MPa^{-1} erhält man als Ergebnis:

$$\sigma_{ij} = \begin{pmatrix} -123 & & -71 \\ & -242 & 4 \\ -71 & 4 & -58 \end{pmatrix} \pm \begin{pmatrix} 10 & & 4 \\ & 7 & 3 \\ 4 & 3 & 7 \end{pmatrix} \text{ MPa}$$

Die Fehlerangaben folgen aus den berechneten Fehlern der Achsenabschnitte und Steigungen der jeweiligen Regressionsgeraden über $\sin^2\psi$ bzw. $\sin 2\psi$.

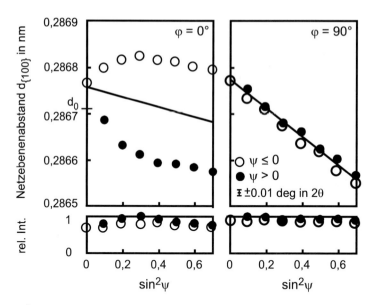

Bild 10.36: $d(\sin^2 \psi)$-Verteilung, gemessen an einem geschliffenen Stahl Ck45 mit Cr $-$ K$_\text{ff}$ an der $\{2\,1\,1\}$-Ebenenschar [68]

10.7 Einflüsse auf die Dehnungsverteilungen

10.7.1 Einfluss der kristallographischen Textur

Zu Gleichung 10.73, die den Zusammenhang zwischen der Dehnung in Messrichtung und den Spannungskomponenten beschreibt, gelangt man, wenn bei der Mittelung über alle zur Interferenz beitragenden Kristallite die Häufigkeit der Kristallorientierungen gleich verteilt ist, also keine Textur vorliegt. Andernfalls muss die Orientierungs-Dichte-Funktion (ODF) $f(g)$, siehe Kapitel 11, bei den Mittelungen als Wichtungsfaktor auftreten. Die zu Gleichung 10.73 entsprechenden Gleichung lautet dann:

$$\epsilon(\varphi, \psi) = \frac{d(\varphi, \psi) - d_0}{d_0} = \sum_{i,j} F_{ij}(\varphi, \psi, hkl)\, \sigma_{ij} \qquad (10.139)$$

mit den Spannungsfaktoren F_{ij}, die die Abhängigkeit der messbaren Dehnungen bzw. der d-Werte von den mittleren Spannungen beschreiben. Sie können experimentell in Zug- oder Biegeversuchen bestimmt werden, bei denen die mittlere Spannung durch äußere Lastspannungen eingestellt wird. Man kann die Spannungsfaktoren wie die REK auch direkt aus den Einkristalldaten berechnen, wenn man ein Modell für die Kopplung der Kristallite untereinander ansetzt. Die Berechnungen sind im einzelnen in [27] behandelt. $F_{ij}(\varphi, \psi, hkl)$ entspricht der Dehnung der Ebenenschar $(h\,k\,l)$ in Richtung φ, ψ, wenn die Spannungskomponente σ_{ij} gleich 1 MPa ist. Die Spannungsfaktoren geben also die prinzipiellen Verläufe der Dehnungen über $\sin^2 \psi$ an. Beim Übergang zu einem isotropen

Material gehen die F_{ij} in Kombinationen der beiden REK s_1 und $\frac{1}{2}s_2$ über:

$$F_{ij} \rightarrow \begin{pmatrix} s_1 + \frac{1}{2}s_2 \cos^2 \varphi \sin^2 \psi & 0.5 \frac{1}{2}s_2 \sin 2\varphi \sin^2 \psi & 0.5 \frac{1}{2}s_2 \cos \varphi \sin 2\psi \\ 0.5 \frac{1}{2}s_2 \sin 2\varphi \sin^2 \psi & s_1 + \frac{1}{2}s_2 \sin^2 \varphi \sin^2 \psi & 0.5 \frac{1}{2}s_2 \sin \varphi \sin 2\psi \\ 0.5 \frac{1}{2}s_2 \cos \varphi \sin 2\psi & 0.5 \frac{1}{2}s_2 \sin \varphi \sin 2\psi & s_1 + \frac{1}{2}s_2 \cos^2 \psi \end{pmatrix}$$

Die Spannungsfaktoren hängen von der aktuellen Textur ab. Nach ihrer Berechnung können die Spannungskomponenten durch Anpassung von Gleichung 10.139 an die gemessenen $d(\sin^2 \psi)$-Verteilungen bestimmt werden. Solange die Texturen nicht sehr stark sind und noch keine wesentlichen systematischen Abweichungen von einem linearen Verlauf der d-Werte über $\sin^2 \psi$ auftreten, werden in der Praxis die Spannungen aber meistens mit der für quasiisotrope Materialien in Kapitel 10.4.8 beschriebenen Methode ausgewertet. Bild 10.37 zeigt röntgenographische Messungen an einem kalt gewalzten Stahlband mit einer recht ausgeprägten Textur, die sich dadurch bemerkbar macht, dass die Intensität sehr von der Messrichtung abhängt. Unter einigen Richtungen ist sie zu gering, um eine Interferenz auswerten zu können. Die nichtlinearen Verläufe sind hier texturbedingt, man muss in solchen Fällen aber immer auch mit einem zusätzlichen Einfluss der erfolgten plastischen Verformung rechnen, siehe Kapitel 10.7.3.

Sehr stark texturierte Werkstoffe lassen sich näherungsweise durch wenige Kristallitgruppen charakterisieren. Diese werden als ideale Lagen bezeichnet und durch ihre Ebenenschar $(m\,n\,r)$ parallel zur Probenoberfläche sowie ihre Gitterrichtung $[u\,v\,w]$ in 1-Richtung des Probensystems bezeichnet. Wesentliche Intensität haben die Interferenzen einer Ebenenschar dann nur unter denjenigen Messrichtungen, die den Polen der hauptsächlichen Kristallitgruppen entsprechen. In den Messrichtungen, die mit einem Pol einer idealen Lage $(m\,n\,r)[u\,v\,w]$ zusammenfallen, wird die Winkellage der Interferenzlinie und damit der ermittelte d-Wert überwiegend von dieser idealen Lage bzw. von der entsprechenden Kristallitgruppe dominiert. Natürlich tragen auch alle anderen Kristallitgruppen in interferenzfähiger Orientierung zum Reflex bei, aber wegen ihrer geringen Volumenanteile in untergeordnetem Maße. Bei der Kristallitgruppenmethode werden folgende Voraussetzungen gemacht:

- Stimmt die Messrichtung mit einem Pol einer idealen Lage des texturierten Werkstoffs überein, so bestimmt die Kristallitgruppe dieser idealen Lage die Linienlage der Beugungsinterferenz. Der hieraus ermittelte Dehnungswert entspricht der Dehnung dieser Kristallitgruppe. Die Beiträge aller anderen Kristallitgruppen zu der Interferenz werden vernachlässigt. Außerhalb der Pole der idealen Lagen sollten die Interferenzen klein sein.
- Bei der Auswertung wird jede Kristallitgruppe, d.h. die Kristallite mit jeweils derselben Orientierung, als ein Kristall behandelt, dessen Dehnung gleich dem Mittelwert der Kristallitgruppe ist. Die verschiedenen Kristallitgruppen können jedoch unterschiedliche Dehnungen und Spannungen haben. Aus den in verschiedenen Polen der Kristallitgruppe bestimmten Dehnungswerten lässt sich ihr Dehnungstensor ableiten. Er ist über die Einkristallkoeffizienten s_{ij} des Kristalls mit dem Spannungstensor verknüpft. Ebenso kann die Dehnung der Kristallitgruppe in Messrichtung mit Hilfe

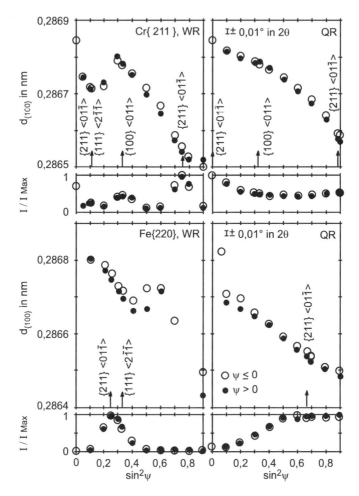

Bild 10.37: $d(\sin^2 \psi)$-Verteilungen zweier Ebenenscharen eines 88 % kalt gewalzten Stahlblechs in Walzrichtung (WR) und Querrichtung (QR). Die Pole der drei stärksten Kristallitgruppen sind angezeigt [69]

der Spannungskomponenten ausgedrückt werden. Gleichung 10.140 gibt als Beispiel diesen Zusammenhang für die Kristallitgruppe $(211)[01\bar{1}]$ an. Sie gilt für den Fall, dass in der Kristallitgruppe bezüglich des Probensystems nur Hauptspannungen vorliegen.

$$\epsilon(\varphi = 0°, \psi) = (s_{12} + \frac{1}{6}s_0)\sigma_{11} + (s_{12} + \frac{1}{3}s_0)\sigma_{22} + (s_{12} + \frac{1}{2}s_{44} + \frac{1}{2}s_0)\sigma_{33}$$
$$+ \frac{1}{2}(s_{44} + \frac{2}{3}s_0)(\sigma_{11} - \sigma_{33})\sin^2 \psi$$

$$\epsilon(\varphi = 90°, \psi) = (s_{12} + \frac{1}{6}s_0)\sigma_{11} + (s_{12} + \frac{1}{3}s_0)\sigma_{22} + (s_{12} + \frac{1}{2}s_{44} + \frac{1}{2}s_0)\sigma_{33}$$
$$+ \frac{1}{2}\left((\frac{1}{3}s_0\,\sigma_{11} + s_{44}\,\sigma_{22} - (s_{44} + \frac{1}{3}s_0)\sigma_{33}\right)\sin^2\psi$$
$$+ \frac{1}{6}\sqrt{2}\,s_0\,(\sigma_{11} - \sigma_{33})\sin 2\psi \qquad (10.140)$$

mit $s_0 = s_{11} - s_{12} - \frac{1}{2}s_{44}$. In Bild 10.37 sind die Lagen der Pole einiger Kristallitgruppen eingezeichnet. Aus den Dehnungen in Richtung der Pole einer Kristallitgruppe können ihre Spannungskomponenten mit Hilfe einer Ausgleichsrechnung oder aus der Steigung über $\sin^2\psi$ bestimmt werden. Diese als Kristallitgruppenmethode bekannte Auswertung ist allerdings nur für sehr starke Texturen sinnvoll.

10.7.2 Einfluss von Spannungs- und d_0-Gradienten

Wie in Kapitel 10.4.2 beschrieben, tragen zu einer Interferenz alle Kristallite bei, die sich in reflexionsfähiger Lage befinden. Man erhält durch Auswertung der Linienlage dann den über diese Kristallite gemittelten Netzebenenabstand. Sein Zusammenhang mit den vorliegenden Spannungen ist in Gleichung 10.73 gegeben, wobei angenommen wurde, dass die Spannungen sich nicht mit der Tiefe unter der Oberfläche ändern, also ein homogener Spannungszustand vorliegt. Ist dies nicht der Fall, spricht man von Spannungsgradienten in Tiefenrichtung. Gleichung 10.73 zwischen der Dehnung bzw. dem d-Wert und den Spannungen gilt dann immer nur für eine feste Tiefe z. Die röntgenographische Messung liefert aber eine gewichtete Mittelung über die jeweilige Eindringtiefe der Strahlung, siehe Gleichung 10.68 in Kapitel 10.4.3. Entsprechend müssen auch die Spannungen über die Eindringtiefe gemittelt werden.

$$\hat{\sigma}_{ij}(\tau) = \frac{\int\limits_{V^c} \sigma_{ij}(z)\,\exp(-z/\tau)\,dz}{\int\limits_{V^c} \exp(-z/\tau)\,dz} \qquad (10.141)$$

In den Gleichungen 10.73 oder 10.75 sind die Spannungen σ_{ij} durch die über die Tiefe z gewichtet gemittelten Werte $\hat{\sigma}_{ij}(\tau)$ zu ersetzen. Analog zu Gleichung 10.75 erhält man für $\varphi = 0°$ z. B.

$$\epsilon(\varphi, \psi) = s_1(hkl)\,[\hat{\sigma}_{11}(\tau) + \hat{\sigma}_{22}(\tau) + \hat{\sigma}_{33}(\tau)\,]$$
$$+ \frac{1}{2}s_2(hkl)\,[\hat{\sigma}_{11}(\tau) - \hat{\sigma}_{33}(\tau))]\,\sin^2\psi$$
$$+ \frac{1}{2}s_2(hkl)\,\hat{\sigma}_{13}(\tau)\,\sin 2\psi \qquad (10.142)$$

Liegen also Tiefenverläufe der Spannungskomponenten vor, so ist zwischen den Spannungen $\sigma_{ij}(z)$ und $\hat{\sigma}_{ij}(\tau)$ zu unterscheiden. Man spricht auch von den Spannungen im

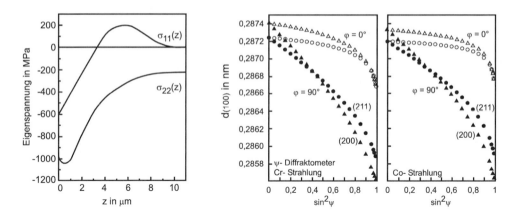

Bild 10.38: Spannungsprofile und die daraus resultierenden $d(\sin^2 \psi)$-Verteilungen eines nichttexturierten ferritischen Stahls für zwei Ebenenscharen und zwei Strahlungen [27]

z-Raum und denen im τ-Raum. Zwischen ihnen vermittelt Gleichung 10.141, die einer Laplace-Transformation entspricht. Während die Messergebnisse im τ-Raum erzielt werden, muss man die Spannungen im z-Raum durch inverse Laplace-Transformationen aus den Tiefenprofilen $\hat{\sigma}_{ij}(\tau)$ berechnen. Da die Eindringtiefe τ selbst von der Messrichtung, d.h. von $\sin^2 \psi$ abhängt, liefert Gleichung 10.142 i. A. auch bei Abwesenheit von Schubspannungen keine lineare Verteilung mehr, sondern eine mehr oder weniger gekrümmte Kurve. Die genauen Spannungsverläufe können also nicht mittels Regressionsanalyse bestimmt werden. Nur für die Schubkomponenten ergibt sich aus 10.142 die Möglichkeit, ihren Verlauf direkt zu bestimmen:

$$\hat{\sigma}_{13}(\tau) = \frac{\epsilon_{\varphi=0,+\psi} - \epsilon_{\varphi=0,-\psi}}{2 \frac{1}{2} s_2 \sin(2\psi,\tau)} = \frac{d_{\varphi=0,+\psi} - d_{\varphi=0,-\psi}}{2 d_0 \frac{1}{2} s_2 \sin(2\psi,\tau)} \qquad (10.143)$$

Bild 10.38 zeigt im rechten Teil die $d(\sin^2 \psi)$-Verteilungen zweier Ebenenscharen, die in einem nicht-texturierten Stahl von den Spannungsprofilen im linken Teilbild hervorgerufen werden, berechnet nach Gleichungen 10.141 und 10.142. Derartige Spannungsprofile können z. B. durch Schleifbearbeitungen erzeugt werden. Ein ähnlicher Effekt kann auch auftreten, wenn sich die chemische Zusammensetzung mit der Tiefe ändert und damit auch die Gitterkonstante d_0 des spannungsfreien Zustandes. Auch dann sind die $d(\sin^2 \psi)$-Verteilungen gekrümmt, ähnlich denen, die von Spannungsgradienten verursacht werden. Eine Methode zur Trennung dieser beiden Einflüsse liegt bislang nicht vor.

10.7.3 Effekte plastisch induzierter Mikroeigenspannungen

Plastisch induzierte Mikrospannungen können zusätzliche Nichtlinearitäten der $d(\sin^2 \psi)$-Kurven hervorrufen, deren Art und Ausmaß von der plastischen Anisotropie und dem bisherigen Verformungsweg bestimmt werden. Ein allgemeiner Zusammenhang zur Beschreibung der Auswirkungen auf die $d(\sin^2 \psi)$-Verteilungen lässt sich aber nicht angeben. Deutlich werden diese Einflüsse an Werkstoffen, deren Kristallite elastisch nahezu isotrop

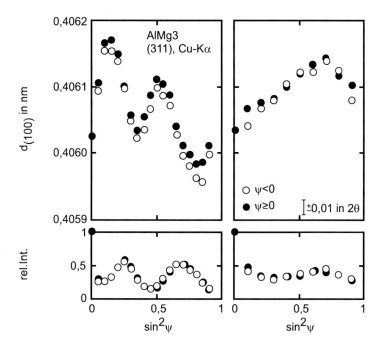

Bild 10.39: Verteilungen der Netzebenenabstände und Linienintensitäten der (3 1 1)-Ebenenschar eines kalt gewalzten AlMg3-Werkstoffs nach chemischem Abtrag von 50 % der Blechdicke; Cu-Strahlung, Walzrichtung (links) und Querrichtung (rechts) [68]

sind. Dann ist der Verlauf der Spannungsfaktoren über $\sin^2\psi$ linear, und es treten keine Nichtlinearitäten aufgrund einer Textur auf. Solche Werkstoffe sind Wolfram und in guter Näherung auch Aluminium und dessen Legierungen. An gewalzten W-Blechen wurden deutliche Abweichungen vom linearen Verlauf gefunden. Auch kalt gewalztes AlMg3 zeigt je nach Ebenenschar Nichtlinearitäten, die ausschließlich dem plastisch induzierten Anteil der orientierungsabhängigen Mikroeigenspannungen zuzuordnen sind, in Bild 10.39 sind Ergebnisse für die (3 1 1)-Ebene abgebildet.

Auch wenn die Kristallite zwar elastisch anisotrop sind, die Textur aber nur schwach ausgeprägt ist, sollten die d-Werte etwa linear über $\sin^2\psi$ verlaufen. An einem geschliffenen und anschließend 12 % einachsig verformten ferritisch-austenitischen Duplexstahl wurden die in Bild 10.40 gezeigten Verläufe beobachtet, jeweils für $\varphi = 0°$ (Verformungs- und Schleifrichtung) und zwei Ebenenscharen. Es fällt auf, dass die $d(\sin^2\psi)$-Verläufe der Ebenenscharen derselben Phase vollkommen unterschiedlich sind, sowohl in ihren Formen, als auch in ihren mittleren Steigungen. Eine Auswertung durch lineare Regression nach Kapitel 10.4.8 wäre falsch und würde für verschiedene Ebenenscharen derselben Werkstoffphase völlig unterschiedliche Spannungen ergeben. Mittelt man allerdings die $d(\sin^2\psi)$-Verläufe mehrerer Ebenenscharen, so sollte sich eine lineare Verteilung ergeben, wie sie für das makroskopische Verhalten erwartet wird. Die Mittelung muss die verschiedenen Flächenhäufigkeiten berücksichtigen. Eine detaillierte Analyse der orientierungsabhängigen Mikroeigenspannungen ist durch Entfaltung der Dehnungsverteilungen und

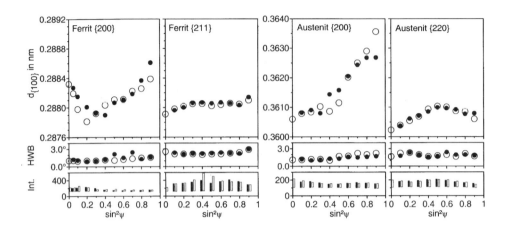

Bild 10.40: $d(\sin^2 \psi)$-Verteilungen verschiedener Ebenenscharen der Ferrit- und der Austenitphase in einer geschliffenen und anschließend 12 % zugverformten Probe aus dem Duplexstahl X2CrNiMoN22-5; Längsrichtung ($\varphi = 0°$), Cr-Strahlung [27]

Bestimmung der Spannung-Orientierung-Funktionen (SOF) möglich. Die SOF beschreiben die Spannungskomponenten der Kristallite in Abhängigkeit von der Orientierung des Kristallgitters im Probensystem. Eine ausführliche Darstellung ist in [27] gegeben.

10.8 Ermittlung von Tiefenverteilungen

Für die Beurteilung von Oberfächenbearbeitungen oder Wärmebehandlungen ist nicht nur der Spannungswert an der Oberfläche von Interesse, sondern auch der Verlauf mit der Tiefe unter der Oberfläche. Die durch Randschichtbearbeitung verursachten Spannungszustände und deren Einfluss auf das Einsatzverhalten von Bauteilen werden ausführlich in [149] behandelt. Die Einflussbereiche von Oberflächenbehandlungen können sich über mehrere hundert μm erstrecken, sind dann also weit größer als die Eindringtiefe der Röntgenstrahlung.

Bild 10.41 zeigt Tiefenverläufe der Spannungen, die durch Fräsen der Oberfläche hervorgerufen werden können. Dabei wird durch das Fräswerkzeug eine Schicht des Materials abgetragen, was mit thermischer Beanspruchung und plastischer Verformung verbunden ist. Je nach Art der Bearbeitung kann es zu sehr unterschiedlichen Spannungszuständen kommen. Der Spannungsverlauf im linken Teilbild wird durch Gegenlauffräsen erzeugt, das Fräswerkzeug dreht sich hierbei entgegen der Vorschubrichtung des Werkstücks, die Verläufe im rechten Teilbild gehören zu einer Bearbeitung durch Gleichlauffräsen, bei der sich der Fräser in Vorschubrichtung dreht. Zugeigenspannungen sind im Oberflächenbereich i. A. zu vermeiden, da sie die Initiierung und die Ausbreitung von Rissen begünstigen.

Spannungsverläufe über größere Tiefen sind nur zugänglich, wenn die Oberfläche in mehreren Schritten chemisch oder elektrolytisch abgetragen wird. Nach jedem Abtragsschritt können die Spannungen an der aktuellen Oberfläche gemessen werden. Innerhalb

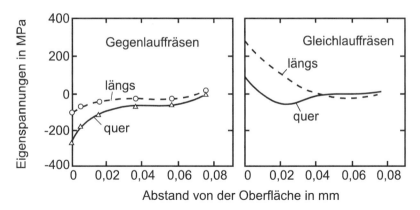

Bild 10.41: Eigenspannungstiefenverteilungen beim Fräsen von Ck45 im Gegenlauf (links) und im Gleichlauf (rechts), jeweils längs und quer zur Fräsrichtung [149]

der Eindringtiefe der Strahlung sind die Änderungen dann meist vernachlässigbar. Bei der Bestimmung von Tiefenverläufen durch Abtragen der Oberfläche ist folgendes zu beachten:

Durch das Abtragen der Oberfläche dürfen keine neuen Eigenspannungen induziert werden. Dies gelingt durch chemisches Abtragen oder elektrolytisches Polieren. Mechanische Bearbeitung induziert neue Eigenspannungen und ist deshalb ungeeignet.
Bei tieferen Abtragsschritten wird die Oberfläche oft uneben. Dies erschwert die Zuordnung der Ergebnisse zu einer bestimmten Tiefe. Beim chemischen Abtrag kann die Oberfläche rauh werden. Die Rauhigkeit darf nicht in die Größenordnung der Eindringtiefe kommen.
Der Abtrag der Oberfläche ist ein Eingriff in die Geometrie der untersuchten Probe. Vorhandene Eigenspannungen können dabei relaxieren, so dass an der aktuellen Oberfläche dann nicht mehr der Spannungszustand untersucht wird, der vor dem Abtrag an dieser Stelle vorlag. Für einfache Geometrien und ganzflächigem Abtrag lässt sich der ursprüngliche Tiefenverlauf aber aus den Messwerten durch Abtragskorrektur rekonstruieren [130].

10.9 Trennung experimentell bestimmter Spannungen

Beugungsverfahren sind sowohl gegenüber Makrospannungen als auch Mikrospannungen empfindlich. Die aus den gemessenen Dehnungswerten ermittelten Ergebnisse enthalten somit immer beide Anteile. Die Auswertung der Messdaten kann nach Kapitel 10.4.8 erfolgen. Die zunächst vorliegenden Ergebnisse sind dann die mittleren Phasenspannungen σ^α, wenn mit dem Index α die vermessene Phase gekennzeichnet ist. Zunächst sei angenommen, dass bei den Messungen mit Röntgen- oder Neutronenstrahlen jeweils das gesamte Volumen der Phase erfasst wird. Gemäß den Definitionen in Kapitel 10.3.1 gelten folgende Beziehungen der Makro- und Mikrospannungen:

$$\sigma^\alpha = \sigma^L + \sigma^I + <\sigma^{II}> \qquad (10.144)$$

Eine rechnerische Trennung der Makro- und Mikrospannungen ist möglich, wenn einer der beiden Anteile separat bestimmbar oder aus weiteren Messergebnissen ableitbar ist. Die Makrospannung allein lässt sich mit mechanischen Messverfahren oder Ultraschallverfahren bestimmen. Mechanische Verfahren sind allerdings immer mit Eingriffen in die Probengeometrie verbunden, d.h. nie ganz zerstörungsfrei. Zu berücksichtigen ist auch, dass die Messvolumina der Verfahren sehr unterschiedlich sein können. Röntgenstrahlen haben Eindringtiefen von einigen μm während obige Verfahren eine Messtiefe $> 0,2\,\text{mm}$ haben. Nun können auch Makrospannungen ortsabhängig sein. Bei der Kombination der Ergebnisse der verschiedenen Messverfahren muss also vorausgesetzt werden, dass die Makrospannungen in den verschiedenen Messvolumina gleich sind. Ein anderer Weg, die Makrospannung zu bestimmen, ist durch Gleichung 10.51 gegeben. Da die Mikrospannungen sich zwischen den Phasen kompensieren, siehe Gleichung 10.50, ergibt die Mittelung der Phasenspannungen den makroskopischen Wert. Dafür müssen aber alle Phasen des Werkstoffs röntgenographisch bzw. mit Neutronen messbar sein, d.h. auswertbare Interferenzen liefern. Bei Phasen mit geringen Volumenanteilen ist dies oft nicht der Fall. Dennoch kann dann 10.51 als Näherung herangezogen werden. Weiterhin muss man voraussetzen, dass die Mikrospannungen $<\sigma^{III}>^{\alpha*}$ innerhalb der Phasen vernachlässigt werden dürfen.

Für die separate Bestimmung der Mikrospannungen gibt es folgende Wege. Zum einen kann man ausnutzen, das sich die Makroeigenspannungen über den Querschnitt einer Probe kompensieren müssen:

$$\frac{1}{Q} \int\limits_{Querschnitt} \sigma^I \, dQ = 0 \qquad (10.145)$$

Folglich wird die Mittelung der Phasenspannung über die Querschnittsfläche Q allein von den Mikrospannungen beeinflusst:

$$\frac{1}{Q} \int\limits_{Querschnitt} \sigma^\alpha \, dQ = \frac{1}{Q} \int\limits_{Querschnitt} <\sigma^{II}>^\alpha \, dQ \qquad (10.146)$$

Wählt man das Messvolumen so groß, dass der gesamte Querschnitt einer Probe enthalten ist, werden also die Mikrospannungen alleine erfasst. Dies ist bei Neutronenmessungen mit Messvolumina im mm^3-Bereich möglich. Die Kombination dieses Ergebnisses mit denjenigen, die mit kleinem Messvolumen erzielt wurden, setzt aber voraus, dass die Mikrospannungen über dem Querschnitt konstant sind. Das kann angenommen werden, wenn die vorausgegangenen Probenbearbeitungen und Wärmebehandlungen homogenen über den Querschnitt erfolgten. Die zweite Möglichkeit, die Mikrospannungen separat zu bestimmen, ist allerdings mit der Zerstörung der Probe verbunden. Durch Eingriffe in

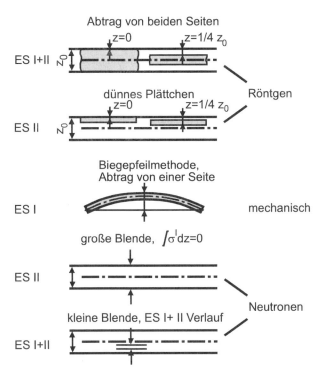

Bild 10.42: Zur Ermittlung des Verlaufes der Makro- und Mikrospannungen in einem Blech [69]

die Probengeometrie werden Makrospannungen ausgelöst, dies ist gerade die Grundlage aller mechanischen Messverfahren. Auch die elastisch induzierten Mikrospannungen $(f^\alpha - I)(\sigma^L + \sigma^I)$ nach 10.59 werden ausgelöst, die plastisch oder thermisch induzierten Anteile σ_0^α dagegen nicht beeinflusst. Sorgt man nun dafür, dass Makrospannungen vollständig ausgelöst werden, sind die verbleibenden Mikrospannungen direkt bestimmbar. An ebenen Probengeometrien kann z. B. nach Messung der Phasenspannung an der kompakten Probe ein dünnes Plättchen aus dem Oberflächenbereich herausgetrennt und dieselbe Messstelle nochmals untersucht werden. Innerhalb des Messvolumens sind dann nur noch Mikrospannungen vorhanden. Die herausgetrennte Probe muss dünn genug sein, um annehmen zu dürfen, dass die ursprünglichen Makrospannungen innerhalb der Plättchendicke näherungsweise linear waren. Durch das Auslösen eventuell vorhandener Makrospannungen und wiederholte Röntgenmessungen lässt sich z. B. nachweisen, dass nach Verformung erhebliche Mikrospannungen vorliegen. Bild 10.42 zeigt die Probengeometrien und Messstellen zur Ermittlung des Verlaufes der Mikro- und Makrospannungen über den Querschnitt eines gewalztes Bandes oder Bleches, bei dem ein symmetrischer Verlauf über der Probendicke vorliegt. Tabelle 10.10 fasst noch einmal zusammen, welche Spannungen mit den verschiedenen Vorgehensweisen ermittelt werden, wobei die im Text erwähnten Einschränkungen zu beachten sind.

Ist entweder die Makrospannung oder die Mikrospannung auf einem der beschriebenen

Tabelle 10.10: Methoden zur Bestimmung der Makro- und Mikrospannungen

Messverfahren	σ^I		$< \sigma^{II} + \sigma^{III} >$
mechanisch	×		
Ultraschall	×		
mikromagnetisch	×	+	×
Röntgen- oder Neutronenbeugung	×	+	×
Beugungsuntersuchungen an allen Phasen	×		×
Röntgenbeugung an sehr dünnen Plättchen			×
Neutronenbeugung mit dem Querschnitt innerhalb des Messvolumens			×

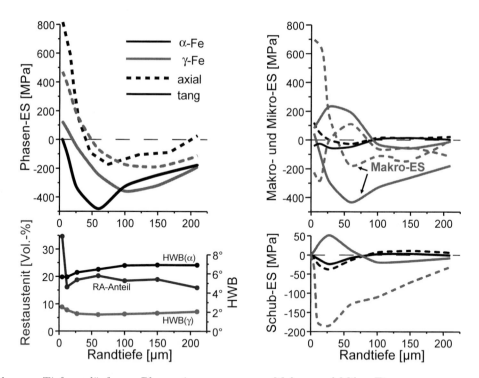

Bild 10.43: Tiefenverläufe von Phaseneigenspannungen, Makro- und Mikro-Eigenspannung, Halbwertsbreiten und Restaustenitgehalt im Oberflächenbereich eines einsatzgehärteten und sehr grob gefrästen 16MnCr5E Stahles [106]

Wege separat bestimmt worden, lässt sich mit Gleichung 10.144 der jeweils andere Anteil aus den Phasenspannungen berechnen.

Bild 10.41 zeigte bereits Beispiele von Spannungstiefenverteilungen nach unterschiedlichen Fräsbearbeitungen. Bei mehrphasigen Werkstoffen können die Phasen separat untersucht werden und eine Trennung in Makro- und Mikrospannungen erfolgen. Durch Wärmebehandlungen und Bearbeitungen der Oberfäche eines Bauteils werden neben den Spannungen auch das Gefüge und die Volumenanteile der Werkstoffphasen verändert. Aus den Intensitäten der Interferenzen lassen sich die Phasenanteile ermitteln, Kapitel 6.5, die Halbwertsbreiten geben Aufschluss über den Verzerrungszustand des Gefüges, siehe Kapitel 8. Als Beispiel einer vollständigen Auswertung sind in Bild 10.43 die Tiefenverläufe im Bereich der Oberfläche eines Stahls aufgetragen [106]. Die Oberfläche des Materials wurde nach dem Einsatzhärten zu Versuchszwecken durch sehr grobes Fräsen bearbeitet, was zu den ungewöhnliche hohen Zugspannungen an der Oberfläche führt. Das Gefüge besteht aus Ferrit/Martensit und Restaustenit. Beide Phasen können unabhängig vermessen werden und zeigen recht unterschiedliche Tiefenverläufe der Spannungen, der Halbwertsbreiten und der Volumenanteile. Die in den Phasen bestimmten Spannungen lassen sich nach den in Kapitel 10.9 beschriebenen Methoden in Makro- und Mikrospannungen trennen.

10.10 Spannungsmessung mit 2D-Detektoren

Der Beugungskegel beinhaltet alle Informationen zum Netzebenenabstand in alle Raumrichtungen. Treten im Material mechanische Spannungen auf, wird der Beugungskegel lokal gering verformt. Mit dem ebenen Flächendetektor können Ausschnitte des bzw. ganze Beugungsringe aufgenommen werden. Die Gleichung 5.16 ermöglicht je nach Detektorstellung im Diffraktometer die Beschreibung des unverspannten Beugungsringes. HE [71] beschreibt eine erweiterte Grundgleichung 10.147 der Spannungsanalyse für den zweidimensionalen Detektor, die die Grundgleichung der Spannungsanalyse 10.73 enthält. Ohne Beweise und Schritte der Herleitung wird diese neue, allgemeinere Gleichung nachfolgend aufgeführt:

$$s_1(hkl)[\sigma_{11} + \sigma_{22} + \sigma_{33}] + \frac{1}{2}s_2(hkl)[\sigma_{11}h_1^2 + \sigma_{22}h_2^2 + \sigma_{33}h_3^2 \qquad (10.147)$$

$$+ 2\sigma_{12}h_1h_2 + 2\sigma_{13}h_1h_3 + 2\sigma_{23}h_2h_3] = \ln\left(\frac{\sin\theta_0}{\sin\theta}\right) \quad \text{mit}$$

$$h_1 = a\cos\varphi - b\cos\psi\sin\varphi + c\sin\psi\sin\varphi$$
$$h_2 = a\sin\varphi + b\cos\psi\cos\varphi - c\sin\psi\cos\varphi$$
$$h_3 = b\sin\psi + c\cos\psi$$
$$a = \sin\theta\cos\omega + \sin\gamma\cos\theta\sin\omega$$
$$b = -\cos\gamma\cos\theta$$
$$c = \sin\theta\sin\omega - \sin\gamma\cos\theta\cos\omega$$

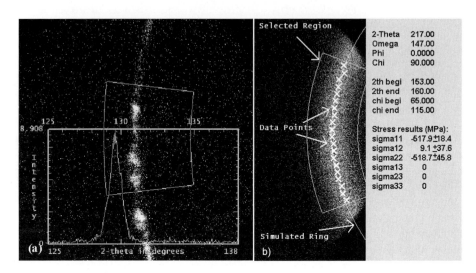

Bild 10.44: a) 2D-Beugungsring für Spannungsmessung mit Integrationsbereich $\Delta\gamma = 20°$ zum Erhalt eines experimentell geglätteten Summenprofiles b) Analyse der Einzelpunktlagen auf dem spannungsfreien simulierten Ring und Bezeichnung der Datenpunkte für verschiedene ψ-Winkel bei nur einer Messung des Beugungsringabschnittes zur Bestimmung von Spannungen (Mit freundlicher Genehmigung Dr. B. B. He, Bruker AXS, Madison USA)

Der gemessene Beugungsring beinhaltet bei verschiedenen Winkeln γ jeweils einen Satz der Netzebenenorientierung (ω, ψ, φ). Es werden jetzt von einem Beugungsring kleine Bereiche entnommen und die dort experimentell ermittelten Winkellagen θ bzw. ω, ψ, φ mit Gleichung 10.147 nach der Methode der kleinsten Fehlerquadrate gefittet. Die Spannungskomponenten σ_{ij} ergeben sich aus den Resultaten des Fitprozesses.

Im Bild 10.44a ist ein Ausschnitt von einen Beugungsring einer Nickelschicht auf Silizium gezeigt [71]. Aus der Integration über den eingezeichneten Bereich wird der (2 2 0)-Peak gewonnen. Im Bild 10.44b ist der spannungsfreie Beugungsringverlauf bei einer weiteren, vergrößerten Teilaufnahme des Beugungsringes gezeigt. Die dort mit x bezeichneten Punkte sind die Peaklagen und Mittelpunkte für kleinere Bereiche zur Bestimmung des Beugungspeaks. Mit den einzelnen Beugungspeaks und deren charkteristischen Größen wird der Fitprozeß zur Bestimmung der Spannung in der Schicht durchgeführt. Für die Nickelschicht wird eine Druckspannung von $\sigma = -256\,\text{MPa}$ ermittelt [71].

Bei weiterer Steigerung der Winkelauflösung von 2D-Flächendetektoren wird diese Art der Spannungsanalyse wegen der enormen Zeitersparnis und der Möglichkeit der vollständigen Spannungsermittlung in Zukunft weiter an Bedeutung gewinnen.

11 Röntgenographische Texturanalyse

11.1 Einführung in die Begriffswelt der Textur

Die Beugungsdiagramme der Vielkristalle weisen in der Regel weder eine gleichmäßige Intensitätsbelegung der Ringe auf, wie man sie von feinkörnigen Pulverproben in der DEBYE-SCHERRER-Beugung erwarten würde, vgl. auch Bilder 5.25, 5.26 und 5.28, noch erhält man scharfe Beugungspunkte oder LAUE-Diagramme, die auf einen Einkristall hinweisen würden. Bereits HUPKA (1913) und KNIPPING (1913) fanden ungleichmäßige Intensitätsverteilungen, so genannte Texturdiagramme, und schlossen auf eine mehr oder weniger regellose Verteilung der Orientierungen kleiner, aber in sich homogener kristalliner Bereiche im Material.

Wir sprechen heute von *kristallographischen Vorzugsorientierungen*, *kristallographischer Textur* oder *Kristalltextur*, im Folgenden kurz von der *Textur* des Festkörpers. Darunter versteht man die statistische Gesamtheit der Kristallitorientierungen in einem Vielkristall. Im engeren Sinne meint man jedoch oft die Abweichungen von der statistischen Regellosigkeit, oder anders ausgedrückt, das Auftreten von Vorzugsorientierungen. In massiven vielkristallinen Materialien sind Vorzugsorientierungen im Allgemeinen gesetzmäßig mit dem Prozess der Gefügebildung verknüpft, wie z. B. der Erstarrung, der Keimbildung, dem Kornwachstum, der Rekristallisation, der Phasenumwandlung, dem Sintern, der plastischen Verformung. Bei Pulvern, keramischen Grünlingen, Presslingen und Sedimenten entstehen Vorzugsorientierungen häufig als Folge der Formanisotropie der (nadel- oder plättchenförmigen) Kristallite im Ausgangsmaterial.

Die Spannweite der Textur reicht tatsächlich über den gesamten Bereich der Regelung, von Festkörpern, deren Kristallite fast dieselbe Orientierung aufweisen (*Mosaizität*, scharfe Textur) und deren Beugungsdiagramme sich praktisch nicht von denen eines Einkristalls unterscheiden, bis hin zu regellosen Orientierungsverteilungen. Allerdings sind perfekte Einkristalle in der Natur ebenso selten wie völlig regellos texturierte Proben. Dies gilt sowohl für technisch hergestellte Werkstoffe, als auch für natürliche Werkstoffe und Naturstoffe in der belebten und der unbelebten Natur. Aus diesen Untersuchungen hat man schon früh gelernt, dass die Natur den kristallinen Zustand dem amorphen und den texturierten sowohl dem hochgeregelten Einkristall als auch dem völlig regellos texturierten Zustand bevorzugt.

11.2 Übersicht über die Bedeutung der Kristalltextur

Die Bedeutung der Textur in den Materialwissenschaften und in zunehmendem Maße auch in den Geowissenschaften hat mehrere Gründe:

- Eine Reihe von wichtigen Materialeigenschaften der Einkristalle sind anisotrop, d.h. der Eigenschaftswert hängt davon ab, in welcher Richtung zum Kristallgitter man die Messung vornimmt. Beispiele sind:

mechanische Eigenschaften: Elastizitäts-Modul, Verformbarkeit, Härte. Sie sind wichtig beim Walzen, Tiefziehen von Blechen; Festigkeit von Drähten; Elektromigration und Hügelbildung in höchstintegrierten Schaltkreisen,

Magnetisierbarkeit: Trafobleche möglichst mit Würfel- oder Gosstextur; Elektrobleche mit erwünschter Fasertextur; Abschirmungen mit regelloser Orientierungsvertcilung,

Wachstumsgeschwindigkeit: Züchten von Einkristallen, Epitaxie, Gießen, Rekristallisation, Kornwachstum,

Bindung und chemische Reaktionsfähigkeit: Katalyse, Chemi- und Physisorption an Oberflächen, Ätzen, Korrosion,

Diffusionsgeschwindigkeit: diffusionsgesteuerte (zivile) Umwandlungen, Kriechen, Korngrenzendiffusion, Dotierung von Halbleiterbauelementen,

Austrittsarbeit und Kontaktpotential: Photoelemente, Elektronenemitter, Energiekonverter, Korrosion,

Reichweite hochenergetischer Ionen im Kristallgitter: Dotierung von Halbleitern durch Implantation.

- Besonderes Interesse kommt den *Missorientierungen* zwischen den Kristalliten, d.h. insbesondere der Art der *Korngrenzen* (grain boundary character), in einem Werkstoff zu. An Korngrenzen treten unstetige Eigenschaftsänderungen auf. Beispiele sind Kontaktpotentiale (Gefahr der Korngrenzenkorrosion), erhöhte anisotrope Korngrenzendiffusion, Korngrenzengleitung bei der plastischen Verformung und interkristalline Rissbildung. Da in nanokristallinen Werkstoffen der Volumenanteil der Korngrenzen in der Größenordnung des Volumenanteils der Körner liegt, sind in diesen Stoffen die Missorientierungen an Korngrenzen besonders wichtig. Die Missorientierungen zwischen Körnern erhält man unmittelbar aus den entsprechenden Einzelorientierungen der Körner.

- Kennt man die anisotropen Kenngrößen des Einkristalls und die Textur des Werkstückes, so kann man prinzipiell auch die entsprechenden Kenngrößen des vielkristallinen Werkstücks berechnen. Daher ist die Kenntnis der Orientierungsverteilung der Körner von erheblicher Bedeutung sowohl in der Grundlagenforschung als auch in der industriellen Praxis. In der Forschung muss man Einkristalle präzise orientieren, um zunächst einmal die anisotropen Kenngrößen durch orientierungsabhängige Messungen ermitteln und ihren Einfluss auf das Experiment berücksichtigen zu können, siehe auch Kapitel 12.

- Die Textur kann wichtige Hinweise auf die Beziehung zwischen der Gefügeentwicklung und dem Prozessablauf in Abhängigkeit von technologischen, aber auch geologischen Vorgängen geben. Die Textur eines Materials ist keine stationäre Größe, sondern kann sich unter dem Einfluss von Temperatur, Druck, mechanischer Spannung oder Diffusion verändern. Technisch wichtige Beispiele von texturverändernden Prozessen sind die plastische Kalt- oder Warmumformung verbunden mit Gitterrotation, Gleitung und/oder Zwillingsbildung sowie Wärmebehandlungen, die zu Rekristallisation, Kornwachstum und/oder Phasenumwandlungen führen. Somit kann man die Textur als »Fingerabdruck« verwenden, um auf die Entstehungsgeschichte etwa in geologischen Zeiträumen zu schließen, oder um das Herstellungsverfahren,

die Herstellungsschritte und den Einsatz eines Werkstoffes verfolgen zu können. In der Schadensfallanalyse kann die Textur wertvolle Hinweise auf eine unsachgemäße Beanspruchung geben.
- Die Textur wird in der industriellen Technik gezielt eingesetzt, um Werkstoffeigenschaften maßgeschneidert für den gedachten Einsatzzweck zu optimieren. So kann es wesentlich kostengünstiger sein, die Festigkeit eines Werkstückes durch eine geeignete Orientierungsverteilung vorzugsweise in Richtung der Beanspruchung zu erhöhen, statt durch Zugabe teurer Legierungselemente eine hohe Festigkeit in allen Richtungen zu erreichen, also auch in denen, die nicht so hoch beansprucht werden.
- Da die gemessenen Beugungsintensitäten unmittelbar von der Textur der Probe abhängen, ist die Kenntnis der Textur eine Grundvoraussetzung für Verfahren, die auf gemessenen Beugungsintensitäten aufbauen. Dies trifft insbesondere zu für die
  - Bestimmung des Restaustenitgehalts in Stahl aus relativen Intensitäten von Beugungspeaks des Ferrits zu denen des Austenits. Gleiches gilt grundsätzlich für alle ähnlich gelagerten Verfahren zur Bestimmung von Phasenanteilen aus relativen Intensitäten von Beugungspeaks, siehe Kapitel 6.5.
  - röntgenographische Bestimmung von Eigenspannungen, siehe Kapitel 10
  - röntgenographische Feinstrukturanalyse, siehe Kapitel 5 bzw. 6.1.

Die Texturanalyse hat sich zu einem sehr breiten, interdisziplinären Arbeitsgebiet entwickelt. Einen Überblick über experimentelle und theoretische Methoden, Anwendungen und die Literatur geben die Monographien von WASSERMANN und GREWEN (1962) [177], BUNGE (1982) [38] und KOCKS et al. (1998) [100]. Einige der Abbildungen dieses Kapitels wurden nach Vorlagen der Monographien gestaltet.

Die kristallographische Orientierung von frei stehenden Einkristallen und von Kristalliten im Gefügeverbund kann mit verschiedenen Verfahren ermittelt oder abgeschätzt werden. Sie sind in [177] ausführlich dargestellt:

- Aus der Gestalt frei gewachsener Kristalle (Habitus; Dendriten im Gefüge) oder der Lage von Spaltflächen kann häufig bereits auf die kristallographische Orientierung geschlossen werden. Ein Gefüge*bild* ist jedoch im Allgemeinen für die Orientierungsbestimmung ungeeignet, da sich die Kornform bei einer Rekristallisation oder Phasenumwandlung nicht immer merklich ändert. In der Metallographie sind optische Methoden zur Orientierungsbestimmung noch weit verbreitet, weil sie sich einfach anwenden lassen.
- Optisch anisotrope Werkstoffe können mit dem *Polarisations*-Lichtmikroskop unmittelbar auf ihre Orientierung hin untersucht werden.
- Da die Gleitebenen kristallographisch vorgegeben sind, kann nach einer Verformung aus der Lage der *Gleitlinien* an der Oberfläche auf die Orientierung geschlossen werden.
- Deckschichtbildende Ätzmittel können das spektrale Reflexionsvermögen des Schliffes so verändern, dass die Körner je nach Orientierung unterschiedliche Helligkeit oder Farbe zeigen (*Farbätzung*). Dies wird durch die Abhängigkeit der Dicke des Niederschlags von der Kornorientierung hervorgerufen. Durch Bedampfen im Vakuum mit hochbrechenden Dielektrika in definierter Schichtdicke erreicht man gut reproduzierbare, quantifizierbare Ergebnisse [41].

- Wie das Kristallwachstum so ist auch der Kristallabbau orientierungsabhängig. In geeigneten Ätzmitteln werden bestimmte Netzebenen langsamer als andere abgebaut und bleiben beim chemischen Angriff in Form von feinen Terrassen stehen (*Kornflächenätzung*). Bei der Drehung einer durch Kornflächenätzung aufgerauten Probe erreicht das Reflexionsvermögen jedes Kristalls für bestimmte Einfallswinkel des Lichts zu seinen Achsen einen Höchst- und Niedrigstwert, aus dem auf die Orientierung geschlossen werden kann (maximaler Schimmer). Auch das vorsichtige thermische Abdampfen im Vakuum kann zu einer markanten Kornflächenätzung führen.
- Der Ätzangriff setzt bevorzugt an Störstellen an der Oberfläche (z. B. an den Durchstosspunkten von Versetzungen) ein und kann hier zu einem orientierungsabhängigen Abbau führen. Es entstehen *Ätzgrübchen*, aus deren Form die Orientierung mit hoher Genauigkeit ermittelt werden kann. Daneben kann aus der Zahl der Ätzgrübchen je Flächeneinheit auf die Versetzungsdichte geschlossen werden.

In der Praxis wurden auch andere anisotrope Werkstoffeigenschaften zur Orientierungs- und Texturabschätzung herangezogen, wie z. B. die

- magnetische Anisotropie
- Risslängenprüfung oder das Näpfchenziehen in der Fertigungskontrolle; Klang- und Druckfiguren
- Schallgeschwindigkeit (Ultraschall).

Die genauesten Ergebnisse liefern Beugungsuntersuchungen mit Röntgen-, Elektronen- oder Neutronenstrahlen. Die Wellenlängen von Neutronenstrahlen sind meist in der gleichen Größenordnung ($\lambda \approx 0{,}2$ nm für thermische Neutronen), die von Elektronenstrahlen wesentlich kleiner ($\lambda_e \approx 1{,}5\sqrt{V/U}$ nm nach Durchlaufen von U Volt Beschleunigungsspannung – de BROGLIE-Beziehung) als die Wellenlängen charakteristischer Röntgenstrahlung ($\lambda_{CuK\alpha} \approx 0{,}154$ nm). Sie zeigen grundsätzlich die gleichen Interferenzerscheinungen am Kristallgitter. Wesentliche Unterschiede treten jedoch in den Beugungsintensitäten auf.

Für Präzisionsmessungen werden charakteristische Röntgenstrahlen wegen ihrer hervorragenden Monochromasie verwendet. Die Elektronenbeugung wird zur Untersuchung extrem kleiner Probenmengen, besonders feinkörniger Gefüge oder in den Fällen eingesetzt, wo neben der Beugung auch eine hochauflösende Abbildung derselben Probenstelle benötigt wird. Die Neutronenbeugung eignet sich besonders gut zur Untersuchung dicker Proben, geordneter magnetischer Strukturen und zur Untersuchung von Isotopen.

Eine besonders hohe Genauigkeit erreicht man in der Röntgenographie mit *Kossel-Diagrammen* (Gitterquelleninterferenzen). Die entsprechenden Diagramme in der Elektronenbeugung heißen *Kikuchi-Diagramme*. Insbesondere zur Untersuchung der Orientierungsverteilung an Festkörperoberflächen wurden vollautomatische Verfahren für das Raster-Elektronenmikroskop entwickelt. Sie ermöglichen das Abrastern der Probe, die vollautomatische Aufnahme von *Rückstreu-Kikuchi-Diagrammen* (BKD (backscattering Kikuchi diagram), Automatic EBSD (Electron BackScattering Diffraction)) an jedem Rasterpunkt, die digitale Auswertung der Diagramme (Pattern Recognition) einschließlich Indizierung und Orientierungsberechnung und schließlich die Kartographie der Gefügestruktur mit Hilfe von Orientierungs- sowie Missorientierungs-Verteilungsbildern (COM – Crystal Orientation Maps). Die Orientierungsgenauigkeit liegt bei $< 0{,}5°$, die Ortsauflösung

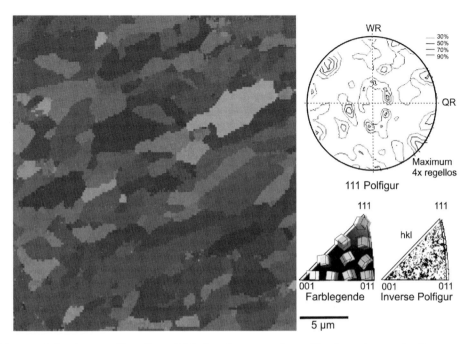

Bild 11.1: Orientierungs-Verteilungsbild einer kreuzgewalzten Kupferprobe, sowie die (1 1 1)-Polfigur und die inverse Polfigur für die Blechnormalen-Richtung. Sie wurden aus dem Datensatz von Einzelorientierungen konstruiert, die im Raster-Elektronenmikroskop mittels Rückstreu-Kikuchi-Diagrammen gemessen wurden

< 50 nm [157] und die Messgeschwindigkeit mittlerweile bei weit über 50 Orientierungen pro Sekunde.

11.3 Polfiguren standen am Anfang der Texturanalyse

Während die Orientierung eines Einkristalls oder die Orientierungen weniger Kristallite noch unmittelbar durch die Lage der Elementarzellen in einem Bezugssystem angegeben werden können, so wäre eine Auflistung der Orientierungen bei der sehr großen Zahl von Kristalliten in einem polykristallinen Gefüge nicht mehr überschaubar. Man greift daher bei Vielkristallen auf graphische Darstellungen der Textur zurück.

Kennt man nach Einzelorientierungsmessungen durch Abrastern der Probenoberfläche die Kristallorientierungen in jedem Messpunkt, so kann man *Orientierungsverteilungsbilder* (COM) konstruieren. Dazu ordnet man jedem Messpunkt eine orientierungsspezifische Farbe zu und trägt sie in ein x-y Raster ein. Man erhält so ein Farb*bild* der analysierten Probenstelle mit ortsaufgelöster, quantitativer Wiedergabe der Textur, Bild 11.1. Einzelorientierungen können im Fall eines grobkristallinen Materials aus LAUEaufnahmen ermittelt werden. Sind die Körner feiner verteilt, so erhält man mit dem Raster- oder Transmissionselektronenmikroskop die Kristallorientierung ohne großen Aufwand aus Kikuchi-Diagrammen.

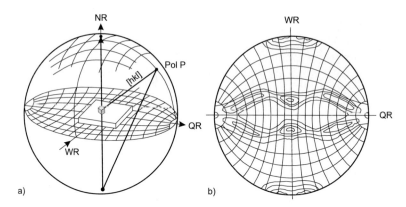

Bild 11.2: Die stereographische Projektion der Lagenkugel der $[h\,k\,l]$-Pole a) ergibt die hkl-Polfigur b)

Feinkörniges Material erfordert für die Einzelorientierungsmessung eine so starke Verkleinerung der Röntgensonde, dass die dann geringe Intensität in der Sonde angesichts der ohnehin schon recht ineffektiven BRAGGschen Röntgenbeugung zu stark verrauschten Signalen und impraktikabel langen Messzeiten führen würde. Zudem werden die Orientierungen und gleichzeitig die Orte der einzelnen Kristalliten nicht immer benötigt. Dann kann man sich auf eine *integrale Messung* über eine weit ausgeleuchtete Probenstelle beschränken. Dies ist das Feld der *klassischen* Texturmessung mit einem Röntgen-Texturgoniometer, Kapitel 11.4.

Die auch heute noch gebräuchlichste Art der Darstellung der Kristalltextur in Form von Polfiguren geht auf WEVER [181] zurück. Die $(h\,k\,l)$-Polfigur gibt die räumliche Verteilung der Netzebenennormalen $\{h\,k\,l\}$, d.h. der $\{h\,k\,l\}$-Flächenpole, aller Körner des untersuchten Probenvolumens in winkeltreuer stereographischer oder flächentreuer Lambert-Projektion wieder, siehe Kapitel 3.1 bzw. Bild 3.7. Die Lage einer kristallographischen Richtung im Raum kann durch zwei Polarwinkel beschrieben werden, ganz ähnlich wie man den geographischen Ort auf der Erdkugel durch die geographische Länge und Breite angibt. Man denkt sich also eine Einheitskugel (Lagenkugel) um die Probe als Mittelpunkt gelegt, Bild 11.2a. Die Normalen auf den $\{h\,k\,l\}$-Netzebenen der Kristallite schneiden die Lagenkugel in den Flächenpolen. Sie bilden bei einer ausreichend großen Zahl von Kristalliten unterschiedlicher Orientierung Punktwolken auf der Kugeloberfläche, die für die jeweilige Textur und die gewählte Netzebenenart $\{h\,k\,l\}$ charakteristisch sind.

Als Bezugskoordinatensystem wählt man ein Achsenkreuz, das an der Probe selbst fixiert und möglichst durch die Entstehungsgeschichte oder die vorgesehene Verwendung der Probe ausgezeichnet ist. Bei Blechen wird in der Regel die Walzrichtung (WR, RD (rolling direction)) nach oben und die Querrichtung (QR, TD (transverse direction)) nach rechts weisend in die Projektionsebene gelegt. Die Blechnormalenrichtung (NR, ND (normal direction)) steht senkrecht auf der Projektionsebene, Bild 11.2 und 11.3.

Für das Verständnis ist wichtig zu betonen, dass die Fläche, auf die die Lagenkugel winkel- oder flächentreu projiziert wird, nicht kristallographisch definiert ist. Sie ist viel-

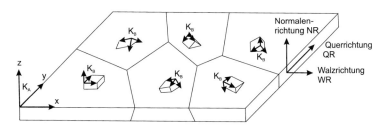

Bild 11.3: Kristallfeste Koordinatensysteme K_B im probenfesten Koordinatensystem K_A eines Blechs mit den Bezugsrichtungen WR = Walzrichtung, QR = Querrichtung und NR = Blechnormalenrichtung

mehr eine äußere Bezugsfläche des untersuchten Materials. Die Punkte WR und QR auf dem Äquatorkreis und der zentrale Punkt NR markieren beim Blech drei durch den Walzvorgang ausgezeichnete Richtungen in der Probe. Auch jeder andere Punkt in der Polfigur repräsentiert eine Richtung im Blech, die einer bestimmten Ausrichtung der dargestellten Netzebenenschar $\{h\,k\,l\}$, somit der Kristallgitter, zur Blechebene und den Bezugsrichtungen WR und QR entspricht. Man kann sich die Bildung der $(h\,k\,l)$-Polfigur einer Probe anschaulich so vorstellen, dass man zunächst in üblicher Weise die stereographischen oder flächentreuen Projektionen für jeden Kristalliten und dasselbe Bezugssystem, aber nur für die ausgewählten Netzebenen $\{h\,k\,l\}$ konstruiert und diese dann – gewichtet nach dem Volumenanteil der einzelnen Kristallite – additiv überlagert. In einer Polfigur wird also immer nur eine einzige Art von Kristallebenen dargestellt, so dass jede interessierende Art von Kristallebenen die Konstruktion einer eigenen Polfigur erfordert. In der Regel reicht es aus, die Textur eines Materials durch die Angabe von zwei oder drei Polfiguren für die niedrigst indizierten Netzebenen zu beschreiben.

So anschaulich die Polfigurdarstellung auch ist, so weist sie doch zwei erhebliche Mängel auf: Wegen der additiven Zusammenfassung der Projektionen der vielen Kristallite kann man weder eine Aussage über die kristallographische Orientierung noch über den Ort oder die räumliche Verteilung der einzelnen Kristallite machen. In der stereographischen Projektion von drei Flächenpolen $\{h\,k\,l\}$ eines Einkristalls liegt auch dessen Orientierung eindeutig fest, da drei nicht komplanare Raumrichtungen eine Orientierung eindeutig definieren. Indem man die Winkel zwischen $\{h\,k\,l\}$-Netzebenen berücksichtigt, die für das betrachtete Kristallsystem charakteristisch sind, mag es bei der Überlagerung der stereographischen $\{h\,k\,l\}$-Projektionen von einigen wenigen Kristalliten noch gelingen, die Pole der einzelnen Kristallite in einer Polfigur voneinander zu separieren und so die Einzelorientierungen zu ermitteln. Bei einer größeren Anzahl von Kristalliten ist dies jedoch nicht mehr *eindeutig* möglich, selbst wenn man mehrere Polfiguren gleichzeitig auswerten würde. Der Verlust der Ortsinformation kann gleich schwerwiegend sein. Es spielt für die Polfigur keine Rolle, wie die Kristallite zueinander angeordnet sind, noch wie die Anteile der Kristallvolumina für die einzelnen Raumrichtungen auf die Kristallite verteilt sind.

Eine regellose Orientierungsverteilung wird zwar auf der Lagenkugel, nicht jedoch in der stereographisch projizierten Polfigur durch eine völlig gleichmäßige Belegung mit Flächenpolen wiedergegeben. Die Dichte nimmt vielmehr zum Mittelpunkt hin etwas zu, da die stereographische Projektion winkeltreu, aber nicht flächentreu ist. Wird die Lagenkugel flächentreu projiziert, so erhält man eine gleichmäßig belegte Polfigur. Dies ist der Grund, warum in den Geowissenschaften flächentreu projizierte Polfiguren den sonst üblichen stereographisch projizierten Polfiguren vorgezogen werden. In der flächentreu projizierten Polfigur kann man dagegen kristallographische Winkel nur schwer erkennen.

Um die Textur quantitativ zu beschreiben, normiert man daher die Belegung auf der gesamten Lagenkugel als gleich 1 und gibt die Dichten der Flächenpole in den Polfiguren als Vielfache der Flächenpole einer regellosen Orientierungsverteilung an. Auf diese Weise hat man in der stereographisch projizierten Polfigur unmittelbar Zugriff auf die so wichtigen kristallographischen Winkel, ohne den Nachteil der verzerrten Belegungsdichte in Kauf nehmen zu müssen. Durch den Bezug auf die regellose Orientierungsverteilung können verschiedene Netzebenenarten $\{h\,k\,l\}$ derselben Probe oder gleiche Netzebenenarten $\{h\,k\,l\}$ verschiedener Proben unmittelbar miteinander verglichen werden. Bei wenigen Kristalliten kann man die Flächenpole noch als Punktwolken wiedergeben. Üblich ist jedoch die Darstellung der Poldichten durch Angabe von Linien gleicher Belegungsdichte (*Höhenlinien* ähnlich wie in einer topographischen Landkarte). Daneben kommen auch Darstellungen vor, bei denen Farben oder Grauwerte abgestuften Intervallen in der Belegungsdichte zugeordnet werden. Auch dreidimensionale graphische Darstellungen können zur Veranschaulichung der Polfiguren beitragen.

Die Darstellung der Textur in Form von *inversen Polfiguren* geht auf BARRETT [23], zurück. Sie gibt die Häufigkeit von allen *Kristallrichtungen* $\langle u\,v\,w\rangle$ bezüglich einer *probenfesten Raumrichtung* an. Die Häufigkeitsverteilung wird üblicherweise wieder in Form von Linien gleicher Dichte oder Farbabstufungen im stereographischen Standarddreieck des Kristallsystems des Probenmaterials graphisch dargestellt, Bild 11.4. Wenn die Mehrzahl der Kristallite einer Probe derart orientiert sind, dass sie mit einer gemeinsamen kristallographischen Richtung $\langle u\,v\,w\rangle$ (fast) parallel zu *einer* äußeren Richtung liegen, so spricht man von einer *Fasertextur*. Mit inversen Polfiguren lassen sich Fasertexturen besonders anschaulich und sehr effizient graphisch darstellen. Die kristallographische Richtung mit hoher Belegungsdichte zeigt die Faserachse an.

Fasertexturen treten häufig in gezogenen Metalldrähten und in elektrolytisch abgeschiedenen oder im Hochvakuum aufgedampften Schichten auf. Kubisch flächenzentrierte Metalle sind in diesen Materialien mehr oder weniger scharf mit der $\langle 1\,1\,1\rangle$-, seltener mit der $\langle 1\,0\,0\rangle$-Richtung parallel zur Drahtachse bzw. der Aufdampfrichtung orientiert. Die inverse Polfigur bezüglich der Drahtachse bzw. der Oberflächennormale der Schicht bei senkrechter Bedampfung weist dann im $\langle 1\,1\,1\rangle$- bzw. im $\langle 1\,0\,0\rangle$-Eckpunkt eine hohe Belegungsdichte auf. Eine zweite inverse Polfigur mit Bezug auf eine dazu senkrechte Richtung kann ein gleichmäßig belegtes Band von $\langle 0\,1\,1\rangle$ bis etwa $\langle 1\,1\,2\rangle$ aufweisen. Nur dann sind die Kristallite tatsächlich regellos um die $\langle 1\,1\,1\rangle$-Richtung verteilt. Es können aber auch Häufungen in dem Band auftreten, wenn – etwa durch den Einfluss des Substrates – die Kristallite mit der Raumdiagonalen der Elementarzellen senkrecht zur Schichtnormalen weisen und zusätzlich beispielsweise mit den Diagonalen $\langle 0\,1\,1\rangle$ der Würfelflächen der Elementarzellen ebenfalls bevorzugt ausgerichtet sind. Für kubisch raumzentrierte Metalle sind $\langle 0\,1\,1\rangle$-Fasertexturen typisch.

Die Zahl der messbaren Beugungsreflexe ist durch die Wellenlänge der benutzten Strahlung begrenzt und damit auch die Zahl der direkt messbaren Punkte in der inversen

11.3 Polfiguren standen am Anfang der Texturanalyse   385

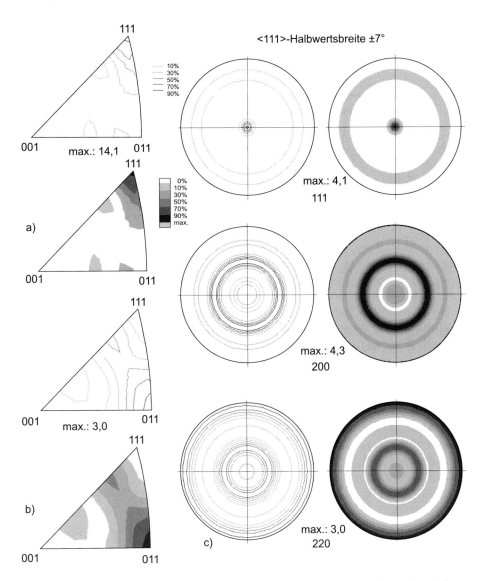

Bild 11.4: Eine dünne Goldschicht mit ⟨1 1 1⟩-Fasertextur, die im Hochvakuum durch Ionenzerstäubung auf ein Siliziumsubstrat abgeschieden wurde. Die Polfiguren sind zum Vergleich mit Linien gleicher Belegungsdichte und durch Grauwerte in abgestuften Dichteintervallen dargestellt. a) Inverse Polfigur für die Normalenrichtung b) Inverse Polfigur für eine Referenzrichtung in der Schichtebene c) Gewöhnliche Polfiguren für die Beugungsreflexe (1 1 1), (2 0 0) und (2 2 0)

Polfigur. Es ist daher zweckmäßig, möglichst kurzwellige Strahlung wie Mo K_α oder Ag K_α zu verwenden. Aber auch dann ist grundsätzlich die inverse Polfigur nur in wenigen diskreten Punkten $\langle h\,k\,l\rangle$ röntgenographisch direkt bestimmbar. Inverse Polfiguren werden daher nicht direkt gemessen, sondern aus gewöhnlichen Polfiguren nach einer ODF-Analyse rückgerechnet, siehe Kapitel 11.6. Für die quantitative Darstellung ist es am zweckmäßigsten, die gemessenen Intensitäten der Versuchsprobe auf die Intensitäten der Beugungsreflexe einer regellosen Probe desselben Materials zu beziehen.

Ein symmetrischer $\theta - 2\theta$-Scan mit einem Pulver-Diffraktometer kann bereits einen groben Hinweis auf die Belegung der inversen Polfigur in Probennormalenrichtung vermitteln. Die Intensitäten der Reflexe $(h\,k\,l)$, d.h. der Flächenpole, im Beugungsspektrum sind ein Maß für die Häufigkeit der kristallographischen Richtungen senkrecht zur Probenoberfläche. Für nichtkubische Kristalle unterscheiden sich die Indizierungen der Flächen allerdings von den Indizierungen der kristallographischen Richtungen ihrer Normalen und müssen erst in letztere umgerechnet werden.

Ein $\theta - 2\theta$-Scan oder ein darauf basierender *Texturindex*, etwa als Quotient der Intensität eines Reflexes $\{h\,k\,l\}$ der interessierenden Probe zu der einer regellosen Vergleichsprobe, sind ungeeignet, die Ausbildung und Schärfe einer Fasertextur zu beurteilen. Selbst wenn eine Fasertextur vorliegt, so könnte ihre Achse doch etwas gegen die Messrichtung (z. B. die Oberflächennormale) verkippt sein. In diesem Fall sind die ermittelten Reflexintensitäten und somit Texturindizes eher zufälliger Natur. Sie hängen vom Verkippungswinkel ab, ohne dass dieser erkannt würde. Zudem wird die Streubreite der Textur mit einem $\theta - 2\theta$-Scan nicht erfasst.

Die Beschränkung auf wenige diskrete $\langle h\,k\,l\rangle$-Werte tritt bei der Einzelorientierungsmessung nicht auf. Die Lage einer äußeren Bezugsrichtung, beispielsweise der Senkrechten auf der Probenoberfläche, bezüglich der Elementarzelle eines jeden einzelnen Kristalliten der Probe kann aus der Einzelorientierung über einen kontinuierlichen Wertebereich berechnet und der zugehörige $\langle h\,k\,l\rangle$-Wert als Punkt in das (stereographisch projizierte) Standarddreieck des Kristallsystems eingetragen werden. Im Falle von sehr vielen Kristalliten sind die Richtungspole in den entstehenden Punktwolken nicht mehr klar zu erkennen. Man fasst wiederum die Belegungsdichte in kondensierter Form durch Linien gleicher Dichte oder zu farblich kodierten Dichteintervallen zusammen. Auch hier wird für eine quantitative Texturdarstellung die Belegungsdichte als Vielfaches der Belegungsdichte einer regellosen Orientierungsverteilung angegeben.

11.4 Die röntgenographische Polfigurmessung

11.4.1 Grundlagen

Die röntgenographische Messung der Textur einer vielkristallinen Probe beruht darauf, dass jeder Kristallit im beugenden Probenvolumen einen Beitrag zu den Reflexen im Beugungsspektrum liefert, der charakteristisch sowohl für die Orientierung als auch proportional zum Volumenanteil des Kristalliten ist. Für die Intensität, die aus einem monochromatischen Röntgenstrahl abgebeugt und über einen Beugungsreflex integrierend gemessen wurde, folgt aus der kinematischen Beugungstheorie entsprechend Gleichung

11.4 Die röntgenographische Polfigurmessung

3.102 eine für die Textur modifizierte Gleichung 11.1.

$$I_{hkl}(\alpha,\beta) = K \cdot I_0 \cdot A \cdot l_i \cdot L_\theta \cdot |F_{hkl}|^2 \cdot H_{hkl} \cdot e^{-2M(T)} \cdot e^{-l/\mu} \cdot P_{hkl}(\alpha,\beta) \qquad (11.1)$$

Darin bedeuten:

K	eine von der Probe abhängige Konstante
I_0	Intensität des Primärstrahls im Wellenlängenbereich $(\lambda, \lambda + \Delta\lambda)$
A	Querschnittsfläche des Primärstrahlbündels auf der Probe
l_i	Informationstiefe
l	Wegstrecke des Strahls in der Probe
L_θ	der vom BRAGG-Winkel θ abhängige Polarisations- und LORENTZ-Faktor
H_{hkl}	Flächenhäufigkeitsfaktor
$e^{-2M(T)}$	der Temperaturfaktor (Debye-Waller-Faktor)
$M(T) = 2\pi^2 \overline{\mu_{hkl}}^2 \sin^2\theta/\lambda^2$	$\overline{\mu_{hkl}}^2$ ist das mittlere Verrückungsquadrat der thermischen Schwingung senkrecht zur Netzebene $(h\,k\,l)$
μ	Absorptionskonstante
P_{hkl}	Volumenanteil der Kristallite, die eine Flächennormale $\langle h\,k\,l\rangle$ in der Bezugsrichtung $\vec{h}=(\alpha,\beta)$ der untersuchten Probe haben
$|F_{hkl}|$	Strukturamplitude

Für eine feste Wellenlänge λ können in der Gleichung 11.1 die Faktoren K, I_0, L_θ, H_{hkl}, M und $e^{2M(T)}$ als Konstanten betrachtet werden. Der Geometriefaktor $G(\alpha,\beta)$ berücksichtigt das beugende Probenvolumen $A \cdot l_i$ sowie die Defokussierung und die Änderung des Polfigurfensters, Kapitel 11.4.7, in Abhängigkeit von den Probenkippwinkeln (α,β). Somit erhält man als Beziehung zwischen gemessener Intensität und Poldichte $P_{hkl}(\alpha,\beta)$

$$I_{hkl}(\alpha,\beta) = K \cdot G(\alpha,\beta) \cdot e^{-l/\mu} \cdot P_{hkl}(\alpha,\beta) \qquad (11.2)$$

Wenn ein fein kollimierter, monochromatischer Röntgenstrahl mit der Wellenlänge $\lambda < d_{hkl}$ auf eine Pulverprobe mit regelloser Orientierungsverteilung fällt, so finden sich stets Kristallite, die so orientiert sind, dass sie die BRAGGsche-Gleichung 3.120 erfüllen und beugen. Dies ist bei stark texturierten Proben und insbesondere bei Einkristallen eher die Ausnahme. Die BRAGGsche-Gleichung macht keine Aussage über die Azimutwinkel, unter dem der Primärstrahl auf die Netzebenenscharen fällt. Kristalle können beliebig um $\vec{h}_{hkl}$ gedreht werden, ohne dass sich die Beugungsintensität ändern würde. Die Röntgenwellenlänge liegt in der Größenordnung der Netzebenenabstände. Daher deckt die Ausbreitungskugel nur einen relativ kleinen Bereich des reziproken Gitters ab, in dem die BRAGGsche Beugungsbedingung erfüllt werden kann. Die Beugungsreflexe liegen auf Kegelmänteln mit den halben Öffnungswinkeln $2\theta_{hkl}$. Die Beugungsvektoren $\vec{s}_{hkl}$ liegen somit auf Kegelmänteln mit halben Öffnungswinkeln $90° - \theta_{hkl}$ um die Primärstrahlrichtung. Die Normalenvektoren $\vec{h}_{hkl}$ auf den beugenden Netzebenen fallen mit den Beugungsvektoren zusammen. Bei der Messung von Polfiguren kommt also zur BRAGGschen-Gleichung noch die notwendige Spiegelbedingung

$$\vec{s}_{hkl} || \vec{h}_{hkl} \perp (hkl) \qquad (11.3)$$

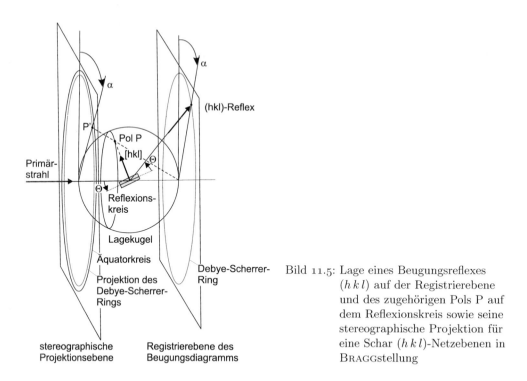

Bild 11.5: Lage eines Beugungsreflexes $(h\,k\,l)$ auf der Registrierebene und des zugehörigen Pols P auf dem Reflexionskreis sowie seine stereographische Projektion für eine Schar $(h\,k\,l)$-Netzebenen in BRAGGstellung

hinzu. Anders orientierte Kristallite können unter dieser geometrischen Anordnung zum Primärstrahl nicht beugen.

Die Normalenvektoren $\vec{h}_{hkl}$ schneiden die Lagenkugel in konzentrischen Kreisen um den Primärstrahl, Reflexionskreise genannt. Die Durchstichpunkte der einzelnen Normalenvektoren nennt man (Flächen-)Pole. Auf einer Registrierebene senkrecht zum Primärstrahl liegen die Beugungsreflexe ebenfalls auf konzentrischen Kreisen um den Primärstrahl, die man DEBYE-SCHERRER-Ringe nennt. Den Zusammenhang zwischen einer beugenden Netzebene $(h\,k\,l)$, ihrem Flächenpol, seiner stereographischen Projektion und dem Beugungsreflex auf dem $(h\,k\,l)$-DEBYE-SCHERRER-Ring zeigt das Bild 11.5.

Die Einstellung der BRAGGschen Bedingung reicht also noch nicht aus, damit ein Beugungsreflex auftritt, denn es muss vor allem erst ein Kristallit mit der passenden Orientierung vorhanden sein, oder anders ausgedrückt, der Reflexionskreis muss auf der Lagenkugel ein Gebiet abdecken, das von Flächenpolen belegt ist. Wenn die Belegung unter dem Reflexionskreis gleichmäßig ist, weist auch der zugehörige DEBYE-SCHERRER-Ring gleichmäßig verteilte Intensität auf. Demzufolge sind die beugenden Kristallite so angeordnet, dass sie eine gemeinsame kristallographische Richtung parallel zur Primärstrahlrichtung haben. Sie ist um θ gegen die $(h\,k\,l)$-Netzebenen geneigt und um diese liegen die Kristallite statistisch regellos gedreht. Wenn also die DEBYE-SCHERRER-Ringe für eine Einfallsrichtung des Primärstrahls gleichmäßig mit Intensität belegt sind, so sagt das zunächst nur, dass um diese Richtung auch Kristallite regellos gedreht liegen. Es bedeutet allerdings noch lange nicht, dass auch alle Kristallite der Probe so angeordnet sind, denn es brauchen ja nicht alle Kristallite die BRAGGbedingung für diese Einstrahlrichtung zu erfüllen und mit Intensität zu den betrachteten DEBYE-SCHERRER-Ringen beitragen. Über diese Kristallite macht die Beugungsaufnahme keinerlei Aussage. Es bedeutet vor allem auch nicht, dass die beugenden Kristallite insgesamt regellos verteilt sind. Um dies zu verifizieren, müssten alle möglichen Einstrahlrichtungen auf gleichmäßige Intensitätsverteilung der DEBYE-SCHERRER-Ringe überprüft werden. Sind Kristallite nur um eine probenfeste Richtung regellos verteilt, so spricht man von einer Fasertextur.

Nach der Definition ist eine $(h\,k\,l)$-Polfigur eine *zwei*dimensionale Dichtefunktion, die nur von den i Lagen einer ausgewählten Netzebenenart $\{h\,k\,l\}$ der betrachteten i-Kristallite in einem probenfesten Koordinatensystem abhängt. Die Lage nur einer Netzebene legt aber nicht die Orientierung des Kristalliten, sondern nur die Richtung der Senkrechten $\vec{s}$ auf dieser Netzebene im Raum fest. Sie ändert sich nicht, wenn der Kristallit um diese Richtung gedreht würde. Erst wenn die Richtung von mindestens einer weiteren Netzebene des Kristalliten bekannt ist, sei es eine zur selben oder zu einer anderen $\{h\,k\,l\}$-Familie gehörende Netzebene, so liegt auch die Orientierung des Kristalliten fest. Die Durchstoßpunkte der Netzebenennormalen auf der Lagenkugel heißen *Flächenpole*. Sie liegen für alle Netzebenen einer $\{h\,k\,l\}$-Familie in derselben Polfigur, unterschiedliche $\{h\,k\,l\}$-Familien werden durch verschiedene $(h\,k\,l)$-Polfiguren dargestellt.

Da der Reflexionskreis mit zunehmendem BRAGG-Winkel immer weiter von der Äquatorlinie der Lagenkugel zum Durchstoßpunkt des Primärstrahls (Rückstrahlfall) wandert und kleiner wird, nimmt auch der Informationsgehalt für die Orientierungsverteilung der Kristallite ab, da in einem sehr kleinen Bereich der Lagenkugel zufällig eine statistisch regellose, eine viel zu geringe oder eine zu hohe Belegung auftreten könnte.

Hinweis: Während also der Rückstrahlfall wegen der hohen Dispersion für die Präzisionsbestimmung von Gitterkonstanten oder Gitterdehnungen besonders günstig ist, sollte er für Texturmessungen möglichst vermieden werden.

Eine einzelne DEBYE-SCHERRER-Aufnahme, und noch viel weniger der Intensitätsmesswert für einen einzelnen Polfigurpunkt, sagt recht wenig über die Textur aus, weil nur ein sehr kleiner Bereich der Lagenkugel wiedergegeben wird. Daher ist, wie schon oben diskutiert wurde, ein $\vartheta - 2\vartheta$-Scan wenig informativ über die Textur eines Materials. Generell sollte für die quantitative Texturanalyse ein möglichst großer Bereich der Lagenkugel bekannt sein. Daher ist es nötig, sukzessive die Lage des Reflexionskreises auf der Lagenkugel zu verändern, die Beugungsintensitäten zu messen und so möglichst große Bereiche der Lagenkugel auf ihre Belegungsdichte hin abzutasten. In der röntgenographischen Polfigurmessung geschieht dies durch kontrolliertes Drehen der Probe in möglichst alle Raumrichtungen (α, β) relativ zum Primärstrahl. Der Beugungsvektor $\vec{s}_{hkl}$ liegt durch den Primär- und den abgebeugten Strahl fest und es werden nacheinander die Bezugsrichtungen $\vec{y} = (\alpha, \beta)$ im probenfesten Koordinatensystem zur Auswertung in Reflexionsstellung gebracht:

$$\vec{h}_{hkl} || \vec{y} = (\alpha, \beta) \tag{11.4}$$

Man erhält so die $(h\,k\,l)$-Poldichtefunktion P_{hkl}, die auch (gewöhnliche) $(h\,k\,l)$-Polfigur genannt wird:

$$\frac{dV}{V} = P_{hkl}(y)dy \quad \text{mit} \quad dy = \sin\alpha\, d\alpha\, d\beta \tag{11.5}$$

Die Winkel werden auf der Lagenkugel üblicherweise so als Polarwinkel definiert, dass der Probenkippwinkel mit $\alpha = 0°$ für die Probennormale beginnt. Der Azimutwinkel β läuft von 0° bis 360°. Sein Nullpunkt weist in eine zur Probennormale senkrechten Referenzrichtung, beispielsweise in die Walzrichtung. Man zählt also auf der Lagenkugel die Breitenkreise vom *Nordpol* aus, während man in der Geographie mit dem Äquator als Breitenkreis mit 0° beginnt. Es wurden unterschiedliche Messstrategien für die Ermittlung von Polfiguren entwickelt. Die wichtigsten werden im Folgenden erläutert.

In der Filmmethode aus der Anfangszeit der Texturforschung wurde die Schwärzung von DEBYE-SCHERRER-Diagrammen, die in Transmission oder auch Reflexion aufgenommen wurden, als Maß für die Beugungsintensität und somit für die Belegungsdichte abgeschätzt. Da der Reflexionskreis aus einer DEBYE-SCHERRER-Aufnahme bereits ein großes Winkelintervall in β auf der Lagenkugel abdecken kann, genügt es, die Probe schrittweise um eine Achse senkrecht zur Beugungsebene zu kippen und Aufnahmen als Funktion von α zu machen. Dabei wird die Lagenkugel unter dem Reflexionskreis durchgedreht und abgetastet. Wegen der endlichen Breite des ebenen oder zylindrisch gebogenen Röntgenfilms werden die Polkappen der Lagenkugel ab einem α_{max} nicht mehr erfasst.

Heute wird in der röntgenographischen Polfigurmessung die abgebeugte Intensität fast ausschließlich mittels Proportionalzählrohren, Ortsempfindlichen- oder Flächen-Detektoren registriert. Die röntgenographischen Verfahren zur Polfigurmessung können unterteilt werden nach der Art der Probe:

- Rückstreuung von massiven Proben
- Transmission durch dünne, durchstrahlbare Proben

nach der Fokussierungsbedingung:

- fokussierender Strahlengang
- Verbreiterung der Peaks durch Defokussierung

sowie nach der Art des Goniometers:

- Eulerwiege mit χ-Kippung
  - Vollkreis-Goniometer
  - offene Eulerwiege
  - exzentrische Eulerwiege
- κ-Geometrie mit
  - festen κ-Winkel
  - variablen κ-Winkel
- ω-Kippung
  - BRAGG-BRENTANO-Geometrie
  - SEEMANN-BOHLIN-Geometrie
- $\theta_1 - \theta_2$-Goniometer

11.4.2 Die apparative Realisierung von Texturgoniometern

Vierkreis-Goniometer mit Eulerwiege

Um die Winkel θ_{hkl}, α und β einstellen zu können, sind die schon vorgestellten rechnergesteuerten Vierkreis-Goniometer mit Eulerwiege am weitesten verbreitet, Bild 4.34a. Die Eulerwiege befindet sich auf dem θ-Kreis eines $\theta - 2\theta$-Goniometers. Die θ-Drehachse

11.4 Die röntgenographische Polfigurmessung   391

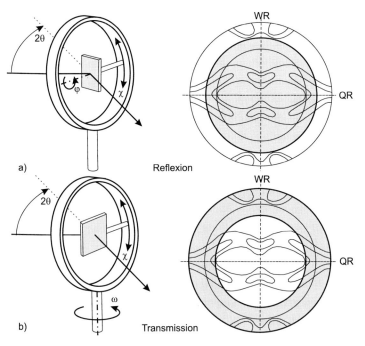

Bild 11.6: Polfigurmessung a) in Reflexion und b) in Transmission. Die Schraffur in den unvollständigen, experimentellen Polfiguren markiert die messbaren Bereiche und das Überlappungsgebiet

wird in der Texturmessung üblicherweise ω-Achse genannt. Der Detektor befindet sich auf dem 2θ-Kreis. Die beiden anderen Goniometerkreise sind χ (Rotation um die Achse der Eulerwiege) und φ (Drehung senkrecht zur χ-Achse).

Die Drehwinkel $G = (\omega, \chi, \varphi)$ legen die Orientierung der Probe bezüglich des ortsfesten Koordinatensystems des Goniometers fest. Ein Goniometer mit Eulerwiege kann sowohl für die Polfigurmessung in Rückstreuung als auch in Durchstrahlung eingesetzt werden.

Rückstreu-Beugung

Die Rückstreu-Anordnung ist heute das Standard-Verfahren, insbesondere wenn ein ortsempfindlicher Detektor oder ein Flächendetektor zur Verfügung steht. Die Winkelbezeichnungen, die bei Texturgoniometern mit Eulerwiegen üblich sind, stehen im Fall des symmetrischen Strahlenganges $\theta_1 = \theta_2$ mit den Polwinkeln des Beugungsvektors $\vec{s}_{hkl} = (\alpha, \beta)$ in folgender Beziehung:

$$\omega = \theta, \qquad \chi = \alpha, \qquad \varphi = \beta \tag{11.6}$$

In der Stellung $\chi = 0°$ befindet sich die Probe in der symmetrischen BRAGG-BRENTANO-Stellung und hält die Fokussierungsbedingung ein. Bei Ausblendung des Primärstrahls zu einem ausreichend kurzen Strich auf der Probenoberfläche, derart dass die Abweichung

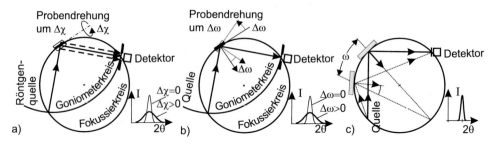

Bild 11.7: Peakverbreiterung bei der Polfigurmessung mit der BRAGG-BRENTANO-Geometrie in Reflexion infolge a) der χ-Verkippung und b) der ω-Verkippung. Mit der SEEMANN-BOHLING- Geometrie c) tritt bei einer Drehung um ω keine Peakverbreiterung ein

der planen Probenoberfläche vom Fokussierungskreis gering ist, können die Beugungsreflexe sehr scharf eingestellt werden. Ist die Probe dick im Vergleich zur Eindringtiefe, so gilt dies auch bei Kippung der Probe um χ, Bild 11.7. Der Kippwinkel reicht von $\chi = 0° \leq \chi_{max} < 90°$ (streifender Einfall in der Ebene der Probenoberfläche). Nutzbar sind nur Winkel bis $\chi_{max} \approx 70°$, weil für größere Winkel die Absorptionskorrektur unsicher wird und es zu geometriebedingten Abschattungen kommen kann.

Durchstrahlungs-Beugung

Die durchstrahlbare Probe wird in der Ebene der Eulerwiege angeordnet. Die Probe wird nicht geschwenkt ($\varphi = 0°$), sondern die Eulerwiege dreht sich schrittweise aus der symmetrischen Stellung, $\omega = \theta_1$, Bild 11.6. Damit gilt für die Polarwinkel (α, β) auf der Lagenkugel

$$\omega - \theta_1 = 90° - \alpha, \quad \chi = \beta, \quad \varphi = 0° \tag{11.7}$$

Bereits in der symmetrischen Stellung der Eulerwiege ($\omega = \varphi$, das heißt $\alpha = 90°$) steht die Probenfläche senkrecht zum Fokussierkreis, so dass die Fokussierungsbedingung verletzt und die Reflexe verbreitert sind. Beim Schwenken der Eulerwiege ($\alpha < 90°$) nimmt mit zunehmender Probenkippung die Reflexverbreiterung durch Defokussierung weiter zu. Ferner wächst der Laufweg der Strahlen in der Probe und somit nimmt die Absorption zu, so dass die Intensitäten über den gesamten gemessenen Bereich der Durchstrahlungs-Polfigur auf Absorption korrigiert werden müssen. Wegen diesen Schwierigkeiten, insbesondere wenn das Material eine hohe Absorption bzw. Dichte aufweist, und da es nicht immer einfach ist, durchstrahlbare Proben konstanter Dicke herzustellen, wird die röntgenographische Polfigurmessung in Durchstrahlung nur noch ausnahmsweise eingesetzt. Sie eignet sich sehr gut für die Untersuchung bereits freitragender dünner Aufdampf- oder Sputterschichten.

Die ω-Kippung

Sie kann in der Rückstreubeugung zum Einsatz kommen, wenn das Goniometer die Entkopplung der $\theta - 2\theta$-Bewegung und einen unsymmetrischen Strahlengang durch unabhängige Einstellung von θ_1 und θ_2 ermöglicht. Die Probenoberfläche wird nicht gegen die Achse des Fokussierungskreises gekippt. Zwei Varianten werden realisiert:

- der nicht fokussierender Strahlengang in BRAGG-BRENTANO-Geometrie
- der fokussierende Strahlengang in SEEMAN-BOHLIN-Geometrie

Der Vorteil der SEEMAN-BOHLIN-Geometrie liegt im Vermeiden der Reflexverbreiterung in Abhängigkeit von $\omega = \alpha$, was besonders bei reflexreichen Spektren im Fall von niedriger Kristallsymmetrie oder mehrphasigen Werkstoffen zum Tragen kommt. Der Polarwinkel reicht maximal von $0 \leqq \alpha = \omega \leqq \alpha_{max} < \theta$. Der Nachteil liegt in einer wesentlich aufwändigeren Absorptionskorrektur.

Das κ-Goniometer

Um besonders große Winkelbereiche abdecken zu können, wurden für die Kristallstrukturanalyse von kleinen Kristalliten κ-Goniometer entwickelt, Bild 4.34b. Sie sind auch für die röntgenographische Polfigurmessung geeignet. Die Vorteile sind ein einfacherer mechanischer Aufbau, niedrigere Kosten und nur geringe Abschattungen des Strahlenverlaufs durch Bauteile des Goniometers. Der Zusammenhang zwischen den am Goniometer eingestellten Drehwinkeln und den Polarwinkeln (α, β) sind jedoch komplex. Dies ist kein schwerwiegender Nachteil, weil die Steuerung ohnehin mit dem Rechner erfolgen muss. In der Regel sind der Einfallswinkel θ_1 und die Austrittswinkel θ_2 zur Probenoberfläche verschieden (unsymmetrischer Strahlengang). Ferner wird die Fokussierungsbedingung nicht eingehalten. Dies erfordert eine aufwändigere Korrektur der Belegungsdichten auf Absorption und Reflexverbreiterung als für Polfigurdaten, die mit einer Eulerwiege gemessen wurden.

Das $\theta_1 - \theta_2$-Goniometer

Eine besondere Bauform ist das $\theta_1 - \theta_2$-Goniometer, das ursprünglich für die Beugung an Pulverproben oder Flüssigkeiten entwickelt wurde. Die Probe wird auf einen horizontalen, drehbaren Tisch ($\varphi = \beta$) aufgelegt, der sich im Zentrum eines aus der Senkrechten ($\alpha = 0°$) bis fast zur Horizontalen (α_{max}) schwenkbaren Goniometerkreises befindet. Auf dem Goniometerkreis werden unabhängig voneinander die Röntgenquelle und der Detektor positioniert, so dass der Primärstrahl unter θ_1 zur Probenoberfläche einfällt. Der abgebeugte Strahl tritt unter θ_2 aus der Probe aus und gelangt in den Detektor. Damit liegt der BRAGG-Winkel $2\theta = \theta_1 + \theta_2$ fest. Die wesentlichen Vorteile sind die einfache Montage und gute Zugänglichkeit der Probe auf dem feststehenden Drehtisch. Er muss nur zu Beginn der Messung so in der Höhe verstellt werden, dass die Probenoberfläche den Fokussierungskreis berührt. Es können sehr große und schwere Proben untersucht werden. Die einfache Probenanordnung kommt dynamischen Untersuchungen sehr entgegen (Zugversuche, Heizversuche bis zum Phasenübergang fest-flüssig). Im Vergleich dazu

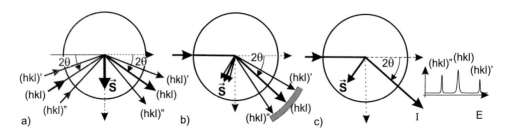

Bild 11.8: Beugungsgeometrie für die Polfigurmessung mit dem a) $\theta - \theta$-Goniometer (ein feststehender Beugungsvektor $\vec{s}$) b) $\theta - 2\theta$-Goniometer und ortsempfindlichem Detektor c) $\theta - 2\theta$-Goniometer und energiedispersivem Detektor (der gemeinsame Beugungsvektor $\vec{s}$ wird durch die Einstellung von 2θ festgelegt

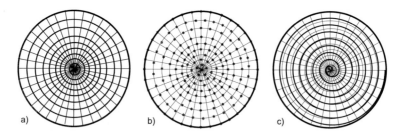

Bild 11.9: Messstrategien bei der Polfigurrasterung a) gleiche Winkelschritte in α und in β (z. B. in 5° Schritten bei 2,5° Apertur) b) ausgedünntes Raster mit angenähert gleichen Flächensegmenten c) kontinuierliche Abtastung mit konstanter Geschwindigkeit auf spiralförmiger Bahn

zeigt das Bild 11.8b und c zwei weitere Beugungsgeometrien, die in modernen Röntgen-Texturgoniometern realisiert werden.

11.4.3 Vollautomatische Texturmessanlagen

Die Drehung der Probe um die drei Goniometerachsen erfolgte früher nach einer durch die mechanischen Getriebe fest vorgegebenen Messstrategie. Moderne automatische Texturmessanlagen sind mit hochauflösenden Schrittmotoren an den Drehachsen ausgerüstet, die über Microcontroller angesteuert werden. Die Steuersoftware ermöglicht eine flexible Anpassung der Genauigkeit und Art der Winkelabrasterung. Die Schrittweite zwischen den einzelnen Punkten auf dem Polfigurraster (α, β) kann in weiten Grenzen zwischen 0,01° und einigen Grad frei vorgegeben werden.

Die einfachste Messstrategie sind diskrete, äquidistante Winkelschritte ($\Delta \alpha$, $\Delta \beta$) von beispielsweise je 3° oder 5°, Bild 11.9a. Die dazwischen liegenden Orientierungen werden dabei übersprungen und tragen nur zum Teil zu den Belegungen in den Stützstellen (α, β) bei, indem die Primärstrahl- und Detektorapertur so weit vergrößert werden, dass auch die etwas schräg einfallenden Randstrahlen des Beleuchtungskegels noch an den um (α, β) gestreuten Kristalliten Beugungsintensität liefern. Wesentlich besser ist eine kontinuierliche Winkelrasterung. Dabei wird die Probe von Stützstelle zu Stützstelle in vielen kleinen Winkelschritten $\Delta\beta$ weiter gedreht, die abgebeugte Intensität integriert und dem Ort (α, β) auf der Lagenkugel zugewiesen. In Kipprichtung α wird ebenfalls in kleinen Schritten vorgerückt. Benachbarte Kleinkreise auf der Lagenkugel können anschließend durch Summation mit der Software zu größeren Intervallen zusammengefasst werden, um die Datensätze klein zu halten.

Die Messung auf einer Kugel in konstanten Winkelintervallen ist nicht ökonomisch. Die Messpunkte in der Mitte der Polfigur liegen wesentlich dichter als am Rand. Dadurch werden zentrale Bereiche in der Polfigur ohne Grund stärker betont. Ihre Messstatistik ist unnötig hoch. Beispielsweise braucht der Punkt auf dem Nordpol ($\alpha = 0°$) nur einmal gemessen zu werden, so wie jeder einzelne Punkt β auf dem Äquatorkreis ($\alpha = 90°$). Man konstruiert sich daher Rastermuster auf der Kugel, deren Nachbarpunkte möglichst gleiche Flächenelemente begrenzen und zudem aus messtechnischen Gründen auf Kleinkreisen liegen. Mit einem derartigen *flächengleichen* Raster kann etwa 1/3 der Messzeit eingespart werden, ohne dass man Kompromisse in der Messstatistik eingehen muss, Bild 11.9b. Eine weitere Alternative ist eine *spiralförmige* Rasterung mit konstanter Bogengeschwindigkeit, Bild 11.9c. Die Reflexintensitäten werden kontinuierlich gemessen, aber zwischen *flächengleichen* Messpunkten integriert und in diskreten Schritten gespeichert.

11.4.4 Probentranslation und Messstatistik

Die röntgenographische Texturanalyse zielt auf eine statistisch signifikante Ermittlung der Orientierungsverteilung ab. Sie setzt also die Messung der Orientierung einer möglichst großen und für die Probe repräsentativen Anzahl von Kristalliten voraus. Der Probenbereich, der vom Primärstrahl ausgeleuchtet wird, kann nicht beliebig groß gemacht werden, allein schon deshalb nicht, weil die Fokussierungsbedingung für eine plane Probe weitestgehend eingehalten werden muss. Bei Sondendurchmessern in der Größenordnung von wenigen Quadratmillimetern und der geringen Eindringtiefe der Röntgenstrahlen von etwa 0,001 bis 0,1 mm ist das analysierte Probenvolumen relativ klein. Bei einigen 10 µm mittlerem Korndurchmesser ist unter diesen Bedingungen die Anzahl der beugenden Kristallite bereits statistisch zu klein. Man gelangt in den Bereich der *Grobkorntextur*, in der keine kontinuierlich verlaufende Belegungsdichte, sondern eine ungeordnete Anhäufung von Reflexen in den Polfiguren zu erkennen ist, die von vereinzelten in BRAGGposition befindlichen Kristalliten stammen. Die gemessene Textur schwankt dann statistisch von Probenstelle zu Probenstelle.

Das analysierte Probenvolumen kann durch eine Translation der Probe parallel zu seiner Oberfläche vergrößert werden, wenn die Orientierungsverteilung in der Messfläche gleichmäßig ist, also insbesondere wenn keine Texturgradienten vorliegen. Davon kann bei Texturmessungen in der Blechebene ausgegangen werden. Im Gegensatz zum Elektronenstrahl im Elektronenmikroskop ist mit Röntgenstrahlen die Möglichkeit durch Ablenkung des Primärstrahls zu rastern nicht gegeben. Das Abrastern muss daher durch Translation der Probe in einem mechanisch bewegten Tisch unter dem feststehenden Primärstrahl erfolgen. Zwei Varianten der Probentranslation sind in Gebrauch, der »Rot-Trans-Tisch« und der »Trans-Rot-Tisch«. In beiden Fällen wird die interessierende Probenstelle in das Drehzentrum des Tisches justiert.

Im »Rot-Trans-Tisch« erfolgt zuerst die Probendrehung um den φ-Winkel und dann

396 11 Röntgenographische Texturanalyse

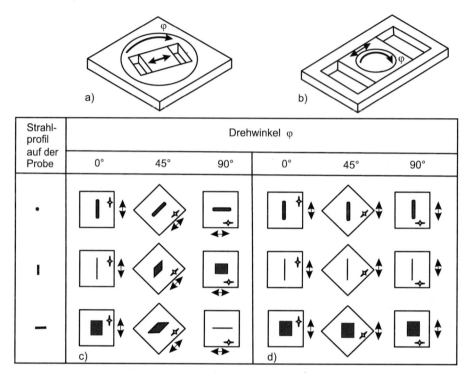

Bild 11.10: Vergrößerung des Messfeldes durch Translation der Probe unter dem stationären Primärstrahl. a) Der Translationsschlitten wird zusammen mit der Probe um φ gedreht (»Rot-Trans-Tisch«) b) Die Probe wird im Translationsschlitten um φ gedreht (»Trans-Rot-Tisch«) c) Messfelder als Funktion der Sondenform und des Drehwinkels für den Rot-Trans-Probentisch d) Messfelder als Funktion der Sondenform und des Drehwinkels für den Trans-Rot-Probentisch

darauf aufgesetzt die schwingende Hin- und Herbewegung der Probe, siehe Bild 11.10a. In diesem Fall wird unabhängig von der Stellung des Drehwinkels φ immer dieselbe Probenstelle unter der stehenden Röntgensonde vorbeigeführt. Wenn der Primärstrahl einen punktförmigen Fleck auf der Oberfläche ausleuchtet, so wird das Messfeld zu einer geraden Linie gestreckt. Sie hat die Länge des Hubs des Probentisches und nimmt für alle Drehwinkel φ dieselbe Position auf der Probe ein, Bild 11.10c oben. So kann bei entsprechender Ausrichtung der Probe ein schmaler Streifen definiert werden, von dem die Polfigurdaten flächenintegrierend aufgenommen werden. Dies ist beispielsweise notwendig, wenn in einem Längsschliff eines Blechs, in dem die Richtung der Blechnormalen und der Walzrichtung liegen, die Textur der Mittenebene ermittelt werden soll. Wenn der Primärstrahlfleck nicht punkt- sondern strichförmig ist, so variiert bei der linearen Probenoszillation das Messfeld mit dem Winkel φ, Bild 11.10c oder 11.10d. Die gemessenen Belegungsdichten in verschiedenen Bereichen der Polfiguren stammen damit von unterschiedlichen Gruppen von Kristalliten. Die Polfiguren passen nicht mehr zusammen, sie sind inkonsistent. Nur wenn die Zahl der erfassten Kristallite im statistischen Sinne sehr

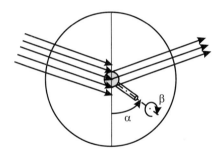

Bild 11.11: Die Messung vollständiger Polfiguren mit einer kugelförmigen Probe, die ganz in den Primärstrahl eintaucht

groß und die Textur aller Messflächen gleich ist, erhält man noch zuverlässige Ergebnisse.

Im »Trans-Rot-Tisch« dreht sich die Probe im oszillierenden Tisch, Bild 11.10b. Mit der Drehung der Probe behält das Messfeld zwar seine Form bei, es ändert aber seine Lage auf der Probe, Bild 11.10d. Wenn jedoch ein strichförmiger Primärstrahl senkrecht zur Translationsbewegung auf der Probe liegt und so lang ist wie der Tischhub, dann wird das Messfeld zu einem Quadrat gestreckt, unter dem sich die Probe in Winkelschritten um φ weiterdreht. Es wird also in guter Näherung stets derselbe ausgedehnte Probenbereich beleuchtet und gemessen, Bild 11.10d unten. Die Belegungsdichten in den verschiedenen Bereichen der Polfiguren stammen dann praktisch vom selben Kristallitenkollektiv und man erhält konsistente Polfiguren von einem ausgedehnten Probenbereich.

11.4.5 Vollständige Polfiguren

In Rückstreuung gemessenen Polfiguren nimmt die Genauigkeit wegen der Defokussierung mit zunehmender Probenkippung ab. Für über etwa 75° Kippwinkel kommen noch Abschattungen oder mechanische Begrenzungen des Kippbereichs hinzu, so dass der äußere Rand der Polfigur nicht erfasst werden kann. Auch in Durchstrahlung kann die Lagenkugel nicht vollständig gemessen werden, da es aus apparativen Gründen zu Abschattungen kommt. Für große Kippwinkel wird die Absorptionskorrektur unsicher, denn die effektive Probendicke nimmt extrem zu. Man erhält sowohl in Rückstreuung als auch in Durchstrahlung nur *unvollständige* Polfiguren mit nicht gemessenen Bereichen am Rand bzw. im Zentrum. Über diese Bereiche liegen zunächst keine Texturinformationen vor. Die Normierung der Belegungsdichten auf 1 bezüglich der vollen Lagenkugel kann daher nicht vorgenommen werden.

Misst man zwei unvollständige Polfiguren in Transmission bis zu einem Kippwinkel von etwa 65° und dreht zwischen den beiden Messungen die Probe um 90°, so lässt sich durch Überlagerung dieser beiden Teile der nicht erfasste Bereich wesentlich reduzieren. Von dieser Möglichkeit wird speziell bei der Polfigurmessung in der Feinbereichsbeugung mit dem Transmissions-Elektronenmikroskop Gebrauch gemacht. Früher wurden häufig sich ergänzende Rückstreu- und Durchstrahlungs-Polfiguren des selben Materials kombiniert, so dass sie sich zu vollständigen Polfiguren überlagerten. Die Anpassung der Intensitäten ist schwierig, da der Überlappungsbereich relativ schmal ist, Bild 11.6 rechts.

Die Kombination von Transmissions- mit Reflexionspolfiguren ist heute nicht mehr erforderlich. Bereits aus wenigen unvollständigen, experimentellen Polfiguren kann die dreidimensionale Orientierungs-Dichte-Funktion (ODF) berechnet werden, siehe Kapitel

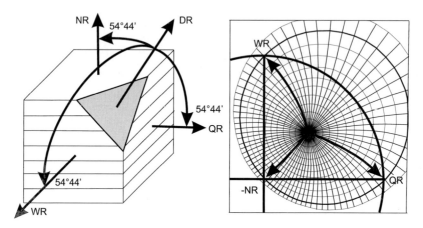

Bild 11.12: Eine Schrägschnittprobe ermöglicht die Messung eines vollständigen Polfigurquadranten in Reflexion

11.6. Aus ihr lassen sich beliebige, auch nicht messbare und vollständige Polfiguren mit hoher Genauigkeit berechnen.

Vollständige Polfiguren, welche die gesamte Lagenkugel abdecken, können dennoch röntgenographisch gemessen werden. Um sie in einem einzigen Messvorgang zu erhalten liegt es nahe, aus der Probe eine kleine Kugel von wenigen zehntel Millimetern Durchmesser – entsprechend der Breite des Primärstrahls – herauszutrennen. Sie muss bei der Messung vollständig in den primären Röntgenstrahl eintauchen, Bild 11.11. Durch Drehung um zwei Achsen kann dann die Lagenkugel vollständig abgetastet werden. Da sich die Absorption bei einer kugelförmigen Probe nicht mit den Drehwinkeln ändert, braucht keine weitere Korrektur vorgenommen zu werden. Die Normierung der Belegungsdichte auf Eins für die gesamte Lagenkugel genügt. Die Herstellung von sehr kleinen kugelförmigen Proben ist jedoch schwierig und problematisch, weil bei der Präparation die Textur verändert werden könnte. Kugelförmige Proben von größerer Dimension sind für neutronographische Texturmessungen gut geeignet und werden dort gerne verwendet.

Handelt es sich um ein kubisch kristallisiertes Material, so kann eine spezielle Probenpräparation angewandt werden. Die erste Möglichkeit besteht in der Herstellung einer würfelförmigen Probe und Messung der (unvollständigen) Polfiguren in Reflexion nacheinander auf drei zueinander senkrecht stehenden Seitenflächen. Diese können dann zu einer vollständigen Polfigur zusammengesetzt werden.

Darf eine orthorhombische Probensymmetrie, siehe Kapitel 11.6.2, wie beispielsweise im Fall eines dünnen Walzblechs, vorausgesetzt werden, so genügt es, nur einen Quadranten der Polfigur zu messen und es kann ein weniger aufwändiges Messverfahren angewandt werden. Zunächst werden quadratische Abschnitte des Blechs zu einem Würfel seitenrichtig so aufeinander gestapelt und verklebt, dass die Walzrichtung und Blechnormale der Blechstücke parallel zueinander verlaufen. Man erhält so eine ausreichend dicke Ausgangsprobe. Dann wird eine Ecke des Würfels zu einer Fläche abgeschrägt, so dass die Flächennormale in der Würfeldiagonalen liegt und zu den Achsen NR, WR und QR des Blechs den Winkel von 54°74' bildet, so genannte Schrägschnittprobe, siehe Bild 11.12.

Die in Reflexion aufgenommene röntgenographische Polfigur mit einem Kippwinkel α von 0° bis 65° deckt bereits einen ganzen Quadranten in der stereographischen Projektion ab. Für diese Kippwinkel ist in Reflexion die Absorptionskorrektur nicht unbedingt erfoderlich.

11.4.6 Detektoren für die Texturmessung

In der Texturmessung kommen die schon in Kapitel 4.5 aufgeführten Detektoren zur Anwendung. Auch hier werden die nulldimensionalen, die eindimensionalen und die zweidimensionalen Detektoren eingesetzt.

Der Standard-Detektor in der röntgenographischen Polfigurmessung ist nach wie vor das *Proportionalzählrohr*, siehe Seite 120, mit horizontal und vertikal angeordneten Detektor- bzw. Eingangs-Schlitzblenden. Die horizontale Schlitzblende begrenzt den Sehwinkel $\Delta 2\theta$ und legt damit die Winkelauflösung in 2θ fest. Damit das gesamte Profil des betrachteten hkl-Beugungsreflexes vom Detektor registriert wird, auch wenn der Reflex bei großen Kippwinkeln der Probe durch Defokussierung verbreitert ist, arbeitet man in der Texturanalyse meist mit sehr weiten Schlitzblenden und Aperturen zwischen 1° und 5°. Diese Vorgehensweise funktioniert nur zufriedenstellend, wenn das Beugungsdiagramm nur wenige und gut getrennte DEBYE-SCHERRER-Ringe aufweist, also für Materialien mit einfachem Kristallsystem (z. B. kubische, einphasige Metalle). Aber auch dann wird für kleine Kippwinkel ein unnötig breiter Untergrundbereich erfasst, während es für große Kippwinkel zu einem Beschneiden des Profils und damit zu einem Verlust an gemessener Intensität kommt. Dieser Nachteil wird nur unzureichend mit motorgesteuerten Schlitzblenden korrigiert, deren Breite mit zunehmender Probenkippung automatisch vergrößert wird, Bild 5.5. Das Beschneiden des Profils wird in der Defokussierungs-Korrektur analytisch berücksichtigt.

Der Untergrund muss an Stellen, die außerhalb, aber dennoch möglichst dicht neben den DEBYE-SCHERRER-Ringen liegen, separat unter denselben experimentellen Bedingungen gemessen und von den Beugungsintensitäten abgezogen werden. Es genügt meist, den Untergrund nur einmal pro Kleinkreis auf der Lagenkugel zu ermitteln. Die Untergrundintensität stammt von inkohärenter Streuung und Fluoreszenzstrahlung, die von der Probe oder den Blenden ausgeht, sowie von der Streuwechselwirkung des Strahls mit der umgebenden Atmosphäre. Die Fluoreszenzstrahlung muss durch Wahl einer geeigneten Röntgenröhre möglichst niedrig gehalten werden, so dass die charakteristische K-Wellenlänge der Primärstrahlung das Probenmaterial nur wenig zur Fluoreszenz anregt, Bild 2.12. Der Bremsstrahlungsuntergrund und andere charakteristische Linien in der primären Röntgenstrahlung können durch ein Filter nach der Röntgenröhre und die Fluoreszenzstrahlung der Probe durch einen selektiven Metallfilter, siehe Kapitel 2.4, vor dem Detektor zusätzlich reduziert werden. Der Streuuntergrund aus der Atmosphäre kann verringert werden, indem der Primärstrahlkollimator dicht an der Probe angeordnet und eventuell zusätzlich eine Streuscheibenblende in den Sekundärstrahlengang gesetzt wird.

Szintillationszähler, siehe Seite 122, stellen eine Verbesserung des Proportionalzählrohrs dar, da sie eine energiedispersive Darstellung des registrierten Reflexes ermöglichen. Zwar reicht die Energieauflösung von etwa $\Delta E/E = 500\,\text{eV}$ bis $1\,000\,\text{eV}$ nicht für eine

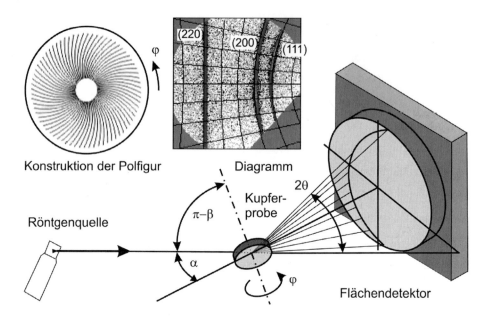

Bild 11.13: Röntgen-Texturgoniometer mit Flächendetektor für die Polfigurmessung

Peakformanalyse aus. Es können aber benachbarte Peaks von wenigen 100 eV Abstand, die von K_α und K_β-Primärstrahlung oder von einer zweiten Phase stammen, entfaltet werden. Da bekanntlich für Kupfer die gemittelte K_α-Linie bei 8,04 keV und K_β bei 8,91 keV liegen, braucht kein K_β-Filter aus Nickel im Primärstrahl verwendet zu werden. Man gewinnt daher an Primärstrahlintensität und kann die Messzeit um rund 1/3 verkürzen.

Ortsempfindliche-, siehe ab Seite 125, und *Flächendetektoren*, siehe ab Seite 129 bzw. 193, setzen sich trotz der erheblich höheren Anschaffungskosten für die röntgenographische Polfigurmessung immer mehr durch. Im Bild 4.35b wurde schon ein Texturgoniometer mit positionsempfindlichem Detektor vorgestellt. Als unmittelbarer Vorteil wird die Messzeit um die Anzahl der gleichzeitig registrierten Beugungsreflexe und somit Polfiguren reduziert.

Der wichtigste Vorteil der Halbleiterdetektoren ist neben der hohen Dynamik die Wiedergabe der Reflexprofile im kontinuierlich erfassten Spektrum, siehe Bild 5.54. Dies ermöglicht die Peakformanalyse im 2θ-Winkel und bei Flächendetektoren zusätzlich im β-Winkel. Die Entfaltung benachbarter Peaks bei reflexreichen Beugungsdiagrammen, die kontinuierliche Untergrundmessung und Untergrundkorrektur, die Messung der Reflexverbreiterung durch Defokussierung und ihre Korrektur sowie die Messung der Reflexverschiebung und Ermittlung der Gitterdehnung als Funktion von (α, β) können in der Software simultan vorgenommen werden. Da man in der Texturanalyse mit relativ großen Strahlaperturen arbeitet, ist die Feinstruktur der Beugungspeaks ohne Bedeutung. Man kann in sehr guter Näherung mit GAUSSförmigen Reflexprofilen rechnen. Daher vereinfachen sich die Algorithmen in der Profilanalyse wesentlich. Die Peakprofilanalyse ermöglicht eine sehr zuverlässige Auswertung der Reflexintensitäten auch bei komplexen und reflexreichen Beugungsspektren und mit Goniometern, deren Messstrategien zu komplizierten Reflexverbreiterungen führen, wie bei der χ- oder ω-Kippung.

Mit einem Flächendetektor lässt sich eine besonders einfache Anlage für Polfigurmessungen realisieren. Da der Detektor einen großen Ausschnitt der Lagenkugel abdeckt, braucht die Probe nicht in einer Eulerwiege montiert zu werden. Es genügt, sie mit der Oberflächennormale schräg zur Beugungsebene unter etwa 45° zu stellen, schrittweise um die Oberflächennormale zu drehen und dabei die einzelnen Beugungsdiagramme zu registrieren. Die abgebeugten Intensitäten der hkl-Reflexe, die in den Beugungsdiagrammen simultan registriert wurden, werden mit der Software in experimentelle Polfiguren umgerechnet. Da der Primärstrahl unter einem konstanten Winkel auf die Probe trifft, bleiben die Absorption und Defokussierung für die ausgewerteten Bildpunkte ebenfalls konstant, so dass die Korrekturen relativ einfach ausfallen, Gleichung 5.16.

Es kann nicht immer vorausgesetzt werden, dass die Textur in die Tiefe homogen verteilt und gleich ist wie in der Oberfläche. Bei gewalzten Blechen ist stets ein deutlicher Texturgradient von der Oberfläche bis zur so genannten Walztextur im mittleren Bereich des Blechs vorhanden. Auch in diesem Fall ist es vorteilhaft, die Textur tiefenaufgelöst zu messen. Die übliche Präparation von Blechproben durch Abschleifen von der Oberfläche bis zur Mittenebene ist nur bei dicken Proben ausreichend genau. Leicht schiefes Abschleifen lässt sich nie ganz vermeiden und führt in der Messung zu einer Mittelung über einen nicht definierten Dickenbereich der Probe. Andererseits reicht die Ortsauflösung der meisten Texturmessanlagen nicht aus, um in der präparierten Längsebene eines dünnen Blechs die Mittenebene durch Ausblenden eines feinen Strahls messtechnisch herauszugreifen.

Die konstante Probenkippung und Rotation der Probe um die Oberflächennormale ermöglicht als weiteren Vorteil des Flächendetektors ein einfaches Messverfahren, um die Textur tiefenaufgelöst zu ermitteln. Unter flachem Einfallswinkel des Primärstrahls $\theta_1 \lesssim 30°$ und großem Austrittswinkel θ_2 des betrachteten Reflexes setzt sich der Laufweg der Röntgenstrahlen in der Probe im wesentlichen aus dem konstanten Laufweg des Primärstrahls s_1 und dem fast vernachlässigbar kleinen Anteil des Laufwegs der abgebeugten Strahlen s_2 zusammen, Bild 11.14b. Da die Probe nicht in β gekippt zu werden braucht, ist insbesondere die Eindringtiefe und somit der Tiefenbereich unter der Oberfläche, aus der die Information stammt, für alle Polfigurpunkte einer Messung gleich.

Aus zwei Polfigurmessungen bei unterschiedlichen Einfallswinkeln θ_1 erhält man die integrale Texturinformation aus zwei Tiefenbereichen, Bild 11.14. Durch Differenzbildung kann man daraus die Textur in der Oberfläche und die in einer tiefer liegenden Schicht abschätzen. Die verwendete Röntgenwellenlänge wählt man passend zu den Gitterkonstanten so, dass bei flachem θ_1 der Austrittswinkel $\theta_2 = 2\theta - \theta_1$ möglichst nahe bei 90° liegt. Die tiefenaufgelöste Texturmessung ist besonders interessant für die Untersuchung von Oberflächenschichten (z. B. nach Korrosion, Reibung und Verschleiß, Aufhärtung), sowie von schwach texturierten Schichten auf einem stark texturierten Substrat, dessen Reflexe sich mit denen der Schicht überlagern.

Mit Image Plates, digital auslesbaren Flächendetektoren und Matrix-Kameras erlebt die klassische Registrierung von Beugungsdiagrammen auf Röntgenfilm eine moderne Renaissance. Die Vorteile der neuen Techniken sind das unmittelbare Auslesen der ab-

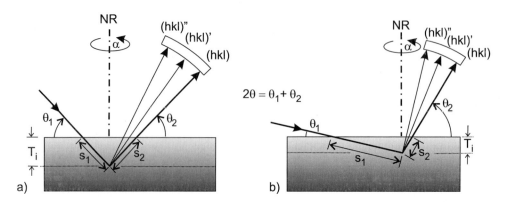

Bild 11.14: Die Informationstiefe T_i bei a) symmetrischer Beugungsgeometrie ($\theta_1 = \theta_2$) und b) unsymmetrischer Beugungsgeometrie mit streifend eintretendem Primärstrahl ($\theta_1 \ll \theta_2$)

gebeugten Intensitäten in digitaler Form und in zwei Dimensionen, ohne dass man die Nachteile des Photomaterials in Kauf nehmen muss: Chemiefreies Arbeiten, sofortige Verfügbarkeit der Messdaten, große Dynamik im Vergleich zur steilen, oft nichtlinearen Schwärzungskurve von Photomaterial, keine Ausfälle durch Fehlbelichtungen oder Entwicklungsfehler. Die sehr hohe Bildpunktzahl von Image Plates wird in der Polfigurmessung nicht voll ausgenutzt. Es wurden für Image Plates Kamerazusätze entwickelt, die ein schnelles Auslesen der Daten ermöglichen sollen. Sie stellen trotzdem nur eine Übergangslösung dar. Die Zukunft gehört den rein elektronisch arbeitenden Flächendetektoren auf Halbleiterbasis (CMOS, CCD etc. mit direkt angekoppeltem Leuchtschirm als Bildwandler). Sie sind sehr robust, kompakt, leicht, weisen eine extrem hohe Quantenausbeute (Nachweisempfindlichkeit), sehr hohe Zählraten, hohe Dynamik und Linearität auf. Sie sind kostengünstig im Unterhalt, da kein Verbrauchsmaterial wie Zählrohrgas oder Image Plates benötigt wird.

Zukünftig werden ein- und zweidimensionale energiedispersive Detektoren zum Einsatz kommen. Sie werden die Vorteile der energiedispersiven Detektoren (weiße Primärstrahlung mit hoher Intensität, Registrierung mehrerer Röntgenreflexe in derselben Bezugsrichtung (α, β) mit Peakformanalyse) kombinieren mit den Vorteilen der ortsempfindlichen bzw. Flächendetektoren (großer, gleichzeitig erfasster Bereich auf der Lagenkugel, kurze Messzeiten, Peakformanalyse in α- und β-Richtung). Das Potenzial der energiedispersiven Röntgenbeugung in der Texturanalyse wird anhand der Röntgen-Rasterapparatur (RRA) im Kapitel 11.5.1 demonstriert.

11.4.7 Das Polfigurfenster und die Winkelauflösung in der Polfigurmessung

Die Belegungsdichte P wird in der Polfigurmessung als Funktion der Polarwinkel (α, β) ermittelt. Die Größe des *Fensters* durch das die Polfigur gemessen wird, d.h. das Flächenelement auf der Polfigur ($\Delta\alpha$, $\Delta\beta$) in einer festen Probenrichtung (ω, χ, φ), heißt Polfigurfenster. Es ist nicht konstant, sondern hängt unter anderem von den Winkelstellungen des Goniometers, der Apertur des Primärstrahls und des registrierten, abgebeugten Strahls sowie der Größe des ausgeleuchteten Probenbereichs ab. Man beschreibt das Polfigurfenster mathematisch mit der Transparenzfunktion $W(\alpha, \beta, \alpha_0, \beta_0)$, wobei α_0 und β_0 den Schwerpunkt des Fensters markieren. Was man in der Messung tatsächlich erhält, ist nicht die wahre Belegungsdichte $P_{hkl}(\alpha, \beta)$ der Polfigur, sondern ihre Faltung mit der Transparenzfunktion:

$$P^*_{hkl}(\alpha_0, \beta_0) = \int \int P_{hkl}(\alpha, \beta) \otimes W(\alpha, \beta, \alpha_0, \beta_0) d\alpha \ d\beta \tag{11.8}$$

Polfigurfenster sind meist in einer der beiden Winkelrichtungen sehr langgestreckt. In der konventionellen Polfigurmessung mit einem nulldimensionalen Detektor geht man von einem runden Polfigurfenster von 1° bis 5° Durchmesser aus. Dies ist etwa die Größe der Strahlapertur. Da die Textur selbst nur in wenigen Fällen schärfer ist, wird diese Messungenauigkeit selten bemerkt.

11.5 Ortsaufgelöste Texturanalyse

Nicht nur die Kenntnis der *globalen Textur*, die über große Probenbereiche mittelnd gemessen wird, sondern auch die Kenntnis der *lokalen* Textur im *Mikrobereich* ist wichtig, da Natur- und Werkstoffe oftmals einen inhomogenen Gefügeaufbau aufweisen. Die Materialeigenschaften hängen in der Regel nicht nur von der *Beanspruchungsrichtung*, sondern auch vom *Probenort* ab. So haben Schadensfälle meist lokale Ursachen. Beispielsweise unterscheidet sich die Textur an den Blechoberflächen von der Textur in der Blechmitte, oder die Textur variiert mit der Kontur des Werkstücks nach dem Tiefziehen. Lokale Texturunterschiede findet man auch zwischen der Matrix und Oberflächenbeschichtungen, Reaktionsschichten und Reibverschleißschichten, sowie zwischen der Matrix, der Wärmeeinflusszone und der Schweißnaht beim konventionellen wie beim Laser- oder Elektronenstrahlschweißen. Ein weiteres Anwendungsfeld für die Untersuchung der Textur kleiner Bereiche ist durch die fortschreitende Miniaturisierung in der Mikroelektronik und in der Mikromechanik aktuell geworden. Immer dann, wenn die Abmessungen des Werkstückes in den Bereich der Korngröße gelangen, beeinflussen die kristallographischen Orientierungen der einzelnen Körner die Werkstückeigenschaften im besonderen Maße, z. B. in dünnen Schichten, Leiterbahnen oder in Mikrobauteilen. Besonders informativ sind Untersuchungsverfahren, welche es ermöglichen, die Morphologie, die Textur und die Elementkonzentrationen als sich ergänzende Materialparameter von derselben Probenstelle und eventuell sogar simultan zu ermitteln. Eine röntgenographische Realisierung einer universellen Messanlage ist die Röntgen-Rasterapparatur.

11.5.1 Das Funktionsprinzip der Röntgen-Rasterapparatur und die energiedispersive Röntgenbeugung

Die so genannte Röntgen-Rasterapparatur basiert auf einer kommerziellen Röntgen-Texturmessanlage. Sie besteht aus einer Röntgenquelle ohne Primärstrahlmonochromator, einem Kollimatorsystem zur Erzeugung einer feinen Primärstrahlsonde, einem Zweikreisgoniometer und einer offenen Eulerwiege mit motorgesteuertem x-y-Probentisch. Die

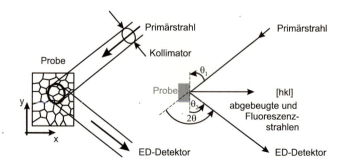

Bild 11.15: Prinzip der Texturtopographie mittels energiedispersiver Röntgenbeugung

Signalerfassung erfolgt mit einem energiedispersiven Spektrometersystem, siehe Kapitel 5.9 oder auch konventionell mit einem Proportionalzählrohr.

Für die Aufnahme von Verteilungsbildern (Kartographie, Mapping) wird die Probe durch mechanisches Verschieben mit dem x-y-Tisch gegenüber der feststehenden Primärstrahlsonde punktweise in einem vom Anwender frei vorgegebenen Rasternetz abgetastet. In jedem Messpunkt wird mit dem energiedispersiven Detektor ein Energiespektrum der abgebeugten, gestreuten sowie der durch Fluoreszenz in der Probe angeregten Strahlung aufgenommen. Die Intensitäten, die in ausgewählte Fenster des Energiespektrums fallen, werden on-line gemessen und punktweise in ein geometrisch ähnliches, vergrößertes Rasterfeld in Form von Falschfarben eingetragen. Auf diese Weise erhält man farbige Verteilungsbilder der Textur oder der Elementverteilung. Auf gleiche Weise kann auch die Lage und die Breite der Beugungspeaks ausgewertet werden. Man erhält dann Verteilungsbilder der lokalen Gitterdehnung.

Für die *Textur- und Gitterdehnungs-Kartographie* muss die globale Textur mit ihren Vorzugsorientierungen bereits im voraus bekannt sein. Daher führt man Polfigurmessungen vor der Texturmessung für die Kartographie durch [56, 55]. Ein Umsetzen der Probe ist dazu nicht erforderlich. In der Regel werden die Polfiguren von etwa 0,2 bis 4 mm großen Probenbereichen gemessen. Man gewinnt so einen Überblick über die wichtigsten Vorzugsorientierungen. Einzelne interessierende Polfigurpunkte werden dann für die Kartographie ausgewählt. Meist sind dies signifikante Maxima in der Polfigur, die eine Vorzugsorientierung in der Probe markieren. Entsprechend diesen Polfigurpunkten werden die Dreh- und Kippwinkel der Probe in der Eulerwiege eingestellt und die Verteilung der gewählten Poldichten als Funktion des Ortes durch Abrastern gemessen. Die Ortsauflösung hängt in der Texturkartographie vom Durchmesser der verwendeten Kollimatorblenden ab und reicht zur Zeit von 50 bis 100 µm. Noch kleinere Blendendurchmesser sind bei Verwendung einer konventionellen Röntgenröhre als Primärstrahlquelle aus Intensitätsgründen problematisch. Die Schrittweite des Probenmessrasters wird dabei passend zum Sondendurchmesser auf der Probenoberfläche gewählt.

Mit den Polfigur-Messdaten kann eine lokale Texturanalyse durchgeführt werden. Zur Berechnung der Orientierungs-Dichte-Funktion (ODF) kleiner Bereiche sind grundsätzlich dieselben Programme geeignet, wie sie für die Auswertung konventionell gemessener Polfiguren von [37, 38, 159] entwickelt wurden. Das Steuerprogramm der Röntgen-

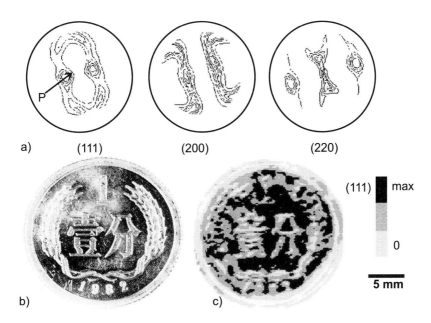

Bild 11.16: Texturtopographie eines Prägemusters a) Die Polfiguren der 1-Fen-Münze zeigen die Walztextur der Münzronde aus Aluminium. b) Prägebild einer 1-Fen-Münze (Photographische Aufnahme) c) Texturverteilung der polierten 1-Fen-Münze »im Lichte« des 111-Poles unter der Referenzrichtung P ($\alpha = 30°$, $\beta = 198{,}5°$)

Rasterapparatur ermöglicht eine besonders flexible Anpassung der Messstrategie an den Anwendungsfall in Form von flächengleichen, ausgedünnten oder partiellen Messrastern. Sie dürfen sich auf den Lagekugeln der einzelnen Polfiguren voneinander unterscheiden und unterliegen keinen Einschränkungen. Es müssen lediglich ausreichend große Bereiche auf den Lagekugeln abgedeckt werden, um die ODF berechnen zu können. Durch Kombination der rechnergesteuerten Probenkippung mit der Probentranslation lassen sich Polfiguren von ausgewählten, linien- oder streifenförmigen Probenstellen ermitteln. Die Verwendung der triklinen Probensymmetrie ist bei der Polfigur- und ODF-Darstellung für kleine Probenbereiche angezeigt, da eine in großen Probenbereichen durch den Herstellungsprozess bedingte höhere Symmetrie a priori nicht mehr vorausgesetzt werden darf.

Trotz der schnellen Weiterentwicklung elektronenmikroskopischer Texturmessverfahren [157] können lokale Texturen in einigen Anwendungsfällen nur mit einer Röntgen-Rasterapparatur ermittelt werden. Beispiele sind stark verformte, sehr feinkörnige oder für die Elektronenmikroskopie ungeeignete Proben. Insgesamt ist das auf der energiedispersiven Spektroskopie basierende Röntgen-Raster-Verfahren eine sehr vielseitige und probenschonende Methode. Die Messung erfolgt an Luft, nicht unter Vakuum. Auch nichtleitende oder nicht vakuumfeste Proben sind geeignet. Die große Schärfentiefe gestattet die Untersuchung unebener Proben über mehrere Quadratzentimeter Durchmesser. Im folgenden sollen zwei Anwendungsbeispiele diskutiert werden.

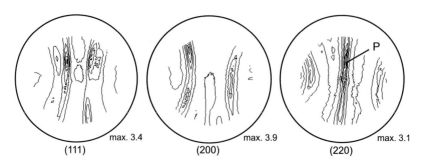

Bild 11.17: Die Polfiguren vom Nietschaft. Die Textur- und Gitterdehnungs-Verteilungsbilder wurden mit dem $(2\,2\,0)$-Reflex im Polfigurpunkt P$(\alpha = 35°,\ \beta = 83°)$ gemessen

Chinesische 1-Fen-Aluminium-Münze

Bild 11.16a zeigt das Prägebild einer chinesischen 1-Fen-Münze. Vor der Texturkartographie wurde das Prägebild durch Polieren entfernt, so dass die Schliffoberfläche spiegelglatt war. Um die globale Textur zu ermitteln, wurden im ersten Schritt Polfiguren, Bild 11.16b, integral über die gesamte Probenoberfläche aufgenommen.

Die Polfiguren, vor der Texturkartographie integrierend über die 1-Fen-Münze aufgenommen, zeigen eine Walztextur, die bei der Herstellung des Münzenrohlings erzeugt wurde. Im $(1\,1\,1)$-Texturverteilungsbild, Bild 11.16c kommt das Prägemuster der Münze als Negativ wieder deutlich zum Vorschein. Hohe Intensitäten bzw. Poldichten der für die Kaltumformung typischen Texturkomponente werden dabei durch Schwarz repräsentiert. Die ursprüngliche Walztextur der Kristallite ist durch plastische Verformung an den Rändern und an Prägelinien, wo der Prägestempel das Material zum Fließen brachte, in eine Verformungstextur transformiert worden. Ähnliche Verteilungsbilder erhält man mit anderen Beugungsreflexen $(h\,k\,l)$ und für andere Polfigurmaxima $(\alpha,\ \beta)$.

Aufgabe 22:   Gitterdehnung in einem Niet

Interpretieren Sie die Bilder 11.17 und 11.18. Es liegen hier die Texturinhomogenitäten und die lokale Gitterdehnung nach starker plastischer Verformung an einem Aluminium-Niet vor.

11.6 Die quantitative Texturanalyse

11.6.1 Die Orientierungs-Dichte-Funktion ODF

Die Kristall-Textur eines vielkristallinen, einphasigen Materials wird durch die Orientierungs-Dichte-Funktion (ODF) der den Festkörper bildenden Kristallite vollständig mathematisch beschrieben. Die ODF wurde früher auch Orientierungs-Verteilungs-Funktion OVF genannt. Die ODF $f(g)$ gibt ganz allgemein den Volumenanteil $\mathrm{d}V(g)$ derjenigen Kristallite am gemessenen Probenvolumen V an, welche innerhalb eines Intervalls $\mathrm{d}g$ die kristallographische Orientierung g bezüglich eines probenfesten (kartesischen) Koordina-

11.6 Die quantitative Texturanalyse 407

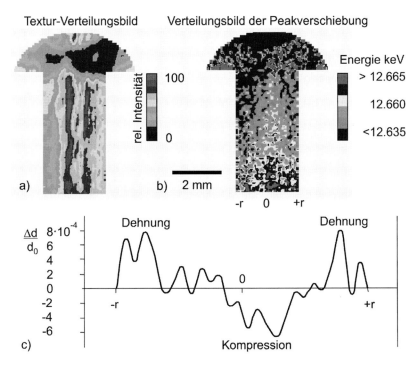

Bild 11.18: Längsschnitt durch einen Aluminium-Niet. a) Die Verteilungsbilder der Textur und b) der Peakverschiebung wurden aus dem Pol P($\alpha = 35°$, $\beta = 83°$) des (2 2 0)-Reflexes ermittelt. In c) ist die Gitterdehnung $\Delta d/d$ radial über dem Nietschaft aufgetragen

tensystems K_A haben:

$$f(g)\mathrm{d}g = \mathrm{d}V(g)/V \tag{11.9}$$

Diese Definition macht keinerlei Aussage über die Orte, Größe, Form und gegenseitige Anordnung der Kristallite, noch werden möglicherweise vorhandene Kristallbaufehler oder Spannungen in den Körnern berücksichtigt. Da die Dichte trivialerweise nicht negativ sein kann, muss für alle Orientierungsintervalle dg die Bedingung $f(g) \gtrsim 0$ erfüllt sein. Im Idealfall einer statistisch völlig regellosen Orientierungsverteilung ist überall $f(g) = \mathrm{const}$. Ferner ist die Dichtefunktion endlich. Deshalb kann sie normiert werden zu:

$$\int_g f(g)\,\mathrm{d}g = 1 \tag{11.10}$$

Regellose Orientierungsverteilungen oder nicht texturierte Proben sind äußerst selten und – etwa für Normierungszwecke – sehr schwierig herzustellen bzw. zu bekommen.

Um die kristallographische Orientierung der Kristallite in einem Festkörper angeben zu können, muss in jedem Kristalliten ein eigenes, kristallfestes Koordinatensystem K_B

festgelegt werden. Dazu kann man willkürlich ein kartesischen Koordinatensystem wählen, das allerdings auf dieselbe Weise an die Elementarzelle eines jeden Kristalliten fixiert werden muss. Bei kubisch kristallisierten Materialien sind dies üblicherweise die drei kubischen Achsen der Elementarzelle selbst, die K_B aufspannen. Für das probenfeste Bezugssystem K_A wählt man sinnvoller Weise drei orthogonale Probenrichtungen, die sich durch den Herstellungsprozess, die Anwendung oder die Eigenschaften des Materials auszeichnen. Bei einem Blech beispielsweise sind dies die Walzrichtung WR, die Querrichtung QR und die Blechnormalenrichtung NR. Die Kristallorientierung g wird dann durch die Drehung des Probenkoordinatensystems K_A in das Kristallkoordinatensystem K_B mathematisch beschrieben, Bild 11.3.

11.6.2 Symmetrien in der Texturanalyse

Entsprechend der *Kristallsymmetrie* gibt es mehrere gleichwertige Möglichkeiten, die Lage des Kristallkoordinatensystem in der Elementarzelle zu wählen. Beispielsweise kann in einem kubischen Kristall die x-Achse in 6 verschiedene Richtungen an die Würfelkanten $[1\,0\,0]$, $[0\,1\,0]$, $[0\,0\,1]$, $[\bar{1}\,0\,0]$, $[0\,\bar{1}\,0]$, $[0\,0\,\bar{1}]$ der Elementarzelle gelegt werden. Die anderen Würfelkanten sind dazu parallel. Für die y-Achse bleiben dann unter der Voraussetzung, dass das Koordinatensystem rechtshändig sein soll, jeweils noch 4 Würfelkanten zur Wahl übrig. Die z-Achsen liegen durch Bildung des Kreuzproduktes aus x- und y-Richtung fest. Insgesamt kann also die Orientierung desselben Kristalliten durch 24 verschiedene Lagen des Koordinatensystems K_B angegeben werden. Sie sind im Allgemeinen Fall durch die Symmetrieelemente g_K^i der Drehgruppe der Kristallsymmetrie miteinander verknüpft:

$$K_B^i = g_K^i \cdot K_B \tag{11.11}$$

Man erhält so wegen der Kristallsymmetrie verschiedene, aber völlig gleichwertige Orientierungsangaben für denselben Kristall:

$$g^i = g_K^i \cdot g \tag{11.12}$$

Der Herstellungsprozess oder der Einsatz des Materials kann in der Probe selbst eine weitere Symmetrie hervorrufen, die man *Probensymmetrie* nennt. Sie soll durch die Symmetrieelemente g_P^j beschrieben werden. Die Probensymmetrie braucht keine kristallographische Symmetrie zu sein, sondern kann Symmetrieachsen mit beliebiger Zähligkeit aufweisen, wie z. B. eine axiale Symmetrie in Drähten, Aufdampf- und Sputterschichten oder eine völlig regellose Symmetrie. Sie ist allerdings statistischer Natur, d.h. nur wenn die Probe aus sehr vielen Kristalliten besteht, so findet man zu allen Kristalliten mit der Orientierung g auch praktisch gleich viele, die symmetrisch dazu liegen:

$$g^j = g \cdot g_P^j \tag{11.13}$$

Alle zu g gleichwertigen Orientierungen werden also durch die Verknüpfung der Kristall- und der Probensymmetrie erhalten:

$$g^{ij} = g_K^i \cdot g \cdot g_P^j \tag{11.14}$$

11.6 Die quantitative Texturanalyse

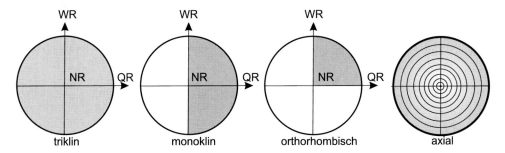

Bild 11.19: Die schraffierten Bereiche geben die asymmetrischen Einheiten in den Polfiguren für trikline, monokline, orthorhombische und axiale Probensymmetrie an

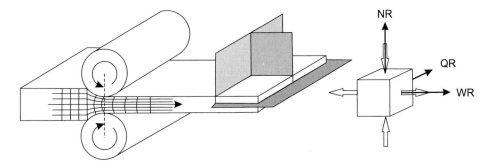

Bild 11.20: Orthorhombische Probensymmetrie mit drei Spiegelebenen (schraffiert) in Walz- (WR), Quer- (QR) und Blechnormalenrichtung (NR) beim Walzen unter der Annahme einer idealen Plain-Strain-Umformung

Die Orientierungsverteilungsfunktion muss für alle gleichwertigen Orientierungen den selben Wert haben. Es gilt daher:

$$f(g^{ij}) = f(g_K^i \cdot g \cdot g_P^i) = f(g) \tag{11.15}$$

Ein besonderer Vorteil von Polfiguren besteht darin, dass sie deutlich eine in der Probe möglicherweise vorhandene statistische Symmetrie der Textur erkennen lassen, Bild 11.19. So weist dickes Blech von kubisch kristallisierten Metallen nach symmetrischem Walzen (d.h. wenn die beiden Walzen wie üblich den selben, großen Durchmesser haben und mit der selben Geschwindigkeit rotieren) in der Mittenebene meist eine orthorhombische Probensymmetrie auf, Bild 11.20. Die Polfiguren sind dann zur Walzrichtung und zur Querrichtung näherungsweise spiegelsymmetrisch. Im Idealfall der *Plain-Strain*-Verformung fließt das Metall fast ausschließlich in der Walzrichtung, aber nur sehr wenig quer dazu in der Breite. Dabei nimmt die Dicke entsprechend ab, so dass das Volumen konstant bleibt. Wenn man beispielsweise das Blech um 180° um die Walzrichtung dreht, so bleiben alle seine Eigenschaften gleich. Ebenso ändern sich seine Eigenschaften nicht, wenn man es um die Querrichtung oder die Normalenrichtung um 180° dreht. Es müssen also praktisch gleich viele Orientierungen in der Ausgangs- und in den gedrehten

Lagen vorkommen. Dünne Bleche, Bleche nach unsymmetrischem Walzen und Bleche nach Walzen mit kleinen Walzen weichen von der orthorhombischen Probensymmetrie ab. Die Verformung im engen Walzspalt ist hier erkennbar unsymmetrisch. Der *Plain-Strain*-Verformungsvorgang ist überlagert durch Scherung an der Oberfläche infolge der Reibung des Blechs an den Walzen.

11.6.3 Parameterdarstellungen der Kristallorientierung

Eine Drehung und somit eine Kristallorientierung g kann auf verschiedene Weisen ausgedrückt werden. Im Folgenden soll nur auf die häufigsten Parameterdarstellungen eingegangen werden.

Drehmatrix

Eine Drehmatrix im dreidimensionalen kartesischen Raum enthält als Elemente die neun Richtungscosinusse g_{ij} der Achsen x_i des Kristallkoordinatensystems K_B bezogen auf die Achsen x'_j des Probenkoordinatensystems K_A:

$$g = g_{ij} = \begin{matrix} Probenachsen \\ \begin{matrix} x_1 & x_2 & x_3 \end{matrix} \\ \begin{bmatrix} g_{11} & g_{21} & g_{31} \\ g_{12} & g_{22} & g_{32} \\ g_{13} & g_{23} & g_{33} \end{bmatrix} \begin{matrix} x'_1 \\ x'_2 \\ x'_3 \end{matrix} \end{matrix} \quad \text{Kristallachsen mit} \quad g_{ij} = \cos \sphericalangle (x_i, x'_j) \quad (11.16)$$

Eine Richtung $\vec{h} = [h_1, h_2, h_3]$ im Kristall kann durch eine zu ihr parallele Richtung $\vec{y} = [y_1, y_2, y_3]$ in der Probe ausgedrückt werden durch:

$$h_1 = g_{11}y_1 + g_{12}y_2 + g_{13}y_3 \quad (11.17)$$
$$h_2 = g_{21}y_1 + g_{22}y_2 + g_{23}y_3$$
$$h_3 = g_{31}y_1 + g_{32}y_2 + g_{33}y_3 \quad \text{und umgekehrt entsprechend :}$$
$$y_1 = g_{11}h_1 + g_{21}h_2 + g_{31}h_3 \quad (11.18)$$
$$y_2 = g_{12}h_1 + g_{22}h_2 + g_{32}h_3$$
$$y_3 = g_{13}h_1 + g_{23}h_2 + g_{33}h_3$$

Die inverse Matrix einer Orientierung ist gleich ihrer transponierten Matrix:

$$[g_{ij}]^{-1} = [g_{ji}] \quad (11.19)$$

Die neun Matrixelemente sind nicht voneinander linear unabhängig. Als Winkelcosinusse im kartesischen Raum müssen sie die Orthonormierungsbedingung erfüllen:

$$g_{ij} \cdot g_{ik} = \delta_{jk} \quad \text{und} \quad g_{ij} \cdot g_{kj} = \delta_{ik} \quad (11.20)$$

Dabei ist das Kronecker-Symbol eine Kurzschreibweise für $\delta_{ik} = 1$ für $i = k$ und $\delta_{ik} = 0$ für $i \neq k$. Die Orthonormierungsbedingung besagt, dass die Spalten und Reihen der Orientierungsmatrix Einheitsvektoren darstellen, die aufeinander senkrecht stehen.

Die Matrixdarstellung ist für Rechenoperationen sehr vorteilhaft. Für die meisten Compiler stehen sehr effiziente Bibliotheksprogramme zur Verfügung. Die Resultierende g_R von aufeinander folgenden Drehungen g_1 und g_2 wird einfach durch Multiplikation der Matrizen von rechts (Man beachte die Reihenfolge) berechnet:

$$g_R = g_2 \cdot g_1 = \begin{bmatrix} g_{11}^R & g_{21}^R & g_{31}^R \\ g_{12}^R & g_{22}^R & g_{32}^R \\ g_{13}^R & g_{23}^R & g_{33}^R \end{bmatrix} = \begin{bmatrix} g_{11}^2 & g_{21}^2 & g_{31}^2 \\ g_{12}^2 & g_{22}^2 & g_{32}^2 \\ g_{13}^2 & g_{23}^2 & g_{33}^2 \end{bmatrix} \cdot \begin{bmatrix} g_{11}^1 & g_{21}^1 & g_{31}^1 \\ g_{12}^1 & g_{22}^1 & g_{32}^1 \\ g_{13}^1 & g_{23}^1 & g_{33}^1 \end{bmatrix} \quad (11.21)$$

Für den Abstand ϖ, d.h. die Differenz zweier Orientierungen

$$g^I = \left(\varphi_1^I, \Phi^I, \varphi_2^I\right) \quad \text{und} \quad g^{II} = \left(\varphi_1^{II}, \Phi^{II}, \varphi_2^{II}\right) \quad \text{gilt:}$$

$$\cos \frac{\varpi}{2} = \cos \frac{\varphi_1^I - \varphi_1^{II}}{2} \cos \frac{\varphi_2^I - \varphi_2^{II}}{2} \cos \frac{\Phi^I - \Phi^{II}}{2} - \sin \frac{\varphi_1^I - \varphi_1^{II}}{2} \sin \frac{\varphi_2^I - \varphi_2^{II}}{2} \cos \frac{\Phi^I + \Phi^{II}}{2}$$

Die $(h\,k\,l)$-$[u\,v\,w]$-Darstellung

Die in der Materialkunde weit verbreitete Darstellung der Orientierung durch zwei aufeinander stehende Referenzrichtungen $(h\,k\,l)$ und $[u\,v\,w]$ in der Probe

$$g = (hkl) \perp [uvw] \qquad (11.22)$$

steht in enger Beziehung mit der Matrixdarstellung. $(h\,k\,l)$ ist die erste und $[u\,v\,w]$ die dritte teilerfremd gemachte Spalte der Orientierungsmatrix. Die zweite Spalte gibt die dritte Bezugsrichtung an. Sie liegt implizit durch die Forderung eines rechtshändigen Probenkoordinatensystems bereits fest.

In Blechen aus kubisch kristallisierten Metallen bezeichnet (hkl) üblicherweise die Normale auf der Blechebene und [uvw] eine dazu senkrechte Referenzrichtung, meistens die Walzrichtung. Beide werden durch die teilerfremd gemachten Indizes der Richtungen im Kristallkoordinatensystem ausgedrückt.

Da im kubischen System die MILLERschen Indizes einer Netzebene gleich den Richtungsindizes der Normalen auf der Netzebene sind, werden für $(h\,k\,l)$ die MILLERschen Indizes der Netzebene genommen, die parallel zur Walzebene liegt. Für nicht kubisch kristallisierte Materialien sind die MILLERschen Indizes im Allgemeinen aber nicht gleich den Richtungsindizes der Normalenrichtung auf der Netzebene $(h\,k\,l)$. Man nimmt dann üblicherweise auch hier statt der Richtungsindizes der Normalen auf $(h\,k\,l)$ die MILLERschen Indizes $(h\,k\,l)$ der Netzebene selbst und muss sie gegebenenfalls aus den (g_{11}, g_{21}, g_{31}) der Matrixdarstellung umrechnen.

Drehachse-Drehwinkel und RODRIGUES-Vektoren

Für die eindeutige Darstellung einer Orientierung oder Drehung im dreidimensionalen Raum reichen drei voneinander unabhängige Variable aus. Daher sind die Matrixdarstellung mit *neun* und die $(h\,k\,l)[u\,v\,w]$-Darstellung mit ihren *sechs* von einander abhängigen Variablen redundant. Eine anschauliche Möglichkeit mit nur drei Parametern bietet die Angabe der Drehachse durch die sphärischen Polarkoordinaten ϑ und Ψ und durch den Drehwinkel ϖ um diese Achse:

$$g = (\vartheta,\ \Psi,\ \varpi) \tag{11.23}$$

Trägt man die Koordinaten dieses Drehvektors in einem dreidimensionalen Raum, z. B. mit ϑ, Ψ in einer stereographischen Projektion und senkrecht darauf stehend den Drehwinkel ϖ auf, so hat dieser zylinderförmige Raum eine sehr stark verzerrte Metrik. Normiert man die Länge des Drehvektors zu $\tan(\varpi/2)$, so gelangt man zum RODRIGUES-Vektor der Drehung:

$$R = g(\vartheta,\ \psi,\ \varpi) = \vec{n} \cdot \tan(\varpi/2) \tag{11.24}$$

RODRIGUES-Vektoren sind allerdings keine gewöhnlichen Drehoperatoren. Werden zwei Drehungen, die durch R_a und R_b repräsentiert werden sollen, nacheinander ausgeführt, so lautet der RODRIGUES-Vektor der resultierenden Drehung:

$$R_{ab} = \frac{R_a + R_b - R_a \times R_b}{1 - R_a \cdot R_b} \tag{11.25}$$

Der dreidimensionale RODRIGUES-Raum, in dem die drei Komponenten des RODRIGUES-Einheitsvektors als Basisvektoren eines kartesischen Raumes gewählt werden, zeichnet sich durch eine nur wenig verzerrte Metrik aus. Die Begrenzungsflächen das kleinsten asymmetrischen Teilraums sind Ebenen. Fasertexturen werden für alle Kristallsymmetrien durch Geraden im RODRIGUES-Raum wiedergegeben.

Der RODRIGUES-Raum wird bisher nur selten für die Darstellung von Orientierungsverteilungen, jedoch häufiger bei der Untersuchung von Orientierungsdifferenzen zwischen benachbarten Körnern (Missorientierungen) verwendet.

Eulerwinkel

Weit verbreitet ist die Beschreibung mit Hilfe von Euler-Winkeln. Das Probenkoordinatensystem K_A wird durch drei aufeinander folgende Drehungen in das Kristallkoordinatensystem K_B in der Orientierung g übergeführt, und zwar durch eine Drehung
- um die z'-Achse um den Winkel φ_1, dann
- um die x'-Achse um den Winkel Φ und schließlich
- um die neue z's-Achse um den Winkel φ_2.

Die Orientierung lautet in der so genannten BUNGE-Notation

$$g = (\varphi_1,\ \Phi,\ \varphi_2) \tag{11.26}$$

und die inverse Drehung (Rückdrehung) ist:

$$g^{-1} = (\pi - \varphi_2,\ \Phi,\ \pi - \varphi_1) \tag{11.27}$$

11.6 Die quantitative Texturanalyse 413

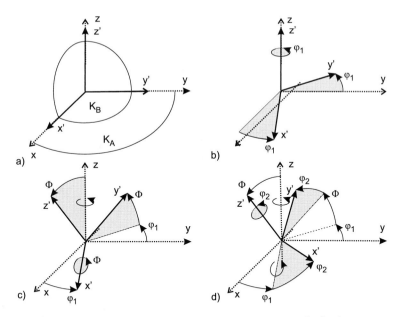

Bild 11.21: Die Definition der Eulerwinkel ($\varphi_1, \Phi, \varphi_2$) nach BUNGE [37]. a) Ausgangslage: Das Kristallkoordinatensystem K_B liegt achsenparallel zum Probenkoordinatensystem K_A. b) Das K_B wird zuerst um den Winkel φ_1 um die z'-Achse gedreht. c) Das gedrehte K_B wird dann um den Winkel Φ um die x'-Achse weiter gedreht. d) Das gedrehte K_B wird schließlich durch Drehung um den Winkel φ_2 um die z'-Achse in die Endlage gebracht

Da Drehungen mit 360° zyklisch sind, liegen alle möglichen Orientierungen in den Intervallen:

$$0 \leq \varphi_1 \leq 2\pi; \quad 0 \leq \Phi \leq \pi; \quad 0 \leq \varphi_2 \leq 2\pi \tag{11.28}$$

Hinweis: Daneben wird, besonders in den USA, die so genannte ROE-Notation der Eulerwinkel verwendet, bei der die zweite Drehung nicht um die x- sondern um die y-Achse erfolgt. Zur Unterscheidung der beiden Notationen bezeichnet man die Winkel nach ROE mit den Buchstaben:

$$g = (\Psi, \theta_R, \Phi_R) \tag{11.29}$$

Die Beziehung zwischen den beiden Euler-Notationen lautet:

$$\varphi_1 = \Psi - \pi/2; \quad \Phi = \theta_R; \quad \varphi_2 = \Phi_R - \pi/2 \tag{11.30}$$

Mit dieser Beziehung lassen sich Ergebnisse aus der Literatur ineinander umrechnen.

In der quantitativen Texturanalyse werden verschiedene Darstellungen nebeneinander verwendet. Der Anwender muss daher mit ihnen vertraut sein. In der Literatur werden Beziehungen zur Umrechnung der Orientierungen von einer Darstellung in die andere angegeben. Am wichtigsten ist der Zusammenhang zwischen den Eulerwinkeln und der Drehmatrix:

$$g(\varphi_1, \Phi, \varphi_2) = \begin{bmatrix} \cos\varphi_1\cos\varphi_2 - \sin\varphi_1\sin\varphi_2\cos\varphi & \sin\varphi_1\cos\varphi_2 + \cos\varphi_1\sin\varphi_2\cos\varphi & \sin\varphi_2\sin\varphi \\ -\cos\varphi_1\sin\varphi_2 - \sin\varphi_1\cos\varphi_2\cos\varphi & -\sin\varphi_1\sin\varphi_2 + \cos\varphi_1\cos\varphi_2\cos\varphi & \cos\varphi_2\sin\varphi \\ \sin\varphi_1\sin\varphi & -\cos\varphi_1\sin\varphi & \cos\varphi \end{bmatrix}$$

Jede der Darstellungsmethoden hat ihre spezifischen Vor- und Nachteile. So gilt die $(h\,k\,l)[u\,v\,w]$-Darstellung als die Anschaulichste, während die Matrixdarstellung aus mathematischer Sicht besonders zweckmäßig ist. Beide haben jedoch den Mangel, mit sechs bzw. neun linear voneinander abhängigen Variablen redundant zu sein. Obwohl die Angabe einer Orientierung in Eulerwinkeln recht unanschaulich ist, so hat sie sich in der quantitativen Texturanalyse dennoch durchgesetzt. Gründe dafür sind die mathematisch elegante und effiziente Darstellung der ODF beliebiger Texturen durch Reihenentwicklung in verallgemeinerten Kugelflächenfunktionen mit nur wenigen Entwicklungskoeffizienten, die relativ einfache Berechnung der ODF aus experimentellen Polfiguren nach der harmonischen Methode und die einfache Ermittlung von (gemittelten) anisotropen Materialeigenschaften mit Hilfe der C-Koeffizienten. Darauf wird weiter unter noch näher eingegangen.

Die ODF als Funktion von drei unabhängigen Variablen lautet in Eulerwinkeln:

$$\frac{\mathrm{d}V}{V} = f(g)\mathrm{d}g = f(\varphi_1, \Phi, \varphi_2) \cdot \frac{\sin\Phi}{8\pi^2} \cdot \mathrm{d}\Phi\,\mathrm{d}\varphi_1\,\mathrm{d}\varphi_2 \tag{11.31}$$

Der Faktor $\sin\Phi$ berücksichtigt die Größe des Volumenelements im Orientierungsraum und der Faktor $8\pi^2$ folgt aus der übliche Normierung der Texturfunktion:

$$\int_g f(g)\,\mathrm{d}g = 1 \tag{11.32}$$

Die regellose Orientierungsverteilung wird durch die ODF mit konstantem Wert $f(g) = 1$ im gesamten Orientierungsraum repräsentiert.

11.6.4 Der Orientierungsraum – Eulerraum

Es liegt nahe, drei linear unabhängigen Orientierungsparameter als die drei kartesischen Koordinaten eines dreidimensionalen Raumes zu verwenden. Man nennt einen derartigen Raum Orientierungsraum, und wenn im speziellen Fall die drei Eulerwinkel gewählt wurden, kurz Eulerraum. Jede mögliche Orientierung $g = g(\varphi_1, \Phi, \varphi_2)$ des Kristallkoordinatensystems K_B bezüglich eines probenfesten Koordinatensystems K_A wird dann eindeutig durch einen Punkt $(\varphi_1, \Phi, \varphi_2)$ oder durch den Endpunkt eines Vektors $(\varphi_1, \Phi, \varphi_2)$ vom Ursprung des Eulerraums wiedergegeben, Bild 11.22a. Umgekehrt gibt das Vektortripel $(\varphi_1, \Phi, \varphi_2)$ eindeutig die Lage des Kristallkoordinatensystems an.

Hinweis: Obwohl die Orientierung als dreidimensionaler Vektor im Orientierungsraum oder als 3×3-Drehmatrix aufgefasst werden kann, wird sie in der Texturanalyse meistens nicht als Vektor oder Matrix markiert, sondern wie ein einfacher Skalar g geschrieben.

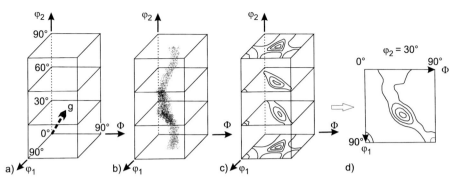

Bild 11.22: Die Darstellung von Einzelorientierungen und der Textur im Eulerraum. a) Die Orientierung g eines Einkristalls ergibt einen Punkt. b) »Orientierungswolke« aus noch unterscheidbar vielen Einzelorientierungen eines Vielkristalls. c) Kontinuierliche Orientierungs-Dichteverteilung für einen Einkristall, projiziert auf zweidimensionale Schnitte mit $\varphi_2 =$ const. d) Als Beispiel der Schnitt mit $\varphi_2 = 30°$

Verschiedene Kristallitorientierungen einer Probe, etwa aus Einzelorientierungsmessungen, häufen sich mit wachsender Anzahl zu Wolken aus diskreten Punkten im dreidimensionalen Raum, aus deren Lage und Dichte die Textur des Materials abgelesen werden kann, Bild 11.21b.

Da Punktwolken bei einer großen Zahl von Einzelorientierungen ineinander verlaufen, zieht man die Darstellung mittels Linien gleicher Dichte vor, Bild 11.22c. Dies ist speziell angebracht, wenn die Orientierungs-Dichte-Funktion als kontinuierliche Funktion aus röntgenographisch gemessenen Polfiguren berechnet wurde.

Ein dreidimensionaler Raum lässt sich nur sehr unvollkommen als ebene Figur wiedergeben. Es ist üblich, den Orientierungsraum in eine kleine Zahl von Schnitten parallel zur φ_1- oder zur φ_2-Koordinatenachse mit konstanten Intervallen in φ_1 bzw. φ_2 zu zerlegen, die Dichtewerte dazwischen auf den folgenden Schnitt zu projizieren und die Schnitte als ODF-Verteilungsbild zusammenzustellen, Bild 11.22c und d. Die Linien gleicher Dichte werden in Vielfachen einer regellosen Orientierungsverteilung angegeben.

Um häufig vorkommende Ideallagen leichter im Eulerraum und in der ODF identifizieren zu können, wurden sie in Tabellen aufgelistet sowie graphisch in Eulerschnitte eingetragen. Bild 11.22 zeigt ein ausgewähltes Beispiel. Für kubische Kristall- und orthorhombische Probensymmetrie sind in BUNGE (1993) [38] die übrigen Eulerschnitte mit $\varphi_2 =$ const. sowie mit $\varphi_1 =$ const. ausführlich dargestellt.

Der kartesische Eulerraum ist stark verzerrt. So hängen nach der Definition der Eulerwinkel für $\Phi = 0°$ die Orientierungen g nur von der Summe $\varphi_1 + \varphi_2$ ab. In der Ebene $\Phi = 0°$ gehören also alle Punkte mit gleichem $\varphi_1 + \varphi_2$ zur selben Orientierung. Die verzerrte Metrik des Eulerraums wird am Volumenelement ersichtlich:

$$\mathrm{d}g = \frac{1}{8\pi^2} \sin\Phi \mathrm{d}\Phi \, \mathrm{d}\varphi_1 \, \mathrm{d}\varphi_2 \tag{11.33}$$

Es besagt, dass im Falle einer regellosen Orientierungsverteilung mit ausreichend hoher Dichte dieselbe Anzahl von Orientierungen in jedes Volumenelement $\mathrm{d}g$ fällt. Die Verzer-

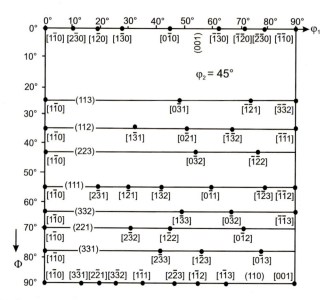

Bild 11.23: Ideale Orientierungen für kubische Kristall- und orthorhombische Probensymmetrie im Eulerschnitt mit $\varphi_2 = 45°$

rung des Eulerraums muss bei der visuellen Interpretation von ODF-Verteilungsbildern berücksichtigt werden. Man würde eine gleichmäßige Dichteverteilung bei regellosen Orientierungen in einem kartesischen Eulerraum erhalten, wenn man die zweite Koordinate nach $\eta = \cos \Phi$ transformieren würde. Das Volumenelement wäre dann:

$$\mathrm{d}g = \frac{1}{8\pi^2} \mathrm{d}\varphi_1 \, \mathrm{d}\eta \, \mathrm{d}\varphi_2 \qquad (11.34)$$

Diese Darstellung hat sich bisher jedoch nicht durchgesetzt.

Wegen der Kristallsymmetrie kann eine Kristallorientierung auf verschiedene Weise völlig gleichwertig angegeben werden. Die Probensymmetrie fordert zusätzlich die annähernd gleiche Anzahl von Kristalliten in ihren symmetrischen Lagen. Daher muss die Orientierungs-Dichte-Funktion invariant sein sowohl gegen die Drehoperationen der Kristall- als auch gegen die Drehoperationen der Probensymmetrie, Gleichung 11.15. Es genügt daher, sie nur im kleinsten symmetrieinvarianten Bereich des Orientierungsraumes, der asymmetrischen Einheit, zu betrachten, siehe Tabelle 11.1. Die Bereiche, die aus der asymmetrischen Einheit durch Anwendung der Drehoperationen der Kristall- und Probensymmetrie hervorgehen und dazu völlig äquivalent sind, können weggelassen werden. Dies verringert den Rechenaufwand für hochsymmetrische Proben erheblich. Für Materialien mit kubischer Kristallsymmetrie wird in der Regel dennoch statt der asymmetrischen eine dreimal größere, dafür aber orthorhombische Einheit verwendet. Jede Orientierung wird daher in dieser üblichen Darstellung für kubische Materialien durch drei Punkte im Eulerraum repräsentiert. Wenn zusätzlich zur kubischen Kristall- auch die orthorhombische Probensymmetrie vorliegt, umfasst diese erweiterte Einheit den Winkelbereich von $0 \leq \varphi_1, \Phi, \varphi_2 \leq \frac{\pi}{2}$. Die kleinere asymmetrische Einheit ist durch schräge

Tabelle 11.1: Die kleinsten symmetrieinvarianten Bereiche des Eulerraums in $(\varphi_1, \Phi, \varphi_2)$

Kristallsystem	Probensymmetrie		
	triklin	monoklin	orthorhombisch
triklin	$(2\pi, \pi, 2\pi)$	$(2\pi, \pi, \pi)$	(π, π, π)
monoklin	$(\pi, \pi, 2\pi)$	(π, π, π)	$(\pi, \pi/2, \pi)$
orthorhombisch	(π, π, π)	$(\pi, \pi/2, \pi)$	$(\pi/2, \pi/2, \pi)$
trigonal	$(\pi, \pi, 2\pi/3)$	$(\pi/2, \pi/2, 2\pi/3)$	$(\pi/2, \pi/2, 2\pi/3)$
tetragonal	$(\pi, \pi, \pi/2)$	$(\pi, \pi/2, \pi/2)$	$(\pi/2, \pi/2, \pi/2)$
hexagonal	$(\pi, \pi, \pi/3)$	$(\pi, \pi/2, \pi/3)$	$(\pi/2, \pi/2, \pi/3)$
kubisch	$(\pi, \pi, \pi/2)$	$(\pi, \pi/2, \pi/2)$	$(\pi/2, \pi/2, \pi/2)$

Flächen begrenzt, so dass sie schwerer zu zeichnen ist.

11.6.5 Polfigurinversion und Berechnung der Orientierungs-Dichte-Funktion

Während gewöhnliche Polfiguren durch integrale Verfahren der Röntgenbeugung direkt gemessen werden können, ist dies weder für die Orientierungs-Dichte-Funktion noch für inverse Polfiguren möglich. Sie müssen entweder aus statistisch ausreichend vielen, einzeln gemessenen Kristallitorientierungen konstruiert oder aus gewöhnlichen Polfiguren berechnet werden. Am einfachsten ist es, die Einzelorientierungen g_i als Punkte in den Orientierungsraum einzutragen. Man erhält eine graphische Darstellung der Orientierungs-Dichte-Funktion. Für inverse Polfiguren zeichnet man die aus den g_i berechneten MILLERschen Indizes $(hkl)_i$ der Netzebenen, auf denen die betrachtete probenfeste Referenzrichtung senkrecht steht, als Punkte in das Standarddreieck. Die Punktwolken lassen die Dichten der Orientierungen bzw. der Richtungen erkennen. Sie können bei einer ausreichend großen Zahl von Messwerten durch Linien gleicher Dichte zusammengefasst werden, Bilder 11.1 und 11.4.

Einzelorientierungsmessungen sind mit röntgenographischen Methoden sehr zeitaufwändig. Auch reicht die geringe Ortsauflösung in der Regel nicht aus, um technische Vielkristalle zuverlässig röntgenographisch auf Einzelorientierungen untersuchen zu können. Die Einzelorientierungsmessung bleibt daher der Elektronenbeugung und eventuell der Synchrotronbeugung vorbehalten [40, 178, 39]. Darauf wird hier nicht näher eingegangen.

Nach der Definition ist eine Polfigur eine *zwei*dimensionale Dichtefunktion der Flächenpole, die nur von den Lagen einer ausgewählten Netzebenenart $\{hkl\}$ der betrachteten i Kristallite in einem probenfesten Koordinatensystem abhängt. Wenn viele Kristallite betrachtet werden, so können die einzelnen Flächenpole weder in der selben noch in verschiedenen Polfiguren den einzelnen Kristalliten zugeordnet werden. Die Flächenpole sind ja nicht etwa nach den einzelnen Kristalliten durchnummeriert oder markiert, sondern – auch wenn die Daten aus einer Einzelorientierungsmessung stammten – zu einer statistischen Verteilung zusammengefasst worden. Eine Polfigur gibt also nur die Dichteverteilung von kristallographischen Richtungen für das gesamte Ensemble an. Sie reicht insbesondere nicht aus, um die Dichteverteilung der dreidimensionalen Kristallorientierungen zu beschreiben. Wie kann also die dreidimensionale ODF $f(g)$ aus einer oder mehreren zweidimensionalen Polfiguren P_{hkl} ermittelt werden?

Die Poldichte $P_{hkl}(\vec{y})$ in einer Richtung $\vec{y} = (\alpha,\ \beta)$ im Probenraum summiert sich aus den Volumina – d.h. messtechnisch nach geeigneten Intensitätskorrekturen aus der Beugungsintensität – aller Kristallite, deren Beugungsvektor $\vec{h}_{hkl}$ parallel zu $\vec{y}$ gerichtet ist. Eine mögliche Drehung von i Kristalliten um ihre Netzebenennormalen $\vec{h}^i_{hkl}$ wirkt sich nicht aus. Diese Volumina kann man der ODF $f(g)$ entnehmen, wenn man diejenigen Orientierungen g aussortiert, für die $\vec{h}_{hkl} \| \vec{y}$ ist. Die Poldichte $P_{hkl}(\vec{y})$ ist also ein Integral der ODF $f(g)$ entlang einem Pfad im Orientierungsraum, der durch die Bedingung $\vec{h}_{hkl} \| \vec{y}$ festgelegt ist:

$$P_{hkl}(\vec{y}) = \frac{1}{2\pi} \int_{h\|y} f(g)\, d\zeta \quad \text{mit} \quad \vec{y} = (\alpha,\ \beta) \quad \text{und} \quad g = (\varphi_1, \Phi, \varphi_2) \quad (11.35)$$

ζ umfasst die Orientierungen g mit $\vec{h}_{hkl} \| \vec{y}$, die durch Drehungen um $\vec{h}_{hkl}$ auseinander hervorgehen. Die Beziehung 11.35 nennt man *Fundamentalgleichung der Texturanalyse*. Die Ermittlung der ODF aus Polfiguren heißt *Polfigurinversion*. Sie läuft mathematisch auf die Umkehrung der Integralgleichung 11.35 hinaus.

Da eine einzige Polfigur als zweidimensionale Projektion der dreidimensionalen ODF die Orientierungsverteilung nicht komplett wiedergeben kann, muss die fehlende Information von weiteren Polfiguren, die zum selben Probenvolumen gehören, beigesteuert werden. Sie sind ihrerseits Integrale der ODF, jedoch entlang anderer Pfade im Orientierungsraum. Um die Orientierungsverteilung vollständig und eindeutig aus Polfiguren rückprojizieren zu können, wären die Polfiguren für alle Kristallrichtungen $\vec{h}_{hkl}$, d.h. unendlich viele Polfiguren $P_{hkl}(\vec{y})$ erforderlich. Dies ist grundsätzlich nicht möglich, schon weil die Anzahl der messbaren BRAGGschen Reflexe $(h\,k\,l)$ diskret und endlich ist. Es wurden bisher drei verschiedene Wege beschritten, die Polfigurinversion als Grundaufgabe der quantitativen Texturanalyse zumindest in guter Näherung zu lösen.

Die Komponentenmethode

Wenn eine reale Textur aus wenigen, sich mehr oder weniger stark überlagernden Vorzugsorientierungen besteht, so kann sie durch Zerlegung in Texturkomponenten interpretiert werden. Die Form der Texturkomponenten im Orientierungsraum kann sehr verschieden sein. Mit Modellfunktionen werden sphärische oder elliptische Dichteverteilungen um einzelne $(h\,k\,l)$-$[u\,v\,w]$-Vorzugsorientierungen, GAUSS- oder LORENTZförmig abfallende Verteilungen sowie komplizierte schlauchförmige Verteilungen simuliert.

Dieser Ansatz wurde in einem interaktiv arbeitenden Rechenprogramm, MulTex von HELMING [74, 75], realisiert. Die Komponentenparameter werden interaktiv und sukzessive durch Einblenden in die experimentellen Polfiguren auf dem Monitorschirm des Personalcomputers abgeschätzt und so angepasst, dass die stärksten Dichtemaxima in den experimentellen Polfiguren durch die gewählten Komponenten möglichst gut erfasst werden. Dabei zeigen Differenzpolfiguren die Poldichten an, die in den einzelnen Iterationsschritten noch nicht berücksichtigten wurden. Anschließend werden die Lagen und Volumenanteile der ermittelten Texturkomponenten mittels nichtlinearer Optimierung verbessert.

Die Komponentenmethode eignet sich besonders gut für den Neuling auf dem Texturgebiet, da sie einen tiefen Einblick in die Zusammenhänge der Texturanalyse ermöglicht und anschaulich sehr gut interpretierbare Ergebnisse liefert. Die Texturdaten werden auf die wenigen Parameter reduziert, die zur Beschreibung der Vorzugsorientierungen $(h\,k\,l)[u\,v\,w]$ bzw. der Faserkomponenten $\langle u\,v\,w\rangle$ mit ihren Streubreiten und Volumenanteilen sowie eines regellosen Untergrunds (= Phon) notwendig sind. Mit dieser auf das Wesentliche konzentrierten Information können Finite Elementrechnungen besonders effizient durchgeführt werden. Die Komponentenmethode eignet sich gut für die Analyse scharfer Texturen, Texturen von dünnen Schichten auf einkristallinen Substraten und Texturen von mehrphasigen Materialien. Sie ist allerdings kein automatisch arbeitendes Verfahren und baut wesentlich auf die Erfahrung des Anwenders auf. Die Interpretation wird mit zunehmender Zahl von Komponenten schwieriger und weniger eindeutig.

Die direkten Methoden

In den direkten Methoden werden sowohl die Polfiguren als auch die Orientierungs-Dichte-Funktion diskretisiert, indem sie in kleine Zellen unterteilt und diesen diskrete Belegungswerte zugeteilt werden. Die Zelleinteilung erfolgt meist in festen, äquidistanten Winkelschritten von wenigen Grad in $y = (\alpha,\ \beta)$ und in $g = (\varphi_1,\ \Phi,\ \varphi_2)$, um ein für die Numerik einfaches Winkelraster zu erhalten. Sinnvoller wäre eine Unterteilung der Polfiguren in möglichst flächengleiche, kleine Segmente und eine Unterteilung des Orientierungsraumes in Elementarvolumina,

$$\Delta g = \frac{\sin \Phi}{8\pi^2} \cdot \Delta\varphi_1 \cdot \Delta\Phi \cdot \Delta\varphi_2 \tag{11.36}$$

deren Größe der verzerrten Metrik des Eulerraums Rechnung trägt. Geht man von kontinuierlichen Messwerten aus, so wird über die Poldichten, die in eine Zelle $y + \Delta y$ fallen, gemittelt und ihr dieser Mittelwert $P_h(y)$ zugeordnet. Ebenso erhält jedes Elementarvolumen $g + \Delta g$ im Orientierungsraum einen Mittelwert $f(g)$ zugewiesen. Die Poldichte einer Zelle erhält man durch Projektion der ODF entlang eines bestimmten Pfades im Orientierungsraum, welcher die Rotation der Probe um die Flächennormale $\vec{h}$ während der Polfigurmessung wiedergibt. In diskreter Schreibweise wird dies ausgedrückt durch:

$$P_h(y) = \frac{1}{N} \sum_{i=1}^{N} f(g_i) \quad \text{mit} \quad g_i \to y \quad \text{auf dem Pfad} \tag{11.37}$$

Der Pfad hängt von der Kristallstruktur und dem Gittertyp, dem Beugungsreflex $(h\,k\,l)$ und den Polarwinkeln $y = (\alpha,\ \beta)$ auf der $(h\,k\,l)$-Polfigur ab. Er kann als Datentabelle (Look-up Tabelle) für jede Zelle der betrachteten Polfiguren und den zugeordneten Elementarvolumina der ODF sowohl für die Hin- als auch für die Rücktransformation aus geometrischen Überlegungen berechnet und abgespeichert werden. Gleichung 11.37 stellt somit ein lineares Gleichungssystem dar, dessen Lösung die ODF $f(g)$ liefert. Dazu ist die Inversion einer sehr großen Matrix nötig. Das Gleichungssystem ist unterbestimmt, weil die experimentell verfügbaren Polfigurdaten begrenzt sind. Hinzu kommen ungenaue oder zum Teil widersprüchliche experimentelle Daten. Es müssen also Zusatzannahmen gemacht werden. Die direkte Inversion des Gleichungssystems ist grundsätzlich möglich, wenn man sich auf Kosten einer gewünschten Genauigkeit auf ein grobes Winkelraster im Orientierungsraum beschränkt, dies ist die so genannte Vektormethode.

An Gleichung 11.37 sieht man, dass weder negative Poldichten noch Orientierungsdichten auftreten können und dass Bereiche, in denen die Poldichten Null sind, auch verschwindende Orientierungsdichten zur Folge haben. Die direkten Methoden erfüllen also bereits implizit als Nebenbedingungen die Forderung nach Positivität der Pol- und Orientierungsdichten und von Nullbereichen in der ODF.

Schwierigkeiten bei der Auswertung von unvollständigen experimentellen Polfiguren lassen sich durch Iterationsverfahren umgehen. Dazu kann in einer ersten Näherung eine ODF $f_0(g)$ konstruiert werden, indem man aus allen verfügbaren Polfigurdaten durch numerische Summation für die Elementarvolumina $g + \Delta g$ Mittelwerte der $f_0(g + \Delta g)$ bildet. Mit Hilfe der Ausgangs-ODF $f_0(g)$ werden dann die unvollständigen, experimentellen Polfiguren durch Rücktransformation zu vollständigen Polfiguren ergänzt. Mit diesen werden in den nächsten Iterationen durch Inversion verbesserte Näherungen der ODF berechnet. Man überschreibt sinnvoller Weise in den rückgerechneten Polfiguren jedes Mal die gemessenen Bereiche durch die Messwerte. Kommerziell werden zwei Varianten der diskreten Methode angeboten, die WIMF-Methode (Williams-Imhof-Matthies-Vinel) [113] nach MATTHIES, VINEL und WENK sowie die ADC-Methode (Arbitrary Defined Cells) nach IMHOFF, PAWLICK und POSPIECH [129]. In der ADC-Methode erfolgt die Projektion und Rückprojektion nicht entlang von Linien, sondern entlang von Schläuchen im Orientierungsraum. Auf die Details kann an dieser Stelle nicht eingegangen werden [113, 129].

Die diskreten Methoden weisen einige Vorteile auf. In den Algorithmus lassen sich auf einfache Weise Zusatzbedingungen einbauen. A priori sind dies bereits die Positivität sowohl der Werte für die Poldichten als auch für die Orientierungsdichten. Kristall- und Probensymmetrien können einfach berücksichtigt werden, denn sie stecken in den Lookup Tabellen für die Hin- und Rücktransformation.

Die diskreten Methoden zeigen aber auch Nachteile. So ist jede Änderung der Winkelauflösung in den Polfiguren oder in der ODF mit einer Neuberechnung der Look-up Tabellen verbunden. Hohe Winkelauflösungen in den Polfiguren und in der ODF erfordern die Lösung von übermäßig anwachsenden Gleichungssystemen. Bei 5° Schrittweite sind bereits rund 120 000 diskrete Werte in der ODF zu berücksichtigen. Die diskreten Verfahren sind numerisch fehleranfällig, insbesondere wenn die experimentellen Daten ungenau oder in sich leicht inkonsistent sind, wie dies bei der Polfigurmessung häufig der Fall ist. Ursachen dafür können ungenügende Absorptions- und Defokussierungskorrekturen bei der Polfigurmessung, aber vor allem Texturen sein, die lateral und/oder in der Tiefe inhomogen sind. Da die experimentellen Polfiguren als Folge der FRIEDELschen Regel stets ein Inversionszentrum zeigen, d.h. $(\overline{h}\,\overline{k}\,\overline{l})$ von $(h\,k\,l)$-Reflexen nicht unterschieden werden können, tritt auch bei den diskreten Methoden das Geisterproblem auf, so dass die ODF grundsätzlich nicht eindeutig bestimmt werden kann. Dieses Problem tritt in den diskreten Methoden aber nicht auffällig in Erscheinung, weil in der Regel bereits eine Nullbereichsbedingung für die ODF implizit berücksichtigt wird. Theoretisch schwer zu beantworten ist die Frage, ob die Iteration mit diskreten Werten in allen Fällen zu einem stabilen Ergebnis konvergiert. Da die Ergebnisse in Form von diskreten Datensätzen für die Polfiguren und die ODF anfallen, sind sie mit einigen hunderttausend Einzelwerten unhandlich und unübersichtlich. Sie werden daher öfters in einer abschließenden Reihenentwicklung der ODF in die effizientere Darstellung nach C-Koeffizienten der harmonischen Methode überführt.

Die harmonische Methode oder Reihenentwicklungsmethode

Eine elegante Lösung der Umkehrung der Fundamentalgleichung der Texturanalyse erhält man, wenn der Integrand durch verallgemeinerte Kugelfunktionen

$$T(g) = T_l^{mn}(\varphi_1, \Phi, \varphi_2) = \exp \imath(m\varphi_1 + n\varphi_2)\, P_l^{mn}(\cos \Phi) \tag{11.38}$$

und die Polfiguren durch Kugelflächenfunktionen dargestellt werden, Gleichung 11.39

$$k_l^m(\alpha, \beta) = \frac{1}{\sqrt{2\pi}} \exp \imath(m\beta) P_l^m(\cos \beta) \tag{11.39}$$

Die P_l^{mn} sind verallgemeinerte und die P_l^m zugeordnete Legendre-Polynome.
l, m und n sind ganzzahlige Laufindizes. Kugelflächenfunktionen werden in der Quantenmechanik als Lösung der Schrödinger-Gleichung für das Wasserstoffatom verwendet, um die Elektronenorbitale zu beschreiben. Sie sind daher in Tabellenwerken und als Bibliotheksfunktionen für verschiedene Compiler bereits verfügbar. Die theoretischen Grundlagen und Einzelheiten der harmonischen Methode wurden sehr ausführlich von BUNGE [38] dargestellt. Daher soll hier nur das Prinzip erläutert werden.

Die verallgemeinerten Kugelfunktionen $T_l^{mn}(g)$ und auch die Kugelflächenfunktionen $k_l^m(\alpha, \beta)$ bilden je ein orthonormiertes Funktionssystem, das als Basis für eine Reihenentwicklung verwendet werden kann, ähnlich wie die trigonometrischen Funktionen die Basis in der bekannten Reihenentwicklung nach Fourier bilden. Führt man die Reihenentwicklungen aus, so wird

$$f(\varphi_1, \Phi, \varphi_2) = \sum_{l=0}^{\infty} \sum_{m=-l}^{l} \sum_{n=-l}^{l} C_l^{mn} T_l^{mn}(\varphi_1, \Phi, \varphi_2) \quad \text{und} \tag{11.40}$$

$$P_h(\alpha, \beta) = \sum_{l=0}^{\infty} \sum_{n=-l}^{l} F_l^n(hkl)\, k_l^n(\alpha, \beta) \tag{11.41}$$

Einsetzen in die Fundamentalgleichung der Texturanalyse ergibt den Zusammenhang zwischen den Entwicklungskoeffizienten $F_l^n(hkl)$ und C_l^{mn}:

$$F_l^n(hkl) = \frac{4\pi}{2l+1} \sum_{m=-l}^{l} C_l^{mn} \, k_l^{m\,*}(\alpha, \beta) \tag{11.42}$$

Da die Kugelflächenfunktionen ein orthogonales Funktionensystem bilden, können die F-Koeffizienten ohne großen Aufwand aus genügend vielen verschiedenen experimentell gemessenen Polfiguren

$$P_h(\alpha, \beta) = \sum_{l=0}^{\infty} \sum_{n=-l}^{l} F_l^n(hkl) k_l^n(\alpha, \beta) \tag{11.43}$$

durch Integration über alle Richtungen (α, β) berechnet werden:

$$F_l^n(hkl) = \int_\beta \int_\alpha P_{hkl}(\alpha, \beta) \, k_l^{m\,*}(\alpha, \beta) \, \sin\alpha \, d\alpha \, d\beta \tag{11.44}$$

Wenn die Koeffizienten $F_l^n(hkl)$ bekannt sind, können die Entwicklungskoeffizienten C_l^{mn} durch Auflösen des linearen Gleichungssystems 11.45 berechnet werden.

$$F_l^n(hkl) = \frac{4\pi}{2l+1} \sum_{m=-l}^{l} C_l^{mn} \, k_l^{m\,*}(\alpha, \beta) \tag{11.45}$$

Dann ist die Orientierungs-Verteilungs-Funktion $f(\varphi_1, \Phi, \varphi_2)$ bestimmt und die Orientierungsdichte kann für jede Orientierung $(\varphi_1, \Phi, \varphi_2)$ angegeben werden. Ebenso kann nach der Fundamentalgleichung 11.35 jede beliebige, auch experimentell nicht gemessene oder nicht messbare, Polfigur aus $f(g)$ berechnet werden.

Die bis jetzt behandelte Reihenentwicklung gilt ganz allgemein. Sie berücksichtigt noch nicht die Symmetriebeziehung, die aus der Kristall- und Probensymmetrie folgt, vgl. Kapitel 11.6.2. Liegt eine Symmetrie vor, so sind die Entwicklungskoeffizienten $F_l^n(hkl)$ und C_l^{mn} nicht mehr linear unabhängig. Die Kristall- und Probensymmetrie kann bereits durch eine Modifikation der Kugelfunktionen in der Reihenentwicklung berücksichtigt werden. Man führt dazu die symmetrisierten Kugelfunktionen $\overset{..}{T}_l^{\mu\nu}(\varphi_1, \Phi, \varphi_2)$ ein, wobei der Doppelpunkt links über dem T die Kristall- und der Punkt rechts die Probensymmetrie, die griechischen Laufindizes μ und ν den Übergang zu den symmetrisierten Funktionen markieren sollen. Die Zahl der linear unabhängigen Entwicklungskoeffizienten $C_l^{\mu\nu}$ und damit der Rechenaufwand reduziert sich durch die Symmetrisierung erheblich. In der Tabelle 11.2 ist die Anzahl der C_l^{mn} im Allgemeinen Fall der Anzahl der $C_l^{\mu\nu}$ gegenüber gestellt, die man zur Beschreibung von $f(g)$ bis zum Entwicklungsgrad L_{max} im Falle der kubischen Kristall- und orthorhombischen Probensymmetrie benötigt.

Die Anzahl der m-Indizes im Allgemeinen Fall und die der μ-Indizes im Fall kubischer Kristallsymmetrie ist in Bild 11.24 in Abhängigkeit von l angegeben. Sie sind gleich der Anzahl der zu lösenden linearen Gleichungen, 11.45 im System und somit gleich

11.6 Die quantitative Texturanalyse

Tabelle 11.2: Die Anzahl der C-Koeffizienten für triklin-trikline und für kubisch-orthorhombische Symmetrie in Abhängigkeit vom Reihenentwicklungsgrad L_{max}

Reihenentwicklungsgrad L_{max}	triklin-triklin C_l^{mn}	kubisch-orthorhombisch C_l^{mn}
0	1	1
4	165	4
10	1 771	24
16	6 545	79
22	16 215	186

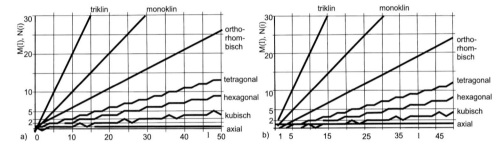

Bild 11.24: Die Zahl $M(l)$ bzw. $N(l)$ der linear unabhängigen Gleichungen als Funktion des Reihenentwicklungsgrades l für verschiedene Kristall- bzw. Probensymmetrien. Sie geben die Anzahl der notwendigen Polfiguren an, die man für die Reihenentwicklung bis zum Grad $L_{\max} = l$ benötigt (links für gerade l, rechts für ungerade l)

der Anzahl der notwendigen experimentellen Polfiguren, um die Reihenentwicklung der Funktion $f(g)$ bis zur Ordnung L_{max} durchzuführen.

Stehen weniger experimentelle Polfiguren zur Verfügung, so muss die Reihenentwicklung bei L_{max} abgebrochen werden. Da die Anzahl der experimentell verfügbaren Polfiguren stets begrenzt ist, erhält man somit nur eine Näherung für $f(g)$ mit einem entsprechenden Abbruchfehler.

Mit den Texturkoeffizienten $C_l^{\mu\nu}$ können beliebige $(h\,k\,l)$-Polfiguren $P_{hkl}(\alpha,\beta)$ berechnet werden, also auch solche, die nicht gemessen wurden. Ferner können die – unvermeidbaren – experimentellen und die Reihenabbruchfehler abgeschätzt werden, indem man jede experimentelle mit der berechneten Polfigur vergleicht, etwa indem man ihre Differenzpolfigur bildet:

$$\Delta P_{hkl}(\alpha,\beta) = P_{hkl}^{\exp}(\alpha,\beta) - P_{hkl}^{berechnet}(\alpha,\beta) \qquad (11.46)$$

Im Idealfall sollten die Differenzpolfiguren für alle gemessenen (α,β) Null sein.

Der Abbruch der Reihenentwicklung mit L_{max} hat nicht nur Nachteile zur Folge, sondern kann sich als Rauschfilter sehr positiv auf experimentelle Daten auswirken. Man erhält gute Resultate für die ODF $f(g)$ selbst mit gestörten oder leicht inkonsistenten

Eingangsdaten wie z. B. infolge von niedrigen Beugungsintensitäten, verrauschten Signalen oder schlechter Kornstatistik, das heißt wenn das Probenvolumen statistisch wenige, große Körner enthält, siehe Kapitel 5.3. Bei der Anwendung der Reihenentwicklungsmethode setzt man stillschweigend voraus, dass die ODF $f(g)$ eine glatte, stetige Funktion ist. Für die Analyse einer Textur, die sich aus sehr wenigen scharfen Vorzugsorientierungen zusammensetzt, ist die Reihenentwicklungsmethode weniger gut geeignet.

Wegen der FRIEDELschen Regel weisen Röntgenbeugungsdiagramme stets ein Inversionszentrum am Ort des Nullstrahls auf. Daher können $(h\,k\,l)$ nicht von $(\overline{h}\,\overline{k}\,\overline{l})$ Reflexen und insbesondere die linkshändigen nicht von den rechtshändigen Formen enantiomorpher Kristalle unterschieden werden. Daraus folgt, dass die Texturfunktion für die links- und für die rechtshändige Variante des Kristallsystems gleich sein muss. Wegen der Überlagerung der $(h\,k\,l)$ mit den $(\overline{h}\,\overline{k}\,\overline{l})$-Reflexen werden experimentell nur reduzierte Polfiguren gemessen:

$$\tilde{P}_{(hkl)}(y) = \frac{1}{2}\left[P_{(hkl)}(y) + P_{-(hkl)}(y)\right] \tag{11.47}$$

Daraus erhält man die *reduzierte* ODF $\tilde{f}(g)$, die nur Reihenentwicklungskoeffizienten mit geraden l enthält. Die C-Koeffizienten mit ungeradem l können aus experimentellen Polfiguren nicht direkt bestimmt werden. Die ODF $f(g)$ ist also zunächst um einen additiven Anteil $\tilde{f}^*(g)$ unbestimmt, der durch die C-Koeffizienten mit ungeradem l zu beschreiben wäre:

$$f(g) = \tilde{f}(g) + \tilde{f}^*(g) \geq 1 \tag{11.48}$$

Es sind verschiedene Funktionen $\tilde{f}^*(g)$ denkbar, die zu $\tilde{f}(g)$ addiert dieselben Polfiguren $\tilde{P}_{(hkl)}(y)$ ergeben würden. Die Forderung, dass $f(g)$ stets positiv ist, schränkt jedoch ihre Variationsbreite bereits erheblich ein.

Sowohl der Abbruch der Reihenentwicklung bei einem endlichen L_{max} als auch die Beschränkung auf C-Koeffizienten mit geraden l führt zu einer Verfälschung der berechneten ODF $f(g)$. Es treten kleine Maxima und Minima auf, die Vorzugsorientierungen vortäuschen können, so genannte *Geister*. Die Reihenabbruchfehler sind weniger gravierend. Die Texturmessung erfolgt mit einer relativ großen Primärstrahlapertur, um möglichst alle Kristallite unterschiedlichster Orientierung zu erfassen. Dies führt bereits experimentell zu einer gewisse Verschmierung der Orientierungsverteilung. Man darf sie in Kauf nehmen, da Vorzugsorientierungen sehr selten um weniger als einige Grad um die Maximallage streuen. In diesem Streubereich gehen die Abbruchfehler unter. Anders die Geister infolge der nicht bestimmten ungeraden C-Koeffizienten. Sie können um große Winkel gegenüber den wahren Vorzugsorientierungen verschoben sein und merklich durch positive und negative Dichten ins Gewicht fallen. Für die Berechnung der anisotropen, zentrosymmetrischen Tensoreigenschaften reichen die C-Koeffizienten mit geraden l aus, nicht jedoch für die Ermittlung polarer Eigenschaften (z. B. Materialien mit Piezoeffekt).

Eine wirksame Methode der approximativen Bestimmung der C-Koeffizienten mit ungeraden l besteht darin, dass in der Reihenentwicklung von der Positivität von $f(g)$ als Zusatzbedingung unmittelbar Gebrauch gemacht wird. Da sowohl Polfiguren als auch die ODF Dichtefunktionen sind, dürfen sie keine negativen Werte aufweisen. Es kann ja keine negativen Volumenanteile von Körnern mit Orientierungen g geben. Wenn sie dennoch auftreten, so handelt es sich entweder um Messfehler oder um numerische Fehler. Sie müssen daher auf positive Werte korrigiert werden. Moderne Rechenprogramme zur Polfigurinversion gehen iterativ vor. Im ersten Iterationsschritt wird aus den experimentellen Polfiguren eine grobe Ausgangsnäherung der ODF $f(g)$ berechnet. In der so genannten *Positivitätsmethode* [47] werden nun alle negativen Werte von $f(g)$ auf einen positiven Wert (z. B. = 0) gesetzt. Mit dieser korrigierten ODF $f(g)$ werden Näherungen für die experimentellen Polfiguren berechnet. Sie sind nun vollständig, weisen aber eventuell ebenfalls negative Werte auf. Alle negativen Werte werden wiederum gleich = 0 (oder auf einen positiven Wert) gesetzt. Ferner werden mit den experimentell gemessenen Poldichten die entsprechenden Werte in den rückgerechneten Polfiguren überschrieben, um eine möglichst gute Übereinstimmung mit den gemessenen Polfiguren zu erzwingen. Im nächsten Iterationsschritt wird die ODF $f(g)$ mit den so korrigierten, vollständigen Polfiguren erneut berechnet. Die Berechnung der Polfiguren, ihre Korrektur und Berechnung der ODF unter Berücksichtigung der Positivität wird mehrfach wiederholt. Nach wenigen Iterationen stabilisiert sich das Ergebnis und man erhält eine approximierte ODF, die durch C-Koeffizienten sowohl mit geraden als auch ungeraden l beschrieben wird. Die Iteration wird abgebrochen, sobald die Abweichungen zwischen den experimentellen und den rückgerechneten Polfiguren sowie die Summe der negativen Dichten vorgegebene Schranken unterschreiten. Die gute Übereinstimmung der experimentellen mit den berechneten Polfiguren ist letztlich das entscheidende Kriterium für die Güte der so erhaltenen ODF $f(g)$.

Diese Vorgehensweise setzt keine vollständigen, experimentellen Polfiguren voraus. Sind die Polfiguren unvollständig gemessen worden, enthalten sie aber noch ausreichend große mit Messdaten gefüllte Bereiche, so dass alle möglichen Orientierungen eindeutig erfasst werden [74], dann brauchen lediglich im ersten Iterationsschritt die Poldichten in den nicht gemessenen Bereichen auf einen konstanten Wert (z. B. = 0) gesetzt zu werden. Die nicht gemessenen Bereiche brauchen selbstverständlich nicht in allen Polfiguren gleich zu sein. Dies ist besonders vorteilhaft bei der Polfigurmessung mit einem Flächendetektor. Dann weisen die $(h\,k\,l)$-Polfiguren aus einer Messreihe in Reflexion unterschiedlich breite, nicht gemessene Ränder und eventuell zusätzlich nicht gemessene Polkappen um $\alpha = 0°$ auf.

Mit der Positivitätsmethode kann der experimentell unbestimmbare Bereich der Texturkoeffizienten $C_l^{\mu\nu}$ wesentlich verkleinert werden. Sie ermöglicht es, mit einem höheren Reihenentwicklungsgrad zu rechnen als es durch den Wert der linear unabhängigen Funktionen und der Zahl der experimentell verfügbaren Polfiguren eigentlich möglich wäre, siehe Bild 11.24. Im Extremfall ist es bei kubischer Kristall- und orthorhombischer Probensymmetrie sogar möglich, mit nur einer vollständigen Polfigur eine relativ gute Näherung für die ODF f(g) zu berechnen.

Für die praktische Berechnung der ODF muss der Reihenentwicklungsgrad unter Beachtung des Tensorranges der interessierenden Materialeigenschaft festgelegt werden. Generell benötigen scharfe Texturen mit hohen und schmalen Peaks einen höheren Reihenentwicklungsgrad $L_{\max}$ als flache Texturen, um auch die feinen Details zu erfassen. Dieses Verhalten kennt man auch von anderen Reihenentwicklungsverfahren in der Mathematik und speziell von Fouriertransformationen in der Signal- und Bildverarbeitung.

Tabelle 11.3: Die wichtigsten Komponenten der Walztextur von kfz-Metallen

Bezeichnung der Komponente	Indizierung $\{h\,k\,l\}\langle u\,v\,w\rangle$	Eulerwinkel $(\varphi_1, \Phi, \varphi_2)$
Kupferlage	$\{1\,1\,2\}\langle 1\,1\,1\rangle$	(90°, 35°, 45°)
S-Lage	$\{1\,2\,4\}\langle 2\,1\,1\rangle$	(59°, 29°, 63°)
Messing-Lage	$\{1\,1\,0\}\langle 1\,1\,2\rangle$	(35°, 45°, 0°)
Goss-Lage	$\{1\,1\,0\}\langle 0\,0\,1\rangle$	(90°, 45°, 0°)

Einen Hinweis auf die Konvergenz der Reihenentwicklung gibt der Verlauf der gemittelten Absolutwerte der Texturkoeffizienten

$$\overline{C_l^{\mu\nu}} = \frac{1}{M(l)\cdot N(l)} \sum_{\mu=1}^{M(l)} \sum_{\nu=1}^{N(l)} |C_l^{\mu\nu}| \tag{11.49}$$

in Abhängigkeit von l. Für zu kleine l weist der Verlauf Sprünge auf. Er flacht ab und wird glatt, wenn $L_{\max}$ ausreichend groß gewählt wird.

Für kubische Kristallsymmetrie werden üblicherweise die Polfiguren für die ersten drei hkl-Reflexe mit großem Strukturfaktor in Schrittweiten von $\Delta\alpha$ und $\Delta\beta$ zwischen 2° und 5° gemessen. Das sind die (1 1 1)-, (2 0 0)- und (2 2 0)-Polfiguren für kubisch flächenzentrierte Materialien und die (1 1 0)-, (2 0 0)- und (2 1 1)-Polfiguren für kubisch raumzentrierte Materialien. Die Reihenentwicklung wird dann meist bis zur Ordnung $L_{max} = 22$ durchgeführt.

Bewertung

Da in der Technik die Walztexturen von Metallen mit kubischer Kristallsymmetrie besonders wichtig sind und eingehend untersucht wurden, hat man für die wichtigsten Komponenten Kurzbezeichnungen eingeführt. Sie geben für kubisch flächenzentrierte Metalle Ideallagen, Tabelle 11.3, und für kubisch raumzentrierte Metalle Fasertexturen oder Orientierungsfasern, Tabelle im Bild 11.25, an. Diese idealisierten Vorzugsorientierungen sind nur grobe Näherungen, um die im Realfall die Textur erheblich streuen kann.
An dieser Stelle muss hervorgehoben werden, dass nicht nur das Vorhandensein und die Stärke gewisser Vorzugsorientierungen für die Beurteilung der Textur wesentlich sind, sondern auch das Fehlen oder die Unterrepräsentanz von Texturkomponenten im Vergleich zu einer regellosen Orientierungsverteilung. Wenn beispielsweise Körner mit Orientierungen im Gefüge fehlen, deren Gleitsysteme günstig zu einer äußeren Beanspruchungsrichtung liegen, so kann die plastische Verformung erheblich behindert sein. Ebenso werden die Rekristallisation und die Gefügeausbildung bei einer Glühbehandlung durch das Fehlen bestimmter Orientierungen im Ausgangsmaterial beeinflusst. Es genügt also in der Regel nicht, die Stärke einiger weniger Vorzugsorientierungen als Charakteristikum der Textur anzugeben. Abgesehen davon ist die Angabe der Stärke von Texturkomponenten als quantitatives Maß schwer nachvollziehbar. Sie hängt unter anderem von den zugrunde ge-

Bezeichnung der Faser	Verlauf zwischen den Ideallagen
α	{001}<110> und {111}<1$\bar{1}$0>
γ	{111}<1$\bar{1}$0> und {111}<112>
η	{001}<100> und {011}<100>
ε	{001}<110> und {111}<112>
β	{112}<1$\bar{1}$0> und {$\bar{1}\bar{1}$ 11 $\bar{8}$}<4 4 $\bar{11}$>

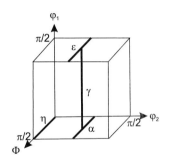

Bild 11.25: Die wichtigsten idealen Faserkomponenten der Walztextur von kubisch raumzentrierten Metallen werden mit griechischen Buchstaben bezeichnet. Sie liegen auf geraden Linien im Eulerraum

legten Modellfunktionen (z. B. Kugeln, Rotationsellipsoide im Orientierungsraum), dem Abklingverhalten der Modellfunktionen und dem verwendeten Orientierungsraum ab. So kann die Angabe von Volumenanteilen für die identifizierten Texturkomponenten an der Gesamttextur selbst für dieselbe Probe irreführend sein, wenn die Modellfunktionen nicht an die tatsächlich vorliegenden Formen der einzelnen Komponenten angepasst werden. Dass die Angabe eines Texturindex als Verhältnis der Intensitäten von Beugungspeaks aus einem $\theta - 2\theta$-Scan ungeeignet ist, wurde bereits in Kapitel 11.3 diskutiert.

Ein Vorteil der Reihenentwicklungsmethode besteht darin, dass keine speziellen Modellfunktionen für Vorzugsorientierungen verwendet werden und dennoch eine effiziente quantitative Beschreibung, sowohl der Maxima als auch der Minima, der vollständigen Orientierungsdichteverteilung in Form der C-Koeffizienten erzielt wird. Graphisch wird dies durch die Darstellung der (berechneten) Polfiguren und der Orientierungs-Dichtefunktion mittels Linien gleicher Belegungsdichte erreicht, die auf Vielfache der regellosen Orientierungsverteilung normiert werden. Zweckmäßig ist dabei die explizite Markierung des 1-Niveaus, d.h. des Niveaus, das der regellosen Textur entspricht.

Die Reihenentwicklungsmethode hat bisher mit Abstand die weiteste Verbreitung aller Polfigur-Inversionsverfahren gefunden. Sie ermöglicht bereits mit wenigen C-Koeffizienten eine besonders kompakte mathematische Beschreibung der Textur. Die Reihenentwicklungsmethode mit Iteration und Positivitätsbedingung nutzt die selben Zusatzbedingungen wie die diskreten Methoden aus. Die Rechenprozedur ist jedoch wesentlich effizienter. Ein weiterer wichtiger Vorteil besteht darin, dass mit Kenntnis der C-Koeffizienten unmittelbar (anisotrope) Tensoreigenschaften des Vielkristalls ausgedrückt werden können.

11.7 Die Orientierungsstereologie

Die Kristallite bilden zusammen ein vielkristallines Aggregat, dessen Eigenschaften in erheblichem Maße davon abhängen, wie die anisotropen »Baugruppen« zusammengefügt sind. Modelle auf der Basis der Textur oder der Stereologie für sich allein reichen nicht zur Beschreibung und Simulation von anisotropen Materialeigenschaften der Vielkristalle aus, man muss sie vielmehr zum allgemeinen Konzept der Orientierungsstereologie zusammenfassen. Sie wird mathematisch durch die Mikrostrukturfunktion (Gefügefunktion;

Microstructure Function; Aggregate Function) beschrieben, welche in jedem Volumenelement am Ort r des Materials die Phase i, die Kristallorientierung g und die Kristallgüte D angibt:

$$G(r) = \left\{ \begin{array}{ll} i(r) & \text{Phase} \\ g(r) & \text{Orientierung} \\ D(r) & \text{Kristallbaufehler, Eigenspannungen} \end{array} \right\} \text{Mikrostrukturfunktion} \quad (11.50)$$

Die klassischen mikroskopischen Methoden der Stereologie lassen zwar das Netzwerk der Korngrenzen erkennen, EXNER und HOUGARDY [52], sie geben aber normalerweise keine Auskunft über die Kristallorientierung. Man erhält nur die Koordinaten $r = (x_1, x_2, x_3)$ der Korngrenzen, beschrieben durch die Flächengleichung der Korngrenzen $F(r)$. Die Orientierungsstereologie dagegen enthält beide Informationen gleichzeitig. Textur und Stereologie sind jeweils Projektionen der Orientierungsstereologie. Die Orientierungsstereologie enthält aber ungleich viel mehr Information als Textur und konventionelle Stereologie zusammengenommen. Kennt man die Orientierungsstereologie, so kann man daraus Textur und Stereologie, sowie viele andere Derivatfunktionen ableiten, aber nicht umgekehrt. Einige wichtige Derivatfunktionen werden im Folgendem beispielhaft besprochen: Kennt man die Kristallstruktur als Funktion des Ortes, so kann die konventionelle Stereologie des Gefüges um die Klassifizierung nach der kristallographischen Orientierung und Phase erweitert werden. Die Körner werden dann nicht nur qualitativ etwa durch Grauwerte, die aus dem lichtmikroskopischen Gefügebild abgelesen werden, sondern quantitativ durch die Orientierung ihres Kristallgitters unterschieden. Darauf setzt die *Kornstereologie* auf. Diese weitreichende Zusatzinformation wird in Orientierungsverteilungsbildern (»COM«, Bild 11.1) zum Beispiel durch orientierungsspezifische Farben veranschaulicht. Die in der konventionellen Stereologie eingeführten Gefügekennwerte lassen sich erweitern, indem man sie auf Vorzugsorientierungen oder Orientierungsklassen bezieht. Man erhält so unter anderem

- *die Volumenanteile* von Körnern
- *den Ausrichtungsgrad* von Körnern
- *die Größenverteilung* der Körner
- *Kornform-Parameter*
- *die Konnektivität* (Grad des Zusammenhanges)

in Abhängigkeit sowohl von der Probenstelle, als auch von der Orientierung bzw. dem Orientierungsintervall und der Phase. Beispielsweise lässt sich an der orientierungsabhängigen Korngrößenverteilung das Fortschreiten der Rekristallisation verfolgen.

Einen Schritt weiter geht die *Korngrenzensterologie*. Eine Korngrenze wird durch die Orientierungsdifferenz Δg zwischen den durch sie getrennten Kristalliten charakterisiert. Die Drehung des einen Kristallgitters in das des zweiten Kristalliten kann durch Eulerwinkel $(\varphi_1, \Phi, \varphi_2)$, eine Drehachse $\vec{r}$ und den entsprechenden Drehwinkel ϖ oder durch die Σ_n-Klassifizierung nach dem Koinzidenzgittermodell beschrieben werden:

$$\Delta g = g_2 \cdot g_1^{-1} = [\varphi_1, \Phi, \varphi_2] = [\vec{r}, \varpi] \cong \Sigma_n \quad (11.51)$$

Σ_n ist der Kehrwert des Anteils der Atome, die sich auf denjenigen Gitterplätzen befinden, welche bei einer (gedachten) Überlagerung der Gitter der beiden benachbarten Kristallite aufeinander fallen würden. $\Sigma = 3$ bedeutet beispielsweise, dass zwei Kristallite in Zwillingslage aneinander stoßen. Jedes dritte Atom passt sowohl zum Gitter des Matrixkristalls als auch zu dem des Zwillings. Das Koinzidenzgittermodell bedeutet eine sehr starke Vergröberung, da der in drei Variablen kontinuierliche Orientierungsraum auf wenige diskrete Σ-Werte reduziert wird. Ferner muss betont werden, dass die Orientierungsdifferenz Δg keinerlei Aussagen über die räumliche Lage der Korngrenze zuläßt. Dazu wären bei einer ebenen Korngrenze zwei weitere Variable notwendig, die beispielsweise die Normalrichtung der Korngrenze festlegen. Im Koinzidenzgittermodell wird oft stillschweigend vorausgesetzt, dass man sich auf spezielle Korngrenzen beschränkt, bei denen die beiden Kristallgitter symmetrisch um gleiche Winkel gegen die Korngrenze gekippt sind. Dann meint man mit Σ-Korngrenzen eigentlich den Sonderfall von »symmetrischen Σ-Kippkorngrenzen«.

Während in der konventionellen Stereologie nur die *Längenverteilung* von Korngrenzen im zweidimensionalen Gefügebild bzw. die *Flächenanteile* der Korngrenzen im Volumen sowie die *Winkel* zwischen den Korngrenzen (Dihedralwinkel) ermittelt werden, können in der Orientierungsstereologie diese Kenngrößen zusätzlich auf die Missorientierung Δg bezogen werden. Häufig wird der Längenanteil von Σ-Korngrenzen aus der Mikrostrukturfunktion berechnet. Obwohl im Koinzidenzgittermodell nur wenige ausgezeichnete Missorientierungen und diese zudem stark vergröbert berücksichtigt werden, so findet man durchaus eine Korrelation zwischen dem vermehrten Auftreten von ausgezeichneten Σ-Korngrenzen und Materialeigenschaften. So kann bei entsprechender Verteilung von Σ-Korngrenzen ein vermehrtes Korngrenzengleiten die Kriechfestigkeit reduzieren oder eine hohe Diffusionsgeschwindigkeit an Korngrenzen zu verstärkter Korrosion führen.

Aus Sicht der konventionellen Texturanalyse stellt die Orientierungsstereologie eine unmittelbare Erweiterung dar. Während in der konventionellen Definition der ODF f(g) nur die Anteile der Kristallorientierungen ohne Rücksicht auf die gegenseitige Anordnung und Größe der Kristallite eingehen, kann nun die *ODF* nach Korngrößen selektiert und klassifiziert werden. Das ist ein sehr nützlicher Ansatz für die Erforschung von Rekristallisationsvorgängen. In Analogie zur Orientierungsdichtefunktion ODF wird ferner die *Missorientierungs-Dichtefunktion MODF*

$$f_{MODF}(\Delta g) = f_{MODF}(\varphi_1, \Phi, \varphi_2) = \frac{dA_{\Delta g/A}}{d\Delta g} \qquad (11.52)$$

eingeführt. Sie gibt den Flächenanteil $dA_{\Delta g}$ von Korngrenzen an, die eine bestimmte Missorientierung Δg aufweisen. Der Ort der einzelnen Korngrenzen im Probenvolumen wird dabei nicht berücksichtigt sondern nur ihr gesamter Flächenanteil. Es handelt sich um eine dreidimensionale Funktion der Eulerwinkel der Missorientierungen und kann ähnlich wie die ODF durch Schnitte im Eulerraum graphisch dargestellt werden.

Man unterscheidet die Nachbarschafts-MODF, bei der die Missorientierungen zwischen aneinander stoßenden Kristalliten betrachtet werden, von der unkorrelierten MODF, bei der die Missorientierungen zwischen statistisch regellos in der Probe verteilten Punkten herausgegriffen werden. Für sehr viele solcher Bezugspunkte geht die unkorrelierte MODF in die Autokorrelationsfunktion der ODF über. Der Vergleich der Nachbarschafts- mit der unkorrelierten MODF gibt Auskunft darüber, ob benachbarte Körner bevorzugte Missorientierungen bilden oder nicht. Daran lässt sich beispielsweise erkennen, welcher Keimbildungsmechanismus bei der Abscheidung dünner Metallschichten wirksam ist.

Es wurden noch weitere Orientierungskorrelationsfunktionen OCF eingeführt, bei denen die Missorientierungen Δg in bestimmten Abständen r, Richtungen oder Perioden zwischen den Bezugspunkten oder zwischen mehreren Bezugspunkten in definierten Abständen betrachtet werden.

Lokale Inhomogenitäten in der Textur oder Texturgradienten werden durch die Angabe von Texturfeldern beschrieben. Dazu wird die Definition der ODF auf ein kleines Teilvolumen V_r am Ort r vom Ursprung des Probenkoordinatensystems bezogen, wobei das polykristalline Teilvolumen aus statistisch ausreichend vielen Kristalliten bestehen soll – *Texturfeld*:

$$\frac{dV_g/V_r}{dg} = f(g,r) \tag{11.53}$$

Da sowohl der Orientierungsparameter g als auch der Ortsvektor $\vec{r}$ dreidimensional sind, werden Texturfelder durch sechsdimensionale Funktionen beschrieben.

Die ODF kann auch auf Gefügekenngrößen bezogen werden, die aus der Orientierungsstereologie folgen. Naheliegend ist, die ODF getrennt für die einzelnen Phasen oder für Körner mit einer bestimmten Korngröße zu berechnen – *korngrößenbezogene ODF*:

$$\frac{dV_g/V_\rho}{dg} = f(g,\rho) \tag{11.54}$$

Dabei ist V_ρ der Volumenanteil der Körner im Größenintervall $(\rho, \rho + \Delta\rho)$. Diese Funktion spielt eine wichtige Rolle bei der Rekristallisation, dem Kornwachstum und bei Sinterprozessen. Sie ist eine Derivatfunktion der Orientierungsstereologie, weil sie nicht unmittelbar gemessen werden kann, sondern aus der Mikrostrukturfunktion berechnet werden muss.

Besonderes Augenmerk verdient die ODF, die selektiv nur auf Körner mit einer bestimmten Defektdichte oder Gitterdehnung bezogen wird – *Gitterdefekt-ODF*:

$$\frac{dV_g/V_D}{dg} = f(g,D) \tag{11.55}$$

V_D ist der gesamte Volumenanteil dieser Körner. $f(g, D)$ kann aus der Mikrostrukturfunktion als Derivatfunktion berechnet werden. Messtechnisch lässt sich die Defektdichte D aus der Schärfe von Kikuchidiagrammen beim Abrastern der Probe im Raster-Elektronenmikroskop simultan mit der Kristallorientierung für jeden Messpunkt vollautomatisch ermitteln. Röntgenographisch kann die Gitterdefekt-ODF durch Messung von Verallgemeinerten Polfiguren oder Gitterdehnungs-Polfiguren bestimmt werden. Dabei werden in der Polfigurmessung – am besten mit einem Flächendetektor – sowohl die Intensitäten, als auch die Breiten und Profile der Beugungspeaks ausgewertet. Die Poldichten für Körner mit hoher Defektdichte oder Gitterdehnung erhält man aus den Flankenintensitäten der Beugungspeaks. Mit diesen Intensitätsanteilen werden dann selektiv Gitterdehnungs-Polfiguren und die Gitterdefekt-ODF berechnet. Die Gitterdefekt-ODF gibt für plastisch verformte Proben Auskunft darüber, welchen Anteil Körner unterschiedlicher Orientierung an der Verformung zukommt und sie an Deformationsenergie gespeichert haben. Nach partieller Rekristallisation erkennt man an der Gitterdefekt-ODF, welche Orientierungsverteilung die bereits rekristallisierten und welche die noch verformten Körner haben.

Wenn der funktionale Zusammenhang $P(g)$ zwischen einer Materialeigenschaft P und der Orientierung $g(x)$ bzw. der Missorientierung $\Delta g(r)$ bekannt ist, so können aus den Derivatfunktionen der Orientierungsstereologie orientierungsabhängige Eigenschaftsfunktionen berechnet werden. Dies sind, bezogen auf kleine Teilvolumina V_r, die – *Eigenschaftsfelder*:

$$\overline{P}_{Vr}(r) = P(f(g,r)) \qquad (11.56)$$

und einzelkornbezogen an den Orten r die *Eigenschaftstopographie*

$$P(r) = P(g(r)) \qquad (11.57)$$

P(r) wird in der Regel nicht nur von der Textur, sondern auch von der Stereologie, d.h. der Anordnung, Form und Ausrichtung der Körner in den Volumina V_r abhängen. Eigenschaftsfelder und die Eigenschaftstopographie können ähnlich wie Orientierungsverteilungsbilder, vergleiche Bild 11.1, durch Farbkodierung des Gefügebildes veranschaulicht werden. Der wesentliche Gewinn der Berechnung von Eigenschaftsfeldern und der Eigenschaftstopographie aus der Mikrostrukturfunktion besteht darin, dass auch Materialeigenschaften ermittelt werden können, die direkt entweder überhaupt nicht oder nicht mit einer vergleichbar hohen Ortsauflösung gemessen werden können.

Eigenschaftsfelder und die Eigenschaftstopographie auf regulären Rasterfeldern eignen sich besonders gut für die Kombination mit der Finiten-Element-Methode, um das Materialverhalten unter Berücksichtigung der Textur zu simulieren. Die Materialeigenschaft ist durch Einbeziehung der ODF $f(g,r)$ bzw. der Orientierungen $g(r)$ auf das Wesentliche konzentriert und unmittelbar an den Maschenknoten r der Finiten Elemente als weiterer Parameter verfügbar, so dass der Rechenaufwand erheblich reduziert wird.

Die Mikrostrukturfunktion lässt sich heute – zumindest in der Probenoberfläche – mit dem Raster-Elektronenmikroskop vollautomatisch durch Abrastern ermitteln. Es werden in jedem Rasterpunkt Rückstreu-Kikuchidiagramme aufgenommen und nach ihrer Indizierung die Kristallorientierung $g(r)$ berechnet. Die Schärfe der Kikuchidiagramme (Pattern Quality) ist ein Maß für die Kristallgüte $D(r)$. Durch Kombination mit einem Verfahren zur Materialanalyse, beispielsweise EDS oder Auger-Spektroskopie, können die Elementkonzentrationen bestimmt und zur Phasendiskriminierung mittels der Rückstreu-Kikuchidiagramme verwendet werden. Eine entsprechende röntgenographische Messmethode wurde bisher noch nicht entwickelt.

11.8 Die Kristalltextur und anisotrope Materialeigenschaften

Viele natürliche oder technisch hergestellte Werkstoffe werden in kristalliner Form verwendet. Der Wert, mit dem jeder Kristallit zu einer richtungsabhängigen Eigenschaft des Vielkristalls beiträgt, hängt von seinem Volumenanteil und von seiner Ausrichtung bezüglich der Richtung ab, in der die Eigenschaftsprüfung erfolgt. Da nicht alle Kristallorientierungen gleich häufig vorzukommen brauchen, kann im Werkstück – auch bei Mittelung über eine sehr große Anzahl von Kristalliten – eine makroskopische Richtungsabhängigkeit technisch wichtiger anisotroper Eigenschaften resultieren. Beispiele sind der Elastizitätsmodul, der r-Wert, die Fließgrenze, die Härte oder die Magnetisierbarkeit.

Kennt man die funktionale Richtungsabhängigkeit der betrachteten Eigenschaft des Einkristalls und hat man die Orientierungsverteilung der Kristallite ermittelt, so kann man grundsätzlich auch die Richtungsabhängigkeit dieser Eigenschaft des Vielkristalls berechnen. Bei der Berechnung makroskopischer Eigenschaften von vielkristallinen Werkstoffen, in denen die Körner zwar den gleichen kristallinen Aufbau besitzen, aber mit unterschiedlicher Orientierung auftreten, geht man von dem Ansatz aus, dass sich die makroskopischen Eigenschaften als Summe oder Überlagerung der Eigenschaften entsprechend den Volumenanteilen der Kristallite ergeben. Die Ermittlung der Volumenanteile der Kristallite erfolgt durch Berechnung der ODF. Die einfachste Näherung setzt voraus, dass die Anisotropie der Einkristalleigenschaft P durch eine Tensorgröße $\mathbf{P}(g)$ beschrieben werden kann, die durch den Messvorgang selbst nicht geändert wird. Man sieht also beispielsweise von der Verfestigung des Materials im Zugversuch während der Verformung ab. Eine weitere vereinfachende Annahme geht davon aus, dass sich die Kristallite nicht gegenseitig beeinflussen sollen und dass die Wirkung der Korngrenzen auf die Eigenschaft vernachlässigt werden darf. Die Eigenschaft eines Kristalliten, d.h. seine Antwort auf eine Materialprüfung, hängt dann nur von seiner Orientierung zum Referenzsystem, aber nicht von seiner Lage und seiner Nachbarschaft im Gefüge ab. Er soll sich wie ein frei im Raum stehender Einkristall derselben Orientierung verhalten. Die makroskopische, anisotrope Materialeigenschaft des Vielkristalls $\overline{P}(g)$ ergibt sich dann als Mittelwert über alle Eigenschaftswerte der Kristallite, die mit der Orientierungs-Dichte-Funktion $f(g)$ zu gewichten sind:

$$\overline{P}(g) = \int P(g)\, f(g)\, dg \tag{11.58}$$

Die Orientierungs-Dichte-Funktion $f(g)$ berücksichtigt ja bereits quantitativ sowohl die Orientierungen, als auch die Volumenanteile aller gemessenen Kristallite.

Die Berechnung des Mittelwertes wird einfach, wenn man sowohl die betrachtete Tensoreigenschaft als auch die ODF in harmonische, symmetrieinvariante Reihen entwickelt. Sind $p_l^{\mu\nu}$ die Reihenentwicklungskoeffizienten der Funktion $\mathbf{P}(g)$, dann wird:

$$\overline{P}(g) = \sum_{l=0}^{L} \sum_{\mu=0}^{M(l)} \sum_{\nu=0}^{N(l)} \frac{1}{2l+1}\, p_l^{\mu\nu}\, C_l^{\mu\nu} \tag{11.59}$$

Besonders günstig ist, dass für viele wichtige Materialeigenschaften die Reihenentwick-

11.8 Die Kristalltextur und anisotrope Materialeigenschaften

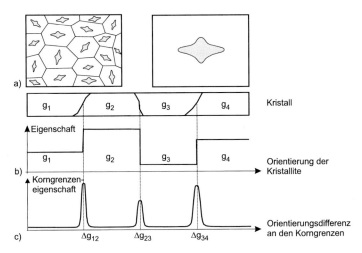

Bild 11.26: Drei Folgen der Kristallanisotropie: a) makroskopische Anisotropie des Materials (rechts) als Mittelung über die mikroskopische Anisotropie der einzelnen Kristallite (links) b) sprunghafte Änderung der Materialeigenschaft an den Korngrenzen c) anisotrope Korngrenzeneigenschaft

lung der Funktion $P(g)$ sehr schnell konvergiert oder aus Symmetriegründen von niedriger Ordnung ist. So reicht im Fall der plastischen Verformung für die meisten Anwendungen eine Entwicklung bis zum Grad $L = 8$ aus, oft genügt sogar $L = 4$. Bei kubischer Kristallsymmetrie, orthorhombischer Probensymmetrie und $L = 4$ vereinfacht sich die Berechnung des makroskopischen Mittelwerts der anisotropen plastischen Eigenschaft zu:

$$\overline{P}(g) = \frac{1}{9} \, (p_4^{11} C_4^{11} + p_4^{12} C_4^{12} + p_4^{13} C_4^{13}) \tag{11.60}$$

Sind die Annahmen von einander unabhängig wirkender Kristallite nicht erfüllt, so müssen kompliziertere Strukturgesetze verwendet werden, welche die Rückwirkung der Kristallite aufeinander, den Einfluss der Korngrenzen und mögliche dynamische Änderungen der konstitutionellen Gesetze berücksichtigen. Was die Textur betrifft, so ist die Orientierungs-Dichte-Funktion ODF $f(g)$ durch die Orientierungs-Korrelationsfunktionen (OCF) $f(g, \Delta g, r)$ zu ergänzen. Die ODF und die OCF brauchen nicht stationär, sondern können zeitabhängig und prozessabhängig sein.

Um technologische Prozesse modellieren zu können, ist meistens die Rückkopplung zwischen dem Prozess und den Materialeigenschaften zu berücksichtigen. Bekanntestes Beispiel hierfür ist die Werkstoffumformung, z. B. beim Tiefziehen. Die Werkstoffeigenschaft beeinflusst den Ziehvorgang und dieser wiederum verändert die Werkstoffeigenschaften, und das setzt sich so fort bis zum Endumformgrad. So ändert sich die Orientierungsverteilung bei der plastischen Verformung, wenn sich die Kristallite in Orientierungen drehen, die günstiger zur Beanspruchungsrichtung liegen [22]. Zur Simulation dynamisch ablaufender, anisotroper Prozesse eignen sich besonders Finite-Element-Rechnungen, bei denen in den Maschenpunkten als zusätzliche Parameter Texturkomponenten einbezogen werden. Diese Anwendungen der quantitativen Texturanalyse gehen jedoch über die

Thematik dieses Lehrbuches hinaus.

Die Richtungsabhängigkeit der Einkristalleigenschaften hat drei wichtige Folgen für die Werkstoffeigenschaften der Vielkristalle, Bild 11.26:

Makroanisotropie: Der Werkstoff hat unterschiedliche Eigenschaften in verschiedenen Richtungen. Dem kommt eine große werkstofftechnologische Bedeutung zu, z. B. dem richtungsabhängigen Fließverhalten bei der Blechumformung oder der anisotropen Magnetisierbarkeit von Transformatorblechen mit stark reduzierten Ummagnetisierungsverlusten, wenn eine Goss- oder Würfeltextur erzeugt wurde.

Mikrodiskontinuität: An den inneren Fügestellen, den Korngrenzen, ändert sich mit der Kristallorientierung auch die Stoffeigenschaft sprunghaft. Dies kann die makroskopischen Werkstoffeigenschaften im Guten wie im Schlechten beeinflussen. Häufig liegt darin die Ursache des Werkstoffversagens.

Grenzflächeneigenschaften: Die Fügestellen besitzen vielfach Eigenschaften, die um Größenordnungen von denen des Kristallinneren abweichen. Für zahlreiche Werkstoffeigenschaften ist das der dominierende Einfluss, insbesondere bei sehr kleinen Kristallen und ganz besonders bei Nanowerkstoffen.

Die quantitative Beschreibung der Mikrodiskontinuität und der Grenzflächeneigenschaften setzt zwingend die Kenntnis der Mikrostrukturfunktion voraus, während die ODF bereits in vielen Fällen eine Beschreibung von makroskopischen Eigenschaften in guter Näherung ermöglicht, sofern die Wechselwirkung der Kristallite miteinander und die Gefügestereologie vernachlässigt werden darf.

12 Bestimmung der Kristallorientierung

Mittels der kurzwelligen, in der Größenordnung der Kristallabstände liegenden, Wellenlänge der Röntgenstrahlung ist es möglich, neben der schon bekannten Phasenanalyse auch Informationen zur Kristallanordnung und der Kristallitorientierung zu erhalten.

Die Kristallbildung von Stoffen aus der Schmelze erfolgt auf Grund der Energieminimierung des Systems, d.h. der Kristallverband ist der Zustand mit der geringsten freien Energie. Je nach Kristallisationsbedingungen können dabei große Kristallbereiche sich völlig gleichartig anordnen, man spricht vom Einkristall. Bei einigen Kristallarten ist der Habitus der Kristalle im Einklang mit dem Kristallgitter, d. h. anhand der äußeren Form des Kristalls kann auf die Kristallorientierung einer bestimmten Fläche geschlossen werden. Künstlich hergestellte Einkristalle, wie in der Halbleiterindustrie verwendet, weisen im Allgemeinen die Form eines Stabes aus. Die Kristallorientierung der späteren Halbleiterscheiben ist abhängig von dem verwendeten Halbleiterimpfkristall und dessen Orientierung in der Schmelze. Aus technologischer Sicht ist es in der Halbleitertechnik üblich (besseres epitaktisches Wachstum an den Kristallitterrassen), dass die Oberflächennormale der Halbleiterscheibe nicht vollständig mit der Kristallorientierung übereinstimmt. Man spricht hier von einer Fehlorientierung der Oberfläche.

Bild 12.1 verdeutlicht die geometrischen Verhältnisse eines perfekt zur Oberfläche orientierten und eines fehlorientierten Einkristalls.

12.0.1 Orientierungsverteilung bei Einkristallen

Kristalline Werkstoffe weichen vom Idealkristall ab. Der Realkristall ist fehlerbehaftet. Die Netzebenennormalen der Kristallite bei Polykristallen sind regellos im Raum verteilt. Dem Einkristall sind aber auch Abweichungen von der Idealform bzw. -ausbildung der Netzebenen eigen.

Mit einem Parallelstrahl-Diffraktometer und einem vorgeschaltetem (2 2 0)-Ge BARTHEL-Monochromator sind in den Bildern 12.2, 12.3, 12.4 und 12.5 Diffraktogramme von (1 1 1)-Silizium-Pulver und von einem (1 1 1)-Silizium-Einkristalls gezeigt. Bei allen Aufnahmen wurden die Detektorblenden mit 0,1; 0,2; 0,6; 1,0; 2,0 und 6,0 mm Öffnungsweite verwendet. Zur Vermeidung von Übersteuerungen des Detektors wurde bei der Si-Einkristall-Probe eine Cu-Absorberfolie (Dicke 100 μm → Schwächung 120-fach) verwendet.

Man erkennt im Bild 12.2a, dass die Blendengröße am Detektor einen großen Einfluss auf die Halbwertsbreite des Peaks beim Pulver haben.

> Zur Vergleichbarkeit von Messwerten muss immer mit gleicher Diffraktometergeometrie gearbeitet werden.

Im Bild 12.3a zeigt sich, dass Rockingkurvenaufnahmen nur für Einkristalle sinnvoll sind. Die regellose Verteilung der Netzebenennormalen für den [1 1 1]-Richtung der Netzebenen

436   12 Bestimmung der Kristallorientierung

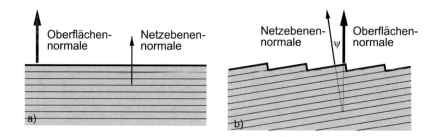

Bild 12.1: a) Idealer und b) fehlorientierter Einkristall

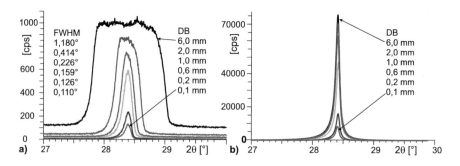

Bild 12.2: BRAGG-BRENTANO-Diffraktogramm (1 1 1)-Peak a) Si-Pulver b) Si-Einkristall

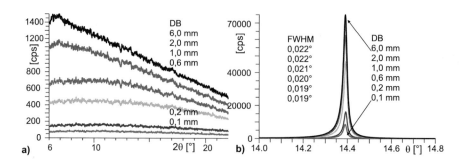

Bild 12.3: Rockingkurve des (1 1 1)-Si-Peaks a) Si-Pulver b) Si-Einkristall

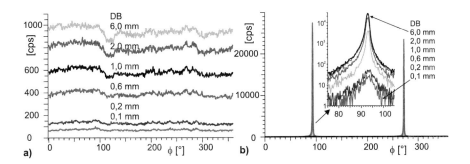

Bild 12.4: Azimutaler ϕ-Scan von (1 1 1)-Si-Peaks a) Si-Pulver b) Si-Einkristall

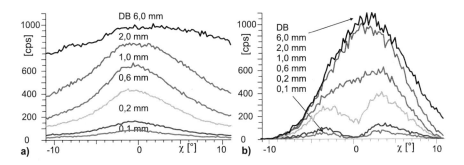

Bild 12.5: χ-Scan von (1 1 1)-Si-Peaks a) Si-Pulver b) Si-Einkristall

ergibt keinen Peak beim Schwenken der Probe um den Detektor in BRAGG-Winkelstellung des Detektors. Die gemessenen Intensitäten in der Pulverprobe entsprechen den Maximalwerten bei der BRAGG-BRENTANO-Messung.

Wird die Probe um ihre eigene Achse gedreht, also in ϕ-Richtung, und die Probe und der Detektor stehen bei einem BRAGG-Winkel für eine Netzebene in Beugungsstellung, dann spricht man von einem ϕ-Scan. Im Bild 12.4a sind keine Peaks beim Polykristall erkennbar. Die durchschnittlichen Intensitäten entsprechen je nach Detektorblende wieder der Maximalintensität des (1 1 1)-Si-Pulverpeaks in BRAGG-BRENTANO-Anordnung. Die beim Si-Einkristall im Bild 12.4b ersichtlichen Peaks sind typisch für einen fehlorientierten Einkristall. Nur bei zwei um 180° verschobenen Stellungen ist die (1 1 1)-Netzebene parallel zum Primärstrahl und erfüllt exakt die Beugungsbedingung. In anderen ϕ-Richtungen liegt die Netzebene verkippt zur Oberfläche vor und erfüllt dann wegen der geringen Winkeldivergenz des hier verwendeten Primärstrahls nicht die Bedingungen aus Bild 5.2b. Aus diesem ϕ-Scan lässt sich ableiten, dass man bei Schichtuntersuchungen auf einkristallinen fehlorientierten Substratkristallen den »Substratpeak wegdrehen« kann, d.h. die Probe in eine ϕ-Stellung dreht, die kein Maximum aufweist.

Wird die gestreute Intensität zum Primärstrahl bei Stellung Probe-Detektor entsprechend des Beugungswinkels θ verkippt aufgenommen, spricht man von einem χ-Scan. Die im Bild 12.5 ersichtlichen unterschiedlichen Verläufe sind wieder durch die verschiedenen Kristallitausrichtungen bedingt. Die nach allen Richtungen gleichmäßige Kristallorien-

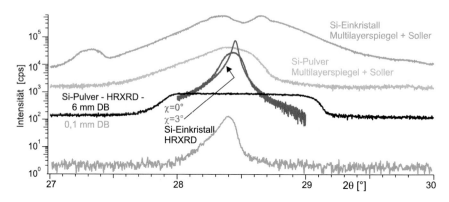

Bild 12.6: Diffraktogramme Si-Pulver und Si-Einkristall in BRAGG-BRENTANO-Anordnung mit verschiedenen Diffraktometerausbaustufen; HRXRD steht für ein Diffraktometer mit (2 2 0)-BARTHEL-Monochromator; Multilayerspiegel und Sollerkollimator für eine Anordnung nach Bild 5.41b; DB steht für Detektorblendenöffnungsweite

tierung der [1 1 1]-orientierten Kristallite bei Si-Pulver führt zu keiner Häufung in einer Richtung. Das scheinbare Maximum bei 0° im Bild 12.5a liegt an der unterschiedlichen »Flächenwahrnehmung« des Detektors bei den verschiedenen Detektorblenden. Je größer die Detektorblende wird, umso geringer wird die Ausbildung dieses scheinbaren Maximums. Anders verhält sich das bei der einkristallinen Probe. Das hier ermittelte Maximum bei einem bestimmten χ-Winkel entspricht der Fehlorientierung der Netzebene zur Oberfläche. Die sich hierbei ausbildenden Peaks sind aber nicht sehr scharf. In den Bildern 12.2b, 12.3b, 12.4b und 12.5b sind alle Intensitäten um den Faktor 120 geschwächt, da eine Cu-Absorberfolie in den Strahlengang eingebracht wurde.

Wird die Diffraktometeranordnung variiert, ergeben sich auf Grund der unterschiedlichen Strahlformen erhebliche Veränderungen im Verlauf der Difraktogramme. Im Bild 12.6 sind BRAGG-BRENTANO-Diffraktogramme für Si-Pulver und Si-Einkristall dargestellt. Das Diffraktometer mit Multilayerspiegel und Sollerkollimator ist ein Theta-Theta-Diffraktometer, was keine Verkippung in χ-Richtung erlaubt. Auf Grund des Sollerkollimators vor dem Detektor (normaler weise für GID-Untersuchungen notwendig) ist die Detektorfläche hier $20 \times 30 \, mm^2$ groß. Vom fehlorientierten Einkristall werden aus verschiedenen Richtungen des Detektors beugungsfähige Teilbereiche detektiert, die dann zu dem Doppelpeak in BRAGG-BRENTANO-Anordnung führen. In den Strahlengang wurden keine Cu-Absorber eingebracht. Die im Bild 12.6 dargestellten gemessene Maximalintensität von $6 \cdot 10^5$ cps ist die maximal verarbeitbare Intensität des Szintillationsdetektors. Die wirkliche rückgestreute Zahl kann höher sein.

Um bei Einkristallen die Netzebenennormalenrichtung zu bestimmen, kann man zweidimensionale Intensitätsverteilungen als Funktion der Rockingkurve und als Funktion der χ-Richtung aufnehmen. Im Bild 12.9 sind für zwei Eulerwiegendiffraktometer an zwei Si-Einkristallen mit unterschiedlicher Fehlorientierung Theta-Chi-Verteilungen mit unterschiedlichen Primärstrahloptiken aufgenommen, dargestellt. Die bei verschiedenen χ-Winkeln aufgenommenen Rockingkurven werden in Höhenintervalle unterteilt und auf eine Ebene projeziert. Die dargestellten Höhenlinien ergeben sich in der Weise, wie im

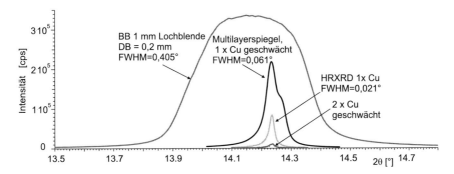

Bild 12.7: Rocking-Kurven vom Si-Einkristall bei verschiedenen Diffraktometern; HRXRD steht für ein Diffraktometer mit (2 2 0)-BARTHEL-Monochromator; Multilayerspiegel als Primärstrahlmonochromator und mit Detektorblende 0,1 mm; BB 1 mm Lochblende steht für BRAGG-BRENTANO-Diffraktometer mit selektivem Ni-Metallfilter als Monochromator und mit Punktfokus

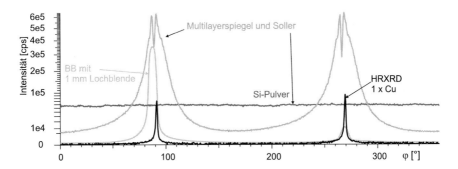

Bild 12.8: ϕ-Scans mit verschiedenen Diffraktometerausbaustufen am Si-Pulver und Si-Einkristall; Diffraktometerbezeichnungen äquivalent wie vorherige Bilder

Bild 12.9b dargestellt. Die Halbwertsbreite der Rockingkurven ist bei beiden Diffraktometern unterschiedlich. Die Fehlorientierung kann in diesen Maps sehr gut abgelesen werden, denn sie wird durch das Maximum repräsentiert.

12.0.2 Orientierungsbestimmung mit Polfiguraufnahme

Im Bild 12.10 sind zwei Diffraktogramme für Kupfer, gemessen in BRAGG-BRENTANO-Anordnung, dargestellt. Die Intensitätsverhältnisse entsprechen nicht denen der PDF-Datei. Eine Probe zeigt im gesamten Diffraktogramm nur den (2 2 0)-Peak. Um Gewissheit zu erlangen, liegt hier ein Einkristall oder eine texturierte Probe vor, wurden Polfiguren aufgenommen, Bild 12.11. Aus der {1 1 0}-Polfigur ergibt sich ein Mittelpol, d.h. eine (1 1 0)-Ebene existiert *parallel* zur Oberfläche. Die weiteren auftretenden Pole bei größeren χ-Winkel sind den eingezeichneten Netzebenen aus der {1 1 0}-Netzebenenschar zuzuordnen. Bei den {1 0 0}- und {1 1 1}-Polfiguren tritt kein Mittelpunktspol auf. Dies bedeutet, es gibt keine (1 0 0)- und (1 1 1)-Netzebenen parallel zur Oberfläche. Die in die-

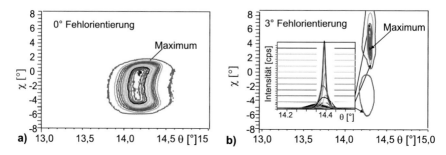

Bild 12.9: Theta-Chi-Scans für zwei Vierkreisdiffraktometeranordnungen a) herkömmliche BRAGG-BRENTANO-Anordnung ohne Röntgenoptiken b) Hochaufgelöstes Diffraktometer mit vierfach-BARTHEL-Mmonochromator ((2 2 0)-Ge)

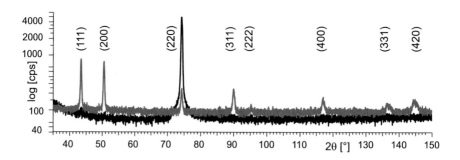

Bild 12.10: Diffraktogramme einer polykristallinen und einer einkristallinen Kupferprobe

sen Polfiguren gemessenen Pole können, wie eingezeichnet, ebenfalls Netzebenen aus der {1 1 0}-Netzebenenschar zugeordnet werden. Die Fehlorientierung der (1 1 0)-Ebene wird aus der Abweichung des Mittelpunktspoles der {1 1 0} bestimmt.

Aufgabe 23:   **Erstellung Raummodell**

Erstellen Sie ein räumliches Modell für ein kubisches Kristallsystem, wo alle Netzebenen aus der {1 0 0}-; {1 1 0}- und {1 1 1}-Netzebenenschar dargestellt sind.

12.0.3 Bestimmung der Fehlorientierung

Fehlorientierungsbestimmung über ungekoppelte Diffraktometerbewegungen

Die BRAGGsche-Gleichung 3.119 beschreibt den Zusammenhang zwischen Netzebenenabstand d, Beugungswinkel θ (Glanzwinkel), Beugungsordnung n und Wellenlänge λ der Röntgenstrahlung. In BRAGG-BRENTANO-Anordnung wird diese Gleichung nur dann streng erfüllt, wenn die Oberflächennormale (Bezugsrichtung der Bezugsebene) und die Netzebenennormale (kristallographische Richtung) parallel zu einander stehen.

Um die Fehlorientierung bestimmen zu können, wird in BRAGG-Winkelstellung von Probe und Detektor für die Einkristall-Netzebene ein ϕ-Scan, wie in Bild 12.4b, ausgeführt. Das Minimum zwischen den im ϕ-Scan ersichtlichen zwei Maximas wird bestimmt

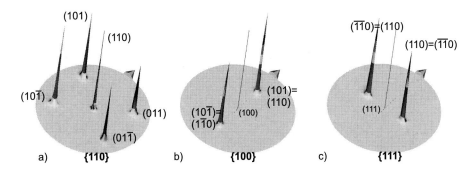

Bild 12.11: Polfiguren einer einkristallinen Kupferprobe und Indizierung der Pole

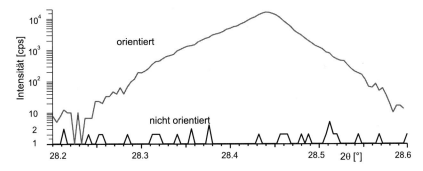

Bild 12.12: BRAGG-BRENTANO-Scans für einen (1 1 1)-Si-Einkristall mit 3° Fehlorientierung, jeweils Probe orientiert und Probe nicht orientiert

und die Probe in diese Stellung gedreht. Danach wird eine Rockingkurve aufgenommen und dort das Maximum bestimmt. Die Abweichung des Maximums der Rockingkurve vom theoretischen Wert der Netzebene ist der gesuchte Fehlorientierungswinkel.

Ein ungekoppelter Scan, d. h. der Startpunkt der Bewegung der Probe ist nicht mehr der doppelte Wert für den Startpunkt des Detektors, wird zur Überprüfung des bestimmten Fehlorientierungswinkel ausgenutzt. Für die (1 1 1)-Si-Netzebene und Kupferstrahlung beträgt der Beugungswinkel $2\theta = 28{,}440°$. Eine nicht fehlorientierte Probe hätte dann in der Rockingkurve ein Maximum bei $\theta = 14{,}220°$. Bestimmt man dagegen z. B. ein Maximum bei $\theta = 11{,}720°$ dann liegt ein Fehlorientierungswinkel von $+2{,}5°$ vor. Der Überprüfungsscan mit $\Delta 2\theta = 4°$ wird z. B. ausgeführt von $\theta = \omega = 10{,}720°$ und $2\theta = 26{,}440°$. In Bild 12.12 sind zwei Scans der Probe in orientierter und nicht orientierter Kristallrichtung gezeigt. Die erheblichen Unterschiede für einen 3° fehlorientierten Einkristall in der Intensität werden deutlich.

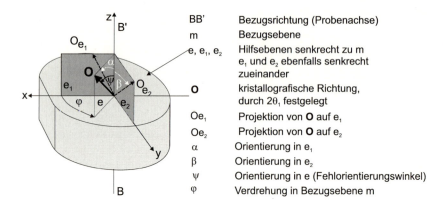

Bild 12.13: Räumliche Lage der Hilfs- und Berechnungswinkel nach [1]

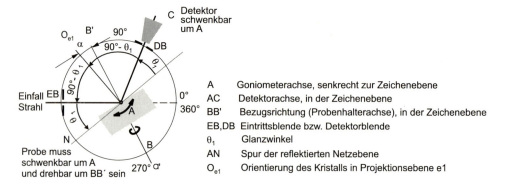

Bild 12.14: Messanordnung zur Orientierungsbestimmung

Fehlorientierungsbestimmung nach DIN 50433 [1]

Bei der Einkristalluntersuchung treten im Allgemeinen weniger Peaks auf, als bei der Beugung von Polykristallen. Zur Beugung gelangen nur die Netzebenen, die weitgehend parallel zur Oberfläche liegen. Je nach Strahlengangoptik sind Abweichungen von der Paralelität bis zu 4° möglich. Eine Fehlorientierung wirkt sich sehr stark auf die Intensitäten der abgebeugten Röntgenstrahlung aus.

Bild 12.13 zeigt schematisch eine Probe mit einer Orientierung $\vec{O}$ und den daraus ableitbaren Einzelwinkeln α und β in den Hilfsebenen e_1 und e_2 [1].

Zur Messung der Orientierung und der Fehlorientierung kann ein Vierkreisgoniometer verwendet werden.

Bild 12.14 zeigt die schematische Anordnung [1] einschließlich der Probenanordnung und Probendrehung.

Ein Diffraktogramm in BRAGG-BRENTANO-Geometrie wird über einen Winkelbereich aufgenommen. Im Bild 12.15c ist z. B. ein kleiner Beugungspeak erkennbar.

Der Detektor ist auf den doppelten Glanzwinkel $2\theta_1$ der zu untersuchenden kristallogra-

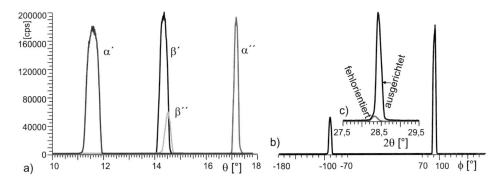

Bild 12.15: a) Rockingkurven für die verschiedenen Drehungen zur Bestimmung der Hilfswinkel α' bis β'' b) b) ϕ-Scan der schon in ψ-Richtung ausgerichteten Probe c) BRAGG-BRENTANO-Diffraktogramm fehlorientiert und ausgerichtet

phischen Richtung einzustellen. Durch Schwenken der Probe um die Goniometerachse A wird die maximale Intensität der reflektierten Strahlung gesucht und der Winkel α' bei dieser Probenstellung bestimmt. Dies ist die gleiche Vorgehensweise wie zur Bestimmung einer Rockingkurve im Kapitel 8.6. Danach wird die Probe um die Probenhalterachse BB' um 90° gedreht (im mathematisch negativen Drehsinn). Durch ein erneutes Schwenken der Probe um die Goniometerachse A wird erneut nach der Maximalintensität gesucht und der Winkel β' bestimmt.

Zur Vermeidung von Nullpunktfehlern wird die Probe danach im gleichen Drehsinn um zwei weitere 90° Schritte um die Probenachse weitergedreht und bei jeder Probenstellung durch Schwenken um die Goniometerachse A die Messwerte α'' und β'' analog zu α' und β' bestimmt. Die vier Rockingkurven sind im Bild 12.15a gezeigt.

Aus den Messwerten α', α'', β' und β'' ergeben sich die Hilfswinkel der Orientierung bei den zwei um 90° gedrehten Probenstellungen nach Gleichung 12.1 und 12.2.

$$\alpha = \frac{1}{2}(\alpha' - \alpha'') \tag{12.1}$$

$$\beta = \frac{1}{2}(\beta'' - \beta) \tag{12.2}$$

α ist der Verkippungswinkel in der Hilfsebene e_1, β der Verkippungswinkel in der Hilfsebene e_2. Die Winkel α und β bedeuten, dass die räumliche Lage der durch den Glanzwinkel $2\theta_1$ eingestellten kristallographischen Richtung von der Bezugsrichtung bei der ersten Messlage um den Winkel α und bei der um 90° gedrehten zweiten Messlage um den Winkel β abweicht.

Aus den erhaltenen Komponenten α und β wird der Polwinkel ψ oder auch oft als χ bezeichnet, nach Gleichung 12.3 berechnet. Im Beispiel im Bild 12.15 beträgt der Fehlorientierungswinkel $\psi = 2{,}82°$.

$$\tan \psi = \sqrt{\tan^2 \alpha + tan^2 \beta} \tag{12.3}$$

Der Azimutwinkel ϕ in der Bezugsebene m ergibt sich Vorzeichen getreu nach Gleichung 12.4. Die erste Messlage entspricht dem Winkel $\phi = 0°$.

$$\tan \phi = \frac{\tan \alpha}{\tan \beta} \tag{12.4}$$

Gegenüber der DIN 50433 [1] sind die Gleichungen 12.1 und 12.4 verändert. Die Berechnung nach der DIN stimmt nicht mit den experimentell ermittelten Winkeln überein.

Mit den gefundenen Werten ψ, dem Fehlorientierungswinkel, und dem für diesen Probeneinbau festgestellten Verdrehungswinkel ϕ wird das Vierkreisgoniometer eingestellt und jetzt in exakt senkrecht zur Einstrahlrichtung ausgerichteter Netzebene erneut ein BRAGG-BRENTANO-Diffraktogramm aufgenommen. Die wesentlich erhöhte Beugungsintensität ist im Bild 12.15c mit eingezeichnet (Kurve orientiert). Zum Beweis der gefundenen Werte kann dann noch ein so genannter ϕ-Scan durchgeführt werden, Ergebnis im Bild 12.15b. Beim BRAGG-Winkel θ bzw. 2θ und gefundenem Fehlorientierungswinkel ψ wird die Probe einmal um 360° gedreht. An diesem Ergebnis wird ein Problem ersichtlich, es treten jetzt zwei Peaks auf. Mit dieser Methode kann nicht festgestellt werden, ob die Netzebene nach rechts oder links ausgerichtet ist. Die Symmetrie einer Netzebene von 180° wird hier praktisch gezeigt.

Untersucht man eine Probe mit einem Fehlorientierungswinkel $\psi > 3°$ und verwendet noch gut paralelisierte Strahlen, dann kann es passieren, dass bei der ersten Untersuchung in BRAGG-BRENTANO-Kopplung eine anscheinend »röntgenamorphe« Probe vorliegt. Man sollte dann den Scan mit eingestellten Verkippungswinkel von z. B. $\psi = 4°$ wiederholen, um den Braggwinkel bestimmen zu können. Eine fehlorientierte einkristalline Probe als röntgenamorph zu deklarieren, kann als größter »Gau« eines Anwenders deklariert werden.

Zur schnelleren Bestimmung der Orientierung werden zunehmend auch Aufnahmen aus Flächenzählern angewendet, siehe Bild 6.13. YASHIRO [184] beschreibt ein Verfahren, wo durch Auswertung von Flächenaufnahmen bei bekannter Detektorstellung und bekannter Einstrahlrichtung die Orientierungsmatrix bestimmt werden kann.

Das klassische Verfahren zur Bestimmung der Orientierung von Einkristallen ist das LAUE-Verfahren, Kapitel 5.10.1, welches in der Halbleiterindustrie nach wie vor zur Produktionskontrolle zum Einsatz kommt [2, 3]. Grundlage für die Orientierungsbestimmung ist folgende geometrische Eigenschaft der LAUE-Aufnahmen:

> Alle Reflexe, die zu tautozonalen Netzebenen gehören, werden auf einem Kegelschnitt in der Filmebene abgebildet, der Kegelschnitt geht durch den Primärfleck.

Für Kristalle mit Diamant- bzw. Zinkblendestruktur wird dieses Verfahren in der Norm DIN 50433, Teil 3 [3] näher beschrieben. Zur Orientierungsbestimmung wird die Abweichung des so genannten Symmetriezentrums vom Zentralfleck der Aufnahme ausgewertet. Symmetriezentrum S im Sinne dieser Norm ist die Mitte desjenigen Schwärzungspunktes des LAUE-Musters, der der jeweiligen Bezugsebene ($\{0\,0\,1\}$, $\{1\,1\,1\}$ oder $\{1\,1\,0\}$) der Kristallgitter der Probe entspricht und um den die übrigen Punkte des LAUE-Musters in noch erkennbarer Symmetrie entsprechend der 4-, 3- oder 2-zähligen Symmetrie angeordnet sind, siehe Bild 5.10.1.

13 Besonderheiten bei dünnen Schichten

Bei der Untersuchung von Schichten liegt weniger kristallines Material vor, als bei der normalen Pulverdiffraktometrie. So übersteigt die Eindringtiefe der Röntgenstrahlung bei dünnen Schichten deren Schichtdicke um ein Vielfaches. Damit ist das »Angebot an beugungsfähigen Körnern« stark eingeschränkt. Je nach Schichtart, amorph, polykristallin, einkristallin oder epitaktisch sind immer andere Betonungen auf die Untersuchungsanordnung und Messstrategie des Beugungsexperimentes zu legen. Eine Sammlung solcher Anwendungen und Darstellung vieler Erkenntnisse gerade bei Schichten sind in [136] zusammengefasst.

Die häufigste Fragestellung beim Einsatz von Schichten ist die Frage nach der Schichtstruktur, der Schichtdicke, der Schichtspannung und der sich ausbildenden Schichtinterface- bzw. Oberflächenrauheit. Sind die Schichten kristallin, welche Phasen liegen vor, wie hoch ist die Fehlordnung in den Schichten, gibt es Eigenschaftgradienten in den Schichten, dies sind erweiterte Fragestellungen. In Schichten können vielfach wesentlich höhere mechanische Spannungen auftreten, deshalb sind Schichten oft belastbarer als Bulk- bzw. Substratmaterial. Vielfach werden die Schichten als epitaktische Schichten aufgebracht. Die dabei sich vollziehenden Verwachsungsprozesse und eventuelle Kristallstrukturfehlanpassungen sind von messtechnischem Interesse, weil sie die Schichteigenschaften wesentlich beeinflussen. In Bild 13.1 sind diese Problemstellungen schematisch zusammengefasst.

Zur Klärung dieser Fragen haben in den letzten Jahren besonders die Methoden unter Verwendung von Multilayerspiegeln mit streifender Parallelstrahlgeometrie und die hochauflösende Röntgendiffraktometrie (HRXRD) entscheidende Fortschritte beigetragen. Die Fragestellungen in Schichten lassen sich mit der Methode der streifenden Rönt-

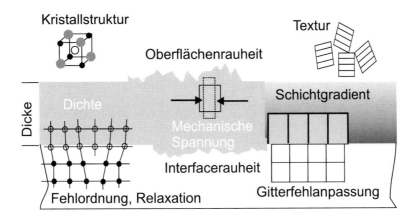

Bild 13.1: Werkstoffwissenschaftliche Probleme bei der Schichtausbildung im Zusammenhang zum Substrat

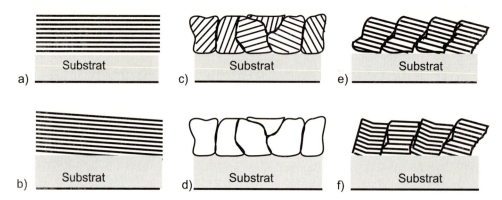

Bild 13.2: Möglichkeiten der Schichtausbildung a) epitaktisch b) epitaktisch fehlorientiert c) polykristalline Schicht d) amorphe Schicht e) Stengelkristallitausbildung f) Stengelkristallitausbildung mit Zwillingskorngrenzen

genbeugung (GID), Kapitel 5.5, der Röntgenreflektometrie (X-Ray reflection – XRR) und der HRXRD lösen.

In Bild 13.2 sind typische Netzebenenausrichtungen von Schichten schematisch gezeigt. Liegt eine Schicht nach Bild 13.2a, also eine epitaktische einkristalline Schicht mit einer Netzebene parallel zur Oberfläche vor, dann ergeben sich Beugungsdiagramme mit meist nur einem oder mehreren Beugungspeaks höherer Ordnung. Bei größer 3° Fehlorientierung, Bild 13.2b, einer epitaktischen Schicht zur Oberfläche kann in BRAGG-BRENTANO- aber auch in Parallelstrahlanordnung ein vorgetäuschtes röntgenamorphes Beugungsdiagramm gemessen werden. Es gibt keine niedrig indizierte Netzebene, die parallel zur Oberfläche liegt, damit ist die Beugungsbedingung nicht erfüllt. Wenn mit einem einfach ausgestatteten Diffraktometer ein solches »röntgenamorphes Beugungsdiagramm« gemessen wird, dann sollte man heute mittels einer zweidimensionalen Beugungsanalyse oder durch Bestimmung der Fehlorientierung versuchen, ein verbessertes Beugungsdiagramm zu messen. Ebenso ist der Einsatz eines Eulerwiegengerätes möglich. Mittels einer breiteren Detektorblende und Scannen in ψ- und φ-Richtung muss man versuchen, den Netzebenenvektor senkrecht zum einfallenden Strahl zu stellen und so doch Beugungspeaks zu erhalten. In der gefundenen Beugungrichtung muss bei dieser Schichtausbildung der resultierende Beugungspeak sehr schmal und fast genauso intensitätsreich auftreten, wie in Bild 13.2a schon ausgeführt. Vor allem bei dicken Schichten findet man ganz normale polykristalline Gefüge, alle Kornorientierungen sind gleichmäßig verteilt, Bild 13.2c. Hier findet man die üblichen Beugungsdiagramme, die den Intensitäten der entsprechenden Phase der PDF-Datei folgen sollten.

Liegen fehlorientierte Stengelkristallite nach Bild 13.2e vor, dann treten genau wie in Bild b bei senkrechtem Strahleintritt zur Oberfläche keine Beugungspeaks auf. Erst bei einem bestimmten Winkel ψ und jetzt über einen breiteren Bereich von φ tritt ein Beugungspeak auf, aber mit weit geringerer Intensität. Bei einer Zwillingsausbildung von fehlorientierten Stengelkristalliten, Bild 13.2f können je nach Zwillingsorientierung diese gerade parallel zur Oberfläche liegen und so in normaler Beugungsanordnung auftreten. In kfz-Kristallstruktur ist zur (1 1 1)-Netzebene oftmals die (5 1 1)-Netzebene eine Zwil-

Tabelle 13.1: Materialkonstanten zur Beurteilung des Reflexionsvermögens verschiedener Materialien für Kupferstrahlung

	3C − SiC	GaN (kub)	GaAs	Si
Gitterkonstante [nm]	0,435 89	0,436 4	0,565 33	0,543 88
(1 1 1)-Beugungswinkel 2θ	35,646°	35,603°	27,309°	28,442°
F^2	1 658	10 306	24 050	3 551
$\frac{|F|^2}{|F_{Si}|^2}$	46,7 %	290,2 %	677,3 %	100 %
unendliche Probendicke [µm]	46	21	10	26
rel. Intensität für 500 nm	26 %	359 %	1 761 %	100 %

lingsebene. Die (3 3 3)-Netzebene ist eine höhere Beugungsordnung zur (1 1 1)-Netzebene und genau mit der (5 1 1)-Ebene überlagert. Tritt im Beugungsdiagramm nun ein (3 3 3)- bzw. (5 1 1)-Peak auf, aber kein (1 1 1)-Peak auf, dann wurde die Zwillingsorientierung [5 1 1] gemessen. Ebenso liegen Zwillinge vor, wenn die (3 3 3)-Intensität größer ist als die (1 1 1)-Intensität. Durch die Zwillingsorientierung ist die Zahl der »beugenden Kristallite« größer als die Zahl der parallelen Netzebenen (1 1 1) und (3 3 3).

Am Beispiel von oft verwendeten Schichtmaterialien der Halbleitertechnik soll ein grundlegendes Problem der Intensitätsausbildung für die BRAGG-BRENTANO-Anordnung erläutert werden. Wendet man Gleichung 3.102 inklusive des Flächenhäufigkeitsfaktor H für Kupferstrahlung und verschiedene interessierende Netzebenen an, Tabelle 13.1, dann erkennt man, dass sich die Strukturfaktoren um Größenordnungen unterscheiden. So wird die Intensität des (1 1 1)-SiC-Beugungspeakes nur ca. 47 % des (1 1 1)-Si-Peakes betragen. Ein (1 1 1)-GaAs Peak ist dagegen fast siebenmal so intensitätsreich wie ein Si-Peak. Die »schweren« Halbleiter liefern also höhere Intenstäten, können damit empfindlicher vermessen werden. Die Eindringtiefe der Röntgenstrahlung ist aber auch sehr unterschiedlich. Hier kommt der nächste Fakt für die Schwierigkeiten der Vermessung von z. B. SiC-Schichten. Um die 47 % Intensität des Si-Peaks überhaupt zu erreichen, müsste die SiC-Schicht 46 µm dick sein. Dieser Bereich der Schichtdicke ist aber schon fast kompaktes Material. Deshalb sind überschlagsmäßig noch die relativen Intensitäten für eine 500 nm Schicht zueinander berechnet, Tabelle 13.1. Hierbei muss aber noch unbedingt beachtet werden, dass die Intensität der Si-Schicht nur ca. 2 % des Kompaktmateriales erreicht.

13.1 Wolframsilizidschichten und Anwendung der Röntgenmethoden

Am Beispiel von Wolframsilizidschichten sollen die im vorangegangenen Kapitel gemachten Aussagen verdeutlicht werden. Wolframsilizide sind metallähnliche, hochschmelzende Verbindungen zwischen Wolfram und Silizium. Im Bild 13.3a ist das Phasendiagramm Wolfram-Silizium aufgeführt. Erkennbar sind dort die Phasen WSi_2 und W_3Si_2. In der PDF-Datei sind dagegen 11 Einträge vorhanden, WSi_2 in tetragonaler und hexagonaler

448   13 Besonderheiten bei dünnen Schichten

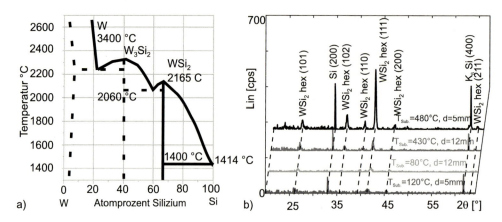

Bild 13.3: a) Phasendiagramm Wolfram-Silizium b) Diffraktogramme von WSi$_2$ hexagonal, PDF als Funktion der Substrattemperatur und des Abstandes Sputterquelle-Substrat

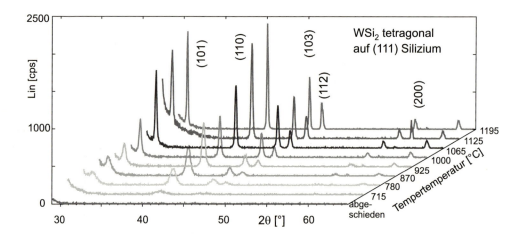

Bild 13.4: Diffraktogramme von WSi$_2$-Schichten nach verschiedenen Tempertemperaturen

und kubischer Form. Anstatt W$_3$Si$_2$ ist in der PDF-Datei die Phase W$_5$Si$_3$ und eine Phase WSi$_{0,7}$ aufgeführt. Je nach Schichtherstellungsmethoden und dabei vorherrschenden technologischen Bedingungen bildet sich hexagonales Wolframsilizid, Bild 13.3b aber schon bei Bedingungen, die weit unterhalb der im Phasendiagramm ausgewiesenen Temperaturen. Die aus den Röntgendiffraktogrammen eindeutig auftretenden und nicht in ihrer Peaklage verschobenen Peaks bei 26°, 36° und 45° sind der hexagonalen, instabilen Phase WSi$_2$ zuzuordnen. Bei dünnen Schichten, aber auch oftmals nicht wärmebehandelten Schichten nach einer Abscheidung mit »kalten« Verfahren ist der Schichtaufbau amorph, Bild 13.2d [162]. Im Bild 13.4 sind für gesputterte Schichten aus Wolframdisilizid, ca. 300 nm dick, die Beugungsdiagramme aufgetragen. Die abgeschiedene Schicht ist röntgenamorph, keine Beugungspeaks treten auf. Werden die Schichten dann einer Wär-

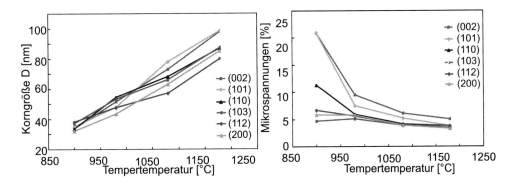

Bild 13.5: Ergebnisse von Profilanalysen an getemperten WSi$_2$-Schichten a) köhärent streuenende Bereiche (Korngröße) als Funktion der Tempertemperatur b) Verzerrung/Spannung III. Art als Funktion der Tempertemperatur

mebehandlung unterzogen, treten nach und nach mehr Peaks und auch immer schmalere Beugungspeaks auf.

Analysiert man die Peakbreiten mittels der Verfahren aus Kapitel 8 und bestimmt mittels der Gleichung 8.3 die kohärent streuenden Bereiche und die mittleren Verzerrungen nach Gleichung 8.4 innerhalb des Kristallites, das Maß für die Spannungen III. Art, dann ergeben sich die Verläufe nach Bild 13.5. In Bild 13.5a wird deutlich, dass mit steigender Tempertemperatur die Kristallitgröße zunimmt. So wie die Kristallitgröße zunimmt, so werden die Verspannungen mit steigender Tempertemperatur kleiner, Bild 13.5b. Hier ist jedoch zu beachten, dass die stärksten Spannungsreduzierungen bei den Wolframsilizid-Beugungspeaks mit »hohen c-Anteil« auftreten. Es wird daraus geschlossen, dass die bei der Temperung ablaufenden Vorgänge sich besonders auf die c-Achse des tetragonalen Wolframdisilizides auswirken und hier besonders der Spannungsabbau stattfindet. Beim Kornwachstum ist dieses anisotrope Verhalten nicht festzustellen. Im Bild 13.6a sind die Oberflächen von vier Wolframdisilizidschichten nach Temperungen bei unterschiedlichen Temperaturen mittels eines Atomkraftmikroskopes hochaufgelöst visualisiert. Aus den Bildern sind Oberflächenkorngrößen bestimmt worden. Zum Vergleich sind in Klammern die entsprechend röntgenographisch bestimmten kohärent streuenden Bereichslängen mit aufgetragen. Die Abweichungen sind erklärbar, da beim Atomkraftmikroskop die lateralen Abmessungen und beim Röntgenbeugungsverfahren die vertikalen Abmessungen bestimmt werden. Nur bei isotrop ausgebildeten Kornformen sind beide Größen exakt gleich. Schichten haben aber im Allgemeinen eine *anisotrope Kornform*.

Im Bild 13.6b ist als Beispiel das elektrische Widerstandverhalten aufgezeigt. Auch dieses Verhalten kann mit den Röntgenbeugungsergebnissen erklärt werden. Der Anstieg bis 715 °C ist mit Diffusionserscheinungen erklärbar. Das Beugungsdiagramm für diese Temperatur, Bild 13.4, zeigt nur einen schwachen breiten Beugungspeak. Der Abfall im Widerstand ist mit der beginnen Silizidbildung und dem stetigen Kornwachstum erklärbar. Im Beugungsdiagramm sind ab 870 °C dann alle möglichen Netzebenen nachweisbar, bei weiterer Temperaturerhöhung werden die Peaks schmaler und intensitätsreicher.

Der Vorteil der Beugungsuntersuchungen mit der Methode des streifenden Einfalles für dünne Schichten wird im Bild 13.7 deutlich. Die selbst bei einem Einstrahlwinkel ω

450 13 Besonderheiten bei dünnen Schichten

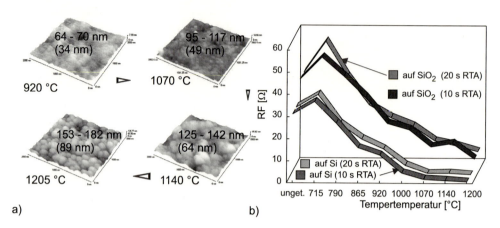

Bild 13.6: a) Atomkraftmikroskopische Oberflächenuntersuchung von WSi$_2$-Schichten und Bestimmung der lateralen Korngrößen (Bestimmung der kohärent streuenden Bereiche nach Bild 13.4a) b) Verlauf des elektrischen Flächenwiderstandes als Funktion der Temperbedingungen auf verschiedenen Substraten

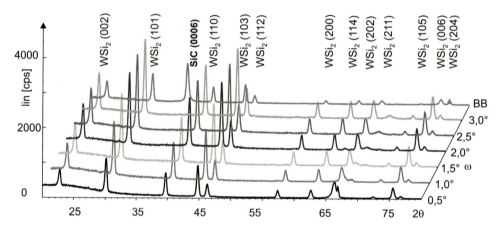

Bild 13.7: Diffraktogramme von WSi$_2$-Schichten auf 6H-SiC Einkristall mit streifenden Einfall

von nur 1° deutlich höheren Peakintensitäten verdeutlichen, dass hier viel sensitiver untersucht werden kann. Oftmals störende Beugungspeaks vom einkristallinen Substrat treten nicht auf. Im vorliegenden Beispiel sind die Wolframsilizidschichten auf 6H-SiC aufgebracht. Im Bild 13.7 wird aber auch deutlich, dass vom Einkristallsubstrat wieder »wandernde Peaks« auftreten, Winkelbereich 66 – 70°.

Im Bild 13.8a sieht man die Diffraktogramme einer 75 nm dicken, gesputterten Wolframschicht auf SiO$_2$, aufgenommen während einer Temperaturbehandlung in einer Hochtemperaturkammer entsprechend Kapitel 4.8. Typisch ist, dass abgeschiedene gesputterte Schichten röntgenamorph sind. Erst nach einer Temperatur von ca. 500 °C sind Beugungspeaks und damit kristalline Bereiche feststellbar. Materialwissenschaftlich bedeutsam ist

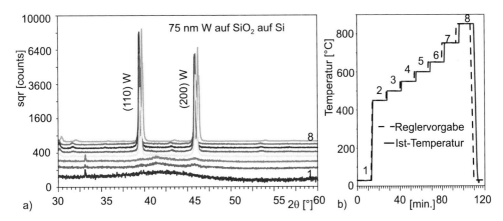

Bild 13.8: Diffraktogramme einer Wolframschicht in einer Hochtemperaturkammer und temperaturabhängige qualitative Phasenuntersuchungen

hier die Feststellung, dass die Kristallbildung bei $0{,}21 \cdot T_S$ der Schmelztemperatur des kompakten Wolframs ($T_S = 3\,695$ K) erfolgt. Mit weiterer Temperaturerhöhung entsprechend dem Temperatur-Zeitverlauf in Bild 13.8b ist ein Kornwachstum in der Schicht feststellbar. Eine Korngröße kleiner der Schichtdicke als kohärent streuende Bereiche ist dabei ebenso feststellbar. Die SiO_2-Schicht wirkt als Diffusionsbarriere und verhindert die Wolframsilizidbildung, es treten nur die Beugungspeaks der reinen Metallphase auf. Mit solchen Hochtemperaturkammern lassen sich Phasenumwandlungen an nur einer Probe relativ leicht und schnell durchführen.

13.2 Reflektometrie – XRR

Im Zeitalter der Anwendung von dünnen Schichten wird es immer wichtiger, exakte Kenntnisse der Schichtdicke und der Oberflächen- und Interfacerauheiten zerstörungsfrei zu erhalten. Die Totalreflexion und das Eindringvermögen der energiereichen Röntgenstrahlung wird zur Schichtdickenbestimmung ausgenutzt. Die seit ca. 1985 entwickelte Methode der Röntgenreflektometrie (X-Ray reflection, aber auch manchmal als XRS – X-ray specular reflectivity bezeichnet) erlaubt es, Schichtdicken d an ebenen Proben (bei dieser Methode ist es unerheblich, ob die Schicht aus kristallinem oder amorphen Material besteht) im Bereich von vorerst $d \approx 3-300$ nm mit einer reproduzierbaren Genauigkeit von $0{,}1 - 0{,}3$ nm zerstörungsfrei zu messen. In der Reflektometrie ist ein Winkelbereich θ von größer 0° bis ca. 5° interessant. Ausführliche Arbeiten sind u. a. von PARRATT [126] und von FILIES [54] erstellt worden. Das gesamte Reflexionsverhalten lässt sich mit den FRESNEL-Gleichungen aus der Optik beschreiben. Die Unterschiede im Brechungsindex und die interessanten Winkelbereiche sind aber entgegen der Optik wesentlich kleiner. Es ist einzig notwendig, dass Brechzahlunterschiede zwischen Schicht und Substrat existieren. Oftmals weisen gerade Schichten aus dem gleichem Material wie ein Substrat durch den Schichtherstellungsprozess geringfügige Dichteunterschiede auf. Damit existiert auch ein Unterschied in der Elektronendichte an den Grenzflächen der Schicht.

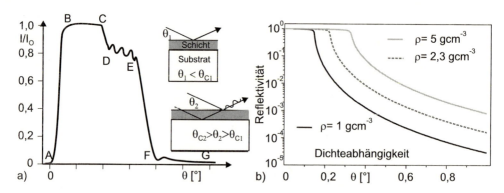

Bild 13.9: a) Prinzip der Reflektometrie b) Totalreflexionswinkel als Funktion der Materialdichte

Der Brechungsindex n für Röntgenstrahlen ist immer kleiner eins. Bis zu einem bestimmten materialabhängigen Einfallswinkel, dem kritischen Winkel θ_C, dringt die Röntgenstrahlung nicht in die Probe ein. Es findet eine äußere Totalreflexion an der Trennfläche Luft/Oberfläche statt. Der Strahl wird wie an einem Spiegel reflektiert. Der Totalreflexionswinkel ist eine Funktion der Elektronenkonzentration und der Dichte in der Schicht. Im Bild 13.9b sind für drei verschiedene Dichten von Kompaktmaterialen die Verläufe des Verlaufs der Totalreflexion dargestellt. Bei weiterer Vergrößerung des Einfallswinkel dringt der Röntgenstrahl in die Schicht ein. An einem Schicht-Substrat-System wird damit nur ein Teil der Strahlung reflektiert, der »Rest« dringt in die Schicht ein. Es gibt jetzt zwei Winkel der Totalreflexion, diesmal an den Grenzflächen Luft-Schicht und an der Grenzfläche Schicht-Substrat. Beide Teilstrahlen interferieren.

Prinzipiell lässt sich das Reflexionsvermögen entsprechend Bild 13.9a erklären in dem die nachfolgenden Bereichen einzeln betrachtet werden:

- AB Die Probe steht parallel zum einfallenden Strahl. Wenn $\theta > 0$ wird, wächst die Reflexion linear an.
- BC Die Reflexion bleibt konstant. An der Schichtoberfläche tritt Totalreflexion ein.
- CD Wenn der Einfallswinkel den kritischen Winkel θ_{C1} überschreitet, ist ein starker Abfall der Intensität zu verzeichnen.
- DE Die reflektierte Intensität oszilliert. Kennzeichnend sind das Auftreten von lokalen Maxima und Minima. Die Oszillation kommt dadurch zustande, dass sich Oberflächenreflexionsstrahl und Interfacereflexionsstrahl wegen des entstehenden Phasenunterschiedes überlagern.
- EF Intensitätsabfall nach dem kritischen Winkel θ_{C2}.
- FG Es tritt eine Endserie von Schwingungen unter Beteiligung der von der Unterseite reflektierten Strahlen auf. (Unter der Bedingung, dass das untere Material auch extrem dünn vorliegt).

Auf die Schärfe des entstehenden Interferenzbildes wirken sich Oberflächenrauhigkeiten und die optischen Dichten von Schicht- und Substratmaterial aus. Die intensivsten und schärfsten Interferrenzbilder erhält man, wenn der Brechungsindex des Substratmaterials kleiner ist als der Brechungsindex des Schichtmaterials und Oberfläche und Interface ex-

13.2 Reflektometrie – XRR

trem glatt sind. Der komplexe Brechungsindex für monochromatische Röntgenstrahlung ist nur gering von eins unterschiedlich, Gleichung 13.1.

$$\tilde{n} = 1 - \sigma + \imath\beta \tag{13.1}$$

Hierbei ist σ die Dispersion und β die Absorption eines Mediums. Beide Größen, Dispersion und Absorption, sind für Röntgenstrahlung in der Größenordnung von 10^{-5} bzw. 10^{-6}. Wenn die Materialzusammensetzung bekannt ist, kann mittels des SNELLIUSschen-Brechungsgesetzes und der Näherung nach Gleichung 13.2 folgender Zusammenhang für den Totalrefelxionswinkel θ_C ermittelt werden, Gleichung 13.3.

$$1 - \sigma = \cos\theta_C \approx 1 - \frac{\theta_C^2}{2} \tag{13.2}$$

$$\theta_C \approx \sqrt{2\sigma} \tag{13.3}$$

Der Zusammenhang zwischen Dispersion σ und Dichte ϱ lässt sich über die Betrachtung der Kopplung der Schalenelektronen mit den unvollständigen, hochfrequenten Anregungserscheinungen der Röntgenstrahlung erklären und führt nach [54] zur Gleichung 13.4.

$$\varrho \approx \frac{2\pi \cdot M \cdot \sigma}{r_0 \cdot N_A \cdot Z \cdot \lambda} \tag{13.4}$$

Materialabhängige Größen sind hier die Dispersion σ, die Molmasse M und die Ordnungszahl Z. Als Konstanten gehen AVOGADRO-Konstante N_A und der BOHRsche Radius r_0 des Schichtmaterials ein.

Nach Überschreiten des Totalreflexionswinkels θ_C dringt der Röntgenstrahl in die Schicht ein, wird an der Grenzfläche reflektiert und bildet mit dem Oberflächenreflexionsstrahl Interferrenzen, aus deren Periode die Schichtdicke und aus dem Intensitätsabfall die Grenzflächenrauheit ermittelbar ist. Die Schichtdicke d lässt sich nach PARRATT [126] aus dem Abstand der Oszillationsmaxima θ_n bestimmen, Gleichung 13.5.

$$\theta_n^2 = \frac{(\theta_{n+1}^2 - \theta_{n-1}^2)^2}{12(\frac{\lambda}{2d})^2} + \theta_C^2 \tag{13.5}$$

Trägt man grafisch θ_n^2 in Abhängigkeit von $(\theta_{n+1}^2 - \theta_{n-1}^2)^2$ auf, dann kann aus dem Anstieg q die Schichtdicke d errechnet werden:

$$d \propto \lambda\sqrt{q} \tag{13.6}$$

Von BLANTON [31] wird eine etwas andere Form der Schichtdickenbestimmung d angegeben, Gleichung 13.7.

$$d = \frac{\lambda(m-n)}{2(\sin(\theta_m) - \sin(\theta_n))}\sqrt{m} \tag{13.7}$$

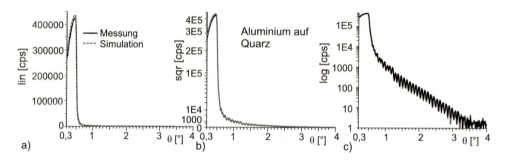

Bild 13.10: Reflektometriemessung einer Aluminiumschicht (70 nm) auf Quarz einschließlich der Simulation bei verschiedenen Auftragsarten a) lineare Darstellung b) quadratische Darstellung c) logarithmische Darstellung

Mit der Wellenlänge λ und den Winkellagen θ_i der m bzw. n-ten Ordnung der Oszillationsmaxima wird die Dicke der Schichten bestimmt.

Die Röntgenreflektometrie kann des weiteren auch Aussagen zur Oberflächen- und auch zur Grenzflächen/Interfacerauheit liefern. Die Grenzflächenrauheit, also eine »vergrabene« Rauheit ist somit noch nachträglich messtechnisch zugänglich. Erklärbar wird die Zugänglichkeit dieser Größe damit, dass an der rauhen Oberfläche bzw. Grenzfläche eine diffuse Reflexion auftritt, die die reflektierte Intensität schwächt. Die Rauheit kann mit lokalen Dickenschwankungen erklärt werden [54]. Diese Dickenschwankungen sind GAUSSförmig mit einer Schwankungsbreite σ_r um die mittlere Schichtdicke d verteilt. In den mittlerweile verfügbaren Simulationsprogrammen werden die FRESNEL-Koeffizienten zur Reflexion durch einen Faktor entsprechend der Rauheit korrigiert. Im Bild 13.10 sind für ein Einfachschichtsystem Aluminium auf Quarzglas verschiedene Darstellungsweisen gewählt worden, Bild 13.10a stellt den linearen Auftrag dar. Unterschiede zwischen Messkurve und Simulation sind im Maximum erkennbar. Bild 13.10b zeigt den quadratischen Auftrag. Unterschiede zwischen Messkurve und Simulation sind kaum erkennbar. Bild 13.10c steht für logarithmischen Auftrag. Unterschiede zwischen Messkurve und Simulation sind bei niedrigen Intensitäten erkennbar. Mittels Simulationsprogrammen sind für eine 40 nm dicke Kupferschicht auf einem Siliziumsubstrat die Reflexionskurven errechnet worden, Bild 13.11a. Die Bulkdichten von Kupfer ($\varrho_{Cu} = 8{,}94\,\text{gcm}^{-3}$) und Silizium ($\varrho_{Cu} = 2{,}32\,\text{gcm}^{-3}$) wurden verwendet. Sowohl für die Grenzfläche Si-Cu als auch die Oberfläche wurde eine Rauheit $R_A = 1\,\text{nm}$ angenommen. Diese Parameter sind Idealgrößen, da hier im Ergebnis gleichmäßige Oszillationen bis zu einem Abfall der Intensität auf 10^{-11} auftreten. Wird die Oberflächenrauheit von 1 nm auf 3 nm gesteigert, dann wird die Oszillationsamplitude und auch die Zahl der Oszillationen verkleinert. Änderungen in der Dichte und auch unterschiedliche Rauheiten zwischen Grenzfläche und Oberfläche führt zu einem Absinken der Oszillationsamplitude, aber auch zu einem wesentlich geringerem Abfall des Intensitätsverlustes (nur noch bis ca. 10^{-4}). Fittet man Messkurven mit dem Simulationsprogramm an, stellt man relativ schnell Übereinstimmung in den Oszillationsabständen und damit der Gesamtschichtdicke her. Der Intensitätsabfall läuft jedoch oft nicht konform mit der Messkurve. »Spaltet« man von der ermittelten Gesamtschichtdicke eine kleine Schicht ab und verwendet jetzt für diese »Teilschicht« eine geringfügig

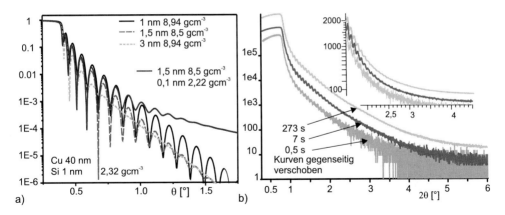

Bild 13.11: a) Simulation von Reflektometriekurven für eine 40 nm Cu-Schicht auf Silizium bei unterschiedlichen Rauheits- und Dichtewerten b) Messung einer 65 nm dicken Cu-Schicht auf einem geschichteten Substrat (200 nm-Si_3N_4 und 8 nm-SiO_2 auf Silizium) bei unterschiedlichen Messzeiten

kleinere Dichte, dann lassen sich die Intensitätsdifferenzen zwischen Simulations- und Messkurve minimieren. Dieser Ansatz der gradierten Schicht zur Oberfläche entspricht bei Sputterschichten der Realität.

Bis zu welchen Grenzen können Ergebnisse gewonnen werden? Hier muss als erstes die Detektion der reflektierten Strahlung beachtet werden. Im Kapitel 4.5 ist festgestellt worden, dass Szintillations- und Proportionalzähler bis zu einer zählbaren Impulszahl von $5 \cdot 10^5$ cps eingesetzt werden können. Bei einem Untergrund von ca. 10 cps sind somit $5 \cdot 10^4$ cps Differenz in der Nettozählrate detektierbar. Im Kapitel 4.5.5 wurde weiter festgestellt, dass für eine statistisch gesicherte Detektion wenigstens 4 500 Impulse gezählt werden müssen.

Nach Überschreiten der Totalreflexion nimmt die Impulszahl rapide ab. Im Bild 13.11b sind die Ergebnisse von XRR-Messungen mit unterschiedlich langen Messzeiten pro Schritt der Probe dargestellt. Der Anstieg der Fehlerbreite der Impulsdichtewerte bei kleinen Messzeiten ab 2° ist eindeutig erkennbar. (Zur Darstellung sind die Kurven nur verschoben, die Maximalintensität bei dem Totalreflexionswinkel sind ansonsten annähern gleich). Das Anfitten über einen größeren Winkelbereich zur Bestimmung aller Parameter wie Schichtdicke, Dichte und Rauheit muss aber bei statistisch gesicherten Messwerten erfolgen. Somit sind die langen Messzeiten pro Schritt gerechtfertigt. Es gibt Messprogramme, die es gestatten, während der Winkelabtastung die Röhrenleistung zu steigern und dann an der »Schnittstelle« das Reflexionsdiagramm jeweils zwischen den Leistungen zu normieren. Es stellt sich jedoch heraus, dass diese Veränderung der Röhrenleistung eine örtliche, geringe Wanderung des Fokus bewirkt, die leider ausreicht, die vormals sehr empfindliche Höhenjustage der Probe ebenso zu verändern. Die damit verbundenen Intensitätssprünge führen zu nicht mehr brauchbaren Reflexionskurven für die Bestimmung der Dichte und Rauheitswerte. Die Schichtdicke ist jedoch entsprechend den Gleichungen 13.6 und 13.5 ermittelbar, siehe auch die Bilder 13.12. Aus dem Strahlengang herausfahrbare Absorberschichten während der Messung sind die bessere

456 13 Besonderheiten bei dünnen Schichten

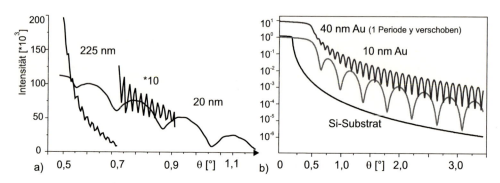

Bild 13.12: a) Gemessene Reflektometriediagramme von MoSi$_2$-Schichten 20 nm Schichtdicke und 225 nm Schichtdicke auf Silizium b) Gemessene Reflektometriediagramme von Goldschichten auf Silizium

Alternative, um eine größere Intensitätsdifferenz zu erhalten, siehe Aufgabe 1.

An Siliziumsubstraten, die mit mosaiktargetgesputterten MoSi-Mischschichten unterschiedlicher Dicke (20 – 300 nm) beschichtet wurden, wurde diese Methode an einem einfachen BRAGG-BRENTANO-Goniometer erprobt, [164]. Bild 13.12a zeigt die Interferenzen der dünnsten gemessenen Schicht und das Reflektogramm für eine 225 nm dicke Schicht. Die Diagramme wurden damals noch linear aufgetragen, bzw. ganze Bereiche gestreckt dargestellt. Die Schichtdickenbestimmung war hier das vorrangige Ziel und mittels der Gleichungen 13.5 bzw. 13.6 konnten die Werte ermittelt werden. Die sehr gute Übereinstimmung der zerstörungsfreien Schichtdickenmessung mittels der XRR-Methode und der Interferenzmikroskopie an Kanten bzw. mittels der Rutherfordrückstreuspektroskopie zeigt die Tabelle 13.2.

Mit der XRR-Methode ist es auch möglich, bei Doppelschichten die Schichtdicke der unterliegenden Schicht zu bestimmen, Bild 13.13a. Diese Bestimmung ist mittels der Interferenzmikroskopie nicht möglich. Ergebnisse einer vergrabenen Wolframschicht sind in Tabelle 13.2 mit aufgeführt. Hier muss bemerkt werden, dass die 80 nm dicke Wolframschicht unter der Siliziumschicht so detektierbar ist. Wenn die Schicht an der Oberseite liegt, dringt die Röntgenstrahlung bei den flachen Einstrahlwinkeln auf Grund der hohen Dichte des Wolfram nicht durch die Wolframschicht und das Verfahren versagt. Bild 13.13b zeigt eine entsprechende Simulation. Vor einem Experiment mit Schichtmaterialien hoher Dichte ist immer mit Gleichung 3.98 die Eindringtiefe abzuschätzen oder es sind entsprechend Bild 13.13b Simulationen zu erstellen. Nur beim Auftreten von Oszillationen in der Simulation ist dann auch eine Messung sinnvoll.

In Bild 13.12b sind drei Diagramme von unterschiedlichen Goldschichten auf Siliziumsubstraten dargestellt.

Die Schichtdickenbestimmung kann mit dieser Methode beim Auftreten von mindesten drei Oszillationen nach dem Totalreflexionswinkel erfolgen, d.h. ab 3 – 1 nm Schichtdicke vorausgestzt es liegen Brechzahlunterschiede vor. Drei Oszillationen sind auch meist noch detektierbar. An Platinschichten dieser Größe ist dies von BLANTON [30] gezeigt worden. Die Maximalschichtdicke hängt von der Schrittweite der Messung ab. Bei einer kleinsten reproduzierbaren Schrittweite am Diffraktometer von derzeit 0,001° sind

Tabelle 13.2: Schichtdicken von MoSi$_2$-Schichten ermittelt mit verschiedenen Verfahren

Zielvorgabe in [nm]	Streifende Röntgenbeugung	Rutherford- rückstreuung	optische Interfe- renzmikroskopie
20 nm MoSi$_2$	20,2 nm	16,3 nm	(22,3; 28,9; 17,3 nm)
70 nm MoSi$_2$	61,5 nm	59,8 nm	64,4 nm
100 nm MoSi$_2$	88,5 nm	94,7 nm	90,1 nm
225 nm MoSi$_2$	220,8 nm	224,3 nm	222,7 nm
110 nm Si	111,4 nm	—	—
80 nm W	82,1 nm	81 nm	—

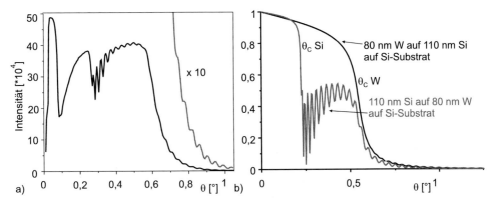

Bild 13.13: a) Gemessenes Reflektometriediagramm einer Doppelschicht 110 nm-Si und 80 nm-W auf Siliziumsubstrat b) Simulationen von diesem Schichtsystem

für eine Oszillation mindestens 3 Schritte notwendig. Daraus sind ca. 300 – 500 nm als maximale detektierbare Schichtdicke ableitbar. Als Genauigkeiten werden angegeben:
- Schichtdickenbestimmung von 1 – 500 nm mit einer Genauigkeit < 1 %
- Dichtebestimmung mit einer Genauigkeit von ±0,03 gcm^{-3}
- Oberflächen- und Grenzflächenrauheit von 0–5 nm mit einer Genauigkeit < ±0,1 nm

Der Einsatz einer Parallelstrahlanordnung mit Multilayerspiegel als Monochromator ermöglicht bessere und klarere Messkurven [190, 114]. Als Diffraktometeranordnung für die Reflektometrie hat sich damit die in Bild 13.14a dargestellte Konfiguration durchgesetzt. Mittels der auf die Probe aufsetzbaren und der definiert rückstellbaren Schneidblende (Antrieb über Mikrometerschraube und mit der Messuhr ist die Spaltöffnung definiert einstellbar) lassen sich so im fast noch Nulldurchgang die auf den Detektor fallende Direktstrahlung verkleinern, ohne dass der reflektierte Strahl bei größeren Winkeln unverhältnismäßig geschwächt wird. Der Einsatz eines motorisiert einschiebbaren bzw. herausschiebbaren Absorbers ist die bessere Lösung zur Erzielung einer höheren Dynamik der messbaren Intensitätsregistrierung. Bei Verwendung von einem Multilayerspiegel im Detektorstrahlengang und bei gleichzeitiger Verwendung von Multilayerspiegeln der Generation 2a, Tabelle 4.5 sind in den Oszillationen schon beginnende Aufspaltungen der $K_{\alpha 1}$- und $K_{\alpha 2}$-Signale messbar, [80]. In Bild 13.14b ist für einen periodischen Multi-

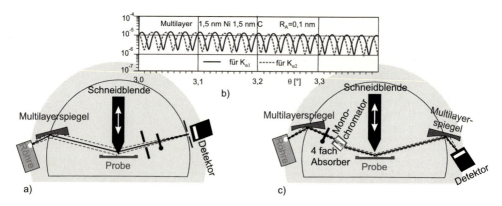

Bild 13.14: a) Diffraktometeranordnung für Reflexionsmessung (XRR) b) Diffraktometeranordnung für Reflexionsmessung mit höchster Auflösung)

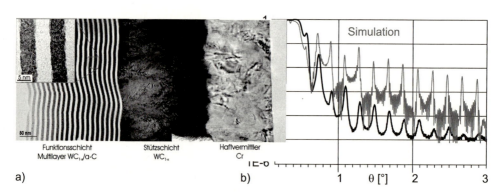

Bild 13.15: a) Multilayerschichten Wolframkarbid-Kohlenstoff auf Wolframkarbidschicht und Chromschicht auf Siliziumnitridschicht auf Siliziumsubstrat (11 nm-WC und 5 nm-C mit ca. 20 Perioden – TEM-Bild) b) XRR-Mess- und Simulationsdiagramm

layerschichtstapel Ni-C mit jeweils 1,5 nm Schichtdicke bei 40 Perioden das theoretische Reflexionsdiagramm im Bereich 3 – 3,4° jeweils für die exakt monochromatischen $K_{\alpha1}$- und $K_{\alpha2}$-Strahlungen ausgerechnet worden. Man erkennt, dass die geringen Wellenlängenunterschiede Verschiebungen der Maxima bewirken. Als Resultierende kann somit sogar eine Auslöschung der Oszillationen auftreten. Verwendet man im Primärstrahlengang noch einen Zweifach BARTELS-Monochromator zur Abspaltung der $K_{\alpha2}$-Strahlung, Diffraktometeraufbau im Bild 13.14c, dann hat man die derzeit empfindlichste Reflektometrieanordnung. Von [80] sind damit Multilayerschichtstapel mit Perioden kleiner < 1 nm sicher vermessen worden. Die Messungen an den Oszillatonen erfolgen hier aber zwischen den BRAGG-Reflexen des Gesamtschichtstapels.

Die in Bild 13.15b dargestellte Messkurve und die dazu gehörende Simulation zeigen jedoch bis auf die Oszillationsmaxima keine gute Übereinstimmung. Die Ursache ist der sehr komplizierte Aufbau des Gesamtsystems, Bild 13.15a. Als Substrat ist ein Siliziumsubstrat mit ca. 7,5 nm SiO_2 und darauf 200 nm Si_3N_4 verwendet worden. Um vergleich-

Tabelle 13.3: Ergebnis der Anfittung der Messkurve aus Bild 13.15 für eine Multilayer-Schicht

Material	Dicke [nm]	Rauheit [nm]	Dichte [g·cm^{-3}]	Absorption β [$\times 10^6$]	$Dispersion \delta$ [$\times 10^6$]	Typ
Kohlenstoff	3,36	0,05	2,920	0,014 18	9,378 79	einfach
Wolframkarbid	10,24	1,10	12,982	2,373 50	31,671 32	einfach
Multilayer		2 Schichten mit 10 Perioden				
Kohlenstoff	8,90	0,09	2,600	0,012 63	8,350 66	Multilayer oben
Kohlenstoff	8,90	0,09	2,600	0,012 63	8,350 66	Multilayer unten
Wolframkarbid	12,80	0,74	12,980	2,373 22	31,667 64	Multilayer oben
Kohlenstoff	12,80	0,74	12,980	2,373 22	31,667 64	Multilayer unten
Kohlenstoff	6,06	0,50	2,600	0,012 63	8,350 66	einfach
Wolframkarbid	11,99	0,50	10,524	1,924 10	25,674 69	einfach
Kohlenstoff	2,06	0,83	2,106	0,010 23	6,764 12	einfach
Wolframkarbid	12,00	0,56	12,800	2,340 31	31,228 49	einfach
Kohlenstoff	4,00	0,66	2,900	0,014 08	9,314 20	einfach
Wolframkarbid		0,08	12,800	2,340 31	31,228 49	Substrat

bare Resultate auf wesentlich raueren Stahlsubstraten zu erhalten, wurde ebenso eine 300 nm Chromschicht als Haftvermittlerschicht für Stahl aufgebracht und darauf eine 200 nm Wolframkarbidschicht und letztlich darauf die Multilayerschicht aus ca. 13 Perioden Wolframkarbid und Kohlenstoff. Simulationen zeigen, dass bei diesen Dickenbereichen das Siliziumsubstrat und selbst die Chromschicht nicht mehr detektierbar sind. Die Wolramkarbidschicht wirkt schon als Substrat. Die in der Simulation auftretenden Oszillationen sind Oszillationen an den C-Einzelschichten, die aber auf Grund der nicht monochromatischen Strahlung ausgelöscht werden, Begründung siehe Bild 13.14b. Die im TEM-Bild ersichtlichen Rauheiten, die keine Ähnlichkeit mit der sinusförmigen Annahme haben, sind die weiteren Ursachen, warum Simulation und Messkurve nicht vollständig angepasst werden können. Die besten Resultate lieferte eine Annahme, dass als Oberschicht eine Doppelschicht C-WC vorhanden ist, daran schließt sich die Multilayer-Schicht mit zehn Perioden an, die wiederum auf zwei Doppelschichten C-WC aufgebracht erscheinen. Die dickere Schicht Wolframkarbid dient als Substrat. Tabelle 13.3 zeigt die Ergebnisse der Simulation für den besten erhaltbaren Fit. Es wurde so vorgegangen, dass erst die Dicken variiert wurden, dann die Rauheiten und Dichten. Nach Erhalt dieser Werte sind nur noch einmal alle Größen, aber mit geringen Variationsbreiten, gefittet worden.

13.3 Texturbestimmung an dünnen Schichten

Bei der Abscheidung von dünnen Schichten wird sehr oft festgestellt, dass diese Schichten texturiert aufwachsen. Metalle mit kfz-Kristallstruktur wachsen meistens $\langle 1\,1\,1 \rangle$ vorzugsorientiert auf.

Die Textur kann genauso wie im Kapitel 11 beschrieben, ermittelt werden. Erschwerend bei der Analyse von dünnen Schichten kommt hinzu, dass bedingt durch die geringe Schichtdicke, nur »wenige beugungsfähige Körner« vorliegen. Ebenso wird bei kleinem χ-Winkel die Schicht oftmals durchstrahlt. Dadurch sind die üblichen Berechnungsmethoden für die χ-abhängige Intensitätskorrektur hinfällig.

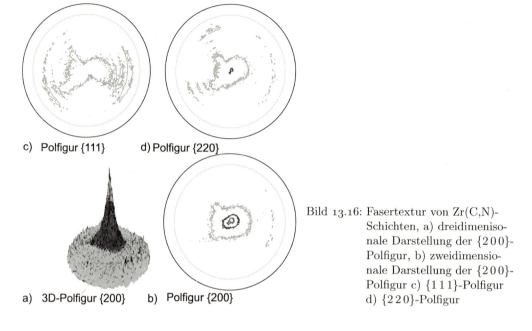

Bild 13.16: Fasertextur von Zr(C,N)-Schichten, a) dreidimenisonale Darstellung der {2 0 0}-Polfigur, b) zweidimensionale Darstellung der {2 0 0}-Polfigur c) {1 1 1}-Polfigur d) {2 2 0}-Polfigur

Kann man die ausgebildeten Texturen ermitteln, dann lassen sich mit diesen Ergebnissen richtungsabhängige Werkstoff- bzw. Schichteigenschaften berechnen. Die Eigenschaften solcher texturierter Materialien weichen oftmals von den homogenen Materialeigenschaften ab, da sich die Anisotropie der Kristallite auf das Gesamtsystem überträgt.

Bei Schichten treten oft Fasertexturen auf, d.h. die Körner in der Schicht sind so lang wie die Schichtdicke und die Ausrichtung dieser Fasern ist annähernd gleich. Bild 13.16 zeigt die Polfigur in zwei- und dreidimensionaler Darstellung für eine Zirkon-Karbonitrid-Schicht (Zr(C,N)). Dabei wird deutlich, dass die Intensitäten der abgebeugten {2 0 0}-Netzebene viel stärker sind als die der {1 1 1}- und {2 2 0}-Netzebenen.

Fasertexturen kann man in erster Näherung qualitativ anhand der normalen einfachen Beugungsdiffraktogramme in BRAGG-BRENTANO-Anordnung erkennen. Die Intensitäten der Peaks weichen von den Intensitäten in der PDF-Datei ab. Aus den gemessenen Intensitäten lässt sich ein Texturgrad TC_i für eine Netzebene $\{h\,k\,l\}$ an einem zufälligen Punkt in der Polfigur bestimmen [35], Gleichung 13.8

$$TC_{i_{\{hkl\}}} = \frac{\frac{I_{\{hkl\}}}{I^0_{\{hkl\}}}}{\frac{1}{k}\sum_{i=1}^{k}\frac{I_{i_{\{hkl\}}}}{I^0_{i_{\{hkl\}}}}} \quad \text{mit} \tag{13.8}$$

$I_{\{hkl\}}$ gemessene Intensität einer Netzebene $\{h\,k\,l\}$
$I^0_{\{hkl\}}$ Intensität der Netzebene nach der PDF-Datei oder berechnete Intensität oder an unter den gleichen Bedingungen einer nicht texturierten Probe gemessen
k Zahl der gemessenen Peaks

Ein hoher Wert $TC_{i_{\{hkl\}}}$ kleiner k für eine Netzebene bedeutet, dass diese Netzebene

Tabelle 13.4: Errechnete TC-Werte für eine abgeschiedene und eine gestrahlte Zr(C,N)-Schicht, hergestellt durch CVD-Verfahren

Probe	$(hkl)\rightarrow$	(111)	(200)	(220)	(311)	(222)	(400)
ungestrahlt	Intensität [cps]	4 509	7 253	2 199	1 307	318	236
	TC	0,66	1,43	0,89	0,79	0,51	1,72
gestrahlt	Intensität [cps]	1 571	3 006	570	506	105	96
	TC	0,62	1,60	0,62	0,83	0,46	1,88
	relative Intensität [%]	100	74	36	24	9	2

bevorzugt orientiert in der Messspur auftritt und auf eine vorliegende Textur geschlossen werden kann. Wird $TC_i \approx k$, dann liegt eine ausgeprägte (vollständige) Textur in Richtung der Netzebene hkl_i vor. Ist $TC_i \approx 1$ für alle untersuchten Netzebenen, dann ist keine Textur vorhanden. Tritt ein Wert $TC_i \approx 0$ für eine Netzebene i auf, liegen keine Kristallite bzw. Körner in dieser Richtung in der vom Röntgenstrahl bestrahlten Schichtfläche vor. Ist die Netzebenenanzahl zwischen verschiedenen Proben ungleich, dann sind die erhaltenen TC-Werte noch zu normieren.

Für Proben aus Bild 13.16 wurden die TC-Werte ermittelt und in Tabelle 13.4 aufgelistet. Die Fasertextur wird hier deutlich, da bei einer durch CVD-Verfahren abgeschiedenen Zr(C,N)-Schicht als auch einer nachträglich gestrahlten Schicht sowohl die (200)- als auch die gleich angeordnete (400)-Netzebene die größten TC-Werte aufweist. Hier wird eine Zeitersparnis in der Probenuntersuchung deutlich. Eine Texturaufnahme über eine vollständige Polfigur wie in Bild 13.16 dargestellt, in konventioneller Technik am Vierkreisgoniometer mit einer 1 mm Lochblende erfordert eine Aufnahmezeit von ca. drei Stunden, bei drei Polfiguren neun Stunden. Eine Übersichtsaufnahme zur Ermittlung der Werte nach Gleichung 13.8 erfordert nicht mehr als 30 min. Messzeit. Hier muss betont werden, dass man diese Form der Texturbestimmung für eine Probenserie bzw. für die Produktionsüberwachung erst dann so durchführen sollte, wenn man sich sicher ist, welche Texturausbildung vorliegt und man bei Polfigurmessungen Fasertexturen in einer Richtung festgestellt hat.

Verkippt die Fasertextur zwischen den zu messenden Proben, dann ist die Angabe nach Gleichung 13.8 irreführend. Entsprechend den Aussagen in Kapitel 11 wird vor einer unkritischen Anwendung nur nach Gleichung 13.8 gewarnt. Man sollte wegen der möglichen Verkippung der Fasertextur mindestens über die doppelte Halbwertsbreite hinaus einen Bereich auf der Polfigur um die Faserachse messen, um das Zentrum mit dem maximalen Intensitätswert und die Halbwertsbreite des Profils der Faser zu kennen. Die Messzeit eines kleinen Sektors auf der Polfigur ist nur unwesentlich größer als der gesamte Theta-2Theta-Scan.

Die Bestimmung des Texturgrades einer Fasertextur ohne Messung der Polfigur oder ohne Messung von Ausschnitten der Polfigur sollte nur bei sehr großen Probenserien für einfachste Ergebnisse angewendet werden. Treten Widersprüche in den Aussagen aus, dann sind Ausschnitte der Polfigur zu messen.

13.4 Hochauflösende Röntgendiffraktometrie – HRXRD

Die Hochauflösende Röntgendiffraktometrie (High-Resolution X-Ray Diffraction – HR-XRD) findet ihren Einsatz vor allem bei der Charakterisierung epitaktischer Schichten. Einen Hauptschwerpunkt bilden dabei neben Si und SiGe epitaktische Schichten von Verbindungshalbleitern, wie die III/V-Halbleiter. Dazu gehören die binären Verbindungshalbleiter GaP, GaAs, AlSb und InP sowie die ternären und quartäreren Mischkristalle dieser Halbleiter, z. B. AlGaAs und InGaAsP. Auch andere Halbleiterepitaxieschichten gewinnen immer mehr an Bedeutung, wie z. B. SiC, ZnO, GaN. Die Eigenschaften dieser epitaktischen Schichten werden von der chemischen Zusammensetzung und der Verspannung des Gitters sehr stark beeinflusst. Die chemische Zusammensetzung der o. g. Mischkristalle steht in engem Zusammenhang mit der Gitterkonstanten. Die Gitterkonstanten von Mischkristallen ändern sich stetig mit der chemischen Zusammensetzung und lassen sich, wie bereits mehrfach erwähnt, näherungsweise durch lineare Interpolation der Gitterparameter der Endkomponenten, hier der binären Halbleiter, berechnen. Dieser Zusammenhang wurde bereits als VEGARDsche Regel eingeführt. Mit der Hochauflösungsröntgendiffraktometrie lassen sich die Gitterkonstanten bzw. die Gitterfehlanpassung sehr genau bestimmen. Zur Bestimmung dieser Größen kommen in der Regel folgende Verfahren der Hochauflösungsröntgendiffraktometrie zum Einsatz:

- die Aufnahme von Rockingkurven
- die Aufnahme reziproker Gitterkarten – »Reciprocal Space Mapping – RSM«

Bevor auf die Hochauflösungsdiffraktometrie (HRXRD) eingegangen wird, sollen einige grundsätzliche Aussagen zur Epitaxie getroffen werden.

13.4.1 Epitaktische Schichten

Unter Epitaxie versteht man das orientierte Kristallwachstum auf einer kristallinen Unterlage. In der Halbleitertechnologie lässt man einkristallines Material orientiert als dünne Schicht auf einem Substratkristall (z. B. einkristallines Silizium) aufwachsen. Bild 13.17 zeigt schematisch eine GaN-Schicht und die dazugehörigen Röntgenbeugungsdiagramme, aufgenommen mit einem BRAGG-BRENTANO-Diffraktometer für unterschiedliche Abscheideformen des GaN (polykristallin, texturiert, epitaktisch).

Für die Abscheidung epitaktischer Schichten kommen verschiedene Epitaxieverfahren zum Einsatz, wie die Flüssigphasenepitaxie (Liquid Phase Epitaxy – LPE), die chemische Gasphasenabscheidung (Chemical Vapour Deposition – CVD) und die Molekularstrahlepitaxie (Molecular Beam Epitaxy – MBE). Bestehen Schicht und Substrat aus dem gleichen Material, spricht man von Homoepitaxie, andernfalls von Heteroepitaxie.

Bei der Heteroepitaxie stimmen die Gitterkonstanten von Substrat (a_S) und Epitaxieschicht (a_L) in der Regel nicht exakt überein. Man unterscheidet bei der Heteroepitaxie pseudomorphe und relaxierte Schichten sowie einige Sonderformen des Epitaxiewachstums. Ihre Besonderheiten seien im Folgenden in Anlehnung an SCHUSTER und HERRES [155] für kubische Materialien vorgestellt. Vergleichbare Aussagen können für nicht kubische Materialien getroffen werden.

13.4 Hochauflösende Röntgendiffraktometrie – HRXRD

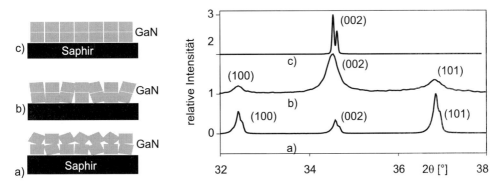

Bild 13.17: Schematische Darstellung von Schichten α-GaN auf c-Achsen orientierten-Saphir und zugehörende Diffraktogramme des GaN a) polykristalline Schicht b) texturierte Schicht c) epitaktische Schicht

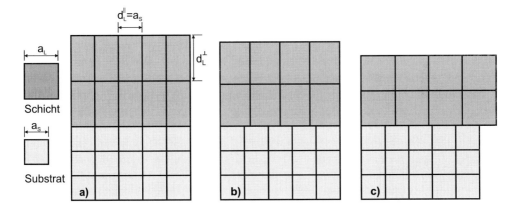

Bild 13.18: a – pseudomorphe, b – teilrelaxierte, c – vollrelaxierte Epitaxieschicht

Pseudmorphe Schichten

Wenn die so genannte relaxierte Gitterfehlanpassung

$$\frac{\Delta a}{a} = \frac{a_L - - a_S}{a_S} \tag{13.9}$$

nicht zu groß ist und die Schicht nicht zu dick ist, passt sich die Einheitszelle der Schicht lateral an die vom Substrat vorgegebene Gitterkonstante a_S an. Unter dem Einfluss der dabei auftretenden elastischen Spannungen wird die kubische Einheitszelle der Schicht in Wachstumsrichtung tetragonal verzerrt, wenn das Wachstum auf einem kubischen (1 0 0)-orientierten Substrat erfolgt, Bild 13.18. Dieses Wachstum wird als pseudomorphes Wachstum bezeichnet. Für pseudomorphe Epitaxieschichten gilt:

$$\left(\frac{\Delta d}{d}\right)^{\perp} = \frac{d_L^{\perp} - a_S}{a_S} = \frac{1}{P} \cdot \frac{\Delta a}{a} \tag{13.10}$$

$$\left(\frac{\Delta d}{d}\right)^{\parallel} = \frac{d_L^{\parallel} - a_S}{a_S} = 0. \tag{13.11}$$

Die aufgeführten Gleichungen gelten für kubisches Material. Für nichtkubisches Material können vergleichbare Beziehungen hergeleitet werden. Der Faktor P lässt sich mit Hilfe der Elastizitätstheorie berechnen [70, 109]. Für kubisches Material mit der Orientierung $(h\,k\,l)$ ergeben sich folgende Werte $P_{(hkl)}$:

$$P_{(001)} = \frac{c_{11}}{c_{11} + 2c_{12}} \tag{13.12}$$

$$P_{(011)} = \frac{c_{11} + 0{,}5(2c_{44} - c_{11} + c_{12})}{c_{11} + 2c_{12}} \tag{13.13}$$

$$P_{(111)} = \frac{c_{11} + 1{,}5(2c_{44} - c_{11} + c_{12})}{c_{11} + 2c_{12}} \tag{13.14}$$

c_{11}, c_{12} und c_{44} sind die elastischen Konstanten in der VOIGT-Notation, siehe Kapitel 10.2.2.

Relaxierte und teilrelaxierte Schichten

Eine steigende Schichtdicke führt zu zunehmenden Spannungen in der Epitaxieschicht, bis die Schicht unter Bildung von Fehlanpassungsversetzungen relaxiert. Dabei bilden sich vor allem 60°-Versetzungen, die längs der {1 1 1}-Ebenen gleiten und an der Grenzfläche zwischen Schicht und Substrat ein Netzwerk von Versetzungslinien parallel zu den ⟨1 1 0⟩-Richtungen bilden. Wenn die Versetzungsdichte in [1 1 0]- und [1 $\bar{1}$ 0]- Richtung gleich groß ist, bleibt die tetragonale Symmetrie der [0 0 1]-orientierten Einheitszelle im Mittel erhalten. Für eine (teil)relaxierte Epitaxieschicht gilt, Bild 13.18:

$$d_L^{\parallel} \neq a_S \tag{13.15}$$

$$\left(\frac{\Delta d}{d}\right)^{\parallel} \neq 0. \tag{13.16}$$

Von einer vollständig relaxierten Epitaxieschicht spricht man, wenn die tetragonale Verzerrung aufgehoben ist und die Einheitszelle der Schicht wieder eine kubische Symmetrie hat. In diesem Fall gilt:

$$d_L^{\perp} = d_L^{\parallel} = a_L \tag{13.17}$$

$$\left(\frac{\Delta d}{d}\right)^{\perp} = \left(\frac{\Delta d}{d}\right)^{\parallel} = \frac{\Delta a}{a} \tag{13.18}$$

13.4 Hochauflösende Röntgendiffraktometrie – HRXRD

Mit Hilfe der Elastizitätstheorie ist eine Umrechnung zwischen den mit der Röntgendiffraktometrie experimentell bestimmbaren Gitterfehlanpassungen senkrecht und parallel zur Oberfläche und der relaxierten Gitterfehlanpassung möglich. Es gilt:

$$\frac{\Delta a}{a} = P \cdot \left[\left(\frac{\Delta d}{d}\right)^\perp - \left(\frac{\Delta d}{d}\right)^\|\right] + \left(\frac{\Delta d}{d}\right)^\| \qquad (13.19)$$

Zur Quantifizierung der Relaxation wurde der Relaxationsgrad definiert:

$$r = \left(\frac{\Delta d}{d}\right)^\| / \left(\frac{\Delta a}{a}\right) \qquad (13.20)$$

Bei pseudomorphen Schichten ist $r = 0$ und bei vollständig relaxierten Schichte ist $r = 1$.

Orthorombisch verzerrte Schicht

Bei der Behandlung relaxierter und teilrelaxierter Schichten wurde vorausgesetzt, dass die Versetzungsdichten in beiden Richtungen $\langle 1\,1\,0\rangle$ gleich groß sind. Wird diese Annahme nicht erfüllt, besitzt die Einheitszelle orthorhombische Symmetrie. Zur vollständigen Charakterisierung dieser Einheitszelle muss sowohl $(\Delta d/d)^\|_{[1\,1\,0]}$ als auch $(\Delta d/d)^\perp_{[1\,\bar{1}\,0]}$ bestimmt werden. Für die relaxierte Gitterfehlanpassung gilt dann:

$$\frac{\Delta a}{a} = P \cdot \left\{ 0{,}5\left[\left(\frac{\Delta d}{d}\right)^\perp_{[1\,1\,0]} + \left(\frac{\Delta d}{d}\right)^\perp_{[1\,\bar{1}\,0]}\right] - 0{,}5\left[\left(\frac{\Delta d}{d}\right)^\|_{[1\,1\,0]} + \left(\frac{\Delta d}{d}\right)^\|_{[1\,\bar{1}\,0]}\right]\right\}$$
$$+ 0{,}5\left[\left(\frac{\Delta d}{d}\right)^\|_{[1\,1\,0]} + \left(\frac{\Delta d}{d}\right)^\|_{[1\,\bar{1}\,0]}\right] \qquad (13.21)$$

Verkipptes Aufwachsen

In den bisherigen Betrachtungen wurde vorausgesetzt, dass die Orientierung von Substrat und Schicht gleich sind (z. B. $(1\,0\,0)_{Substrat} \parallel (1\,0\,0)_{Schicht}$). Diese Ebenen können jedoch gegeneinander verkippt sein.

Sonderfälle der Epitaxie

Neben den bisherigen Orientierungsbeziehungen werden auch folgende Systeme als epitaktisch bezeichnet:
- die Einheitszelle der Schicht ist gegenüber der des Substrats gedreht [118]
- der Strukturtyp von Schicht und Substrat sind verschieden, zeigen jedoch feste Orientierungsbeziehungen, z. B. $\{0\,0\,0\,1\} - ZnO \parallel \{0\,1\,\bar{1}\,2\} - Al_2O_3$ [167]

13.4.2 Hochauflösungs-Diffraktometer – Anforderungen und Aufbau

Die Anforderungen an die Hochauflösungs-Diffraktometer ergeben sich aus den oben erwähnten Problemstellungen. Hauptaufgabe der Hochauflösungs-Diffraktometrie ist die genaue Bestimmung von Gitterfehlanpassungen und damit verbunden die Bestimmung von Schichtverspannungen und chemischer Zusammensetzung der Schichten. So müssen zur Untersuchung von Schichtverspannungen epitaktischer Schichten Gitterfehlanpassungen senkrecht zur Oberfläche mit einer Auflösung von $(\Delta d/d)^\perp = 1{,}3 \cdot 10^{-4}$ und parallel zur Oberfläche mit einer Auflösung von $(\Delta d/d)^\| = 5 \cdot 10^{-5}$ bestimmt werden [155]. Will man die Zusammensetzung von AlGaAs auf GaAs(001) auf 1 % genau bestimmen, ergibt sich nach [155] eine Forderung in der Genauigkeit der Bestimmung der Gitterfehlanpassung von $2{,}7 \cdot 10^{-5}$ nm. Zusammenfassend muss man für die Hochauflösungs-Diffraktometrie eine Winkelauflösung von mindestens $\Delta\omega = 0{,}001°$ fordern. Weiterhin wird eine Intensitätsdynamik von ca. 6 Dekaden gefordert. Zur Erfüllung dieser Anforderungen benutzt man nach [155] in der Regel (+n,-n)-Zwei-Kristallanordnungen oder (+n,-n,-n,+n, m)-Fünf-Kristallanordnungen, Bild 13.19b. Drei-Kristallanordnungen (+n,-n,m) sind ebenfalls im Einsatz. Für die Bezeichnung der Mehrfachreflexionen gelten folgende Regeln [34]:

- Die erste Reflexion erhält die Bezeichnung +n.
- Die nächste Reflexion erhält die Bezeichnung n, falls der Netzebenenabstand mit der ersten Reflexion identisch ist bzw. die Bezeichnung m für einen unterschiedlichen Netzebenenabstand.
- Diese nächste Reflexion erhält ein positives Vorzeichen (+), falls der Strahl im gleichen Sinn abgelenkt wird, andernfalls ein negatives Vorzeichen (-).

So erhält der häufig verwendete channel-cut-Monochromator mit Zweifachreflexion die Bezeichnung (+n,-n) und der BARTELS-Monochromator die Bezeichnung (+n,-n,-n,+n). Für die Zwei-Kristallanordnung werden die o. g. Forderungen bezüglich der Hochauflösungsdiffraktometrie in der Regel nur dann erfüllt, wenn die BRAGG-Winkel von Monochromator- und Probenkristall übereinstimmen. Dagegen lassen sich beim Fünf-Kristalldiffraktometer die o. g. Anforderungen für fast alle Reflexe erfüllen. Erst ab BRAGG-Winkel der Probe von > 70° verschlechtert sich die Auflösung. In der Regel wird der Vierfach-Monochromator mit Ge(2 2 0) oder Ge(4 4 0)-Reflexen und Cu-Kα1-Strahlung mit vorgeschaltetem Multilayerspiegel betrieben.

Insbesondere der Einsatz des Vier-Kristallmonochromators führt zu einer stark sinkenden Primärstrahlintensität, siehe Tabelle 4.4. Durch den Einsatz neuer optischer Komponenten (Multilayerspiegel und Strahlkomprimierer aus Ge) konnte ein Ausweg gefunden werden. Bild 13.20b zeigt einer derartige Anordnung für die Hochauflösungs-Diffraktometrie und die höchstaufgelöste Reflektometrie.

Neben der bereits vorgestellten Differenzierung der Hochauflösungssysteme existiert eine weitere Unterscheidung in:
- zweiachsige Hochauflösungsdiffraktometer
- dreiachsige Hochauflösungsdiffraktometer

Die erste Achse ist die Achse zur Justierung des Strahlkonditionierers (z. B. Monochromator). Die zweite Achse bildet die scan-Achse der Probe um die BRAGG-Winkel. Die dritte Achse justiert die dem Detektor vorgeschaltete Röntgenoptik. Von FEWSTER [53]

13.4 Hochauflösende Röntgendiffraktometrie – HRXRD

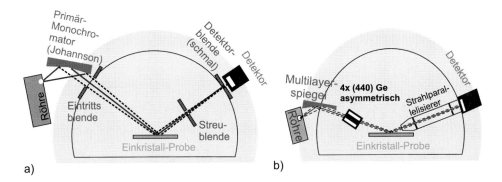

Bild 13.19: a) Zwei-Kristallanordnung b) Fünf-Kristallanordnung

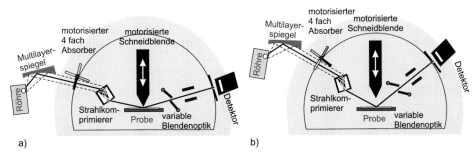

Bild 13.20: a) Diffraktometeranordnung für höchstaufgelöste Reflexionsmessung (XRR) b) Diffraktometeranordnung für höchstaufgelöste Beugungsuntersuchungen bei dünnen Schichten

wird eine neue Art der Hochauflösungsbeugung vorgestellt. Durch eine Kombination von Mikrofokusröhren mit einem Strahldurchmesser um 40 µm und einem positionsempfindlichem Halbleiterdetektor (wegen der hohen dynamischen Zählratenverarbeitung bis 10^9) ist es nach [53] möglich, reziproke Spacemaps und Hochauflösungsdiffraktogramme zu messen. Dabei kann auf eine Diffraktometerbewegung verzichtet werden. Eine umfassende Darstellung der Anforderungen an die Komponenten für Hochauflösungsdiffraktometer findet man bei BOWEN und TANNER [34].

13.4.3 Diffraktometrie an epitaktischen Schichten

Aus den Betrachtungen im Kapitel 3.3.3 ist bekannt, dass Beugungserscheinungen besonders einfach im reziproken Raum erklärbar sind. Es sollen daher die verschiedenen epitaktischen Systeme im reziproken Raum dargestellt werden. Liegt eine epitaktische Schicht bzw. liegen Schichten auf einem Substrat vor, so kommt es zur Superposition von zwei oder mehreren reziproken Gittern. Im Folgenden soll nur eine epitaktische Schicht betrachtet werden. Für die pseudomorphen und voll relaxierten Schichten erhält man die in Bild 13.21 dargestellten reziproken Gitter. Für eine verkippte Schicht kann das reziproke Gitter ebenfalls sehr einfach konstruiert werden.

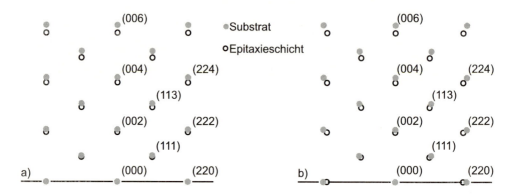

Bild 13.21: reziprokes Gitter Substrat und a) pseudomorphe Schicht b) vollrelaxierte Schicht

Aufgabe 24:   Konstruktion des reziproken Gitters einer verkippten Epitaxieschicht

Konstruieren Sie das reziproke Gitter von Substrat und verkippter Schicht (Substrat und Schicht kubisch, z. B. GaAs) - (0 0 1)-Ebene der Schicht um Winkel τ gegenüber (0 0 1)-Ebene des (0 0 1)-Subtrats verkippt.

Die so dargestellten punktförmigen reziproken Gitter gelten jedoch nur für unendlich ausgedehnte Kristallgitter. Durch Probeneinflüsse erhalten die reziproken Gitterpunkte bzw. die dazugehörigen Beugungsreflexe eine Struktur, siehe Kapitel 3.2.7. Folgende Probeneinflüsse ändern die Ausdehnung der reziproken Gitterpunkte bzw. Beugungsreflexe, Bild 13.22 und 13.23:

- endliche Dicke der Schicht – Verbreiterung der reziproken Gitterpunkte in Normalenrichtung
- laterale Granularität – Verbreiterung der reziproken Gitterpunkte in Parallelrichtung
- Mosaizität und Verzwillingung – kreisförmige Verbreiterung der reziproken Gitterpunkte, reziproke Gitterpunkte der Zwillinge
- Variationen in der Gitterfehlanpassung senkrecht und parallel zum Substrat – Verbreiterung der reziproken Gitterpunkte in Normalen- bzw. Parallelrichtung, mit Entfernung vom Nullpunkt des reziproken Gitters (0 0 0) nimmt die Verbreiterung zu
- Übergitter parallel bzw. normal zur Oberfläche – Satelliten des reziproken Gitters in Normalen- bzw. Parallelrichtung

Nach der Vorstellung der reziproken Gitter verschiedener epitaktischer Schichten sollen jetzt die Beugungserscheinungen mit Hilfe der EWALD-Konstruktion betrachtet werden. Mit dieser Konstruktion kann man gleichzeitig Probeneinflüsse und instrumentelle Einflüsse betrachten. Für die Hochauflösungs-Diffraktometrie nutzt man in der Regel Vierkreisdiffraktometer mit Eulerwiege in Verbindung mit dem Vierfach-Monochromator. Die Bezeichnung der Drehachsen der Eulerwiege entspricht denen im Kapitel 5.10.3. Die θ-Achse wird auch oft mit ω bezeichnet. Anhand der EWALD-Konstruktion lässt sich der Bereich des reziproken Raumes angeben, der durch die Messung von BRAGG-Reflexen insgesamt erfasst werden kann, Bild 13.24a. Die Konstruktion ist dargestellt für ein kfz-

13.4 Hochauflösende Röntgendiffraktometrie – HRXRD

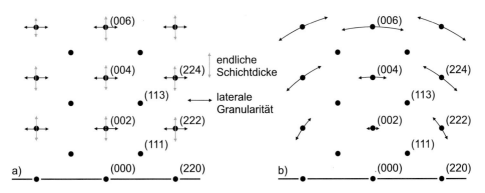

Bild 13.22: reziprokes Gitter Epitaxieschicht bei a) endlicher Schichtdicke und Granularität b) Mosaizität und Verzwilligung

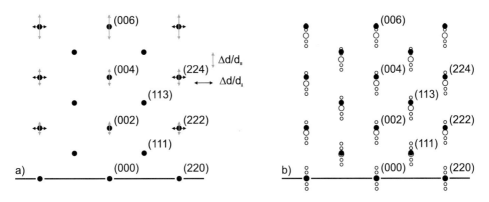

Bild 13.23: reziprokes Gitter bei a) Variation in der Gitterfehlanpassung der Epitaxieschicht b) Übergitter senkrecht zur Oberfläche

Material mit einer Gitterkonstante von 0,56 nm und für Cu-$K\alpha_1$-Strahlung. Alle schwarz gezeichneten reziproken Gitterpunkte können mit dem Diffraktometer erfasst werden. Die anderen Punkte können nicht erfasst werden. Die außerhalb des großen Radius gelegenen reziproken Gitterpunkte können nur mit einer kleineren Wellenlänge detektiert werden. Die Punkte innerhalb der kleinen Radien sind nur in Transmission der Messung zugänglich. Wir betrachten jetzt für ein kubisches Material mit $(0\,0\,1)$-Oberfläche (z. B. GaAs) die EWALD-Konstruktion eines symmetrischen $(0\,0\,4)$-Reflexes, Bild 13.24b. Ergänzend sind die Scanrichtungen des Diffraktometers im reziproken Raum eingezeichnet. Ein ω-Scan (Rockingkurve im engeren Sinne) verläuft angular, ein $\omega - 2\theta$-Scan radial. Bei asymmetrischen Reflexen existieren unter der Voraussetzung, dass der Nullpunkt der EWALD-Kugel in der betrachteten reziproken Gitterebene verbleibt, zwei Möglichkeiten die EWALD-Kugel durch den reziproken Gitterpunkt zu legen:
- Geometrie mit flachen Einfall und steilem Austritt-Reflex $(h\,k\,l)_-$
- Geometrie mit steilem Einfall und flachem Austritt-Reflex $(h\,k\,l)_+$

Bild 13.25 zeigt dieses für den asymmetrischen $(2\,2\,4)$-Reflex.

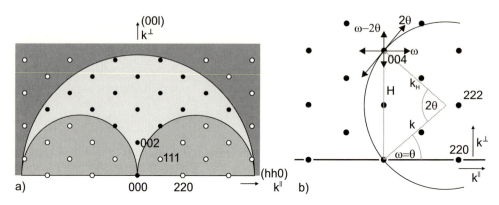

Bild 13.24: a) Messbereich im reziproken Raum b) symmetrischer (0 0 4)-Reflex einer (0 0 1)-Oberfläche, Material mit Zinkblendestruktur

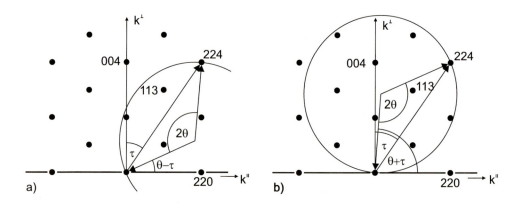

Bild 13.25: a) asymmetrischer $(224)_-$-Reflex b) asymmetrischer $(224)_+$-Reflex

13.4.4 Reziproke Spacemaps – RSM

Das »Reciprocal Space Mapping- RSM« gehört zu den Standardmethoden der Analyse epitaktischer Schichten durch Aufnahme zweidimensionaler Beugungsbilder. Die Aufnahme eines reciprocal space maps erfolgt in der Regel in der Umgebung eines bekannten reziproken Gitterpunktes des Substrats (z. B. die reziproken Gitterpunkte (0 0 4) oder (2 2 4)). In dieser Umgebung werden eine Vielzahl von ω-2θ-Diffraktogrammen aufgenommen, wobei der Einfallswinkel ω, bei dem diese Diffraktogramme begonnen werden, schrittweise erhöht wird. Es ist auch möglich, ω-Scans bei unterschiedlichen 2θ-Winkeln zu messen. Bild 13.26a zeigt eine Skizze des kartierten Bereichs für die Umgebung des (2 2 4)- und (0 0 4)-Gitterebenenreflexes für ein Material mit Zinkblendestruktur. Die Darstellung der Intensitätsverteilung um den reziproken Gitterpunkt ist das reciprocal space map. Die Koordinaten $q_\parallel$ und $q_\perp$ berechnen sich aus den Diffraktometerwinkeln nach:

$$q_\parallel = R_{Ewald}(\cos\omega - \cos(2\theta - \omega)) \tag{13.22}$$

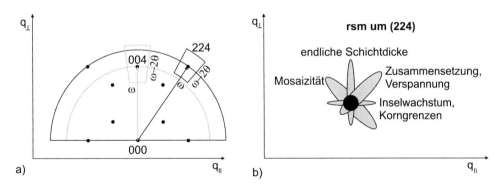

Bild 13.26: a) Skizze rsm eines Materials mit Zinkblendestruktur in der Umgebung (004) und (224) b) Skizze rsm um (224)-Reflex mit möglichen Verbreiterungen nach [134]

$$q_\perp = R_{Ewald}(\sin\omega + sin(2\theta - \omega)) \quad (13.23)$$

Die Achseneinheit r.l.u. steht für reciprocal lattice units. Aus der Lage der Schicht-Reflexe kann ähnlich wie bei der Rockingkurve die Gitterkonstante relativ zum Substrat bestimmt werden. Die Ausdehnung der reziproken Gitterpunkte gibt Hinweise auf das Schichtwachstum und die Qualität der Epitaxieschicht, Bild 13.26b. Folgende Aussagen zur Reflexverbreiterung können getroffen werden [134]:

- Eine Verbreiterung senkrecht zur Grenzfläche (in Richtung $q_\perp$) entsteht durch die endliche Ausdehnung der Schicht.
- eine Verbreiterung parallel zur Grenzfläche (in Richtung $q_\parallel$) wird beobachtet, wenn es zu Inselwachstum oder Korngrenzen kommt.
- Eine Verbreiterung in Richtung des Streuvektors ist durch Änderung der Gitterkonstante(n) bedingt. Die Gitterkonstantenänderung kann durch Verspannung oder Änderungen in der Zusammensetzung der Schicht verursacht sein.
- Eine Verbreiterung senkrecht zum Streuvektor ist Folge der Mosaizität.

Neben den hier vorgestellten Konturdiagrammen im reziproken Raum werden die aufgenommenen Intensitätsverteilungen oft auch in einem Konturdiagrammen mit den Achsen ω und 2θ dargestellt. Da die Scanrichtungen ω und 2θ in ein rechtwinkliges Koordinatensystem eingetragen werden, entspricht die eingetragene Intensitätsverteilung nicht der wirklichen Verteilung um einen reziproken Gitterpunkt. Das muss bei der Interpretation der Schichtqualität aus derartigen Konturdiagrammen berücksichtigt werden. Bild 13.27 zeigt dieses am Beispiel einer AlN-Schicht auf Saphir. Epitaktische AlN-Schichten sind z. B. ein wichtiges Material in der Akustoelektronik.

Bild 13.28a zeigt als praktisches Beispiel der Hochauflösungsdiffraktometrie die Rockingkurven von SiGe-Schichten mit unterschiedlicher Ge-Konzentration auf Si-Substraten. Die Rockingkurven zeigen die BRAGG-Reflexe der SiGe-Schichten und des Si-Substrats. Aus der Lage der symmetrischen BRAGG-Reflexe der SiGe-Schichten kann ihre Gitterkonstante $a_\perp$ berechnet werden. Es gilt:

$$2 \cdot a_\perp \sin\omega = \lambda \quad (13.24)$$

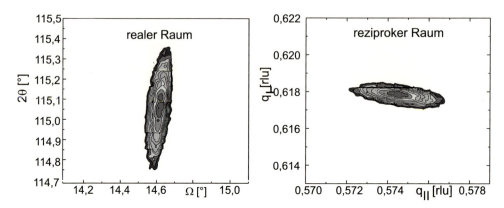

Bild 13.27: Vergleich eines Reciprocal Space Mapping im direkten und reziproken Raum für eine AlN-Schicht auf Saphir (nach H. Schirmer)

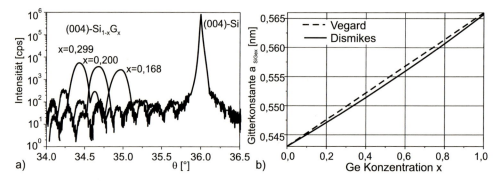

Bild 13.28: a) Rockingkurven von SiGe-Schichten mit unterschiedlicher Ge-Konzentration b) VEGARDsche Regel für SiGe nach Trui [172]

Mit den beschriebenen Röntgendiffraktometern ist jedoch eine absolute Messung des BRAGG-Winkels der SiGe-Schicht nicht möglich. Exakt kann nur die Winkeldifferenz $\Delta\omega$ zwischen SiGe- und Subtratreflex bestimmt werden. Unter Verwendung des theoretischen BRAGG-Winkels für das Si-Substrat und der Winkeldifferenz $\Delta\omega$ kann jedoch der BRAGG-Winkel der SiGe-Schicht berechnet werden und damit die Gitterkonstante $a_\perp$. Es zeigt sich, dass die Winkeldifferenz $\Delta\omega$ mit der Ge-Konzentration zunimmt. Aus der Gitterkonstanten kann mit Hilfe der VEGARDschen Regel (Bild 13.28b die im Bild 13.28a angegebene Schichtzusammensetzung ermittelt werden.

Neben der BRAGG-Reflexen treten am SiGe-Reflex zusätzliche Oszillationen in der Intensität auf. Es handelt sich um so genannte Schichtdickenoszillationen. Aus den Schichtdickenoszillationen der Rockingkurve kann die Schichtdicke berechnet werden. Das geschieht am besten durch Simulation der Rockingkurven. Die Simulation dieser Rockingkurven erfordert den Einsatz der hier nicht näher behandelten dynamischen Beugungstheorie in der Formulierung von TAKAGI-TAUPIN. Eine ausführliche Darstellung dieser Theorie findet man bei PINSKER [131].

13.4 Hochauflösende Röntgendiffraktometrie – HRXRD

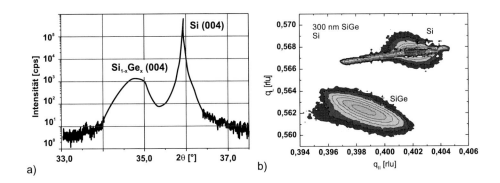

Bild 13.29: a) Rockingkurve einer relaxierten SiGe-Schicht b) reciprocal space map einer relaxierten SiGe-Schicht (H. Schirmer)

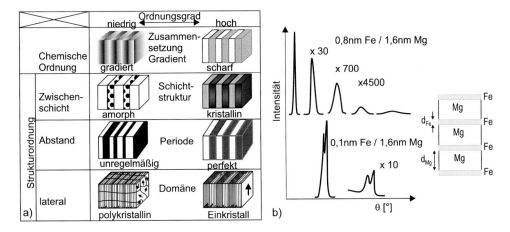

Bild 13.30: a) Ordnungsgrad von Supergittern b) Röntgenbeugungsdiagramme zweier Multilayeranordnungen Fe-Mg, konkrete Werte in Tabelle 13.5

Bild 13.29a zeigt die Rockingkurve einer dicken relaxierten SiGe-Schicht auf einem Si-Substrat. Die Relaxation erfolgt durch Bildung von Anpassungs- und Durchstoßversetzungen. Somit kann auf diese Schichten die dynamische Streutheorie nicht mehr angewendet werden. Die Ungültigkeit der dynamischen Beugungstheorie für diese Schichten wird am Fehlen der Schichtdickenoszillationen ersichtlich. Der SiGe-Reflex der relaxierten Schicht ist gegenüber den dünnen Schichten deutlich verbreitert. Bild 13.29b zeigt das reciprocal space map einer relaxierten SiGe-Schicht auf Si.

Tabelle 13.5: Zuordnung der Dicken zu den gemessenen Peaklagen aus Bild 13.30b

d [nm]	welche Schicht	n	2θ	Zoomfaktor
Mg = 1,6 nm	Fe = 0,8 nm			
2,4	$d_{Fe} + d_{Mg}$	1	3,651°	1
1,6	d_{Mg}	1	5,532°	30
1,2	$d_{Fe} + d_{Mg}$	2	7,393°	700
0,8	$d_{Fe} + d_{Mg}$	1 bzw. 2	11,047°	4500
0,6	$d_{Fe} + d_{Mg}$	3	14,761°	4500
Mg = 1,6 nm	Fe = 0,1 nm			
1,7	$d_{Fe} + d_{Mg}$	1	5,178°	1
1,6	d_{Mg}	1	5,476°	1
0,85	$d_{Fe} + d_{Mg}$	2	10,351°	10
0,8	d_{Mg}	2	11,047°	10

13.4.5 Supergitter (Superlattice)

Im Kapitel Reflektometrie 13.2 konnte gezeigt werden, dass es möglich ist, unterschiedliche Einzelschichtdicken zu messen. Werden dünne Schichten aus unterschiedlichen Materialien mit Schichtdicken kleiner 3 nm mehrfach wiederholend übereinander angeordnet, dann können die Abstände zweier Teilschichten aus dem gleichen Material als »Netzebenenabstand« mit einen Beugungswinkel $\theta \approx 0,7°$ aufgefasst werden. Diese Schichtenfolge stellt einen *künstlichen Kristall* dar und wird als Supergitter (superlattice) bezeichnet. Je nach Ausbildung und Schärfe der Interfaceeigenschaften unterscheidet man verschiedene Ordnungsgrade dieser künstlichen Kristallanordnungen, Bild 13.30a. Ersichtlich wird, dass sowohl die kristalline Ausbildung der Zwischenschichten, amorph oder kristallin, aber auch die Gleichmäßigkeit der Einzelschichtdicken den Ordnungsgrad bestimmen. In Bild 13.30b sind als Funktion von Einzelschichtdicken schwer mischbarer Eisen- und Magnesiumschichten Beugungspeaks festgestellt. Wenn man, wie hier dargestellt, in jedem Winkelbereich mit einer größtmöglichen Vergrößerung arbeitet, dann sind auch schwache Beugungspeaks noch ersichtlich. Aus den Peaklagen lassen sich mit der BRAGGschen-Gleichung die »Netzebenenabstände« errechnen. Hier sollte man auch Beugungen mit höherer Ordnung, also $n > 1$, in Betracht ziehen, wie Tabelle 13.5 zugehörig zu Bild 13.30b zeigt. Typisch für Supergitter sind Beugungspeaks bei kleinen Winkeln, da die »Netzebenenabstände« gegenüber realen Kristallen mindestens doppelt bis zehnmal so groß sind.

Im Bild 13.31a ist ein TEM-Bild einer Multilayerschichtenfolge Wolfram-Kohlenstoff mit einer Schichtdickenvorgabe von 2 nm gezeigt. Die bei kleinen Winkel erkennbaren Beugungsreflexe können den im Bild 13.31b eingezeichneten Identitätsabständen zugeordnet werden. Die mit 1,3 nm und 1,0 nm eingezeichneten Abstände sind die Beugungserscheinungen für die gleichen Abstände, aber mit Beugungsordnung $n = 2$. Die in diesem Diffraktogramm nicht sehr scharfen Beugungspeaks verdeutlichen die auftretenden Fehler im hergestellten Multilayersystem. Diese Probe kann somit entsprechend Bild 13.30a einem niedrigem Ordnungsgrad zugeordnet werden, welcher auch im TEM-Bild, 13.31a

13.4 Hochauflösende Röntgendiffraktometrie – HRXRD   475

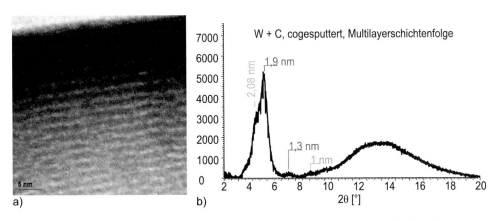

Bild 13.31: a) TEM-Abbildung einer Multilayerschicht Wolfram-Kohlenstoff b) Diffraktogramm der Schichtenfolge bei kleinem Winkel beginnend und bestimmte Peaklagen der Identabstandsschichtdicken

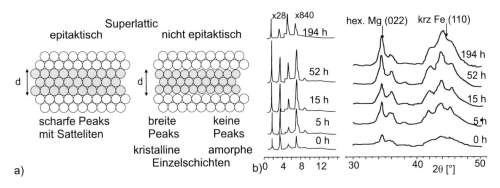

Bild 13.32: a) Einzelschichtausbildung und daraus ableitbare Beugungspeakeigenschaften bei großen Beugungswinkeln der Einzelmaterialien b) Diffraktogramme von Multilayern Fe-Mg nach unterschiedlichen Temperzeiten

ersichtlich wird. Das Röntgenbeugungsexperiment ist mit einem wesentlich geringerem Zeitaufwand verbunden als zur Präparation einer TEM-Aufnahme notwendig ist. Durch die sachgerechte Auswertung des Diffraktogramms lässt sich somit über Röntgendiffraktogramme aber mit wesentlich geringerem Aufwand in solche Nanostrukturen »hineinschauen«.

Betrachtet man die mögliche Kristallinität und den Ordnungszustand zweier möglicher kristalliner Schichten zueinander, mögliche Verhältnisse im Bild 13.32a, dann ergeben sich für den eigentlichen BRAGG-Peak der Einzelmaterialien die im Bild 13.32 aufgelisteten Formen. Bei Supergittern treten aber auch am eigentlichen BRAGG-Peak bei vorherrschender Kristallinität der Einzelschichten Peakprofilveränderungen auf. Werden die Multilayer getempert, sind sowohl Änderungen im niedrigem Winkelbereich vor allem in den Intensitäten sichtbar, aber auch im Bereich der eigentlichen BRAGG-Winkellagen, Bild 13.32b. An diesem Bild zeigt sich, dass um die Einzelpeaks nach langen Temperzeiten

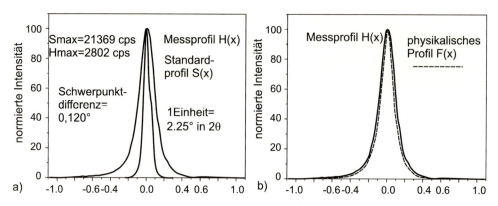

Bild 13.33: a) Normierte Darstellung einer {1 1 0}-Netzebene von Mo-Pulver als Standardprobe und einer 50 nm dicken Mo-Schicht, $T_T = 800\,°C$ b) Fourierentfaltung der getemperten Mo-Schicht

Oszillationen sichtbar werden. Gleichzeitig ist gegenüber den abgeschiedenen Schichten ein Intensitätsgewinn ersichtlich. Dieser Anstieg ist auf eine bessere Kristallinität und infolge der langen Temperzeit auf in der Schicht ablaufende Ordnungsvorgänge zurückzuführen. Eine Diffusion zwischen Magnesium und Eisen hat aber nicht stattgefunden, denn auch nach 194 h Temperzeit sind noch die Identitätsabstandpeak bei niedrigen Beugungswinkeln ersichtlich.

Ist der Ordnungsgrad zwischen den einzelnen Multilayerschichten hoch, sind bei mehrfachen dünnen aufgewachsenen Schichten mit unterschiedlichen Gitterkonstanten bei dem BRAGG-Peak Oszillationen feststellbar, wie im Bild 13.28a gezeigt. Mittels der geometrischen Streutheorie sind diese Oszillationen nicht mehr erklärbar. Durch Anwendung der dynamischen Streutheorie, die die Wechselwirkung der Röntgenphononen mit den Valenzelektronen im Kristall berücksichtigt, lassen sich diese Oszillationen simulieren. Aus dem Abstand dieser Osillationsmaxima lassen sich dann ähnlich der Reflektometrie die Identitätsabstände der Schichten bestimmen. Man unterscheidet hier noch in symmetrische und asymmetrische Peaks mit dem Verkippungswinkel τ. Die Dicke d der Einzelschichten im Multilayer ist:

$$d_{sym\ P} = \frac{\lambda}{2\Delta\omega} \qquad d_{asym\ P} = \frac{\lambda \sin(\theta_B + \tau)}{\Delta\omega \sin(2\theta_B)} \tag{13.25}$$

13.5 Profilanalyse an dünnen Schichten

Zur Bestimmung der Größen der kohärent streuenden Bereiche an Schichten können die Methoden der Profilanalyse angewendet werden. Die Bestimmung der Korngröße ist wichtig, da diese Größe z. B. neben Verunreinigungen die elektrische Leitfähigkeit einer Schicht beeinflusst. Mittels der Fourieranalyse von Standardprofilen, gewonnen aus Messungen an Mo-Pulver und von Messprofilen an Mo-Schichten unterschiedlicher Dicke und unterschiedlicher Tempernachbehandlung, konnte die Korngröße zu Zeiten der Nichtverfügbarkeit eines Rasterkraftmikroskopes relativ genau bestimmt werden. Im Bild 13.33a sind die normierten Profile der (1 1 0)-Netzebene von Standardprofil, Mo-Pulver mit einer durchschnittlichen Korngröße um 580 nm und einer 50 nm dicken Mo-Schicht, die 30 min. bei $T_T = 800\,°C$ getempert wurde, dargestellt. Man erkennt deutlich die Unterschiede in der Peakform dieser zwei Mo-Proben. Mittels der Methoden aus Kapitel 8.3 gelang es, eine Korngröße von 41 nm zu bestimmen. Ebenso konnte bei dieser Probe über die Rücktransformation entsprechend Gleichung 8.24 ein physikalisches Profil erhalten werden, Bild 13.33b.

13.6 Zusammenfassung Messung dünne Schichten

Die Messung dünner Schichten kann, wie gezeigt, mit verschiedenen Konfigurationen erfolgen. Je nach Methode lassen sich unterschiedliche Material- und Eigenschaftsparameter ermitteln:

Reflektometrie (XRR)

- die Dicke kristalliner und amorpher Schichten
- die Schichtzusammensetzung und die Dichte
- Oberflächen- und Interfacebeschaffenheit, hier Rauheit
- die Supergitter/Multilayer-Periode

Hochauflösungsdiffraktometrie (HXRD)

- die Schichtdicke kristalliner Schichten
- die Stöchiometrie der Schicht
- die vertikale und laterale Gitterfehlanpassung (Mismatch)
- die Verzerrung (strain)
- mögliche Gitterrelaxation
- die Supergitter/Multilayer Periode
- heterogene Spannungszustände und die Mosaizität

Die Tabelle 13.6 fasst die möglichen erhaltbaren Informationen (X) und die dazu notwendigen Konfigurationen der Goniometer zusammen. Je nach Ausbaustufe der Diffraktometer werden für Schichtuntersuchungen die Reflektometrie (XRR) oder die Hochauflösungsdiffraktometrie (HRXRD) verwendet. Es gibt Abgrenzungen zwischen der Reflektometrie und der Hochauflösungsdiffraktometrie bezüglich der lösbaren Aufgaben:

Als Gütekriterium wird dabei die erreichbare Auflösung angesehen, siehe Tabelle 13.7. Auf dem Gebiet der Schichtuntersuchungen werden die meisten Neuentwicklungen der Diffraktometeranordnungen eingesetzt.

Tabelle 13.6: Mögliche Messaufgabe und Verwendung der entsprechenden Methode und dafür notwendige Diffraktometeranordnung

Messaufgabe	HRXRD	GID	Textur	XRR
Phase/Kristallinität	X	X	X	X
laterale Struktur	X	X		X
chemische Zusammensetzung	X		X	
Gitterparameter	X	X		
Gitterfehlanpassung	X	X		
Verspannung/Relaxation	X	X		
Kristallitgröße	X			
Schichtdicke (amorphe Schicht)				X
Schichtdicke (kristalline Schicht)	X			X
Rauheit				X
Defekte	X			
Substratorientierung			X	
Schichtorientierung			X	X

Tabelle 13.7: Zusammenstellung möglicher Diffraktometeranordnungen und erreichbare Auflösungen am (1 1 1)-Si-Einkristall

Diffraktometer	FWHM
Multilayerspiegel und Sollerkollimator, Bild 5.36	0,07°
Multilayerspiegel und Schneidkante wie im Bild 13.14a	0,03°
Multilayerspiegel und (2 2 0)-Ge-Strahlkomprimierer	0,006°
Multilayerspiegel + 4 × asymmetrischer (2 2 0)-Ge-Monochromator	0,008°
Primär-Multilayerspiegel und 2 × (2 2 0)-Ge-Monochromator und Sekundär-Multilayerspiegel, Bild 5.37b	0,003 5°
Multilayerspiegel und 2 × (2 2 0)-Ge-Monochromator und (2 2 0)-Ge-Strahlaufweiter, Bild 5.38b	0,003 5°
Multilayerspiegel und 4 × (2 2 0) symmetrischer Ge-Monochromator	0,003 5°
Multilayerspiegel und 4 × (4 4 0)-Ge-Monochromator	0,001 5°

14 Kleinwinkelstreuung

Die Untersuchung von kleinen, regelmäßigen Strukturen in vielen Werkstoffen kann mittels der Kleinwinkelstreuung erfolgen. Hierbei wird eine dünne, durchstrahlbare Probe mit einem fein fokussierten monochromatischen Röntgenstrahl durchstrahlt. Liegen jetzt kleine regelmäßige Strukturen vor, wird der Röntgenstrahl abgelenkt. Ablenkung der Strahlrichtung ist immer Beugung, die Ablenkwinkel θ sind gering meist kleiner $5°$, deshalb spricht man hier von Kleinwinkelstreuung (small angle X-Ray scattering -SAXS). Die Beugungserscheinungen kommen hier zustande, da an den Grenzen der Strukturen geringe Unterschiede in der Elektronendichte auftreten, die die für den Beugungsnachweis notwendigen Interferenzen hervor rufen. In Bild 14.1a wird schematisch gezeigt, welche Strukturen damit gemessen werden können. Es muss betont werden, dass es bei dieser Methode einzig auf die Größe und Gleichmäßigkeit der Strukturen ankommt, nur dann bilden sich nachweisbare Beugungserscheinungen, hervorgerufen durch Elektronendichteunterschiede. Die Regelmäßigkeit bezieht sich hier auf die Form. Es ist mit dieser Methode auch möglich, nichtkristalline Anordnungen zu vermessen. Zur Abschätzung der Größen kann wiederum die BRAGGsche-Gleichung herangezogen werden. So sind ist bei festgestellten Beugungserscheinungen bei $\theta = 1°$ mit $\approx 4{,}41$ nm Strukturabmessungen zu rechnen, bei $\theta = 5°$ sinkt die Strukturgröße auf $\approx 0{,}88$ nm. So werden mit dieser Methode verstärkt Faserstrukturen in Hölzern, Polymerketten in Kunststoffen und nanoskalige Einlagerungen auf ihre Größe untersucht. An Hand der Peakform/Peakbreite lässt sich auf die Gleichmäßigkeit schließen.

Eine moderne Messanordnung ist im Bild 14.1b dargestellt. Ein gekreuzter Multilayerspiegel liefert den monochromatischen punktförmigen Strahl. Die durchstrahlbare Probe wird auf einem xyz-Tisch angeordnet. So sind auch flächenhafte Untersuchungen durch Probenabrasterung möglich. Mittels eines 2D-Detektors mit einem zentrischem Strahlfänger lassen sich die Beugungserscheinungen über den gesamten Raumrichtungsbereich

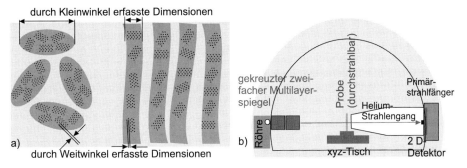

Bild 14.1: a) Schematische Darstellung von messbaren Probendimensionen bei Kleinwinkel- und Weitwinkelmessungen b) Aufbau eines modernen Kleinwinkel-Goniometers mit Flächenzähler

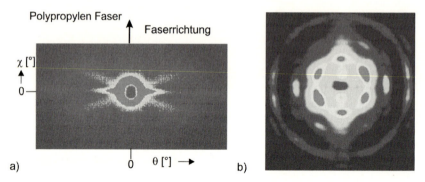

Bild 14.2: a) Messung an einer Polypropylenfaser b) Hexagonale Anordnung von säulenförmigen Domänen

simultan messen. Der Weg der gestreuten Röntgenstrahlung wird in einem mit Helium gefüllten Gefäß geführt. Der Abstand Probe-Detektor bestimmt den messbaren Ablenkungswinkel, je größer der Weg, desto größer der detektierbare Ablenkungswinkel. Aber aus den Darlegungen in Kapitel 2.3 zur Schwächung der Röntgenstrahlung und dem Vorteil eines Helium-gefüllten Strahlwegs, siehe Aufgabe 14, ist das Gefäß ein entscheidendes Bauteil, das neben dem Multilayerspiegel und dem 2D-Detektor zu der derzeit verstärkten Anwendung dieser Untersuchungsmethode führt.

Mittels einer Apparatur aus Bild 14.1b wurden Polypropylenfasern bzw. gebündelte Fasern mittels der Kleinwinkelstreuung untersucht und die in Bild 14.2 dargestellten Intensitätsverteilungen der im Kleinwinkelbereich gestreuten Strahlung erhalten [36]. Diese erhaltene Intensitätsverteilung ist eine Abbildung der Dichte der nanoskaligen Objekte.

Im Bild 14.3 sind Diffraktogramme von Polymerschichten (Material P3HT) gezeigt. Zur Bestimmung der Größenverteilung der ca. 1,7 nm ausgedehnten Bereiche wurden Diffraktogramme bei unterschiedlichen Verkippungen χ aufgenommen, und wie in Bild 14.3a dargestellt, Intensitätslevel gebildet. Im Bild 14.3b sind Höhenliniendarstellungen der linksseitigen und rechtsseitigen Schnittpunkte der Levellinien als Netzebenenabstand dargestellt. Über hier nicht durchgeführte Umrechnungen in der y-Richtung können so die Ausdehnungen eines der Kleinwinkelobjekte bestimmt werden.

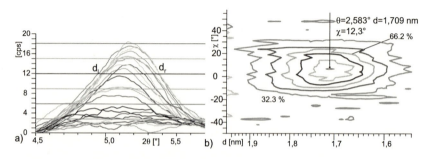

Bild 14.3: a) Diffraktogramme im Kleinwinkelbereich bei P3HT-Polymer b) d-Umrechnung der Intensitätsverteilung bei Verkippung um χ

15 Zusammenfassung

Die Röntgenbeugung mit allen den hier vorgestellten Verfahren ist ein mächtiges Werkzeug in der Strukturaufklärung geworden. Grundlage jeglicher Strukturaufklärung sind die Beugungserscheinungen an Kristallen. Mit der relativ einfachen BRAGGschen-Gleichung lassen sich faktisch alle Methoden und Beugungsanordnungen erklären.

$$n \cdot \lambda = 2 \cdot d_{hkl} \cdot \sin \theta$$

Ebenso beinhaltet diese Gleichung die wichtigsten in diesem Buch besprochenen Komponenten und werden hier noch einmal zusammengefasst.

Mit der Wellenlänge λ sind die Entstehung, Messung, Variationen und Eigenschaften der Röntgenstrahlung verbunden. Diese Betrachtungen wurden ausführlich in den Kapiteln 2 und 4 behandelt. Der Netzebenenabstand d_{hkl} ist kennzeichnend für das Material und die sich ausgebildete Kristallstruktur. In einem Kristall gibt es nur eine bestimmte Anzahl sich ausbildender Netzebenen und die einzelnen Abstände sind meist diskret. Die für den Kristall notwendigen Beschreibungen wurden im Kapitel 3 vorgestellt. In diesem Kapitel sind auch die Grundlagen der Beugungserscheinungen behandelt worden. Durch die diskreten Netzebenenabstände gibt es dann auch diskrete Beugungspeaks bei Verwendung monochromatischer Strahlung und Anwendung der BRAGGschen-Gleichung.

Die Möglichkeiten der neuen Strahloptiken, wie Multilayerspiegel, ebene Monochromatoren, Strahlformer und der Einsatz der neuen Detektoren werden in dem Kapitel 4 ausführlich beschrieben. Ausgehend von der klassischen BRAGG-BRENTANO-Anordnung und der Möglichkeit der Beugungsexperimente einschließlich der ausführlichen Fehlerbetrachtungen werden Schlussfolgerungen für mögliche Verbesserungen der Beugungsanordnung im Kapitel 5 abgeleitet. Aber auch andere Verfahren, wie das Röntgenfluoreszenzverfahren nutzen die neuen Röntgenoptiken wie die Multilayerspiegel. In Kombination mit den Multilayerspiegeln werden von CHEN [44] energiedispersive Untersuchungsspektren vorgestellt. Es sollen damit Femtogramm bzw. ppb-Analysen (part per billion) möglich werden.

Alle weiteren Kapitel sind dann mehr oder weniger den Beschreibungen der Anwendungen und den Variationen der verschiedenen Beugungsanordnungen unter Verwendung der neuen verfügbaren Hardware gewidmet. Hier sind die Neuentwicklungen konsequent eingebunden.

Ziel der gesamten Ausführungen sollte es sein, eine sich abzeichnende Neuausrichtung der Röntgendiffraktometrie in der Materialforschung und der langsamen Herausbildung als Kontrollverfahren in der Produktion mit diesem Lehrbuch zu begleiten.

Viele ältere Aussagen, wie die Verwendung bestimmter Strahlungsarten bei Eisenwerkstoffen sind beim zusätzlichen Einsatz von Multilayerspiegel nicht mehr richtig. Es wurde versucht, eine *Entrümpelung* mancher Lehrmeinungen vorzunehmen.

Die Durchdringung der gesamten Röntgenbeugung mit immer neueren und leistungsfähigeren Programmen nimmt aber dem Nutzer nicht das bewusste Denken ab. Auf Grund der rasanten Weiterentwicklung der gesamten Programmvielfalt und auch der Hardware wurden so weit wie möglich keine Abbildungen von realen Geräten und auch keine Kopien von Programmausdrucken oder Bedienungsfenster eingefügt. Die größten Fehler und Fehlinterpretationen können gemacht werden, wenn ohne Hintergrundwissen *nur ein Programm* genutzt wird und dem Zahlenwert/der Ausgabe des Computers blind vertraut wird. Der Leser soll wieder lernen, Zusammenhänge zu erkennen und auch verschiedene Betrachtungsweisen zu einem Problem zu akzeptieren.

Gerade in der Röntgenbeugung fließen viele Wissenschaftszweige mit ein, die es lohnt, auch in den Grundzügen zu verstehen, weshalb hier eine Bedeutung für das Beugungsexperiment besteht. So konnte nicht oft genug auf die Bedeutung der Beugungsbedingung, der Kornstatistik und der Zählstatistik hingewiesen werden. Beherzigt man für jedes Teilproblem die Gleichung 3.119 bzw. das Bild 3.21b und *stellt* es um, dann lassen sich viele Fragestellungen eigenständig lösen. Aus diesem Grund sind auch die umfangreichen und für den Neueinsteiger schweren Spezialfälle der röntgenographischen Spannungs- und Texturanalyse in zwei sehr ausführlichen Kapiteln mit eingefügt worden. Diese zwei Kapitel sind Beispiele im Buch für sehr komplexe Anwendungen der Einzelbeugungsexperimente. Auch hier gilt wieder: Es gibt nicht nur eine Lösung, sondern nur Lösungen zu Teilproblemen, die dann zum Fortschritt im Erkenntnisgewinn zum Gesamtsystem beitragen.

Es sollte dem Leser klar geworden sein, dass alle diese Beugungsexperimente durchgeführt werden, um mehr Information vom untersuchten Material und mehr Erkenntnisse für den jedem Materialwissenschaftler wichtigen und grundlegenden Zusammenhang

Struktur – Gefüge – Eigenschaften

zu erhalten.

Dem Neueinsteiger wird die Röntgenbeugung zunächst als schwer zu verstehende Methode vorkommen. Einflüsse aus der Physik, der Werkstoffwissenschaft, der Chemie und der Ingenieurwissenschaft treten komplex auf. Ebenso erhält man viele Ergebnisse nur nach aufwändigen Simulationen oder der Bearbeitung komplizierter mathematischer Beschreibungen.

Löst man diese Probleme, dann ist die Röntgenbeugung ein wichtiges Untersuchungsverfahren in der Natur- und Ingenieurwissenschaft. Das Verfahren liefert Aussagen, die mit keiner anderen Untersuchungsmethode gewonnen werden können, bzw. deren Präzision im Nanometer-Bereich unerreicht ist.

16 Lösung der Aufgaben

Lösung 1: Schwächungsverhalten von Kupferfolien

Man nutzt Gleichung 2.16. Auf konsistente Maßeinheitenverwendung ist zu achten.

d [µm]	50	100	102	105	200	48,08	96,14	192,28
$1/S_G$	11	120	132	153	14 474	10	100	10 000

Lösung 2: Schwächungsverhalten von Nickel für Kupferstrahlung

Die Gleichungen 2.16, 2.4 und 2.5 werden zur Lösung verwendet.
Dicke d_{Ni} für den Ni-Filter für eine Schwächung der K_α-Strahlung:

$$0,5 = \exp\left(-46,4 \cdot 8,907 \cdot d_{Ni}\right) \rightarrow d_{Ni} = 0,001\,7\,\text{mm}$$

Schwächung $1/S$ für K_β-Strahlung:

$$1/S = \exp -279 \cdot 8,907 \cdot 0.00017 = 0,014\,9 \rightarrow S = 98,51\,\%$$

Die Grenzwellenlänge bzw. das Maximum der Bremsstrahlung betragen:

$$\lambda_{min} = \frac{1,238}{40} = 0,030\,95\,\text{nm} \qquad \lambda_{max} = 1,5 \cdot \lambda_{min} = 0,046\,4\,\text{nm}$$

Aus [132] erhält man für $\lambda = 0,043\,33\,\text{nm}$ interpoliert den Massenschwächungskoeffizient von $13,5\,\text{cm}^2\text{g}^{-1}$. Dies ergibt eine Schwächung der intensitätsärmeren Maximalintensität von nur:

$$1/S = \exp\left(-13,5 \cdot 8,907 \cdot 0.00017\right) = 0,979\,76 \rightarrow S = 2,024\,\%$$

Deshalb sind bei Nutzung der charakteristischen Strahlung die Ausführungen um Bild 2.8 unbedingt zu beachten.

Lösung 3: Energieübertragung bei einer tödlichen Dosis

notwendige Konstanten	Wert
Körpertemperatur	37 °C
spezifische Wärmekapazität von Wasser	$1\,\text{kcal} \cdot \text{kg}^{-1} \cdot \text{K}^{-1} = 4\,186,8\,\text{J} \cdot \text{kg}^{-1} \cdot \text{K}^{-1}$

Annahme dass Energie E_{letal} der Energiedosis D gleichmäßig als Wärmeenergie im Körper umgesetzt wird und mit der Grundgleichung der Wärmelehre ergeben sich:

$$D = \frac{\Delta E_{letal}}{\Delta m} \rightarrow \Delta E_{letal} = D \cdot m \tag{16.1}$$

$$\Delta E_T = \Delta T \cdot c \cdot m \tag{16.2}$$

$$\Delta T = \frac{D}{c} = \frac{7\,[J \cdot kg^{-1}]}{4\,186,8\,[J \cdot kg^{-1} \cdot K^{-1}]} = 0,001\,67\,\text{K} \tag{16.3}$$

Dieser Überschlag verdeutlicht, dass es unmöglich ist, über eine Temperaturmessung die exponierte Strahlendosis auf biologisches Gewebe zu messen, da die hier ausgerechnete Temperaturänderung ΔT die Temperaturschwankungen hervorgerufen durch Stoffwechsel bei weitem übersteigen. Es ist zu beachten, dass 7 Gy schon eine sehr große Energiedosis darstellt. Die Dosen für die Belange des Strahlenschutzes sind um mindestens drei bis vier Größenordnungen kleiner.

Lösung 4: **Veränderung der Betriebsbedingungen und Berechnung der Dicke von Strahlenschutzwänden**

Die vor der Strahlenschutzwand auftretende Energiedosisleistung bzw. Aquivalentdosisleistung kann für Feinstrukturröhren aus der DIN 54113-3, hier auszugsweise aus Tabelle 2.7 für 60 kV und mit Gleichung 2.28 bzw. mit der Lindelformel 2.27 ausgerechnet werden.

60 kV und 3 000 W Verlustleistung → maximaler Anodenstrom 50 mA

Aus Tabelle 2.7 für 60 kV und Wolframanode

$$\dot{H}_N(a, I) = \frac{8{,}84 \; [\text{Sv} \cdot \text{m}^2 \cdot \text{mA}^{-1} \cdot \text{h}^{-1}] \cdot 50 \; [\text{mA}]}{0{,}72 \; [\text{m}^2]} = 902 \, \text{Svh}^{-1} \tag{16.4}$$

bzw. mit der Lindelformel 2.27:

$$D = \frac{30 \cdot 60 \, \text{kV} \cdot 50 \, \text{mA}}{70 \, \text{cm}^2 2} = 18{,}36 \, \text{Gy} \cdot \text{min}^{-1} \rightarrow \text{in Stunden} \quad 1\,102 \, \text{Gy} \cdot \text{h}^{-1}$$

Die Lindelformel ergibt die etwas konservativere, höhere Energiedosisleistung und ist damit zu verwenden (worst case). Diese hohe Dosisleistung muss abgeschwächt werden, die Röntgenverordnung [10] schreibt maximal 7,5 µSv · h^{-1} in 10 cm Entfernung zulässige Strahlung vor. Unter Vernachlässigung des Abstandes von der Oberfläche ergibt sich ein reziproker Schwächungsfaktor nach Gleichung 2.29 von:

$$\frac{1}{S_G} = 7{,}5 \cdot 10^{-6} 1102 = 6{,}8 \cdot 10^{-9}$$

Aus Bild 2.18a für Blei gibt es keine Kurve für 60 kV, die nächste Kurve wäre die für 75 kV. Dort kann man bei 0,2 mm Bleidicke einen reziproken Schwächungskoeffizienten von $2 \cdot 10^{-6}$ ablesen. Es sind noch $5 \cdot 10^{-3}$ »übrig«. In Bild 2.18b für Eisen können jetzt noch eine notwendige Dicke für Eisen von 2,5 mm an der dortigen 70 kV Linie abgelesen werden. Eine Anlage ist immer für die höchste mögliche Strahlenbelastung auszulegen. Die Betriebsbedingungen für die Kupferanode sind somit erfüllt. Würde man die Werte der Kupferanode als maximale Betriebswerte annehmen, ergeben sich folgende Änderungen. Für die maximale Energiedosisleistung ist die Beachtung der Anodenabhängigkeit (→ Multiplikation mit 29/74) notwendig.

$$D = \frac{30 \cdot 40 \cdot 37{,}5}{70^2} \cdot 2974 \cdot 60 = 215{,}9 \, \text{Gy} \cdot \text{h}^{-1} \tag{16.5}$$

Reziproker Schwächungskoeffizient gleich $3{,}4 \cdot 10^{-8}$, ablesen in den Diagrammen aus Bild 2.18b für Kurve 40 kV mit $1/S_G = 1 \cdot 10^{-5}$ führt zu 2 mm Eisen, es verbleiben $1/S_G = 3{,}4 \cdot 10^{-3}$ Schwächungskoeffizient. In Bild 2.18a kann jetzt abgelesen werden Bleidicke von 0,3 mm aber an Kurve 50 kV. Wird jetzt eine Anlage mit diesen Abschirmdicken gebaut, dann ist der Einsatz einer Molybdän- oder Wolframröhre nicht erlaubt, ebenso darf kein anderer Generator mit höherer Verlustleistung eingesetzt werden.

Lösung 5: **Anwendung der Zonengleichung**

Einsetzen der Ebenen- und Gitterindizes in Gleichung 3.13 führt zu:

$$2 \cdot 1 + 1 \cdot -2 + 3 \cdot 0 = 0 \; \text{bzw.} \; 1 \cdot 2 + \, -2 \cdot 1 + 2 \cdot 1 = 2 \tag{16.6}$$

Die Ebene (2 1 3) und die Gerade [1 $\bar{2}$ 0] sind parallel, dagegen die Ebene (1 $\bar{2}$ 2) und die Gerade [2 1 1] verlaufen windschief zu einander und schneiden sich.
Die gesuchte Netzebene $(h\,k\,l)$, die aus zwei Gittergeraden aufgespannt wird, muss für jede Gerade die Zonengleichung erfüllen.

$$\begin{array}{rcl} h \cdot u_1 \; + \; k \cdot v_1 \; + \; l \cdot w_2 & = & 0 \\ h \cdot u_2 \; + \; k \cdot v_2 \; + \; l \cdot w_2 & = & 0 \end{array} \tag{16.7}$$

Die Lösung von dem Gleichungssystem 16.7 erfolgt über das Determinantenschema mit den zwei möglichen Lösungen für $(h\,k\,l)$, 16.8 bzw. für $(\overline{h}\,\overline{k}\,\overline{l})$, 16.9.

$$h:k:l = \begin{vmatrix} v_1 & w_1 \\ v_2 & w_2 \end{vmatrix} : \begin{vmatrix} w_1 & u_1 \\ w_2 & u_2 \end{vmatrix} : \begin{vmatrix} u_1 & v_1 \\ u_2 & v_2 \end{vmatrix} \tag{16.8}$$

$$\overline{h}:\overline{k}:\overline{l} = \begin{vmatrix} v_2 & w_2 \\ v_1 & w_1 \end{vmatrix} : \begin{vmatrix} w_2 & u_2 \\ w_1 & u_1 \end{vmatrix} : \begin{vmatrix} u_2 & v_2 \\ u_1 & v_1 \end{vmatrix} \tag{16.9}$$

Die Lösung kann kann vereinfacht über das nachfolgende Schema erfolgen:

$$\begin{array}{c|cccccc|c} u_1 & v_1 & & w_1 & & u_1 & & v_1 & & w_1 \\ & & \times & & \times & & \times & & \\ u_2 & v_2 & & w_2 & & u_2 & & v_2 & & w_2 \\ \hline & (h & & k & & & l) & & \end{array} \tag{16.10}$$

Für die Kombination $[1\,0\,1]$ und $[1\,2\,0]$ bzw. $[\overline{1}\,0\,\overline{1}]$ und $[\overline{1}\,\overline{2}\,0]$ ergibt sich als Netzebene $(\overline{2}\,1\,2)$; für die Kombination $[1\,2\,0]$ und $[1\,0\,1]$ bzw. $[\overline{1}\,\overline{2}\,0]$ und $[\overline{1}\,0\,\overline{1}]$ ergibt sich als Netzebene $(2\,\overline{1}\,\overline{2})$.

In der gleichen Weise kann eine Schnittgerade $[u\,v\,w]$ für zwei Netzebenen 1 und 2 ausgerechnet werden, es gibt hier immer zwei Lösungen – die Richtungen der Schnittgeraden. Je nach Wahl, welche Netzebene als erste gesetzt wird, ergibt sich dann die Richtung.

$$\begin{array}{c|cccc|c} 2 & \overline{1} & 0 & 2 & \overline{1} & 0 \\ 1 & 1 & 1 & 1 & 1 & 1 \end{array} \to [\overline{1}\,2\,3] \quad \begin{array}{c|cccc|c} 1 & 1 & 1 & 1 & 1 & 1 \\ 2 & \overline{1} & 0 & 2 & \overline{1} & 0 \end{array} \to [1\,2\,\overline{3}]$$

Lösung 6: Symmetrieoperationen

In der a b Ebene eines Kristalles soll der Punkt P_1 auf die Position P_2 um den Winkel ω gedreht werden, Bild 16.1. Eine Rotation eines Vektors $\vec{r}_1$ zu der neuen Position $\vec{r}_2$ kann mittels der Drehmatrix M ausgedrückt werden $\vec{r}_2 = M\vec{r}_1$. M wird z.B für die a b Ebene nachfolgend beschrieben. In den Tabellen 16.1 bzw. 16.2 sind die analogen Operationen zusammengefasst. Die Koordinaten von P_1 und P_2 sind:

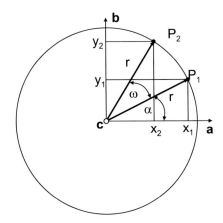

Bild 16.1: Drehung von Punkt P_1 zu Punkt P_2 in der a b-Ebene

$$x_1 = r_1 \cos\alpha \qquad y_1 = r_1 \sin\alpha \tag{16.11}$$

$$x_2 = r_2 \cos(\alpha + \omega) \qquad y_2 = r_2 \sin(\alpha + \omega) \qquad \text{mit} \tag{16.12}$$

$$\sin(\alpha + \omega) = \sin\alpha \cos\omega + \cos\alpha \cos\omega \quad \text{bzw.} \quad \cos(\alpha + \omega) = \cos\alpha \cos\omega - \sin\alpha \sin\omega \tag{16.13}$$

Einsetzen in Gleichung 16.12 und bei $|\vec{r}_1| = |\vec{r}_2|$ folgt:

$$\begin{array}{rcl} x_2 & = & x_1 \cos\omega \quad -y_1 \sin\omega \quad +0 \cdot z_1 \\ y_2 & = & x_1 \sin\omega \quad +y_1 \cos\omega \quad +0 \cdot z_1 \\ z_2 & = & 0 \cdot x_1 \quad +0 \cdot y_1 + \quad 1 \end{array} \tag{16.14}$$

Daraus folgt die allgemeine Rotationsmatrix M in der a b Ebene zu:

$$M = \begin{pmatrix} \cos\omega & -\sin\omega & 0 \\ \sin\omega & \cos\omega & 0 \\ 0 & 0 & 1 \end{pmatrix} \tag{16.15}$$

Eine dreizählige Drehmatrix um die c-Achse bedeutet Drehung $\omega = 120°$ und Einsetzen $\sin 120 = 1/2\sqrt{3}$ in Gleichung 16.15:

$$\begin{pmatrix} \cos\omega & -\sin\omega & 0 \\ \sin\omega & \cos\omega & 0 \\ 0 & 0 & 1 \end{pmatrix} \rightarrow \begin{pmatrix} -1/2 & -\sqrt{3}/2 & 0 \\ -\sqrt{3}/2 & -1/2 & 0 \\ 0 & 0 & 1 \end{pmatrix} \tag{16.16}$$

Tabelle 16.1: Matrizen zur Darstellung kristallographischer Symmetrieoperationen – Drehung

	1	$\begin{pmatrix} 1 & 0 & 0 \\ 0 & 1 & 0 \\ 0 & 0 & 1 \end{pmatrix}$ Einheitsmatrix	
m_x (100)	$\begin{pmatrix} \bar{1} & 0 & 0 \\ 0 & 1 & 0 \\ 0 & 0 & 1 \end{pmatrix}$	m_y (010)	$\begin{pmatrix} 1 & 0 & 0 \\ 0 & \bar{1} & 0 \\ 0 & 0 & 1 \end{pmatrix}$
m_x^h $(2\bar{1}\bar{1}0)$	$\begin{pmatrix} \bar{1} & 1 & 0 \\ 0 & 1 & 0 \\ 0 & 0 & 1 \end{pmatrix}$	m_y^h $(\bar{1}2\bar{1}0)$	$\begin{pmatrix} 1 & 0 & 0 \\ 1 & \bar{1} & 0 \\ 0 & 0 & 1 \end{pmatrix}$
2_x $[100]$	$\begin{pmatrix} \bar{1} & 0 & 0 \\ 0 & \bar{1} & 0 \\ 0 & 0 & \bar{1} \end{pmatrix}$	2_y $[010]$	$\begin{pmatrix} \bar{1} & 0 & 0 \\ 0 & 1 & 0 \\ 0 & 0 & \bar{1} \end{pmatrix}$
2_x^h $[10.0]$	$\begin{pmatrix} 1 & \bar{1} & 0 \\ 0 & \bar{1} & 0 \\ 0 & 0 & 1 \end{pmatrix}$	2_y^h $[01.0]$	$\begin{pmatrix} \bar{1} & 0 & 0 \\ \bar{1} & 1 & 0 \\ 0 & 0 & \bar{1} \end{pmatrix}$
3_z $[00.1]$	$\begin{pmatrix} 0 & \bar{1} & 0 \\ 1 & \bar{1} & 0 \\ 0 & 0 & 1 \end{pmatrix}$	3_z^0 $[001]$	$\begin{pmatrix} -\frac{1}{2} & -\sqrt{\frac{3}{2}} & 0 \\ \sqrt{\frac{3}{2}} & \frac{-1}{2} & 0 \\ 0 & 0 & 1 \end{pmatrix}$
3_z^h $[00.1]$	$\begin{pmatrix} 0 & 1 & 0 \\ \bar{1} & 1 & 0 \\ 0 & 0 & \bar{1} \end{pmatrix}$	$\bar{3}_z^0$ $[001]$	$\begin{pmatrix} \frac{1}{2} & \sqrt{\frac{3}{2}} & 0 \\ \sqrt{\frac{3}{2}} & \frac{1}{2} & 0 \\ 0 & 0 & 1 \end{pmatrix}$
2_x $[100]$	$\begin{pmatrix} \bar{1} & 0 & 0 \\ 0 & \bar{1} & 0 \\ 0 & 0 & \bar{1} \end{pmatrix}$	2_y $[010]$	$\begin{pmatrix} \bar{1} & 0 & 0 \\ 0 & 1 & 0 \\ 0 & 0 & \bar{1} \end{pmatrix}$
4_x $[100]$	$\begin{pmatrix} 1 & 0 & 0 \\ 0 & 0 & \bar{1} \\ 0 & \bar{1} & 0 \end{pmatrix}$	4_z $[001]$	$\begin{pmatrix} 0 & \bar{1} & 0 \\ 1 & 0 & 0 \\ 0 & 0 & 1 \end{pmatrix}$
6_z^h $[00.1]$	$\begin{pmatrix} 1 & \bar{1} & 0 \\ 1 & 0 & 0 \\ 0 & 0 & 1 \end{pmatrix}$	6_z^0 $[001]$	$\begin{pmatrix} \frac{1}{2} & -\sqrt{\frac{3}{2}} & 0 \\ \sqrt{\frac{3}{2}} & \frac{1}{2} & 0 \\ 0 & 0 & 1 \end{pmatrix}$

Tabelle 16.2: Matrizen zur Darstellung kristallographischer Symmetrieoperationen – Inversion

	$\bar{1} \begin{pmatrix} \bar{1} & 0 & 0 \\ 0 & \bar{1} & 0 \\ 0 & 0 & \bar{1} \end{pmatrix}$ Inversion		
m_z (001)	$\begin{pmatrix} 1 & 0 & 0 \\ 0 & 1 & 0 \\ 0 & 0 & \bar{1} \end{pmatrix}$	m_{xy} (110)	$\begin{pmatrix} 0 & \bar{1} & 0 \\ \bar{1} & 0 & 0 \\ 0 & 0 & 1 \end{pmatrix}$
m^h_{2xy} ($10\bar{1}0$)	$\begin{pmatrix} \bar{1} & 0 & 0 \\ \bar{1} & 1 & 0 \\ 0 & 0 & 1 \end{pmatrix}$	m^h_{x2y} ($01\bar{1}0$)	$\begin{pmatrix} 1 & \bar{1} & 0 \\ 0 & \bar{1} & 0 \\ 0 & 0 & 1 \end{pmatrix}$
2_z [001]	$\begin{pmatrix} \bar{1} & 0 & 0 \\ 0 & \bar{1} & 0 \\ 0 & 0 & 1 \end{pmatrix}$	2_{xy} [110]	$\begin{pmatrix} 0 & 1 & 0 \\ 1 & 0 & 0 \\ 0 & 0 & \bar{1} \end{pmatrix}$
2^h_{2xy} [21.0]	$\begin{pmatrix} 1 & 0 & 0 \\ 1 & \bar{1} & 0 \\ 0 & 0 & \bar{1} \end{pmatrix}$	2^h_{x2y} [12.0]	$\begin{pmatrix} \bar{1} & 1 & 0 \\ 0 & 1 & 0 \\ 0 & 0 & \bar{1} \end{pmatrix}$
3_{xyz} [111]	$\begin{pmatrix} 0 & 0 & 1 \\ 1 & 0 & 0 \\ 0 & 1 & 0 \end{pmatrix}$	$2_{x\bar{y}z}$ [$1\bar{1}1$]	$\begin{pmatrix} 0 & \bar{1} & 0 \\ 0 & 0 & \bar{1} \\ 1 & 0 & 0 \end{pmatrix}$
$\bar{3}_{xyz}$ [111]	$\begin{pmatrix} 0 & 0 & \bar{1} \\ 1 & 0 & 0 \\ 0 & \bar{1} & 0 \end{pmatrix}$	$\bar{3}^h_{x\bar{y}z}$ [$1\bar{1}1$]	$\begin{pmatrix} 0 & 1 & 0 \\ 0 & 0 & 1 \\ \bar{1} & 0 & 0 \end{pmatrix}$
2_z [001]	$\begin{pmatrix} \bar{1} & 0 & 0 \\ 0 & \bar{1} & 0 \\ 0 & 0 & 1 \end{pmatrix}$	2_{xy} [110]	$\begin{pmatrix} 0 & 1 & 0 \\ 1 & 0 & 0 \\ 0 & 0 & \bar{1} \end{pmatrix}$
$\bar{4}_x$ [100]	$\begin{pmatrix} \bar{1} & 0 & 0 \\ 0 & 0 & 1 \\ 0 & \bar{1} & 0 \end{pmatrix}$	$\bar{4}_z$ [001]	$\begin{pmatrix} 0 & 1 & 0 \\ \bar{1} & 0 & 0 \\ 0 & 0 & \bar{1} \end{pmatrix}$
$\bar{6}^h_z$ [00.1]	$\begin{pmatrix} \bar{1} & 1 & 0 \\ \bar{1} & 0 & 0 \\ 0 & 0 & \bar{1} \end{pmatrix}$	$\bar{6}^0_z$ [001]	$\begin{pmatrix} -\frac{1}{2} & \frac{\sqrt{3}}{2} & 0 \\ -\sqrt{\frac{3}{2}} & -\frac{1}{2} & 0 \\ 0 & 0 & \bar{1} \end{pmatrix}$

Lösung 7: Netzebenenabstände

- *triklines Kristallsystem*; ($a \neq b \neq c$; $\alpha \neq \beta \neq \gamma \neq 90°$)

$$\frac{1}{d_{hkl}^2} = \frac{Zaehler}{a^2 b^2 c^2 (1 - \cos^2\alpha - \cos^2\beta - \cos^2\gamma + 2\cos\alpha\cos\beta\cos\gamma)} \tag{16.17}$$

$$\begin{aligned} Zaehler =\; & b^2 c^2 h^2 \sin^2\alpha + c^2 a^2 k^2 \sin^2\beta + a^2 b^2 l^2 \sin^2\gamma \\ & + 2abc^2 hk(\cos\alpha\cos\beta - \cos\gamma) \\ & + 2ab^2 chl(\cos\alpha\cos\gamma - \cos\beta) \\ & + 2a^2 bckl(\cos\beta\cos\gamma - \cos\alpha) \end{aligned}$$

- *monoklines Kristallsystem*; ($a \neq b \neq c$; $\alpha = \gamma = 90°$; $\beta \neq 90°$)

$$\frac{1}{d_{hkl}^2} = \frac{h^2}{a^2 \sin^2\beta} + \frac{k^2}{b^2} + \frac{l^2}{c^2 \sin^2\beta} - \frac{2hl\cos\beta}{ac\sin^2\beta} \tag{16.18}$$

- *trigonales/rhomboedrisches Kristallsystem*; ($a = b = c$; $\alpha = \beta = \gamma \neq 90°$)

$$\frac{1}{d_{hkl}^2} = \frac{(h^2+k^2+l^2)\sin^2\alpha + 2(kl+lh+hk)(\cos^2\alpha - \cos\alpha)}{a^2(1 - 3\cos^2\alpha + 2\cos^3\alpha)} \tag{16.19}$$

- *hexagonales Kristallsystem*; ($a = b \neq c$; $\alpha = \beta = 90°, \gamma = 120°$)

$$\frac{1}{d_{hkl}^2} = \frac{4}{3} \cdot \frac{h^2 + k^2 + hk}{a^2} + \frac{l^2}{c^2} \tag{16.20}$$

- *orthorhombisches Kristallsystem*; ($a \neq b \neq c$; $\alpha = \beta = \gamma = 90°$)

$$\frac{1}{d_{hkl}^2} = \frac{h^2}{a^2} + \frac{k^2}{b^2} + \frac{l^2}{c^2} \tag{16.21}$$

- *tetragonales Kristallsystem*; ($a = b \neq c$; $\alpha = \beta = \gamma = 90°$)

$$\frac{1}{d_{hkl}^2} = \frac{h^2 + k^2}{a^2} + \frac{l^2}{c^2} \tag{16.22}$$

- *kubisches Kristallsystem*; ($a = b = c$; $\alpha = \beta = \gamma = 90°$)

$$\frac{1}{d_{hkl}^2} = \frac{h^2 + k^2 + l^2}{a^2} \tag{16.23}$$

oder

$$d_{hkl} = \frac{a}{\sqrt{h^2 + k^2 + l^2}} \tag{16.24}$$

Lösung 8: Packungsdichte

Als erstes sind die Zahl der Atome pro Elementarzelle zu bestimmen.

- primitive Elementarzelle: $8 \cdot \frac{1}{8} = 1$ Atom/EZ
- raumzentrierte Elementarzelle: $8 \cdot \frac{1}{8} + 1 = 2$ Atome/EZ
- flächenzentrierte Elemetarzelle: $8 \cdot \frac{1}{8} + 6 \cdot \frac{1}{2} = 4$ Atome/EZ

Packungsdichte (Atomausfüllung pro Elementarzelle), Annahme, dass die Atome Kugeln sind und sich in einem Würfel berühren mit dem Volumen $V_{Zelle} = a^3$.

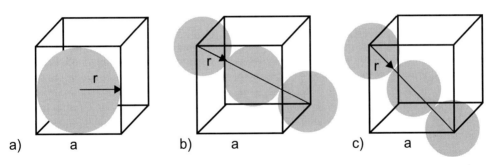

Bild 16.2: Dichteste Anordnung der Atome in a) primitive Elementarzelle b) raumzentrierte Elementarzelle c) flächenzentrierte Elementarzelle

- primitives Gitter
Radien von den Eckatomen berühren sich, bzw. 1 Kugel mit Radius $\frac{a_0}{2}$ füllt den Würfel aus, Bild 16.2a, Volumen Kugel mit Radius $a_0/2$

$$V_{Atom} = \frac{4 \cdot \pi}{3} \cdot \frac{a_0^3}{8} \tag{16.25}$$

$$\frac{V_{Atom}}{V_{Zelle}} = \frac{\pi}{6} = 54\,\% \tag{16.26}$$

- raumzentriertes Gitter
2 Atome (Kugeln) mit einem Radius von einem Viertel der Raumdiagonale füllen den Würfel aus, Raumdiagonale Länge $a_0 \cdot \sqrt{3}$, Bild 16.2b

$$V_{Atom} = \frac{2 \cdot 4 \cdot \pi}{3} \cdot r^3 = \frac{2 \cdot 4 \cdot \pi}{3} \cdot \frac{3 \cdot \sqrt{3} a_0^3}{4 \cdot 4 \cdot 4} \tag{16.27}$$

$$\frac{V_{Atom}}{V_{Zelle}} = \frac{\sqrt{3} \cdot \pi}{8} = 68\,\% \tag{16.28}$$

- flächenzentriertes Gitter
4 Atome (Kugeln) mit einem Radius von einem Viertel der Flächendiagonale füllen den Würfel aus, Flächendiagonale Länge $a_0 \cdot \sqrt{2}$, Bild 16.2c

$$V_{Atom} = \frac{4 \cdot 4 \cdot \pi}{3} \cdot r^3 = \frac{4 \cdot 4 \cdot \pi}{3} \cdot \frac{2 \cdot \sqrt{2} a_0^3}{4 \cdot 4 \cdot 4} \tag{16.29}$$

$$\frac{V_{Atom}}{V_{Zelle}} = \frac{\sqrt{2} \cdot \pi}{6} = 74\,\% \tag{16.30}$$

Lösung 9: Umrechnung verschiedene Winkelmaßstabseinheiten

Ein Winkel von 180° hat ein Bogenmaß von $1 \cdot \pi$ gleich $\approx 3{,}14\,\text{rad}$. Als Maßeinheit des Bogenmaß wird Radiant [rad] angegeben. Die SI-Einheiten konformen Vorsätze wie z. B. Milli [m] sind erlaubt. Umrechnung in Bogenmaß über:

$$x\,[\text{rad}] = \frac{1\,[°]}{180\,[°]} \cdot \pi \tag{16.31}$$

Ein Grad sind 60 Minuten (60') bzw. 3600 Sekunden (3600"). Eine Minute hat 60 Sekunden.

Tabelle 16.3: Umrechnungstafel ausgewählter Werte in verschiedene Winkeleinheiten

mrad	Grad	Grad	mrad	Minute	Sekunde	Grad	mrad
0,1	0,005 730	0,001	0,017 45	60	3 600	1,000	17,453
0,2	0,011 46	0,002	0,034 91	30	1 800	0,500	8,727
0,5	0,028 65	0,005	0,087 27	10	600	0,167	2,909
0,8	0,045 84	0,01	0,174 53	9	540	0,150	2,618
1	0,057 30	0,02	0,349 07	8	480	0,133	2,327
2	0,114 6	0,05	0,872 66	7	420	0,117	2,036
5	0,286 5	0,07	1,222	6	360	0,100	1,745
8	0,458 4	0,09	1,571	5	300	0,083 3	1,454
10	0,573 0	0,1	1,745	4	240	0,066 7	1,164
20	1,146	0,2	3,491	3	180	0,050 0	0,872 7
30	1,719	0,3	5,236	2	120	0,033 3	0,581 8
40	2,292	0,4	6,981	1	60	0,016 7	0,290 9
50	2,865	0,5	8,727		30	0,008 3	0,145 4
80	4,584	0,7	12,217		10	0,002 8	0,048 48
90	5,157	0,9	15,708		9	0,002 50	0,043 63
100	5,730	1	17,453		8	0,002 22	0,038 79
200	11,459	2	34,907		7	0,001 94	0,033 94
500	28,648	5	87,266		6	0,001 67	0,029 09
800	45,837	10	174,533		5	0,001 39	0,024 24
1 000	57,296	15	261,799		4	0,001 111	0,019 39
2 000	114,592	20	349,066		3	0,000 833	0,014 54
3 000	171,887	45	785,398		2	0,000 556	0,009 696
					1	0,000 278	0,004 848

Lösung 10: Flächenhäufigkeitsfaktor

Der Würfel bzw. der Hexaeder hat sechs gleiche Seitenflächen der Größe a^2, da die Beträge der drei Gittervektoren alle gleich a sind. Beim Tetraeder haben die Deckelflächen die Größe a^2 und es gibt nur zwei. Die Seitenflächen beim Tetraeder haben die Größe $a \cdot c$, da bleiben nur noch vier übrig. Der Netzebenenabstand d_{hkl} ist im kubischem System $a/\sqrt{h^2 + k^2 + l^2}$, Gleichung 16.24.
Für (4 3 0) ergibt sich $a/5$, für (5 0 0) ergibt sich genauso $a/5$.

Lösung 11: Strukturfaktor

Sowohl die Diamantstruktur als auch die Zinkblendestruktur besitzen als Bravais-Gitter ein kubisch flächenzentriertes Gitter. In beiden Fällen besteht die Basis aus zwei Atomen mit den gleichen Atomkoordinaten. Die beiden Strukturen unterscheiden sich dadurch, dass im Falle der Diamantstruktur die Basis aus den gleichen Atomen besteht (z. B. C beim Diamant) und im Falle der Zinkblendestruktur die Basis aus zwei verschiedenen Atomen besteht (z. B. Zn und S). Aus diesem Grund unterscheiden sich die Raumgruppen der beiden Strukturen. Die Diamantstruktur gehört zur Raumgruppe $Fd3m$ und die Zinkblendestruktur zur Raumgruppe $F\bar{4}3m$. Die beiden Strukturen werden durch folgende Atomkoordinaten in der Elementarzelle beschrieben:

- Diamantstruktur: A : 0 0 0; $\frac{1}{2}$ $\frac{1}{2}$ 0; $\frac{1}{2}$ 0 $\frac{1}{2}$; 0 $\frac{1}{2}$ $\frac{1}{2}$; $\quad$ $\frac{1}{4}$ $\frac{1}{4}$ $\frac{1}{4}$; $\frac{3}{4}$ $\frac{3}{4}$ $\frac{1}{4}$; $\frac{3}{4}$ $\frac{1}{4}$ $\frac{3}{4}$; $\frac{1}{4}$ $\frac{3}{4}$ $\frac{3}{4}$

- Zinkblendestruktur: A : 0 0 0; $\frac{1}{2}$ $\frac{1}{2}$ 0; $\frac{1}{2}$ 0 $\frac{1}{2}$; 0 $\frac{1}{2}$ $\frac{1}{2}$ $\quad$ B : $\frac{1}{4}$ $\frac{1}{4}$ $\frac{1}{4}$; $\frac{3}{4}$ $\frac{3}{4}$ $\frac{1}{4}$; $\frac{3}{4}$ $\frac{1}{4}$ $\frac{3}{4}$; $\frac{1}{4}$ $\frac{3}{4}$ $\frac{3}{4}$

Die Diamantstruktur und die Zinkblendestruktur kann man somit als die Überlagerung von zwei kfz-Gittern, welche um 1/4 der Raumdiagonalen verschoben sind, beschreiben. Für die Diamantstruktur erhält man nach Einsetzen der Atomkoordinaten in die allgemeine Gleichung für den Strukturfaktor folgende Beziehung:

$$F_{hkl} = f_A[e^{2\pi i(h\cdot 0+k\cdot 0+l\cdot 0)} + e^{2\pi i(h\cdot 0+k\cdot\frac{1}{2}+l\cdot\frac{1}{2})} + e^{2\pi i(h\cdot\frac{1}{2}+k\cdot 0+l\cdot\frac{1}{2})} + e^{2\pi i(h\cdot\frac{1}{2}+k\cdot\frac{1}{2}+l\cdot 0)} + \quad (16.32)$$
$$e^{2\pi i(h\cdot\frac{1}{4}+k\cdot\frac{1}{4}+l\cdot\frac{1}{4})} + e^{2\pi i(h\cdot\frac{3}{4}+k\cdot\frac{3}{4}+l\cdot\frac{1}{4})} + e^{2\pi i(h\cdot\frac{3}{4}+k\cdot\frac{1}{4}+l\cdot\frac{3}{4})} + e^{2\pi i(h\cdot\frac{1}{4}+k\cdot\frac{3}{4}+l\cdot\frac{3}{4})}]$$

Umformen dieser Gleichung führt zu:

$$F_{hkl} = f_A[1 + e^{\frac{1}{2}\pi i(h+k+l)}] \cdot [1 + e^{\pi i(k+l)} + e^{\pi i(h+l)} + e^{\pi i(h+k)}] \quad (16.33)$$

Diese Gleichung kann man als Faltung des BRAVAIS-Gitters mit der Basis verstehen. Eine Auswertung der Beziehung liefert unter Berücksichtigung der Zusammenhänge für $e^{\pi i n}$, $e^0 = e^{2n\pi i} = 1$; bei ungeradzahligen Exponenten $e^{(2n+1)\pi i} = -1$:
- $F_{hkl} = 8f_A$ für h, k, l gerade und $h+k+l = 4n$
- $F_{hkl} = 0$ für h, k, l gerade und $h+k+l = 4n+2$
- $F_{hkl} = 4f_A(1+\imath)$ für h, k, l ungerade

bzw.
- $|F_{hkl}|^2 = 64f_A^2$ für h, k, l gerade und $h+k+l = 4n$
- $|F_{hkl}|^2 = 0$ für h, k, l gerade und $h+k+l = 4n+2$
- $|F_{hkl}|^2 = 32f_A^2$ für h, k, l ungerade

Für die Zinkblendestruktur erhält man nach Einsetzen der Atomkoordinaten für die Atome A und B sowie Umformung analog zur Diamantstruktur:

$$F_{hkl} = [f_A + f_B e^{\frac{\pi i}{2}(h+k+l)}] \cdot [1 + e^{\pi i(k+l)} + e^{\pi i(h+l)} + e^{\pi i(h+k)}] \quad (16.34)$$

Auswertung der Gleichung liefert:
- $F_{hkl} = 4(f_A \pm f_B)$ für h, k, l gerade
- $F_{hkl} = 4(f_A \pm \imath f_B)$ für h, k, l ungerade
- $F_{hkl} = 0$ für gemischte h, k, l

Lösung 12: Winkel zwischen zwei Netzebenen

Der Winkel Φ ist der Winkel zwischen den Normalen auf den Netzebenen $(h\,k\,l)_1$ bzw. $(h\,k\,l)_2$.

kubisches Kristallsystem:

$$\cos\Phi = \frac{h_1h_2 + k_1k_2 + l_1l_2}{\sqrt{[(h_1^2+k_1^2+l_1^2)(h_2^2+k_2^2+l_2^2)]}} \quad (16.35)$$

triklines Kristallsystem

$$\cos\Phi = \frac{d_{h_1k_1l_1} \cdot d_{h_2k_2l_2}}{V^2} \cdot$$
$$[s_{11}h_1h_2 + s_{22}k_1k_2 + s_{33}l_1l_2 + s_{23}(k_1l_2+k_2l_1) + s_{13}(l_1h_2+l_2h_1) + s_{12}(h_1k_2+h_2k_1)]$$

mit

$s_{11} = b^2c^2\sin^2\alpha$ $s_{12} = abc^2(\cos\alpha\cos\beta - \cos\gamma)$
$s_{22} = a^2c^2\sin^2\beta$ $s_{23} = a^2bc(\cos\beta\cos\gamma - \cos\alpha)$
$s_{33} = a^2b^2\sin^2\gamma$ $s_{13} = ab^2c(\cos\gamma\cos\alpha - \cos\beta)$

Lösung 13: Wellenlängenbestimmung für Textur in Schichten

Dünne freitragende Schichten sind durchstrahlbar, abhängig von Strahlenergie und Massenabsorptionskoeffizient der Probe. Schichten wachsen oftmals texturiert auf, kfz (bcc) liegt meist (1 1 1) texturiert vor. Diese Ebene liegt dann aber parallel zur Oberfläche vor. Legt man dazu senkrecht nach Bild 16.3a eine Kraft an, kommt es zu keiner signifikanten Änderung des Netzebenenabstandes – bei Verkippungen in ψ Richtung würde der Beugungspeak verschwinden und somit für Spannungsmessungen unbrauchbar. Diese (1 1 1)-Netzebene bildet aber laut Polfigur noch »schräge Netzebenen« mit den Richtungen

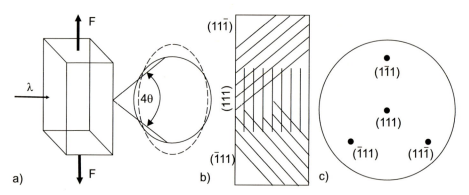

Bild 16.3: Dünne texturierte durchstrahlbare Probe a) Beugungsanordnung und in-situ Belastung zur Bestimmung der Eigenspannungen b) schematische Darstellung der {1 1 1}-Netzebenenschar c) Polfigur der {1 1 1}-Netzebenen

$[\bar{1}11]$; $[1\bar{1}1]$ und $[11\bar{1}]$, Bild 16.3c (Nur im kubischen System stehen alle Richtung und die zugehörende Netzebene Senkrecht aufeinander!). In texturierten, polykristallinen Schichten sind die Azimutalausrichtungen der Körner regellos, so dass sich an den Lagepunkten der $\{\bar{1}11\}$-Ebenen ein Kreis ausbildet. Bei Belastung in Kraftrichtung werden dann Netzebenenabstände senkrecht zur Zugrichtung sich verändern. Der sich ausbildende Beugungskreis wird zur Ellipse verformt und aus den Abweichungen zur Kreisform lassen sich die richtungsabhängigen Spannungen über die Netzebenenabstandsänderungen bestimmen. Nach Gleichung 16.35 ergibt sich für den Winkel zwischen einer (1 1 1)- und einer $(\bar{1}11)$-Ebene zu $\cos\Phi = 1/3 = 70{,}529°$. Ein senkrecht zur Oberfläche einfallender Strahl und die $(\bar{1}11)$-Ebene bilden einen Beugungswinkel von $\theta = 90° - 70{,}529° = 19{,}471°$.
Anwendung Braggsche-Gleichung mit d_{111}:
  Gold   a=0,407 89 nm → $d_{111} = 0{,}235\,5$ nm → $\lambda = 0{,}156\,99$ nm
  Kupfer a=0,361 5 nm   → $d_{111} = 0{,}208\,8$ nm → $\lambda = 0{,}139\,19$ nm
Diese Wellenlängen lassen sich z. B. mit einen Synchrotron einstellen.

Lösung 14: Schwächungsverhalten in einer Monokapillare

Für Luft wurde der lineare Schwächungskoeffizient für Kupferstrahlung K_α in Tabelle 2.4 für $\mu\,(0\,°C) = 0{,}012\,8\,\text{cm}^{-1}$ bestimmt.
Mit Gleichung 2.16 ergeben sich für 15 cm Wegstrecke in Luft eine Schwächung von:
$I = I_O \cdot e^{-\mu \cdot d} = I_O \cdot e^{-0{,}012\,8 \cdot 15} = I_O \cdot 0{,}825\,3$
Beryllium Dichte = 1,848 gcm^3, Massenschwächungskoeffizient nach [83] 1,50 g · cm^{-2},
→ Linearer Schwächungskoeffizient $\left(\frac{\mu}{\varrho}\right) \cdot \varrho = 1{,}50 \cdot 1{,}848 = 2{,}772\,\text{cm}^{-1}$
Die zwei Verschlussfolien von je 100 µm aus Beryllium ergeben eine Schwächung von:
$I = I_O \cdot e^{-\mu \cdot d} = I_O \cdot e^{-2{,}772 \cdot 0{,}02} = I_O \cdot 0{,}946\,1$
Helium Litergewicht = 0,178 5 gl^{-1}; Massenschwächungskoeffizient nach [83, 132] 0,383 g · cm^{-2},
→ Linearer Schwächungskoeffizient $\left(\frac{\mu}{\varrho}\right) \cdot \varrho = 0{,}383 \cdot 1{,}785 \cdot 10^{-4} = 6{,}836\,55 \cdot 10^{-5}\,\text{cm}^{-1}$
$I = I_O \cdot e^{-\mu \cdot d} = I_O \cdot e^{-6{,}836\,55 \cdot 10^{-5} \cdot 15} = I_O \cdot 0{,}998\,9$
Gesamtschwächung Helium und Beryllium aus Multiplikation der Einzelschwächungen 0,945 1.
Die mit Helium gefüllte und mit einer Berylliumfolie auf beiden Seiten verschlossene Glaskapillare schwächt die Kupferstrahlung um ca. 5,5 %, die unverschlossene Kapillare dagegen um ca. 17,5 %.

Lösung 15: Auswertung Beugungsdiagramme Probenträger

Knetmasse besteht häufig aus Kalziumkarbonat, $CaCO_3$. Dies tritt in zwei kristallographischen Formen auf, Kalzit und Vaterit. Mittels eines Search-Programms stellt man fest, dass hier die Phase Kalzit auftritt, theoretische Linienlagen und Intensitäten der PDF-Datei 00-005-0586 für Kalzit sind in Bild 4.36b mit eingezeichnet. Die fehlenden Beugungspeaks des Kalzits in Bild 4.36b für Fokustiefen $-6\,mm$ sind

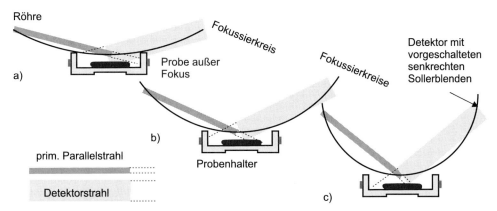

Bild 16.4: Probenträger mit Knetmasse gefüllt und Oberfläche unterhalb der Ebene des Fokussierkreises, Parallelstrahl als primärer Strahl und Detektor mit langen Sollerkollimator für Dünnschichtuntersuchungen, Goniometer aber in BRAGG-BRENTANO-Anordnung für verschiedene Beugungswinkel a) sehr kleine b) mittlere und c) großer Beugungswinkel

erklärbar mit Bild 16.4. Der primäre Parallelstrahl erreicht überhaupt nicht die Probe. Es treten bei allen Beugungswinkeln Verhältnisse wie im Bild 16.4a auf, der Primärstrahl und der Detektorstrahl verfehlen sich. Die Fokushöhe bei $-4,5\,mm$ würde zutreffen auf Bild 16.4a für kleine Beugungswinkel – keine Peaks ersichtlich, erst bei höheren Beugungswinkel wie z. B. Bild 16.4b ist eine teilweise Überlappung von Primär- und Detektorstrahl zu erkennen. Die Überlappung wird bei hohen Beugungswinkeln größer, Bild 16.4c. Es tritt aber keine nennenswerte Lageverschiebung der Peaks auf, dies liegt an der Parallelstrahlanordnung und dem detektorseitigem Sollerkollimator mit seiner großen Öffnungsfläche. Stellt man sich jetzt die Probe in den Fokussierkreis hineinragend angeordnet vor, wie für Diffraktogramm Probenfokus $1,5\,mm$ ausgeführt, dann treten wieder bei kleinen Beugungswinkeln keine Beugungspeaks auf. Der Röntgenstrahl wird in die Probe hineingeschossen und kommt nicht mehr heraus, wird nicht vom Detektorstrahl erfasst. Erst bei höheren Beugungswinkeln wie Bild 16.4c kann man sich vorstellen, dass dann wieder Strahlüberlappung auftritt und damit Beugungspeaks sichtbar werden. Diese Aussage ist aber auch indirekt der Beweis dafür, dass mit einem Multilayerspiegel und damit mit einer Parallelstrahlanordnung man wirklich einen ca. $1\,mm$ breiten Parallelstrahl erhält. Weiterhin kann man feststellen, dass genau diese modifizierte Diffraktometeranordnung mit eingangsseitigem Parallelstrahl und detektorseitigem langen Sollerkollimator die Anordnung für eine modifizierte BRAGG-BRENTANO-Anordnung ist, die den Höhenfehler bei ungleichmäßig geformten Proben eliminiert.

Lösung 16: Bestimmung der Strahldivergenz eines Justierspaltes

Der Glasspalt ist ein Doppelspalt entsprechend Bild 4.14b. Der Öffnungswinkel γ kann analog nach Gleichung 4.13 für $b_1 = b_2$ ebenso wie nach Gleichung 4.14 bestimmt werden.
$b_1 = b_2 = 100\,mm$; $e = 45\,mm$ (gleiche Längeneinheiten!)

$$\gamma = 2 \cdot \arctan \frac{b}{e} = 2 \cdot \arctan \frac{0,1}{45} = 0,244\,6° = 14'41''$$

Lösung 17: Auswertung DEBYE-SCHERRER-Aufnahme

Man geht zweckmäßiger Weise nach folgendem Schema vor.

1. Bestimmung der Durchmesser D_i der Interferenzringe in mm!
   (Es ist besonders darauf zu achten, dass die Durchstrahl- und die Rückstreurichtung richtig zugeordnet wird. Erkennbar ist dies, dass im Rückstreubereich eine höhere Schleierschwärzung des Untergrund auftritt und dass dort Doppellinien auftreten, da bei hohen Beugungswinkeln die $K_{\alpha 1}$ und die $K_{\alpha 2}$ Linie aufspaltet)

2. Berechnung der Beugungswinkel θ entsprechend:
   Durchstrahlbereich: $\theta_i = \dfrac{D_i}{2}$
   Rückstrahlbereich: $\theta_i = 90° - \dfrac{D_i}{2}$

3. Berechnung eines Längenmaßes zu jedem Winkel θ_i: $\quad 500 \cdot \lg(\sin(\theta_i))$

4. Auftragen dieser Werte auf einer Skala in Millimeter von einem gewählten Nullpunkt. Die Werte aus Punkt 3 sind negativ, deshalb nach *links* auftragen.

5. Der im gleichen Maßstab hergestellte Schiebestreifen nach Bild 5.27 muss mit dem Messstreifen so lange gegeneinander verschoben werden, bis alle ermittelten Messwerte der Beugungswinkel θ_i mit möglichen Netzebenenindizierungen hkl in Übereinstimmung gebracht werden. Dabei werden zunächst die Nullpunkte übereinander gebracht. Durch eine Linksverschiebung des Messstreifens soll die Übereinstimmung der zwei »Skalen« aller Messpunkte mit Linien auf dem Schiebestreifen erreicht werden. Entsprechend der möglichen Netzebenen mit $F_{hkl} \neq 0$ gibt es Unterschiede in den BRAVAISgittern des kubischen Kristallsystems. Es dürfen nur die Linien ausgewählt werden, die einem BRAVAISgittertyp entsprechen (meist durch farbliche Kennzeichnung ermöglicht).

6. Bei gefundener Übereinstimmung können die MILLERschen Indizies $h_i k_i l_i$ zu jedem Winkel abgelesen werden!

7. Misst man den Abstand der Nullpunkte zwischen Messstreifen und Schiebestreifen, dann kann die Gitterkonstante des zu ermittelten Stoffes über die Differenzlänge in Millimeter der Nullpunkte als negative Zahl, danach Quotientenbildung mit Maßstabsfaktor und dann durch Entlogarithmierung ermittelt werden, siehe auch Bild 5.27.

8. Die Gitterkonstante für das kubische Material kann entsprechend der BRAGGschen-Gleichung 3.119 und den gegenseitigen Abhängigkeiten Gitterkonstante, Netzebenenabstand und Netzebenenindizierung hkl_i, Gleichung 16.24 errechnet werden. Hier ist als Wellenlänge die gewichtete mittlere Wellenlänge, z. B. für Cu-Strahlung, einzusetzen.
   $\lambda_{K\alpha} = (2*\lambda_{K\alpha 1} + \lambda_{K\alpha 2})/3$
   $\lambda_{K\alpha 1} = 0{,}154\,051\,\text{nm}$
   $\lambda_{K\alpha 2} = 0{,}154\,433\,\text{nm}$
   Da die Wellenlänge hier mit sechs Dezimalstellen gegeben ist, sind auch alle Rechnungen zu den Netzebenenabständen und die nachfolgende Gitterkonstantenbestimmungen mit dieser Genauigkeit durchzuführen.

9. Die ermittelten Gitterkonstanten für jeden gemessenen Beugungswinkel werden als Funktion der NELSON-RILEY-Funktion grafisch dargestellt und in diesem Diagramm eine lineare Regression entsprechend Kapitel 7.2.1 durchgeführt.

10. Die Ermittlung der Extrapolationsgerade und den Wert für den Schnittpunkt mit der y-Achse ist die gesuchte Gitterkonstante a_o.

11. Das Ergebnis der Gitterkonstantenbestimmung mittels der Schiebestreifenmethode und das Ergebnis aus der linearen Regression sind zu vergleichen.

In Tabelle 16.4 ist dies für eine Drahtprobe ausgeführt. Aus der Folge der Netzebenen und im Vergleich

Tabelle 16.4: Vollständige Auswertung einer DEBYE-SCHERRER-Aufnahme

2b bzw. 2b'	θ [°]	$\lg\sin(\theta)$	×500 mm	$(h\,k\,l)$	d_{hkl} [nm]	a_{hkl} [nm]	NR
			Durchstrahlbereich				
39,0	19,50	−0,476 50	−238,3	(1 1 1)	0,230 952 6	0,400 021 6	2,636 4
45,0	22,50	−0,417 16	−208,6	(2 0 0)	0,201 455 2	0,402 910 3	2,202 0
65,5	32,75	−0,266 82	−133,4	(2 2 0)	0,142 508 7	0,403 075 4	1,272 5
78,5	39,25	−0,198 80	−99,4	(3 1 1)	0,121 847 5	0,404 122 4	0,911 6
82,7	41,35	−0,180 02	−90,0	(2 2 2)	0,116 692 3	0,404 233 8	0,816 9
			Rückstrahlbereich				
17,5	81,25	−0,005 08	−2,5($K_{\alpha 1}$)	(3 3 3)	0,077 936 7	0,404 971 0	0,019 9
15,5	82,25	−0,003 99	−2,0($K_{\alpha 2}$)	(3 3 3)	0,077 933 2	0,404 952 9	0,015 5
42,0	69,00	−0,029 85	−14,9	(4 2 2)	0,082 578 4	0,404 549 8	0,122 1
63,0	58,50	−0,069 23	−34,6	(4 2 0)	0,090 417 5	0,404 359 2	0,293 8
67,5	56,25	−0,080 15	−40,1	(3 3 1)	0,092 719 6	0,404 155 5	0,342 8
80,7	49,65	−0,117 99	−59,0	(4 0 0)	0,101 158 9	0,404 635 6	0,516 9

zu Tabelle 7.1 wird ersichtlich, dass die vorliegende Probe vom BRAVAISgittertyp kfz(bcc) ist. Die mit der linearen Regression, Bild 7.4b, ermittelte Gitterkonstante von $a = 0,405\,044$ nm passt auf das Element Aluminium.

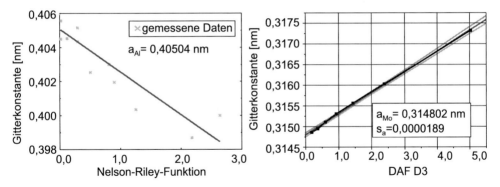

Bild 16.5: Endergebnisse für die Gitterkonstantenbestimmung a) für Aluminium aus DEBYE-SCHERRER-Aufnahme b) für Molybdän aus Diffraktometermessung

Lösung 18: Volumenbestimmung des Wechselwirkungsraumes, Bild 5.42

Die bestrahlte Fläche beträgt jeweils unter Verwendung von Gleichung 5.12 mit $EB = 0,6$ mm und mit 12 mm Fokuslänge:

Einstrahlwinkel	$\varphi = 0,8°$		$\theta = 7,5°$	$\theta = 55°$
Fläche [mm²]	515,64		91,94	8,76
Eindringtiefe-Kompakt [µm]	0,126	0,131	0,62	3,90
Volumen-Kompakt [µm³]	64 970 640	67 548 840	57 002 800	34 164 000
Eindringtiefe-Schicht [µm]	0,126	0,131	0,150	0,150
Volumen-Schicht [µm³]	64 970 640	67 548 840	13 791 000	1 314 000

Lösung 19: Indizierung und Gitterkonstantenbestimmung

Die Werte der bestimmten Beugungswinkel werden in die Tabelle 16.5 eingetragen und die entsprechenden Werte berechnet. Die eingerahmten Werte repräsentieren die $\sin^2 \theta_{(100)}$ Werte. Aus der Quotientenbildung, Tabelle 16.5, 3. Spalte werden die MILLERschen-Indizes gebildet, bzw. dieser Wert ist die Summe der Quadrate der MILLERschen Indizes, in Tabelle 7.1 Spalte $\sum$ und die dem Beugungspeak entsprechende Netzebene kann abgelesen werden. Die eingetragenen MILLERschen Indizes für die Diffraktogramme sind in Bild 16.6 ersichtlich. Für jeden Beugungswinkel wird die Diffraktometerausgleichskurve (DAK) nach Tabelle 7.2 und dort Funktion D3 berechnet und ebenfalls eine Gitterkonstante berechnet. Der Auftrag beider Spalten und die Ergebnisse der linearen Regression sind in Bild 16.7 gezeigt.

Tabelle 16.5: a) Auswertung des Diffraktogramms von Bild 7.2a zur Indizierung und Gitterkonstantenverfeinerung, b) für Diffraktogramm aus Bild 7.2b c) Tabelle zur Ermittlung des Wertes $\sin^2 \theta_{(100)}$

2θ [°]	$\sin^2 \theta$	$\frac{\sin^2 \theta}{\sin^2 \theta_{(100)}}$	$(h\,k\,l)$	d [nm]	DAF D3	a [nm]
31,161	0,0721	2,99	(1 1 1)	0,28679055	8,16	0,49673580
36,147	0,0962	4,00	(2 0 0)	0,24829309	6,15	0,49658619
52,154	0,1932	8,02	(2 2 0)	0,17523519	3,01	0,49563997
62,071	0,2658	11,04	(3 1 1)	0,14940704	2,09	0,49552709
65,163	0,2900	12,04	(2 2 2)	0,14304518	1,88	0,49552303
76,883	0,3865	16,05	(4 0 0)	0,12389860	1,29	0,49559439
85,381	0,4597	19,09	(3 3 1)	0,11360671	0,99	0,49520019
88,127	0,4837	20,08	(4 2 0)	0,11076148	0,91	0,49534042
99,263	0,5805	24,10	(4 2 2)	0,10110277	0,64	0,49530041
107,897	0,6537	27,14	(3 3 3)	0,09527614	0,48	0,49506934

2θ [°]	$\sin^2 \theta$	$\frac{\sin^2 \theta}{\sin^2 \theta_{(100)}}$	$(h\,k\,l)$	d [nm]	DAF D3	a [nm]
40,324	0,1188	2,00	(1 1 0)	0,22348442	4,99	0,31605470
58,305	0,2373	4,00	(2 0 0)	0,15812766	2,39	0,31625533
73,218	0,3556	5,99	(2 1 1)	0,12916831	1,45	0,31639645
87,066	0,4744	8,00	(2 2 0)	0,11183617	0,94	0,31632045
100,678	0,5926	9,99	(3 1 0)	0,10006005	0,61	0,31641767
115,069	0,7119	12,00	(2 2 2)	0,09129820	0,37	0,31626625

	für Werte Bild 7.2a				für Werte Bild 7.2b		
G	$\frac{\sin^2 \theta_1}{G}$	$\frac{\sin^2 \theta_2}{G}$	$\frac{\sin^2 \theta_3}{G}$	G	$\frac{\sin^2 \theta_1}{G}$	$\frac{\sin^2 \theta_2}{G}$	$\frac{\sin^2 \theta_3}{G}$
1	0,07214	0,09625	0,19323	1	0,11880	0,23730	0,35563
2	0,03607	0,04812	0,09661	2	0,05940	0,11865	0,17782
3	0,02405	0,03208	0,06441	3	0,03960	0,07910	0,11854
4	0,01804	0,02406	0,04831	4	0,02970	0,05933	0,08891
5	0,01443	0,01925	0,03865	5	0,02376	0,04746	0,07113
6	0,01202	0,01604	0,03220	6	0,01980	0,03955	0,05927
7	0,01031	0,01375	0,02760	7	0,01697	0,03390	0,05080
8	0,00902	0,01203	0,02415	8	0,01485	0,02966	0,04445
9	0,00802	0,01069	0,02147	9	0,01320	0,02637	0,03951
10	0,00721	0,00962	0,01932	10	0,01188	0,02373	0,03556

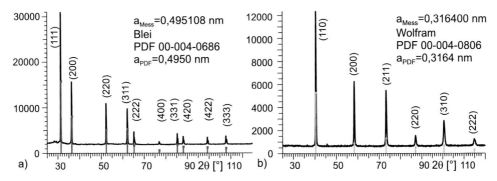

Bild 16.6: Identifizierung der Beugungspeaks und Gitterkonstantenbestimmung an a) kfz-Blei b) krz-Wolfram

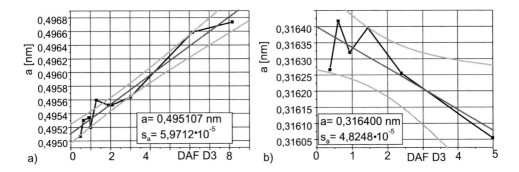

Bild 16.7: Lineare Regression einschließlich 95 % Konfidenzintervall a) Blei b) Wolfram

Aus der linearen Regression der Gitterkonstanten über der Diffraktometerausgleichskurve ergibt sich nach Gleichung 7.12 der Endwert der Gitterkonstantenbestimmung. Wie aus den Bildern 16.7 ersichtlich, gibt es Abweichungen der einzelnen Messpunkte zur Regressionsgeraden. Aus diesen Abweichungen lassen sich die Fehler s_a nach Gleichung 7.13 bestimmen. Der relative Fehler für die Gitterkonstantenbestimmung nach Gleichung 7.16 beträgt für Blei mit 10 Messwerten (8 Freiheitsgrade) 0,055 % und für Wolfram mit 6 Messwerten (4 Freiheitsgrade) 0,085 %.

Nach dem gleichem Verfahren werden die bestimmten Winkel des Gravitationszentrums für die Substanz LaB_6 behandelt. Der einzige Unterschied zu den zwei vorhergegangenen Auswertungen ist die Bildung/Suche des Wertes für $\sin^2 \theta_{(100)}$-Wertes. Beim kubisch primitiven Kristallsystem wird der gleiche Wert ab $1 \cdot A$ gesucht, siehe Tabelle 16.6b. Mittels der Regressionsanalyse ergibt sich eine Gitterkonstante $a_{LaB_6} = 0,415\,570 \pm 0,000\,032\,97$ nm.

Tabelle 16.6: Auswertung des Diffraktogramms von LaB$_6$ zur Indizierung und Gitterkonstantenverfeinerung, in Spalte Δa Differenz Gitterkonstante aus Gravitationszentrum- zu Maximumwinkel

2θ [°]	$\sin^2\theta$	$\dfrac{\sin^2\theta}{\sin^2\theta_{(100)}}$	$(h\,k\,l)$	d [nm]	DAF D_3	a [nm]	Δa
21,107	0,0335	0,99	(1 0 0)	0,420 574 12	17,04	0,420 574 12	0,002 642 49
30,234	0,0680	2,01	(1 1 0)	0,295 369 32	8,64	0,417 715 29	0,001 264 46
37,319	0,1024	3,02	(1 1 1)	0,240 760 26	5,79	0,417 009 00	0,000 559 57
43,394	0,1367	4,03	(2 0 0)	0,208 358 24	4,33	0,416 716 48	0,000 447 32
48,875	0,1711	5,05	(2 1 0)	0,186 196 70	3,42	0,416 348 49	0,000 175 82
53,910	0,2055	6,06	(2 1 1)	0,169 934 37	2,81	0,416 252 50	0,000 278 37
63,146	0,2741	8,09	(2 2 0)	0,147 119 81	2,02	0,416 117 65	0,000 271 60
67,493	0,3086	9,11	(3 0 0)	0,138 662 38	1,74	0,415 987 14	0,000 114 07
71,699	0,3430	10,12	(3 1 0)	0,131 526 63	1,52	0,415 923 74	0,000 065 29
75,778	0,3772	11,13	(3 1 1)	0,125 428 14	1,33	0,415 998 08	0,000 177 18
79,793	0,4114	12,14	(2 2 2)	0,120 095 60	1,17	0,416 023 35	0,000 251 66
83,763	0,4457	13,15	(3 2 0)	0,115 384 28	1,04	0,416 023 95	0,000 202 31
87,759	0,4804	14,18	(3 2 1)	0,111 130 80	0,92	0,415 813 39	0,000 022 64
95,611	0,5489	16,20	(4 0 0)	0,103 972 01	0,72	0,415 888 04	0,000 092 09
99,567	0,5831	17,21	(4 1 0)	0,100 875 62	0,63	0,415 920 85	0,000 162 55
103,645	0,6180	18,23	(4 1 1)	0,097 989 67	0,55	0,415 734 96	0,000 017 11
107,715	0,6521	19,24	(3 3 1)	0,095 386 54	0,48	0,415 780 28	0,000 015 90
111,977	0,6871	20,27	(4 2 0)	0,092 927 13	0,42	0,415 582 74	−0,000 186 17
116,261	0,7212	21,28	(4 2 1)	0,090 702 84	0,36	0,415 652 63	−0,000 056 39
120,710	0,7553	22,29	(3 3 2)	0,088 630 83	0,30	0,415 715 43	0,000 008 26
130,435	0,8243	24,32	(4 2 2)	0,084 843 24	0,20	0,415 645 29	−0,000 063 67
135,838	0,8587	25,34	(5 0 0)	0,083 126 71	0,16	0,415 633 57	−0,000 035 33

G	$\dfrac{\sin^2\theta_1}{G}$	$\dfrac{\sin^2\theta_2}{G}$	$\dfrac{\sin^2\theta_3}{G}$
1	**0,033 55**	0,068 01	0,102 36
2	0,016 77	**0,034 01**	0,051 18
3	0,011 18	0,022 67	**0,034 12**
4	0,008 39	0,017 00	0,025 59
5	0,006 71	0,013 60	0,020 47

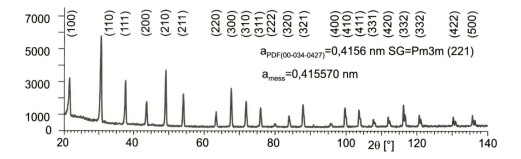

Bild 16.8: Identifizierung der Beugungspeaks und Gitterkonstantenbestimmung an LaB$_6$

Lösung 20: Spannungsauswertung

Die Messrichtungen und die ermittelten d-Werte können aus dem rechten Diagramm in Bild 10.22 abgelesen werden, sie sind in Tabelle 16.7 aufgelistet. Aus den in den Messrichtungen $+\psi$ und $-\psi$ bestimmten Werten werden die Mittelwerte d^+ und Differenzen d^- nach Gleichung 10.78 gebildet, siehe Tabelle 16.8, und wie in Bild 16.9 gezeigt über $\sin^2 \psi$ bzw. $\sin 2\psi$ aufgetragen.

Die Steigungen dieser Abhängigkeiten werden dann zusammen mit den Materialdaten $d_0 = 0{,}286\,8\,\text{nm}$ und $\frac{1}{2}s_2(2\,0\,0) = 7{,}7 \cdot 10^{-6}\,\text{MPa}^{-1}$ in Gleichung 10.81 eingesetzt. Man erhält folgende Spannungen:

$$\sigma_{11} - \sigma_{33} = \frac{1}{d_0}\,\frac{1}{\frac{1}{2}s_2}\,\frac{\partial d^+(\varphi = 0°, \psi)}{\partial \sin^2 \psi} = -140\,\text{MPa}$$

$$\sigma_{13} = \frac{1}{d_0}\,\frac{1}{\frac{1}{2}s_2}\,\frac{\partial d^-(\varphi = 0°, \psi)}{\partial \sin 2\psi} = -90\,\text{MPa}$$

Die Ergebnisse sind auf glatte Werte gerundet, da auch bei guten Messungen der Fehler im Bereich $5 - 10\,\text{MPa}$ liegt.

Tabelle 16.7: Gitterebenenabstände der $(2\,0\,0)$-Ebene, gemessen in den angegebenen Messrichtungen $(\varphi = 0°, \psi)$. Die Richtung $(\varphi = 0°, 90°)$ ist die Richtung der Schleifbearbeitung

ψ [°]	$\sin^2 \psi$	d [nm]	ψ [°]	$\sin^2 \psi$	d [nm]
$-71{,}565$	0,9	0,286 803	18,435	0,1	0,286 797
$-63{,}435$	0,8	0,286 850	26,565	0,2	0,286 728
$-56{,}789$	0,7	0,286 916	33,211	0,3	0,286 662
$-50{,}768$	0,6	0,286 940	39,232	0,4	0,286 624
-45	0,5	0,286 978	45	0,5	0,286 589
$-39{,}232$	0,4	0,286 987	50,768	0,6	0,286 548
$-33{,}211$	0,3	0,287 045	56,789	0,7	0,286 534
$-26{,}565$	0,2	0,287 032	63,435	0,8	0,286 548
$-18{,}435$	0,1	0,287 044	71,565	0,9	0,286 588
0	0	0,286 955			

Tabelle 16.8: Mittelwerte d^+ und halbe Differenzen d^- der in den Richtungen $(\psi = 0°, \psi)$ und $(\psi = 0°, -\psi)$ gemessenen Werte, nach Gleichung 10.78

$\sin^2 \psi$	d^+ [nm]	$\sin 2\psi$	d^- [nm]
0	0,286 955	0	0
0,1	0,286 921	0,60	$-0{,}000\,124$
0,2	0,286 880	0,80	$-0{,}000\,152$
0,3	0,286 854	0,92	$-0{,}000\,192$
0,4	0,286 806	0,98	$-0{,}000\,182$
0,5	0,286 784	1,00	$-0{,}000\,195$
0,6	0,286 744	0,98	$-0{,}000\,196$
0,7	0,286 725	0,92	$-0{,}000\,191$
0,8	0,286 699	0,80	$-0{,}000\,151$
0,9	0,286 696	0,60	$-0{,}000\,108$

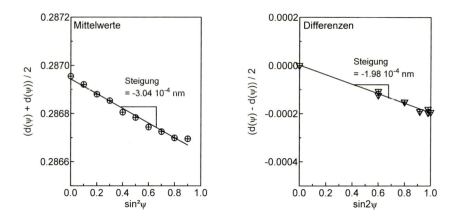

Bild 16.9: Zur Auswertung der $d(\sin^2 \psi)$-Verteilung

Lösung 21: REK-Auswertung

Die an der Zugprobe anliegenden Kräfte müssen durch den Probenquerschnitt $12\,\mathrm{mm}^2$ geteilt werden, um die jeweiligen Lastspannungen zu erhalten. Die Steigungen und die Achsenabschnitte können aus Bild 10.26 näherungsweise abgelesen werden. Die genauen Werte sind in Tabelle 16.9 aufgelistet.
Die REK $s_1(2\,1\,1)$ berechnet sich nach Gleichung 10.97. Dazu trägt man die Achsenabschnitte wie in Bild 16.10 über der Lastspannung auf und berechnet oder zeichnet die Regressionsgerade durch diese Punkte. Aus der Steigung dieser Geraden bekommt man

$$s_1(211) = -1{,}2 \cdot 10^{-6}\,\mathrm{MPa}^{-1}$$

Entsprechend wertet man nach Gleichung 10.98 die Auftragung der Steigungen über der Lastspannung aus. Aus der Steigung der Regressionsgeraden durch diese Punkte ergibt sich die REK $\frac{1}{2}s_2$ zu

$$\frac{1}{2}s_2(hkl) = 5{,}4 \cdot 10^{-6}\,\mathrm{MPa}^{-1}$$

Tabelle 16.9: Laststufen sowie Steigungen und Achsenabschnitte der Regressionsgeraden durch die linearen $d(\sin^2 \psi)$-Verteilungen der $(2\,1\,1)$-Ebene des Stahls Ck15. Die Zugprobe hat einen Querschnitt von $12\,\mathrm{mm}^2$

Last [N]	Lastspannung [MPa]	Steigung über $\sin^2 \psi$ [nm]	Achsenabschnitt [nm]
4228	352	$5{,}43 \cdot 10^{-4}$	0,286 573
3335	278	$4{,}40 \cdot 10^{-4}$	0,286 599
2354	196	$3{,}22 \cdot 10^{-4}$	0,286 622
1270	106	$1{,}81 \cdot 10^{-4}$	0,286 654
294	25	$0{,}39 \cdot 10^{-4}$	0,286 680

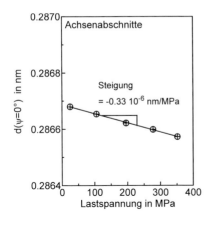 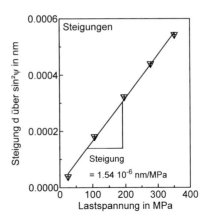

Bild 16.10: Auftragung der Achsenabschnitte und Steigungen der $d(\sin^2 \psi)$-Verteilung über der aufgebrachten Lastspannung

Lösung 22: Gitterdehnung in einem Niet

Der Nietbolzen wurde zunächst vorsichtig bis zur Mittenebene geschliffen und planpoliert. Um die während der mechanischen Präparation möglicherweise eingebrachten Verformungen zu beseitigen, wurde der Schliff anschließend elektrochemisch endpoliert. Die signifikanten Texturkomponenten wurden durch Polfigurmessungen im Kopf und Schaft des Niets ermittelt. Eine ausgeprägte Fasertextur wurde im Schaft festgestellt, Bild 11.17. Aus dem $(2\,2\,0)$-Beugungspeak P ($\theta = 20{,}1°$; $E_{220} = 12{,}62\,\text{keV}$; $\alpha = 35°$ und $\beta = 83°$) wurde simultan die Textur- und die Gitterdehnungs-Verteilung ermittelt.
Die Verteilungsbilder zeigen eine starke Inhomogenität sowohl der Textur, Bild 11.18a, als auch der Gitterdehnung, Bild 11.18b, c. Zwei fast parallele Streifen hoher Poldichte liegen parallel zur Schaftachse. Wegen der Rotationssymmetrie des Umformprozesses bei der Herstellung darf angenommen werden, dass sie räumlich gesehen einen schlauchförmigen Bereich von etwa 1/3 des Schaftdurchmessers markieren. Der Nietkopf weist eine wesentlich niedrigere Poldichte auf. Bemerkenswert ist das tellerförmige Minimum der $(2\,2\,0)$-Poldichte und das Maximum der lokalen Druckspannung. Die Gitterdehnung nimmt vom Nietkopf ausgehend längs des Nietschaftes ab. Im Innenbereich des dunklen Texturschlauchs ist das Gitter komprimiert (Druckspannung), während es im Außenbereich des Nietschaftes gedehnt ist. Um die Messstatistik zu verbessern, wurden die Peakverschiebungen längs des Nietschaftes gemittelt und in Bild 11.18d als radiale Verteilung der Gitterdehnung im Schaft aufgetragen. Das Verteilungsbild der Gitterdehnung weist auf eine starke Inhomogenität der Eigenspannungen im Niet hin, die nach dem Drahtziehen zurückbleibt.
Anmerkung: Die Verteilungsbilder geben die relative Linienverschiebung entlang *einer* Messrichtung wieder. Die Richtung der Linienverschiebung ist für die Spannungsart – Druck- oder Zugspannung – maßgebend. Die richtige Vorzeichenwahl ist für die Art der Spannung wichtig und eine häufige Fehlerquelle. Hier ist äußerst sorgsam zu arbeiten und gegebenenfalls sind Verteilungsbilder der Gitterdehnung aufzustellen, wie in Bild 11.18c.

Lösung 23: Erstellung Raummodell

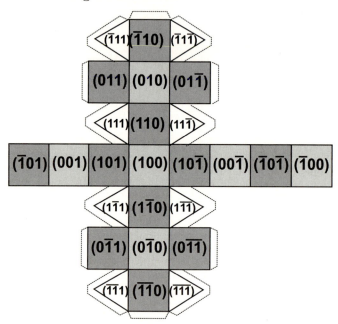

Lösung 24: Konstruktion reziprokes Gitter verkippte Epitaxieschicht

Im ersten Schritt wird das reziproke Gitter des Substrates konstruiert, Bild 16.11a. Die Verkippung der Schicht gegenüber dem Substrat um den Winkel τ führt dazu, dass der reziproke Gittervektor $\vec{r}^*(001)$ um den Winkel τ um den Ursprung des reziproken Gitters verdreht ist. Damit folgt für die Kombinaton von Schicht und Substrat das in Bild 16.11b dargestellte reziproke Gitter.

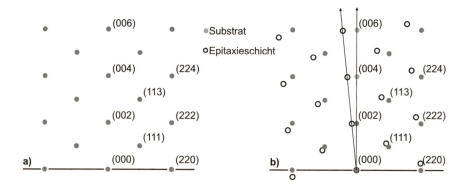

Bild 16.11: Konstruktion reziprokes Gitter für eine verkippte Epitaxieschicht

Literaturverzeichnis

[1] *Bestimmung der Orientierung von Einkristallen mit einem Röntgengoniometer.* Deutsche Norm DIN 50433-1, Seiten 1–3, 1976.

[2] *Bestimmung der Orientierung von Einkristallen nach der Lichtfigurenmethode.* Deutsche Norm DIN 50433-2, Seiten 1–4, 1976.

[3] *Bestimmung der Orientierung von Einkristallen mittels Laue-Rückstrahlverfahren.* Deutsche Norm DIN 50433-3, Seiten 1–8, 1982.

[4] *Low-energy X-Ray interaction coefficients: photoabsorption, scattering and reflection $E = 100 - 2\,000\,\mathrm{eV}\ Z = 1 - 94$.* Atomic Data and Nuclear Data Tables, 27(1):1–144, 1982.

[5] *Nachweis von Kristalldefekten und Inhomogenitäten in Halbleiter-Einkristallen mittels Röntgentopographie.* Deutsche Norm DIN 50443-1, Seiten 1–11, 1988.

[6] *BGMN - a new fundamental parameters based Rietveld program for laboratory X-Ray sources, it's use in quantitative analysis and structure investigations.* IUCr CPD Newsletters, 20:5–8, 1998.

[7] *Gesetz zur Änderung atomrechtlicher Vorschriften für die Umsetzung von EURATOM-Richtlinien zum Strahlenschutz (Atomgesetz).* Bundesgesetzblatt, 1(20):636–641, 2000.

[8] *Verordnung für die Umsetzung von EURATOM-Richtlinien zum Strahlenschutz (StrSchV).* Bundesgesetzblatt, 1(38):1714–1847, 2001.

[9] *Röntgendiffraktometrie von polykristallinen und amorphen Materialien - Teil 3: Geräte.* Deutsche Norm EN 13925-3 (Entwurf), Seiten 1–39, 2002.

[10] *Verordnung zur Änderung der Röntgenverordnung und anderer atomrechtlicher Verordnungen (RÖV).* Bundesgesetzblatt, 1(36):1869–1907, 2002.

[11] *Röntgendiffraktometrie von polykristallinen und amorphen Materialien - Teil 1: Allgemeine Grundlagen.* Deutsche Norm EN 13925-1, Seiten 1–14, 2003.

[12] *Röntgendiffraktometrie von polykristallinen und amorphen Materialien - Teil 2: Verfahrensabläufe.* Deutsche Norm EN 13925-2, Seiten 1–25, 2003.

[13] *Zerstörungsfreie Prüfung - Strahlenschutzregeln für technische Anwendung von Röntgeneinrichtungen bis 1 MeV - Teil 1: Allgemeine sicherheitstechnische Anforderungen.* DIN 54113-1, Seiten 1–12, 2003.

[14] *Zerstörungsfreie Prüfung - Strahlenschutzregeln für technische Anwendungen von Röntgeneinrichtungen bis 1 MeV - Teil 2: Sicherheitstechnische Anforderungen und Prüfung für Herstellung, Errichtung und Betrieb.* Deutsche Norm DIN 54113-3, Seiten 1–9, 2003.

[15] *Zerstörungsfreie Prüfung - Strahlenschutzregeln für technische Anwendungen von Röntgeneinrichtungen bis 1 MeV - Teil 3: Formeln und Diagramme für Strahlenschutzberechnungen.* DIN 54113-3, Seiten 1–24, 2004.

[16] *Röntgendiffraktometrie von polykristallinen und amorphen Materialien - Teil 4: Referenzmaterialien - z. Z. unveröffentlicht.* Normentwurf prEN 13925-4 (WI 00138070), 2005.

[17] Allen, S., N. R. Warmingham, R. K. B. Gover und J. S. O. Evans: *Synthesis, structure and thermal contraction of a new low-temperature polymorph of $ZrMo_2O_8$.* Chem. Mater., 15(18):3406–3410, 2003.

[18] Allmann, R. und A. Kern: *Röntgenpulverdiffraktometrie.* Springer-Verlag, Berlin Heidelberg, 2. Auflage, 2003, ISBN 3-540-43967-6.

[19] Aslanov, L. A., G. V. Fetisov und J. A. K. Howard: *Crystallographic Instrumentation.* Oxford Univ. Press, Oxford, 1998, ISBN 0-19-855927-5.

[20] Authier, A.: *Volume D - Physical properties of Crystals.* International Tables for Crystallography. Kluwer Academic Publishers, Dordrecht, 1. Auflage, 2003, ISBN 1-4020-0714-0.

[21] Ayers, J.: *Measurement of threading dislocation densities in semiconductor crystals by XRD.* J. Cryst. Growth, 135:71–77, 1994.

[22] Banabic, D., H. J. Bunge, K. Pöhlandt und A. E. Tekkaya: *Formability of Metallic Materials.* Springer-Verlag, Berlin Heidelberg, 2000, ISBN 3-540-679065-5.

[23] Barrett, C. S. und L. H. Levenson: *The structure of Aluminium after compression.* Trans. Metall. Soc. AIME, 137:112–127, 1940.

[24] Bartels, W.: *Characterization of thin layers on perfect crystals with a multipurpose high resolution X-Ray diffractometer.* J. Vac. Sci. Technol. B, 1:338–345, 1983.

[25] Baumgartner, B.: *Barthelsmonochromatoren.* Firmenschriften der Firma Stoe, 2003.

[26] Bearden, J. A.: *X-Ray wavelengths.* Review Modern Physics, 39:78–99, 1967.

[27] Behnken, H.: *Mikrospannungen in vielkristallinen und heterogenen Werkstoffen.* Shaker-Verlag, Aachen, 1. Auflage, 2003, ISBN 3-8322-1384-8.

[28] Bellazini, R., A. Brez und L. Latronico: *Substrate-less, spark-free micro-strip gas counters.* Nucl. Instrum. Methods Phys. Res. A, 409:14–19, 1998.

[29] Berger, H. X-Ray Spectrometry, 15:1–241, 1986.

[30] Blanton, T. N.: *X-Ray film as a two-dimensional detector for X-Ray diffraction analysis.* 18(2):91–98, 2003.

[31] Blanton, T. N. und C.R Hoople: *X-Ray diffraction analysis of ultrathin Platinium Silicide films deposited on (1 0 0) Silicon.* Powder Diffraction, 17(1):7–9, 2002.

[32] Borchard-Ott, W.: *Kristallographie.* Springer-Verlag, Heidelberg, 6. Auflage, 2002, ISBN 3-540-43964-1.

[33] Boudias, C. und D. Monceau: *Program Carine.* 1998.

[34] Bowen, D. K. und B. K. Tanner: *High Resolution X-Ray Diffractometry and Topography.* Taylor and Francis, London Bristol, 1998, ISBN 0-8506-6758-5.

[35] Brandes, E. A. und G. B. Brook: *Smithells Metals Reference Book.* Butterworth-Heinemann Ltd., Oxford London, 7. Auflage, 1992, ISBN 0-7506-1020-4.

[36] Brüggemann, L.: *Universelles Strahlkonzept für Diffraktometer.* Bruker AXS Firmenschriften, 2004.

[37] Bunge, H. J.: *Mathematische Methoden der Texturanalyse.* Akademie-Verlag, Berlin, 1969.

[38] Bunge, H. J.: *Texture Analysis in Materials Science - Mathematical Methods.* Butterworths London, 1982 and reprint: Cuivillier-Verlag, Göttingen, 1993, ISBN 3-928815-81-4.

[39] Bunge, H. J.: *Texture and microstructure analysis with high-energy Synchrotron Radiation.* Powder Diffraction, 19(1):60–64, 2004.

[40] Bunge, H. J., L. Wcislak, H. Klein, U. Garbe und J. R. Schneider: *Texture and Microstructure Analysis with high-energy Synchrotron Radiation.* Advanced Engineering Materials, 4:300–305, 2002.

[41] Bühler, H. E. und H. P. Hougardy: *Atlas of interference layer microscopy.* Dt. Ges. Metallkunde Oberursel, 1980, ISBN 3-88355-016-7.

[42] Cheary, R. W., A. A. Coelho und J. P. Cline: *Accuracy in Powder Diffraction III. Nist.* NIST, Gaithersburg, 1. Auflage, 2002.

[43] Cheary, R. und A. Coelho: *A fundamental parameters approach to X-Ray line profile fitting.* J. Appl. Cryst., 25:109–121, 1992.

[44] Chen, Z. und W. M. Gibson: *Doubly curved crystal (DCC) X-Ray optics and applications.* Powder Diffraction, 17(2):99–103, 2002.

[45] Chung, F. H.: *Industrial Applications of X-Ray Diffraction.* Marcel Dekker Company, New York, 1. Auflage, 2000, ISBN 0-8247-1992-1.

[46] Clark, G. L.: *Applied X-Rays.* Mc Gray Hill Company, 4. Auflage, 1955.

[47] Dahms, M. und H.J. Bunge: *The iterative series expansion method for quantitative texture analysis.* J. Appl. Cryst., 22:439–447, 1989.

[48] Dietsch, R., St. Braun, Th. Holz und Leson A.: *Application of nanometer-multilayer optics for X-Ray analysis.* Application paper Axio Dresden GmbH, 3:1, 2003.

[49] Dietsch, R., Th. Böttger, St. Braun, Th. Holz und D. Weißbach: *Carbon/Carbon multilayer - a new approach in the development of nanometer-multilayer X-Ray optics.* Application paper Axio Dresden GmbH, 4:1, 2004.

[50] Dong, C., H. Chen und F. Wu: *A new Cu $K_{\alpha 2}$-elimination algorithm.* J. Appl. Cryst., 32:168–173, 1999.

[51] Durst, R.D., Y Diawara, D. Khazins, Medved, S., B. Becker und T. Thorson: *Novel, photon counting X-Ray detectors.* Powder Diffraction, 18(2):103–105, 2003.

[52] Exner, H. E. und H. P. Hougardy: *Einführung in die quantitative Gefügeanalyse.* Dt. Ges. Metallkunde Oberursel, 1986, ISBN 3-88355-016-7.

[53] Fewster, P. F.: *A »static« high-resolution X-Ray diffractometer.* J. Appl. Cryst., 38:62–68, 2005.

[54] Filies, O.: *Röntgenreflektometrie zur Analyse von Dünnschichtsytemen.* Dissertation, Westfälische Wilhelms Universität Münster, 1997.

[55] Fischer, A. H. und R. A. Schwarzer: *Mapping of local residual strain with an X-Ray scanning apparatus.* Mat. Sci. Forum, 273-275:673–677, 1998.

[56] Fischer, A. H. und R. A. Schwarzer: *X-Ray pole figure measurement and texture mapping of selected areas using an X-Ray scanning apparatus.* Mat. Sci. Forum, 273-275:255–262, 1998.

[57] Flügge, S.: *Handbuch der Physik: Röntgenstrahlen*, Band 30. Springer-Verlag, 1. Auflage, 1957.

[58] Frühauf, J.: *Werkstoffe der Mikrotechnik.* Fachbuchverlag, Leipzig, 1. Auflage, 2005.

[59] Genzel, Ch.: *Entwicklung eines Mess- und Auswerteverfahrens zur röntgenographischen Analyse des Eigenspannungszustandes im Oberflächenbereich vielkristalliner Werkstoffe.* Berichte aus dem Zentrum für Eigenspannungsanalyse. Hahn-Meitner-Institut, Berlin, 1. Auflage, 2000, ISBN 0936-0891.

[60] Giacovazzo, C.: *Fundamentals of Crystallography.* Oxford Univ. Press, Oxford, 2. Auflage, 2002, ISBN 0-19-850957-X.

[61] Glocker, R.: *Materialprüfung mit Röntgenstrahlen.* Springer-Verlag, Berlin, 5. Auflage, 1985, ISBN 0-387-13981-8.

[62] Göbel, H.: *Röntgen-Analysegerät.* DE Patent: 4407278 vom 04.03.1994, Seiten 1–16, 1994.

[63] Günter, F. und H. Oettel: *Röntgenfeinstrukturanalyse*, Band 1-4 der Reihe *Lehrbriefe für das Hochschulfernstudium*. Bergakademie Freiberg, 1. Auflage, 1972.

[64] Haase, F.: *Goniometeraufbauten für große Proben.* Firmenschriften der Firma Seifert, 2000.

[65] Hahn, T.: *Brief Teaching Edition of Volume A: Space – Group Symmetry.* International Tables for Crystallography. Kluwer, Dordrecht, cor. reprint 5. Auflage, 2005, ISBN 0-7923-6591-7.

[66] Hahn, T.: *Volume A – Space – Group Symmetry*, Band 1 der Reihe *International Tables for Crystallography*. Kluwer Academic Publishers, Dordrecht Boston London, cor. reprint 5. Auflage, 2005, ISBN 0-7923-6590-9.

[67] Hanke, E. und Nitzsche K.: *Zerstörungsfreie Prüfverfahren*. Deutscher Verlag für Grundstoffindustrie, Leipzig, 2. Auflage, 1960.

[68] Hauk, V.: *Structural and Residual Stress Analysis by Nondestructive Methods*. Elsevier, Amsterdam, 1. Auflage, 1997, ISBN 0-444-82476-6.

[69] Hauk, V. und H.-J. Nikolin: *The evaluation of the distribution of residual stresses of the 1. kind (RS I) and of the 2. kind (RS II) in textured materials*. Textures and Microstructures, 89:693–716, 1988.

[70] Haussühl, S.: *Kristallphysik*. Dt. Verlag für Grundstoffindustrie, Leipzig, 1. Auflage, 1983.

[71] He, B. B.: *Introduction to two-dimensional X-Ray diffraction*. Powder Diffraction, 18(2):71–85, 2003.

[72] He, B. B.: *Microdiffraction using two-dimensional detectors*. Powder Diffraction, 19(2):110–118, 2004.

[73] Heine, B.: *Werkstoffprüfung*. Fachbuchverlag, Leipzig, 1. Auflage, 2003, ISBN 3-446-22284-7.

[74] Helming, K.: *Minimal pole figure ranges for quantitative texture analysis*. Textures and Microstructures, 19:45–54, 1992.

[75] Helming, K.: *Texturapproximation durch Modellkomponenten*. Dissertation, TU Clausthal 1995 und Cuvillier Verlag Göttingen, 1996.

[76] Hemberg, O., M. Otendal und H. M. Hertz: *Liquid-metal-jet anode electron-impact X-Ray source*. Appl. Phys. Lett., 83(7):1483–1485, 2003.

[77] Henry, N. F. M., H. Lipson und W. A. Wosster: *The interpretation of X-Ray diffraction photographs*. Macmillan & Co Ltn., London, 1. Auflage, 1961.

[78] Heuck, F. H. W. und E. Macherauch: *Forschung mit Röntgenstrahlen: Bilanz eines Jahrhunderts (1895-1995)*. Springer-Verlag, Berlin, 1. Auflage, 1995, ISBN 3-540-57718-1.

[79] Holz, T., R. Dietsch, H. Bormann und Th. Böttger: *β-(better ...) multilayer mirrows – a step to intense monochromatic radiation in powder diffractometry*. Application paper Axio Dresden GmbH, 6:1, 2004.

[80] Holz, T., M. Schuster und T. Böttger: *Influence of X-Ray optical systems and sample characteristics on the angular resolution of X-Ray reflectometry measurements with Cu-K_α radiation*. Application paper Axio Dresden GmbH, 5:1, 2004.

[81] Holzmann, G., H.J. Dreyer und H. Faiss: *Technische Mechanik 3*. Teubner-Verlag, Stuttgart Leipzig Wiesbaden, 8. Auflage, 2002, ISBN 3-519-26522-2.

[82] Hotovy, I., J. Huran und L. Spiess: *Characterization of sputtered NiO films using XRD and AFM.* J. Materials Sci., 39:2609–2612, 2004.

[83] Hubbel, J. H. und S. M. Seltzer: *Tables of X-Ray mass attenuation coefficients and mass energy-absorption coefficients.* NISTIR, 5632:1–322, 1996.

[84] Hunger, H. J.: *Werkstoffanalytische Verfahren: eine Auswahl.* Deutscher Verlag für Grundstoffindustrie, Leipzig, 1. Auflage, 1995, ISBN 3-342-00430-4.

[85] Hölzer, G., M. Fritsch, J. Deutsch M. Härtwig und E. Förster: $K_{\alpha 1,2}$ *and* $K_{\beta 1,3}$ *X-Ray emission lines of the 3d Transition Metals.* Phys. Rev. A, 56:4554–4568, 1997.

[86] Ice, G. E. und B.C. Larson: *3D X-Ray crystal microscope.* Adv. Engineering Mat., 2(10):643–646, 2000.

[87] Ida, T. und H. Toraya: *Deconvolution of the instrumental functions in powder X-Ray diffractometry.* J. Appl. Cryst., 35:58–68, 2002.

[88] Ivers-Tiffee, E. und W. von Münch: *Werkstoffe der Elektrotechnik.* Teubner-Verlag, Stuttgart Leipzig Wiesbaden, 9. Auflage, 2004, ISBN 3-519-30115-6.

[89] Jenkins, R. und W. N. Schreiner: *Considerations in design of goniometers for use in X-Ray powder diffractometers.* Powder Diffraction, 1:305–319, 1986.

[90] Jiang, J., Z. Al-Mosheky und N. Grupido: *Basic principle and performance characteristics of multilayer beam conditioning optics.* Powder Diffraction, 17(2):81–93, 2002.

[91] Jost, K. H.: *Röntgenbeugung an Kristallen.* Akademie-Verlag, Berlin, 1. Auflage, 1975.

[92] Kane, S., J. May, J. Miyamoto und I. Shipsey: *A study of a MICROMEGAS detector with a new readout scheme.* Nucl. Instrum. Methods Phys. Res. A, 505:215–218, 2003.

[93] Keijser, Th. H. De, J. I. Langford, E. J. Mittemeijer und A. B. P. Vogels: *Use of the Voigt function in a single-line method for the analysis of X-Ray diffraction line broadening.* J. Appl. Cryst., 15:308–314, 1982.

[94] Keller, A., A. Pohlent, Th. Phillip und L. Spieß: *Lehrmaterial - Technische und medizinische Kurse zum Erwerb der Fachkunde im Strahlenschutz - seit 1994.* Strahlenschutzseminar in Thüringen e.V., 2005.

[95] Kern, A., A. A. Coelho und R.W. Cheary: *Convolution based profile fitting. - Diffraction Analysis of the Microstructure of Materials.* Materials Science. Springer-Verlag, Berlin Heidelberg, 1. Auflage, 2004, ISBN 3-540-40510-4.

[96] Kern, A. und A. Coelho: *A new fundamental parameters approach in profile analysis of powder data.* Allied Publishers Ltd. 1998, ISBN 81-7023-881-1.

[97] Khazins, D. M., B. L. Becker, Y. Diawara, R. D. Durst, B. B. He, S. A. Medved, V. Sedov und T. A. Thorson: *A parallel-plate resistive-anode gaseous detector for X-Ray imaging.* IEEE Trans. Nucl. Sci., 51(3):943–947, 2004.

[98] Kleber, W., H. J. Bautsch und J. Bohm: *Einführung in die Kristallographie.* Verlag Technik, Berlin, 18. Auflage, 1998, ISBN 3-341-01205-2.

[99] Klug, H. P. und L. E. Alexander: *X-Ray diffraction procedures for polycrystalline and amorphous materials*. Wiley, New York, 2. Auflage, 1974, ISBN 0-471-49369-4.

[100] Kocks, U. F., C. N. Tome und H. R. Wenk: *Texture and Anisotropy: Preferred Orientations in Polycrystals and their Effect on Materials Properties*. Cambridge Univ. Press, Cambridge, 1. Auflage, 1998, ISBN 0-521-46516-8.

[101] Kopsky, V. und D. B. Litvin: *Volume E - Subperiodic Groups*. International Tables for Crystallography. Kluwer Academic Publishers, Dordrecht Boston London, 1. Auflage, 2002, ISBN 1-4020-0715-9.

[102] Krieger, H.: *Strahlenphysik, Dosimetrie und Strahlenschutz*. B.G. Teubner, Stuttgart, Leipzig, Wiesbaden, 5. Auflage, 2002, ISBN 3-519-43052-5.

[103] Krischner, H.: *Röntgenstrukturanalyse und Rietveldmethode: eine Einführung*. Vieweg-Verlag, Braunschweig, 5. Auflage, 1994, ISBN 3-528-48324-5.

[104] Kröner, E.: *Berechnung der elastischen Konstanten des Vielkristalls aus den Konstanten des Einkristalls*. Z. Physik, Seiten 504–518, 1958.

[105] Krüger, B.: *Accuracy of Stress Evaluation, the Errors*. In: V. Hauk: Structural and Residual Stress Analysis by Nondestructive Methods. Elsevier, Amsterdam, 1. Auflage, 1997 S. 155-168, ISBN 0-444-82476-6.

[106] Krüger, B.: *Bewertung der Festigkeitseigenschaften mehrphasiger Werkstoffe mittels Röntgenbeugung*. Technischer Bericht, 44. Arbeitstagung Zahnrad- und Getriebeuntersuchungen. Laboratorium für Werkszeugmaschinen und Betriebslehre (WZL) Aachen, 2003.

[107] Krüger, H. und R. X. Fischer: *Divergence-slit intensity corrections for Bragg-Brentano diffractometers with circular sample surfaces and known beam intensity distribution*. J. Appl. Cryst., 37:472–476, 2004.

[108] Kugler, W.: *X-Ray diffraction analysis in the forensic science: The last resort in many criminal cases*. Adv. X-Ray Anal., 46:1–16, 2002.

[109] Landau, L. D. und E. M. Lifschitz: *Elastizitätstheorie*. Lehrbuch der theoretischen Physik. Akademie-Verlag, Berlin, 7. Auflage, 1991, ISBN 3-8171-1332-3.

[110] Lebrun, J. L. und K. Inal: *Second order stresses in single phase and multiphase materials - Examples of experimental and modeling approaches*. Proc. X-Ray Denver Conf., 1996.

[111] Macherauch, E. und K. H. Kloos: *Origin, Measurement and Evaluation of Residual Stresses*, Band 1 der Reihe *Residual Stresses in Science and Technology*. DGM Informationsgesellschaft Verlag, Oberursel, 1987 S 3-26.

[112] Massa, W.: *Kristallstrukturbestimmung*. Teubner Verlag, Stuttgart, Leipzig, Wiesbaden, 4. Auflage, 2005, ISBN 3-519-33527-1.

[113] Matthies, S. und G. W. Vinel: *On the reproduction of the orientation distribution function of textures samples from reduced pole figures using the concept of conditional ghost correction*. Phys. stat. sol. (b), 112:K111–114, 1982.

[114] Michaelsen, C., M. Störmer und L. Brügemann: *Cr-K Göbel mirrors for improved resolution in X-Ray reflectometry investigations.* Bruker AXS Lab. report, 30:1–4, 1999.

[115] Mitsunaga, T., M. Saigo und G. Fujinawa: *High-precison parallel-beam X-Ray system for high-temperature diffraction studies.* Powder Diffraction, 17(3):173–177, 2002.

[116] Müller, A., T. Gnäupel-Herold und W. Reimers: *Phase-specific strain and stress distribution in a monocrystalline Nickel-based superalloy after high temperature deformation.* 4th European Conference on Residual Stresses, ECRS4. Cluny en Bourgogne, 1996.

[117] Neff, H.: *Grundlagen und Anwendung der Röntgenfeinstrukturanalyse.* Oldenbourg-Verlag, München, 2. Auflage, 1962.

[118] Neuhaus, A. Fortschr. Min., (29/30):136–296, 1950/51.

[119] Nielsen, J. A und D. McMorrow: *Elements of Modern X-Ray Physics.* Wiley, New York, 1. Auflage, 2001, ISBN 0-471-49858-0.

[120] Nitzsche, K.: *Schichtmeßtechnik.* Vogel Buch -Verlag, Würzburg, 1. Auflage, 1996, ISBN 3-8083-1530-8.

[121] Nolze, G.: *Program powdercell.* 2002.

[122] Noyan, I. C. und J. B. Cohen: *Residual Stress.* Springer-Verlag, New York Berlin Heidelberg London Paris Tokyo, 1. Auflage, 1987, ISBN 0-387-96378-2.

[123] Nye, J.F.: *Physical Properties of Crystals.* Oxford University Press, 1. Auflage, 1985, ISBN 0-19-851165-5.

[124] Oettel, H.: *Struktur und Gefügeanalyse metallischer Werkstoffe - Röntgenfeinstrukturanalyse*, Band 3-4 der Reihe *Lehrbriefe für das Hochschulfernstudium.* Bergakademie Freiberg, 1. Auflage, 1982.

[125] Opper, D.: *X´Celerator.* X Pert News Firmenschriften der Firma Pananalytical, (4):1, 2001.

[126] Parratt, L.: *Surface studies of solids by total reflection of X-Rays.* Phys. Rev., 95:359–369, 1954.

[127] Patterson, A. L.: *The Scherrer formula for X-Ray particle size determination.* Physical Review, 56:978–982, 1939.

[128] Paufler, P.: *Physikalische Kristallographie.* Akademie-Verlag, Berlin, 1. Auflage, 1986.

[129] Pawlik, K. und J. Pospiech: *The ODF approximation from pole figures with the aid of ADC method.* Proc. 9th Intern. Conf. on Textures and Microstructures (ICOTOM-9): Textures and Microstructures, 14-18:25–30, 1991.

[130] Peiter, A.: *Handbuch Spannungsmeßpraxis.* Vieweg-Verlag, Braunschweig, 1. Auflage, 1992, ISBN 3-528-06428-5.

[131] Pinsker, Z. G.: *Dynamical Scattering of X-Rays in Crystals.* Springer Series in Solid-State Sciences 3. Springer-Verlag, Berlin Heidelberg New York, 1978.

[132] Prince, E.: *Volume C - Mathematical, Physical and Chemical Tables.* International Tables for Crystallography. Kluwer Acad. Publ., Dordrecht, 3. Auflage, 2004, ISBN 1-4020-1900-9.

[133] Raaz, F. und H. Tertsch: *Geometrische Kristallographie und Kristalloptik.* Springer-Verlag, 2. Auflage, 1951.

[134] Rega, N.: *Photolumineszenz epitaktischer* $Cu(In, Ga)Se_2$-*Schichten.* Dissertation, Freie Universität Berlin, 2004.

[135] Reuss, A.: *Berechnung der Fließgrenze von Mischkristallen auf Grund der Plastizitätsbedingung für Einkristalle.* Z. Angew. Math. u. Mech., 9:49–58, 1929.

[136] Ritter, G., C. Matthai und O. Takai: *Recent Developments in thin film research: Epitaxial growth and nanostructures, electron microscopy and X-Ray diffraction.* Elsevier, Amsterdam, 1. Auflage, 1997, ISBN 0-444-20513-6.

[137] Roddeck, W.: *Einführung in die Mechatronik.* Teubner-Verlag, Stuttgart Leipzig Wiesbaden, 2. Auflage, 2003, ISBN 3-519-16357-8.

[138] Rohrbach, Ch.: *Handbuch für experimentelle Spannungsanalyse.* VDI-Verlag, Düsseldorf, 1989.

[139] Romanus, H., G. Teichert und L. Spieß: *Investigation of polymorphism and estimation of lattice constants of SiC epilayers by four circle X-Ray diffraction.* Mater. Sci. Forum, 264-268(pt.1):437–440, 1998.

[140] Rossmann, M. G.: *Volume F: Crystallography of biological macromolecules.* International Tables for Crystallography. Kluwer, Dordrecht, 1. Auflage, 2001, ISBN 0-7923-6857-6.

[141] Rösler, J., H. Harders und M. Bäker: *Mechanisches Verhalten der Werkstoffe.* Teubner-Verlag, Stuttgart Leipzig Wiesbaden, 1. Auflage, 2003, ISBN 3-519-00438-0.

[142] Sagel, K.: *Tabellen zur Röntgenstrukturanalyse.* Springer-Verlag, Berlin, 1. Auflage, 1958.

[143] Scardi, P., M. Leoni und R. Delhez: *Line broadening analysis using integral breadth methods: a critical review.* J. Appl. Cryst., 37:381–390, 2004.

[144] Schatt, W. und H. Worch (Herausgeber): *Werkstoffwissenschaft.* Wiley-VCH, Weinheim, 9. Auflage, 2002, ISBN 3-527-30-535-1.

[145] Scherrer, P.: *Bestimmung der Größe und der inneren Struktur von Kolloidteilchen mittels Röntgenstrahlen.* Göttinger Nachrichten, (2):98–100, 1918.

[146] Schields, P.J., I.Y. Ponomarev und N. Gao: *Comparison of diffraction intensity using a monocapillary optic and pinhole collimators in a microdiffractometer with a curved image-plate.* Powder Diffraction, 17(2):94–96, 2002.

[147] Schields, P. J., D. M. Gibson, W. M. Gibson, N. Gao, H. Huang und Y. Ponomarev: *Overview of polycapillary X-Ray optics.* Powder Diffraction, 17(2):70–80, 2002.

[148] Schneider, E.: *Ultrasonic Techniques.* In: V. Hauk: Structural and Residual Stress Analysis by Nondestructive Methods. Elsevier, Amsterdam, 1. Auflage, 1997 S. 522-563, ISBN 0-444-82476-6.

[149] Scholtes, B.: *Eigenspannungen in mechanisch randschichtverformten Werkstoffzuständen, Ursachen, Ermittlung und Bewertung.* DGM Informationsgesellschaft Verlag, Oberursel, 1991.

[150] Scholtes, B., H.-U. Baron, H. Behnken, B. Eigenmann, J. Gibmeier, Th. Hirsch und W. Pfeifer: *Röntgenographische Ermittlung von Spannungen - Ermittlung und Bewertung homogener Spannungszustände in kristallinen, makroskopisch isotropen Werkstoffen.* Verfahrensbeschreibung der AWT e.V., Fachausschuß FA13, 2000.

[151] Schrufer, E.: *Elektrische Messtechnik.* Hanser-Verlag, München Wien, 8. Auflage, 2004, ISBN 3-446-22070-4.

[152] Schulze, G. E. R.: *Metallphysik: Ein Lehrbuch.* Akademie-Verlag, Berlin, 2. Auflage, 1974.

[153] Schumann, H. und H. Oettel (Herausgeber): *Metallografie.* Wiley-VCH, Weinheim, 14. Auflage, 2005, ISBN 3-527-30679-X.

[154] Schuster, M. und H. Göbel: *Parallel-beam coupling into channel-cut monochromators using curved graded multilayers.* J. Phys. D: Appl. Phys., 28:A270–A275, 1995.

[155] Schuster, M. und N. Herres: *Einführung in die Hochauflösungs-Röntgendiffraktometrie.* Bruker AXS GmbH, 2002.

[156] Schwarzenbach, D.: *Kristallographie.* Springer-Verlag, Berlin, 1. Auflage, 2001, ISBN 3-540-67114-5.

[157] Schwarzer, R. A.: *The study of crystal texture by electron diffraction on a grain-specific scale.* Microscopy and Analysis, 45:35–37, 1997.

[158] Schwarzer, R. A.: *Local crystal textures: Experimental techniques and future trends.* Fresenius J. Anal. Chem., 361:522–526, 1998.

[159] Schäfer, B.: *ODF computer program for high-resolution texture analysis of low symmetry materials.* Mat. Sci. Forum, 273-275:113–118, 1998.

[160] Shmueli, U.: *Volume B - Reciprocal Space.* International Tables for Crystallography. Kluwer Academic Publisher, Dordrecht, 2. Auflage, 2001, ISBN 0-7923-6592-5.

[161] Smith, D.K.: *Particle statistics and whole-pattern methods in quantitative X-Ray powder diffraction analysis.* Adv. X-Ray Anal., 35:1–15, 1992.

[162] Spieß, L.: *Zur Silizidproblematik in Metallisierungssystemen für integrierte Schaltkreise der VLSI-Technik.* Dissertation, Technische Hochschule Ilmenau, 1985.

[163] Spieß, L.: *Rechnerunterstützte komplexe Festkörperanalytik für Mikroelektronikwerkstoffe, insbesondere von Siliciden zur Metallisierung von höchstintegrierten Schaltkreisen.* Dissertation, Dr. sc. techn., Technische Hochschule Ilmenau, 1990.

[164] Spieß, L., J. Schawohl, T. Straßburger und A. Rode: *Röntgendiffraktometrische Sonderverfahren an dünnen Schichten.* Int. Wiss. Kolloq. - TU Ilmenau, 37th, B2:198–203, 1992.

[165] Stickforth, J.: *Über den Zusammenhang zwischen röntgenographischer Gitterdehnung und makroskopischen elastischen Spannungen.* Techn. Mitt. Krupp Forsch. Ber., 24:89–102, 1966.

[166] Storm, R.: *Wahrscheinlichkeitsrechnung, mathematische Statistik und statistische Qualitätskontrolle.* Fachbuchverlag, Leipzig, 11. Auflage, 2001.

[167] Teichert, G.: *Herstellung und Charakterisierung hochohmiger, heteroepitaktischer Zinkoxidschichten.* Dissertation, Technische Hochschule Ilmenau, 1986.

[168] Teichert, G., J. Pezoldt, V. Cimalla, O. Nennewitz und L. Spieß: *Analysis of reflection high energy electron diffraction pattern in Silicon Carbide grown on Silicon.* MRS Symp. Proc., 399:17–22, 1995.

[169] Theiner, W. A.: *Micromagnetic Techniques.* In: V. Hauk: Structural and Residual Stress Analysis by Nondestructive Methods. Elsevier, Amsterdam, 1. Auflage, 1997 S. 564-589, ISBN 0-444-82476-6.

[170] Tissot, R. G.: *Microdiffraction applications utilizing a two-dimensional proportional detector.* Powder Diffraction, 18(2):86–90, 2003.

[171] Trey, F. und W. Legat: *Einführung in die Untersuchung der Kristallgitter mit Röntgenstrahlen.* Springer-Verlag, Wien, 1. Auflage, 1954.

[172] Trui, B.: *Untersuchung von CMOS-kompatiblen Bauelementen mit SiGe/Si-Heterostrukturen auf SIMOX-Substraten.* Dissertation, Gehard-Mercator-Universität-Gesamthochschule Duisburg, 2000.

[173] Ungar, T., H. Mughrabi und M. Wilkens: *Asymmetric X-Ray line broadening, an indication of microscopic long-range internal stresses.* Residual Stresses. DGM Informationsgesellschaft Verlag, Oberursel, 1. Auflage, 1993 S. 743-752.

[174] Vogt, H. G. und H. Schultz: *Grundzüge des praktischen Strahlenschutzes.* Hanser-Verlag, 3. Auflage, 2004, ISBN 3-446-22850-0.

[175] Voigt, W.: *Lehrbuch der Kristallphysik, Nachdruck der 1. Auflage.* Teubner-Verlag, Berlin Leipzig, 1928.

[176] Walcher, W.: *Praktikum der Physik.* Teubner-Verlag, Stuttgart, 7. Auflage, 1994, ISBN 3-519-13038-6.

[177] Wassermann, G. und J. Grewen: *Texturen metallischer Werkstoffe.* Springer-Verlag, Berlin Göttingen Heidelberg, 2. Auflage, 1962.

[178] Wcislak, L. L., H. Klein, H. J. Bunge, U. Garbe, T. Tschentscher und J. R. Schneider: *Texture analysis with high-energy Synchrotron Radiation.* J. Appl. Cryst., 35:82–5, 2002.

[179] Weibrecht, R.: *Der Szintillationszähler in der kerntechnischen Praxis.* Kleine Bibliothek der Kerntechnik. Deutscher Verlag für Grundstoffindustrie, Leipzig, 1. Auflage, 1961.

[180] Weißmantel, Ch. und C. Hamann: *Grundlagen der Festkörperphysik.* Wiley-VCH, Heidelberg, 4. Auflage, 1995, ISBN 3-335-00421-3.

[181] Wever, F.: *Über die Walzstruktur kubisch kristallisierter Metalle.* Z. Phys., 28:69–90, 1924.

[182] Wiedemann, E., J. Unnam und R. K. Clark: *Deconvolution of powder diffraction spectra.* Powder Diffraction, 2(3):130–136, 1987.

[183] Wölfel, E. R.: *Theorie und Praxis der Röntgenstrukturanalyse: Eine Einführung für Naturwissenschaftler.* Vieweg-Verlag, Braunschweig, 1. Auflage, 1987, ISBN 3-528-28349-1.

[184] Yashiro, W., S. Kusano und K. Miki: *Determination of crystal orientation by an area-detector image for surface X-Ray diffraction.* J. Appl. Cryst., 38:319–323, 2005.

[185] Young, R. A.: *The Rietveld Method.* Oxford University Press, 1. Auflage, 1993.

[186] Yue, G. Z., Q. Qiu, B. Gao, Y. Cheng, J. Zhang, H. Shimoda, S. Chang, J. P. Lu und O. Zhou: *Generation of continuous and pulsed diagnostic imaging X-Ray radiation using a Carbon-Nanotube-based field-emission cathod.* Appl. Phys. Lett., 81:355–357, 2002.

[187] Zachariasen, W. H.: *Theory of X-Ray Diffraction in Crystals.* John Wiley and Sons, reprint, Dover, 1994, ISBN 0-486-68363-X.

[188] Zevin, L. S. und G. Kimmel: *Quantitative X-Ray Diffractometry.* Springer-Verlag, New York, 1995, ISBN 0-387-94541-5.

[189] Zhang, Y. B., S. P. Lau und L. Huang: *Carbon nanotubes synthesized by biased thermal chemical vapor deposition as an electron source in an X-Ray tube.* Appl. Phys. Lett., 86:123115–123117, 2005.

[190] Zorn, G. M.: *The new Siemens X-Ray reflectometer.* Siemens Analytical Application Note, 337(1):1–6, 1994.

Formelzeichenverzeichnis

Skalare

2D-XRD	Röntgen-Diffraktometrie mit Flächenzählern	d^+	Mittelwert der d-Werte für $+\psi$ und $-\psi$
A	Querschnittfläche	E	Elastizitätsmodul
A(t)	tiefenabhängiger Absorptionsteil	E	effektive Dosis zur Minimierung stochastischer Strahlenschäden
$A(\vec{r}^*)$	Amplitude der gestreuten Welle	e	Längenmaß bei Diffraktometeranordnungen
A_n; B_n	Fourierkoeffizienten gemessenes Profil		
a_n; a_n	Fourierkoeffizienten Geräteprofil	e	Elementarladung $= 1{,}602 \cdot 10^{-19}$ As
α_n; β_n	Fourierkoeffizienten physikalisches Profil	ϵ	Dehnungsstensor
a	Abmessung z. B. der Kathode – Breite	ϵ	lokale Gitterverzerrung (strain)
a	Länge, Breite oder Abstand, aber auch Jahr oder Anisotropie	ϵ_{ij}	Komponenten des Dehnungsstensors
		$(\varphi_1, \Phi, \varphi_2)$	Eulerwinkel, BUNGE Notation
a_1; a_2; a_3	Gitterkonstanten einer Elementarzelle	F(hkl)	Strukturfaktor
a; b; c	auch Bezeichnung für Gitterkonstanten	$\|F_{hkl}\|^2$	Strukturamplitude
a_{11}; a_{12}; a_{13}	Komponenten der Gitterkonstanten a_1 im rechtwinkligen Koordinatensystem	FWHM	Halbwertsbreite
		F_{ij}	Spannungsfaktoren
a_{21}; a_{22}; a_{23}	Komponenten der Gitterkonstanten a_2 im rechtwinkligen Koordinatensystem	**f**	Tensor der Übertragungsfaktoren
		f_j	Atomformamplitude
a_{31}; a_{32}; a_{33}	Komponenten der Gitterkonstanten a_3 im rechtwinkligen Koordinatensystem	**G**	Matrix der Gitterkonstantenkomponenten
α; β; γ	Winkel der Gittervektoren zueinander	G	Schubmodul
B	Breite eines Röntgenprofils	G	geometrischer Faktor – Intensitätsgleichung
b	Breite bzw. Dicke von Abstandsstücken		
b	Abmessung der Kathode – Länge	$G(\vec{r}^*)$	Gitterfaktor
c_1; c_2; c_3	Ortskoordinaten des Gittervektors $\vec{c}$ im rechtwinkligen Koordinatensystem	$G(\alpha, \beta)$	Geometriefaktor
		$G(x); G(\theta)$	Geräteprofil
c	Tensor der Elastizitätsmoduln	$G = (\omega, \chi, \varphi)$	Drehwinkel, Orientierung Probe im ortsfesten Koordinatensystem
c	Lichtgeschwindigkeit $= 2{,}99792 \cdot 10^8$ ms^{-1}	$g = (\Psi, \theta_R, \Phi_R)$	ROE Notation
c_{ijkl}	Elastizitätsmoduln, Tensorkomponenten	γ	Öffnungswinkel von Blenden und Sollerkollimatoren
c_{mn}	Elastizitätsmoduln, VOIGTsche Notation		
χ	Verkippungswinkel der Probe zum Strahl – z. T. anderer Beginn als ψ	H	Flächenhäufigkeitsfaktor
		H_{hkl}	Flächenhäufigkeitsfaktor
D_{hkl}	Länge der kohärent streuende Bereiche; Korngröße	$\dot{H}'(0{,}07)$	Umgebungs-Äquivalentdosis in 70 µm Tiefe
$D_{T,R}$	Organenergiedosis für eine bestimmte Strahlungsart R	$\dot{H}^*(10)$	Umgebungs-Äquivalentdosis in 10 mm Tiefe
d	Dicke	$\dot{H}_P(0{,}07)$	Personen-Äquivalentdosis in 70 µm Tiefe
d_0	Netzebenenabstand des dehnungsfreien Zustandes	$\dot{H}_P(10)$	Personen-Äquivalentdosis in 10 mm Tiefe
d_{hkl}	Netzebenenabstand der Netzebene (h k l)	H_T	Organdosis (eine Äquivalentdosis)
δ_{ik}	Kronecker Symbol	HWB	Halbwertsbreite
d^-	halbe Differenz der d-Werte für $+\psi$ und $-\psi$	h	Plancksches Wirkungsquantum $= 6{,}626 \cdot 10^{-34}$ Js

Formelzeichenverzeichnis

$(h\,k\,l)$	die Netzebene	R	Profilübereinstimmungsindizes
$\{h\,k\,l\}$	die Netzebenenschar	R	Rydbergkonstante $R = 3{,}288 \cdot 10^{15}\,\text{s}^{-1}$
I	Einheitstensor 4. Stufe	REK	röntgenographische Elastizitätskonstanten
I_A	Anodenstrom z. B. in einer Röntgenröhre	S	Übereinstimmungsfaktor
IB	Integralbreite	S_G	Schwächungsfaktor, manchmal auch F
I_0	Intensität der einfallenden Strahlung	$S(x); S(\theta)$	Physikalisches Profil
I_{hkl}	Intensität eines Beugungsreflexes	s	Tensor der Elastizitätskoefizienten
K	Kompressionsmodul	s	zurückgelegte Strecke, Dicke
K	Konstante	$s_1(hkl)$, $\frac{1}{2}s_2(hkl)$	REK der Netzebenenschar $\{h\,k\,l\}$
K_A	Probenkoordinatensystem	s_0	$s_0 = s_{11} - s_{12} - \frac{1}{2}s_{44}$
K_B	Kristallkoordinatensystem	s_{ijlk}	Elastizitätskoeffizienten, Tensorkomponenten
κ	Winkel		
L	Entwicklungsintervall	s_{mn}	Elastizitätskoeffizienten, VOIGTsche Notation
$L(\theta)$	Lorentzfaktor		
l	Wegstrecke	$\boldsymbol{\sigma}$	Spannungstensor
l, m, n	elastische Konstanten 3. Ordnung	$\sigma^I, \sigma^{II}, \sigma^{III}$	Eigenspannungen I., II., bzw. III. Art
λ	Wellenlänge, aber auch Drehwinkel um die Messrichtung	σ_0	von den Makrospannungen unabhängiger Anteil der Mikrospannungen
M_V	zweiter Parameter einer Voigt-Funktion		
M_{PVII}	zweiter Parameter einer Pearson-VII-Funktion	σ^M	Makrospannungen
m_{oe}	Ruhemasse Elektron $9{,}109\,38 \cdot 10^{-31}$ kg	σ^L	Lastspannungen
μ	linearer Absorptionskoeffizient	$\hat{\sigma}(\tau)$	Mittelwert der Spannung über die Eindringtiefe
Ω	Rotationsmatrix		
ω	Transformationsmatrix	σ_{ij}	Komponenten des Spannungstensors
ω	Einstrahlwinkel; Winkel zwischen Primärstrahl und Probenoberfläche	$t; \tau$	Eindringtiefe der Strahlung
		θ	BRAGG-Winkel; Beugungswinkel
ω	Geschwindigkeit der Drehbewegung	U_A	Anodenspannung
P	Verbreiterungsfaktor	u_i	Komponenten des Verschiebungsvektors
p^α	Volumenanteil der Phase α	[uvw]	die Richtung einer Netzebene
P_{hkl}	Poldichtefunktion, auch Parameter bei der Indizierung	<uvw>	die Richtungsschar einer Netzebene
		v_{ij}	Schallgeschwindigkeit
PLA	Zusammenfassung des Polarisations-, Lorentz- und Absorptionsfaktors	$W(\theta)$	Winkelfaktor, auch Emissionsprofil
		$W(x)$	Emissionsprofil
ϕ	azimutaler Drehwinkel der Probe	$W(\alpha, \beta, \alpha_0, \beta_0)$	Transparenzfunktion
(φ, ψ)	Azimut- und Polwinkel der Messrichtung	w_R	Strahlenwichtungsfaktor
		w_T	Gewebewichtungsfaktor
ψ	Verkippungswinkel der Probe zum Strahl	XRD	Röntgen-Diffraktometrie (X-Ray Diffraction)
Ψ, Ω, κ	Bezeichnungen der Diffraktometergeometrien	$Y(x); Y(\theta)$	gemessenes Profil
		Z	Ordnungszahl eines chemischen Elementes
$P(\theta)$	Polarisationsfaktor		
Q	Querschnittsfläche	λ, μ	Lamé Konstanten
ν	Querkontraktionszahl		

Vektoren

$\vec{a_1}; \vec{a_2}; \vec{a_3}$	Gittervektoren einer Einheitselementarzelle	$\vec{r}$	Vektor
		$\vec{r}^*$	reziproker Gittervektor
$\vec{E}$	elektrischer Feldvektor	$\vec{s}$	Streuvektor
$\vec{k}$	2π facher Gittervektor	$\vec{s_0}$	Vektor der einfallenden Strahlung
$\vec{R}$	Gittervektor	$\vec{t}$	Translationsvektor
$\vec{R} = g(\vartheta, \psi, \varpi)$	Rodrigesvektor	$\vec{X_L}; \vec{Y_L}; \vec{Z_L}$	Laborsystemvektor

Stichwortverzeichnis

Symbole
Ω-Diffraktometer, 351
Ψ-Diffraktometer, 351
χ-Scan, 437, 444
κ-Diffraktometer, 141, 209, 390, 393
ϕ-Scan, 437, 444
ψ-Aufspaltung, 334
d_0-Gradient, 368
$(h\,k\,l)$-$[u\,v\,w]$-Vorzugsorientierung, 418
$(h\,k\,l)$-$[u\,v\,w]$-Darstellung, 411
2D-XRD, 176, 194

A
Abbremsprozess, 6, 8
Abschirmung
– Blei, 21
– Kunststoff, 21
Absorptionsfilter, 24
Absorptionskante, 11, 14, 26, 64, 291
Absorptionskorrektur, 393
Abtragskorrektur, 371
ADC-Methode, 420
Analog-Digital-Wandler, 134
Anglasung, 89
Angström, 15
Anisotropie, 39, 377, 427
– elastische, 310
– plastische, 368
– relative, 311
Anode, 11, 89
Apertur, 116
Asbest, 181
Asymmetrie, 263
Atomformamplitude, 63
Atommodell, 10
Auflösungsvermögen, 102
Auflösungszeit, 121, 123
Austrittsarbeit, 5, 7, 8, 378
Avelanche-Fotodiode, 124
Avogadro-Konstante, 453

B
Barkhausen, 298
Bauartzulassung, 38
Bereich
– kohärent streuend, 213

Beryllium, 9, 89, 118
Beugung, 58, 66
– asymmetrische, 234, 282, 351, 469, 476
– dynamische, 58
– Einkristall, 115
– Ewald, 58
– Gitter, 39
– kinematische, 57, 58, 387, 476
– klassisch, 5, 149
– Reflex, 84
– Schärfe, 68
– zweidimensionale, 194
Beugungsbedingung, 68, 84, 150, 166, 171, 178, 187, 282, 387, 437, 446, 482
BKD, 380
Blech, 408
Bleichgleichwert, 34
Blende, 110
– Apertur, 96, 111, 112, 152, 202, 353, 394, 399, 424
– Detektor, 111, 151, 221, 435
– Divergenz, 68, 151, 165, 168, 221, 276, 282, 493
– Doppelloch, 116
– Loch, 115, 156, 202, 439, 461
– Parallelstrahl, 111, 178
– Schlitz, 111, 399
– Streustrahl, 112, 151
Bohrlochverfahren, 297
Bohrscher Radius, 12, 453
Bravais-Gitter, 41, 175, 249
– kfz oder fcc, 58
– krz oder bcc, 58
– p oder sc, 58
Brechungsindex, 452
Brechzahl, 115, 451
Brennfleck, 7, 34, 101, 103
Brillianz, 93, 109, 115
Buergersche Präzessionsverfahren, 208
Burgersvektor, 283

C
Cäsium-Antimon, 122
CCD, 93, 129, 130, 402
– optische Kamera, 93, 145
Cerodur, 108

Channel-Cut, 183, 466
Chemische Dampfablagerung – CVD, 260, 462
COM, 380, 428
Computertomografie, 1

D
Datei
 – CCDC, 217
 – DIF, 221
 – FIZ, 217
 – ICSD, 216
 – MPDS, 217
 – NIST, 217
 – PDF, 2, 214, 217, 218, 226
de Broglie, 380
Debye-Waller-Faktor, 65
Dehnung
 – elastische, 305
 – Normal, 303
 – plastische, 305
 – Scher, 304
Detektor, 118, 399
 – Auslösezähler, 120
 – Avelanche-Fotodiode (APD), 125
 – Bildplatte, 132
 – CCD, 129
 – energiedispersiv, 119, 133, 402
 – Film, 28
 – Film-Folie, 28
 – Flächen, 129, 375, 402
 – GADS, 129, 131, 132
 – Geiger-Müller, 29
 – GEM, 131
 – Halbleiter, 124, 127, 400
 – Image Plate, 132
 – Ionisationskammer, 119
 – Linien, 126
 – Mikrostreifen, 127
 – Mikrostreifenhalbleiter (MSHL), 130
 – positionsempfindlicher (PSD), 126
 – PPAC, 127
 – Proportionalzähler, 120
 – Punkt, 120, 125, 149, 159, 193
 – Silizium(Li), 135
 – Szintillator, 122, 399
Diffraktometerausgleichsfunktion, 254
Diodenanordnung, 5, 124, 133
Dirac-Impuls, 68
Dispersion, 63, 64, 75, 291, 389, 453
Divergenz
 – axial, 108
 – vertikal, 108
Divergenzwinkel, 111
Dölle-Hauk-Methode, 336
Doublet, 14, 16, 109
Drehachse, 47, 49

Drehinversionsachse, 49
Drehkristallverfahren, 207
Drehmatrix, 410
Durchstrahlbereich, 174, 195, 494
Dynode, 123

E
EBSD, 233, 380
Eigenschaftsfeld, 431
Eigenspannungen, 69, 200, 244, 314, 315, 318, 350, 371, 379
Eindringtiefe, 1, 151, 328
Einsatzspannung, 122
Elastizitätskonstanten
 – röntgenographische, 332, 342
elektromagnetisch, 5
Elektronen-Lochpaare, 124
Elektronendichtefunktion, 61
Elementarzelle, 41, 209, 215, 244, 246–248, 285
Emissionsverteilung, 16
Energieauflösung, 134, 400
Energiedosis, 30
Energieminimierung, 12
Energieniveau, 7, 10, 24
Epitaxie, 96, 228, 282, 378, 462, 502
Escape-Peak, 135, 202
Eulerraum, 414
Eulerwiege, 142, 190, 390, 404, 438, 446
Eulerwinkel, 412
Eutektikum, 92, 211, 212
Ewald-Konstruktion, 84, 86, 171, 206, 207, 467, 469
Expositionsdosis, 31
Extinktion, 58
Extrapolationsfunktion, 255

F
Fasertextur, 384, 426
Fehler
 – systematische, 361
 – unsystematische, 362
Feldeffekttransistor -FET, 133
Festblendenoptik, 112
Feuchte, 145
Filter, 96
 – Multilayerspiegel, 110
 – rechnerisch, 97
 – selektiv, 399, 483
finite Elemente, 419, 434
Fink-Index, 216
Flächenhäufigkeitsfaktor, 73, 74, 150, 235, 369, 387, 447, 490
Flächenpol, 48, 384, 388
Flüssigmetall, 91, 92
Flüssigphasenepitaxie – LPE, 462
Fluoreszenz, 125

Fokus, 7, 88
– Götze, 89
– Punkt, 89, 109, 111
– Punkt-, 115
– Strich, 89
Fokussierebene, 143
Fokussierungskreis, 151, 393
Folie
– Speicher-, 133
– Verstärker-, 133
FOM-Wert (figure of merit), 223
Forensik, 145
Fourier-Koeffizienten, 57, 271, 272
Fünffingerpeak, 99, 109
Fundamentalparameteranalyse, 16, 219, 275
Funkeninduktor, 5
Funktion
– Cauchy, 263, 268
– Gauss, 111, 263, 268
– Lorentz, 100, 263
– Mach-Dollase, 243
– Nelson-Riley, 176, 254
– Pearson-VII, 264
– quadratisch Cauchy, 268
– Voigt, 263, 268
FWHM – Halbwertsbreite, 70, 102, 155, 231, 263, 265, 328, 477

G

Gallinstan, 91, 93
Gamma-Dosimeter, 37
Gangunterschied, 81
Gasverstärkung, 120, 126
Gasverstärkungsfaktor, 119
Gefüge, 39, 176, 377, 403, 426, 432
Geister, 424
Gelantine, 27
Geometrie
– Bragg-Brentano, 149
– Gunier, 164
– HRXRD, 438, 462
– Seemann-Bohlin, 164
– Straumanis, 172
– Vierkreis, 208
– Weissenberg, 208
Germanium, 104
Gesetz
– $1/r$, 119
– $\sin^2 \psi$, 329
– Atomenergie (Recht), 32, 37
– Beer-Lambert, 20, 327
– Bragg, 72, 356
– Brechung, 453
– Dauvillier, 9
– Duane-Hunt, 8, 200
– Friedel, 75, 206, 291, 420

– Hooksches, 305, 310, 332
– Moseley, 13
– Reflexion, 82
– Snelliuss, 453
– verallgemeinertes Hooksches, 305
– Wärmeleitung, 91
Gitter
– Bravais, 52
– Punkt, 81
– Raum, 55
– Vektor, 52
Gitterfehlanpassung, 465
Glanzwinkel, 440
Gleichspannung, 88
Gleichung
– Bragg, 72, 103, 200
– Bragg energidispersiv, 200
– Fresnel, 451
– Grundgleichung innerer Standard, 239
– Grundgleichung Spannungsanalyse, 333, 342
– Grundgleichung Wärmelehre, 483
– Scherrer, 265
– Schrödinger, 62
Gleitspiegelebene, 50, 77
Glimmer, 118
Göbelspiegel - siehe Monochromator-Multilayerspiegel, 105
GOF goodnes of fit, 245
Goniometer, 140
– κ-Kappa, 393
– Fünf-Kristall, 466
– Gunier, 164
– Omega-2 Theta, 141
– Seemann-Bohlin, 164
– Sieben-Kreis, 142
– Theta-2 Theta, 141, 393
– Theta-Theta, 141
– Vierkreis, 140
– Zwei-Kristall, 466
– Zweikreis, 140
Goniometerkreis, 151
gradierte Schcht, 455
Gray, 30
Grenzflächenrauheit, 454
Grenzwellenlänge, 7
Grundgleichung, 239, 332, 333, 335, 375

H

Halbwertsbreite, 102
Halbwertsbreite – FWHM, 185
Halbwertsdicke, 21, 23, 36
Hanawalt-Index, 214
harmonische Methode, 421
HB – Halbwertsbreite, 70, 102, 154, 184, 221, 282, 296, 374, 435, 461
Heizstrom, 89

Helligkeit, 93
Hermann-Maugin, 47
Heteroepitaxie, 462
Hochtemperaturkammer, 145, 294, 451
Hohlkapillare, 115
Homoepitaxie, 462
HRXRD, 282, 462
HWB – siehe FWHM, 70

I
IB – Integralbreite, 70
Idealkristall, 39
Ideallage, 426
Impulshöhe, 119
Indizierung, 175
Interfacerauheit, 454
Interferenz
 – konstruktiv, 170
Interferenzfunktion, 67
Intnsitätsbelegung, 377
Inversion, 47
Inversionszentrum, 286
ITO, 127

J
Justierung, 161, 167, 192, 244, 285, 338, 353, 466

K
Kalzit, 181
Kapillare, 117, 144, 171
Kartographie, 404
Keimbildung, 377
Keramikröhre, 89
Kikuchi-Diagramm, 380
Körnung, 27
kohärent streuende Bereiche, 58, 198, 213, 262, 265, 268, 282, 449, 451
Kohlenstoff, 107
Kohlenstoff-Nanoröhre, 92
Kollimator, 111
Komponentenmethode, 418
Koordinatensystem
 – Hauptspannung, 312
 – Kristall, 312, 410
 – Labor, 312
 – Proben, 312, 410
Kornflächenätzung, 380
Korngrenze, 265, 378, 428
 – Längenverteilung, 429
 – Stereologie, 428
Kornwachstum, 377
Kossel-Diagramm, 380
Kreiskegel, 85
Kreuzkorrelation, 360
Kristall
 – Basis, 40, 490, 491
Kristallbaufehler, 265
Kristallgemisch, 212
Kristallit, 200, 201, 406, 407, 417, 418, 427, 432
Kristallitgruppe, 318
Kristallitgruppenmethode, 365
Kristallklasse, 49
Kristallorientierung, 410, 417
Kristallstruktur, 39, 40
Kristallstrukturanalyse, 148
Kristallsymmetrie, 408, 417
Kristallsystem, 417
Kristalltextur, 377
Kronecker-Symbol, 411
Kühlung, 16, 88
 – flüssig Stickstoff, 125, 133
 – Öl, 91
KWIC-Index, 216
KX, 15

L
Lagenkugel, 382, 402
Laser, 145
Laue
 – Durchstrahlverfahren, 204
 – Rückstrahlverfahren, 204
Lebensdauer, 121, 123
Leiterdiagramm, 212
Lichtblitz, 122
Lindel-Formel, 32
Lindemanglas, 89
Linsendiagramm, 213
Lithium, 124
Löschgas, 121

M
Magnetronsputtern, 107
Makroeigenspannungen, 317
Massezunahme, 6
Matrix
 – orthogonal, 47
Mehrfachstoß, 134
Messrichtung, 312
Messzeitverkürzung, 117
Mikrodiffraktion, 194
Mikroeigenspannungen, 317
Mikrospannungen
 – homogene, 319
 – inhomogene, 319
 – intergranulare, 321
 – intragranulare, 321
Mikrostrukturfunktion, 428
Mikrotechnik, 127
Miller-Indizes, 44–46, 174, 215, 247, 252, 296, 494, 496
Mischkristall, 139, 211, 259

Missorientierung, 378
Mittelung
 – röntgenographische, 326
MODF, 429
Molekularstrahlepitaxie, 107
Molekularstrahlepitaxie – MBE, 462
Molybdän, 107
Monochromator
 – asymmetrischer, 104
 – Bartels, 104
 – Channel-Cut, 183, 466
 – ebener, 104
 – fokussierender, 101
 – Göbelspiegel, 105
 – Johannson, 101
 – Kristall, 26, 109
 – Multilayerspiegel, 105, 111
 – Rachinger, 98
 – selektiver Metallfilter, 24, 25
 – vierfach, 104
 – zweifach, 104
Monokapillare, 116, 257
Mosaikkristall, 58
Mosaizität, 58, 102, 265, 283, 377
MulTex, 418
Multilayerspiegel, 109, 143, 170, 178, 192, 231, 232, 257, 262, 281, 466, 480
 – gebogen, 108
 – geschliffen, 108
Mylar, 118

N
Netzebenenabstand, 55, 488
Netzebenenschar, 82
Neutronenstrahlen, 335
Nickel, 107
Nulleffekt, 122, 124

O
ODF, 386, 397, 404, 406, 417, 424
Orbital, 11
Orientierungsfaser, 426
Orientierungsmatrix, 411
Orientierungsstereologie, 427
Orientierungsverteilung, 378
Ortslokalisierung, 125
Ozon, 102

P
Packungsdichte, 57, 489
Parabel, 106
Phase, 211
Phasenumwandlung, 377
PLA-Korrektur, 357
Platin, 145
Polfigur, 381, 395, 409, 417, 425
 – inverse, 384
 – vollständige, 397
Polfigurinversion, 418
Polykapillare, 117
Positivitätsmethode, 425
Primärextinktion, 102
Prinzip
 – Huyghens, 81
 – Pauli, 11
Probensymmetrie, 408, 417
Probentranslation, 395
Profilanalyse, 201
Projektion
 – Lambert, 382
 – stereographisch, 48, 286, 381
pseudomorph, 462
Punktgruppe, 49, 50, 52, 75, 206

Q
qualitative Analyse, 148
Quantenausbeute, 121, 123, 125
Quantenprozess, 5
Quantenwirkungsgrad, 28
Quantenzahlen, 11
quantitave Analyse, 148
quasiisotrop, 332

R
Rachinger-Trennung, 162, 359
Radiographie, 1, 5
Raman-Spektroskopie, 301
Rechtssystem, 41
Reflektivität, 108
Reflektometrie – XRR, 114, 446, 451, 455, 477
Regel
 – Friedel, 424
 – Hund, 11
 – Vegard, 213, 259, 462, 472
Reihenentwicklungsmethode, 421
REK, 342
 – makroskopische, 333
 – Verbund, 347
REK – röntgenographischen Elastizitätskonstanten, 332
Relaxationsgrad, 465
relaxiert, 462
Renninger-Effekt, 78
Restaustenit, 203, 231, 281, 379
Richtung
 – dehnungsfreie, 339
 – Indizes, 411
 – Normal, 382
 – Quer, 382, 408
 – Referenz, 411
 – spannungsunabhängige, 343
 – Walz, 382, 408, 409

Rietveld-Methode, 110, 234, 242, 244, 246, 286, 293
RIR-Wert, 240
Rockingkurve, 282
Röhrenfokus, 151
Röhrenfüße, 275
Röntgen
 – Beugung, 2, 81, 151, 293, 381
 – Bremsspektrum, 7
 – Fluoreszenzspektroskopie, 1, 202, 233, 481
 – quanten, 13
 – Rasterapparatur – RRA, 201, 402, 403
 – Reflektometrie, 446
Röntgenfluoreszenzanalyse, 240
Röntgenröhre, 88
 – Alterung, 91
 – Drehanode, 91
 – Feinfokus, 92
 – Mikrofokus, 92
RSE – röntgenographische Spannungsermittlung, 295
RSM -reziproke Gitterkarten, 462
Rückstrahlbereich, 195, 351, 353, 494
Ruhemasse, 5

S

Salznebeltest, 145
Schallgeschwindigkeit, 297
Schichtdickenvariation, 107
Schraubenachse, 49, 78
Schrittmotor, 141
Schutzgasatmosphäre, 145
Schwärzung, 27
Schwenkverfahren, 208
Schwerpunktmethode, 360
Sekundärelektronenvervielfacher, 122
Sievert, 31
Signalfilterung, 134
Silberbromid, 26, 27
Silizide, 447
Silizium, 98, 99, 107, 206, 217, 301, 447, 454, 462
Sollerkollimator, 111, 126, 166
Sollerspalt, 178, 183
Spannungen
 – I., II. und III. Art, 201, 293, 317, 449
 – Kompensation, 321
 – Makro, 319
 – Messmethoden, 300
 – Mikro, 319
 – Normal, 302
 – Phasen, 321
 – Schub, 302
 – Trennung, 372
Spannungsanalyse, 3, 148, 317
Spannungsfaktoren, 364

Spannungsgradient, 367
Spannungsmittelwerte, 319
Spatprodukt, 41
Speicherring, 95
Spiegelebene, 47
Stereogramm, 48
Störpcak, 91
Strahl
 – Divergent, 106
 – Parallel, 106
Strahlenexposition, 1, 31
Strahlung
 – Brems-, 10, 399
 – charakteristische, 13
 – Fluoreszenz, 19, 24, 28, 135, 182, 187, 399
 – Höhen, 10
 – monochromatisch, 85
 – monochromatische, 16
 – Neutronen, 96, 380
 – parallel, 118
 – Schwächung, 114
 – Synchrotron, 5, 94
Streufaktor, 63
Streuung
 – thermisch-diffuse (TDS), 210
Streuzentrum, 61
Strukturamplitude, 286
Strukturaufklärung, 1, 234
Strukturgesetz, 433
Summationskonvention, 301
Summenpeak, 135
Symmetrie, 187, 204, 206, 283, 286, 346, 444
 – Elemente, 408
 – Kristallgitter, 309
 – Laue, 286
 – Punkt, 48
 – Rotation, 47
 – Translation, 39, 47
 – Zentrum, 292
Symmetrisierung, 359
Szintillatorkristall, 122

T

Tensor, 424, 432
 – Dehnung, 303
 – Elastizitätskoeffizienten, 306
 – Elastizitätsmoduln, 305
 – Spannung, 301
 – symmetrischer, 304
Tensoreigenschaften, 427
Tensorprodukt, 305
Textur, 140, 173, 213, 349, 459, 491
Texturanalyse, 3, 148, 377
Texturfeld, 430
Texturindex, 386
thermisches Rauschen, 124

Totalreflexion, 115
Totzeit, 121
Transformationsmatrix, 311
Transmissionselektronenmikroskop - TEM, 262, 314, 381, 458, 459, 474
Transparenz, 109
tube-tail, 89
Turbomolekularpumpe, 92

U
Übereinstimmungsfaktor, 245
Übertragungsfaktor, 323
Undulator, 95
Unmischbarkeit, 212

V
V-Diagramm, 212
V-Nut, 114
Vakuumdichtheit, 89
Vektor
 – Basis, 66, 412
 – Burgers, 283, 284
 – Ewald, 84
 – Gitter, 83
 – reziproker Gitter, 54
 – Rodrigues, 411
 – Streu, 81
 – Translations, 81
 – Verschiebung, 303
Verdopplung
 – Spannung, 9
 – Strom, 9
Verformung
 – Plain-Strain, 409
Verlustleistung, 6, 89
Verschleiß, 141
Versetzungsdichte, 380
Versetzungszellstruktur, 314
Verteilung
 – Gauss, 136
 – Lorentz, 263, 361
 – Pearson, 263, 361
 – Poisson, 136
 – Voigt, 263, 361
Verteilungsbild, 404
Verzögerungsleitung, 126, 130
Voigtsche Indizierung, 305
Vorstrahlbereich, 351
Vorzugsorientierung, 173, 404

W
Waferchuck, 144
Wahrscheinlichkeit, 137
Weissenbergverfahren, 208
Wiggler, 95
WIMF-Methode, 420

Wolfram, 107
Wolframwendel, 89
Würfelkante, 408

X
XRR, 446, 451, 455, 477
XRS - X-ray specular reflectivity – siehe XRR, 451

Z
Zähldraht, 119, 126
Zehntelwertsdicke, 36
Zellreduktionsverfahren, 254
Zinkblendestruktur, 80, 444, 490
Zustand
 – energieärmster, 10
Zwilling, 378
Zylinderpotential, 128

Teubner Lehrbücher: einfach clever

▶ Werner Massa
Kristallstruktur-
bestimmung

4., überarb. Aufl. 2005. 262 S. mit 104 Abb.
Br. € 32,90
ISBN 3-519-33527-1

Kristallgitter - Geometrie der Röntgenbeugung - Das reziproke Gitter - Strukturfaktoren - Symmetrie in Kristallen - Messmethoden - Strukturlösung - Strukturverfeinerung - Spezielle Effekte - Fehler und Fallen - Interpretation des Strukturmodells - Kristallographische Datenbanken - Gang einer Kristallstrukturbestimmung

▶ Horst-Günter Rubahn
Nanophysik und
Nanotechnologie

2., überarb. Aufl. 2004. 184 S. Br. € 24,90
ISBN 3-519-10331-1

Mesoskopische und mikroskopische Physik - Strukturelle, elektronische und optische Eigenschaften - Organisiertes und selbstorganisiertes Wachstum von Nanostrukturen - Charakterisierung von Nanostrukturen - Dreidimensionalität - Anwendungen in Optik, Elektronik und Bionik

Stand Juli 2005.
Änderungen vorbehalten.
Erhältlich im Buchhandel
oder beim Verlag.

B. G. Teubner Verlag
Abraham-Lincoln-Straße 46
65189 Wiesbaden
Fax 0611.7878-400
www.teubner.de